—時裝畫表現技法—

# 人體動態全解析

高村是州／著
角丸圓／編集

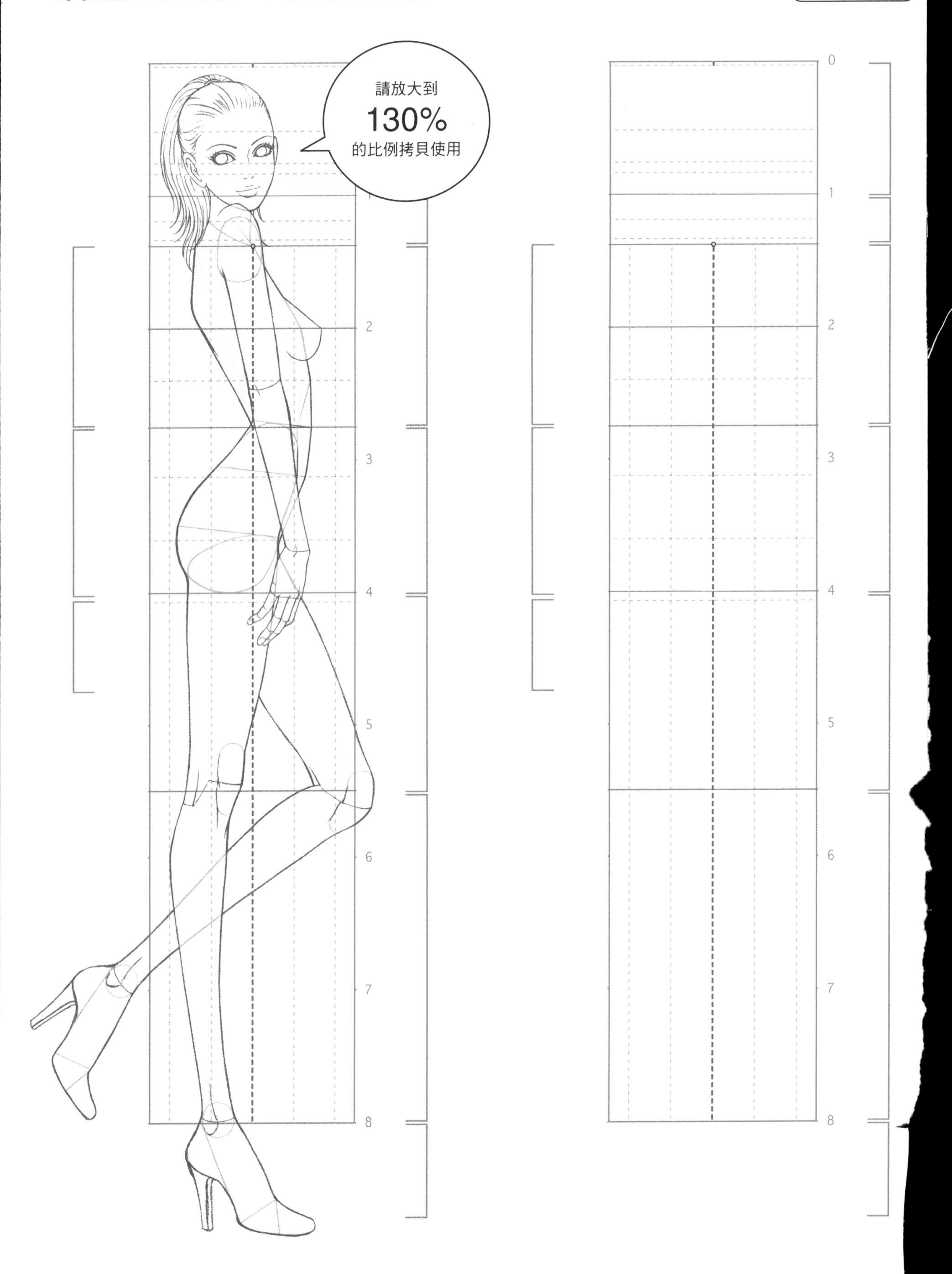
請放大到
130%
的比例拷貝使用
0
1
2
3
4
5
6
7
8

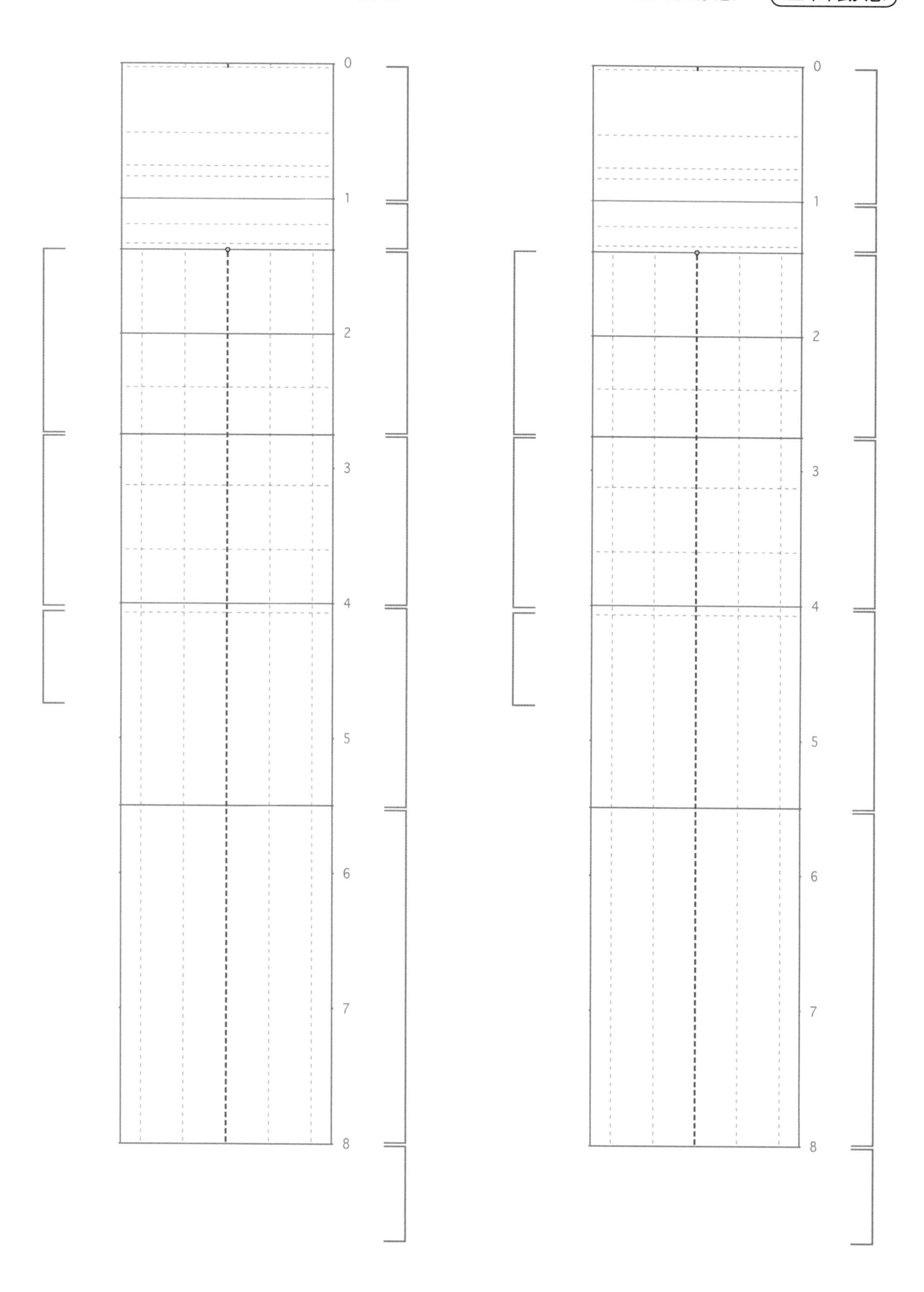
0
1
2
3
4
5
6
7
8
0
1
2
3
4
5
6
7
8

# 前言

時裝畫指的是為了將服裝的設計款式傳達給他人而繪製的一種人物畫。最初是以生產服裝的服裝業為中心所使用的，然而最近幾年在動漫和遊戲等流行文化領域中，服裝所占的比重越來越高，因此時裝畫也越來越受到關注。這是因為近幾年來，時裝設計師和插畫家都將服裝作為表現角色個性的重要部分來對待。這種現象為拓展時裝畫的表現方法帶來了更加廣闊的空間。在時裝畫主要用於服裝業的時候，它僅作為一種服裝設計圖來使用，並不能表現出人體的動感，但是在動漫以及遊戲角色的設計中，會根據劇中人物的活躍程度，繪製各種各樣的動作。此時的服裝不單是寫實的，也會出現幻想和未來世界的服裝，涉及的領域非常廣。時裝界與動漫遊戲界的畫者們今後相互之間的影響將會越來越深。本書將以發揮這兩個領域的長處、提高時裝畫的表現力為目的，把目光聚焦在所有從事人物畫表現方面的工作者身上，以此為中心來講解人體素描的繪製。說起素描，大家可能馬上會聯想到用鉛筆對陰影進行細緻描繪的情景，而本書將會把焦點集中於「用輪廓線來表現對象」，盡量用簡單的線條來繪製人體，以達到「掌握繪製優美人體的知識和技術」這一目的。下面就讓我們一起來學習吧！

# 需要準備的工具

關於本書使用的畫具

[紙張]

A4馬克筆紙 muse品牌

具有適度的通透感，繪製時感覺非常順暢。紙張雖然較薄，但是結實而有彈性。也可以用複印紙來代替。

[細鉛筆]

KURU(uni)

每次繪製時筆尖都會轉動，這樣筆芯就能夠一直保持尖尖的狀態。繪製手指及全身線條時可用0.5的筆芯，繪製臉部等細節部分時用0.3的筆芯。由於筆上的夾子有些礙事，用時可將其取下來。

[橡皮擦]

根據不同的用途可分別使用以下三種橡皮，但是如果沒有過多的預算，也可以使用手頭上現有的。

I-Z CLEANER(bonnyColArt)

是無須磨損紙張就可以擦除污跡、柔軟且有韌性的橡皮。如果變髒了或者變硬了，可以重新揉和再使用。

MONO橡皮擦PE-03A（TOMBOW）

標準的橡皮擦，很好用。

MONO ZERO（TOMBOW）

非常細節的地方也能輕鬆擦除的超細手壓式橡皮擦。尖端是圓形或者三角形，有三種款式。

馬克筆紙

I-Z CLEANER

MONO橡皮擦

MONO ZERO

KURU TOGA

# 人物畫的基礎是人體素描

你知道繪製時裝畫時最重要的三要素是什麼嗎？那就是「身體」「著裝」和「上色」，即給人體（身體）穿上服裝（著裝），並添加顏色和質感（上色）。將這三點相加，就可以畫好時裝畫了。即使服裝畫得很漂亮，但若人體繪製得差一些，也無法傳達出設計的亮點；即使人體和服裝都畫好了，但若顏色和質感不相符，那麼整體也會感覺不協調。讓我們將焦點分別集中在時裝畫的三要素上，各個擊破，提高自己繪製時裝畫的綜合能力吧！

## 本書講解的均為人體的基本站姿

由於站姿基本不會產生透視（縱深感），並且是人體素描中最容易繪製的姿勢，因此只要多加練習，就可以「正確」「快速」地繪製出來。如果不經意間繪製的站姿也能栩栩如生，那就說明時裝畫的質量上升了一個層次。我們的目標是繪製10張人體圖，每張都具有相同的比例。這樣一來，如果能夠有意識地繪製出比例相同的人體，那麼也就同樣能夠有意識地繪製出不同比例的人體。若能夠有意識地改變人體的比例，那麼就可以繪製出各種各樣不同的角色。不過，關於手腳的長度以及肌肉的表現，每次繪製的時候，感覺都會有所不同。

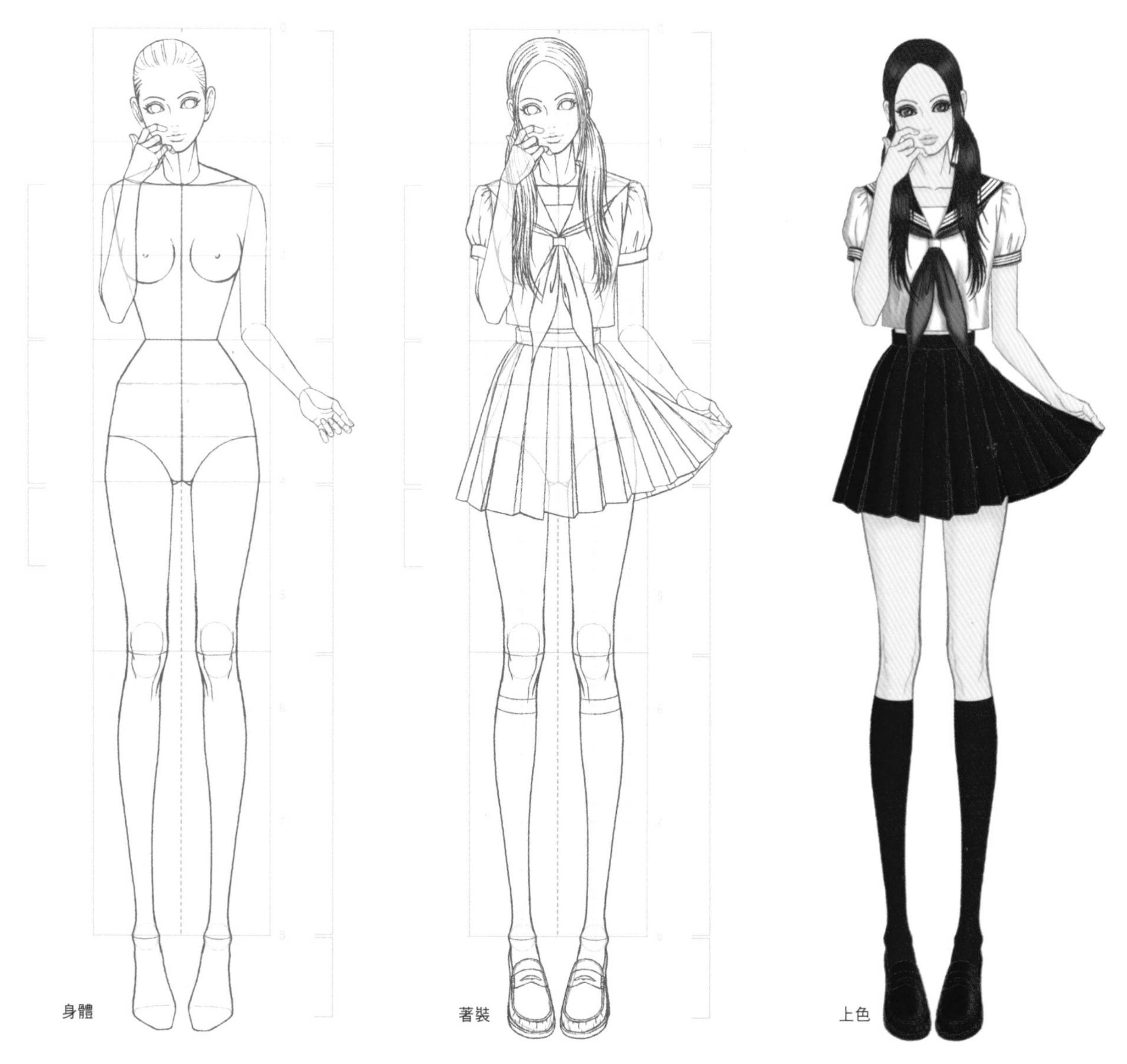

# 不同角度的站姿

直立

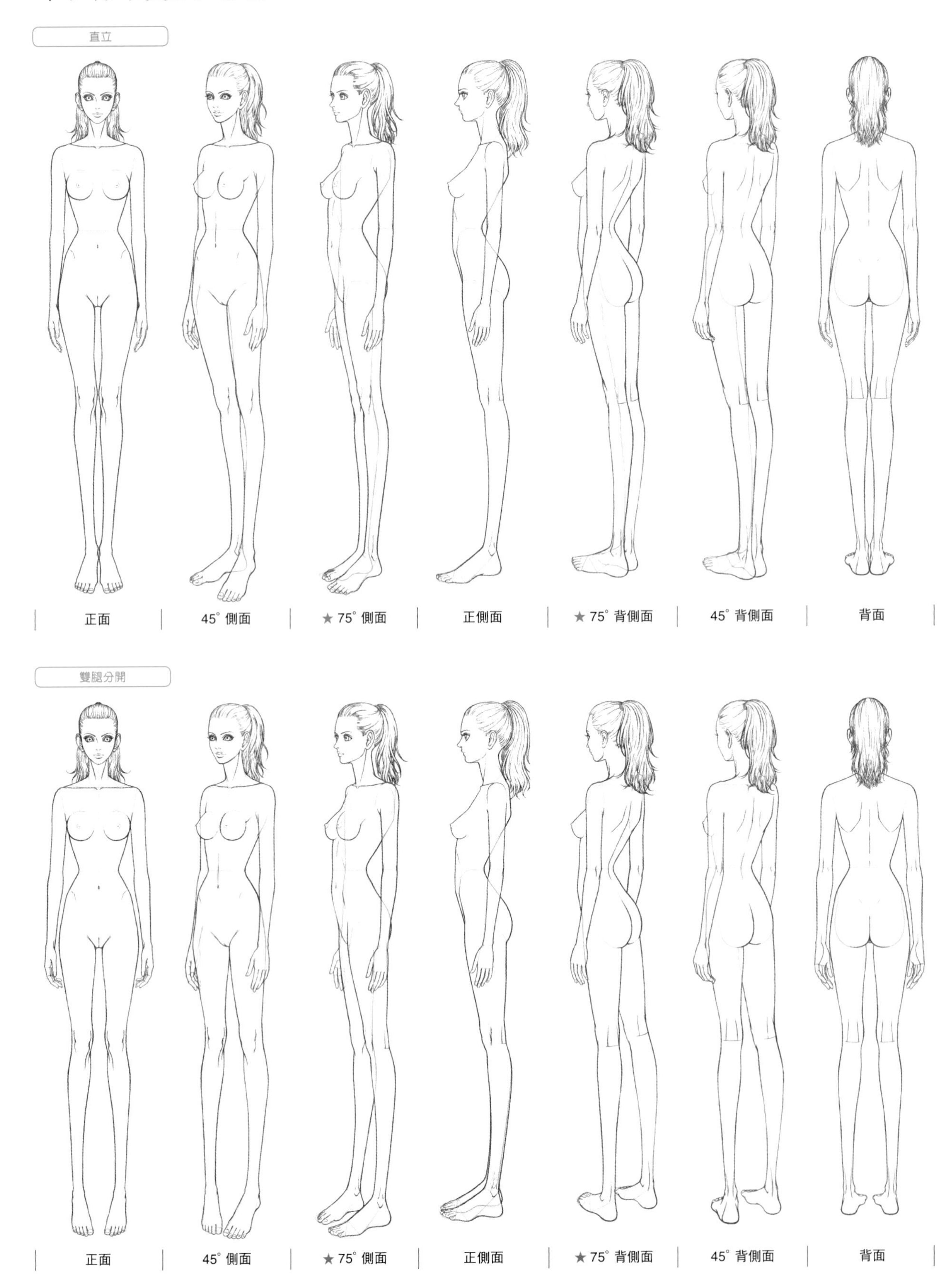

正面
45° 側面
★ 75° 側面
正側面
★ 75° 背側面
45° 背側面
背面
雙腿分開
正面
45° 側面
★ 75° 側面
正側面
★ 75° 背側面
45° 背側面
背面

有★標記的圖是高村 是州老師的第二本著作中所介紹的「75° 側面」姿勢。

重心在一隻腳上（以右側為中心軸）

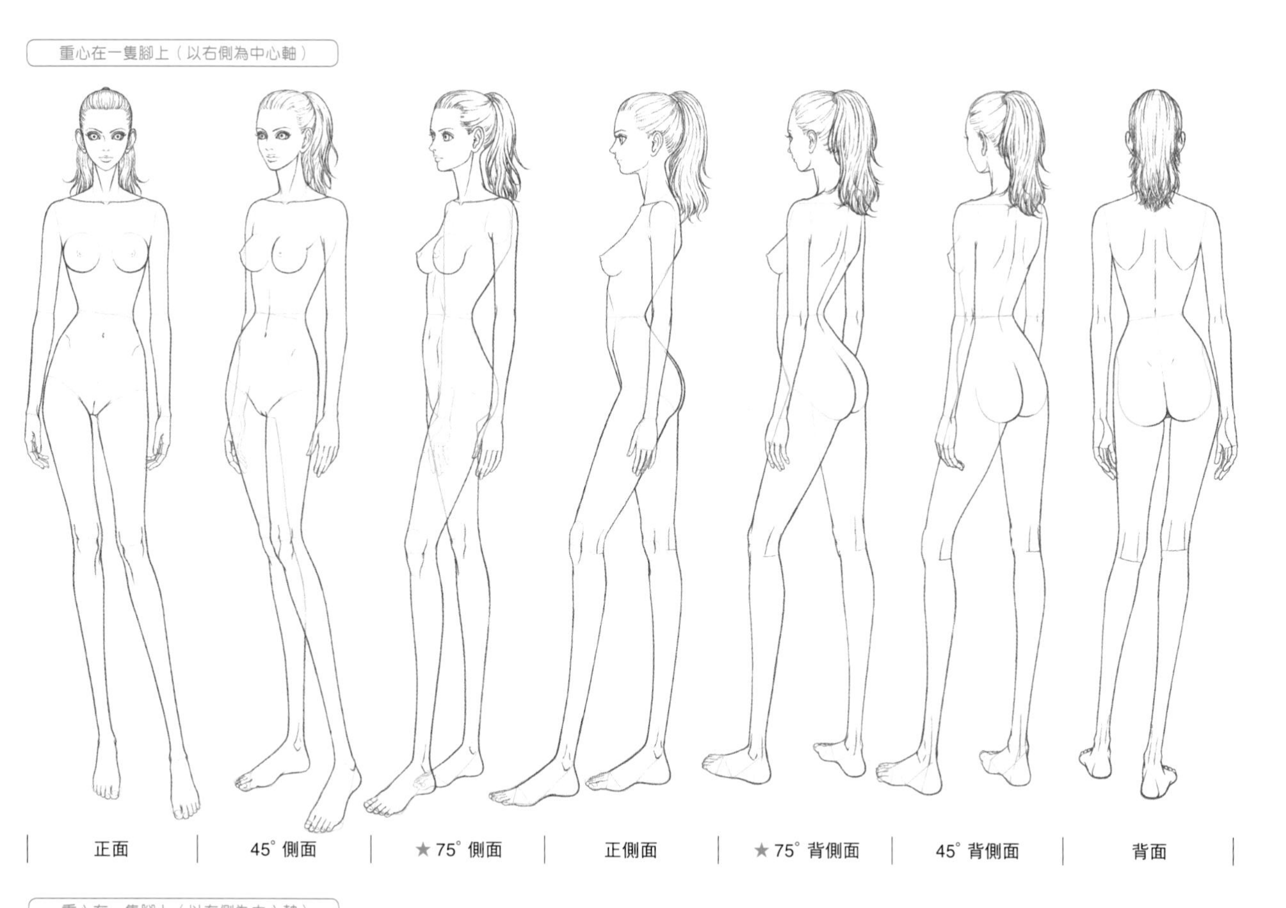

| 正面 | 45° 側面 | ★75° 側面 | 正側面 | ★75° 背側面 | 45° 背側面 | 背面 |
|---|---|---|---|---|---|---|

重心在一隻腳上（以左側為中心軸）

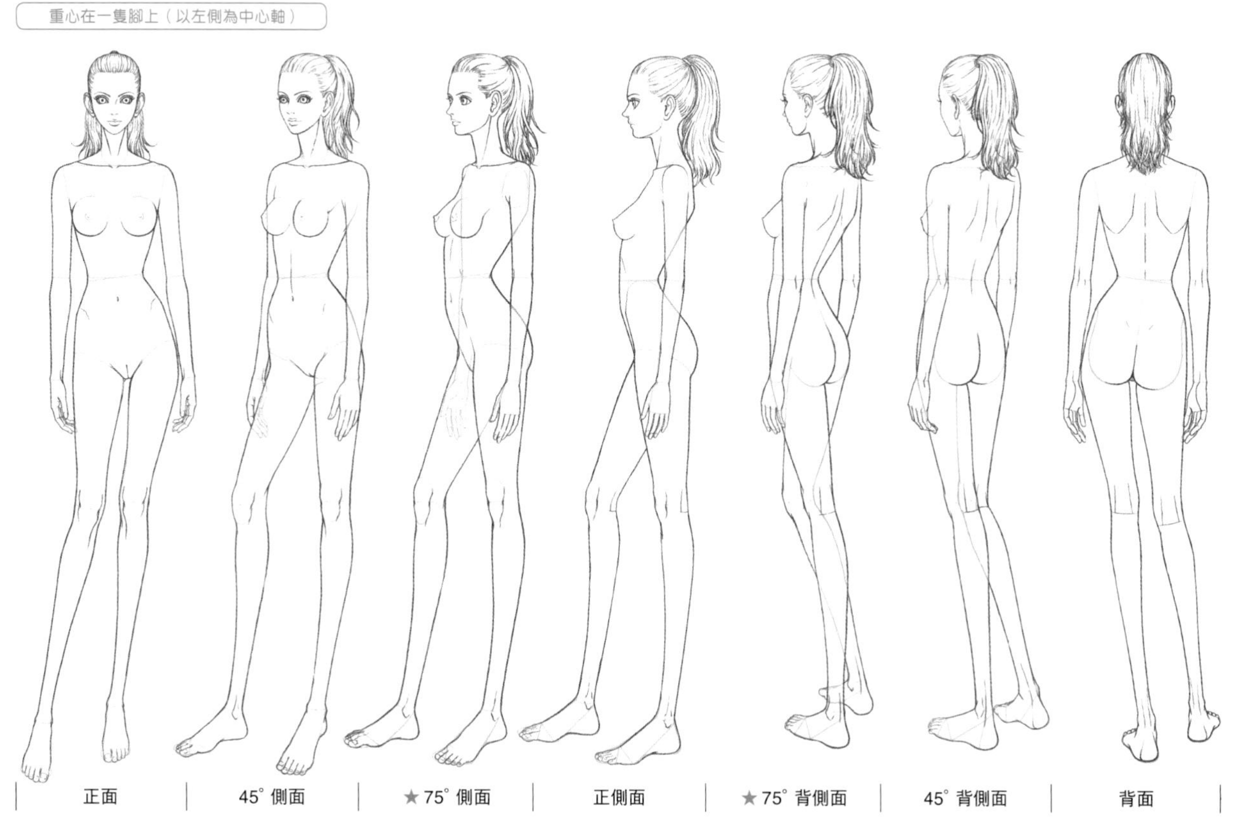

| 正面 | 45° 側面 | ★75° 側面 | 正側面 | ★75° 背側面 | 45° 背側面 | 背面 |
|---|---|---|---|---|---|---|

有★標記的圖是在高村 是州老師的第二本著作中所介紹的「75° 側面」姿勢。

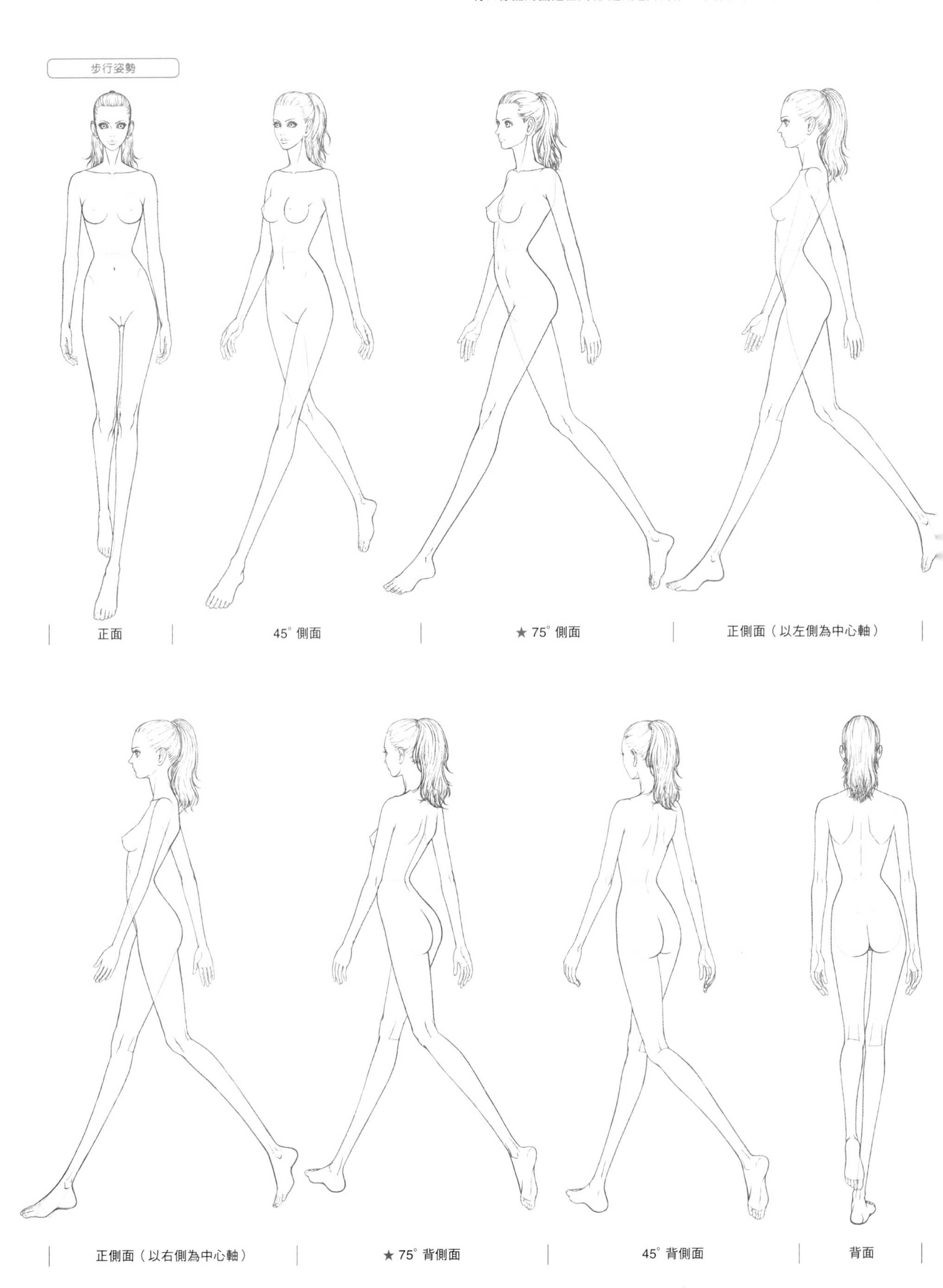

7頭身

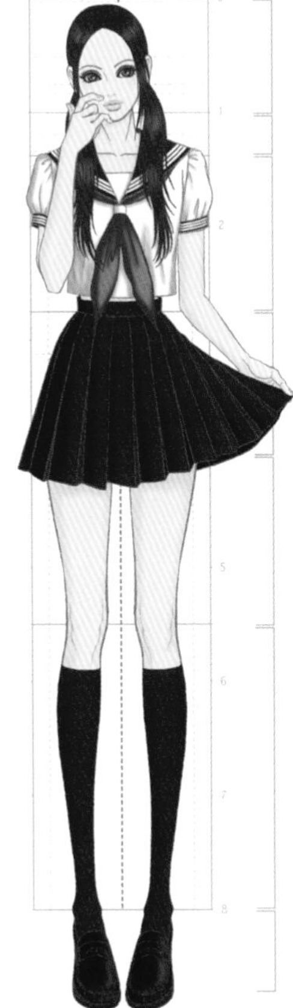
8.5頭身

# 時裝畫中的人體比例為什麼都是8頭身？

比較一下上面的兩個圖例，圖中的手腳比例相同，只是改變了身體的比例。觀察的結果怎樣？8頭身的人物由於臉部比較小，我們是否會將目光集中在服裝上呢？7頭身的人物相對來說臉部比較大，我們是不是會將目光放在女性的表情上呢？時裝畫、插畫、漫畫等，人物畫有各式各樣的種類，繪製時我們需要根據不同的目的將想要強調的部分進行放大表現。漫畫人物的身高較矮，面部顯得較大，就是想讓我們去關注角色的表情；而時裝設計師採用身高較高的人來做模特，顯現了希望人們去關注服裝的心理。本書為了進一步增加時裝畫的效果，均採用8.5頭身來進行繪製。

# 目錄

# 本書的使用方法

## 將人體框架圖放在紙下進行描繪

如果每次都能夠繪製出同樣比例的肢體和軀幹圖，那麼你就可以對服裝進行更加細緻的設計了。本書為了讓大家能夠更加簡單地學習繪製以時裝模特的體型為標準的人體比例，採用了將身體的每一個部位都進行詳細劃分的人體框架圖。

沒有文字標註的人體框架圖（正面、背面）可從HOBBY JAPAN的主頁上進行下載。

**http://hobbyjapan.co.jp/manga_gihou/wakuzu01/**

人體框架圖印刷在本書的環襯頁中（封面和封底的內側），大家可以將其放大複印至130%來進行使用。

本書正文中出現的完整人體框架圖，如果進行放大處理，也能夠得到實際繪製時的大小。

在開始實踐之前——

將人體框架圖放在下面，按照一定的比例來繪製人體

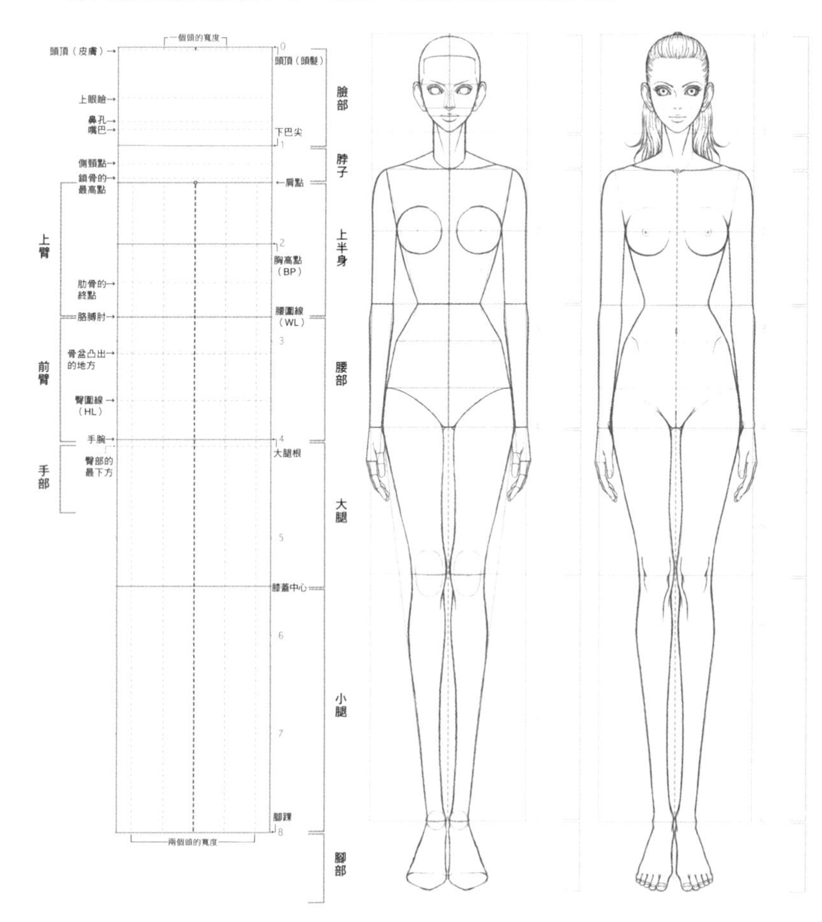


## 盡量使用簡單的線條

為了能夠在課堂有限的時間內，儘可能多向學生們傳達「肢體和軀幹（人體）」所具有的時裝性和美感，並且讓學生們學會繪製人體，因此我們總結了「高村 是州式肢體和軀幹」的素描技法。由於肢體和軀幹是由一連串複雜的曲線相連組成，因此讓人覺得較難繪製。但是，對於以曲線為主體所構成的肢體或軀幹來說，如果關注一些重要的線條，你會意外地發現有很多直線。當然，能夠表現微妙感覺的線條全部都是曲線，但是我們一定要有通過組合直線來表現曲線的意識。關於曲線的彎曲度，很難用一兩句話說清楚，大家可以通過分別繪製不同的部位，掌握各種動作的畫法。

### 關於本書使用的輔助線條

在進入本書的正文之前，我們先來說明一下插圖中使用的輔助線。為了輕鬆完成插圖，在繪製時我們添加了輔助線、箭頭和標識點。下面我們來說明一下它們所表示的含義。

A.箭頭：表示線條的方向。線條最初很容易畫得很短，可以根據箭頭的長度，每天練習將豎線、橫線畫得長一些。

B.線條中部有中斷的地方：表示線條的方向和身體形態要發生變化的地方

C.標識點： 提示起點、終點以及方向的轉折。

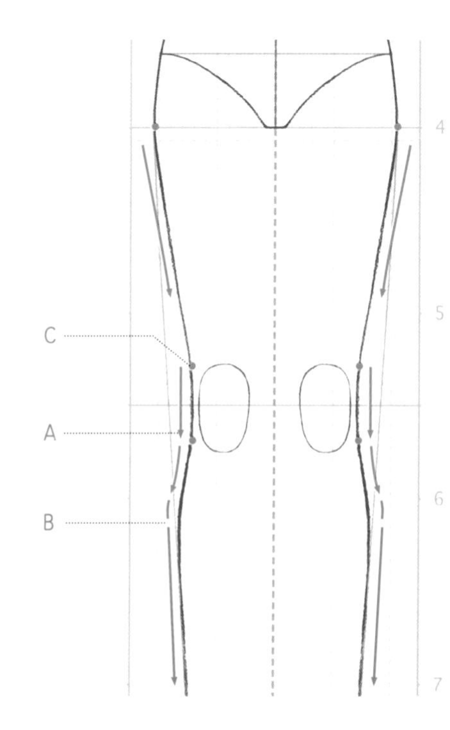

# CHAPTER 01

## 正面和背面

首先我們一邊認識人體的構造，一邊學習身體繪製方法的要點。即使是曲線較多、感覺比較複雜的部位也盡量使用直線來解決。下面就讓我們來一起學習吧！

# 雙腿承擔體重的姿勢①直立

## 人體表現的要點

### 女性是人物畫的基礎

#### 右側的插圖是正面直立的女性身體

相比男性和小孩的身體，女性的身體整體感覺更像是可樂的瓶子，有凹凸和韻律感，具有非常「容易理解的視覺魅力」。

男性的肌肉韻律感很強，繪製的時候需要將其凹凸的感覺表現得很細緻，這樣一來，繪製本身就會具有一定的難度。

小孩子的四肢較短，有時候會感到不能很充分地表現出骨骼線條的魅力。

繪圖師筆下的人物畫，80%以上的主體都是女孩子或者成年女性，這也顯現出女性具有較大的魅力和繪製樂趣。

讓我們也充分認識到女性的魅力並進行描繪吧！

### 女性身體的魅力大致可以分為三點

[1] 以眼睛為中心的臉部
[2] 圓潤的胸部和纖細的腰部
[3] 圓潤緊實的臀部，以及修長的四肢

為了強調以上三點，我們在繪製時要畫出比現實中女性的眼睛略大一些、身體苗條一些、胸部圓潤一些、四肢修長一些的人體。

另外，為了保持整體的平衡感，可將身體比例放大一些，以便更容易傳達出衣服的設計美感。相對全身來說，臉部的比例要縮小一些。

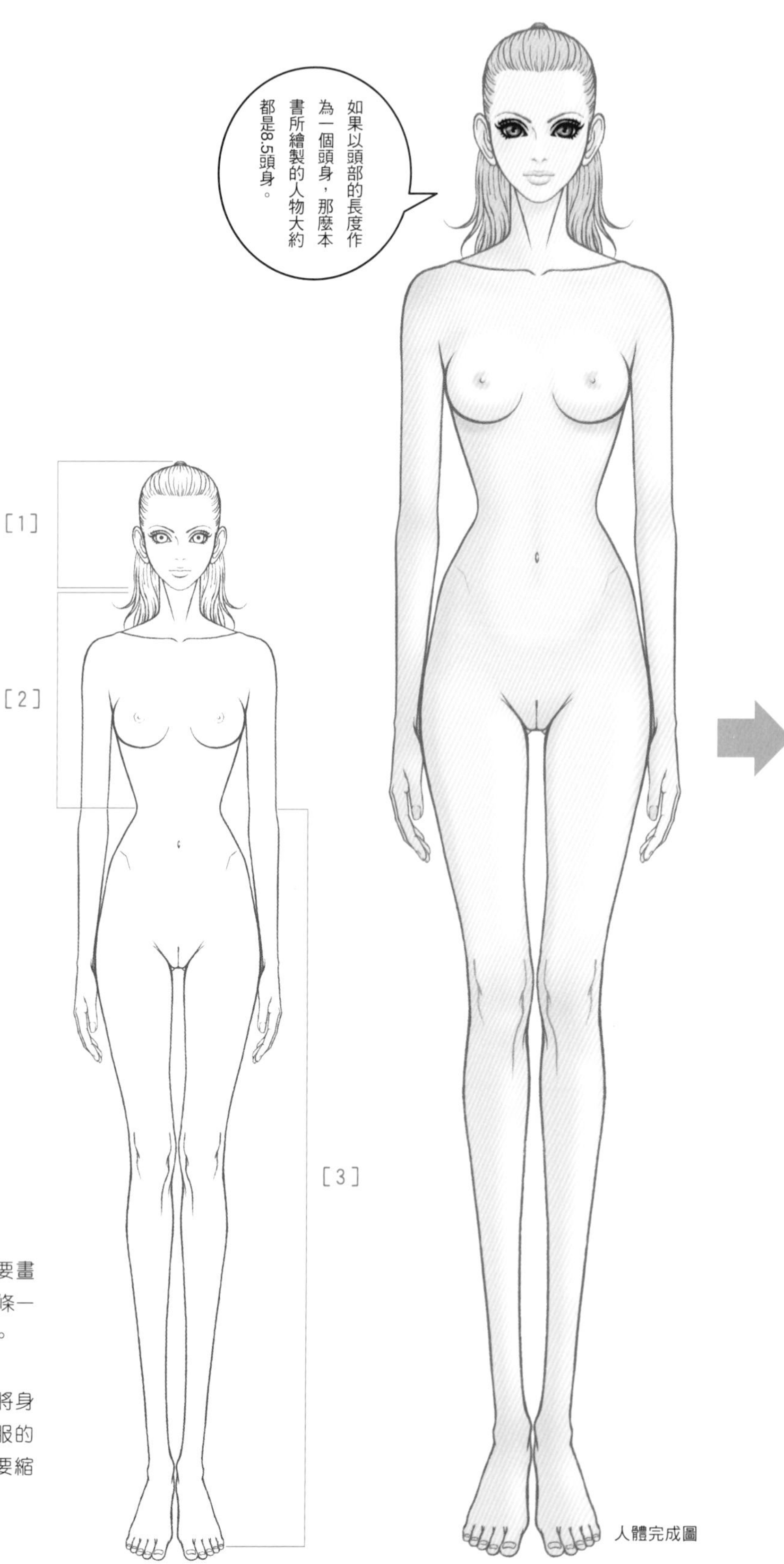


人體完成圖

## 將身體想像成關節可以活動的模型，並將其進行分解

## 身體的體塊化

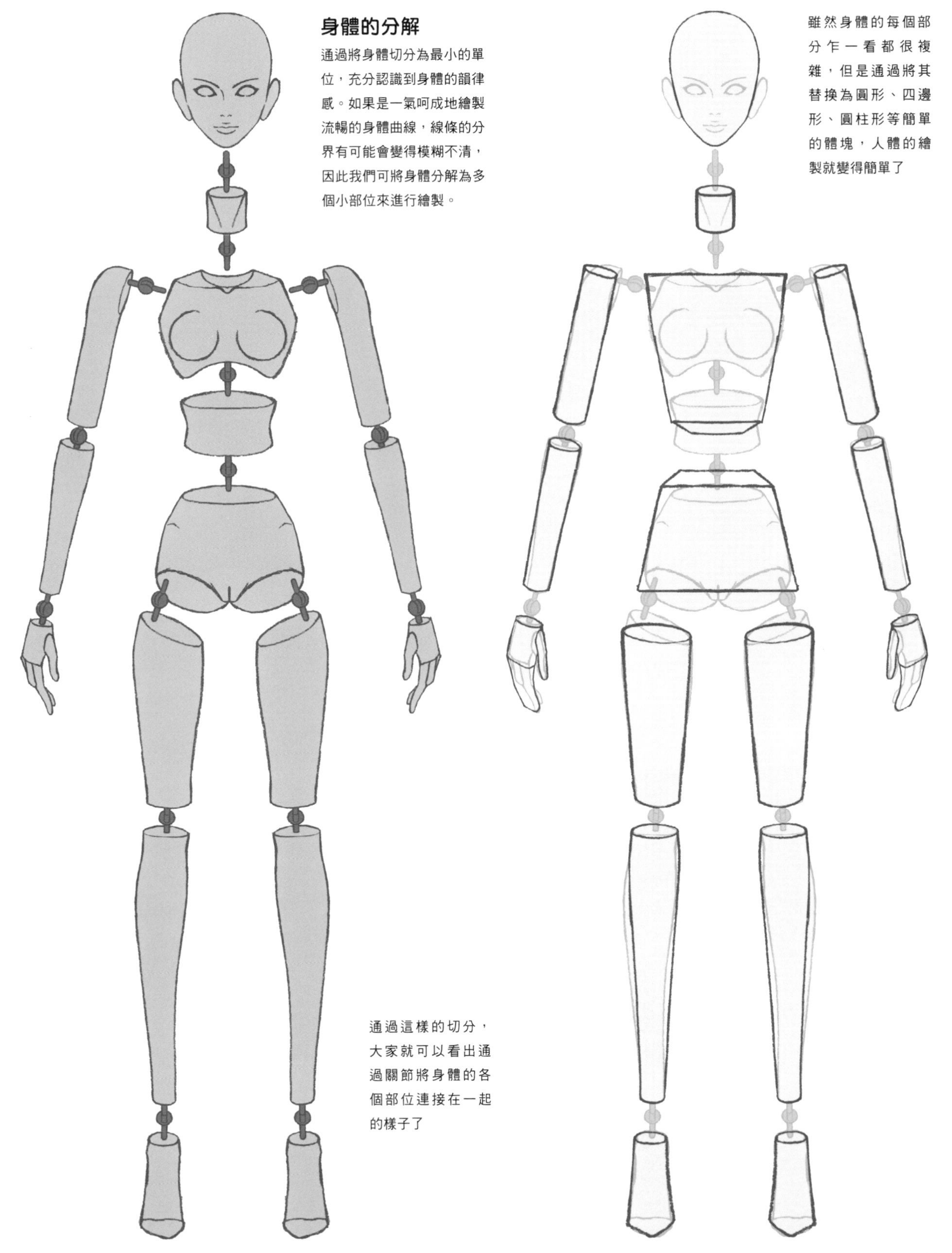

# 將人體用體塊來表示後，就會明白這些體塊可以分為兩種功能

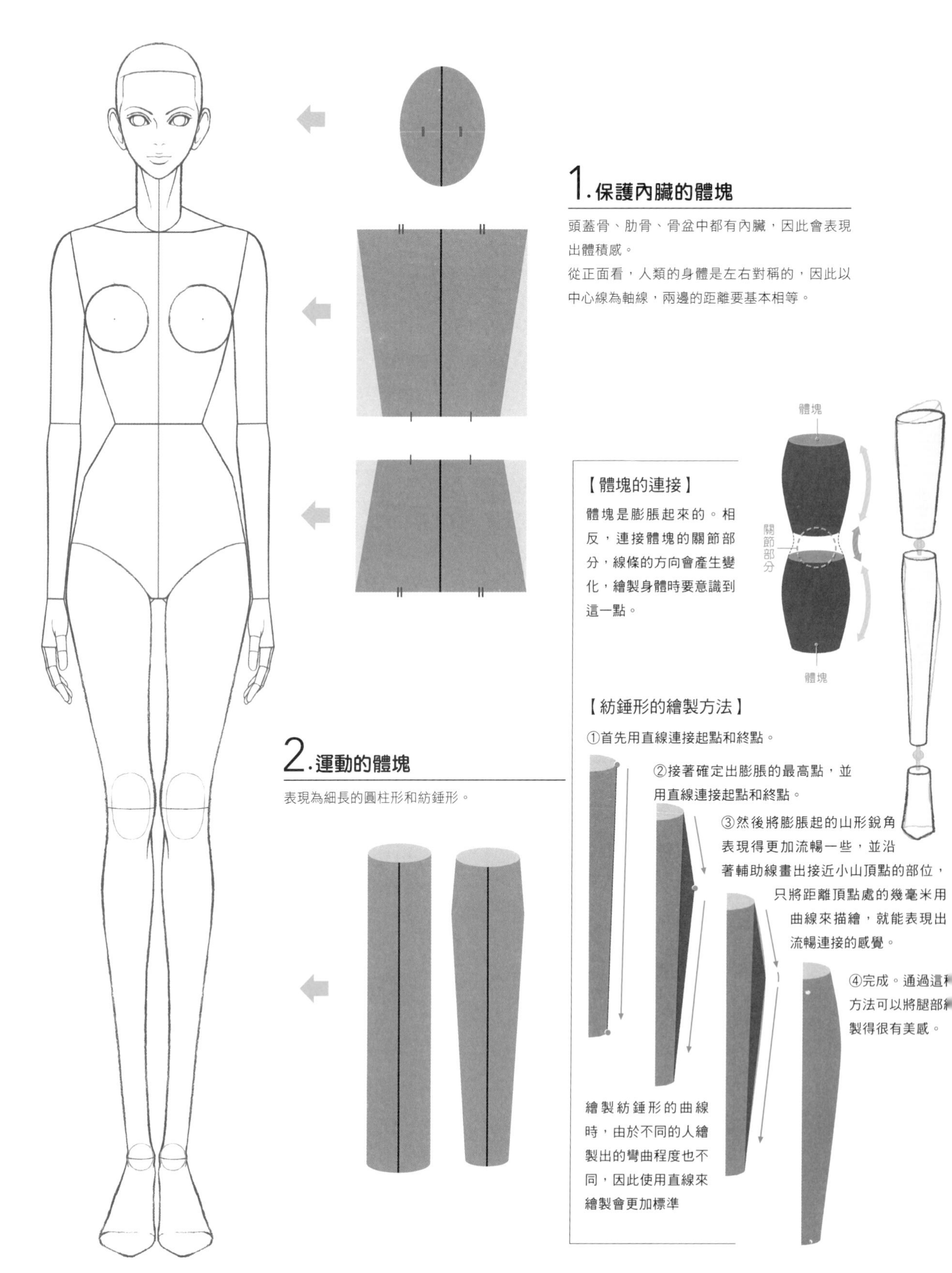

在開始實踐之前——

# 將人體框架圖放在下面，按照一定的比例來繪製人體

＊關於人體框架圖（人體・模板）的詳情請參照P4

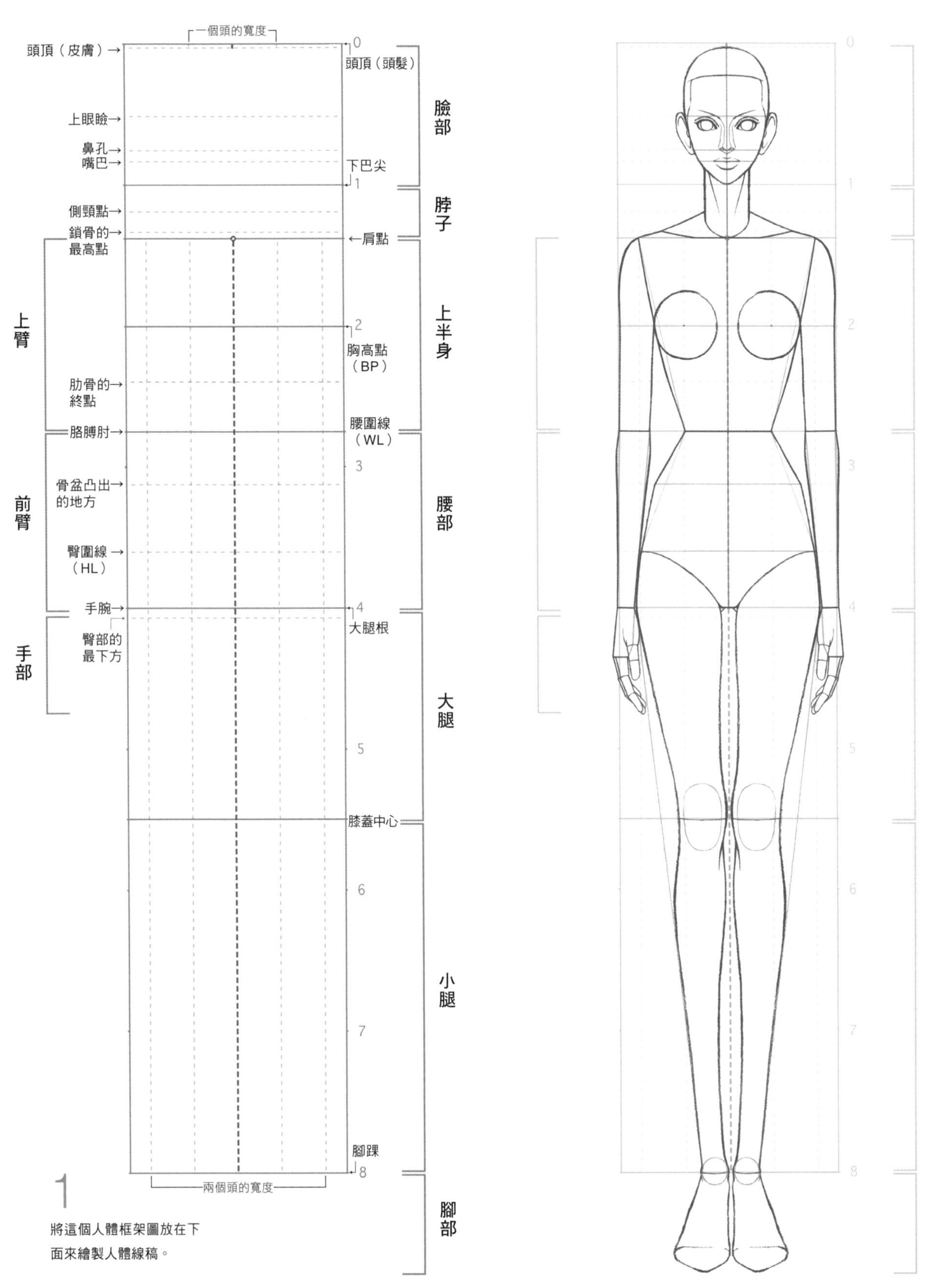


1

將這個人體框架圖放在下面來繪製人體線稿。

# 繪製的實踐 頭部 臉部的輪廓從正中線開始繪製

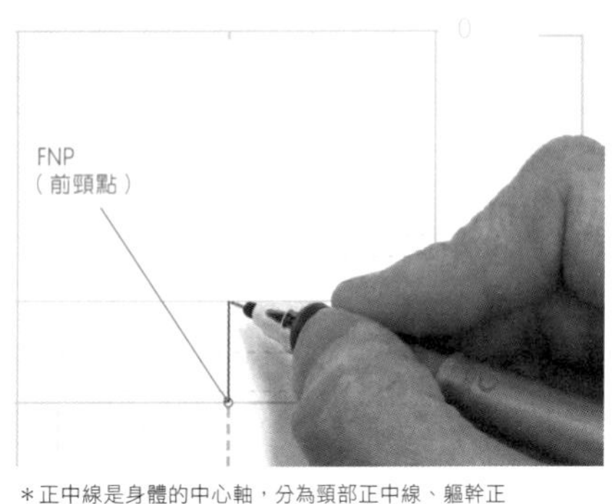


＊正中線是身體的中心軸，分為頭部正中線、軀幹正中線和腰部正中線。

## 2

人體重心的基準位於前頸點。如果以此為起點來繪製身體，那麼整體比例會比較平衡。臉部的位置會隨著動作而產生變化，因此不要一開始就從眼睛來繪製。要先繪製出脖子的正中線。

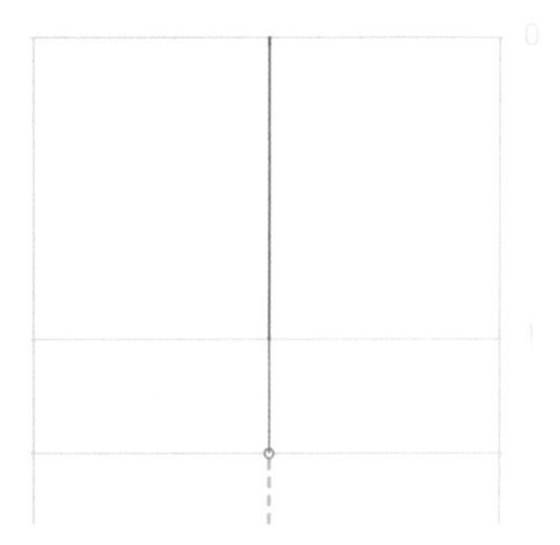


## 3

確定脖子的正中線後，再繪製臉部的中心線。由於此處繪製的是正面的人體，因此將脖子的正中線向上延伸，就是臉部的中心線了。然後在人體框架圖中繪製出各個體塊的大小。

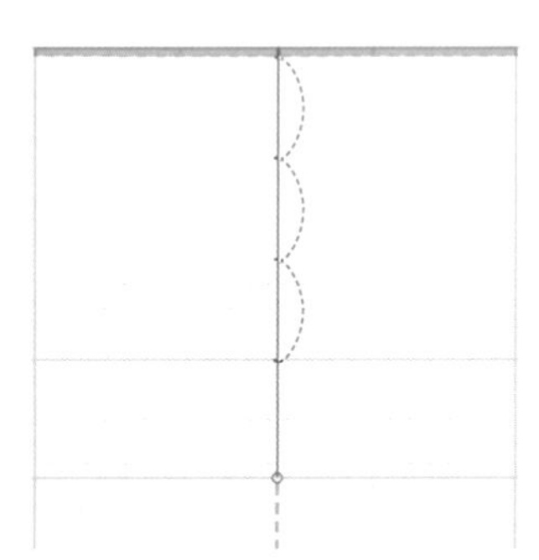

## 4

將除去頭髮1mm（灰色部分）厚度的臉部進行三等分。

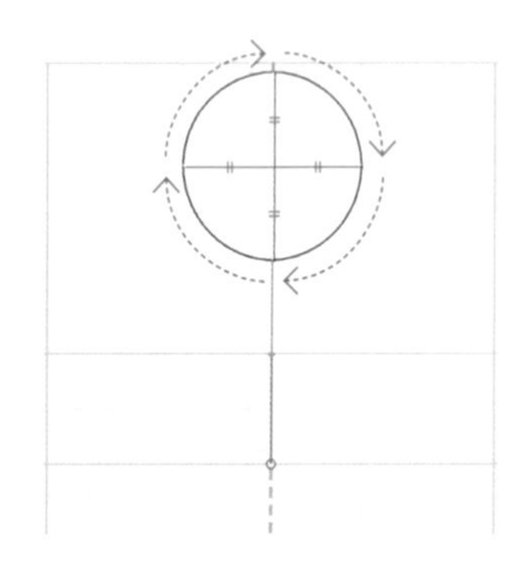

## 5

以上圖中二等分的長度為直徑畫圓，來表示大腦的體積。

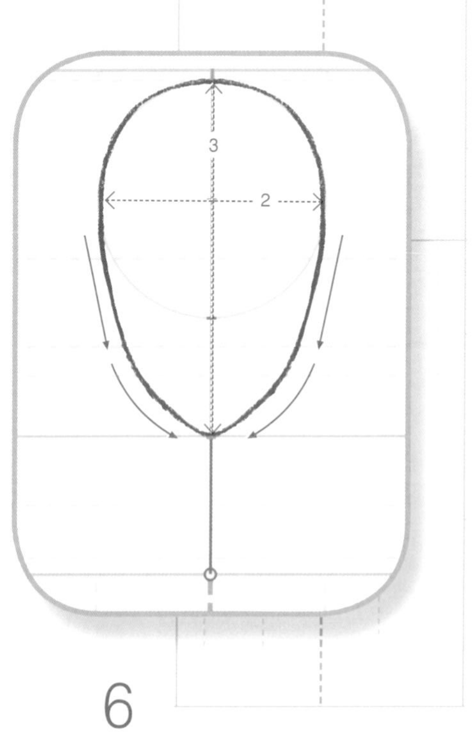


## 6

頭部的寬度為2/3頭身。繪製出連接太陽穴到下巴的線條後，就成為一個鵝蛋形。這裡的繪製要點是線條不能直上直下，要向內側稍微彎曲一些，並注意保持左右對稱。

# 臉部的元素——眼睛和眉毛

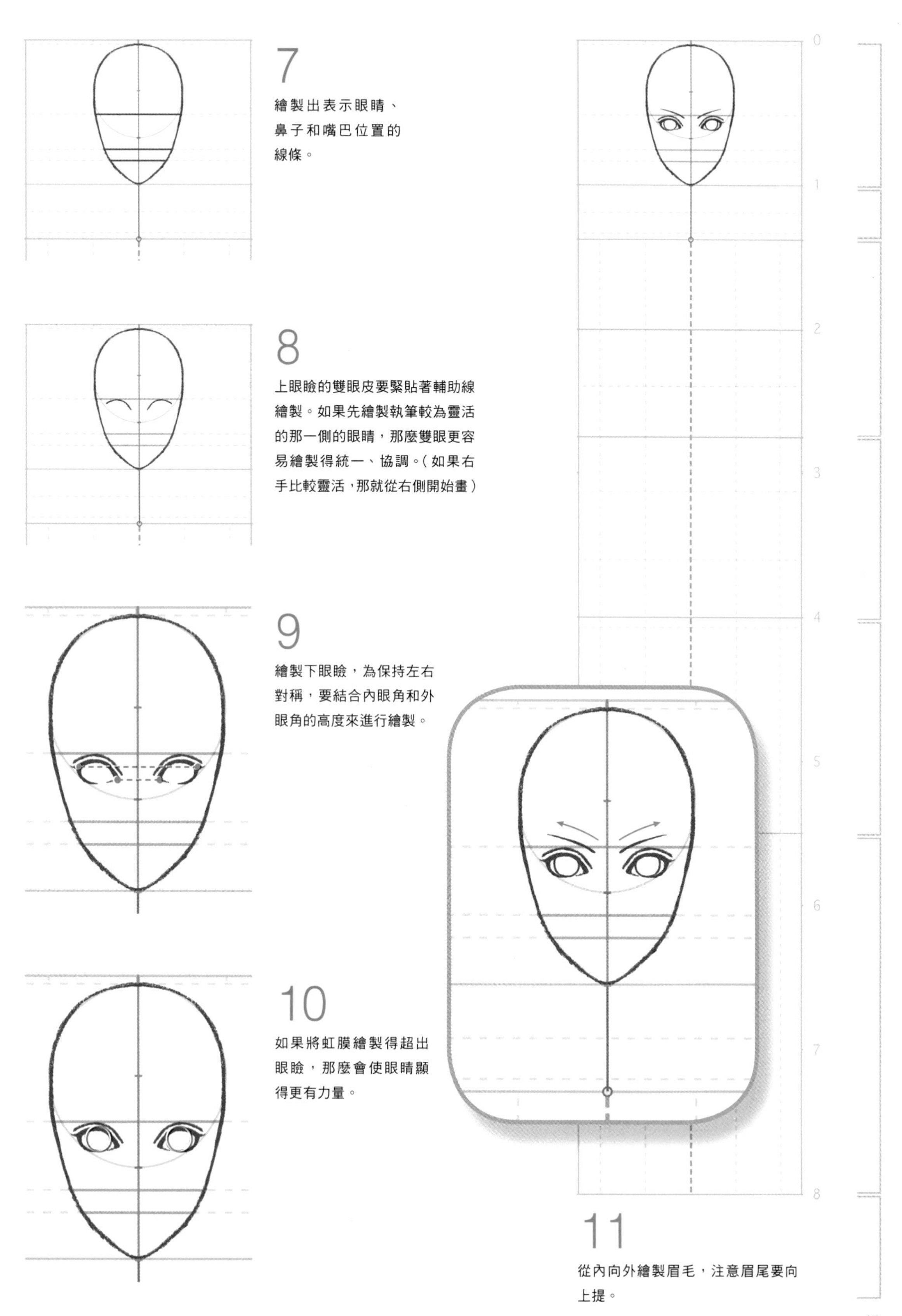


7

繪製出表示眼睛、
鼻子和嘴巴位置的
線條。

8

上眼瞼的雙眼皮要緊貼著輔助線繪製。如果先繪製執筆較為靈活的那一側的眼睛，那麼雙眼更容易繪製得統一、協調。（如果右手比較靈活，那就從右側開始畫）

9

繪製下眼瞼，為保持左右對稱，要結合內眼角和外眼角的高度來進行繪製。

10

如果將虹膜繪製得超出眼瞼，那麼會使眼睛顯得更有力量。

11

從內向外繪製眉毛，注意眉尾要向上提。

頭部

# 臉部的元素——鼻子、嘴巴、耳朵、髮際線

12 鼻子的線條在內眼角稍微靠上的位置轉折，鼻頭部分要畫得圓潤一些。

頭部的完成圖

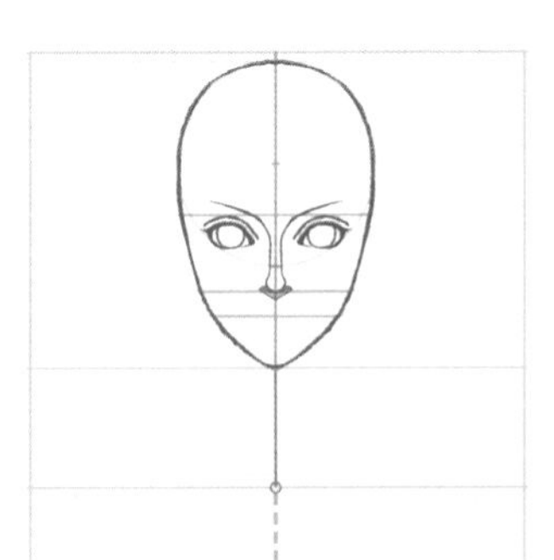

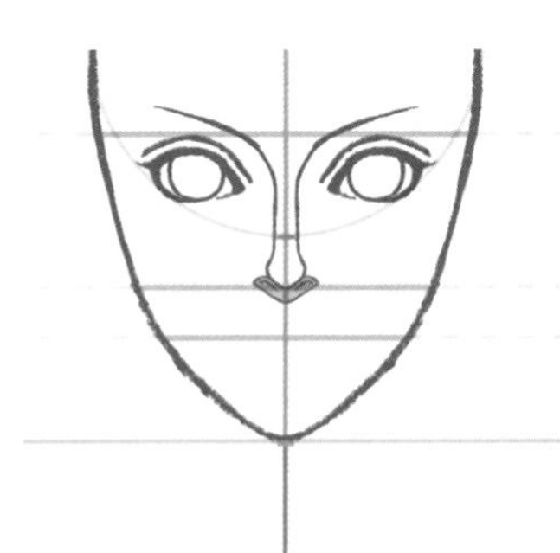

13 鼻孔呈倒八字形，下方的陰影部分呈三角形。

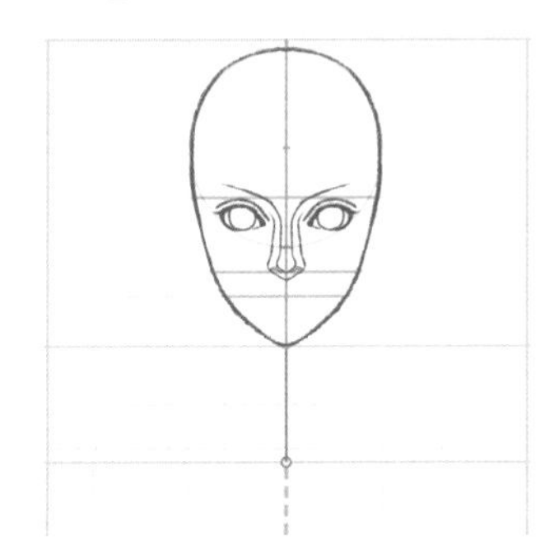

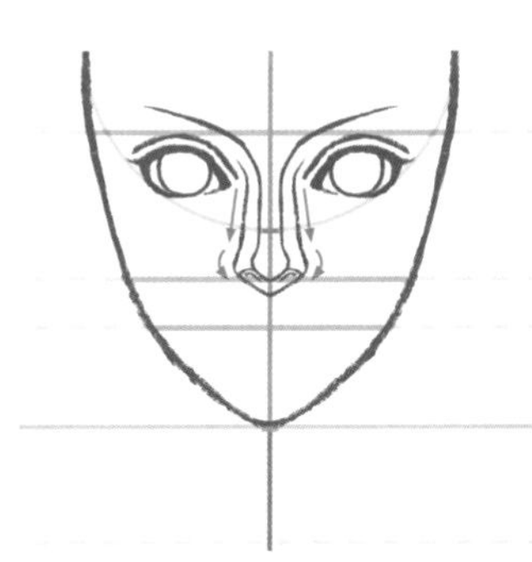

14 繪製出鼻子的厚度。鼻翼部分要繪製得稍微向外鼓一些。

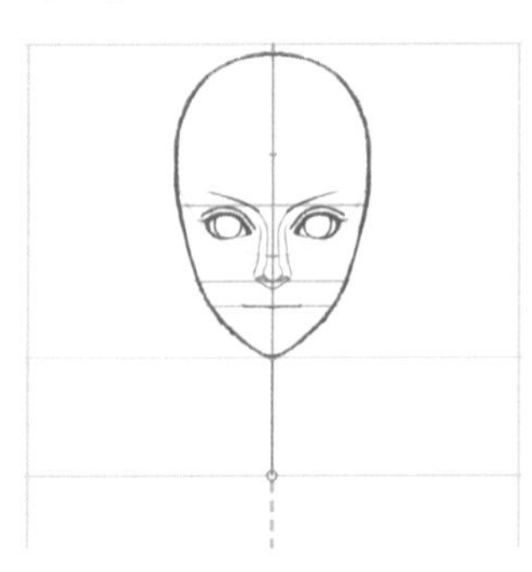

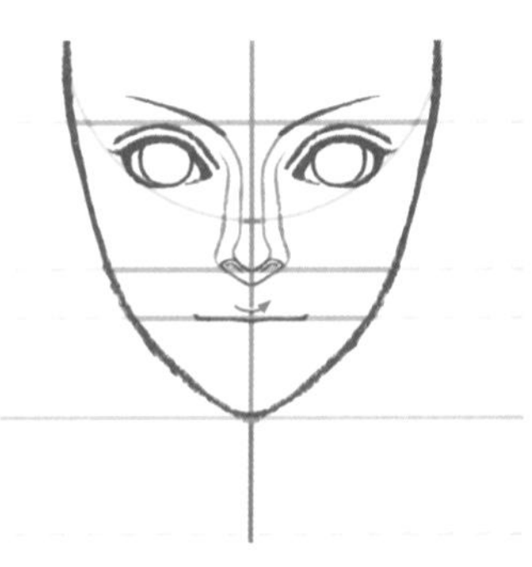

15 唇中縫可以用直線來繪製。在正中心處稍微凹陷一些會顯得更加逼真。

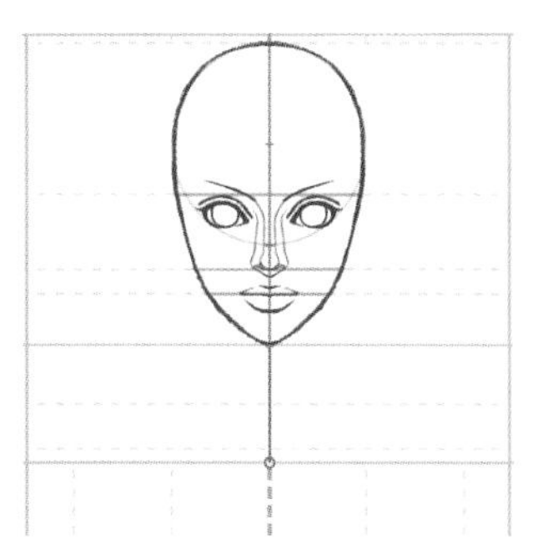

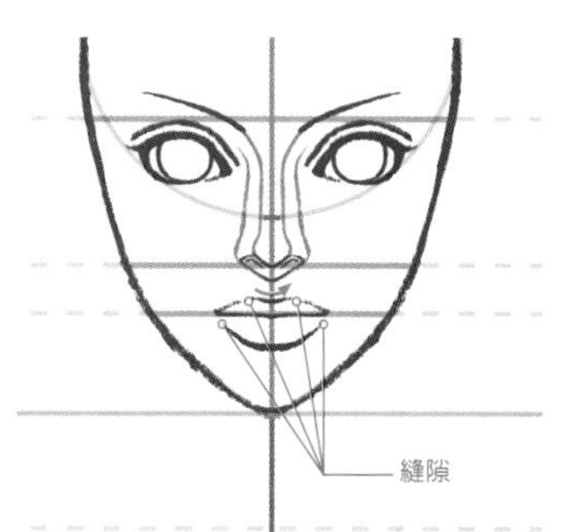


16 繪製嘴唇。嘴唇的形狀像葉片，上唇有凹陷。為了使嘴巴更加醒目，唇部的線條不要封閉，留一些縫隙會比較好。

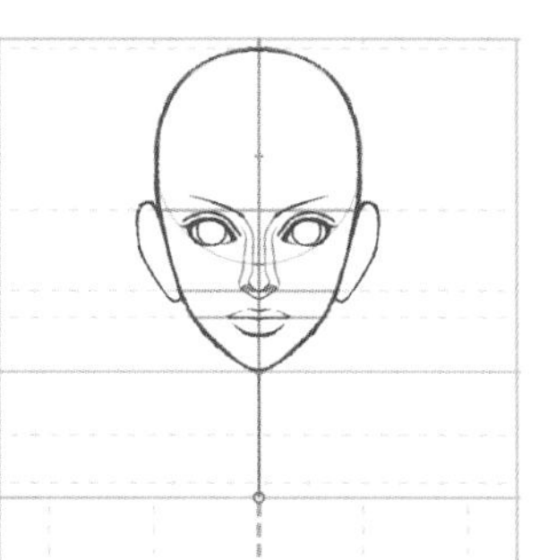

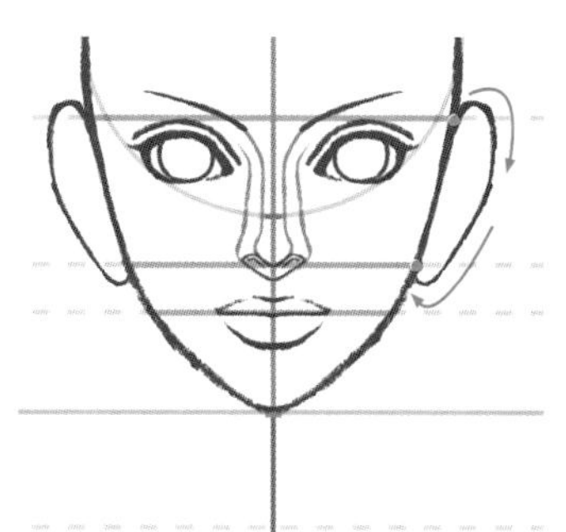

17 耳朵位於上眼瞼和鼻子底部的輔助線之間。

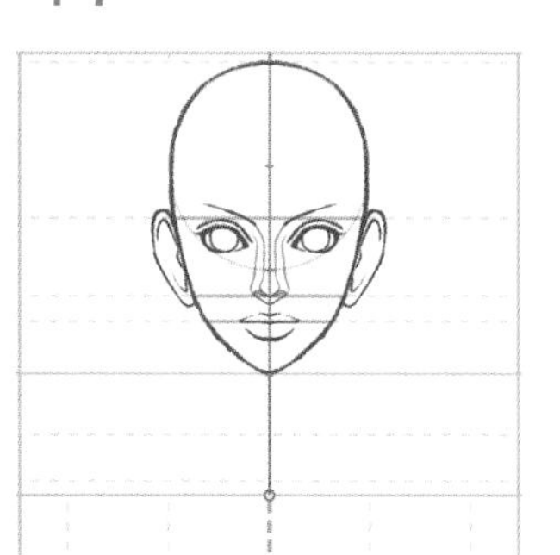

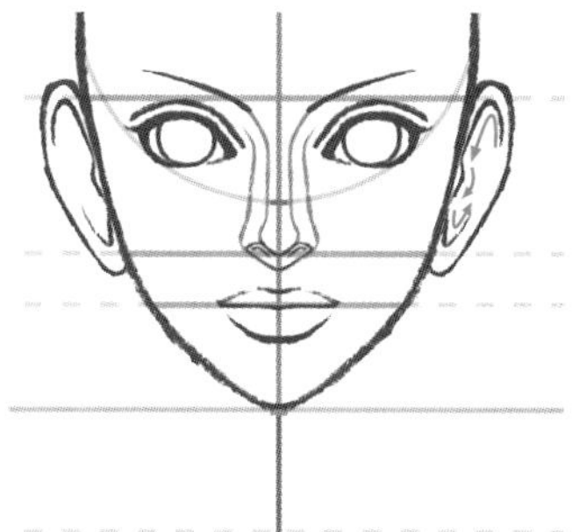

18 繪製耳廓時，可以在數字「6」的形狀基礎上加入一些凹陷來表現。

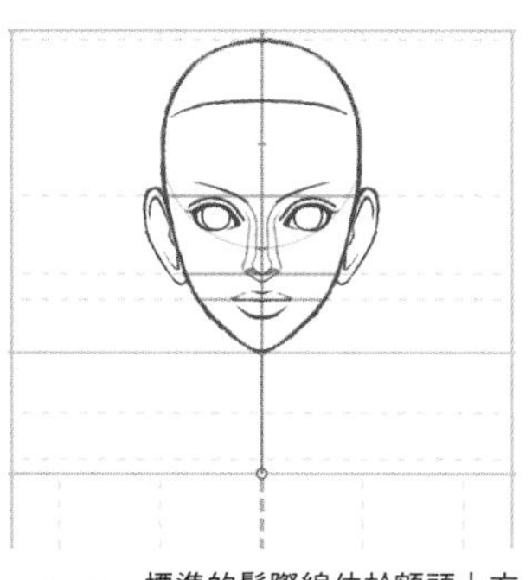

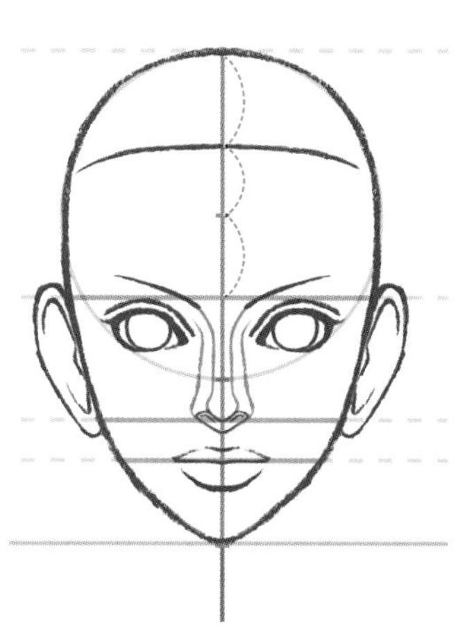

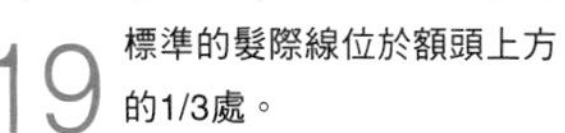

19 標準的髮際線位於額頭上方的1/3處。

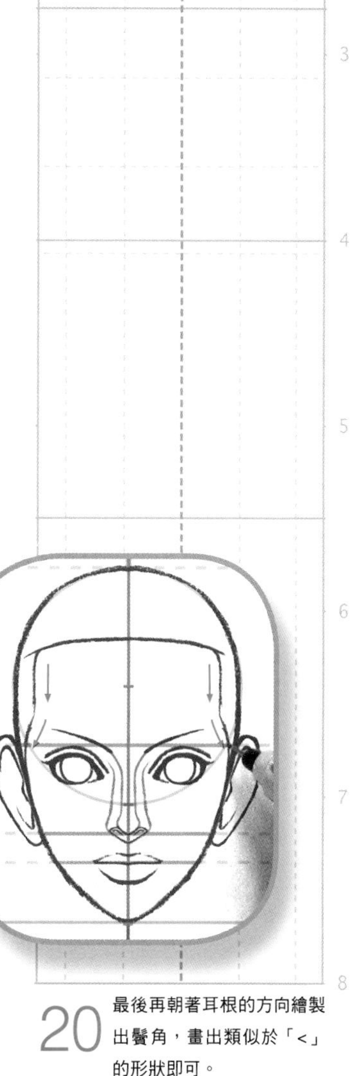

20 最後再朝著耳根的方向繪製出鬢角，畫出類似於「<」的形狀即可。

# 繪製的實踐 上半身 從頭部到軀幹

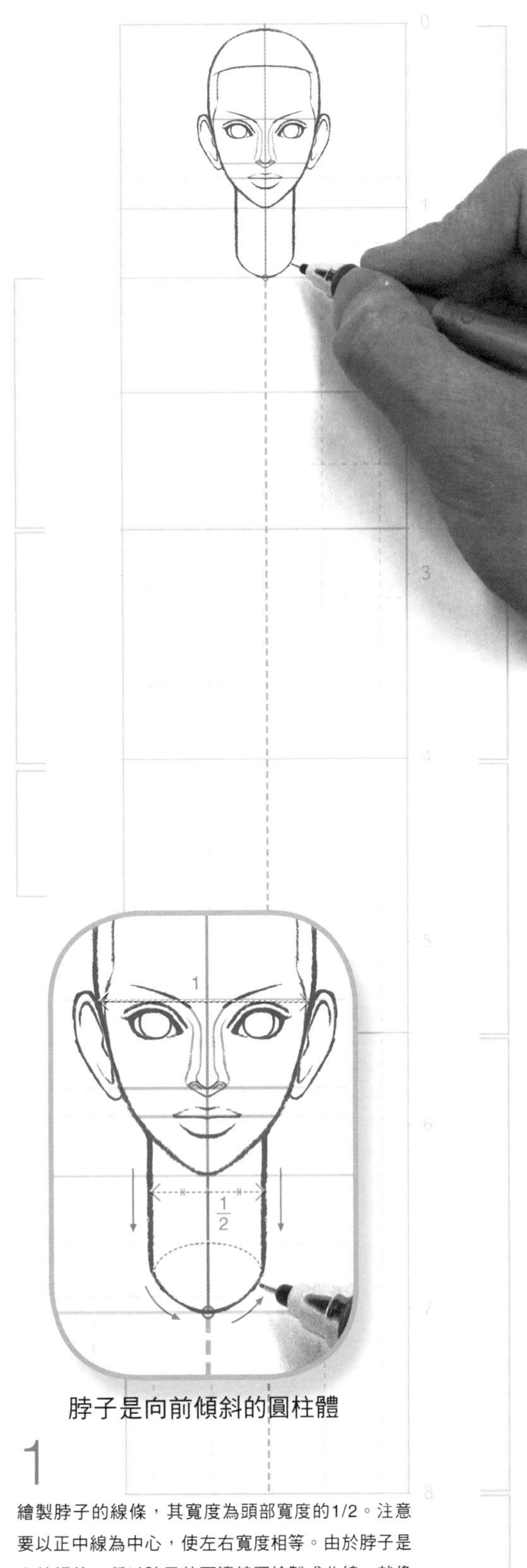


脖子是向前傾斜的圓柱體

1

繪製脖子的線條，其寬度為頭部寬度的1/2。注意要以正中線為中心，使左右寬度相等。由於脖子是向前傾的，所以脖子的下邊線要繪製成曲線，就像圓柱體向前傾斜一樣。

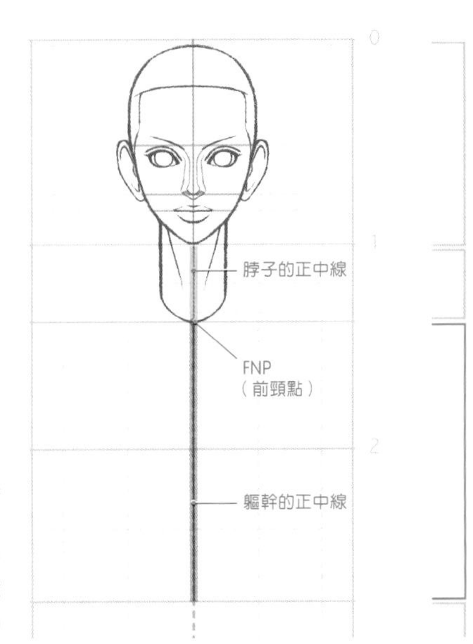


將胸部和腹部統稱為軀幹

2

畫出脖子上的線條會顯得很苗條。如果不是向前彎曲的動作，胸部和腹部可作為一個統一的整體，稱為「軀幹」。繪製時要先畫出正中線。

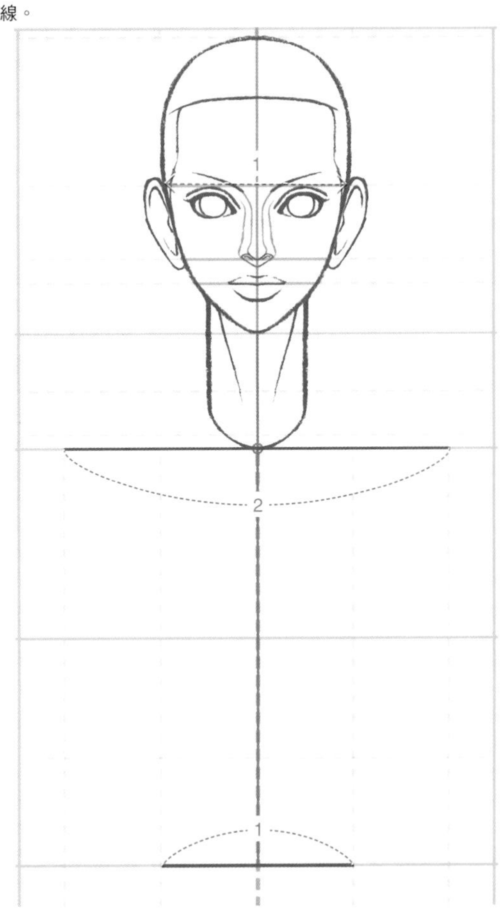


3 肩膀的寬度是頭部寬度的兩倍，腰部的寬度與頭部的寬度相同。

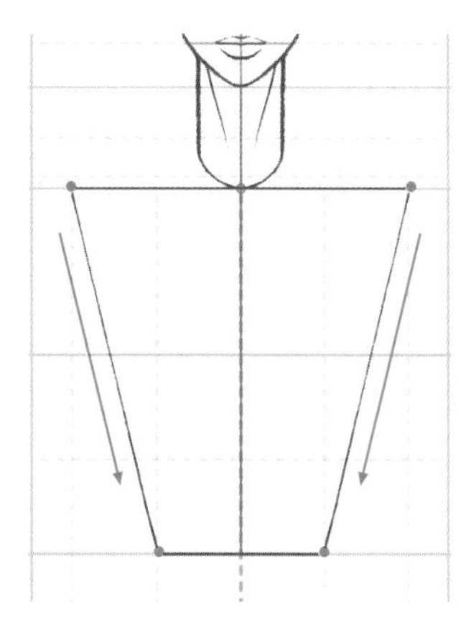

4

分別將肩線的兩端與腰線的兩端用直線相連。

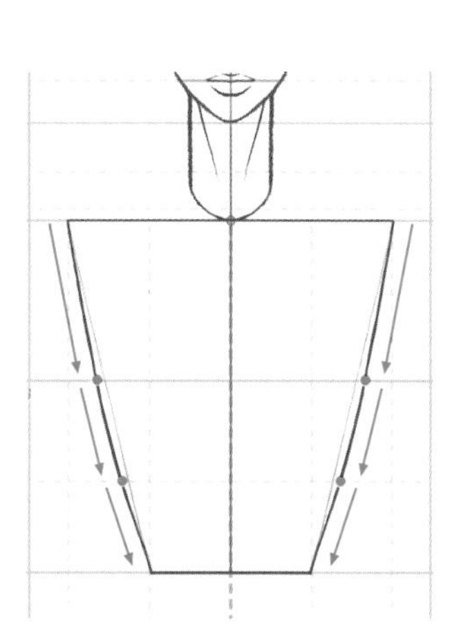

5

各部分都要表現出凸起的感覺。以「胸高點」和「肋骨的終點」為頂點繪製出平緩的小山丘似的曲線，這樣就可以很自然地表現出平緩的凸起，軀幹與胳膊的連接會表現得更加完美。凸起處的高度為 1mm。

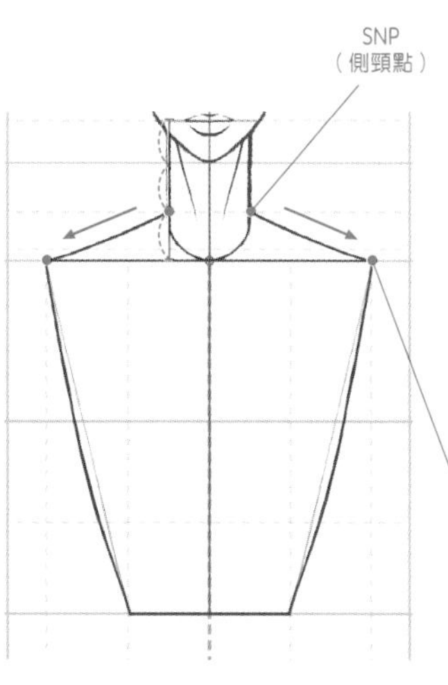


6

畫出連接側頸點和肩點的線條，完成肩膀的繪製。側頸點位於脖子長度的1/3處左右。

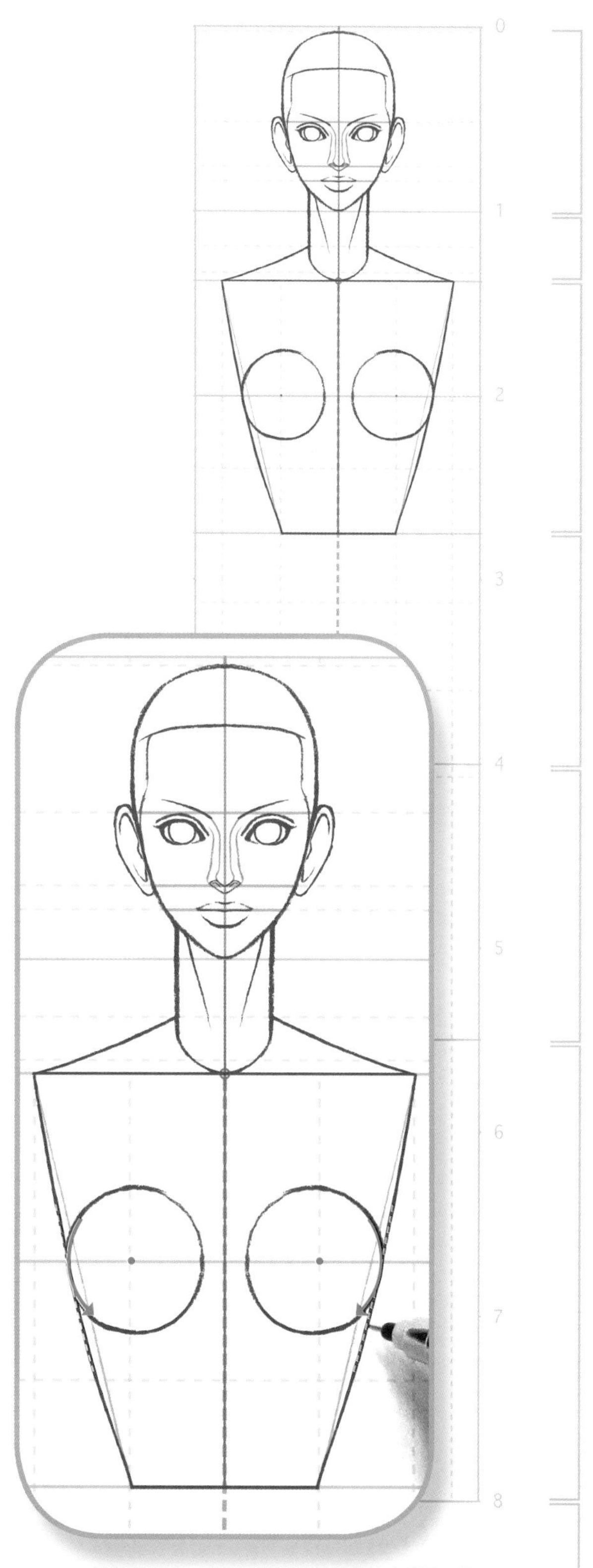


7 繪製胸部時，要緊貼著軀幹的輪廓線來畫圓。兩個胸高點之間的寬度等於一個頭部的寬度。

# 繪製的實踐 下半身 腰部感覺像是穿了很寬的褲子似的

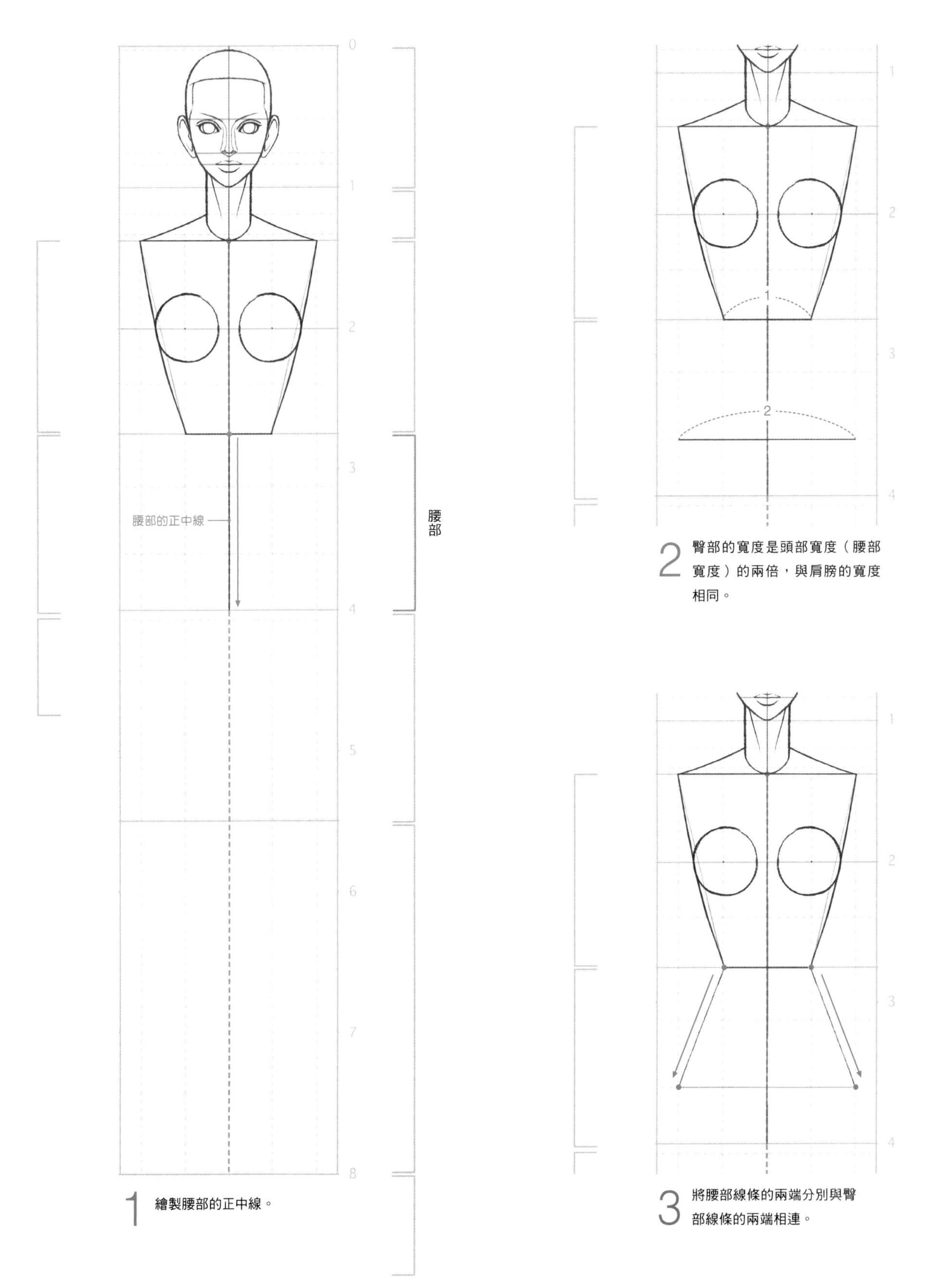


1 繪製腰部的正中線。

2 臀部的寬度是頭部寬度（腰部寬度）的兩倍，與肩膀的寬度相同。

3 將腰部線條的兩端分別與臀部線條的兩端相連。

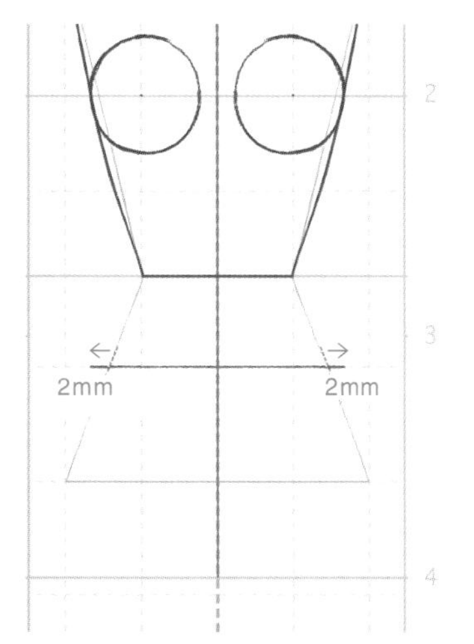


4 骨盆凸出的部分大約在輔助線向外2mm左右。

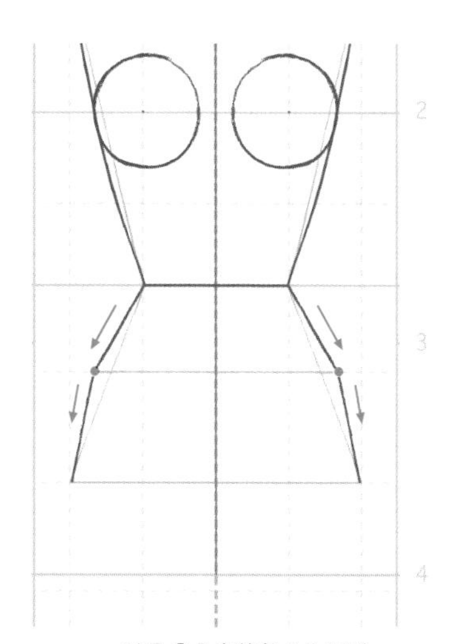

5 以骨盆凸出的部分為頂點，畫出腰部圓潤飽滿的感覺。

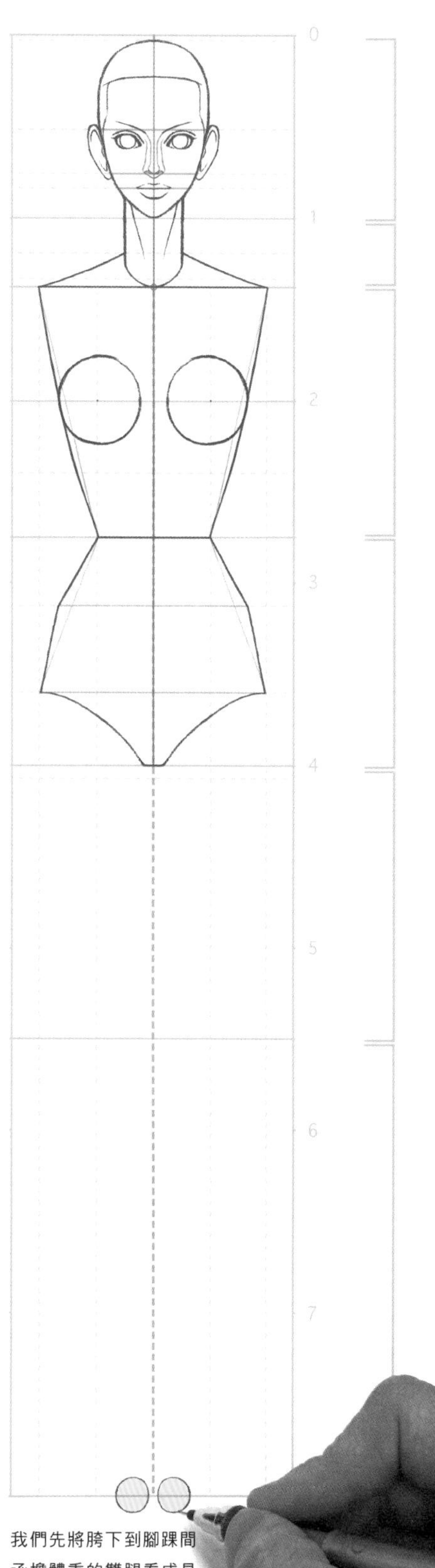

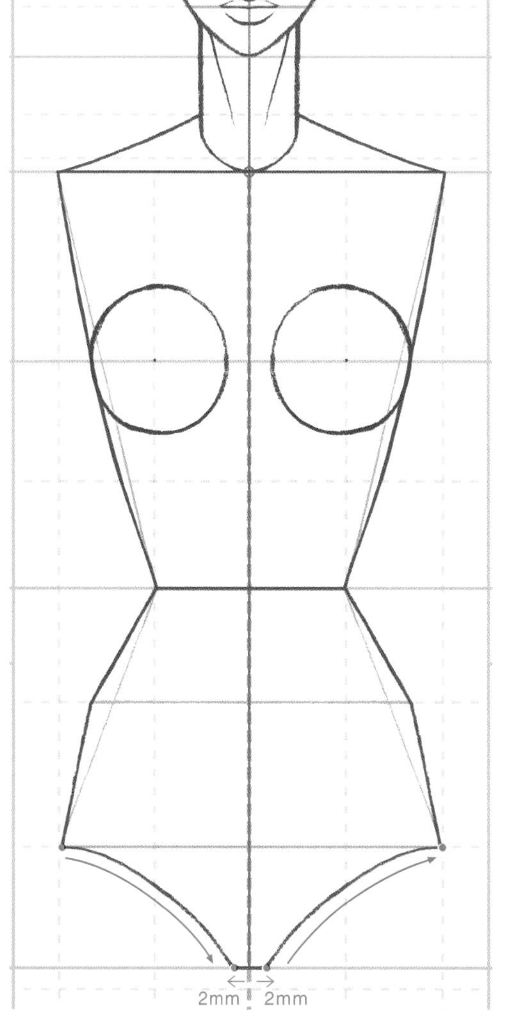


6 大腿根部用平緩的弧線來描繪。然後從兩腿之間的中心分割向左右兩側做出2mm的線段，畫出兩腿間的部分。

〔腿部〕

7 我們先將胯下到腳踝間承擔體重的雙腿看成是一條腿，因此需要先確定出終點腳踝的位置。

## 下半身 腿部

因為腿部是要露在外面的，所以要特別用心地繪製

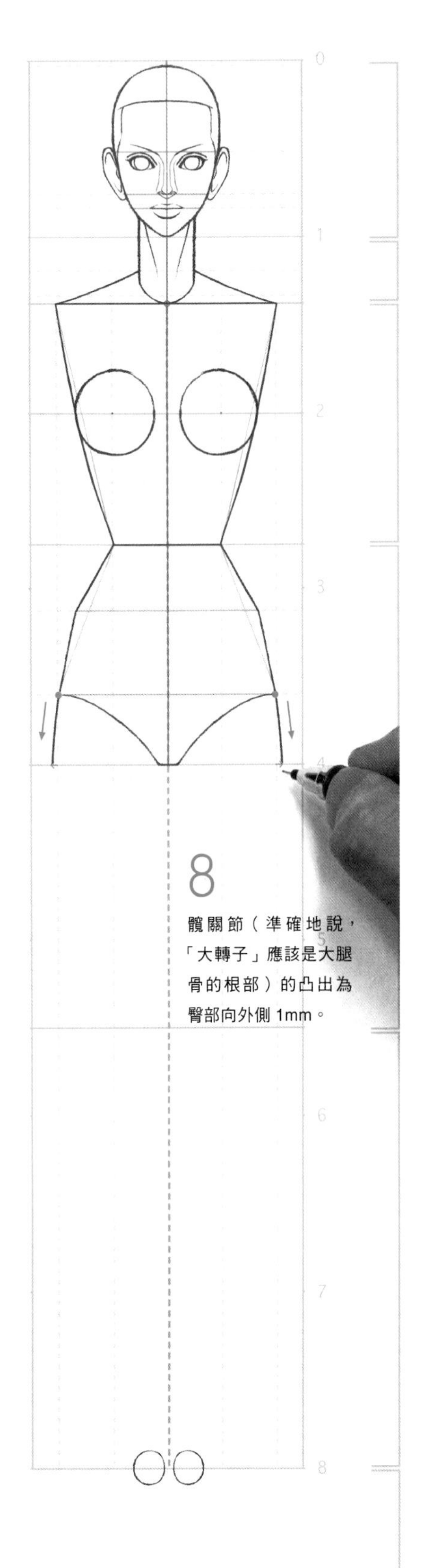

8

髖關節（準確地說，「大轉子」應該是大腿骨的根部）的凸出為臀部向外側 1mm。

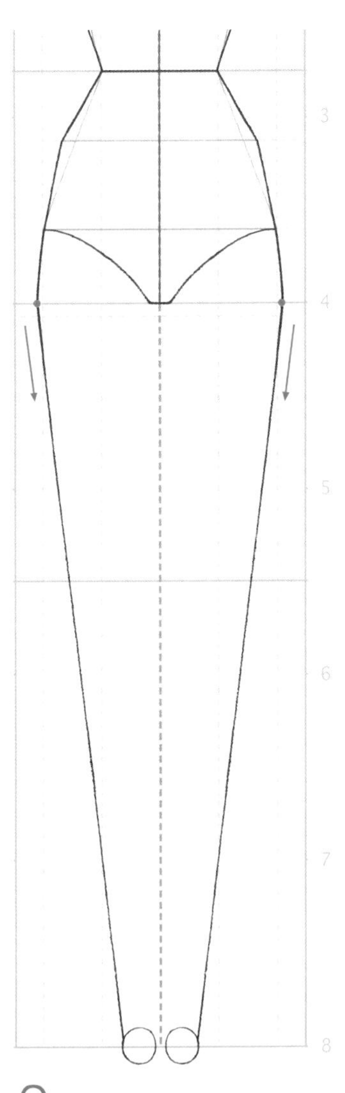

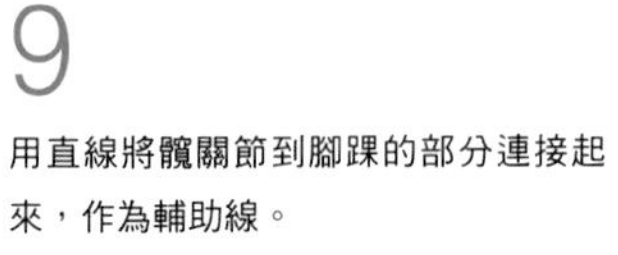

9

用直線將髖關節到腳踝的部分連接起來，作為輔助線。

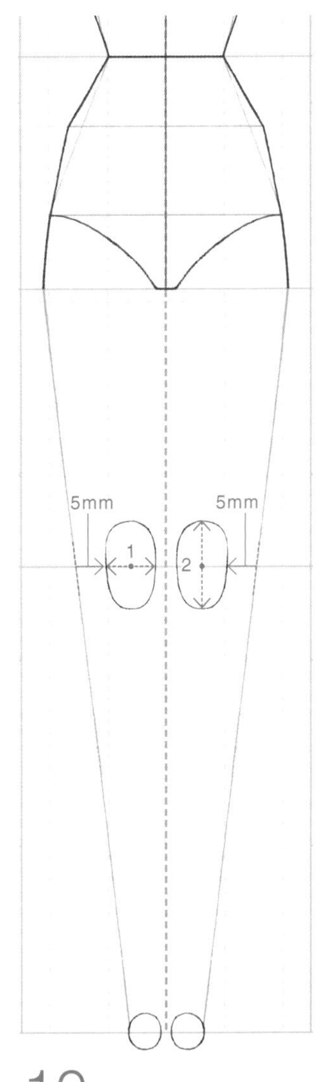


10

將從胯部到腳踝的中點確定為膝蓋的位置，在離輔助線內側5mm處繪製膝蓋。由於我們常常稱之為膝蓋，因此可以使用與臉部相同的橢圓形來描繪。大小要略小於臉部的1/2。

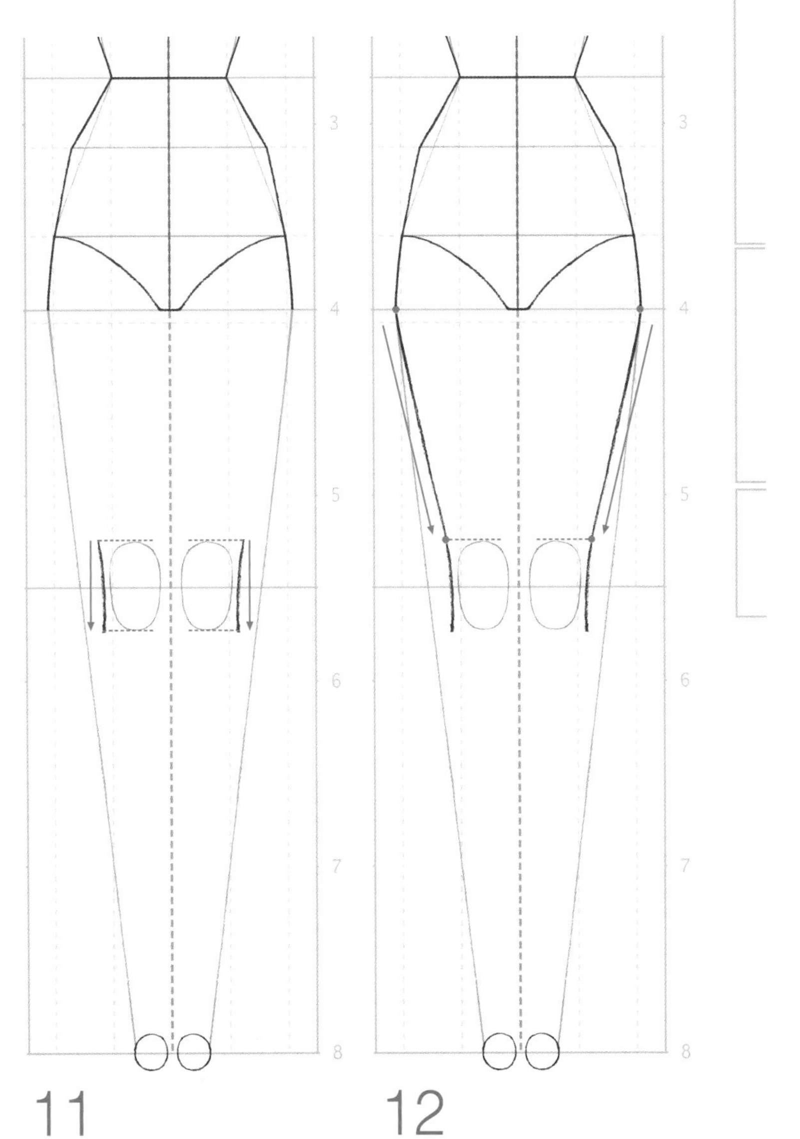


## 11

膝蓋外側的線條幾乎是直線。

## 12

大腿部分，繪製出連接髖關節與膝蓋外側的線條。

## 13

小腿。從人體框架圖的6頭身處開始緩緩地與輔助線匯合，然後沿著輔助線描繪。

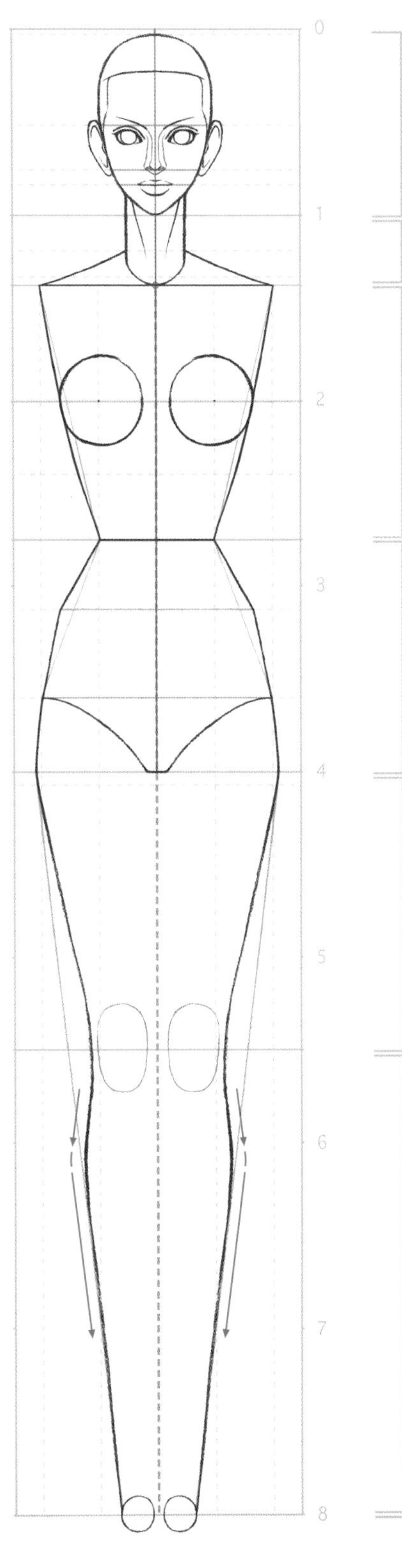

## 下半身 從腿部到腳部

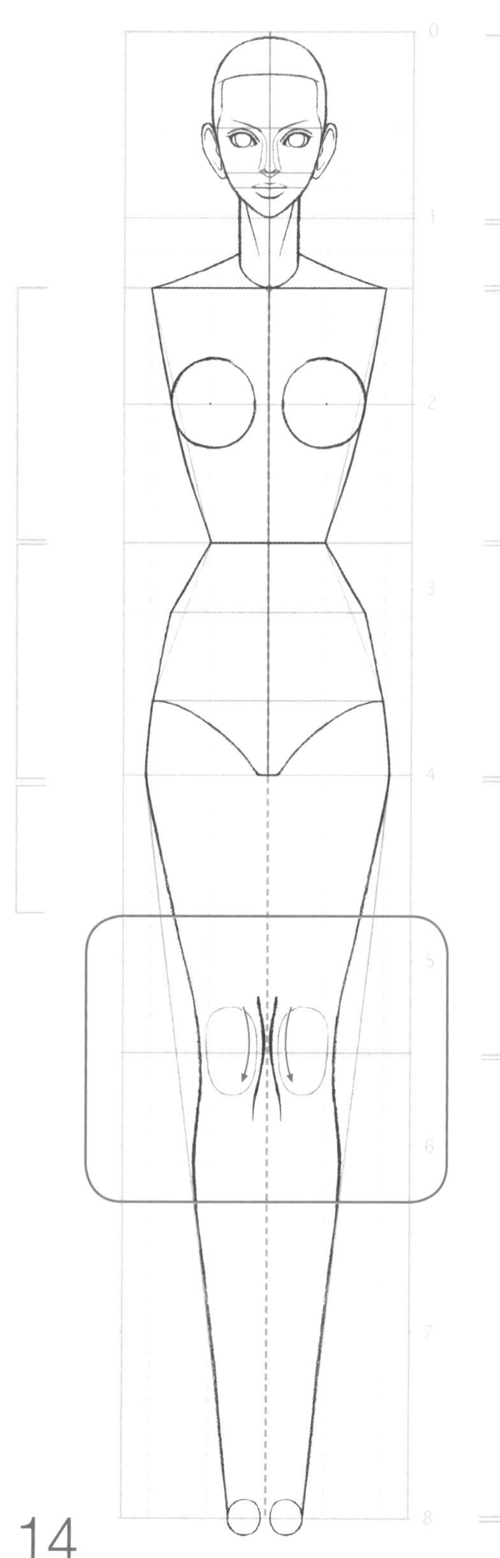

14

腿部的外側線條繪製好後，再繪製內側的線條。先從膝蓋開始描繪，沿著內側的圓弧畫出圓潤感。

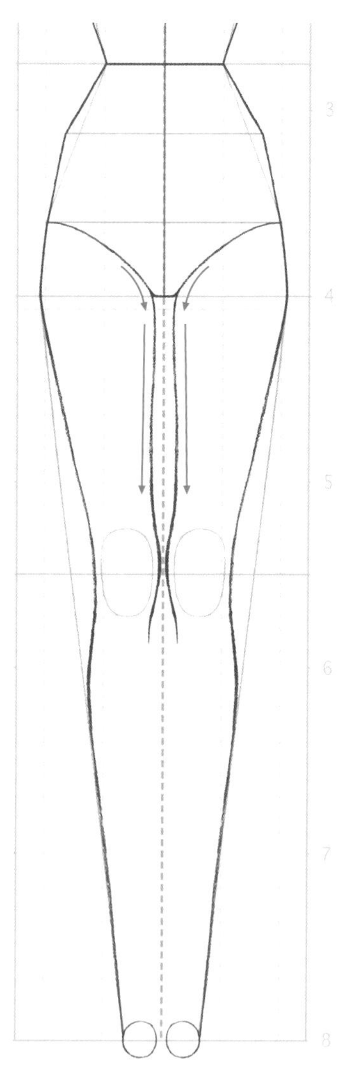

15

繪製大腿內側的線條。從大腿根開始的5mm左右要畫得圓潤飽滿一些，然後用直線將其與膝蓋相連。

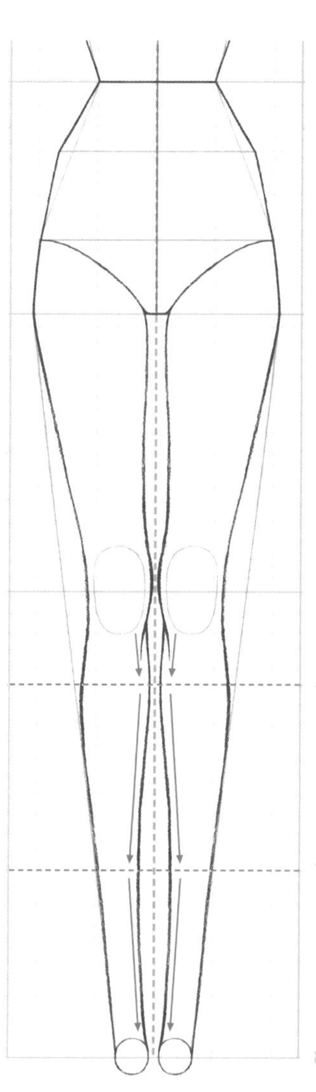

16

小腿內側的線條類似於S形，所謂S形，指的是線條的方向改變過兩次。在人體框架圖的6頭身、7頭身處方向發生了改變。這裡雖然看起來有些複雜，但卻是決定腿部形狀的要點，請大家一定努力仔細繪製。

## 腳部呈劍頭的形狀

17

繪製腳踝時，腳踝兩側呈「<」形。

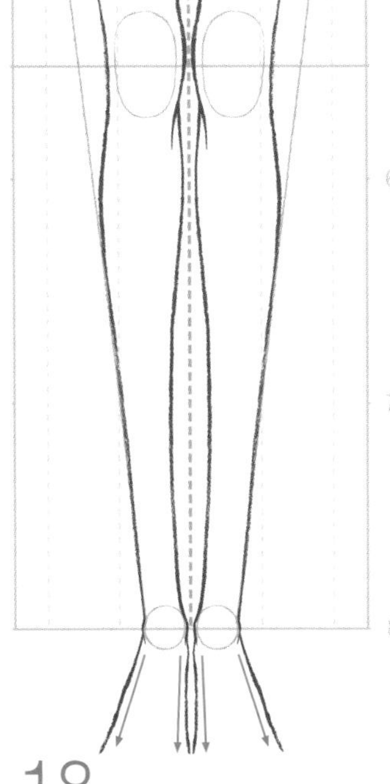

18

正面的腳部形狀有點像劍頭的尖端。我們可以將腳部畫得大一些，這樣更有穩定感，腳背呈「八」字形展開。

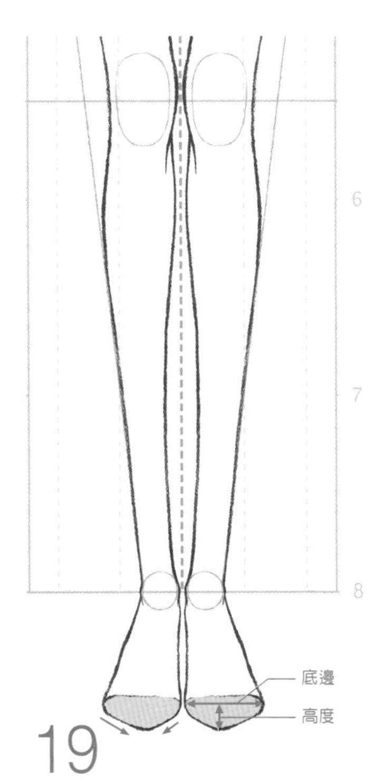


19

腳尖呈三角形。二趾和拇趾之間的部分為腳的頂點。腳尖的正面部分，底邊的長度要比高度長一些。

20

在腳踝和膝蓋處加入關節的線條，然後畫出從胯下可以看到的臀部線條，完成下半身的繪製。

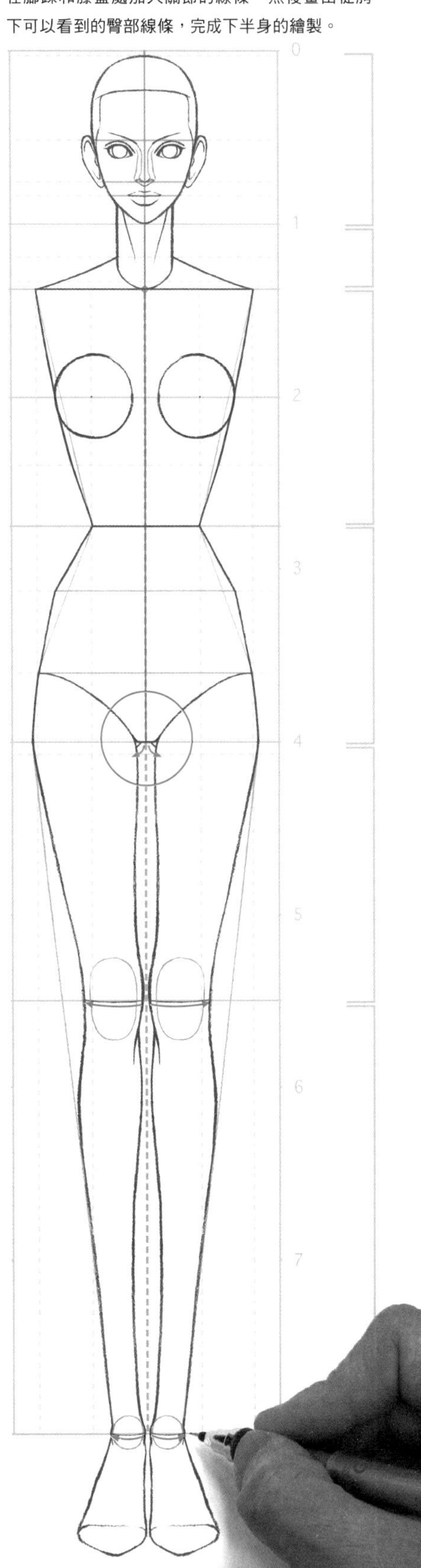

# 繪製的實踐 上半身 繪製手臂時，重點是與鎖骨相連的部位

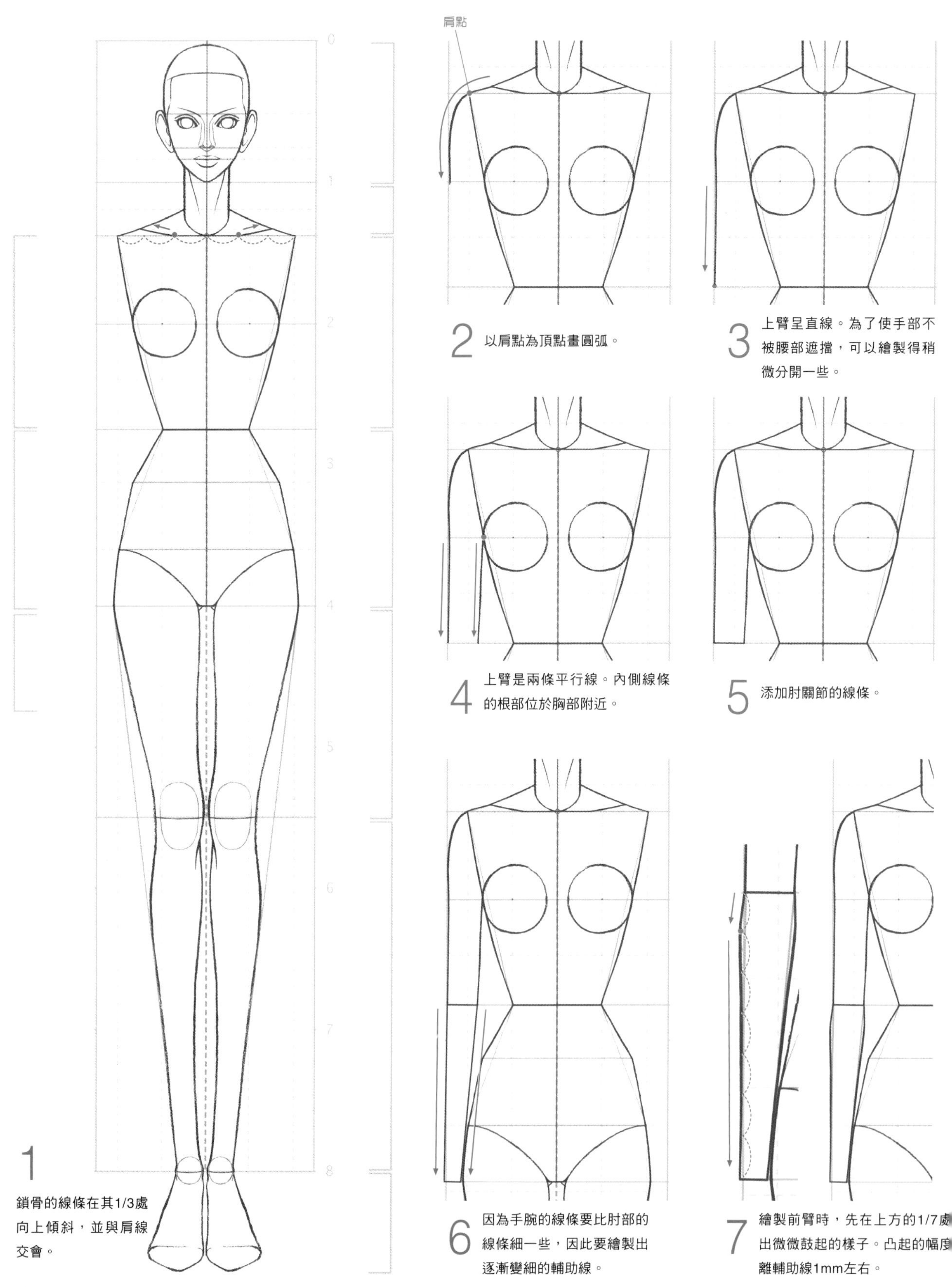


1 鎖骨的線條在其1/3處向上傾斜，並與肩線交會。

2 以肩點為頂點畫圓弧。

3 上臂呈直線。為了使手部不被腰部遮擋，可以繪製得稍微分開一些。

4 上臂是兩條平行線。內側線條的根部位於胸部附近。

5 添加肘關節的線條。

6 因為手腕的線條要比肘部的線條細一些，因此要繪製出逐漸變細的輔助線。

7 繪製前臂時，先在上方的1/7處出微微鼓起的樣子。凸起的幅度離輔助線1mm左右。

8 手部和腳部一樣，一不小心就容易畫小了，因此索性一開始就畫大一些。側面的手背呈細長的四邊形，長度大約為手部的一半。

## 繪製手部時，要將手背和手指分開進行描繪

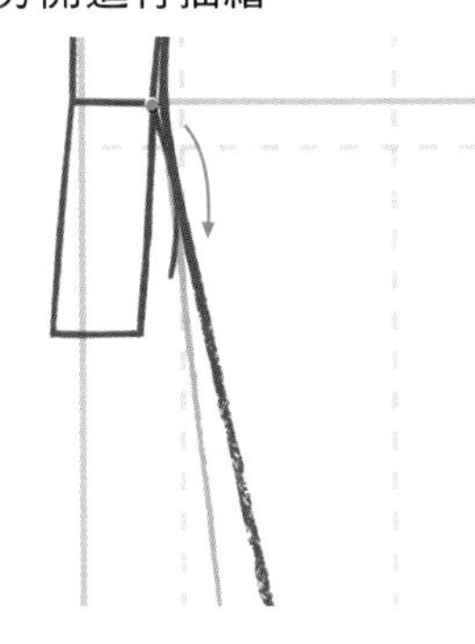

9 大拇指根部的起點在手腕處。

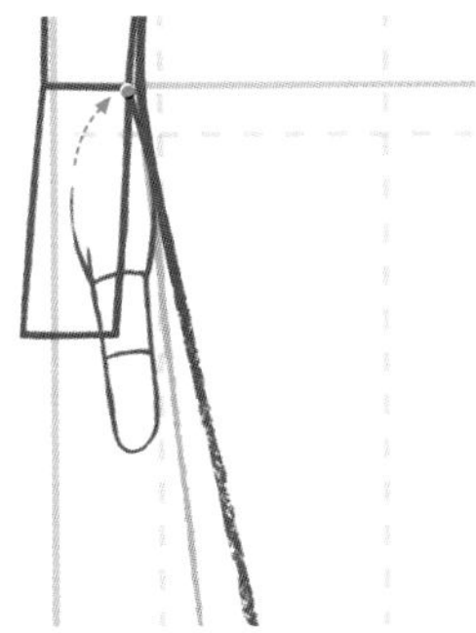

10 大拇指是所有手指中最粗且最短的一根。

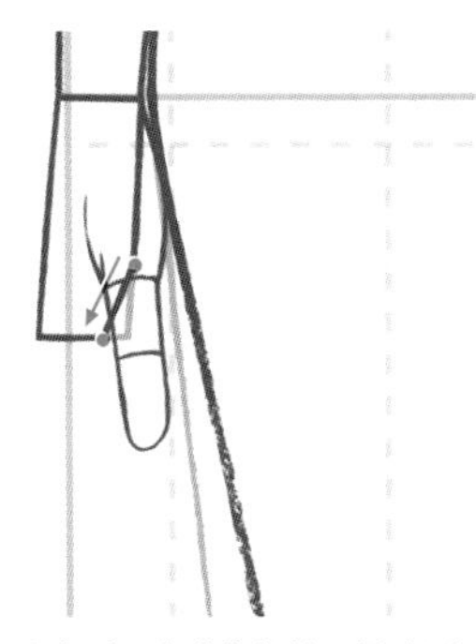

11 考慮到要與食指相接，故意刪掉一個角。

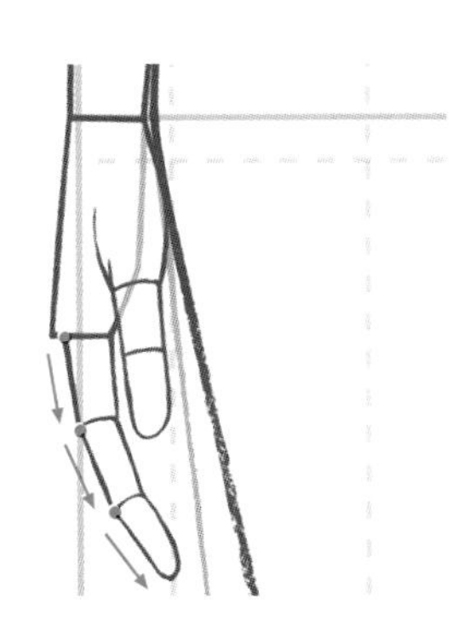

12 食指有兩個關節。

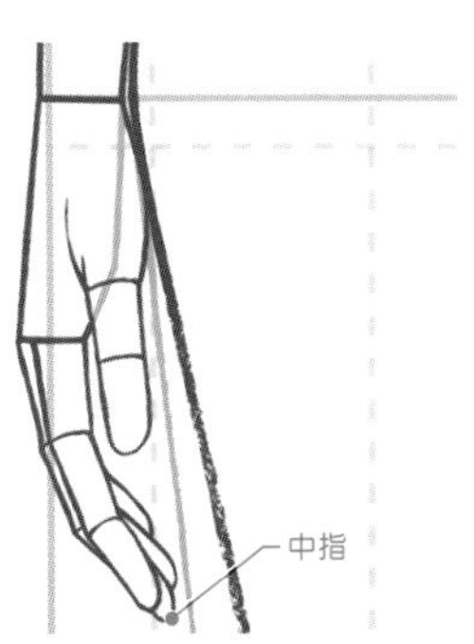


13 繪製剩下的手指。其中中指最長，食指和無名指的長度大致相同。

14 使用同樣的方法繪製另一側手臂。這樣人體的繪製就完成了。

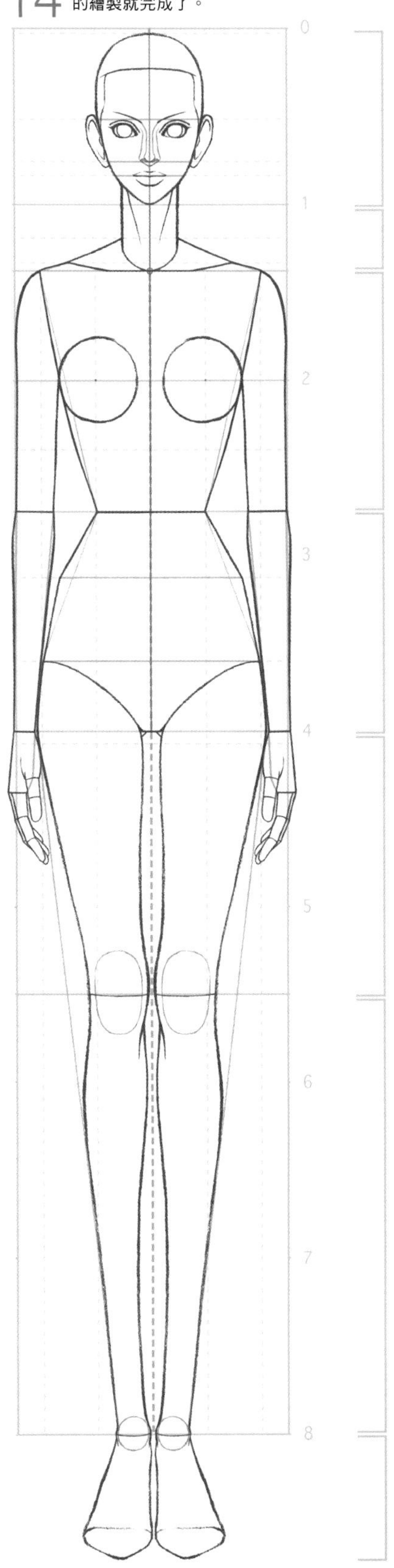

# 從人體線稿到人體完成圖——以人體線稿為底稿來繪製人體完成圖

人體線稿繪製完成後，將其放在描圖紙下面流暢地繪製。下面我們就來進一步學習繪製人體完成圖吧。

## 頭部 繪製臉部

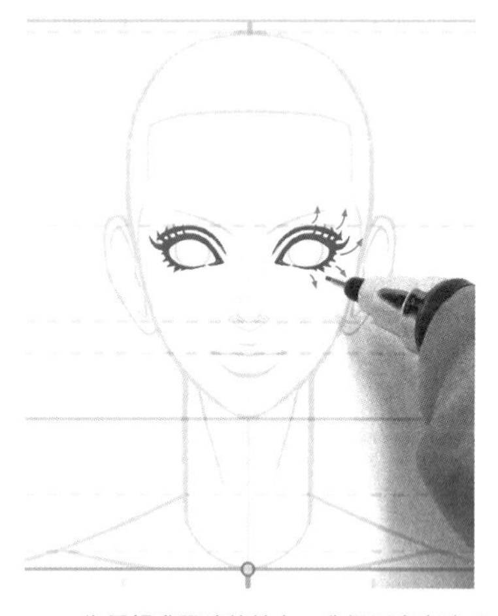

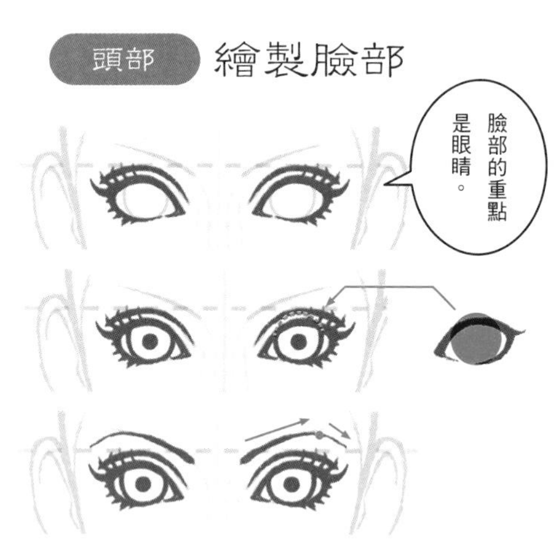


1 為了提升眼睛的魅力，我們要畫出睫毛。繪製時不要用直線，用曲線更能增強女性的女人味，特別是外眼角的睫毛要畫得粗一些。順便提一下，繪製動漫人物時，通常不會畫很多睫毛，而是通過加大眼睛的縱向長度來提升眼睛的魅力。瞳孔位於虹膜的正中央，若畫得稍大一些，就會展現給人們一種沉著穩重的表情。另外，整個眉毛外側的1/4處是眉峰。

2 為了使眼睛更加醒目，我們可以將鼻子和嘴巴繪製得簡略一些，鼻翼會強調出鼻子的大小，因此不要繪製得過於詳細。

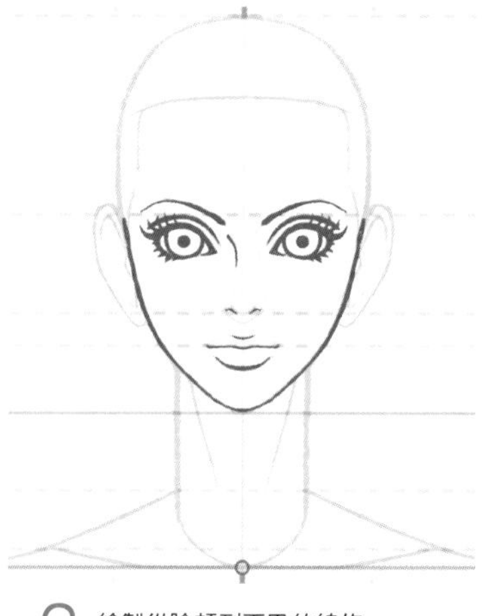

3 繪製從臉頰到下巴的線條。

4 繪製出耳朵。

5 繪製出耳廓。

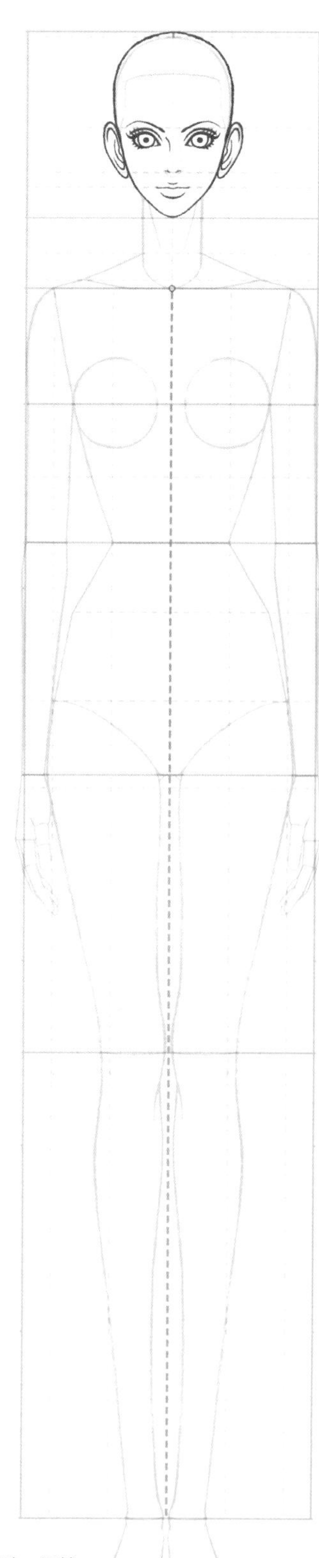

6 繪製頭部時，要補充出頭髮的體積感，使頭部達到一個頭身的比例。

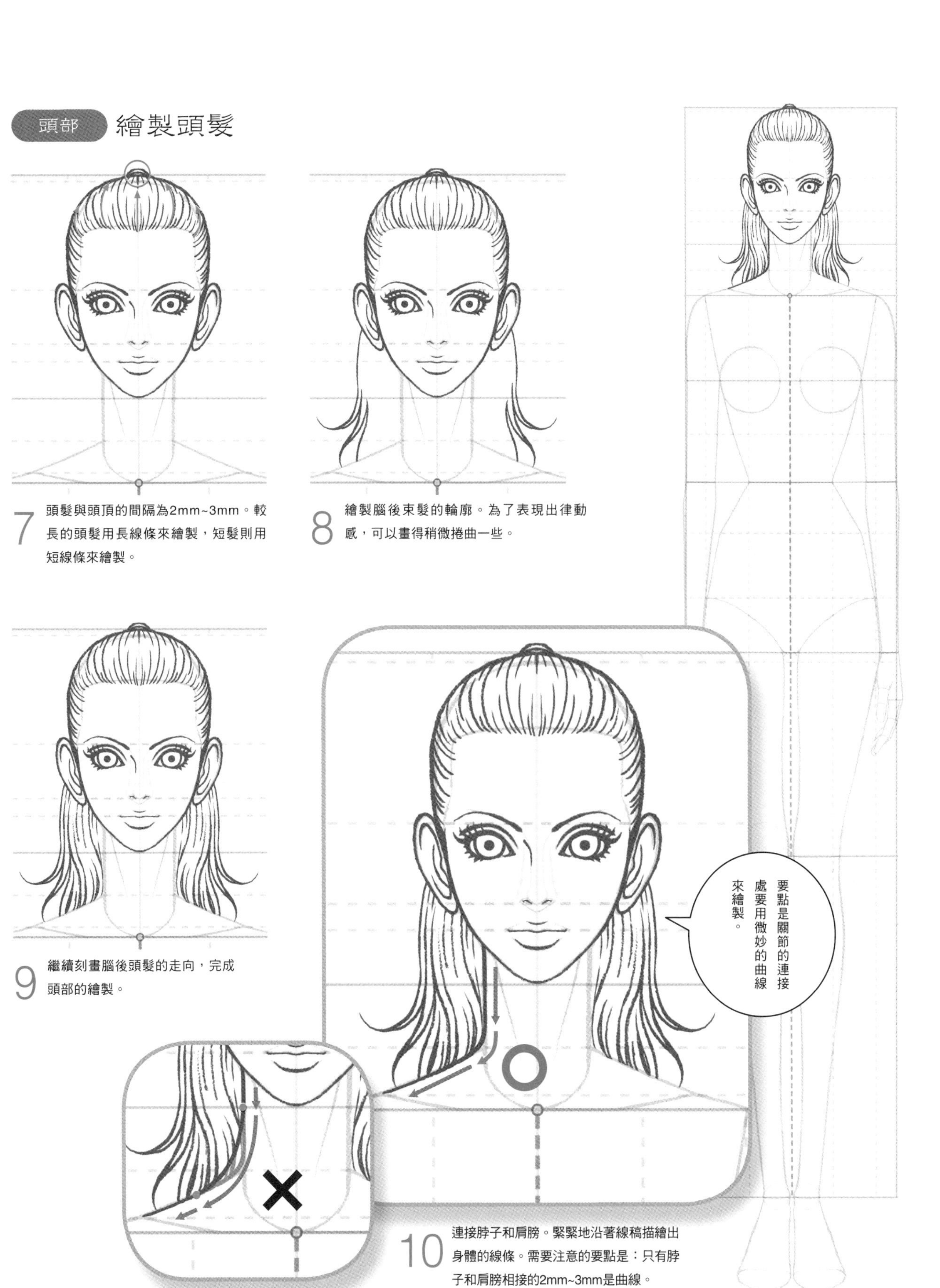


## 繪製頭髮

7 頭髮與頭頂的間隔為2mm~3mm。較長的頭髮用長線條來繪製，短髮則用短線條來繪製。

8 繪製腦後束髮的輪廓。為了表現出律動感，可以畫得稍微捲曲一些。

9 繼續刻畫腦後頭髮的走向，完成頭部的繪製。

10 連接脖子和肩膀。緊緊地沿著線稿描繪出身體的線條。需要注意的要點是：只有脖子和肩膀相接的2mm~3mm是曲線。

# 上半身 繪製軀幹

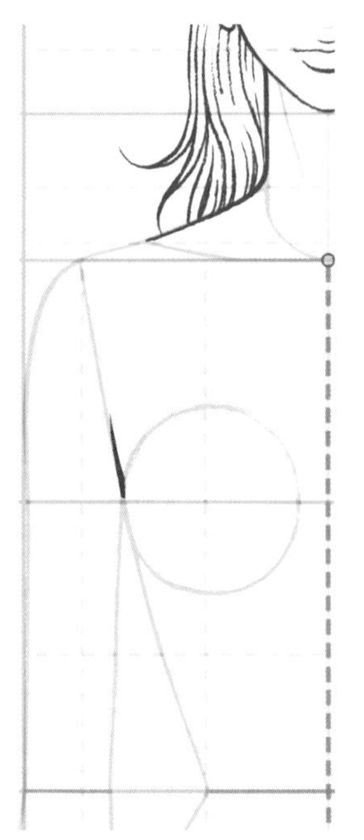

11 繪製腋下。這裡強調的是手臂的根部，並將其作為繪製軀幹的要點。

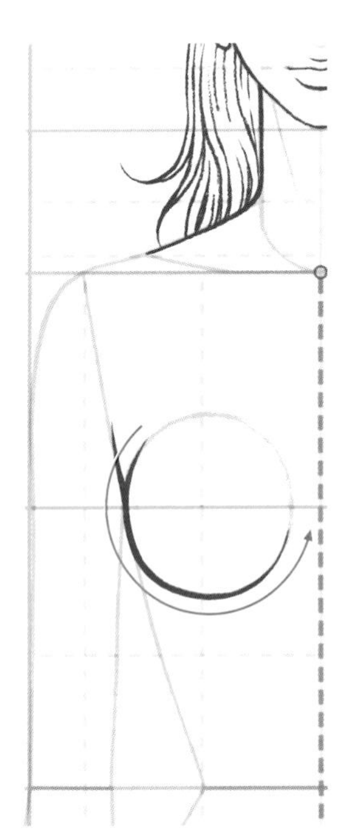

12 胸部是圓形的。將圓形下方3/4的部分描繪出來即可。

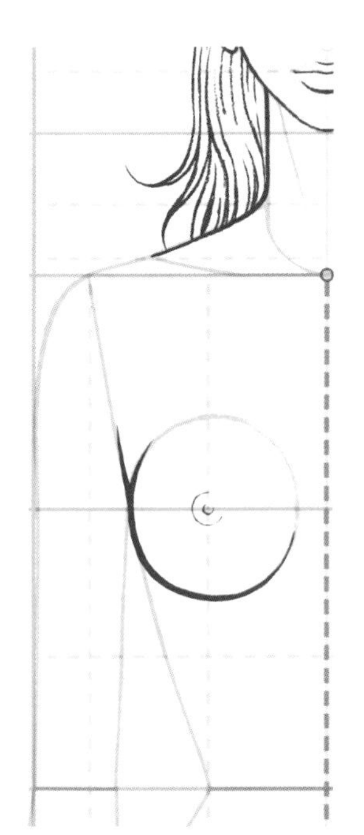

13 胸部的乳頭和乳暈呈同心圓狀。因是比較柔軟的部分，所以要減輕用筆的力度。

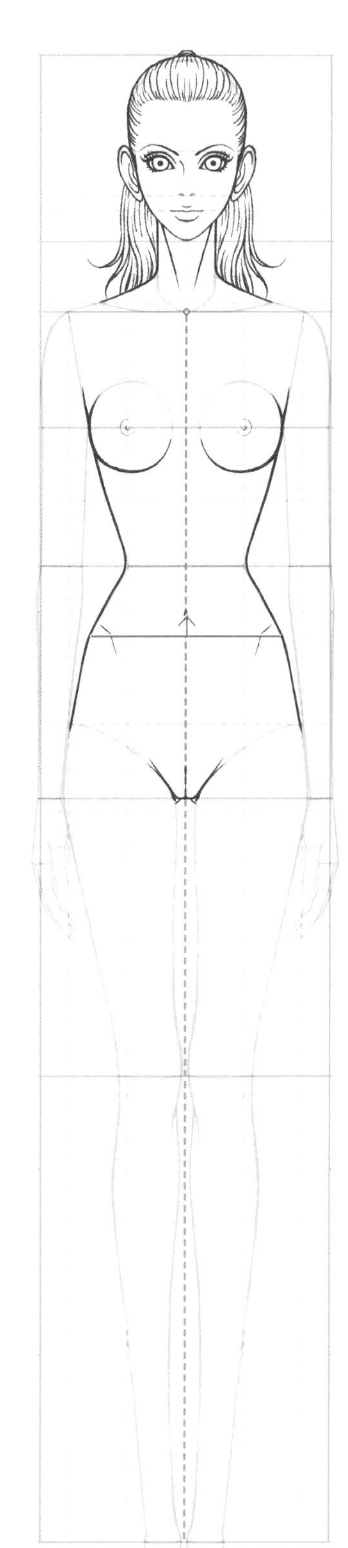

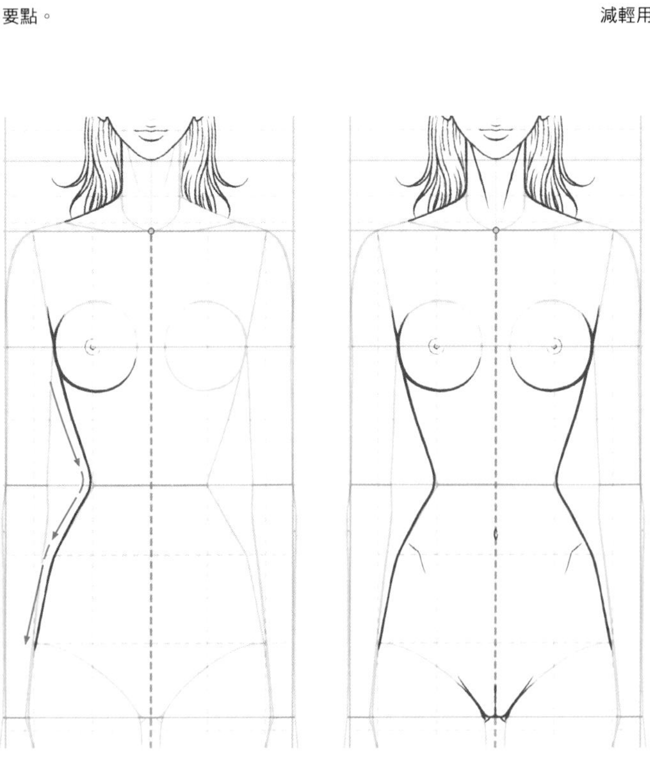

14 將軀幹和腰部連接起來。在腰部和骨盆連接的部分，線條的朝向會發生變化，我們需要緊緊地順著人體線稿上的線條進行描繪，只有方向改變的2mm~3mm處用曲線來繪製，這點很重要。總之就是一定要重視人體線稿上的直線。再同理描繪出左側的線條。

15 脖頸、肚臍和髖部的線條要表現出圓潤凹凸的感覺。肚臍位於腰部下方、骨盆凸起的上方。

## 下半身 繪製腿部

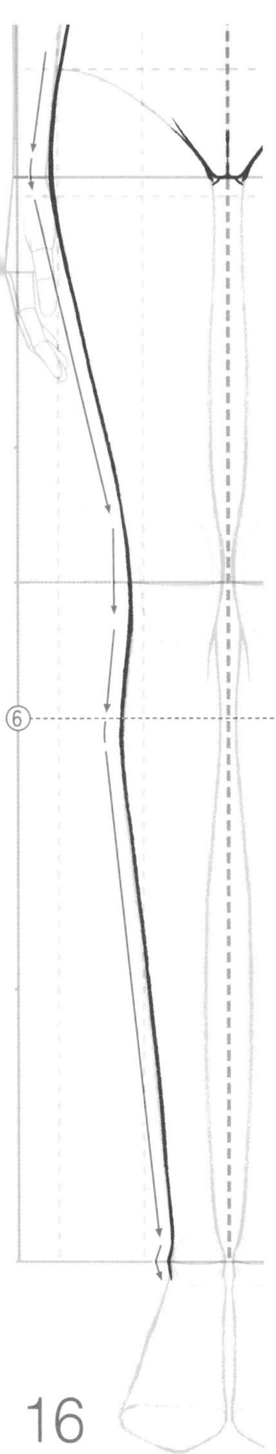


16

腿部要從輪廓外側的線條開始繪製。如果關節和關節之間能夠一氣呵成地描繪出來，那麼會使腿部更有流暢感，因此，從大腿到膝蓋是一根線條。小腿也要一氣呵成，並且與腳踝相連。

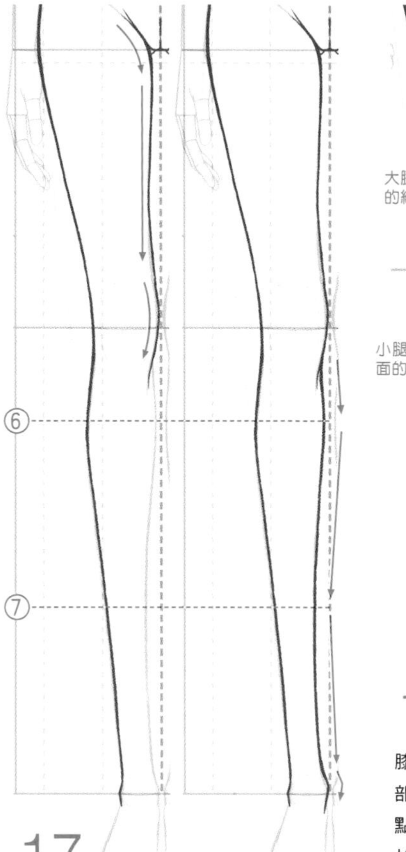


17

接著繪製腿部內側的線條。從大腿到膝蓋有很多方向不一的曲線，因此畫時要慎重。從小腿到腳踝要一氣呵成地描繪出來。

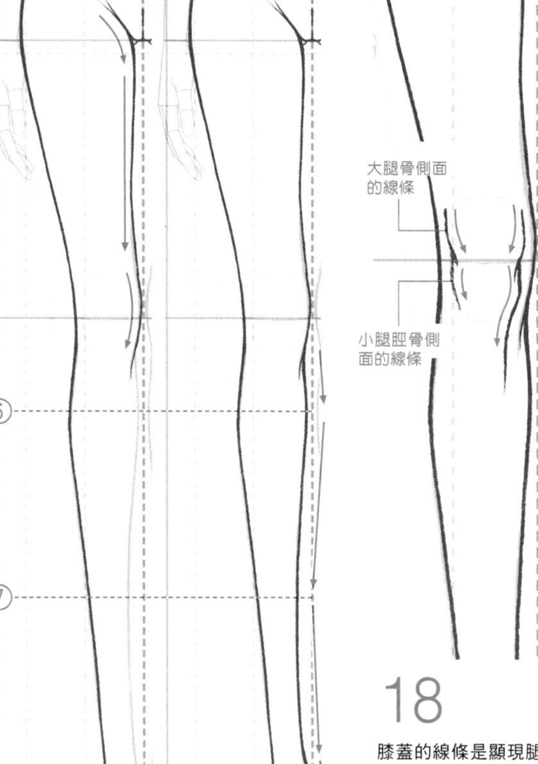


18

膝蓋的線條是顯現腿部流暢感的一大要點。為了使其不過於醒目，可使用比輪廓線更淺的線條來描繪。另外不要忘了繪製出大腿骨側面和小腿脛骨側面的線條。

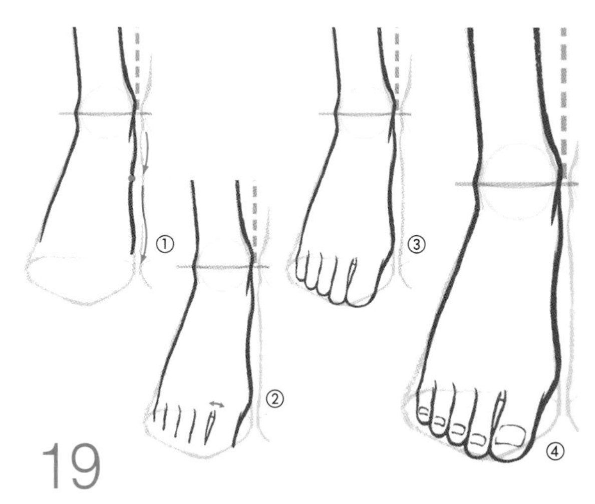


19

①腳心稍微向內凹陷。②三角部分是五根腳趾。其中拇指最大，如果可將拇指和食指之間留出一些縫隙會顯得更逼真。③用圓滑的曲線繪製腳尖。拇指和食指的長度大致相等。④最後繪製出指甲。從正面看，指甲是橫向的四邊形。

20 用同樣的方法繪製出左腳，完成下半身的繪製。

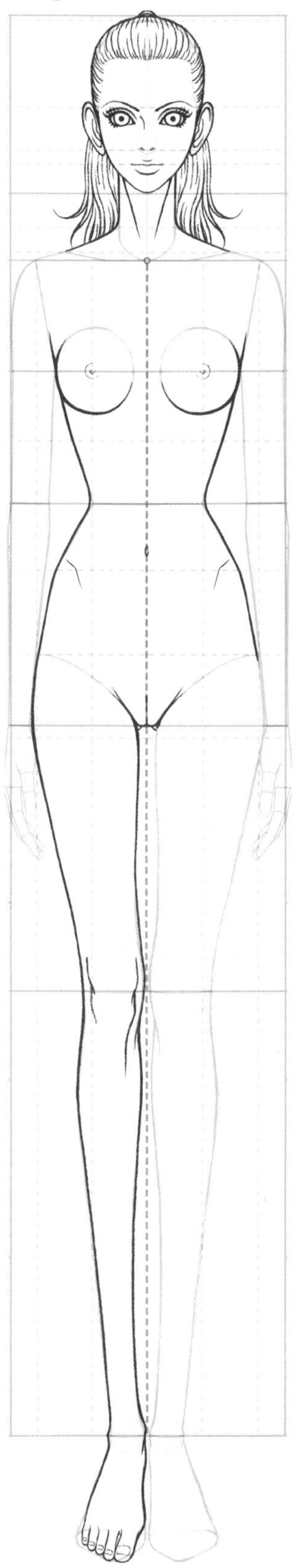

## 上半身 繪製鎖骨、手臂和手部——繪製手臂時，要同時考慮肩部和手腕的骨骼來繪製

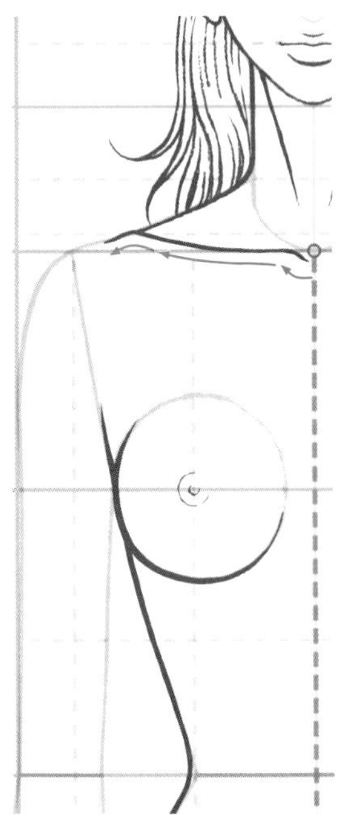

21 鎖骨是非常重要的部位，為了使脖子到胸部的線條更具美感，一定要仔細繪製鎖骨。鎖骨兩端（前頸點和肩點）的短小弧線是表現的要點。

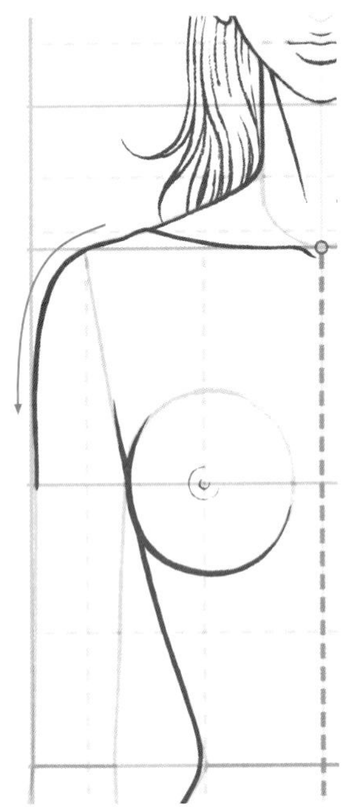

22 將鎖骨尾部到肩膀的圓弧連成一條線，這樣才能使脖子到胸部的線條顯得更流暢。

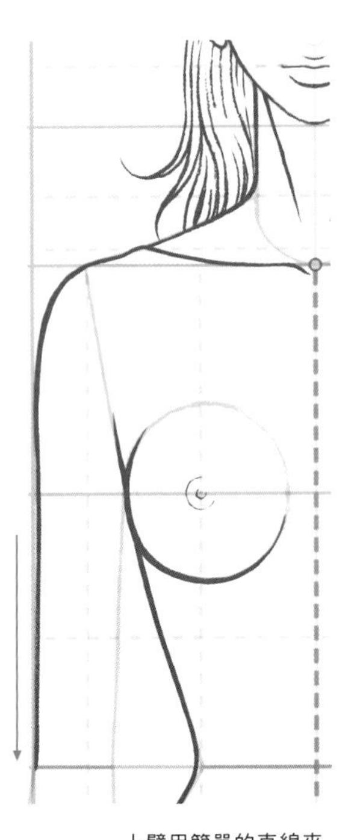

23 上臂用簡單的直線來繪製。

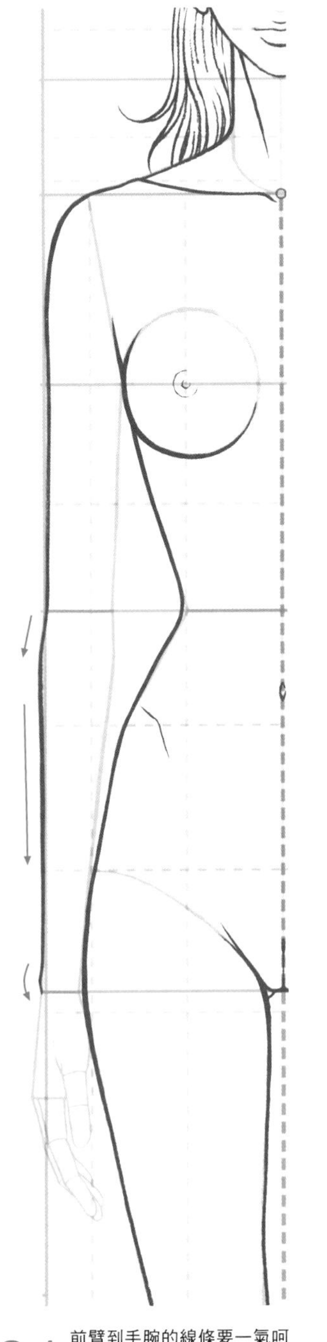

24 前臂到手腕的線條要一氣呵成。手腕關節的凸起是繪製的要點。

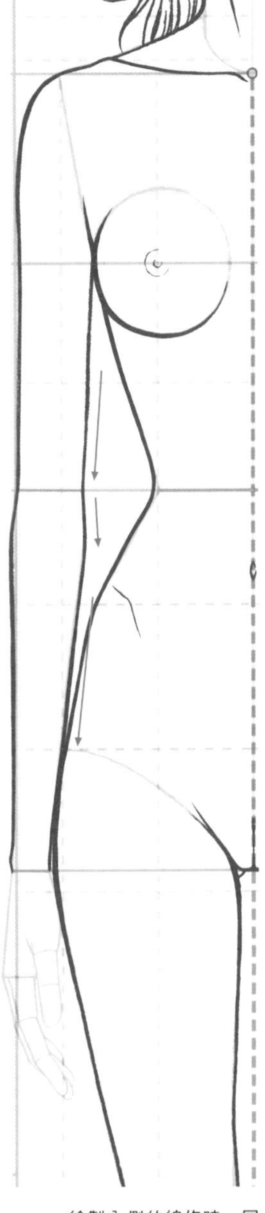

25 繪製內側的線條時，同樣將上臂和前臂一氣呵成地連接起來。

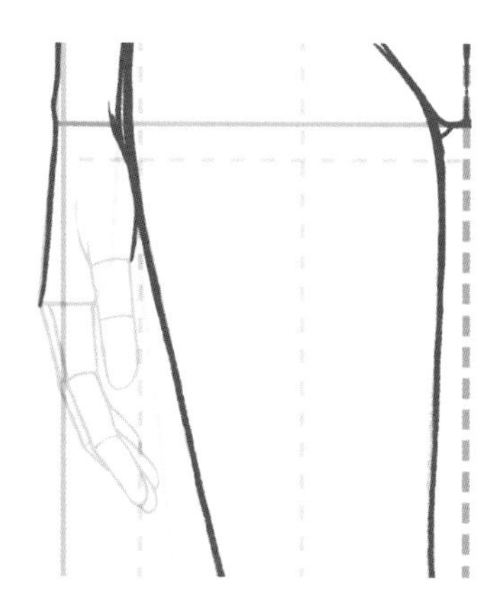

26 繪製出手背。

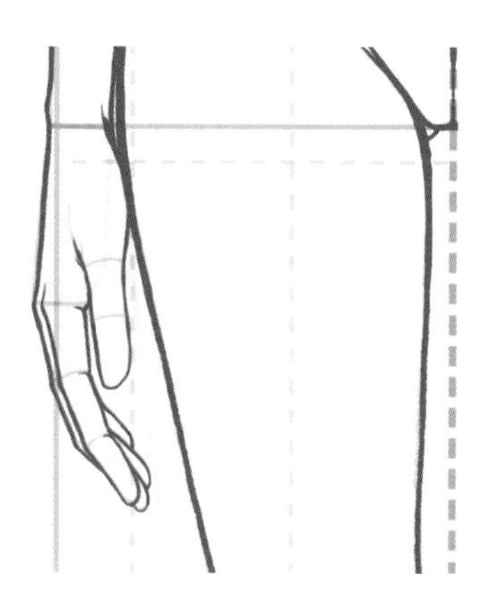

27 依次繪製出手指。

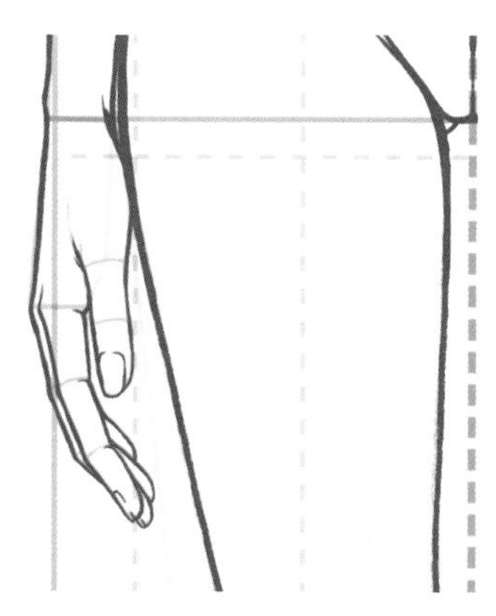

28 添加上指甲後會顯得更加逼真。指甲呈縱向較長的四邊形。只有大拇指的朝向不同，因此大拇指的指甲可以繪製得大一些。

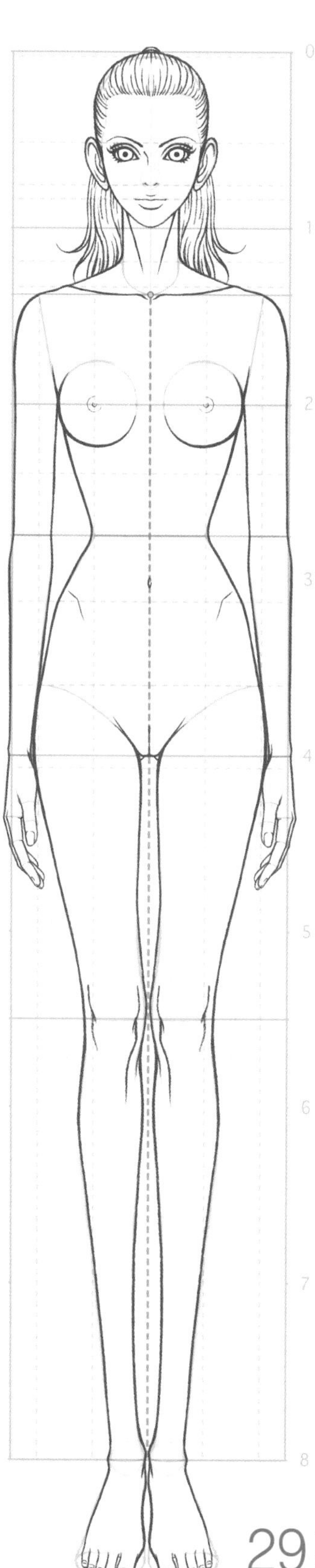


29 以同樣的方法繪製出左側的胳膊，完成人體的繪製。

## 感覺怎麼樣呢？

以曲線為主體的女性身體，也可以用直線作為輔助線。先將每一個部位以體塊表現的形式，仔細地描繪出來，然後通過線條將各部分流暢地連接在一起，進而完成人體的繪製。我想大家應該大致瞭解這個過程了吧。

如果理解了這種方法，那麼即使是很複雜的姿勢也可以應對自如。請大家多多練習，然後掌握這種表現方法。

下面我們就可以讓人體動起來了，進而繪製出各種各樣的動作姿態。

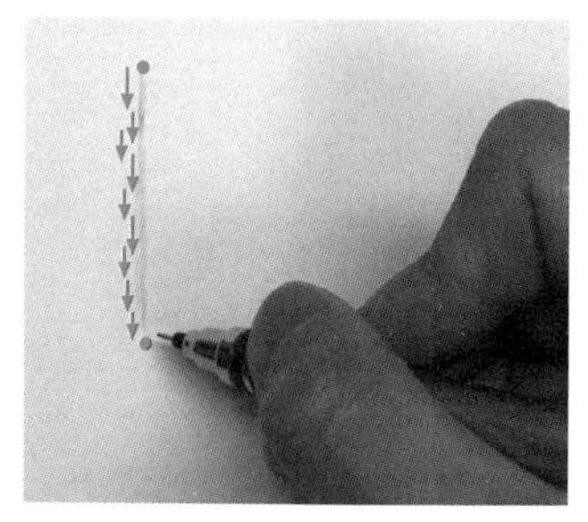

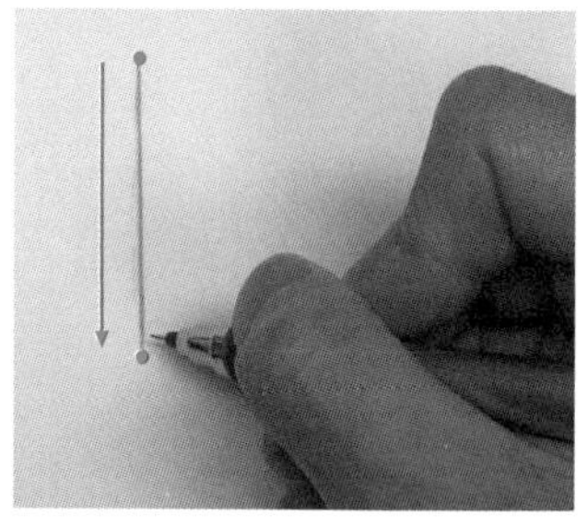

繪製一根長直線會感覺很有氣勢，然而當你猶豫時，線條可能會變得斷斷續續。這時候不要勉強，可先確認出細小的線條，待確定出線條的準確位置後，再用較強的力度從上向下仔細地描繪。

# 雙腿承擔體重的姿勢②雙腿分開

## 表現得更具有女人味的秘訣是什麼？

### 加上動作，表現得更具有女人味

腿部的動作直接影響身體重心的變化，因此對整體的線條形態會有很大的影響。讓身體動起來的時候，注意不要忘了以關節為支點來進行活動。活動的關節有時會有變短或者變小的傾向，因此我們可以將P12的基本人體線稿複製下來並橫向放置，一邊繪製一邊進行比較，看看加上動作後身體各部位的大小是否發生變化。

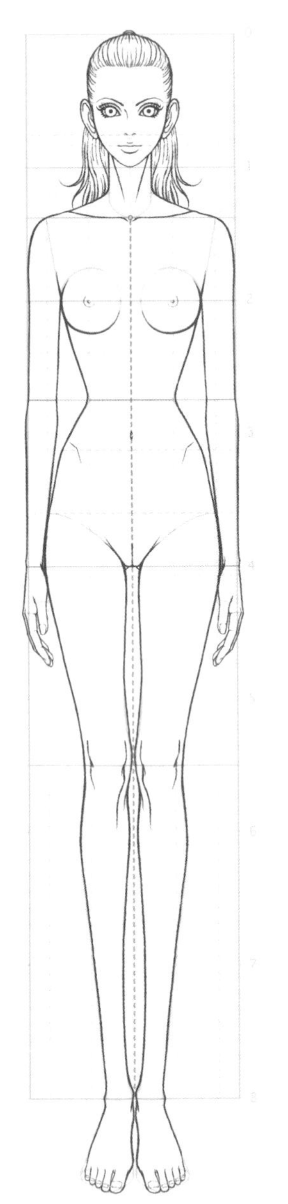

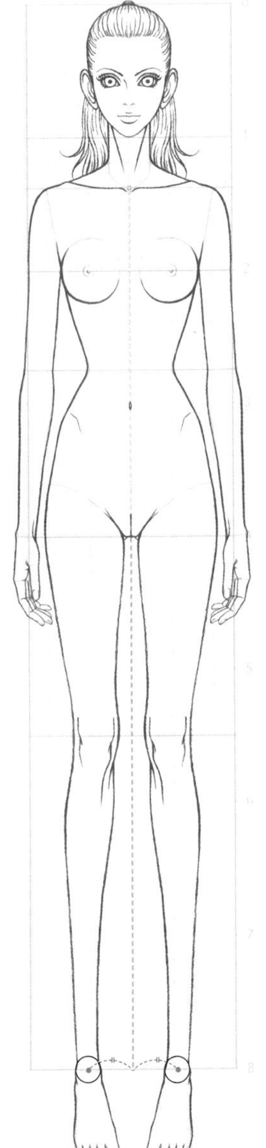

### 用直立的姿勢來繪製雙腿分開的姿勢

前面繪製的正面人體站姿被稱為「直立姿勢」，其特徵是兩條腿承擔著相同的體重。這裡要繪製雙腿分開的姿勢。因同屬於站姿的一種，所以除了改變步幅的寬度，其他繪製方法都與直立姿勢相同。

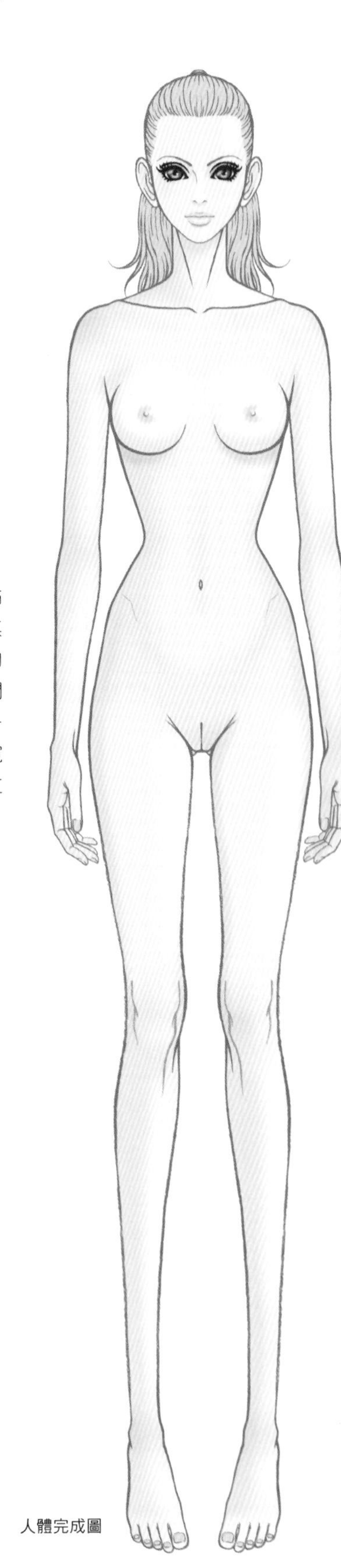

人體完成圖

在開始實踐之前——

# 學習雙腿分開姿勢的表現要點——讓腿部動起來

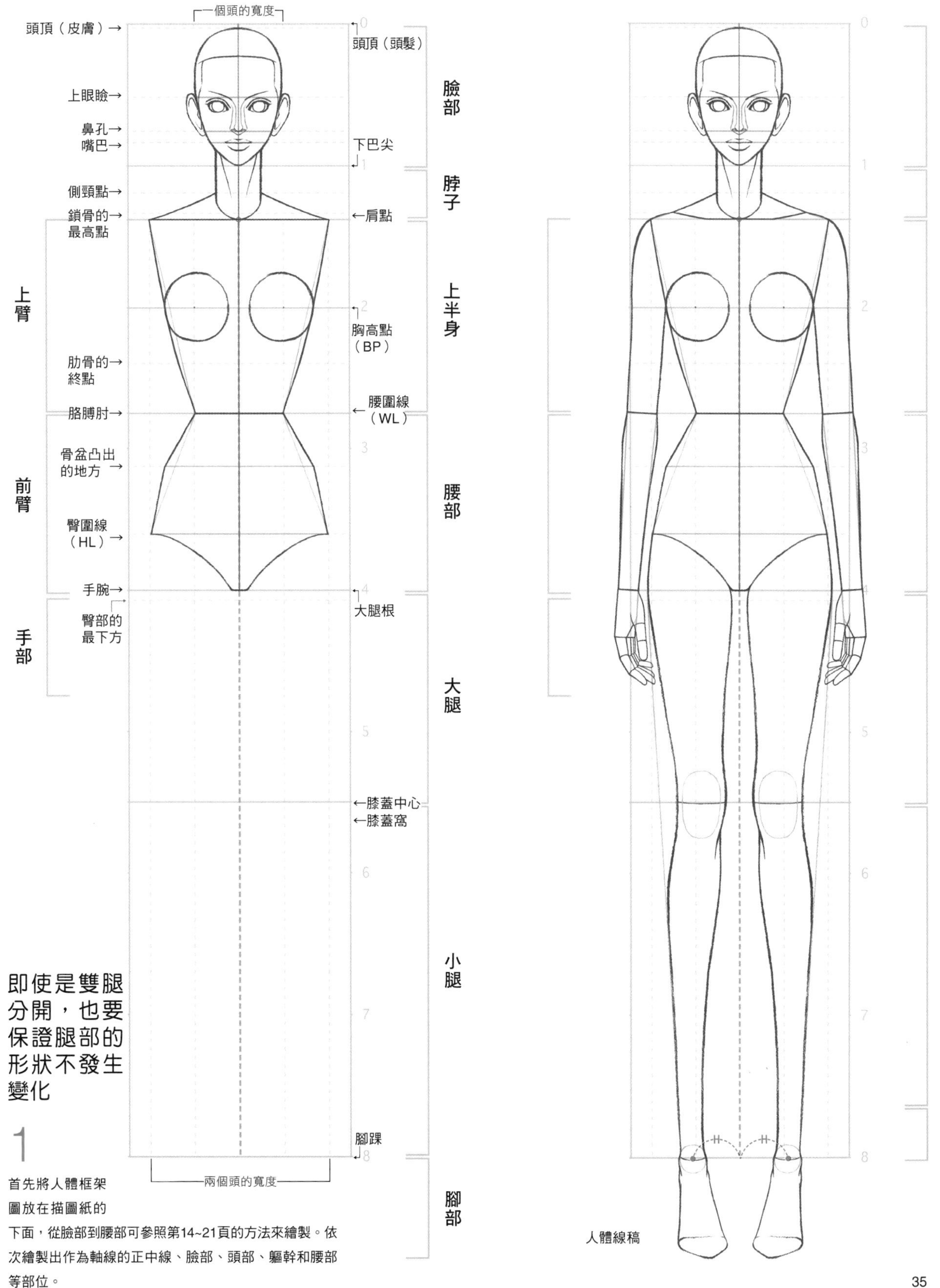


## 即使是雙腿分開，也要保證腿部的形狀不發生變化

**1**

首先將人體框架圖放在描圖紙的下面，從臉部到腰部可參照第14~21頁的方法來繪製。依次繪製出作為軸線的正中線、臉部、頭部、軀幹和腰部等部位。

# 繪製的實踐 下半身 上半身的繪製方法和直立姿勢相同

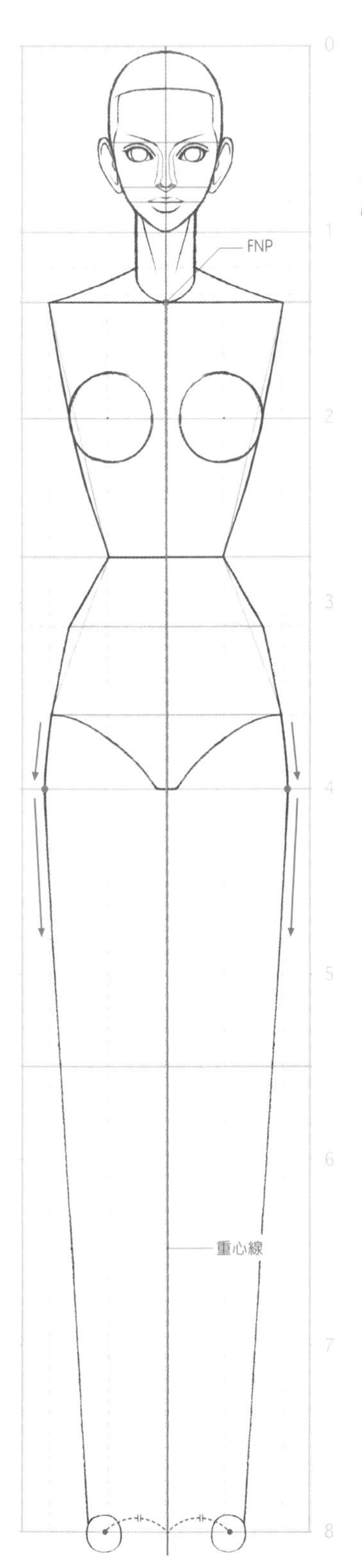


以髖關節的位置為頂點，用一條直線連接到腳踝

## 下半身 腿部

這裡從有所變化的下半身開始繪製。

2 由於直立姿勢中，左右腿承擔的體重相同，因此中心線（從前頸點向下的垂線）左右兩側的距離相等。確定左右腳踝的位置時，要確保重心線到左右腳踝的距離相同，然後在腳踝處畫上○形。

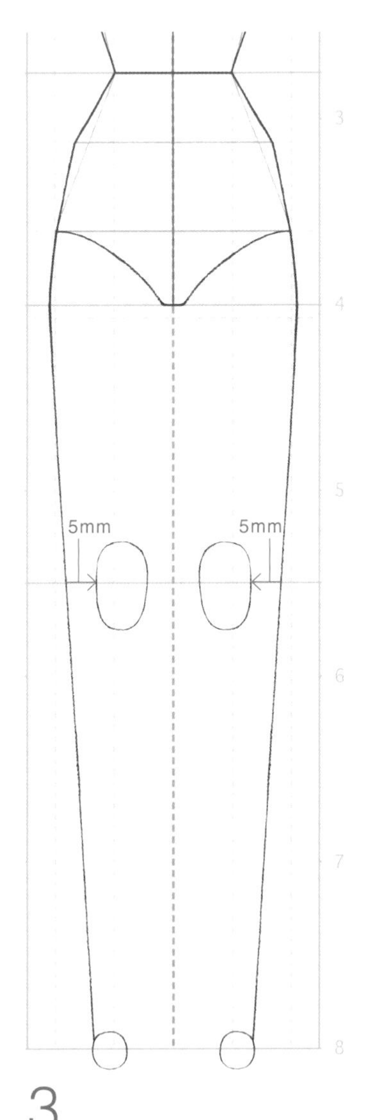


3

接著在輔助線內側5mm處繪製膝蓋。膝蓋的形狀為臉部1/2左右大小的橢圓形。

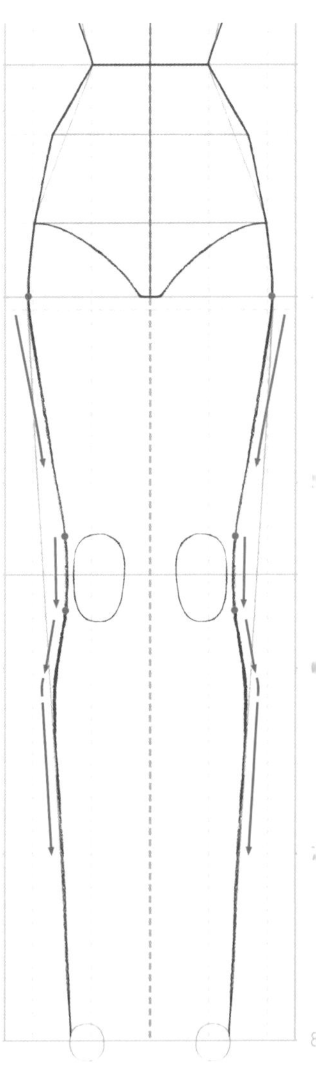

4

繪製腿部時，先從外側的線條開始描繪。與直立的姿勢相同，先用直線繪製膝蓋處的線條。然後再用直線將從髖關節到膝蓋連接起來，小腿部分從人體框架圖的6頭身附近開始緩緩地與輔助線重疊。

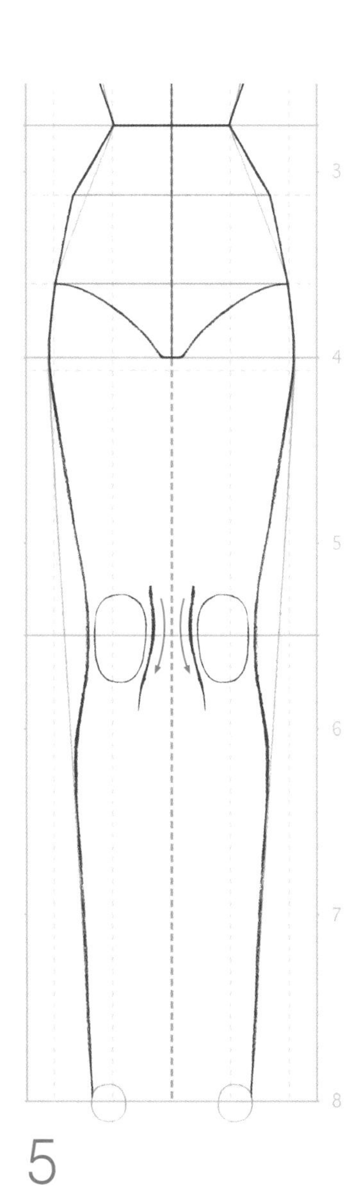


5

膝蓋部分的內側線條要沿著膝蓋的弧形畫出曲線。

6

從大腿根到膝蓋用直線相連，繪製出大腿內側的線條，僅在大腿根處用曲線描繪。

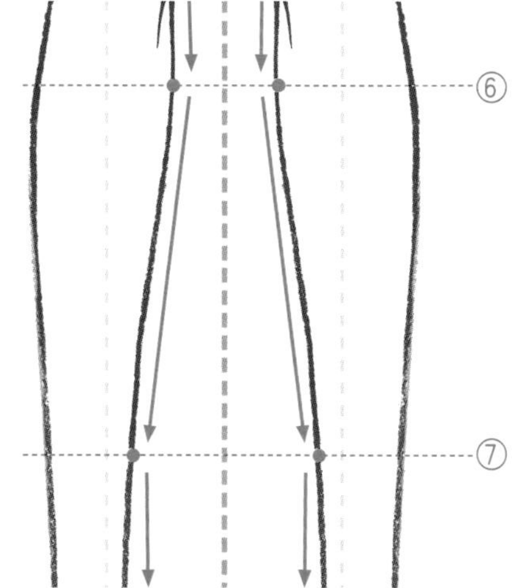


7 小腿內側的線條呈S形。在人體框架圖的6頭身和7頭身處曲線的方向發生改變。

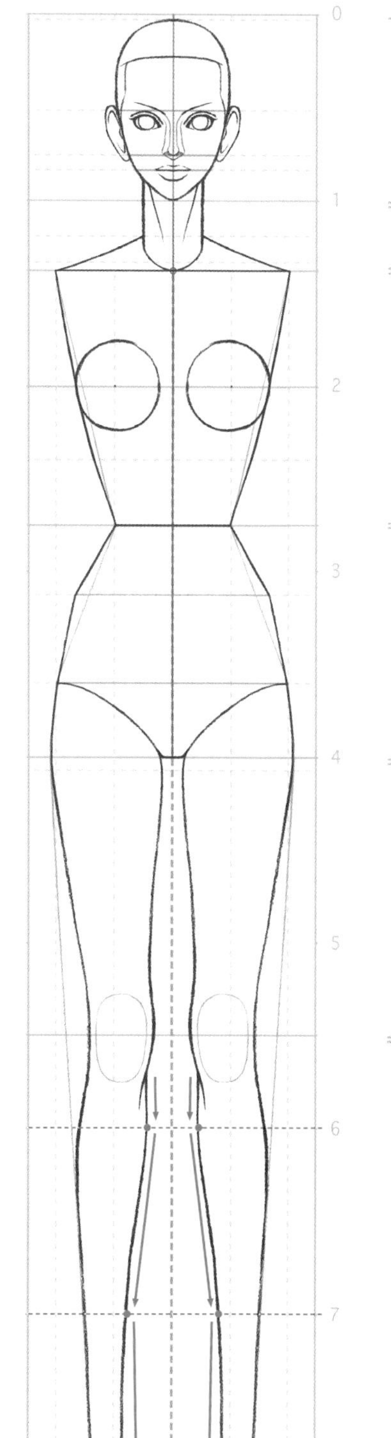

## 下半身 從腿部到腳部

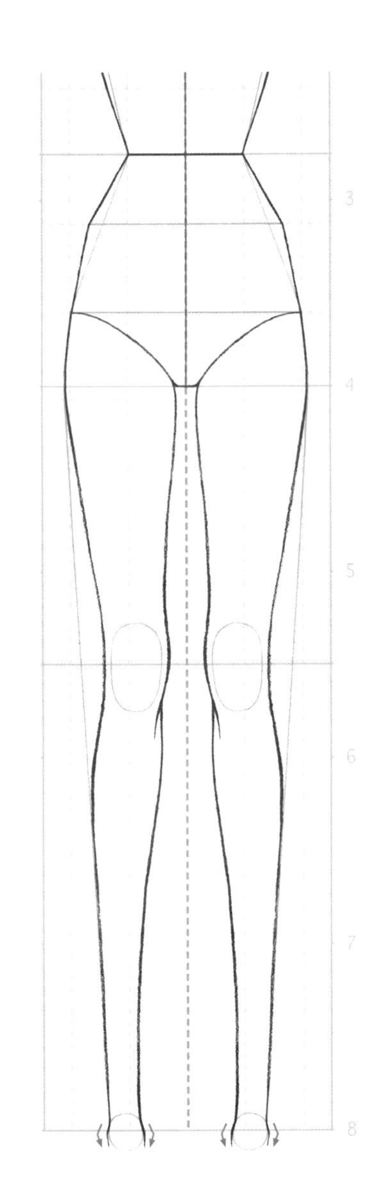

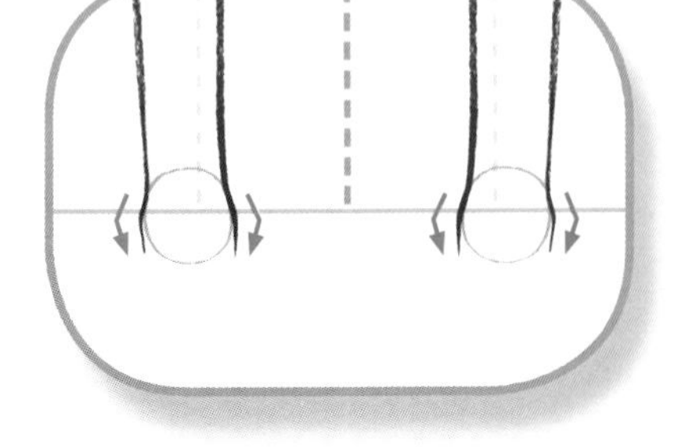

8 腳踝呈「<」形。

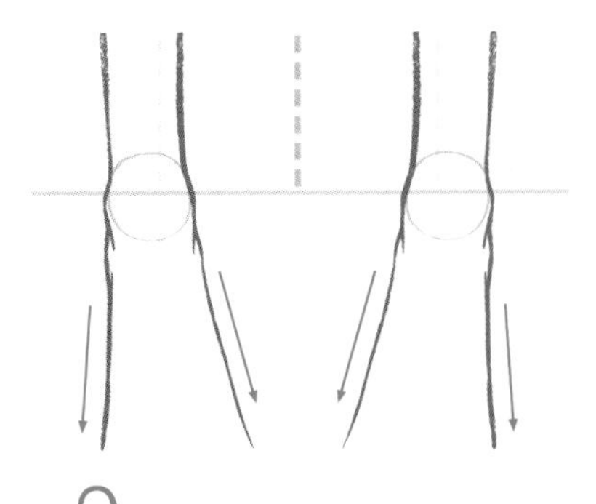

9

腳部呈劍頭的形狀。這裡將腳部畫得略微有些內八字，腳尖向內，這樣會更女性化。腳背部分不是平行的，稍微有些呈「八」字形。

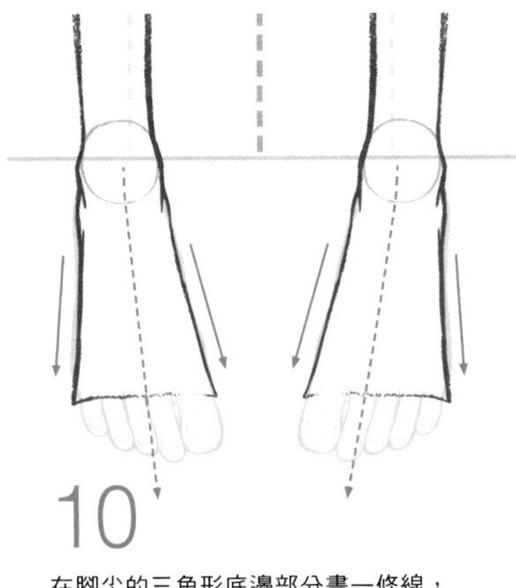

10

在腳尖的三角形底邊部分畫一條線，作為腳趾根部的輔助線。

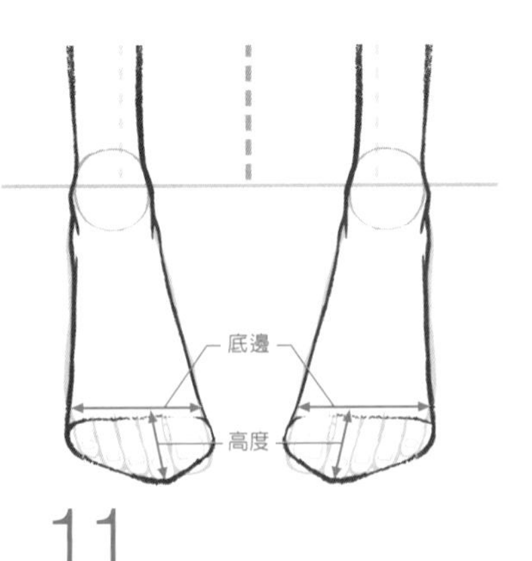


11

從正面角度來看，腳尖處於三角形的最低點。

12 在腳踝和膝蓋處添加關節線。

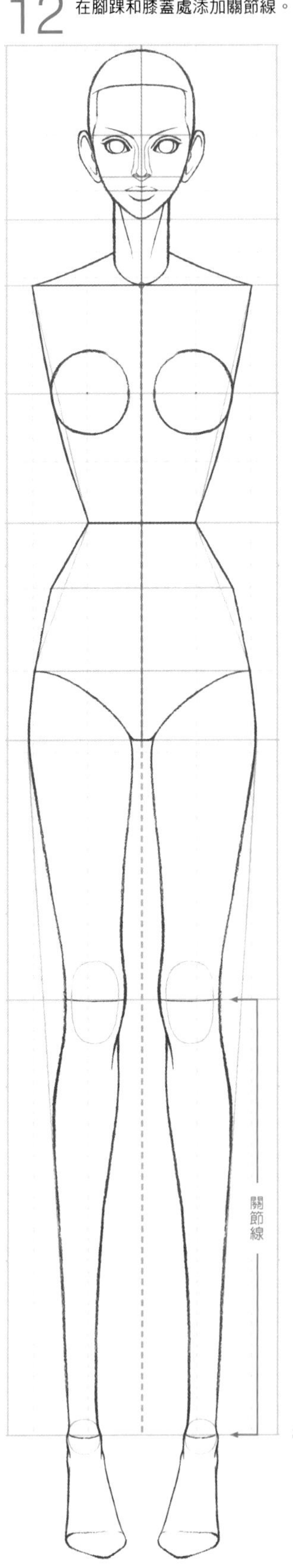

# 將上臂稍微打開一些

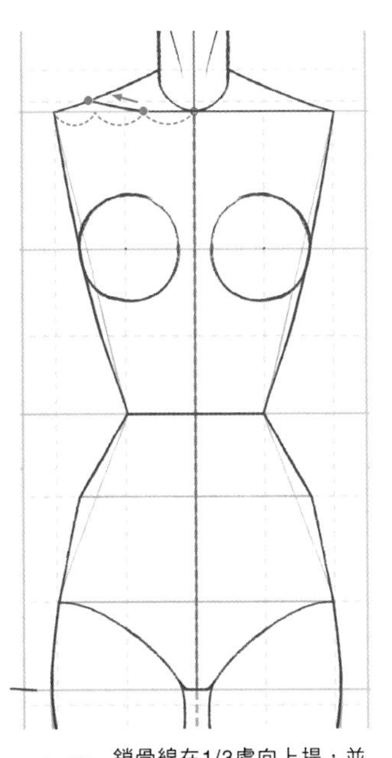

13 鎖骨線在1/3處向上提，並與肩線交會。

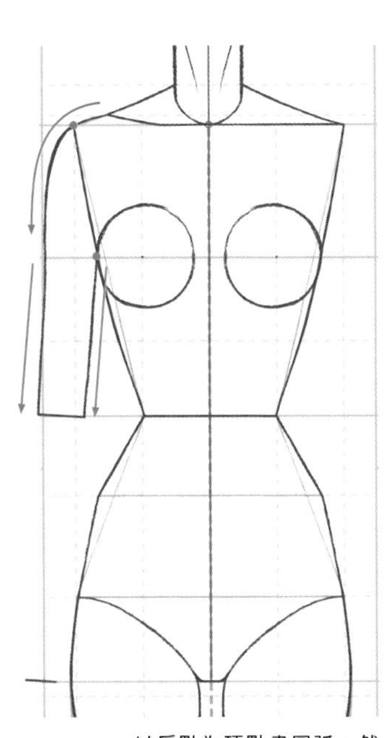

14 以肩點為頂點畫圓弧，然後用兩條平行線勾勒出上臂的形狀。由於手臂也是動態的，因此將上臂的線條斜向打開。上臂內側的根部在胸高點附近。

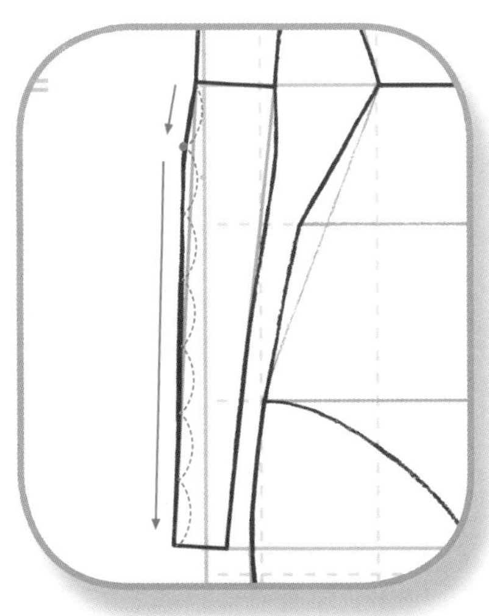

15 因為手腕要比胳膊肘細，因此我們要繪製一條前端逐漸變細的輔助線，繪製前臂時，要使上方的1/7處向外鼓起。凸起的幅度為距離輔助線1mm。

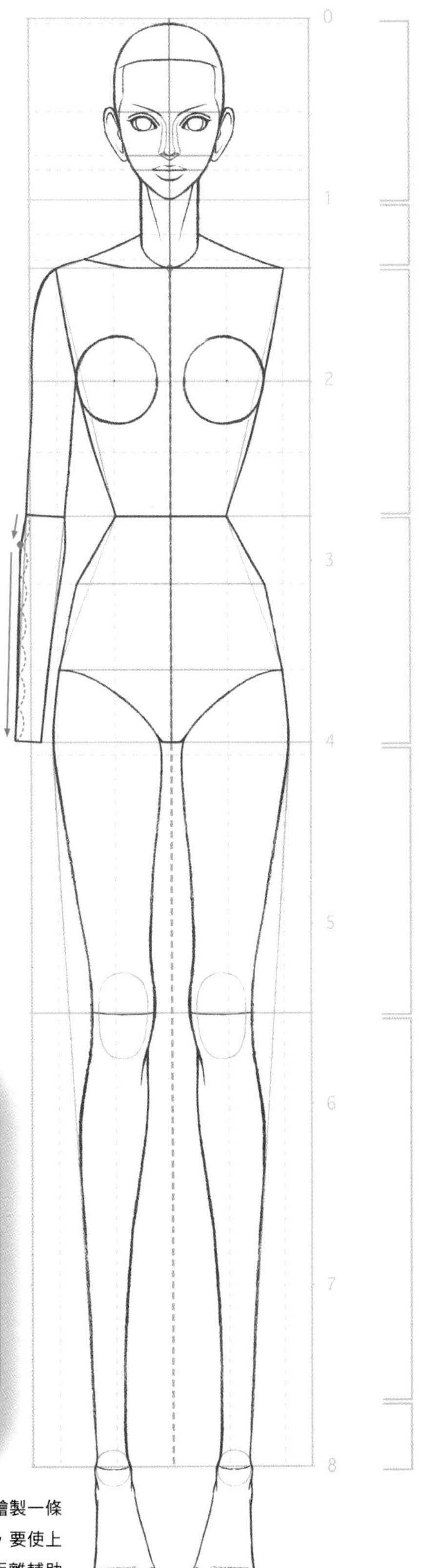

# 上半身 自然下垂的手部形狀

16

手部和腳部一樣，一不小心就畫小了，因此索性一開始就畫大一些。手背側面呈細長的四方形，長度為手部的一半。

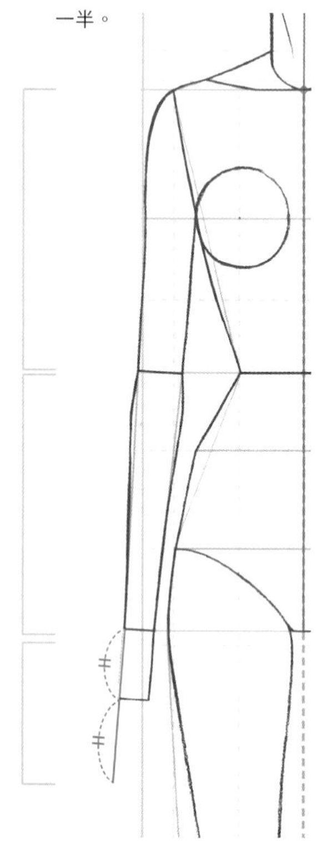

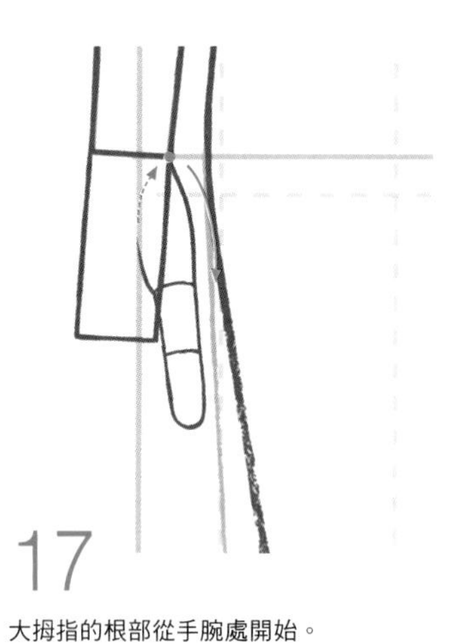

17

大拇指的根部從手腕處開始。

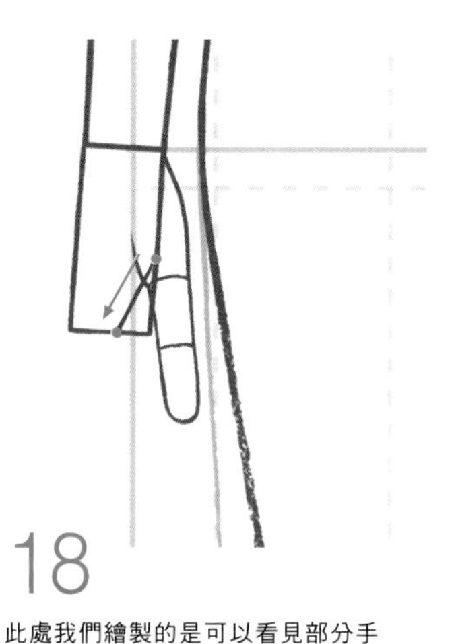

18

此處我們繪製的是可以看見部分手掌的手部，因此需添加連接食指的斜線。

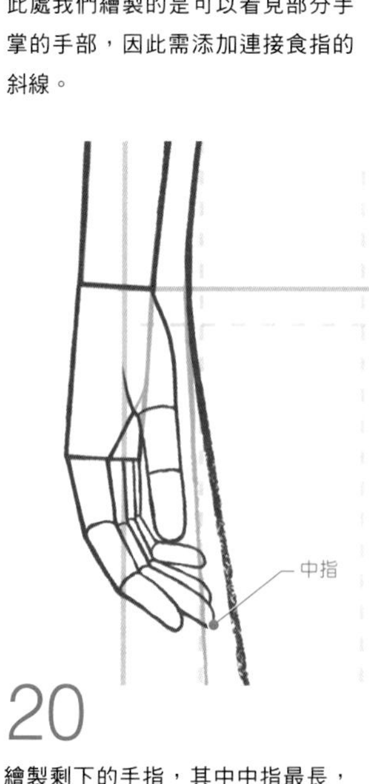

19

繪製出食指。

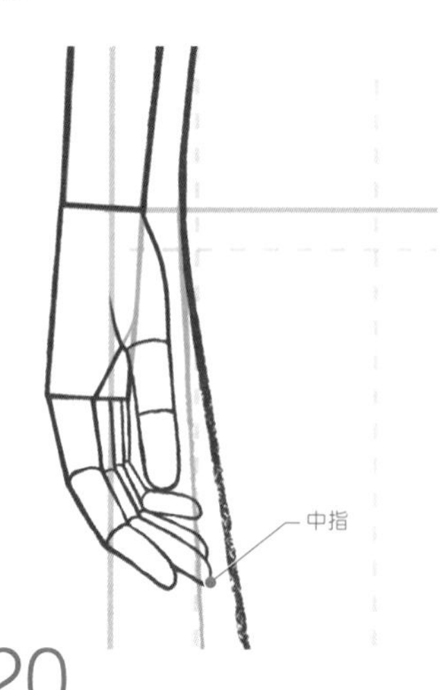

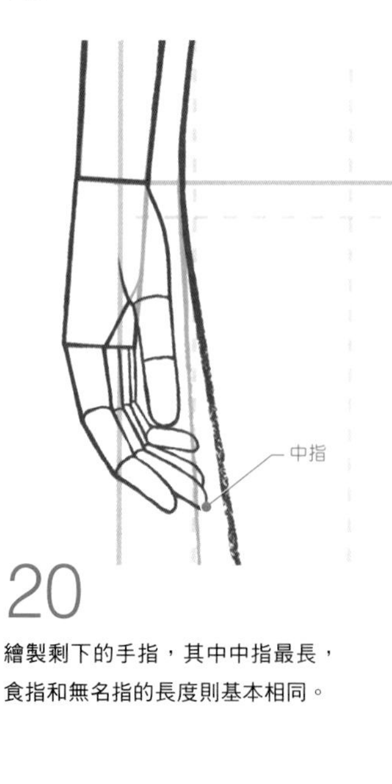


20

繪製剩下的手指，其中中指最長，食指和無名指的長度則基本相同。

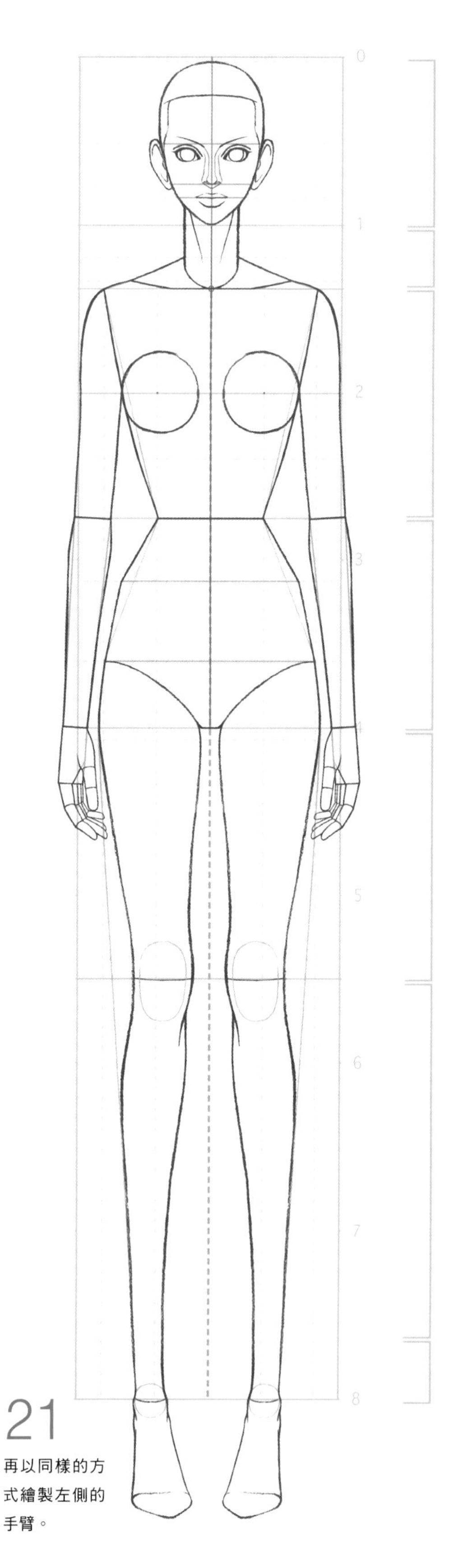

21

再以同樣的方式繪製左側的手臂。

# 從人體線稿到人體完成圖——以線稿為底稿繪製人體完成圖

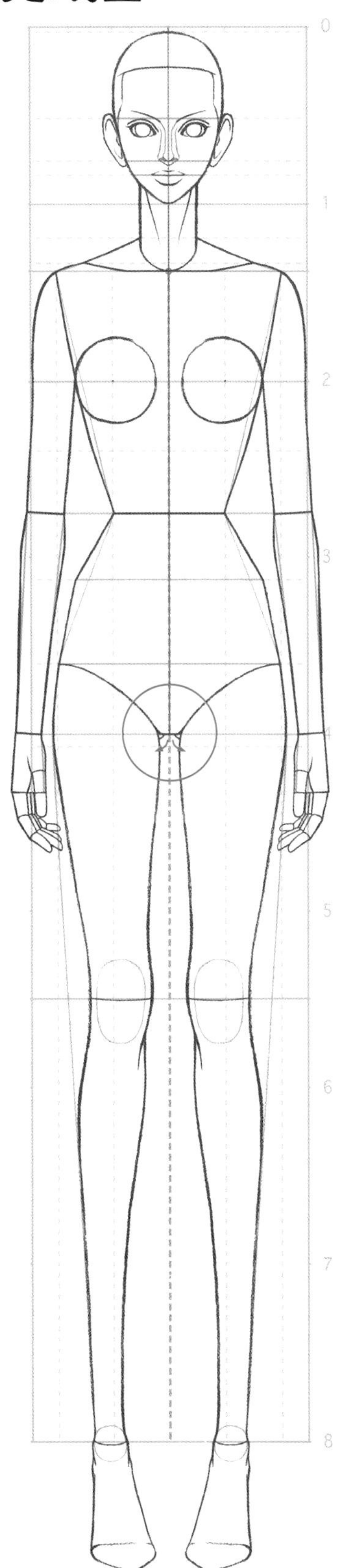

22

繪製出兩腿之間所能看到的臀部線條，人體線稿的繪製就完成了。

23

人體線稿的繪製完成後，將其放在描圖紙下面，流暢地描繪出人體完成圖。要表現出在身體外面加了一層輕薄柔軟的皮膚的感覺。

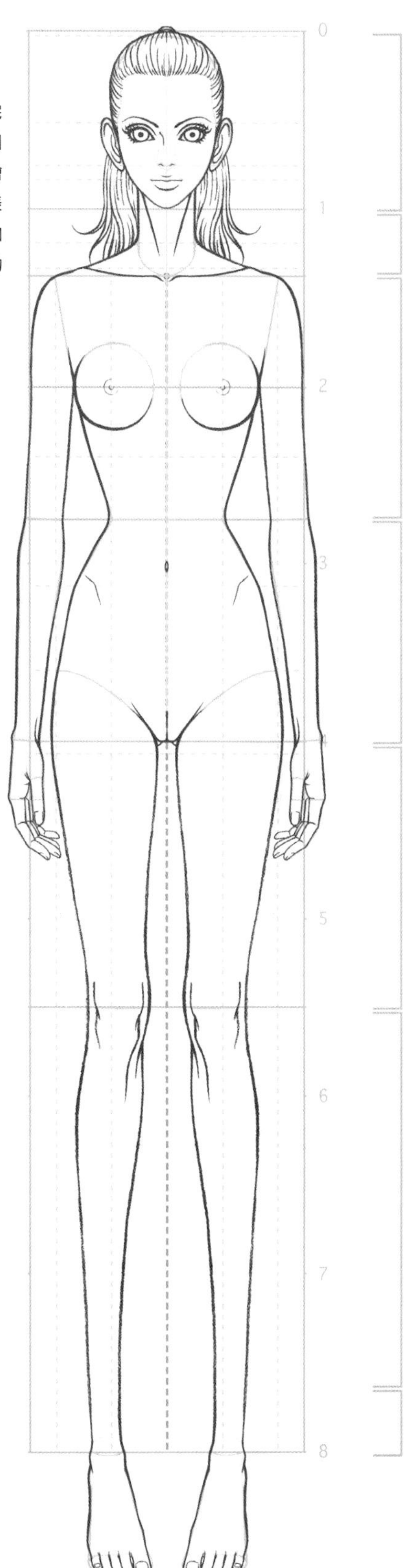

## 感覺怎麼樣呢？

僅是將雙腳的腳尖朝向內側，就能將動態表現得更加具有女性氣質。大家可以嘗試練習改變兩腳之間的距離。下一節我們要講解的是另外一種站姿，也就是重心落在單腿上的站姿。由於不僅是腳部，腰部也產生了動作，因此動態顯得更加流暢。

# 下半身有動態變化的姿勢①單腿支撐

## 讓姿態看起來更優美的秘訣

### 單腿支撐姿勢的特徵表現

要想讓模特的站姿看起來更優美，這裡有一個秘訣，那就是體重不再是由兩條腿承擔相同的體重，而是由一條腿來承擔全身重量，使身體彎曲，充分表現出骨骼所具有的動態流線感。由於站姿只有單腿支撐姿勢和之前學習的直立姿勢兩種，因此我們在繪製的時候，要盡量將兩種姿勢的不同點明確地表現出來。

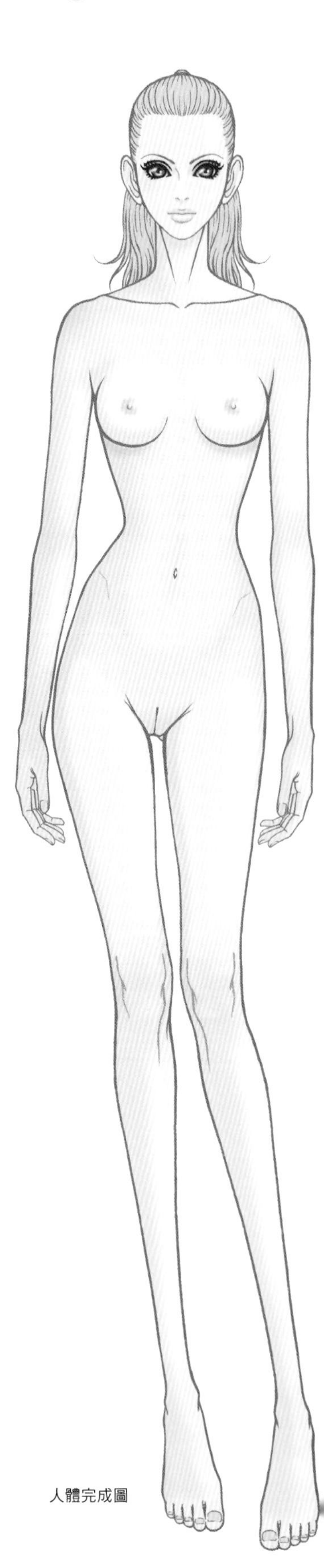

人體完成圖

### 直立姿勢和單腿支撐姿勢的比較

之前學習的都是兩條腿承擔相同體重的情況，而單腿支撐姿勢則會根據左右腿的分工不同而有所區別。

［1］

支撐腿的腳踝位於重心線（從FNP垂直向下的直線）附近。

［2］

腰部以腰點為中心轉動，腰圍線為支撐腿的一側向上傾斜的線條。

繪製單腿支撐姿勢的時候，一定要確實表現好以上兩個特徵。

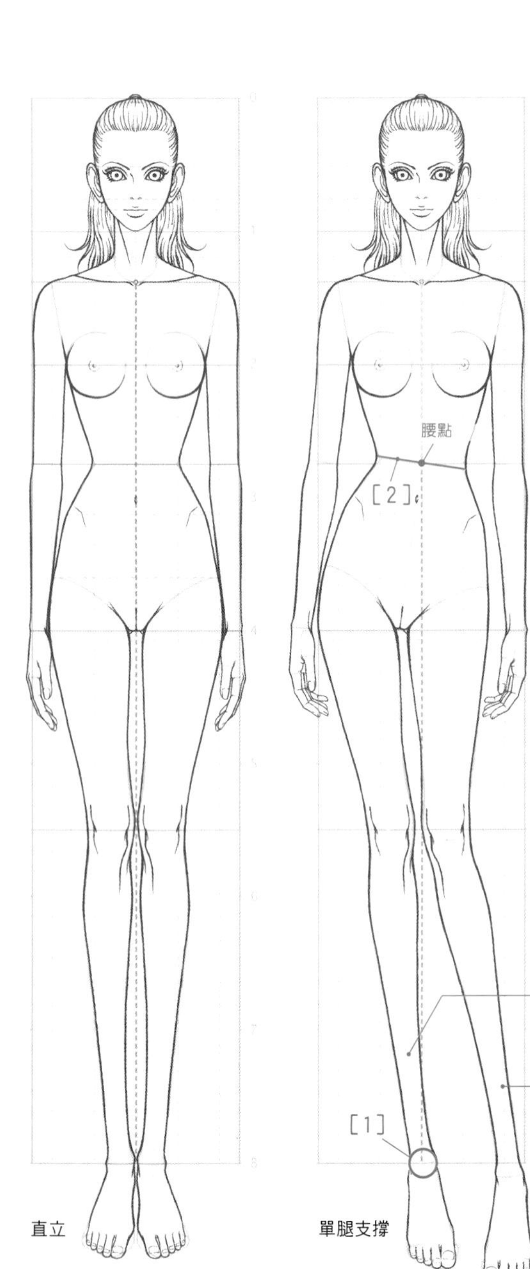


直立　單腿支撐

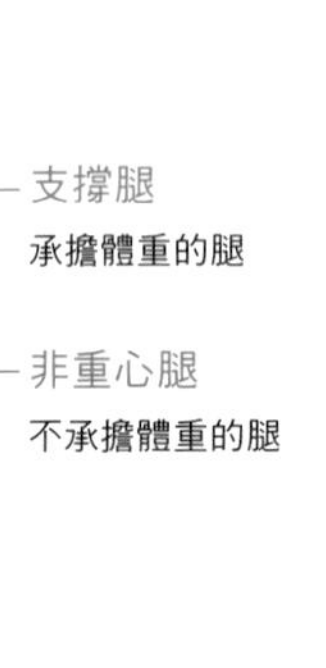

在開始實踐之前——

# 單腿支撐姿勢的學習要點——讓腰部轉動起來

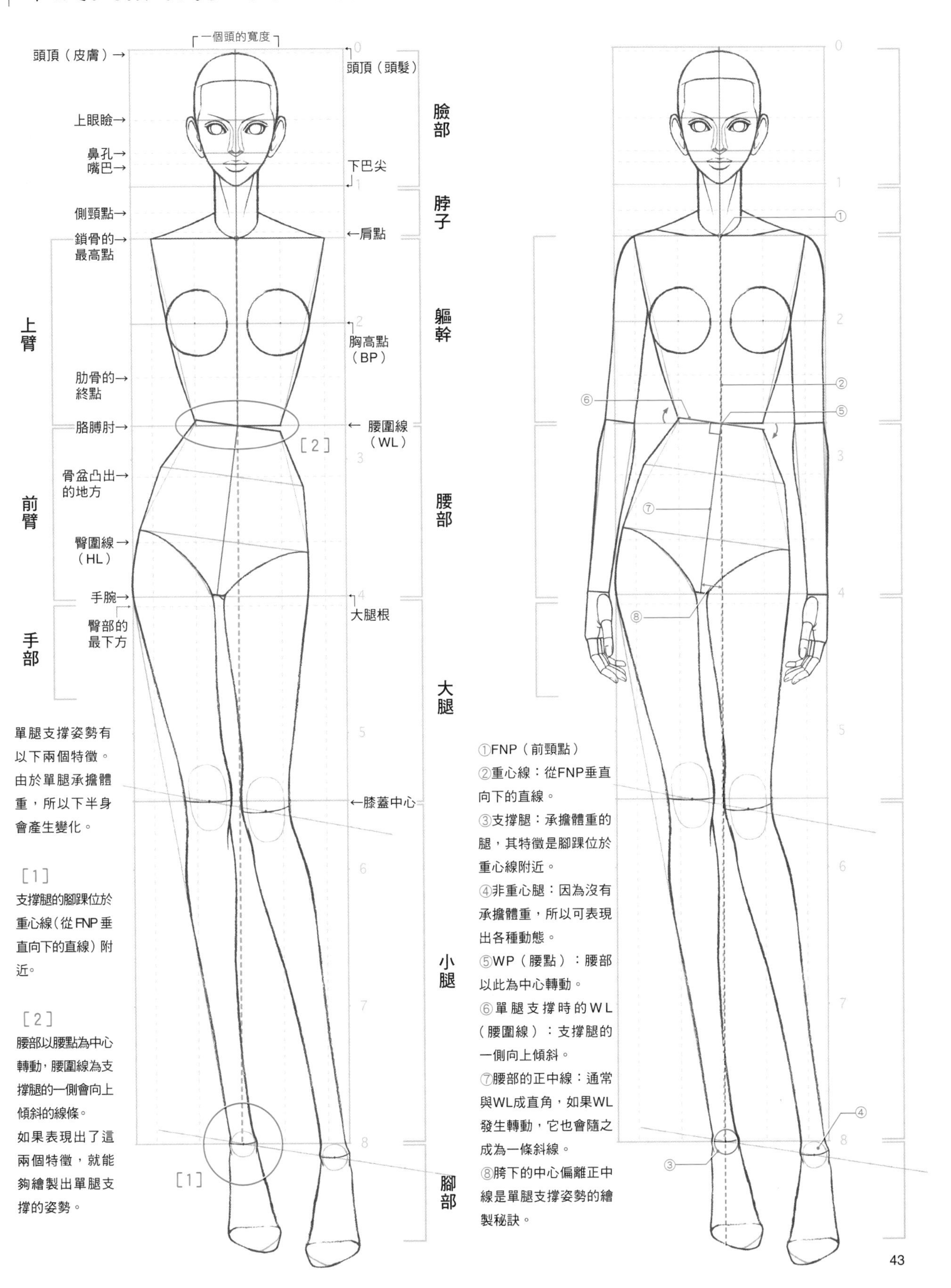


單腿支撐姿勢有以下兩個特徵。由於單腿承擔體重，所以下半身會產生變化。

[1]

支撐腿的腳踝位於重心線（從FNP垂直向下的直線）附近。

[2]

腰部以腰點為中心轉動，腰圍線為支撐腿的一側會向上傾斜的線條。

如果表現出了這兩個特徵，就能夠繪製出單腿支撐的姿勢。

①FNP（前頸點）

②重心線：從FNP垂直向下的直線。

③支撐腿：承擔體重的腿，其特徵是腳踝位於重心線附近。

④非重心腿：因為沒有承擔體重，所以可表現出各種動態。

⑤WP（腰點）：腰部以此為中心轉動。

⑥單腿支撐時的WL（腰圍線）：支撐腿的一側向上傾斜。

⑦腰部的正中線：通常與WL成直角，如果WL發生轉動，它也會隨之成為一條斜線。

⑧胯下的中心偏離正中線是單腿支撐姿勢的繪製秘訣。

# 繪製的實踐 下半身 繪製傾斜的腰部

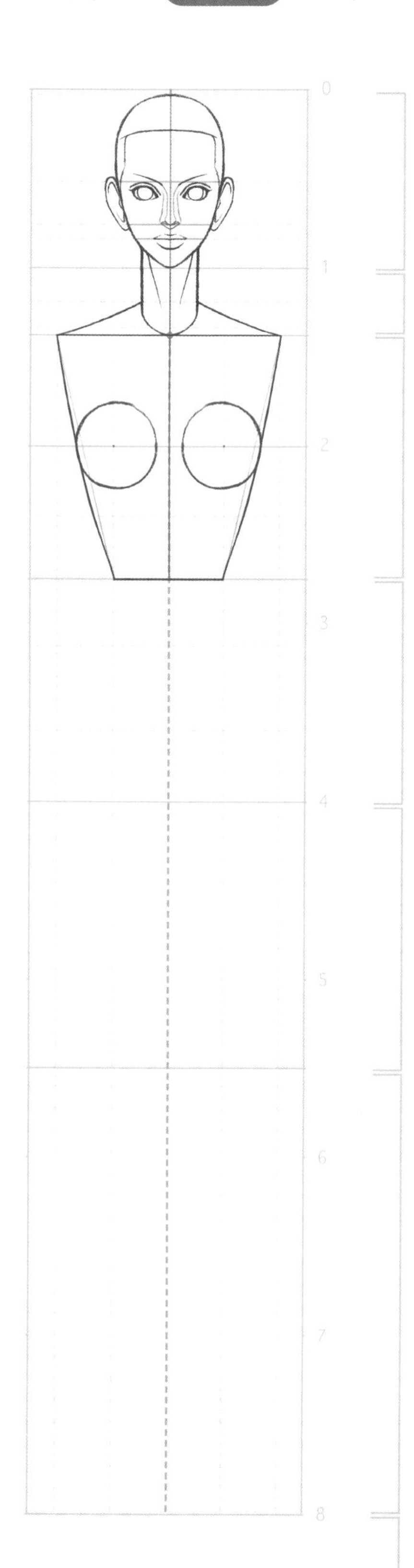

## 上半身和之前繪製的一樣

1 由於單腿支撐的姿勢主要顯現的是下半身的動態，因此臉部、脖子和軀幹參考第14~第19頁的繪製方法即可。

## 繪製傾斜的腰部時，要以腰圍線為基準

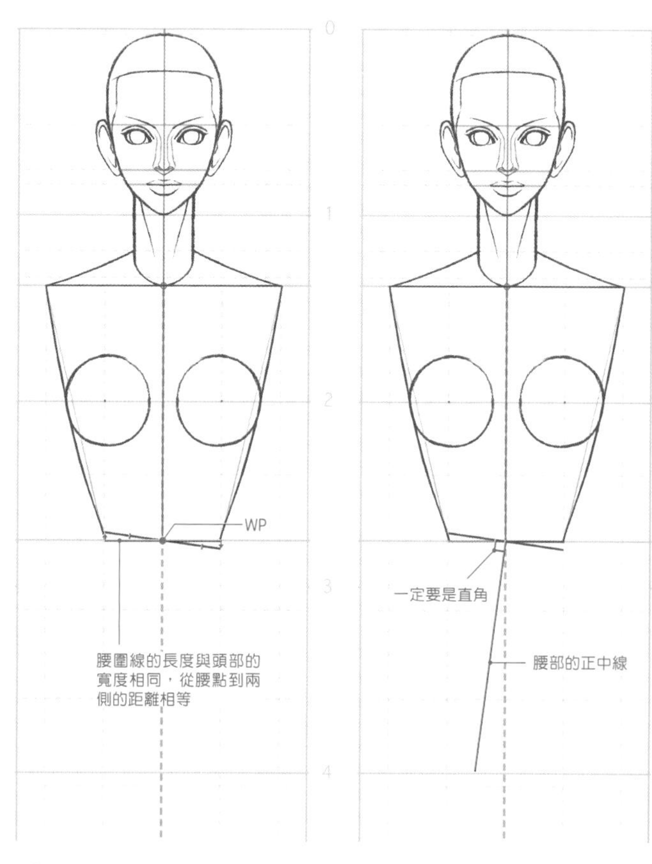


2
腰圍線要通過腰點且呈傾斜狀。由於腰圍線是支撐腿的一側向上傾斜，因此這裡的支撐腿是右腿（從讀者的視角看為左側腿）。腰圍線傾斜2mm左右最好。如果傾斜得過於強烈，那麼左右大腿的粗細會產生極端的變化，顯得很不協調，這一點繪製時要注意。

3
腰部的正中線與腰圍線成直角，圖中腰圍線與正中線呈T字形。

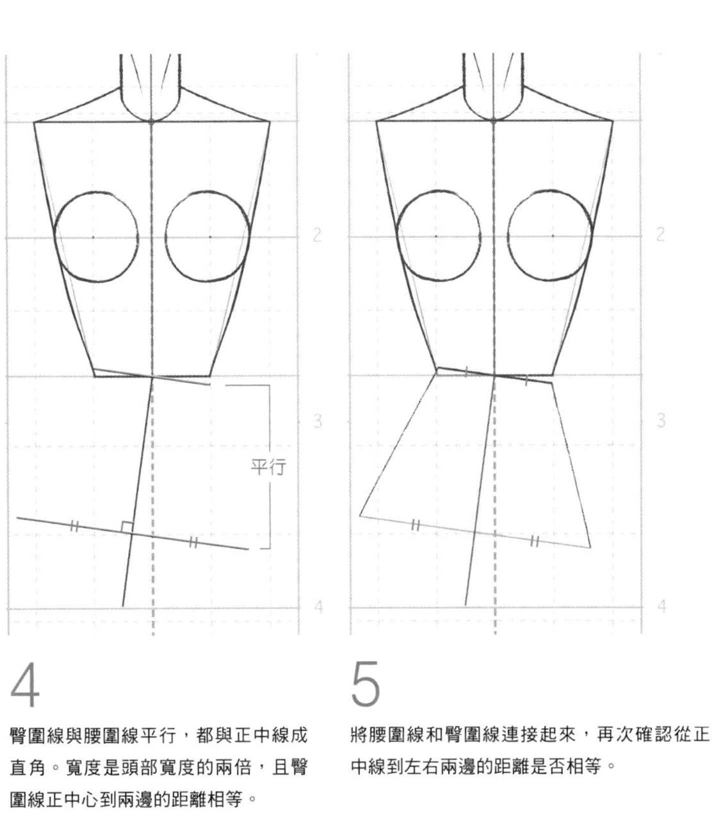


4

臀圍線與腰圍線平行，都與正中線成直角。寬度是頭部寬度的兩倍，且臀圍線正中心到兩邊的距離相等。

5

將腰圍線和臀圍線連接起來，再次確認從正中線到左右兩邊的距離是否相等。

6

盆骨的線條也與正中線成直角，凸出來的部分位於輔助線外2mm處。

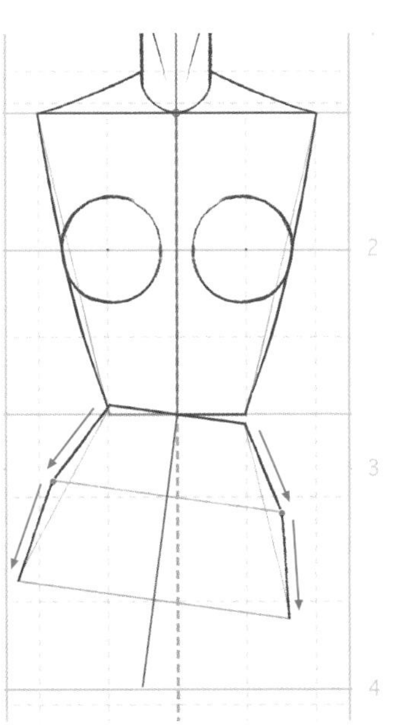

7

將腰圍線和臀圍線分別與盆骨線兩側的最高點相連，形成兩個小山狀。

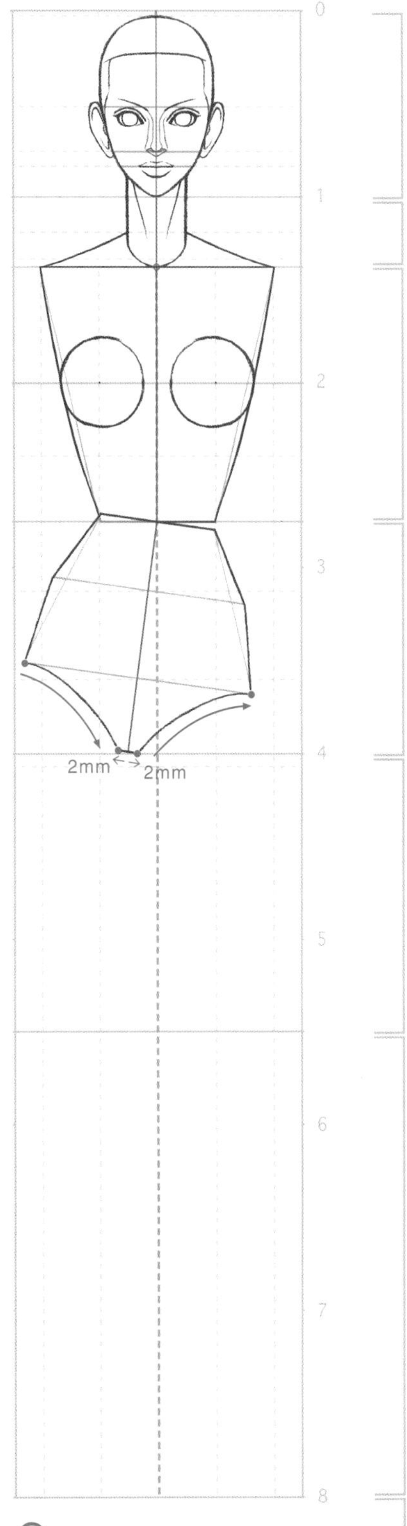


8

大腿的根部用平緩的曲線來描繪。從胯下的中心到左右兩邊分別留出2mm的縫隙。

## 下半身 繪製腿部——將支撐腿的大腿和小腿作為一個整體來考慮

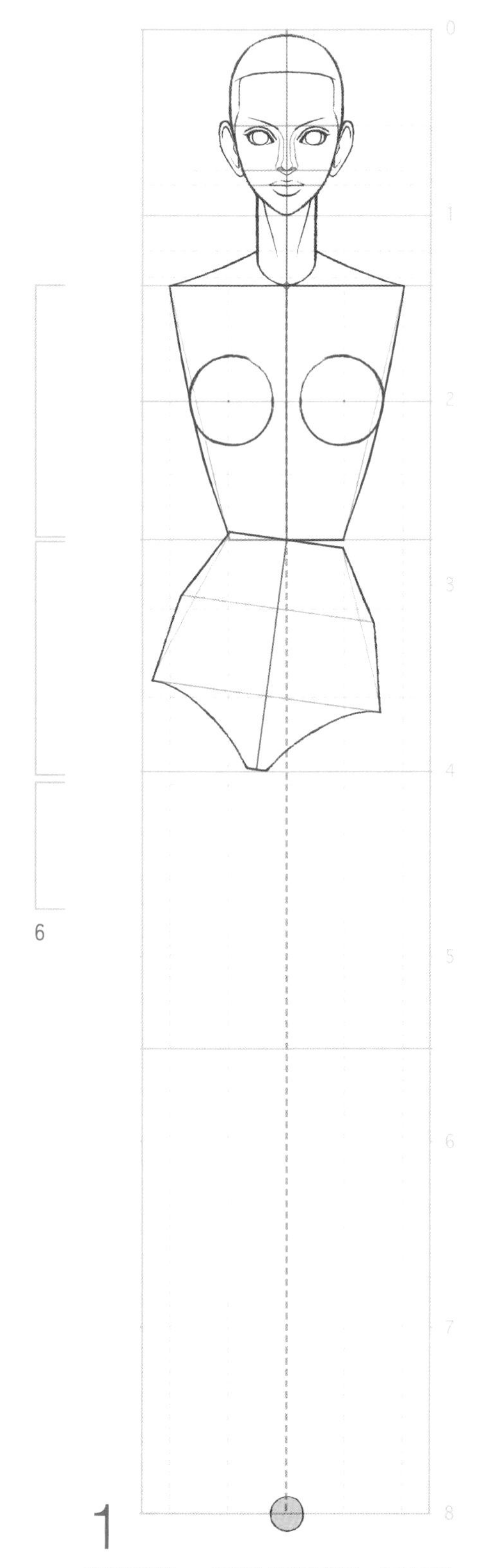


1

繪製腿部時，一定要先繪製支撐腿。先將支撐腿的腳踝定位在重心線附近，用○表示。支撐腿承擔的體重越多，就越靠近重心線。

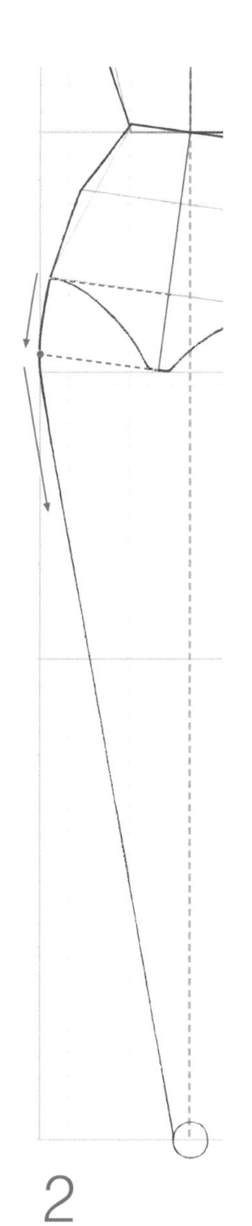

2

從髖關節（準確地說是大轉子）到腳踝的部分，可以作為一個整體，用一條直線來連接。

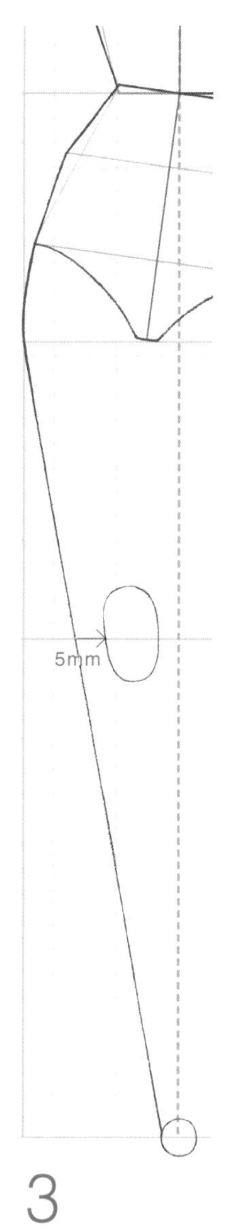


3

膝蓋繪製在輔助線內側5mm左右的位置。由於我們也稱之為「膝頭」，所以我們可以用形狀為臉部1/2左右大小的橢圓來表示。

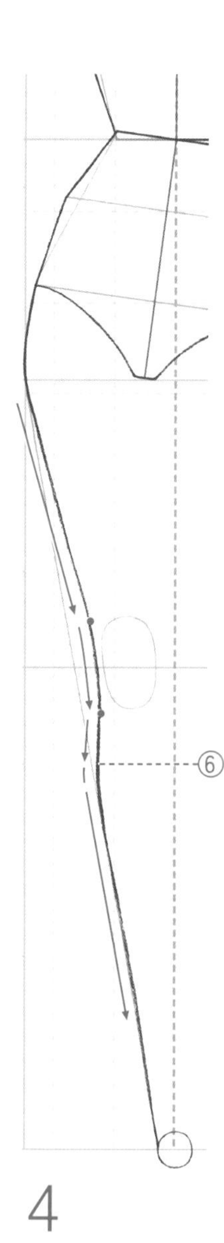


4

繪製腿部外側的線條，連接大腿、膝蓋和小腿。小腿肚部分在6頭身左右與輔助線重疊，然後沿著輔助線繪製。

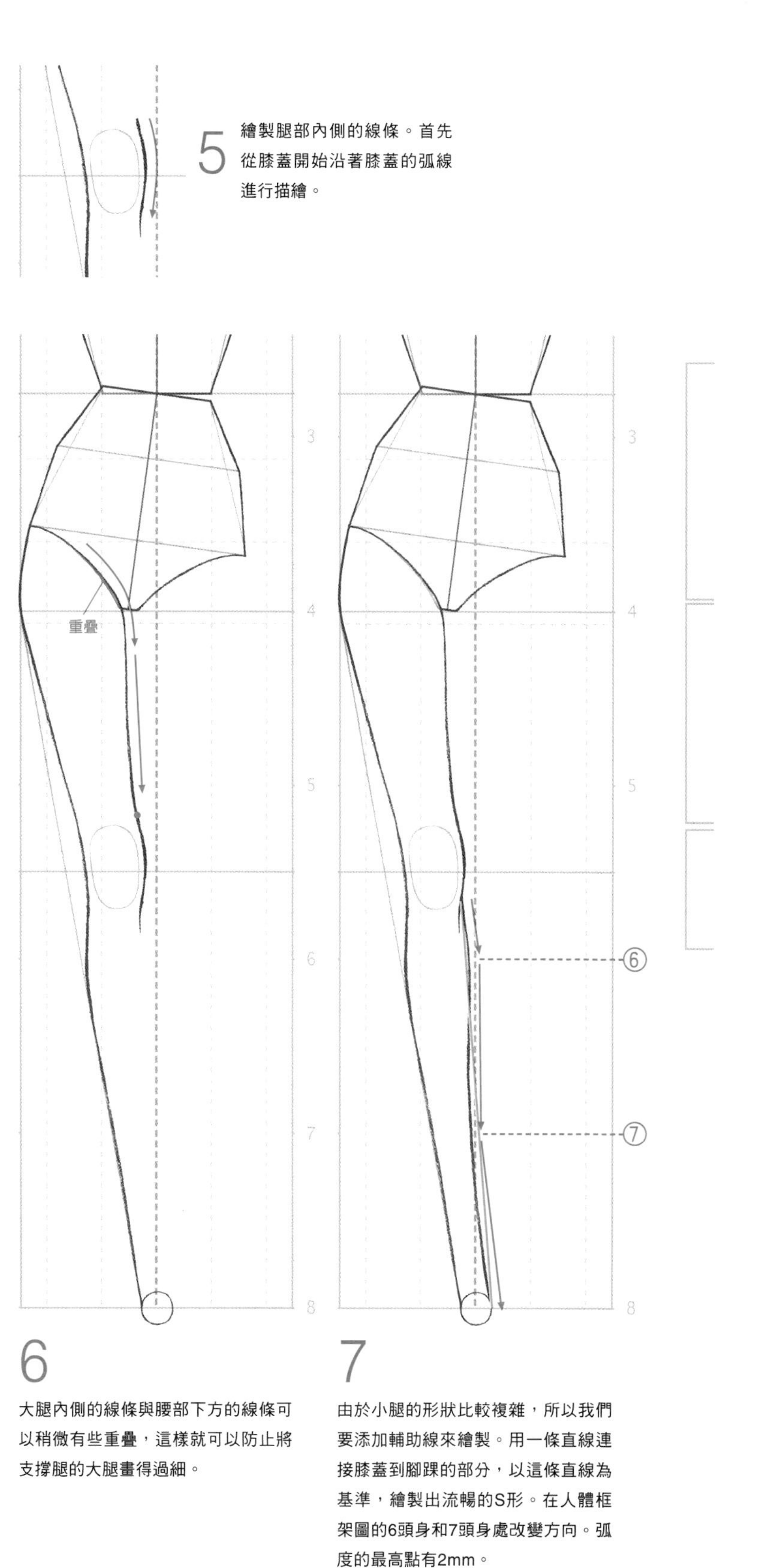


## 5

繪製腿部內側的線條。首先從膝蓋開始沿著膝蓋的弧線進行描繪。

## 6

大腿內側的線條與腰部下方的線條可以稍微有些重疊，這樣就可以防止將支撐腿的大腿畫得過細。

## 7

由於小腿的形狀比較複雜，所以我們要添加輔助線來繪製。用一條直線連接膝蓋到腳踝的部分，以這條直線為基準，繪製出流暢的S形。在人體框架圖的6頭身和7頭身處改變方向。弧度的最高點有2mm。

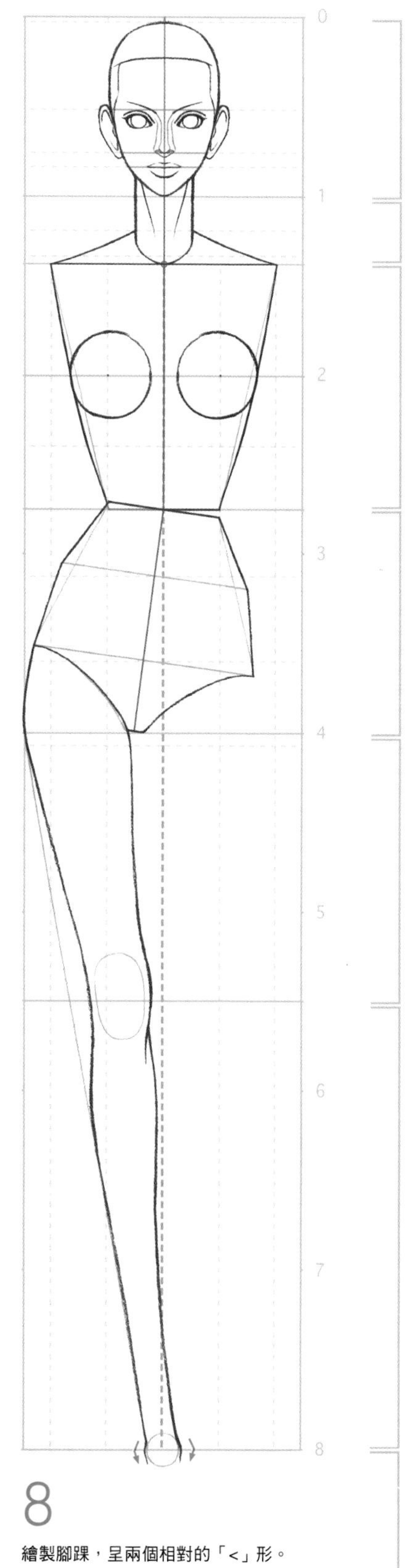

## 8

繪製腳踝，呈兩個相對的「<」形。

## 下半身 從腿部到腳部

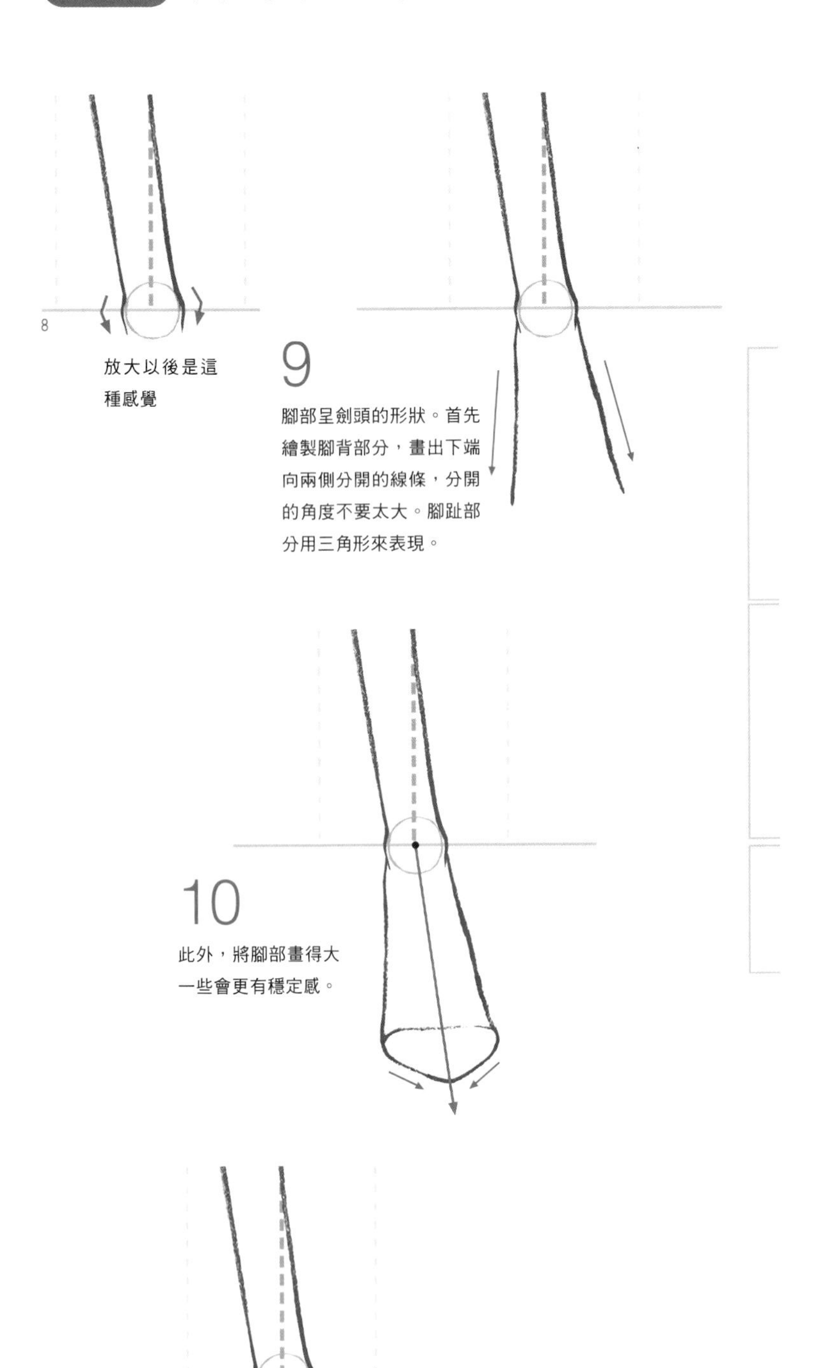


放大以後是這種感覺

9

腳部呈劍頭的形狀。首先繪製腳背部分，畫出下端向兩側分開的線條，分開的角度不要太大。腳趾部分用三角形來表現。

10

此外，將腳部畫得大一些會更有穩定感。

11

因想要表現出有些內八字的感覺，所以腳尖的頂點也朝向內側。然後在腳踝和膝蓋處加入關節線，支撐腿的繪製就完成了。

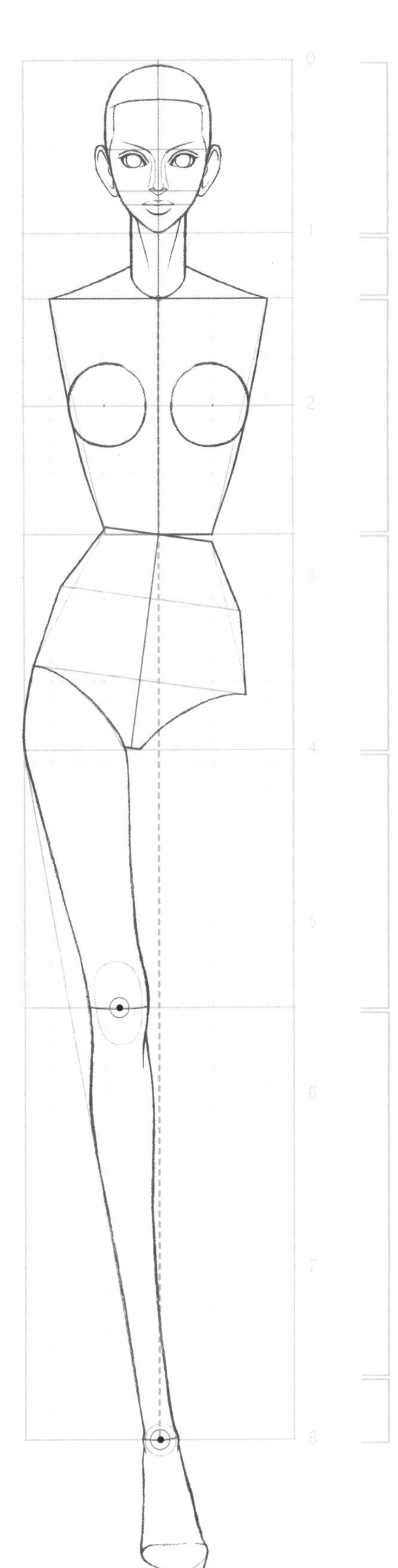

12

非重心腿的畫法和手臂一樣，大腿和小腿分開繪製。為了使左右腿的長度保持一致，可添加輔助線，在支撐腿的膝蓋和腳踝處分別畫出兩個標記點。

## 因為非重心腿沒有承擔體重，所以和手臂的畫法相同

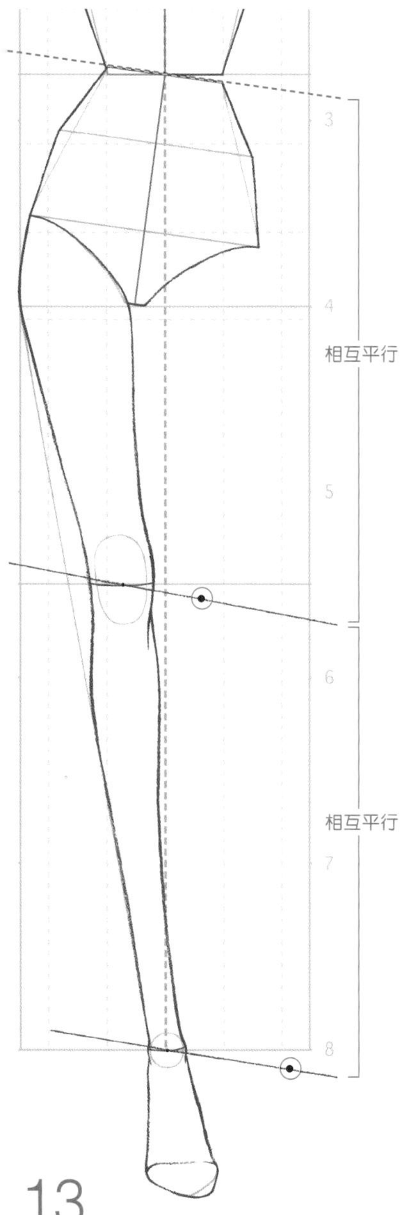


13

左右膝蓋和腳踝的連接線都與腰圍線在同一方向傾斜。然後在輔助線上確定出非重心腿的膝蓋和腳踝。如果非重心腿的腳踝稍微偏離重心線一些，單腿支撐的姿勢會表現得更加逼真。

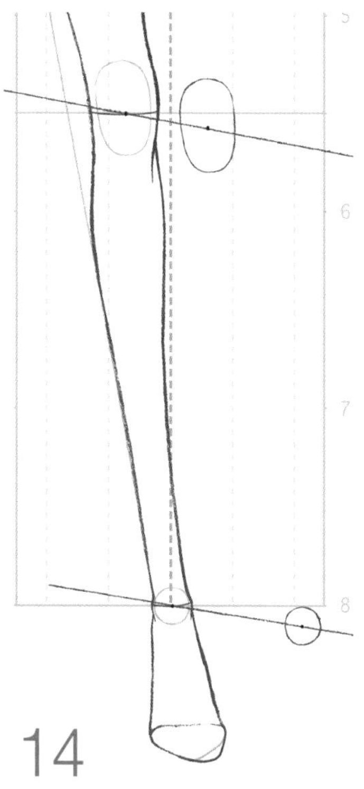

14

繪製膝蓋和腳踝的圓形，注意左右的大小要相同。

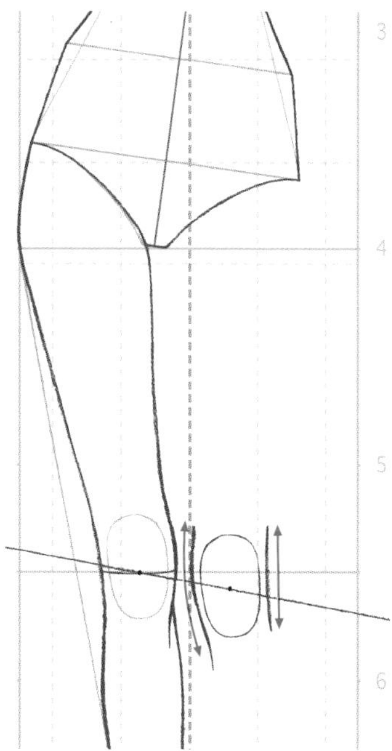

15

由於非重心腿沒有承擔體重，因此和手臂的畫法相同，要依次畫出大腿和小腿。首先給膝蓋添加肌肉，外側用直線繪製，內側用曲線繪製。

16 畫出大腿，繪製時要不斷進行比較，確保左右腿的粗細相同。

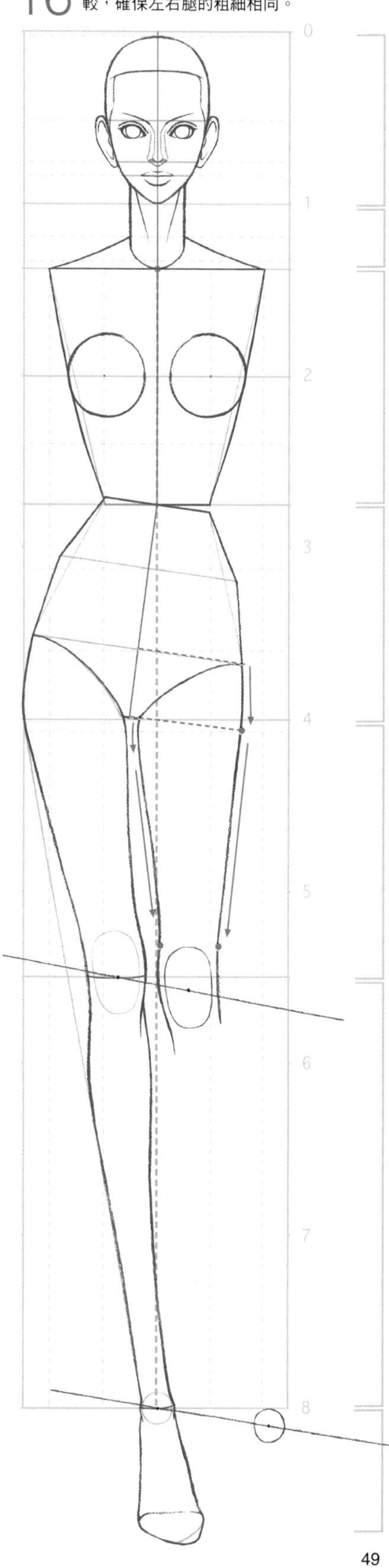

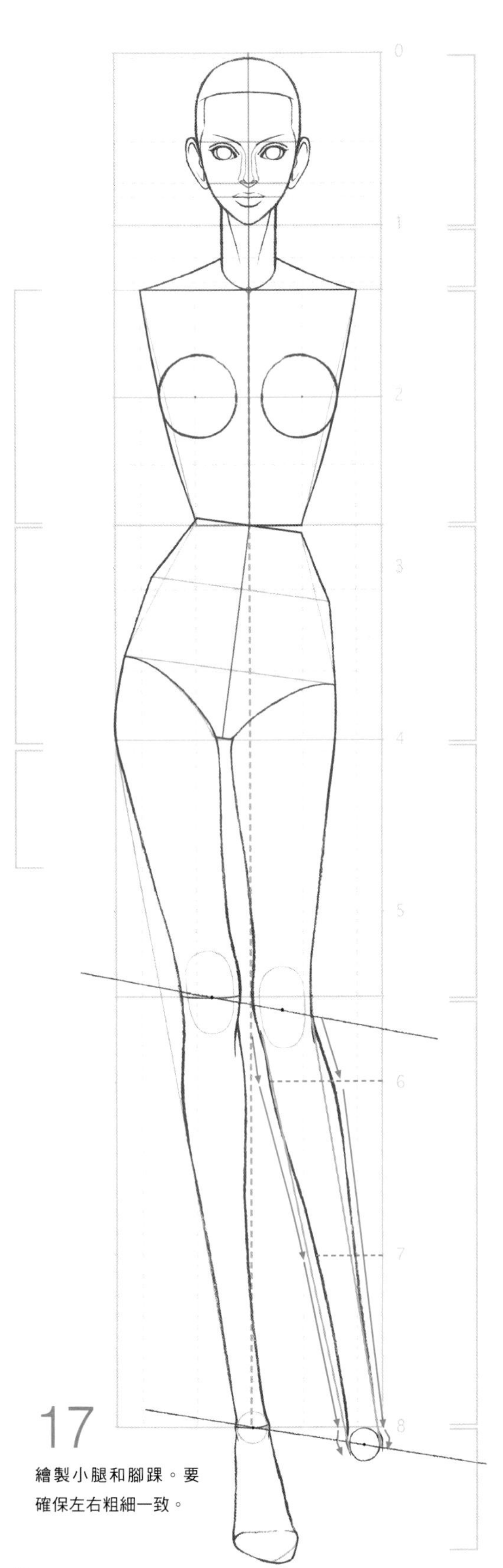

17
繪製小腿和腳踝。要確保左右粗細一致。

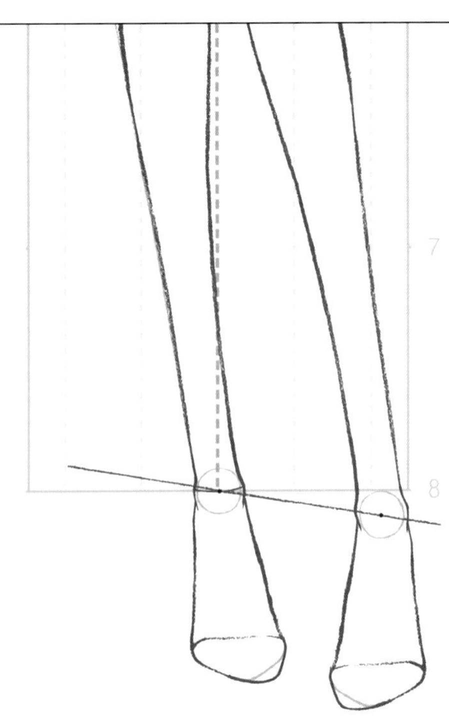

18
繪製腳部。因為非重心腿比支撐腿靠前，所以腳要畫得稍微大一些。

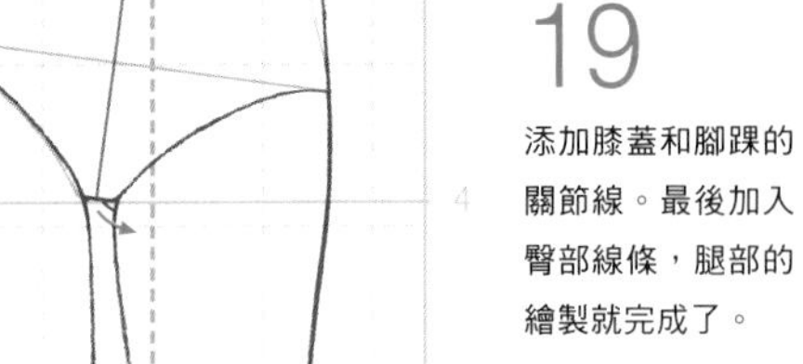

19
添加膝蓋和腳踝的關節線。最後加入臀部線條，腿部的繪製就完成了。

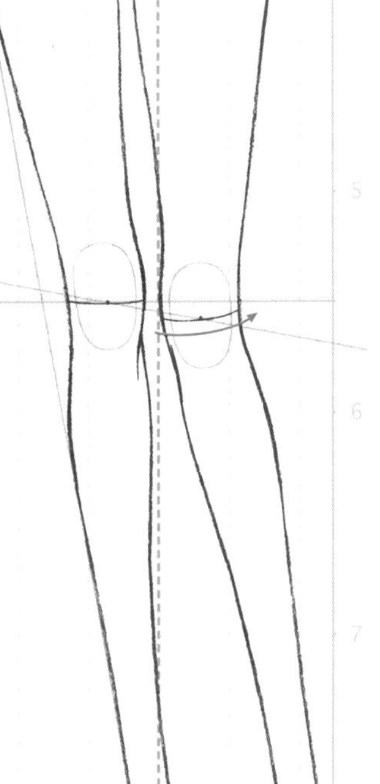

# 從人體線稿到人體完成圖——將線稿放在描圖紙下面來繪製人體完成圖

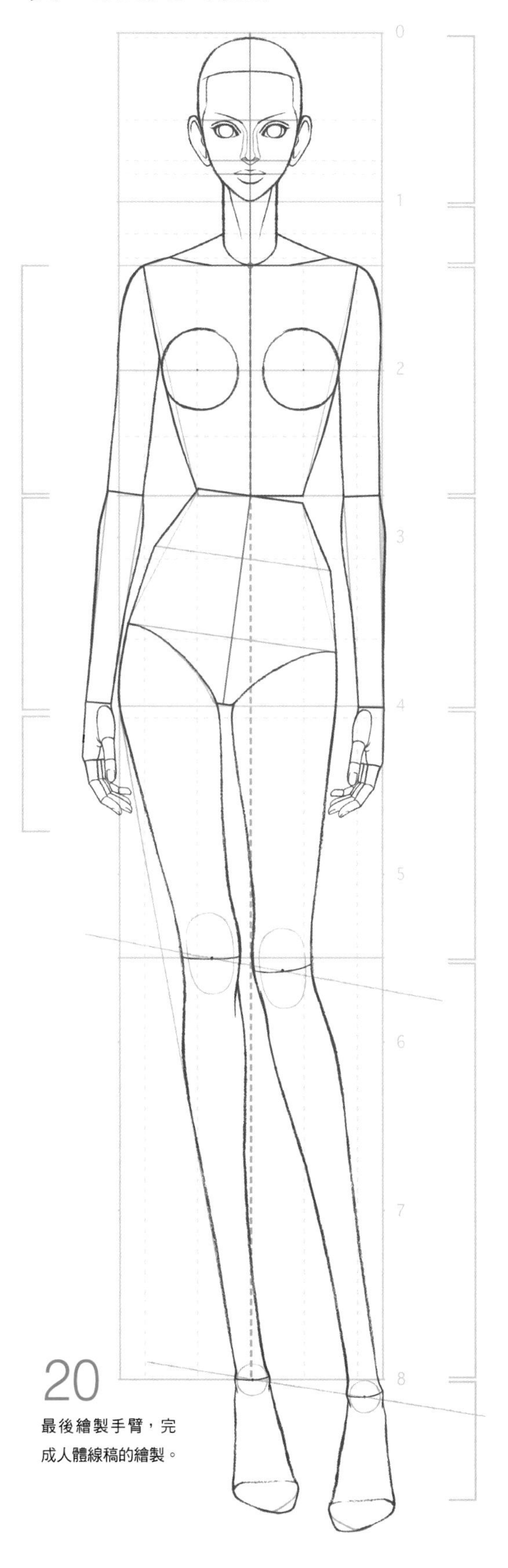

## 20

最後繪製手臂，完成人體線稿的繪製。

## 21

人體線稿繪製完成後，將其放在描圖紙的下面，流暢地描繪出人體完成圖，要表現出給人體裹上一層輕柔的皮膚的感覺。

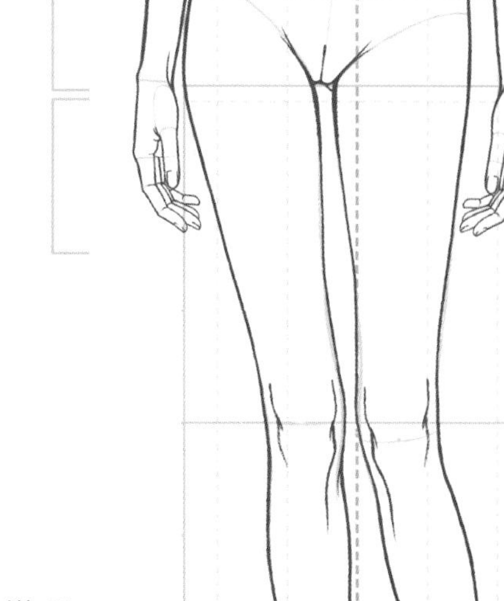

### 感覺怎麼樣呢？

通過身體重心的偏移，強調出女性特有的韻律感。大家學會這種繪製方法了嗎？接下來我們將進一步運用單腿支撐的姿勢來表現步行的姿態。

# 下半身有動態變化的姿勢②步行

## 繪製步行動作的秘訣

### 繪製非重心腿的小腿是要點

運用單腿支撐的姿勢就可以繪製出步行的姿態。只要將向前邁出出的腿作為支撐腿就可以了。由於非重心腿會向後踢，因此小腿要表現出一定的透視感。要注意小腿向後方踢起時，長度看起來會發生變化。

### 運用單腿支撐的姿勢來繪製步行的姿態

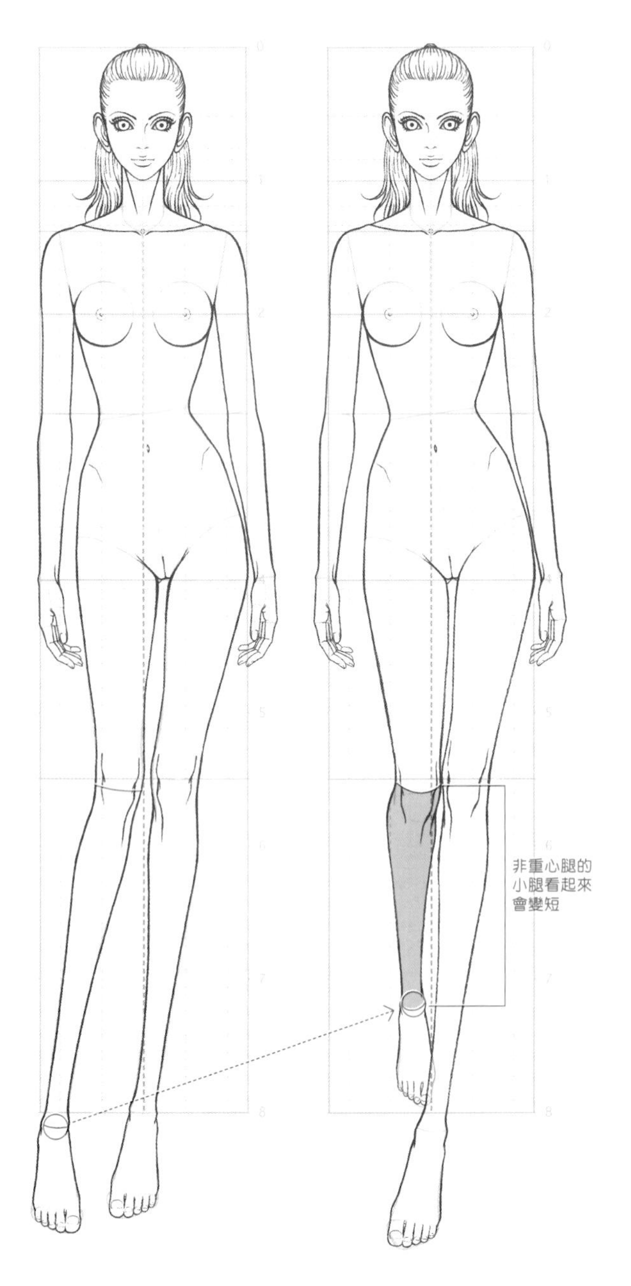


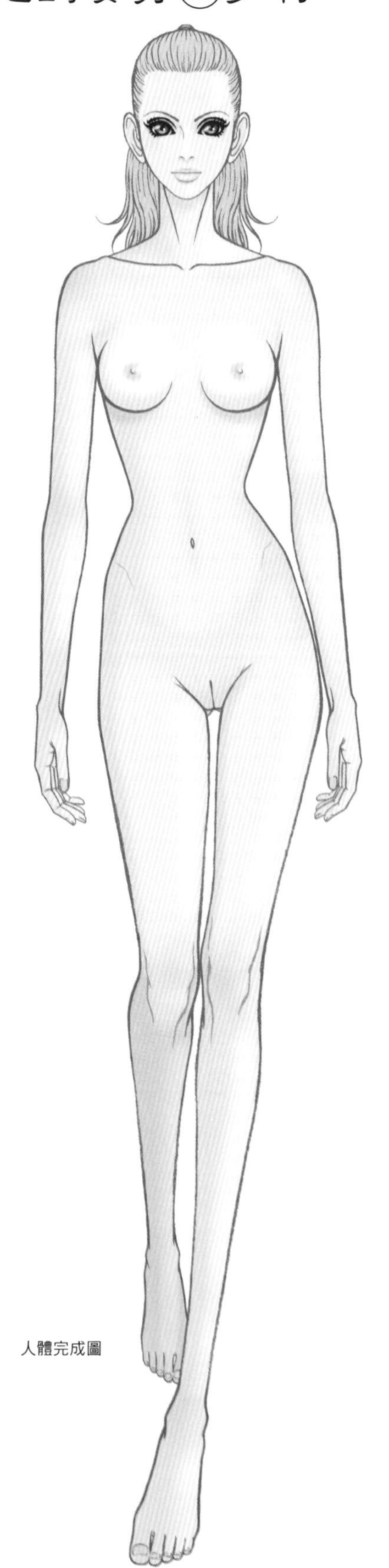

人體完成圖

在開始實踐之前——

# 步行姿勢的學習要點——向前邁步

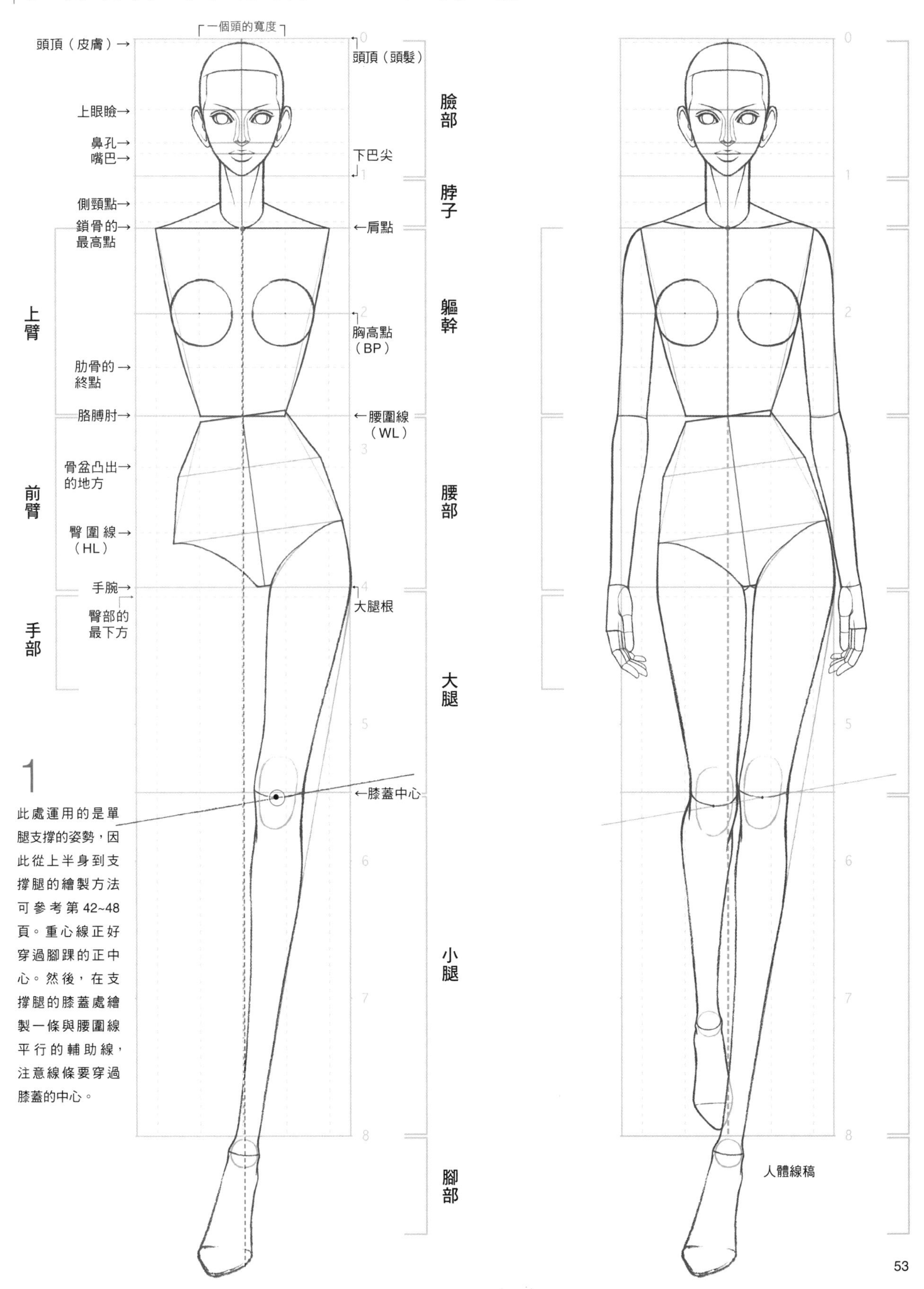


1

此處運用的是單腿支撐的姿勢，因此從上半身到支撐腿的繪製方法可參考第42~48頁。重心線正好穿過腳踝的正中心。然後，在支撐腿的膝蓋處繪製一條與腰圍線平行的輔助線，注意線條要穿過膝蓋的中心。

# 繪製的實踐 下半身 繪製向上踢起的非重心腿時要考慮到遠近透視關係

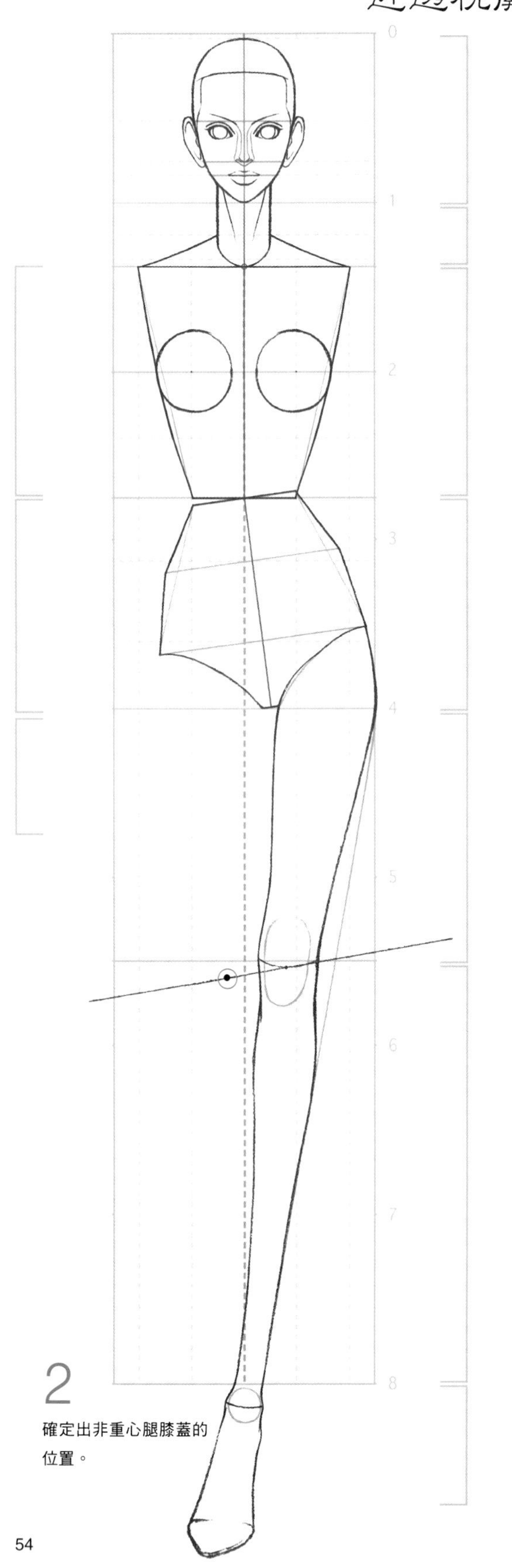

2
確定出非重心腿膝蓋的位置。

3 繪製膝蓋。注意左右腿膝蓋的大小要相同。

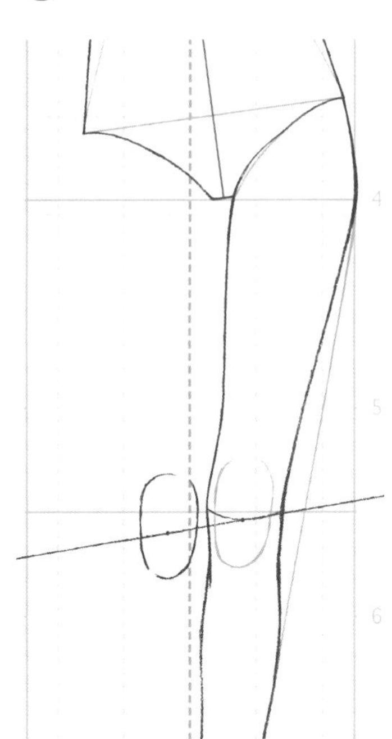

4 繪製非重心腿的膝蓋和大腿。注意左右膝蓋之間要留出縫隙。

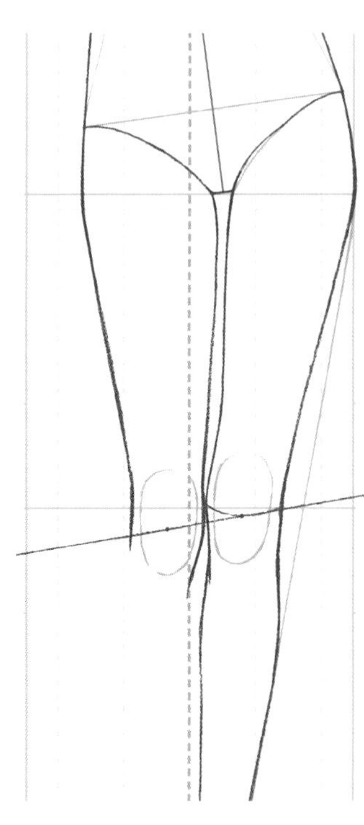

5 繪製有遠近透視感的部位（這裡指小腿）時，首先要確定出腳踝的位置。此處小腿看起來會變短，其橫截面用曲線來繪製。

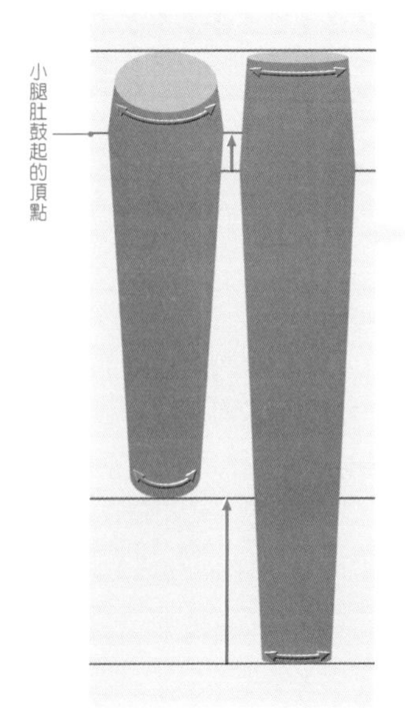


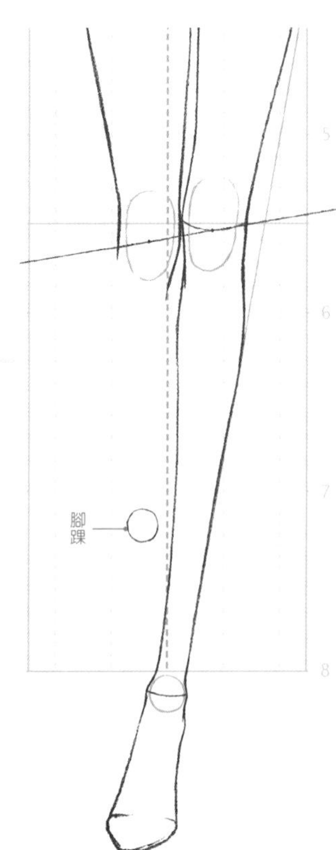

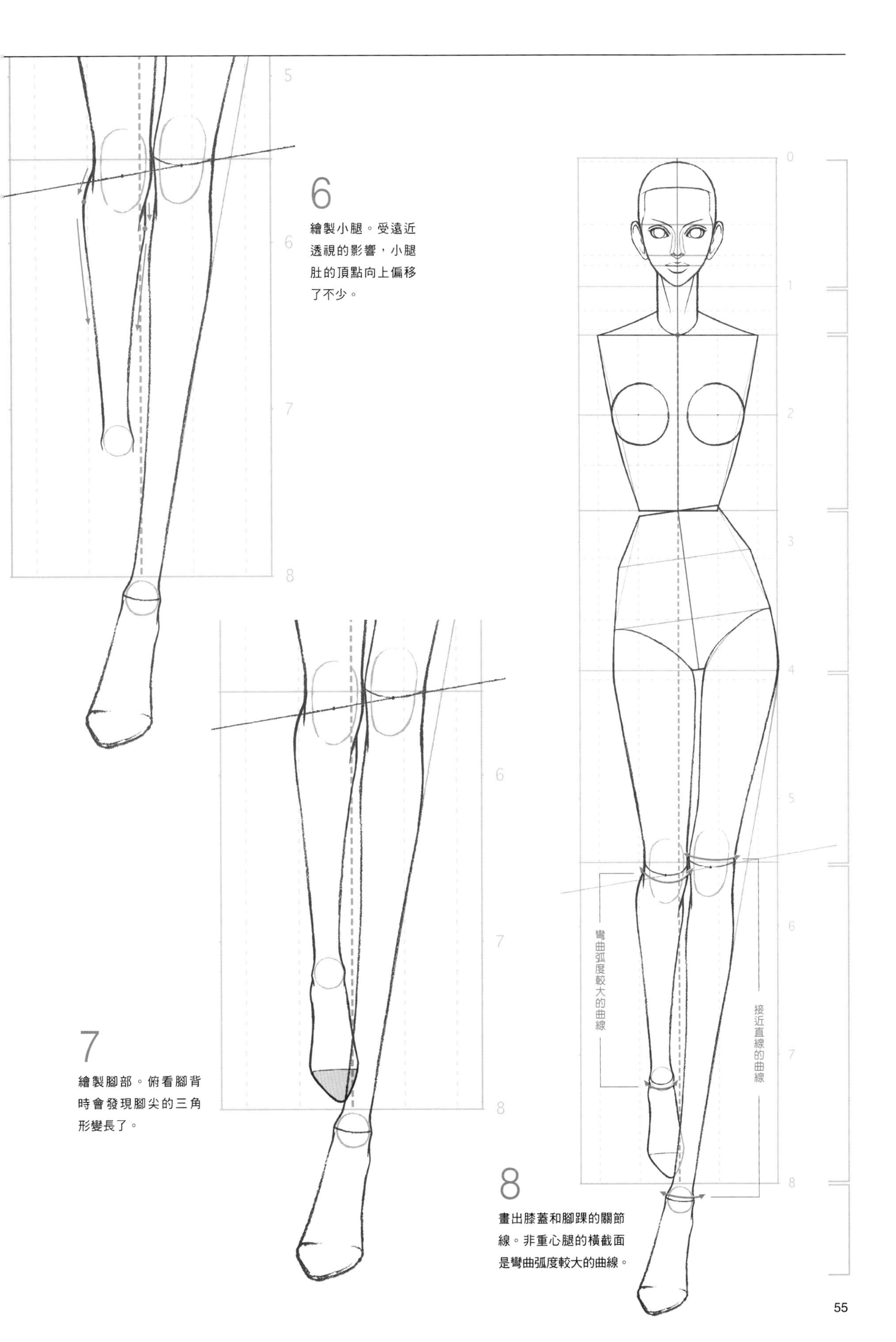


## 6

繪製小腿。受遠近透視的影響，小腿肚的頂點向上偏移了不少。

## 7

繪製腳部。俯看腳背時會發現腳尖的三角形變長了。

## 8

畫出膝蓋和腳踝的關節線。非重心腿的橫截面是彎曲弧度較大的曲線。

# 從人體線稿到人體完成圖——將線稿放在描圖紙下面來繪製人體完成圖

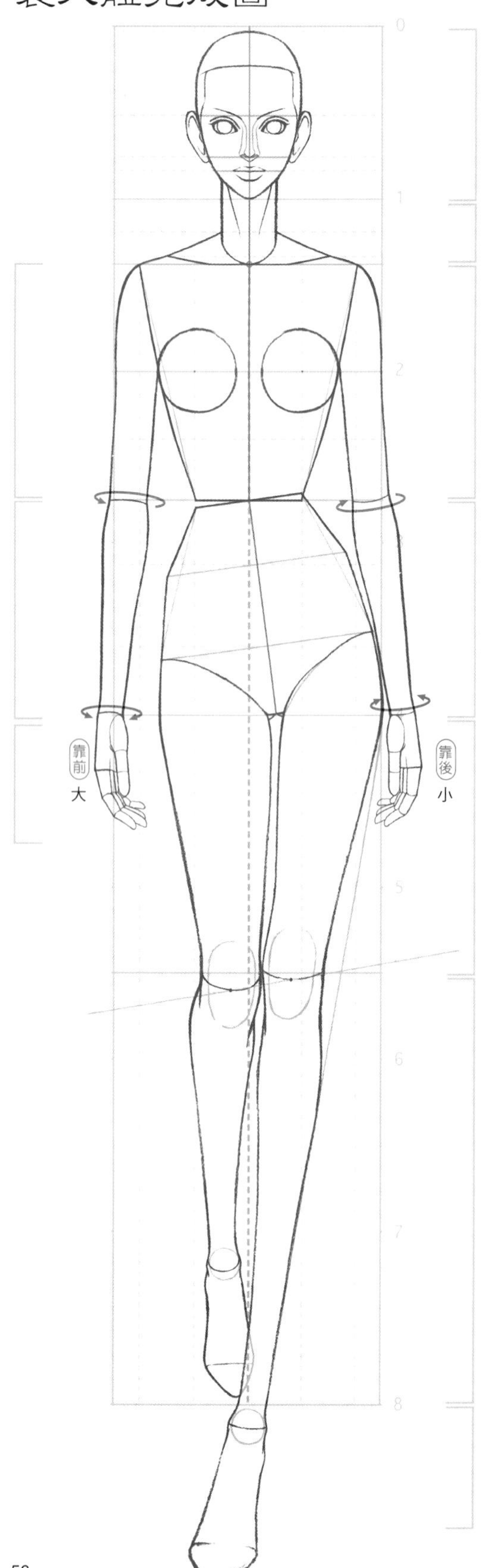


## 手臂的前後擺動要與橫截面弧線的朝向一致

### 9

利用弧線彎曲的方向來表現手臂前後擺動的樣子。向前擺動的手臂用向上彎曲的弧線來表現，並且要將手部畫得大一些。向後擺動的手臂則用向下彎曲的弧線來表現，並且要將手部畫得小一些。這樣一來，人體線稿的繪製就完成了。

### 10

人體線稿完成後，將其放在描圖紙的下面，流暢地描繪出人體完成圖。要表現出在身體外面加了一層輕柔的皮膚的感覺。

## 感覺怎麼樣呢？

繪製單腿支撐的姿勢時，最重要的是表現傾斜的腰部。為了使活動的腰部不會扭曲，一定要注意腰圍線、正中線和臀圍線間的直角、平行、左右對稱及長度一致這四點，並進行多次練習。從第66頁開始，我們將開始學習繪製背面的姿勢。

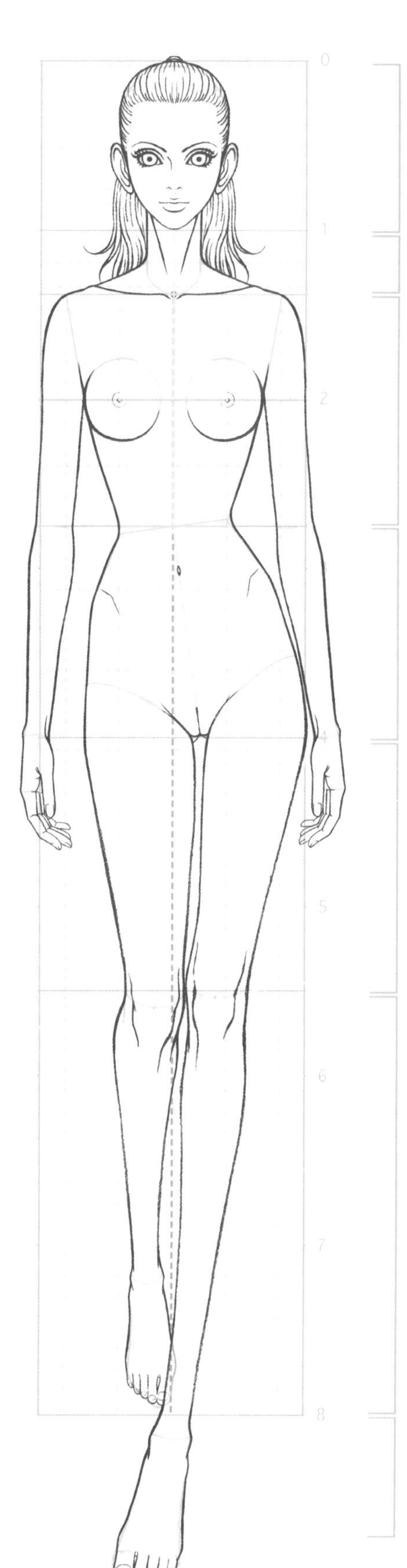

# 臉部和手臂的動態

## 臉部的動作

這裡我們來學習繪製臉部和手臂的動作。由於臉部和手臂與身體的移動沒有直接關係，因此我們的講解到目前為止還沒有提及。但是通過臉部和手臂的動作變化，我們可以將站姿表現得更加豐富，下面我們就來挑戰一下。

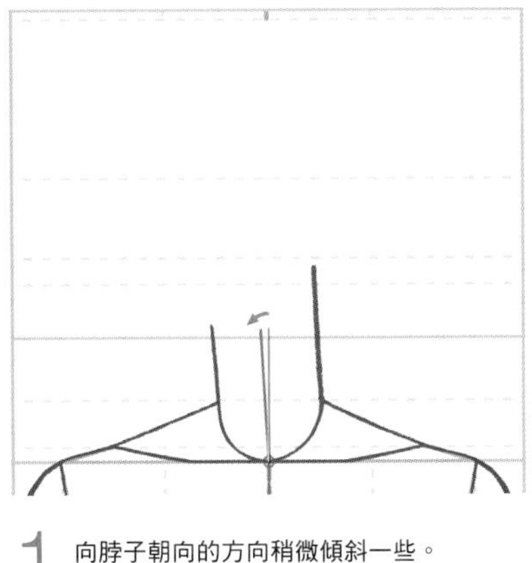

1 向脖子朝向的方向稍微傾斜一些。

臉部的中心線

2 繪製臉部的中心線。脖子扭動的幅度越大，面部中心線距離脖子的中心線就越遠。

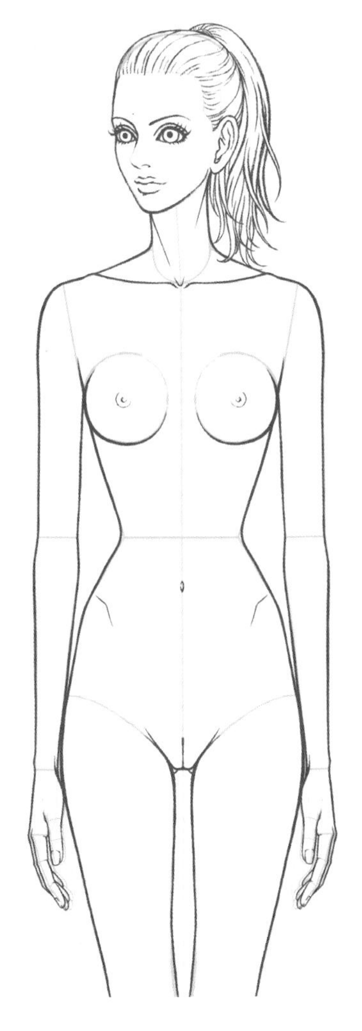

臉部扭轉的人體完成圖

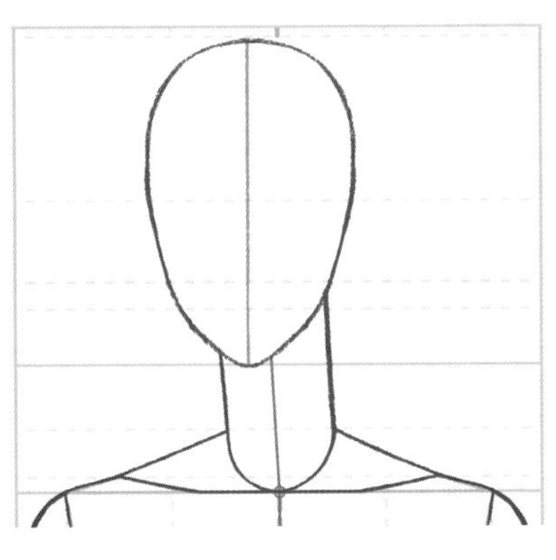

3 以中心線為基準繪製臉部的輪廓。

4 繪製頭部的後腦勺部分。扭動的幅度越大，後腦勺露出的就越多。

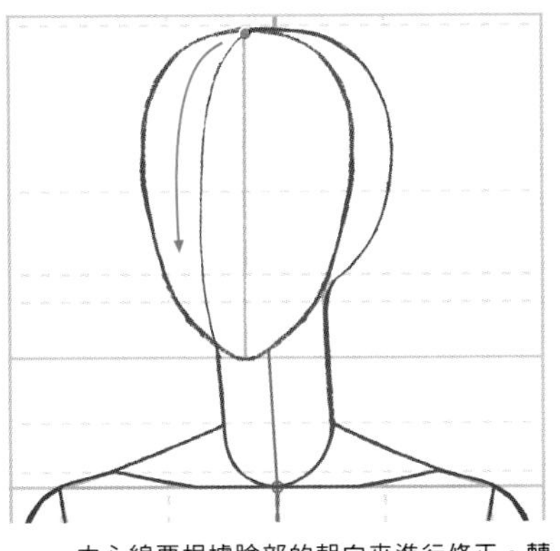

5 中心線要根據臉部的朝向來進行修正。轉動的幅度越大，中心線就越接近曲線。

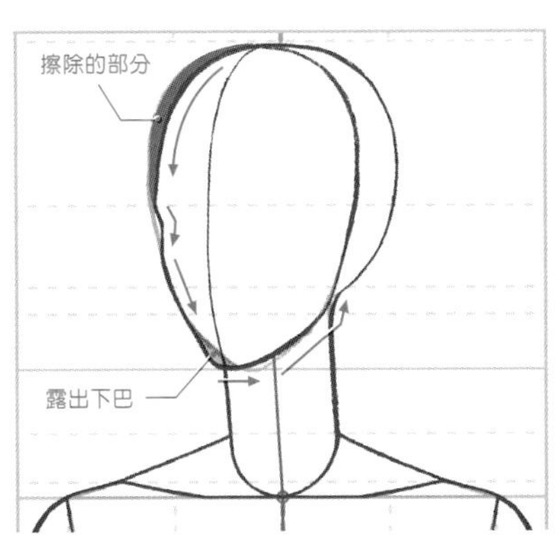


6 繪製額頭和下巴的線條。

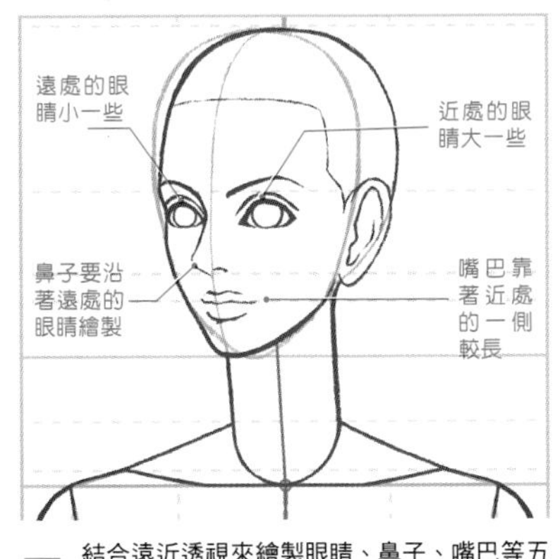


7 結合遠近透視來繪製眼睛、鼻子、嘴巴等五官，進一步完成人體頭部的繪製。臉部繪製方法將在第 158~159 頁詳細講解。

# 手臂的動作

將手臂向上伸展超過90°時，肩關節會漸漸地向軀幹內凹陷。確定出肩部肌肉的位置。不僅僅是肩膀，如果讓胳膊肘也動起來，那麼手臂的「表情」就會表現得更加豐富。

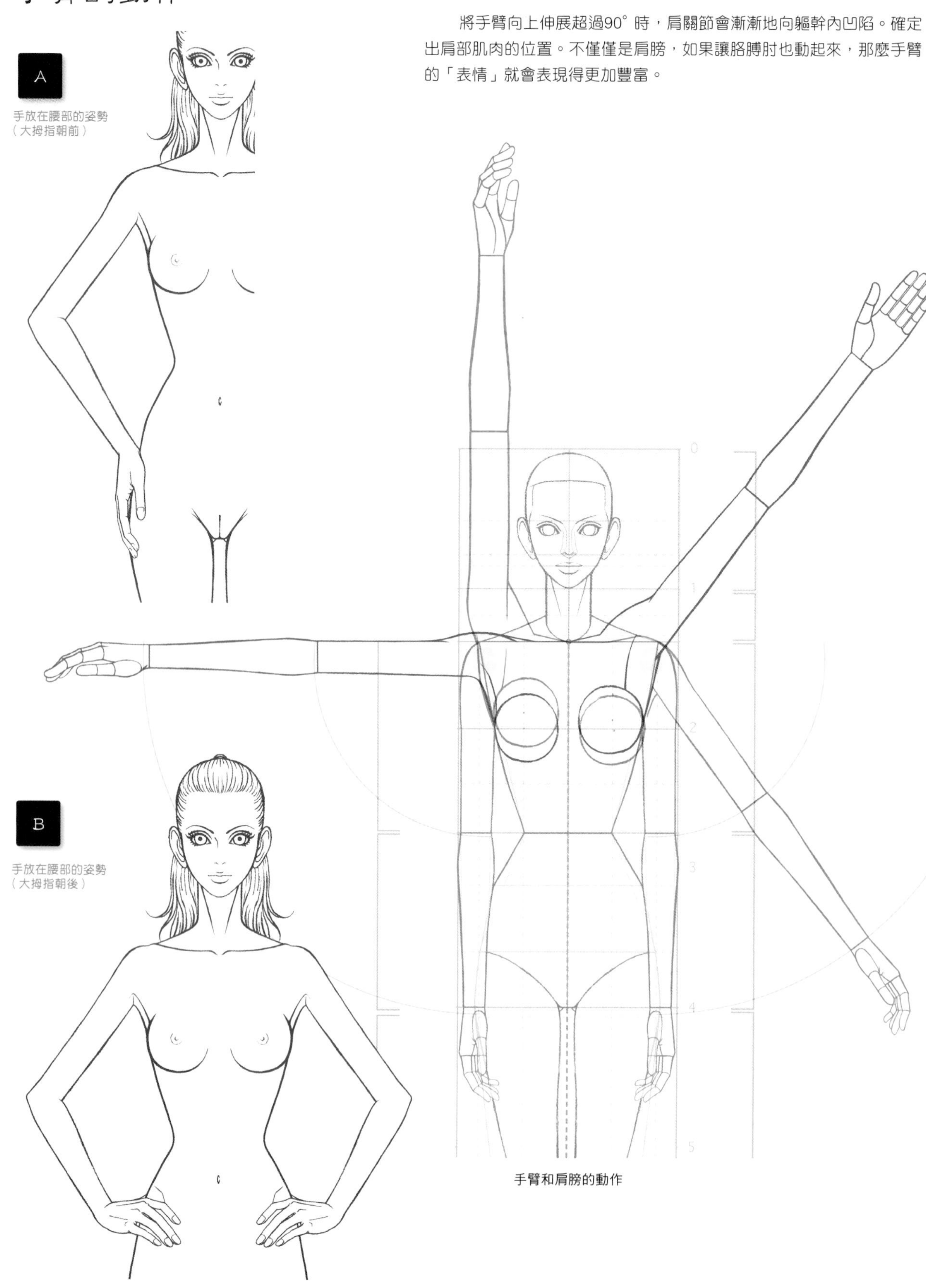


手臂和肩膀的動作

A

# 手放在腰部的姿勢（大拇指朝前）

這裡我們要說的是將手掌朝內自然放在腰部時的繪製方法。

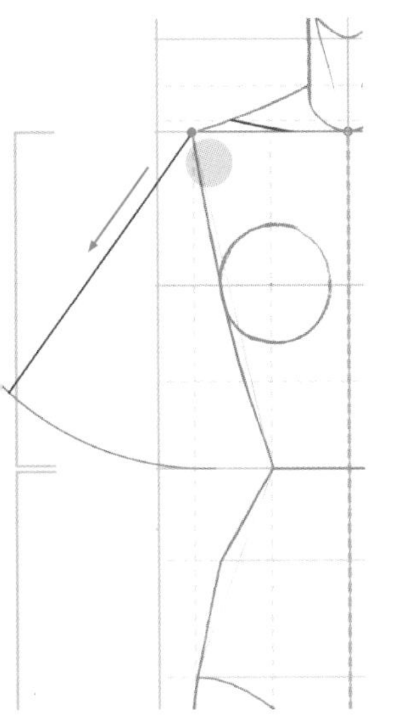

1 以手臂自然下垂時的長度為基準，來繪製胳膊肘做圓周運動的軌跡，同時確定上臂的朝向。

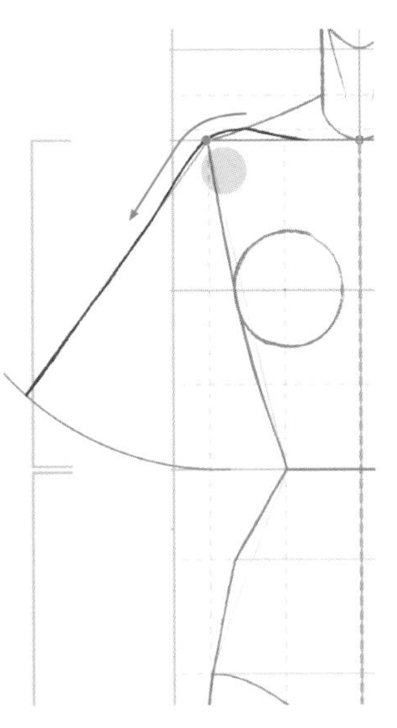

2 以肩點為頂點繪製出肩頭處的圓弧。

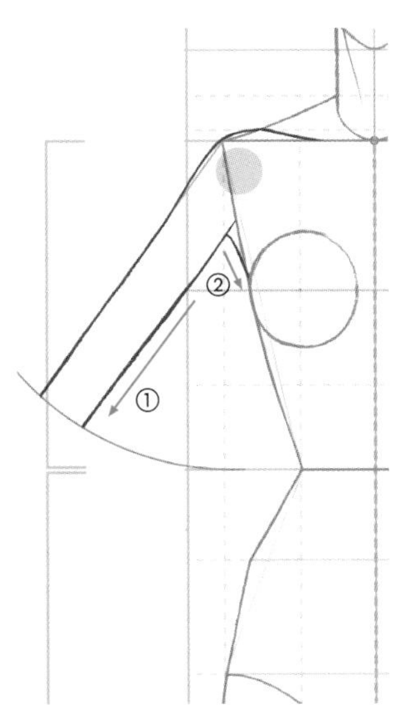


3 ①繪製上臂時，注意內側的線條要與外側的線條平行。與自然下垂時上臂的粗細相同。②因為胳膊與身體不是貼在一起的，所以要添加腋下的線條，使手臂和軀幹連接得更加流暢。

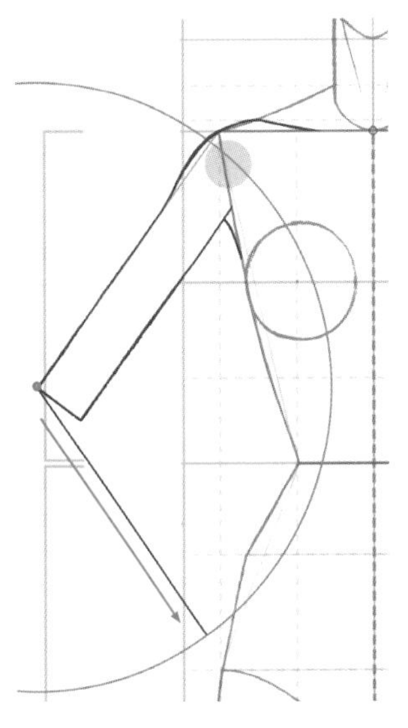

4 以胳膊肘為基點，讓前臂動起來。胳膊肘以肘關節為基點進行圓周運動。當手部放在腰部時，要讓手腕靠近腰部。

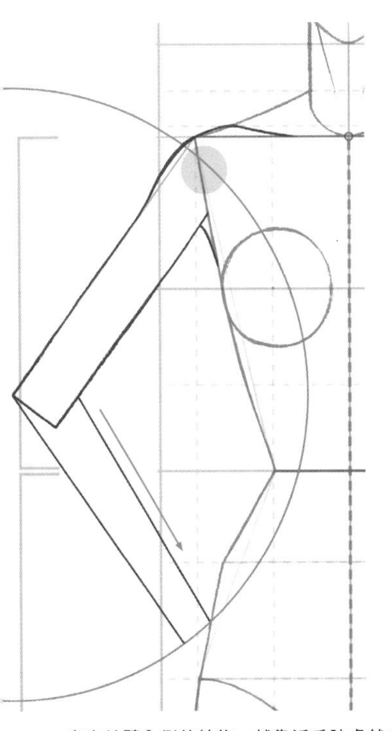

5 畫出前臂內側的線條，越靠近手腕處就會變得越細。

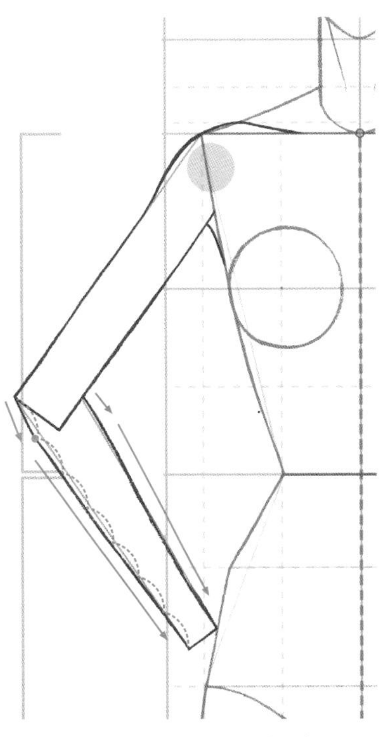

6 繪製前臂時，注意要讓靠上方的1/7處略微鼓起。

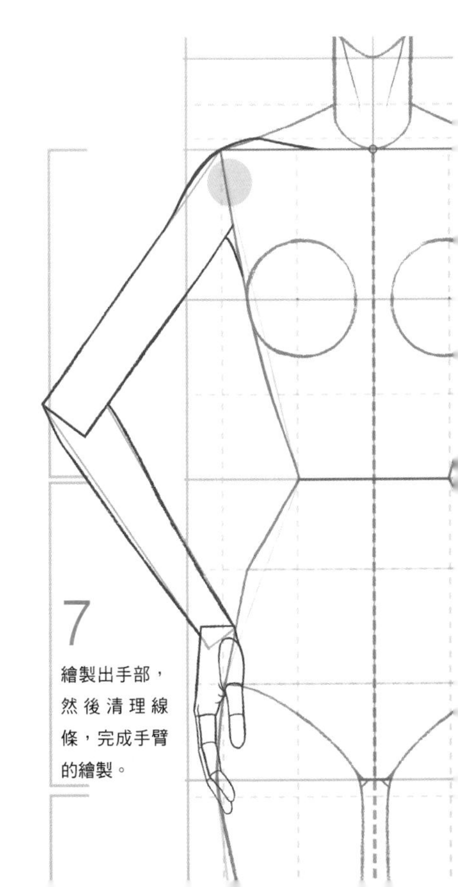

7 繪製出手部，然後清理線條，完成手臂的繪製。

# 手放在腰部的姿勢（大拇指朝後）

手放在腰部時，胳膊肘會略微朝向後方，根據遠近透視要將前臂畫得短一些。
下面我們就來看一下如何繪製在視覺上長度發生變化的前臂。

1 以手臂自然下垂時的長度為基準，來繪製胳膊肘做圓周運動的軌跡，同時確定上臂的朝向。

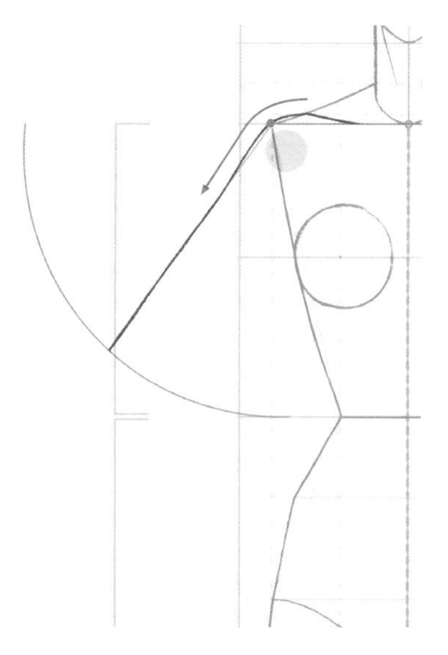

2 以肩點為頂點繪製出肩頭處的圓弧。

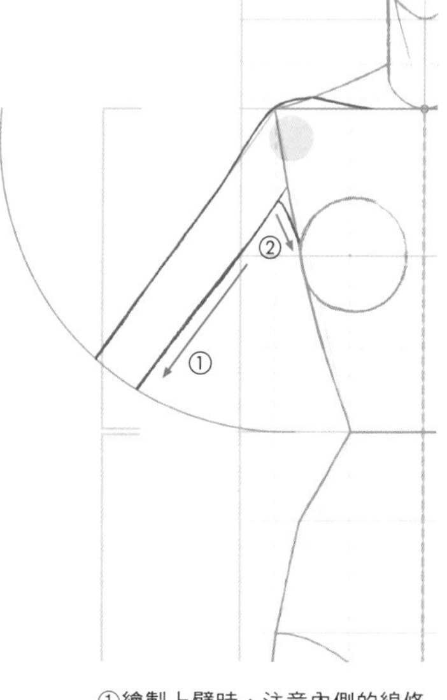


3 ①繪製上臂時，注意內側的線條要與外側的線條平行，且與自然下垂時上臂的粗細相同。②因為胳膊與身體不是貼在一起的，所以要添加腋下的線條，使手臂和軀幹連接得更加流暢。

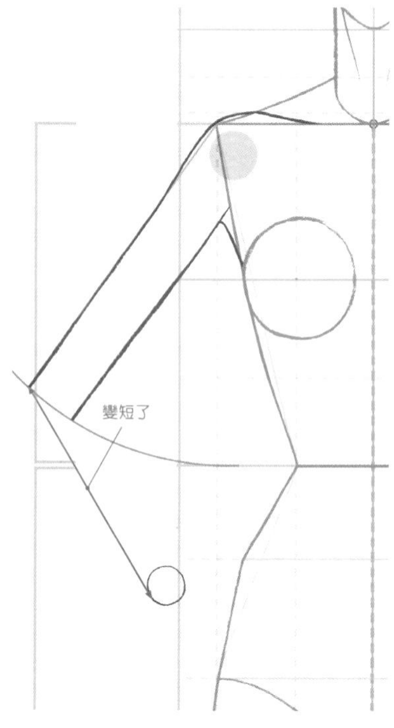


4 確定手腕的位置。根據遠近透視，前臂要繪製得短一些。

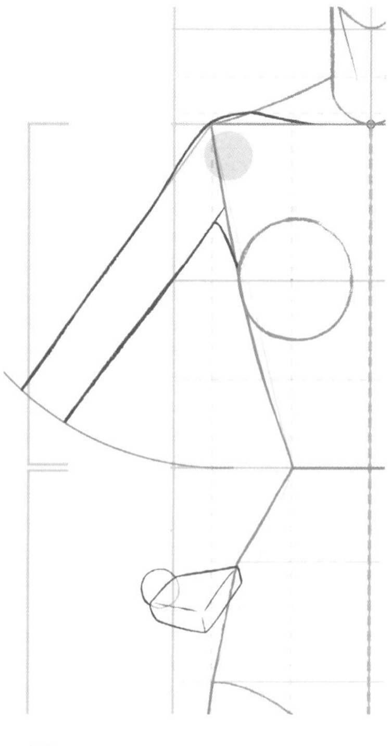

5 手背要繪製成箱體。

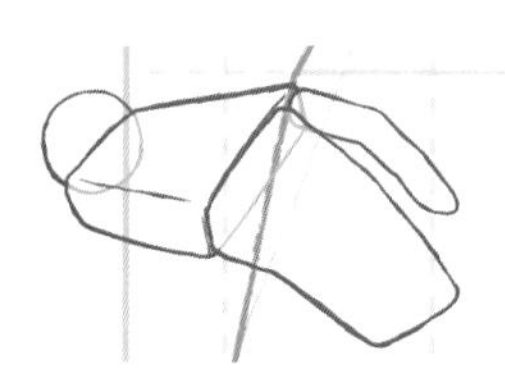

6 在抓住物體時，食指是獨立運動的。中指至小指基本是整體運動的，因此要統一繪製。

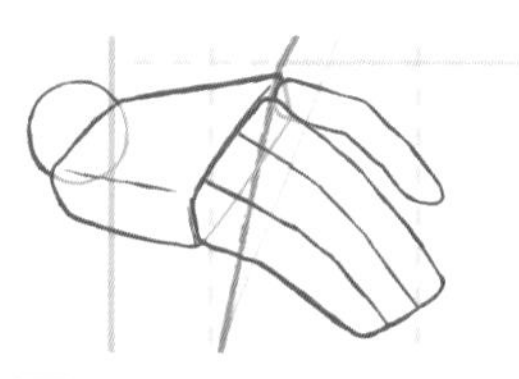

7 分出三根手指。

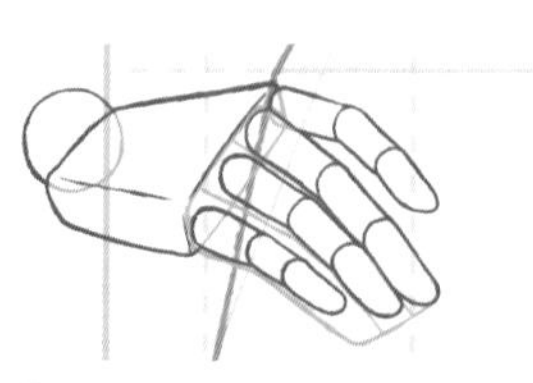

8 添加關節，使手指更逼真。

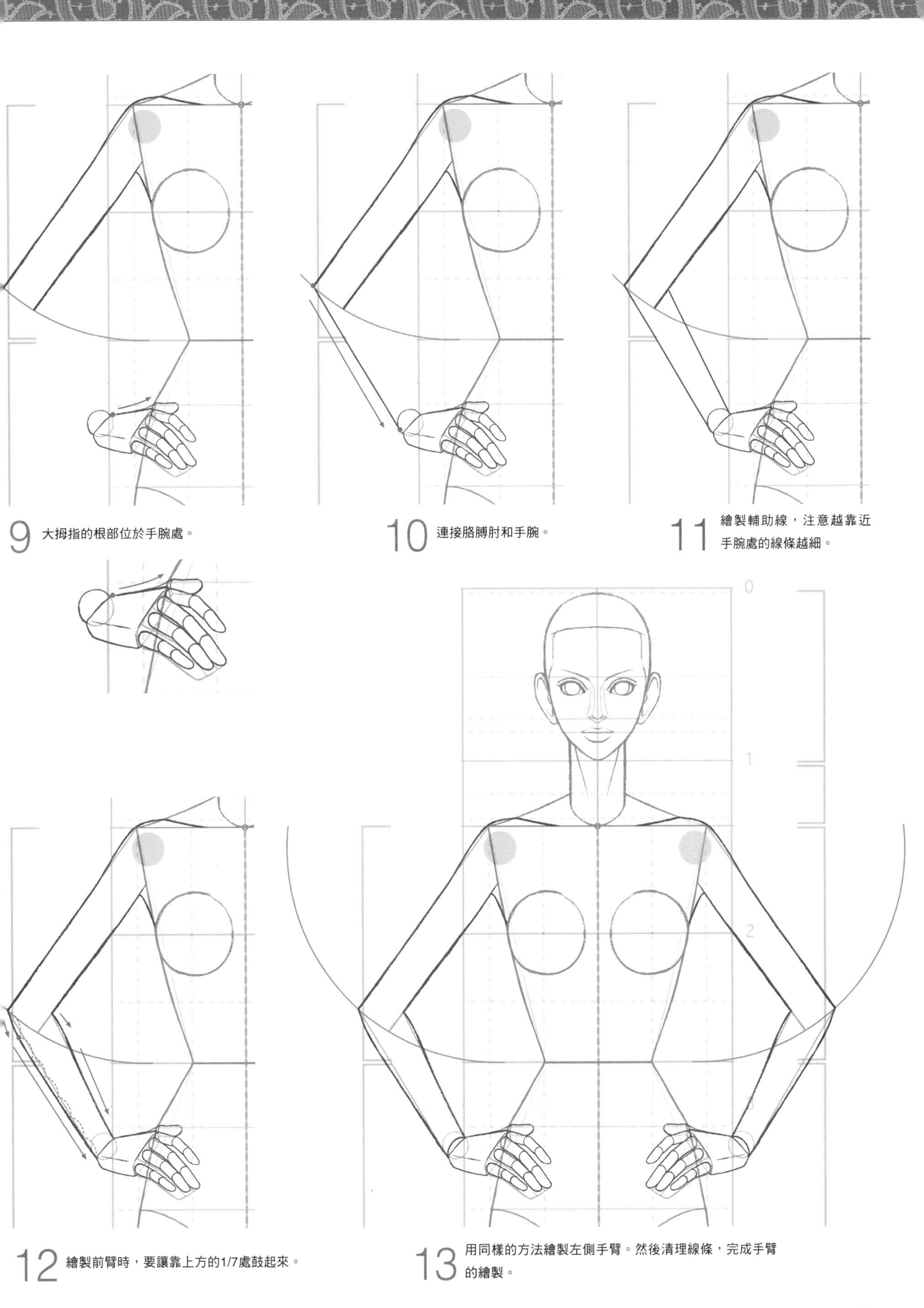


9 大拇指的根部位於手腕處。

10 連接胳膊肘和手腕。

11 繪製輔助線，注意越靠近手腕處的線條越細。

12 繪製前臂時，要讓靠上方的1/7處鼓起來。

13 用同樣的方法繪製左側手臂。然後清理線條，完成手臂的繪製。

# Pose Variations 各種姿勢

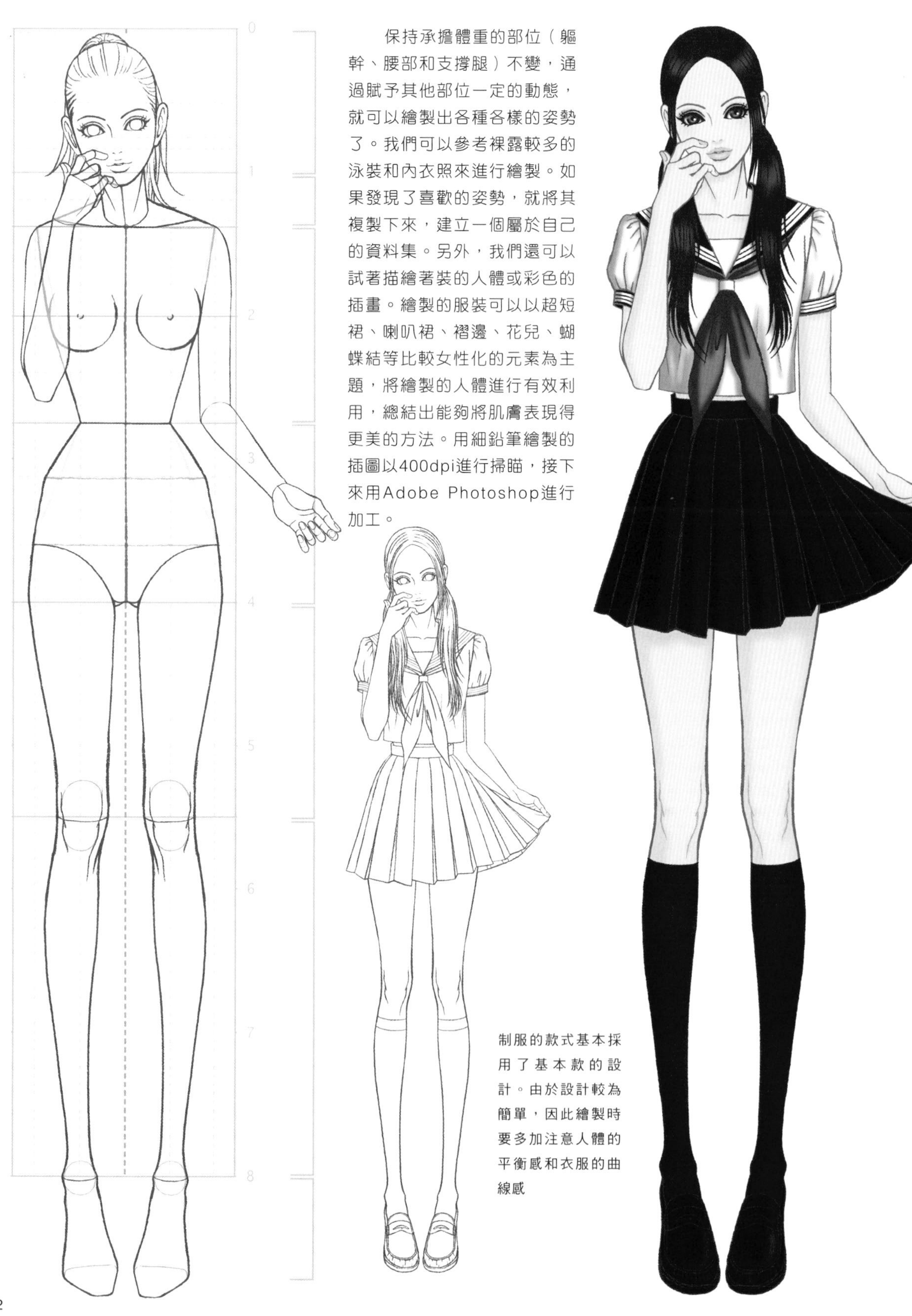

保持承擔體重的部位（軀幹、腰部和支撐腿）不變，通過賦予其他部位一定的動態，就可以繪製出各種各樣的姿勢了。我們可以參考裸露較多的泳裝和內衣照來進行繪製。如果發現了喜歡的姿勢，就將其複製下來，建立一個屬於自己的資料集。另外，我們還可以試著描繪著裝的人體或彩色的插畫。繪製的服裝可以以超短裙、喇叭裙、褶邊、花兒、蝴蝶結等比較女性化的元素為主題，將繪製的人體進行有效利用，總結出能夠將肌膚表現得更美的方法。用細鉛筆繪製的插圖以400dpi進行掃瞄，接下來用Adobe Photoshop進行加工。

制服的款式基本採用了基本款的設計。由於設計較為簡單，因此繪製時要多加注意人體的平衡感和衣服的曲線感

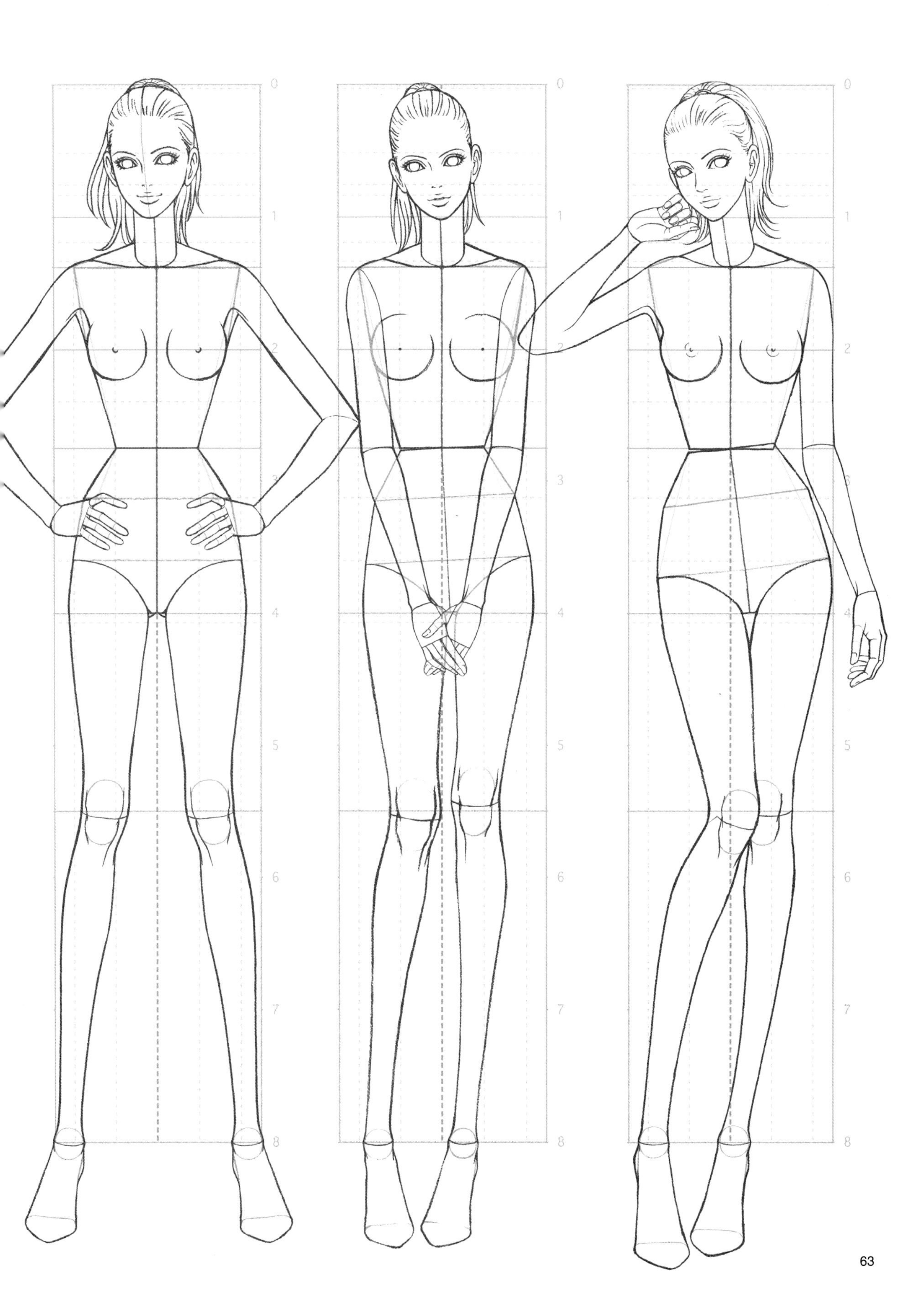
0
1
2
3
4
5
6
7
8
0
1
2
3
4
5
6
7
8
0
1
2
3
4
5
6
7
8

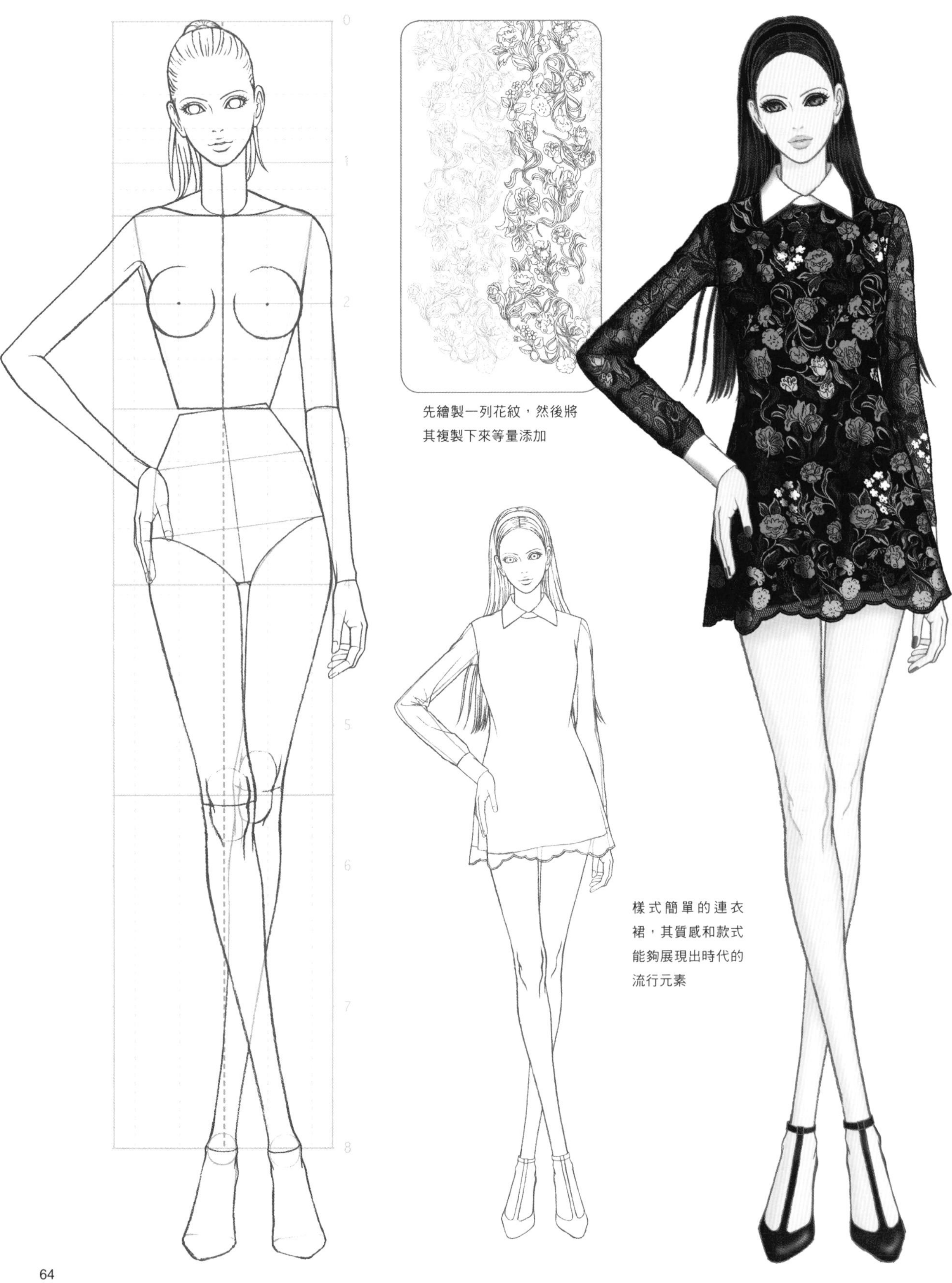


先繪製一列花紋，然後將其複製下來等量添加

樣式簡單的連衣裙，其質感和款式能夠展現出時代的流行元素

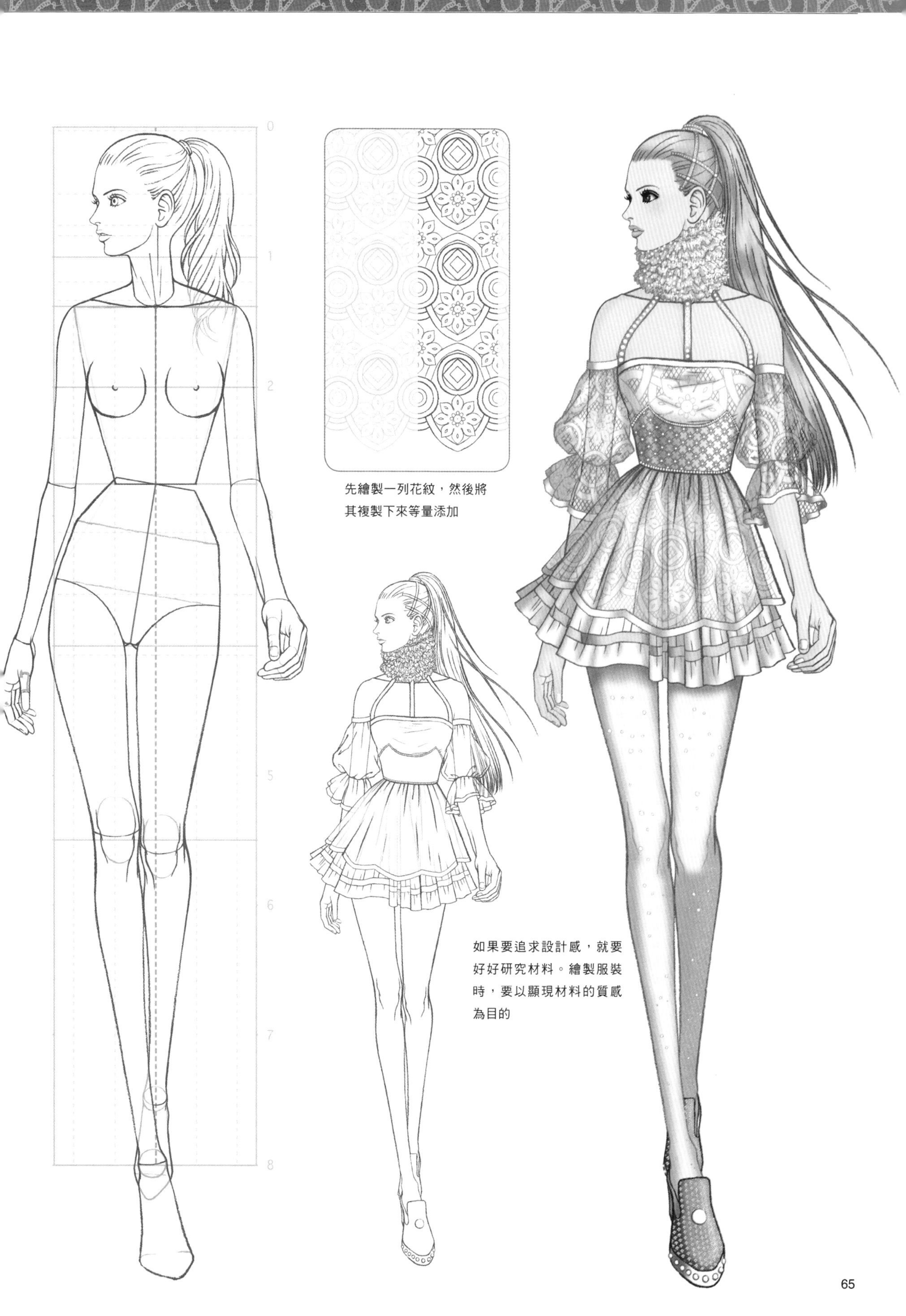


先繪製一列花紋，然後將其複製下來等量添加

如果要追求設計感，就要好好研究材料。繪製服裝時，要以顯現材料的質感為目的

# 雙腿承擔體重的姿勢①直立

## 背面的曲線感與正面相同

### 背面的姿勢要表現出繪製對象的特徵

背面的姿勢與正面擁有不同的趣味點。正因為是自己眼睛看不到的地方，才能夠展現出我們意識中無法達到的人最樸素的特徵。在後頸、後背、臀部、膝蓋窩、小腿肚和腳踝等部位，能夠發現很多富有魅力的特點。背面與正面的曲線感完全相同，我們要以此為要點來進行繪製。

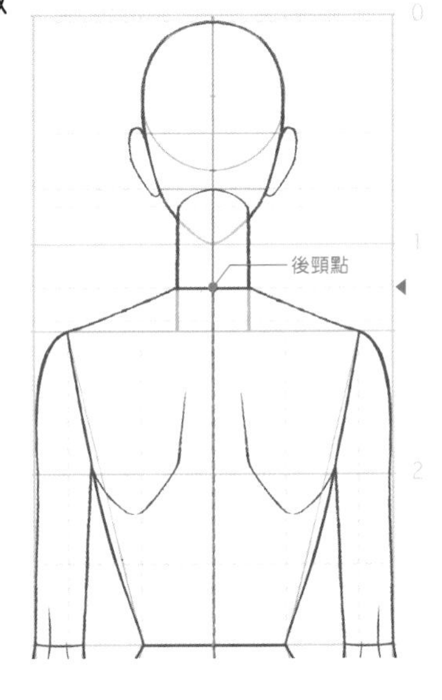


0
1
前頸點
2

### 與正面姿勢的不同點

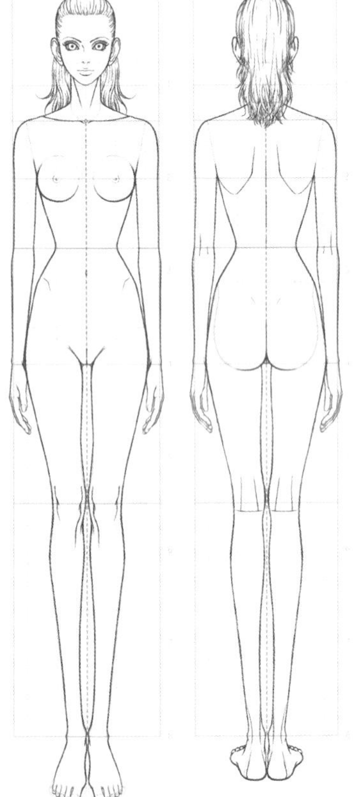

### 關於背面的人體框架圖

基本的比例關係與正面相同，但是作為重心線起點的頸點發生了變化。從後面看，後頸點是起點，但是由於人的脖子是稍微向前傾的，因此後頸點會略微高於前頸點，另外各個部位的名稱也發生了變化，需要認真辨別。

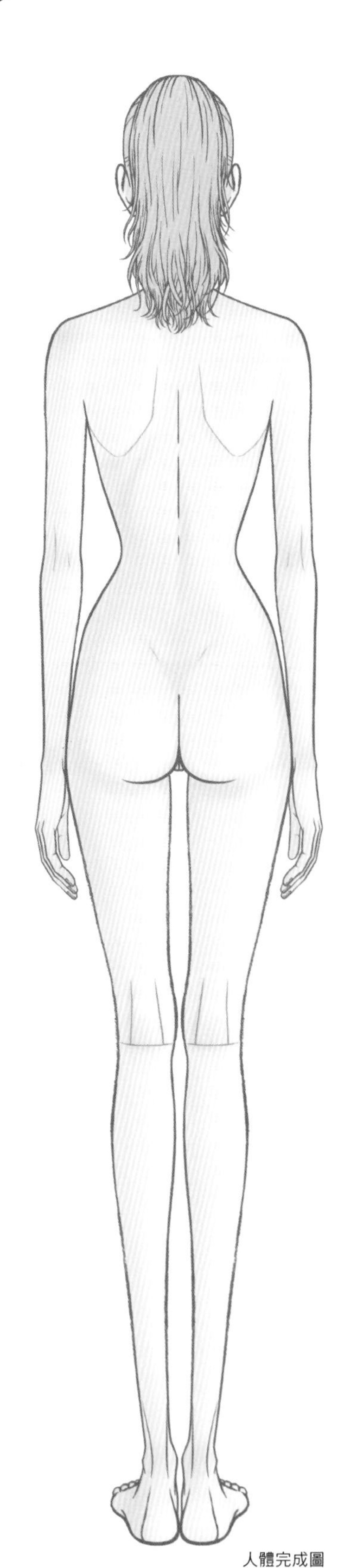

人體完成圖

在開始實踐之前——

# 將人體框架圖放在下面，按照一定的比例來繪製人體

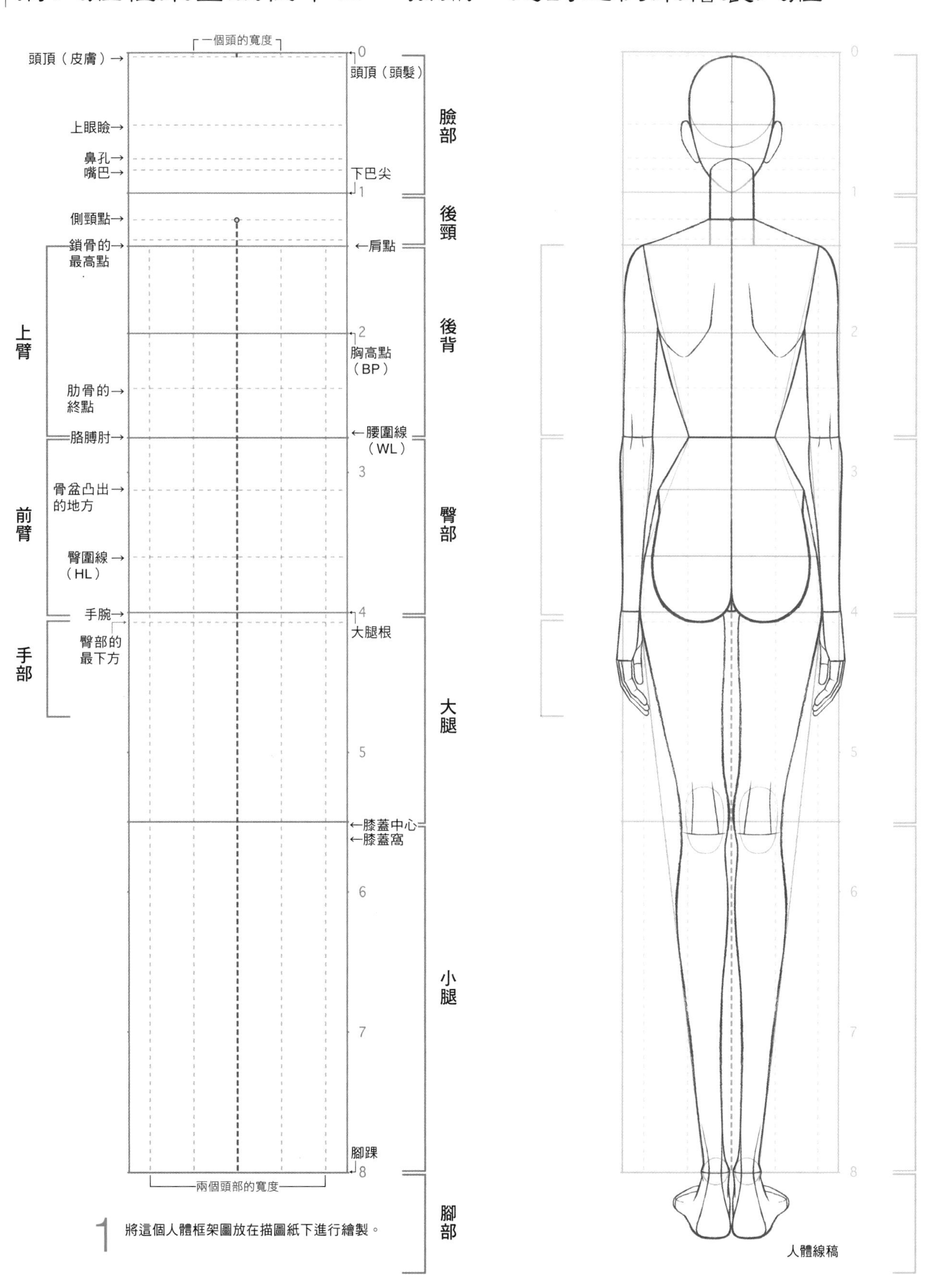


1 將這個人體框架圖放在描圖紙下進行繪製。

# 繪製的實踐 頭部 頭部的輪廓

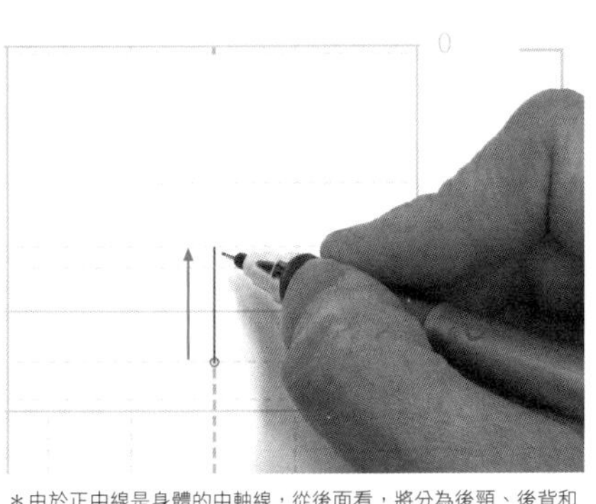

＊由於正中線是身體的中軸線，從後面看，將分為後頸、後背和臀部三個部分。

## 2

背面人體重心的基準是後頸點。以此為起點來繪製人體的話，整體的平衡感會較好，因此要先繪製後頸的正中線。

## 3

後頸的中心確定之後，開始繪製頭部的中心線。因為是背面，所以頭部的中心線位於後頸中心線的正上方。繪製時要填滿表示各部位大小的線框。

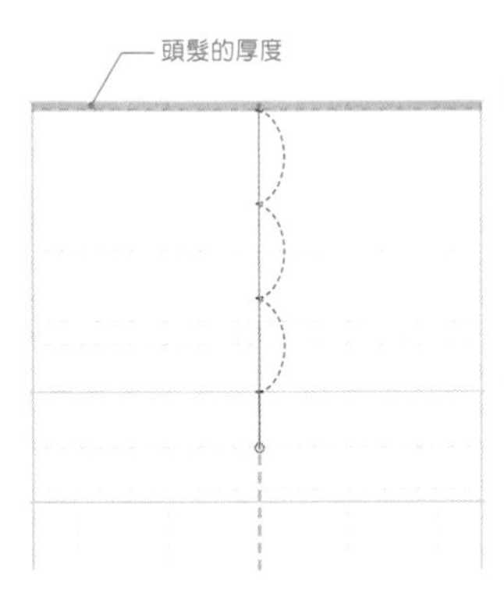


## 4

除去頭髮的厚度 1mm（灰色部分）之後將臉部長度進行 3 等分。

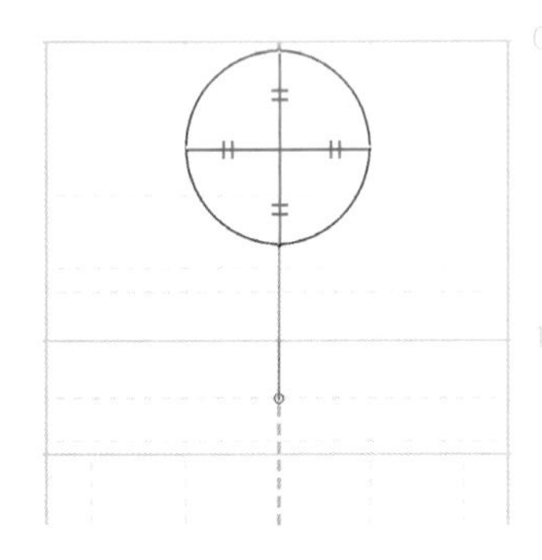

## 5

以三等分上面的兩段為直徑畫圓。這就是腦部的大小。

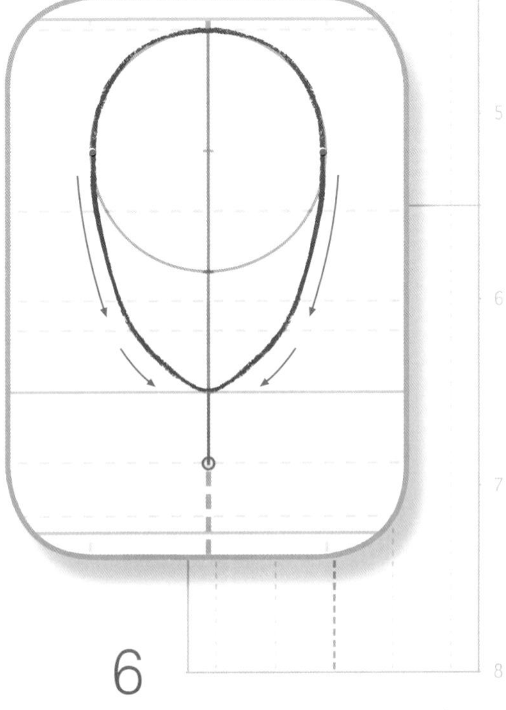

## 6

頭部的寬度為2/3頭身。將太陽穴與下顎部分連接起來，使整個臉部呈鵝蛋形。這裡的繪製要點是線條不要向正下方描繪，而是要稍微偏向內側。另外，要特別注意左右對稱。

頭部 臉部的部位——耳朵

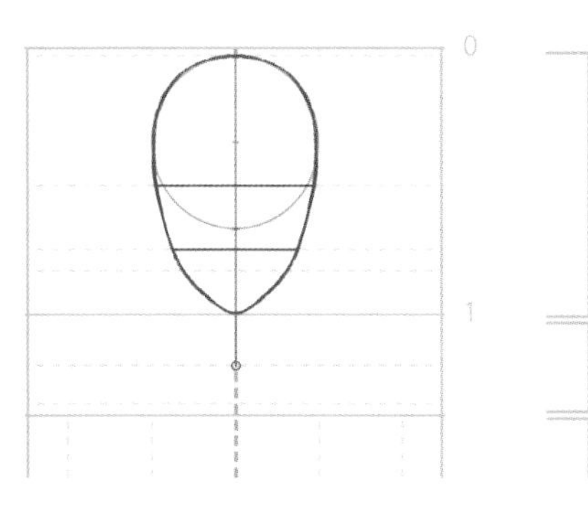

7

繪製出表示眼睛和鼻子的輔助線。

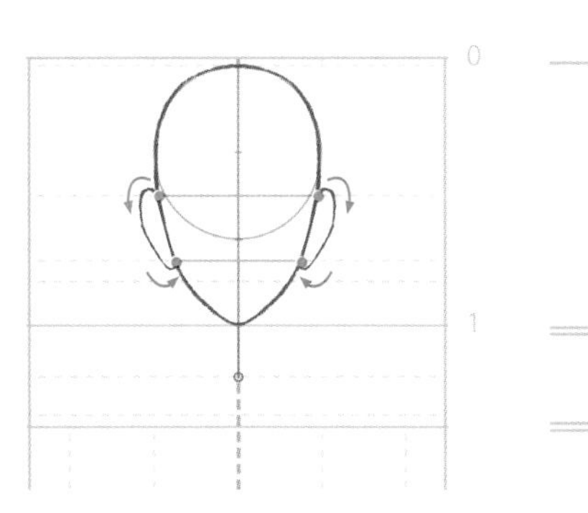

8

耳朵位於上眼瞼和鼻子的輔助線之間。

## 從後面看，可以看到後頸的根部

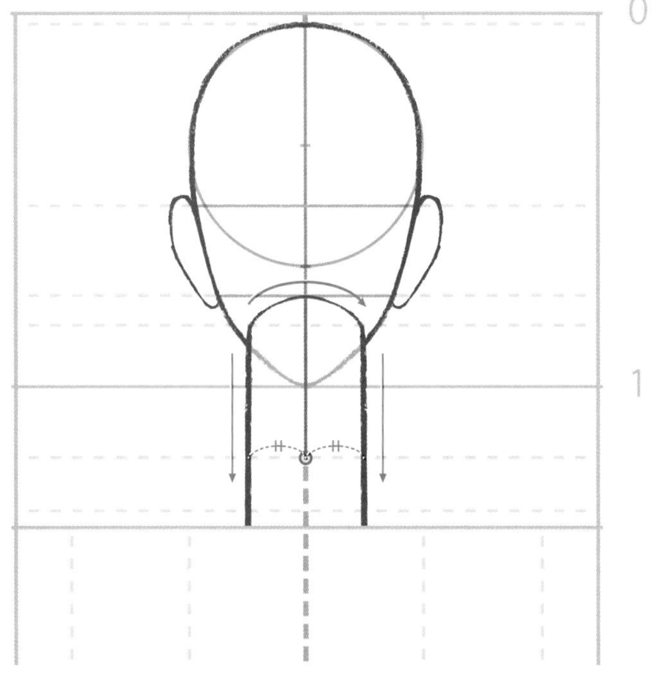

9 脖子的寬度為頭部寬度的1/2，畫出脖子兩側的直線。注意以後頸的正中線為中心，左右兩邊的寬度要相同。從後面看脖子有向內側傾斜的感覺，因此後頸的根部為向上彎曲的弧線。

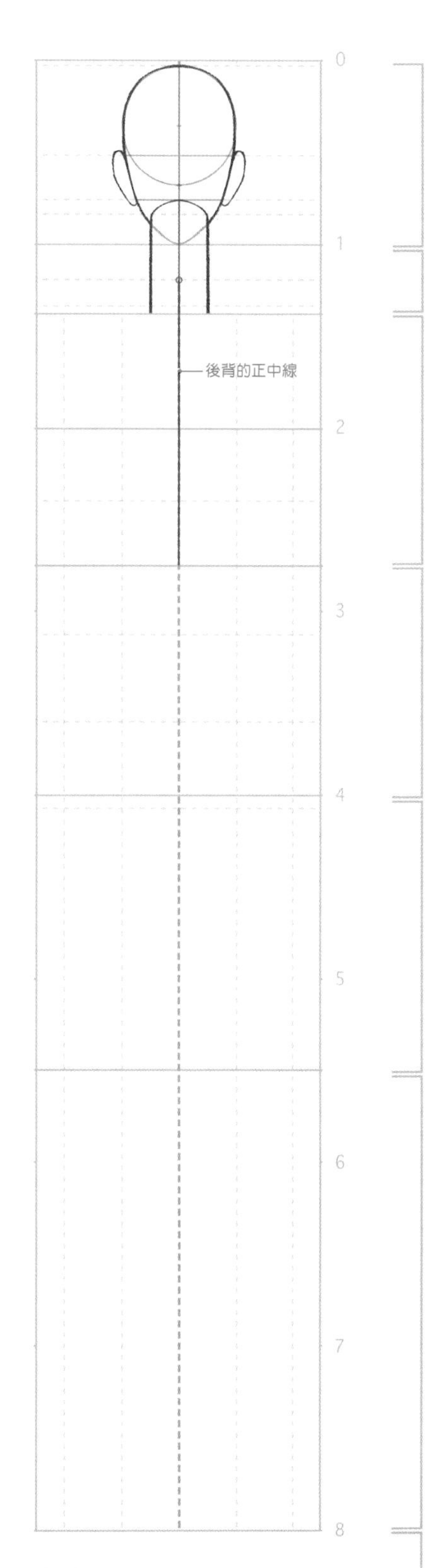


10 首先繪製出後背的正中線。

# 繪製的實踐 上半身 後背的肩胛骨是要點

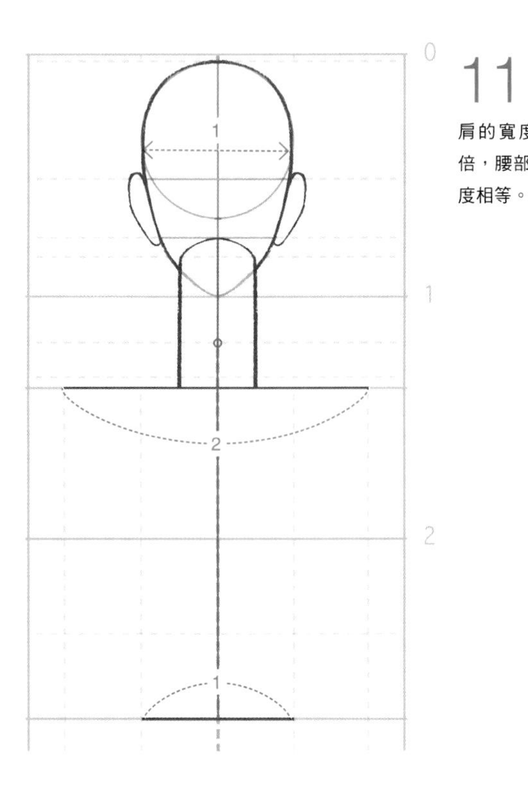


## 11

肩的寬度是頭部寬度的兩倍，腰部的寬度與頭部的寬度相等。

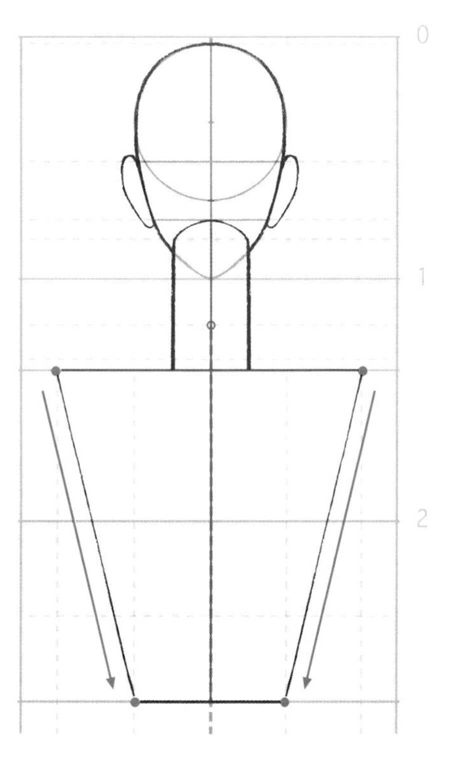

## 12

將肩膀的兩端與腰部兩端用直線連接起來。

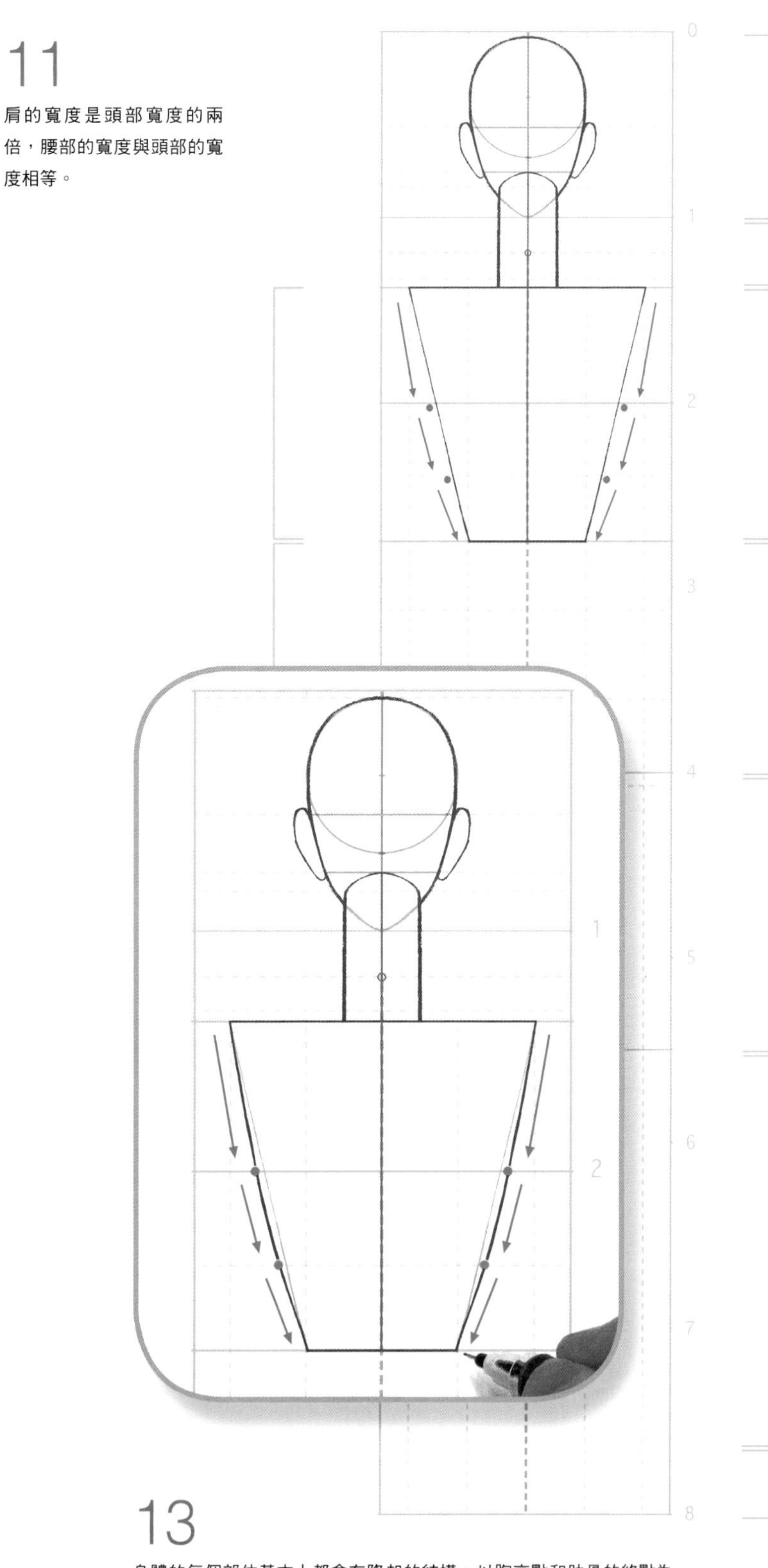

## 13

身體的每個部位基本上都會有隆起的結構。以胸高點和肋骨的終點為頂點緩緩地繪製出凸起，這樣就能自然地表現出隆起的部分且與手臂的連接會變得更加自然。隆起的幅度為1mm。

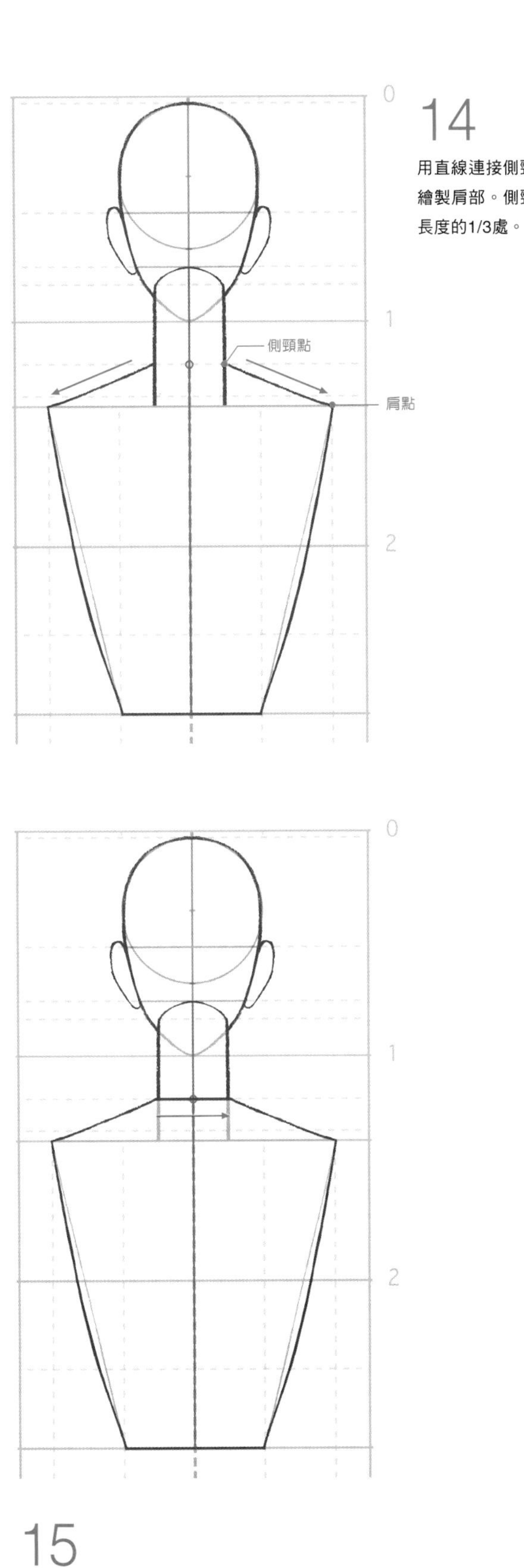


14

用直線連接側頸點與肩點來繪製肩部。側頸點位於脖子長度的1/3處。

15

繪製後頸的線條。

16

繪製肩胛骨。在胸高點偏上的部位向下彎曲，在大約相同長度的地方表現出向上彈起的感覺。此外，向上彎曲的部位感覺像是與手臂相連。

# 繪製的實踐 下半身 臀部流暢的分割線是重點

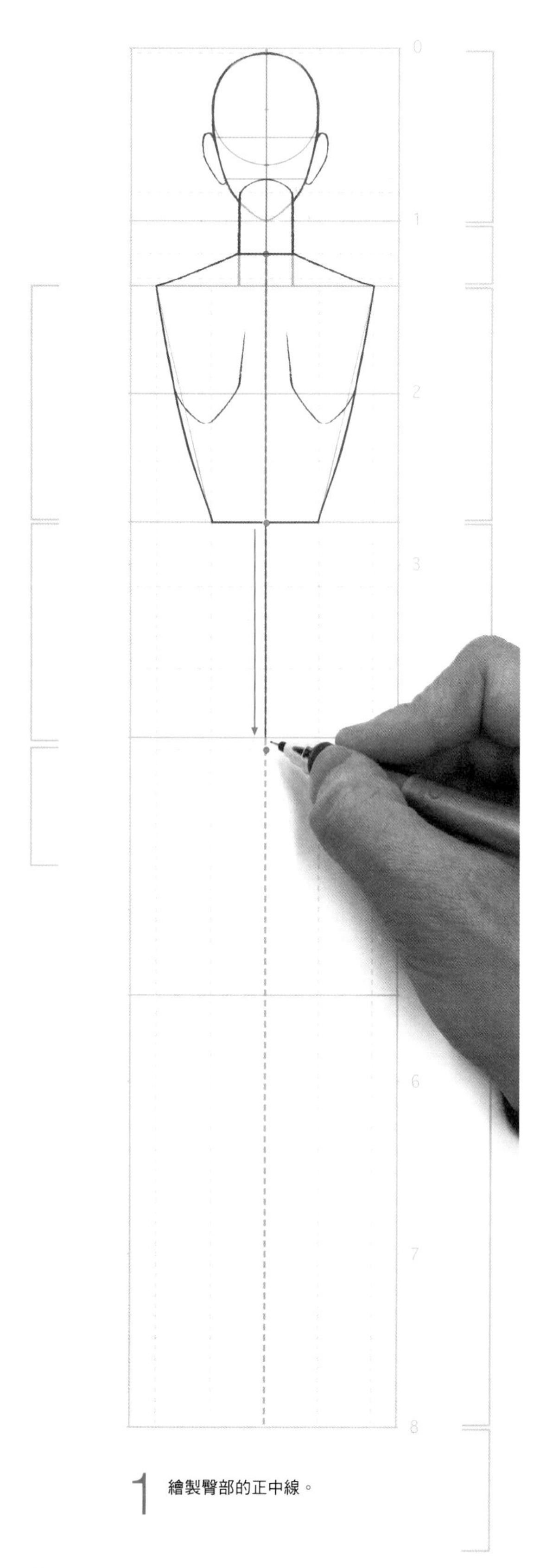


1 繪製臀部的正中線。

2 臀部的寬度是頭部寬度（腰部寬度）的2倍，與肩膀同寬。

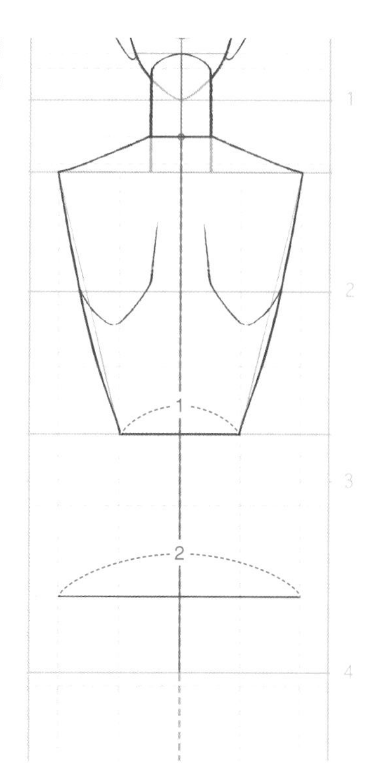


3 然後連接腰圍線與臀圍線。

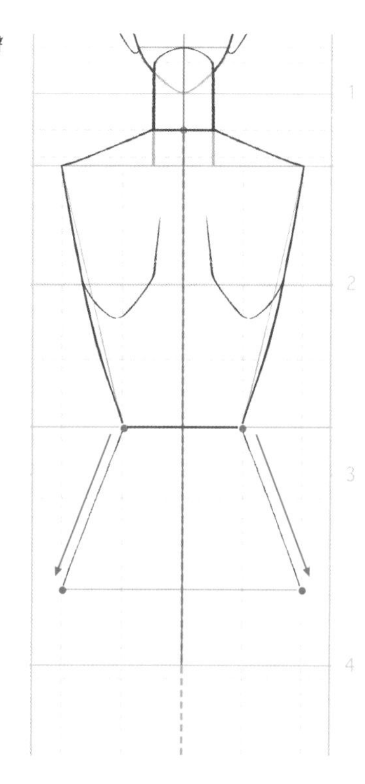

4 骨盆向外凸出的幅度為輔助線向外2mm。

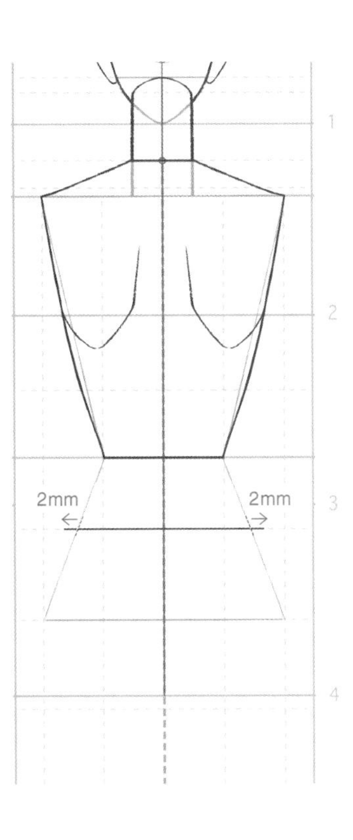


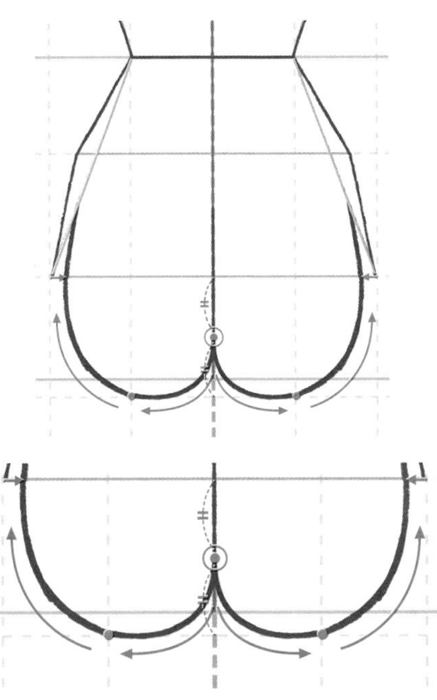

6 繪製臀部的線條。以圖中的◎為起點，用曲線與腰部的輔助線相連，曲線呈半圓形。

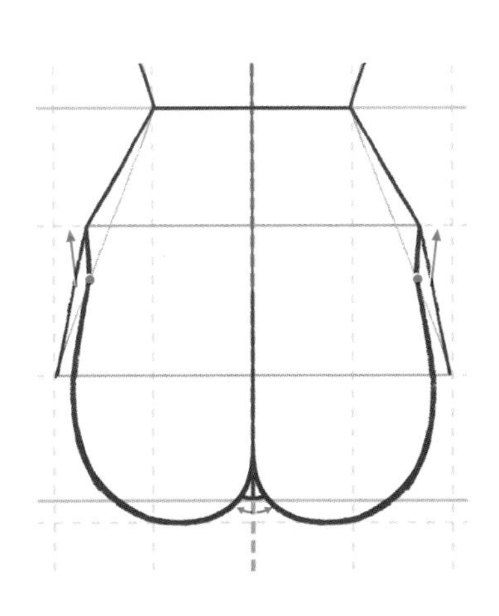

7 與輔助線相連後，改變線條的方向，然後與骨盆的凸起處相連。胯下部分也要繪製出來。

5 以骨盆的凸出點為頂點，畫出腰部的圓弧。

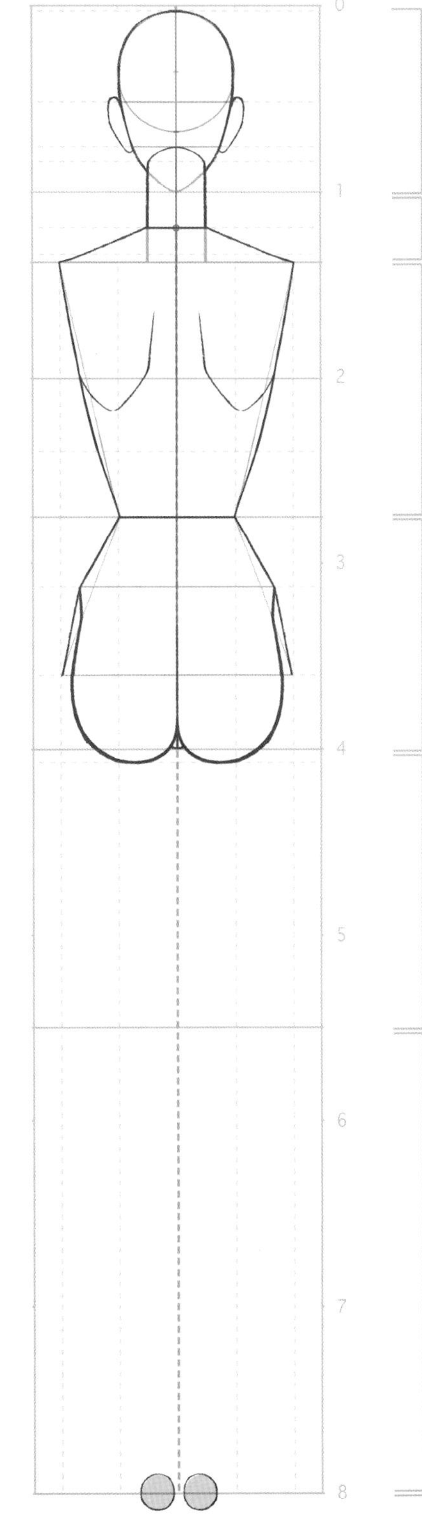


[腿] 8 從胯下到腳踝之間，我們將承擔體重的雙腿作為一個整體。繪製時要先確定出終點腳踝的位置。

## 下半身 腿部——繪製背面的腿部時，膝蓋窩是重點

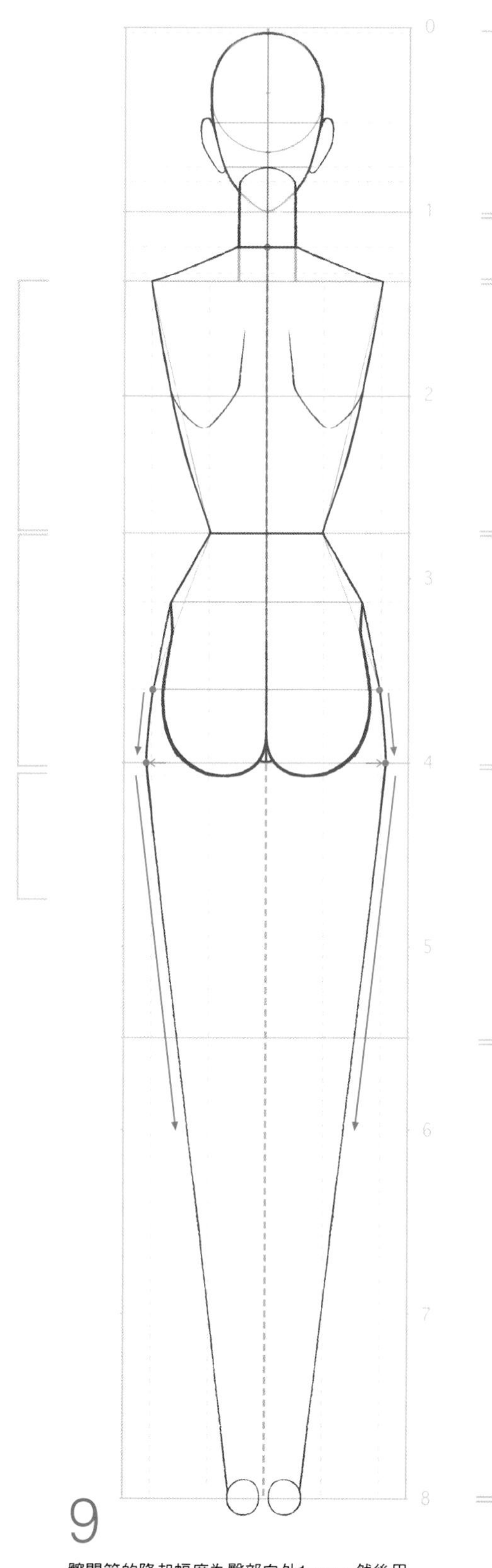

9

髖關節的隆起幅度為臀部向外1mm，然後用直線連接到腳踝，作為輔助線。

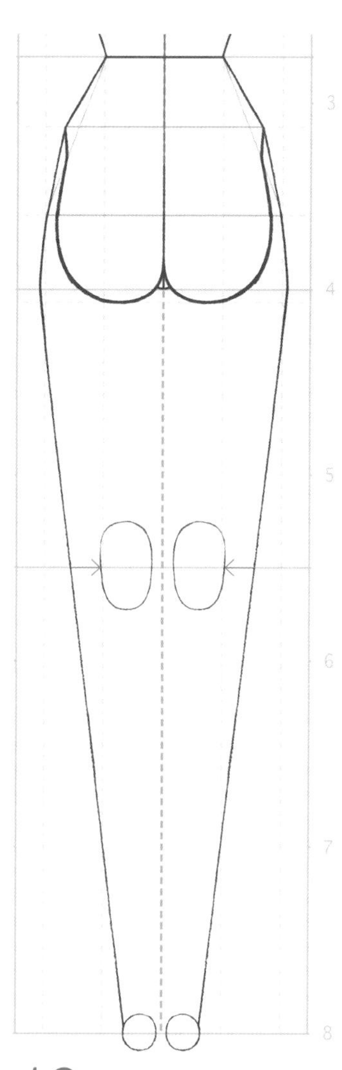

10

從胯部到腳踝的中間處是膝蓋，在輔助線內側5mm處進行繪製。由於我們常常稱之為「膝頭」，其形狀為臉部1/2左右大小的橢圓形。

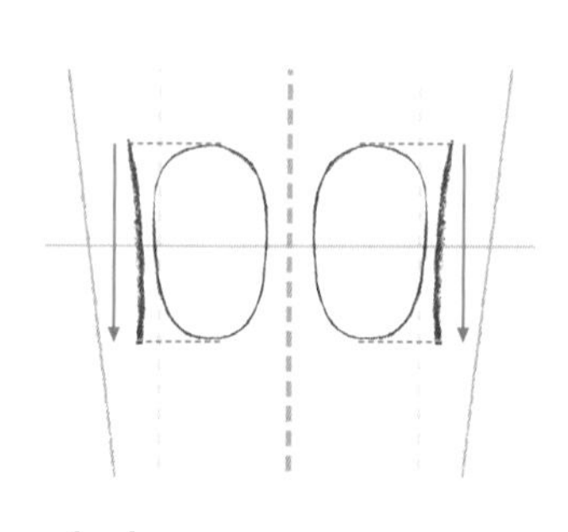

11

膝蓋外側的線條基本是直線。

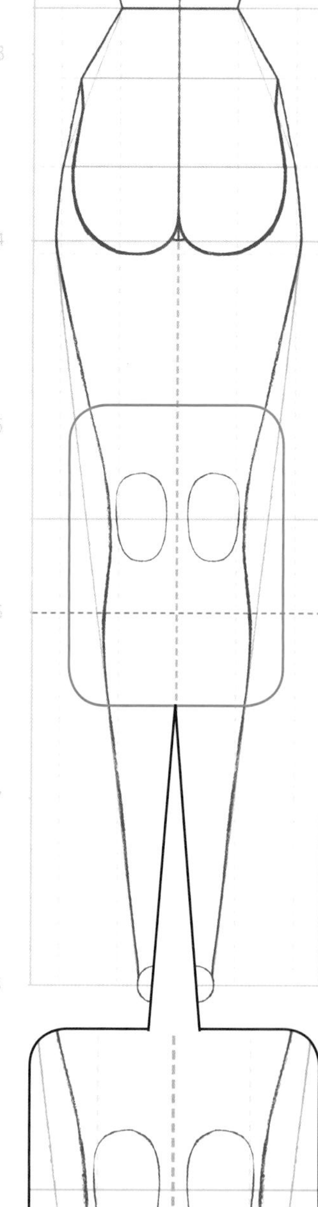

12

連接大腿和小腿肚的部分。小腿肚在人體框架圖的6頭身左右與輔助線重疊，然後沿輔助線繪製。

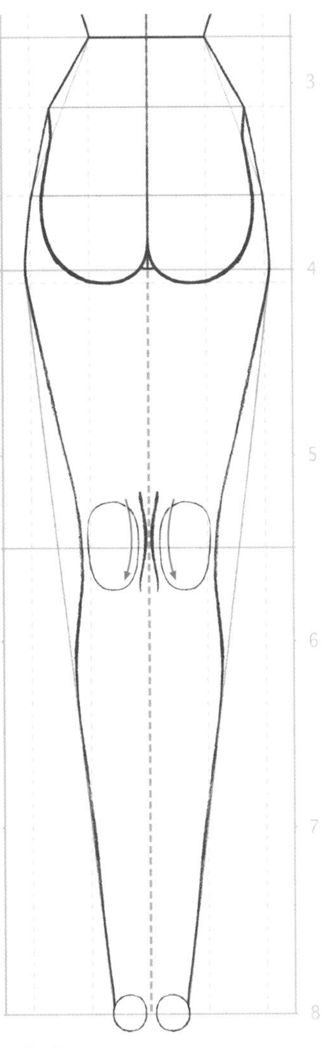


## 13

腿部外側的線條繪製完成後，再繪製內側的線條。首先是膝蓋。內側的線條要沿著膝蓋的隆起繪製成圓弧狀。

## 14

繪製大腿內側的線條時，在從大腿根開始的5mm左右處畫出圓潤豐滿的感覺，然後再用直線連接到膝蓋。

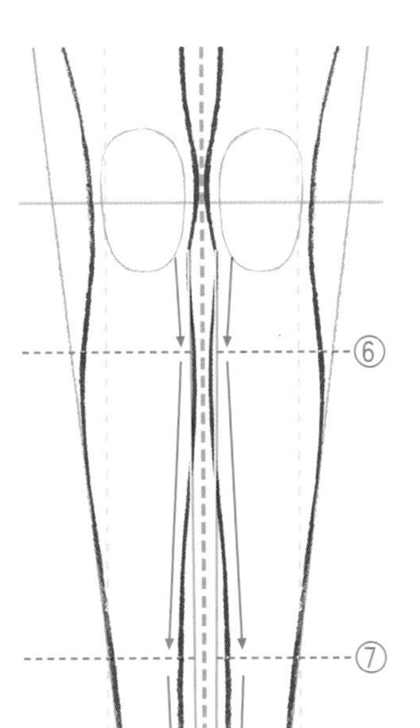


## 15

小腿內側的線條呈 S 形。在人體框架圖的 6 頭身和 7 頭身處改變方向。雖然有些複雜，但這是影響腿部形狀的關鍵，因此一定要仔細繪製。

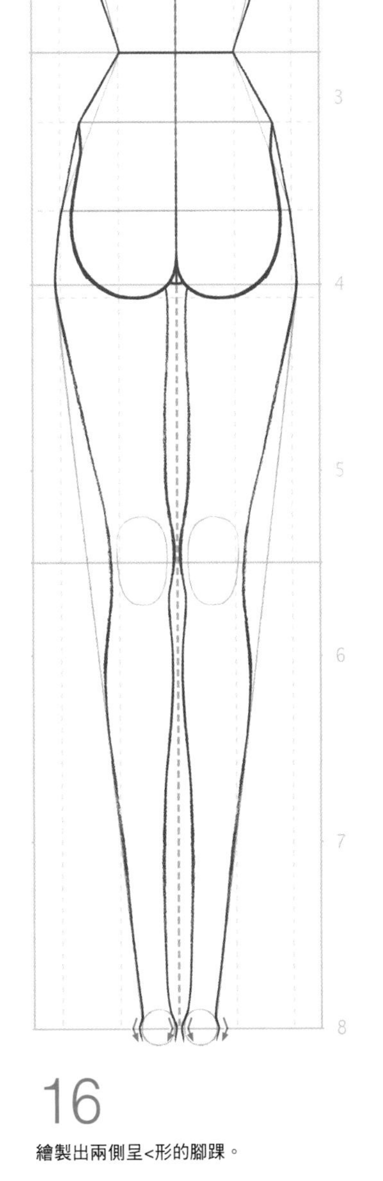


## 16

繪製出兩側呈<形的腳踝。

## 下半身 從腿部到腳部——繪製腳部的時候，腳後跟和體積感是表現的重點

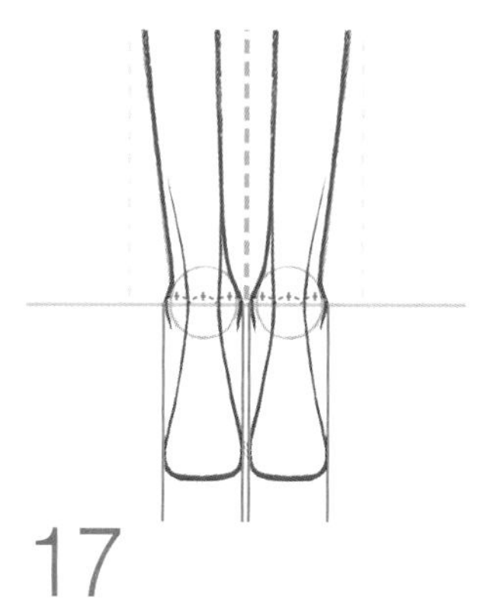

17

將腳踝進行3等分，然後向下繪製出兩個形狀相同的腳後跟，其寬度與腳踝的寬度基本相同。

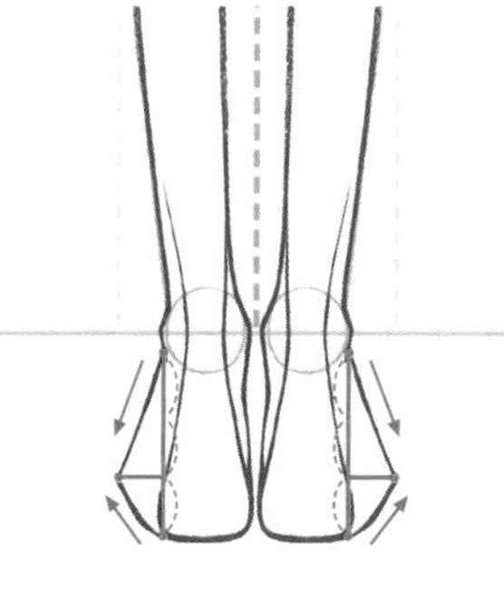

18

繪製出腳部的足弓，然後沿著輔助線進行繪製。

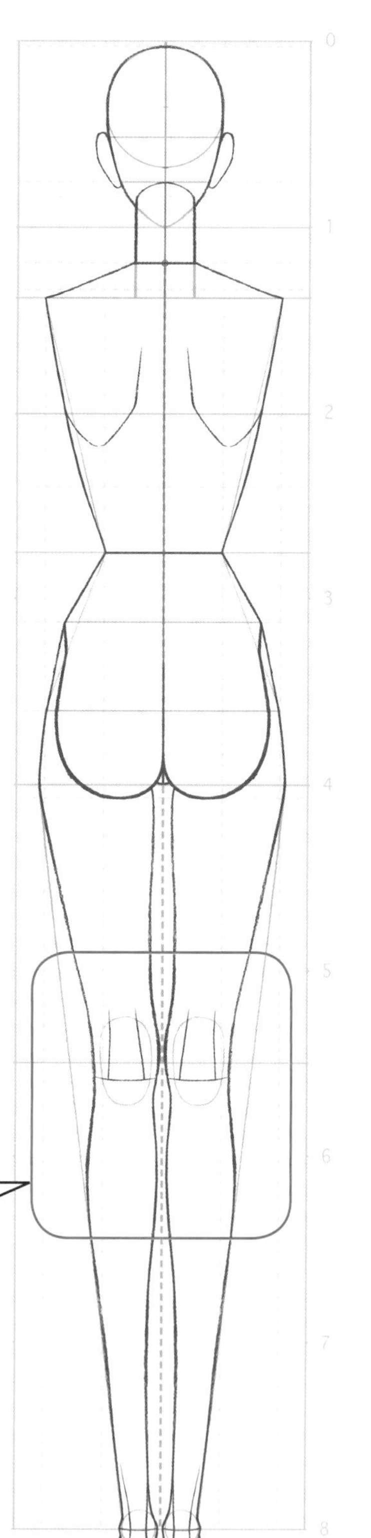

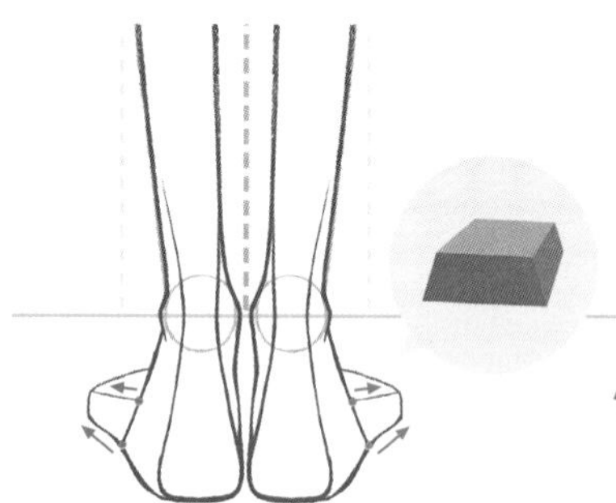

19

繪製腳背部分。由於近大遠小的透視關係，可能繪製起來有些複雜，但基本的感覺是一個四邊形的方磚向前方伸展開來。

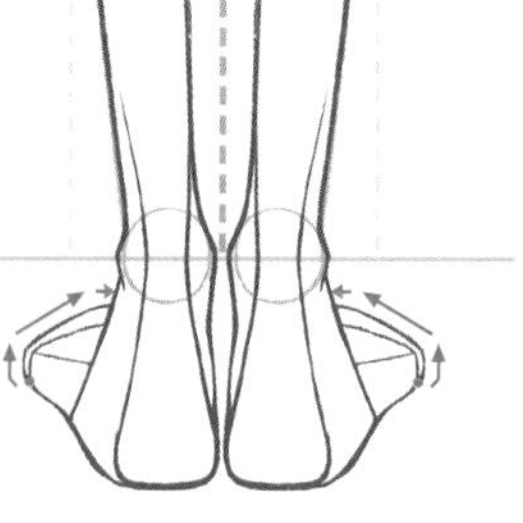

20

繪製三角形的腳尖。

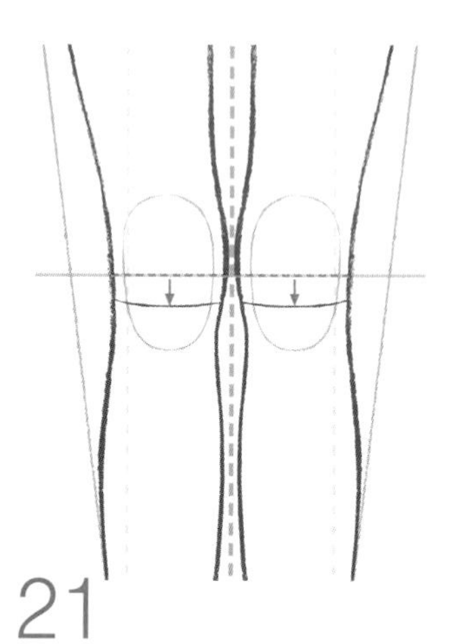

21

添加膝蓋窩和腳踝的關節線。膝蓋窩的關節線位於膝蓋下面3mm處。

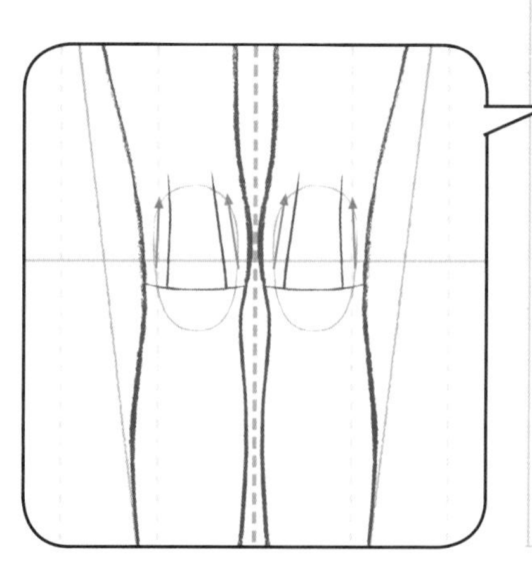

22

添加膝蓋窩的線條，就完成了腿部的繪製。

# 繪製的實踐 上半身 手臂——繪製背面的手臂時，胳膊肘和手掌的隆起是重點

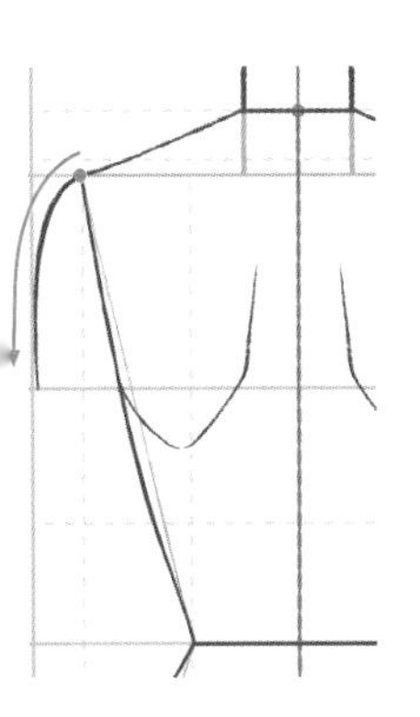

1

以肩點為頂點畫出圓弧。

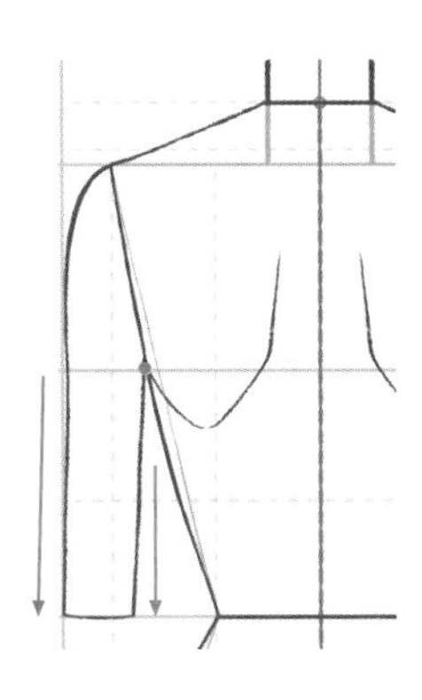

2

上臂是兩條平行的線條，且手臂內側的根部在胸高點的附近。

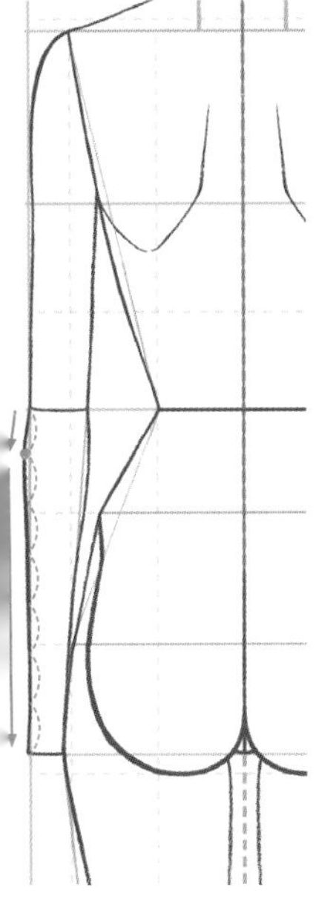

3

由於手腕比胳膊肘要細，因此線條要表現出逐漸變細的感覺。繪製前臂的時候，靠上方的1/7處要表現出一定的隆起。隆起的高度為輔助線向外1mm。

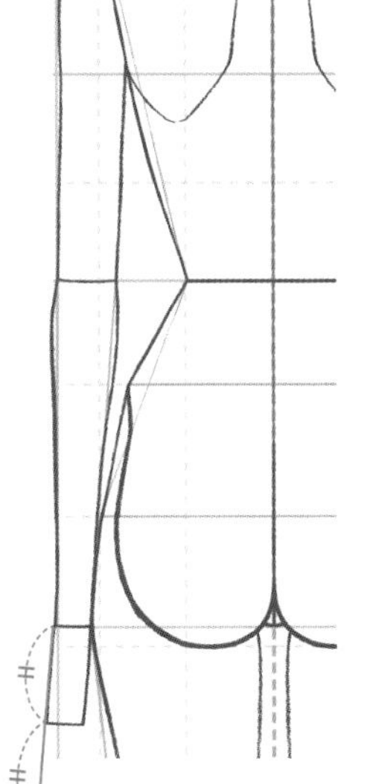

4

手部和腳部一樣，都是一不小心就容易畫小的部位，因此我們索性一開始就畫得大一些。

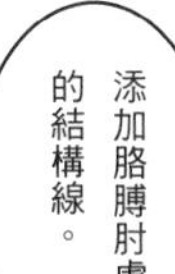


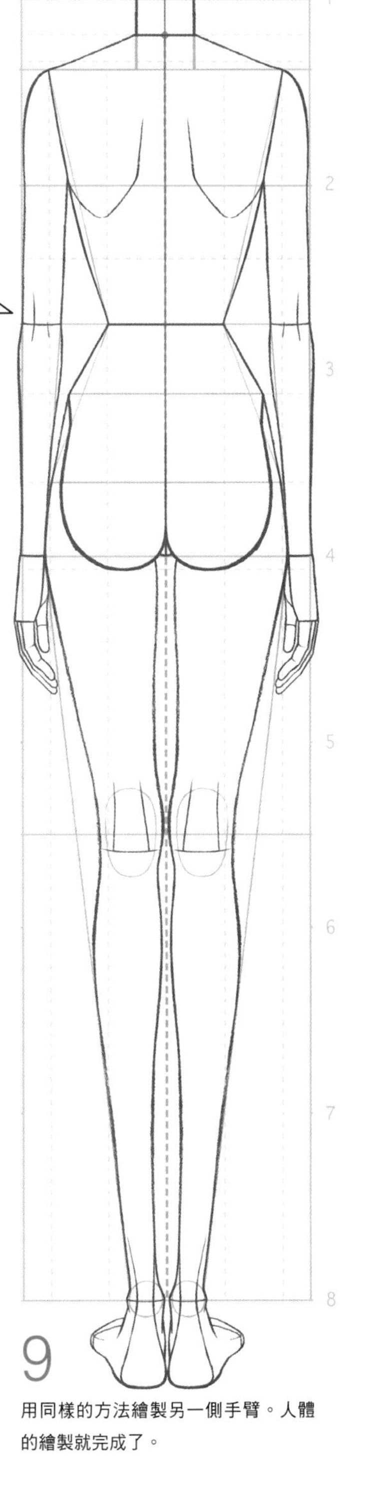

## 繪製手部時，要將手背和手指分開繪製

5

先繪製出一個四邊形，然後將靠近手掌的一側削去一個小角。

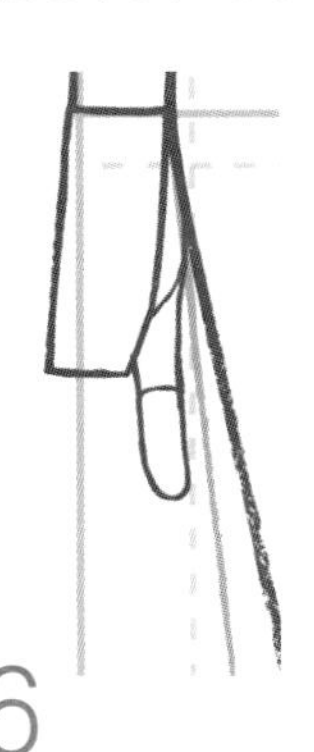

6

大拇指的根部位於手腕處，且大拇指是所有手指中最粗、最短的一根。

7

從最前面的小指開始繪製。

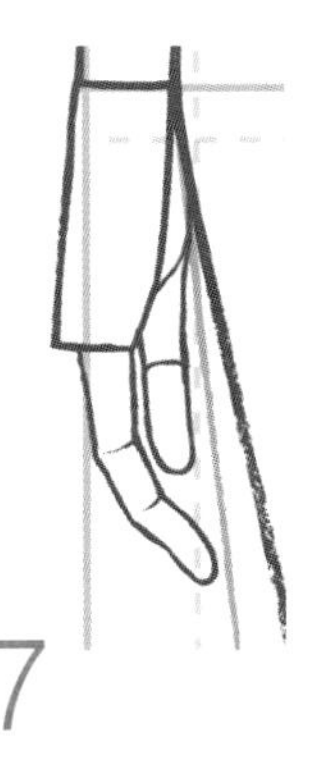

8

然後繪製剩下的手指。其中中指最長，食指和無名指幾乎一樣長。

9

用同樣的方法繪製另一側手臂。人體的繪製就完成了。

# 從人體線稿到人體完成圖——將線稿放在描圖紙下面來繪製人體完成圖

人體線稿完成之後，將其放在描圖紙的下面，然後流暢地描繪人體完成圖。

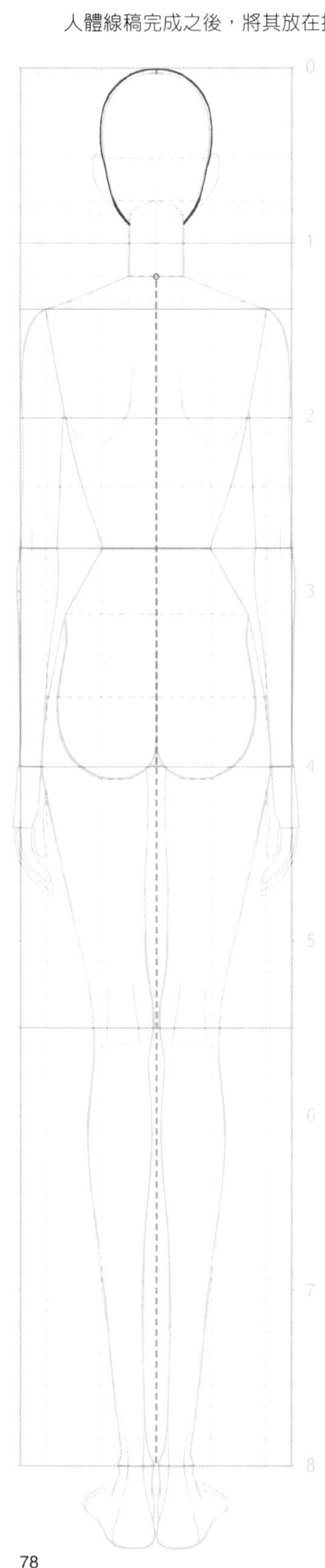

1 繪製頭部。加入頭髮的體積感，使整個頭部為1個頭身的比例。後頸要表現出從耳後連接起來的感覺，且與肩部的連接要流暢。

2 繪製出耳朵。

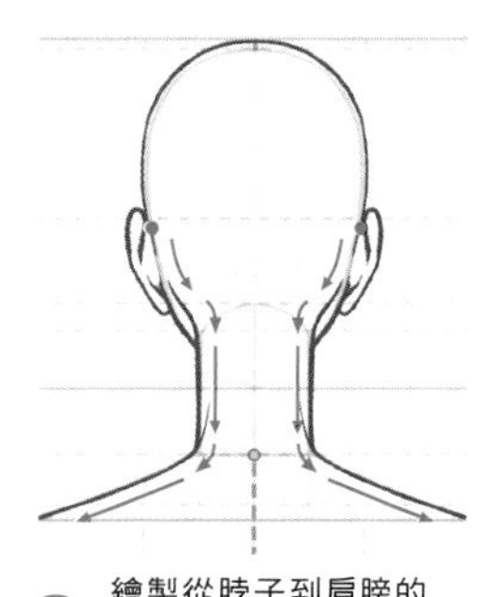

3 繪製從脖子到肩膀的部分。脖子是從耳根處延伸出來的。

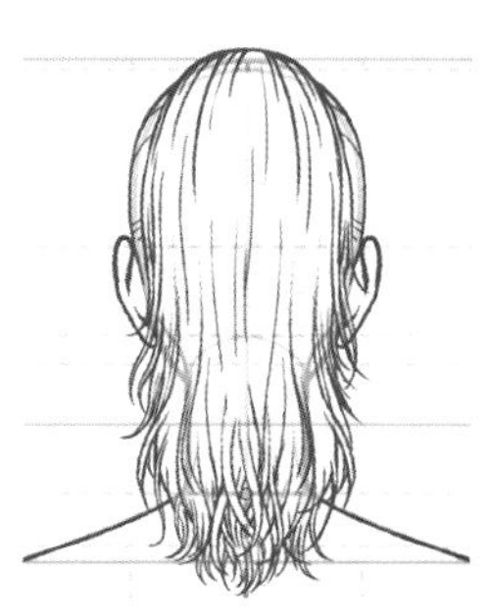

4 頭髮與頭頂之間大約有2mm~3mm的間隔。長髮用較長的線條，短髮用較短的線條來繪製。

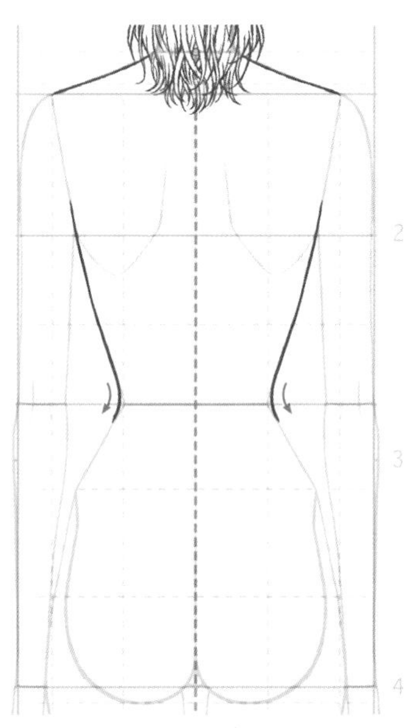

5 描繪身體的線條。關節以外的部分用直線來繪製，這樣能夠顯現出很好的流線感。關節處要用微妙的曲線來連接。

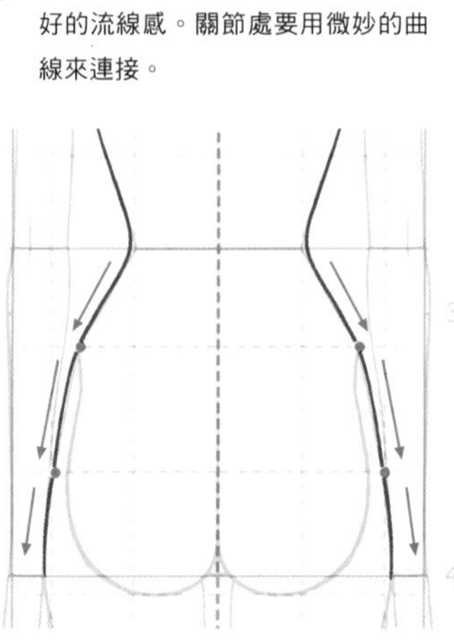

6 表現腰部時，要充分表現兩個頂點以表現流線感。

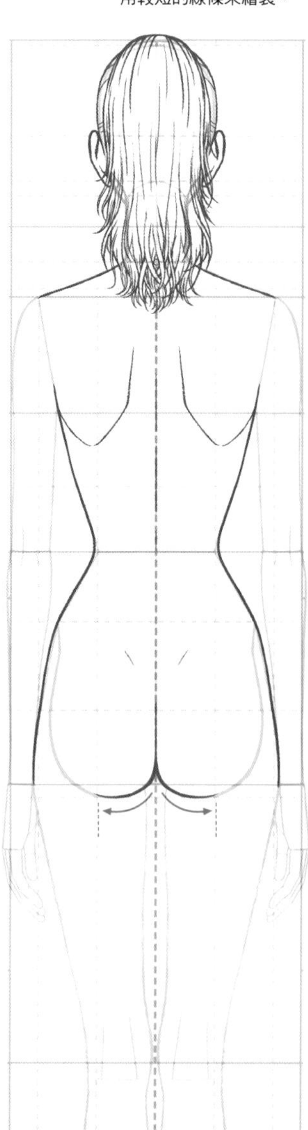

7 肩胛骨和臀部的線條是展現女性特徵的重要部位。

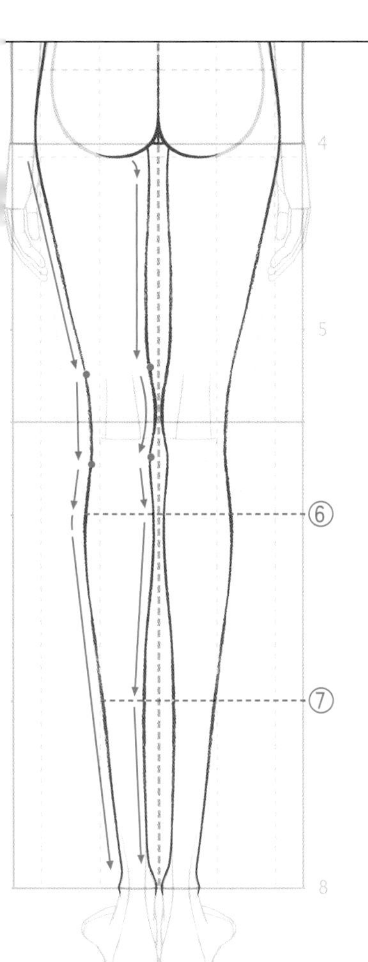


8 腿部用較長的線條一氣呵成地描繪出來。

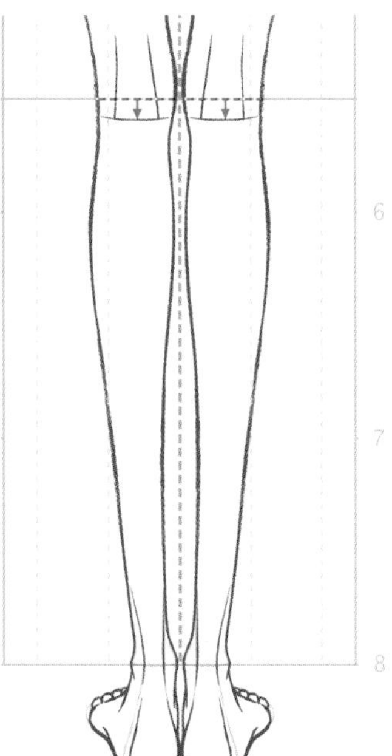


9 繪製出腳部和膝蓋窩的線條。膝蓋窩的線條位於膝蓋中心向下的部位。

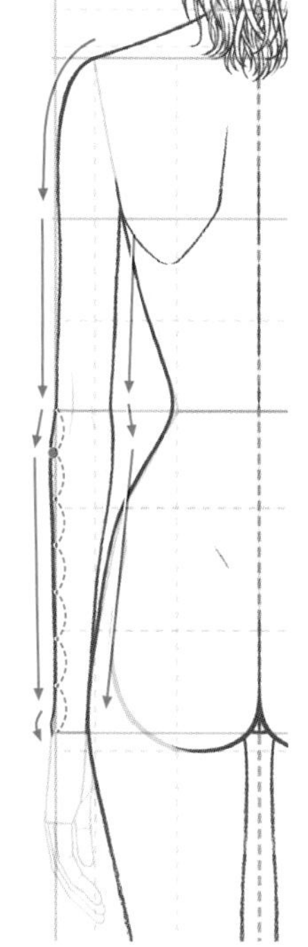

10 手臂要從肩膀的圓弧部分開始繪製。

11 一氣呵成地繪製到手腕。手腕的關節是重點。

12 手臂的內側線條也同樣一氣呵成地繪製出來。

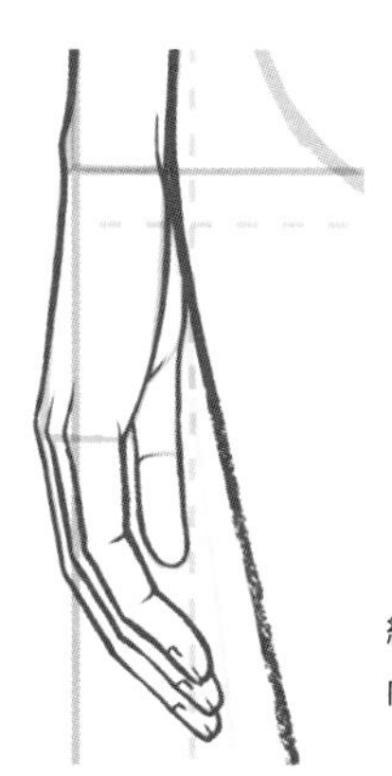

13 繪製手指甲，呈縱向的四邊形。

## 感覺怎麼樣呢？

大家找到背面姿勢與正面姿勢不同的魅力點了嗎？雖然沒有繪製臉部，但是後頸、後背、臀部、膝蓋窩、小腿肚和腳踝等部位就成了展現人物個性的關鍵。請大家多多練習，真正掌握這些部位的繪製方法。接下來我們將要讓人體動起來，來繪製各種姿態吧。

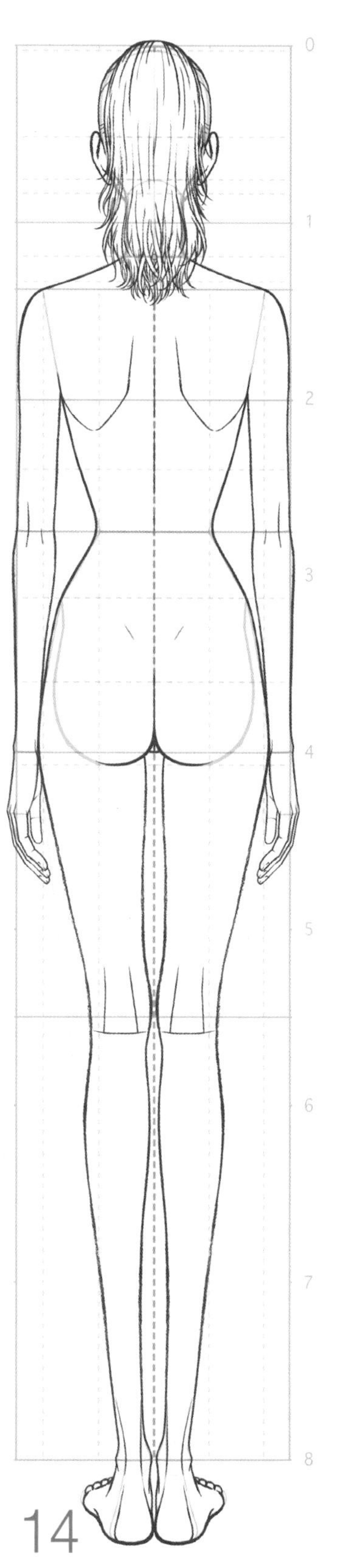


14 用同樣的方法再繪製出右側的手臂。

# 雙腿承擔體重的姿勢②雙腿分開

## 即使是雙腿分開，腿部的形狀也沒有發生變化

與正面相同，現在我們將站立的「直立姿勢」變換為雙腿分開的姿勢。

除了步幅有所改變，其他部分的繪製方法都相同。

### 運用直立的姿勢來繪製雙腿分開的姿勢

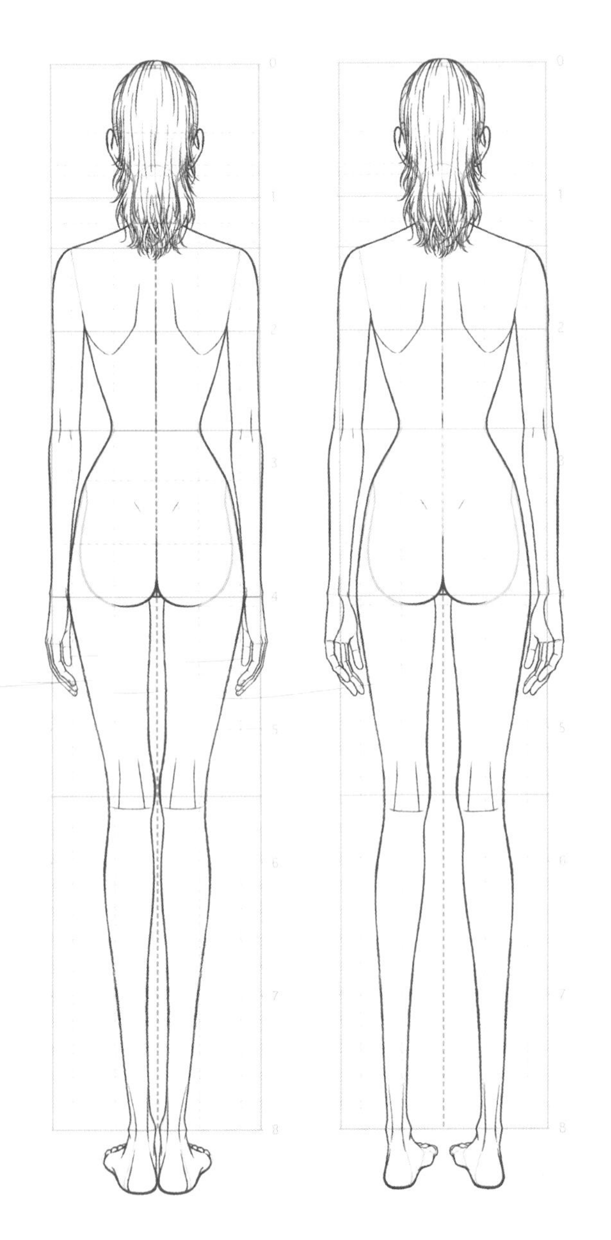

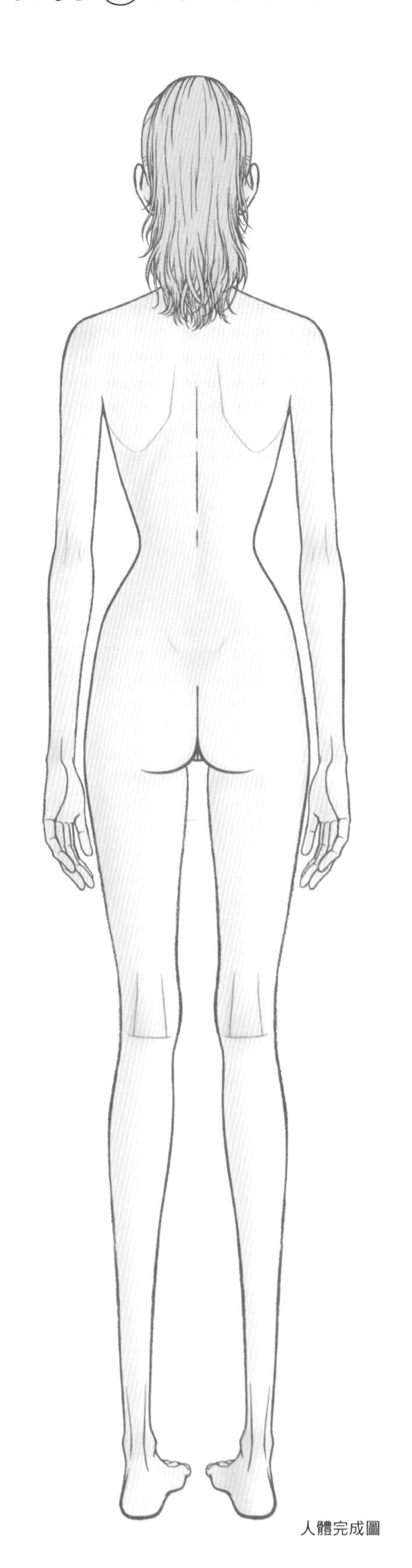

人體完成圖

在開始實踐之前——

# 學習雙腿分開姿勢的要點——腳部從腳後跟開始繪製

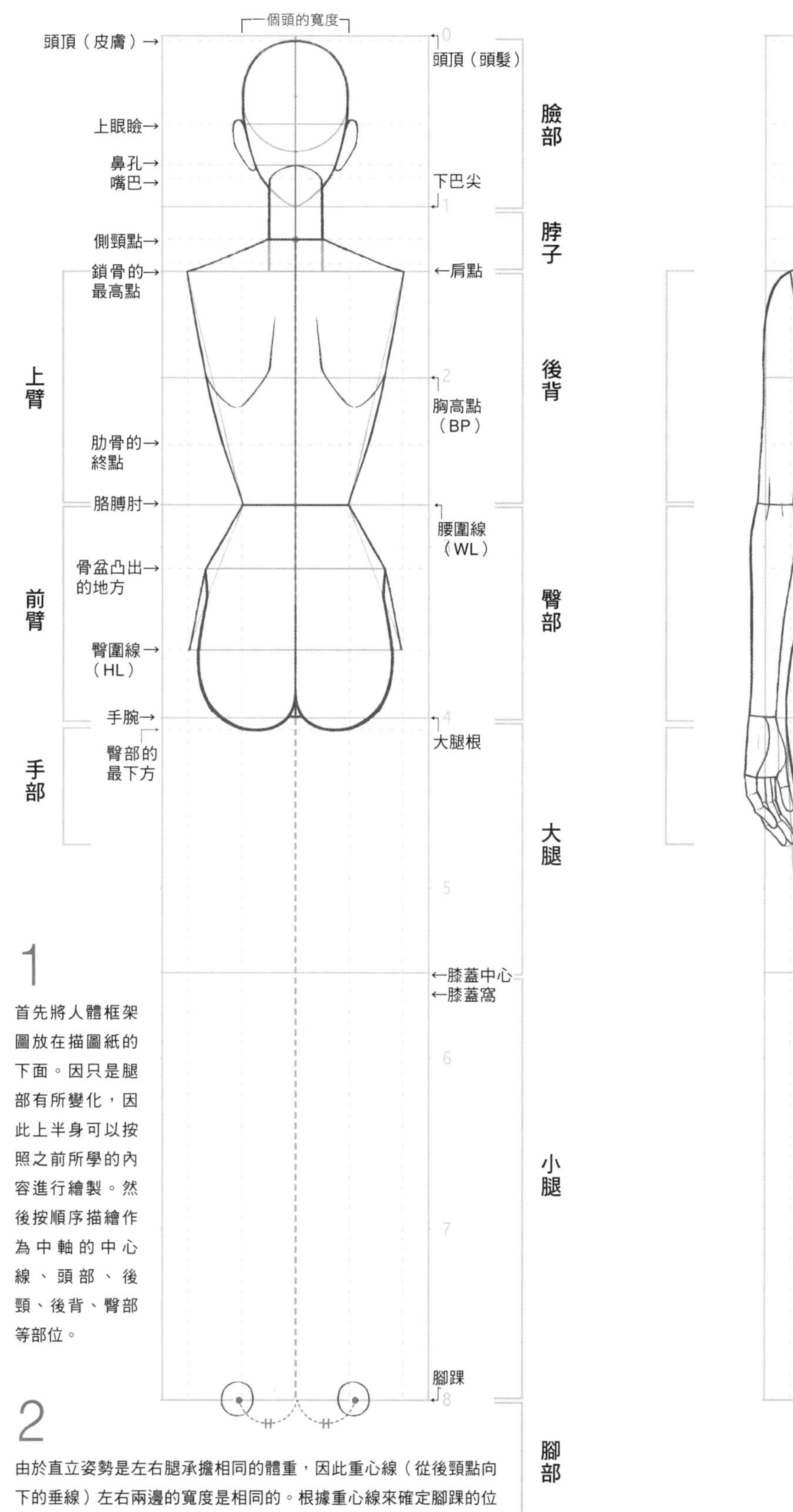


## 1

首先將人體框架圖放在描圖紙的下面。因只是腿部有所變化，因此上半身可以按照之前所學的內容進行繪製。然後按順序描繪作為中軸的中心線、頭部、後頸、後背、臀部等部位。

## 2

由於直立姿勢是左右腿承擔相同的體重，因此重心線（從後頸點向下的垂線）左右兩邊的寬度是相同的。根據重心線來確定腳踝的位置並畫上〇形。

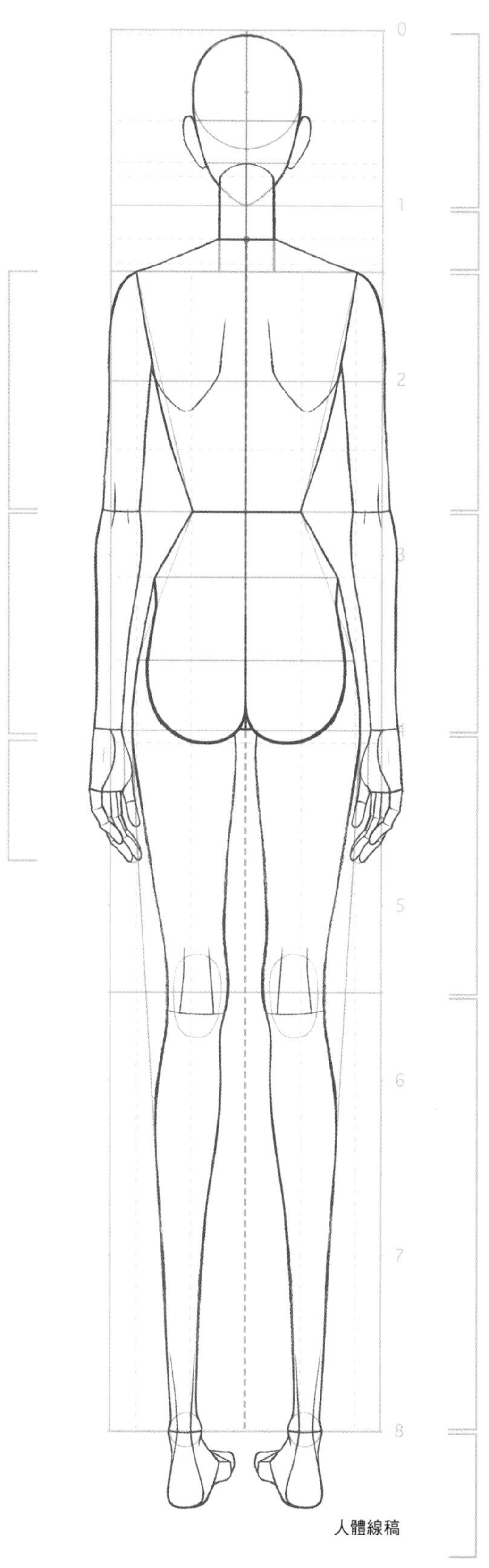


人體線稿

# 繪製的實踐 下半身 上半身與背面的直立姿勢相同

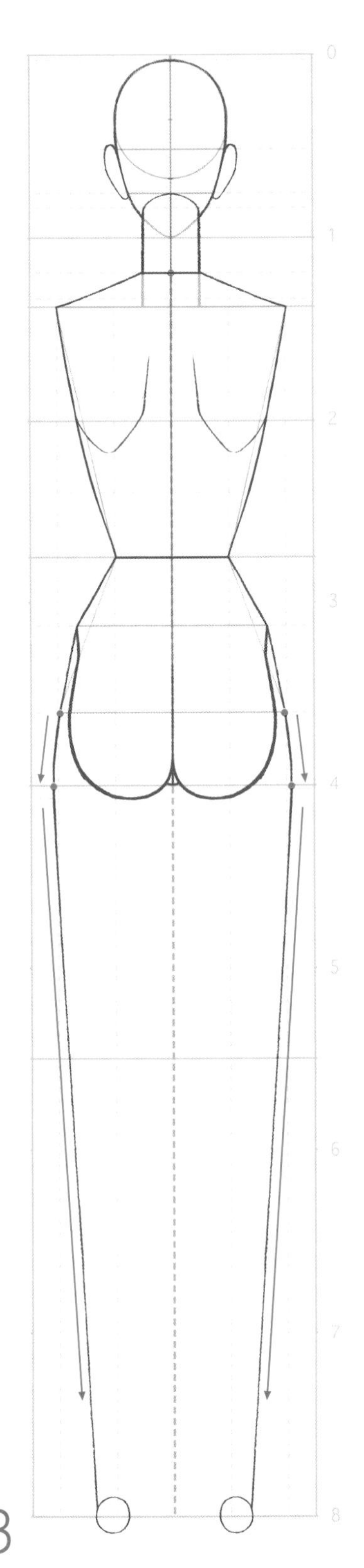

3

以髖關節的位置為頂點，用一條直線連接到腳踝。

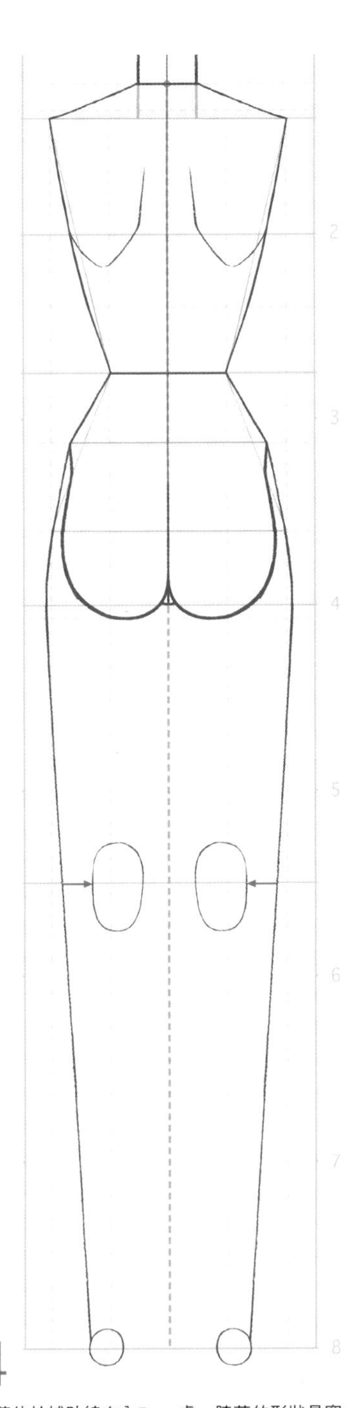

4

膝蓋位於輔助線向內5mm處，膝蓋的形狀是寬度為臉部1/2左右的橢圓形。

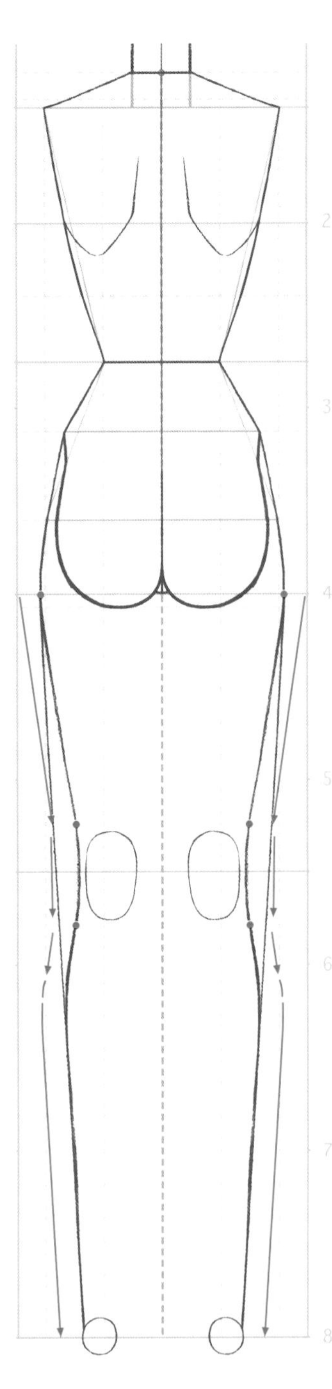

5

首先繪製腿部外側的線條。跟繪製直立的姿勢時一樣，膝蓋的線條用直線來繪製。從髖關節到膝蓋用直線連接，小腿部分從人體框架圖的6頭身開始與輔助線重疊。

## 下半身　從腿部到腳部

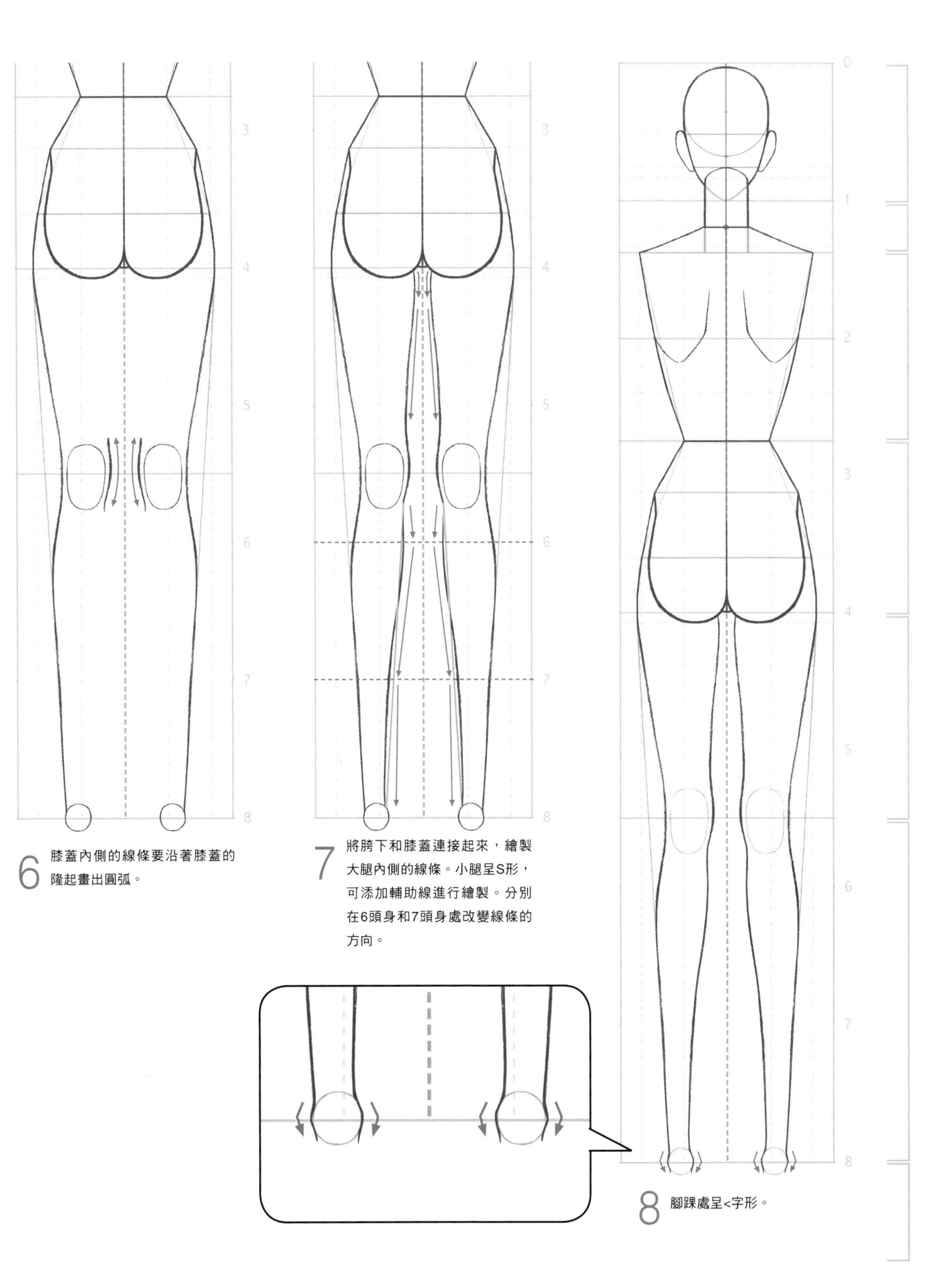

6 膝蓋內側的線條要沿著膝蓋的隆起畫出圓弧。

7 將胯下和膝蓋連接起來，繪製大腿內側的線條。小腿呈S形，可添加輔助線進行繪製。分別在6頭身和7頭身處改變線條的方向。

8 腳踝處呈<字形。

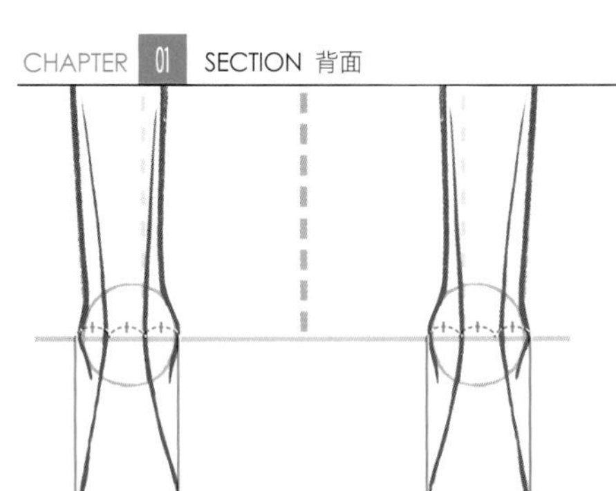

9 繪製腳後跟時，將腳踝進行3等分，然後向下繪製出兩個形狀相同的腳後跟，其寬度與腳踝的寬度基本相同。

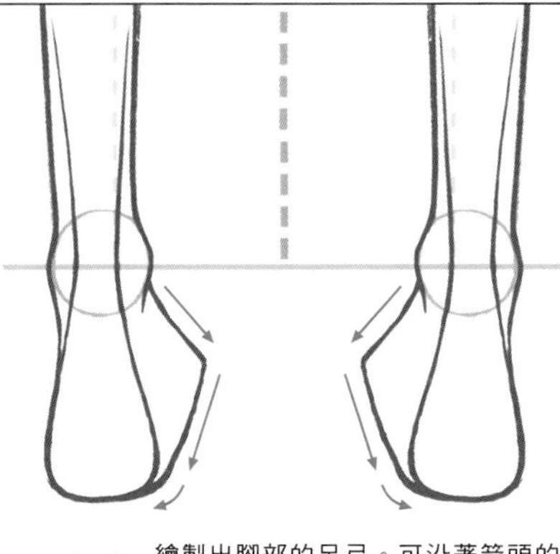

10 繪製出腳部的足弓。可沿著箭頭的方向進行繪製。

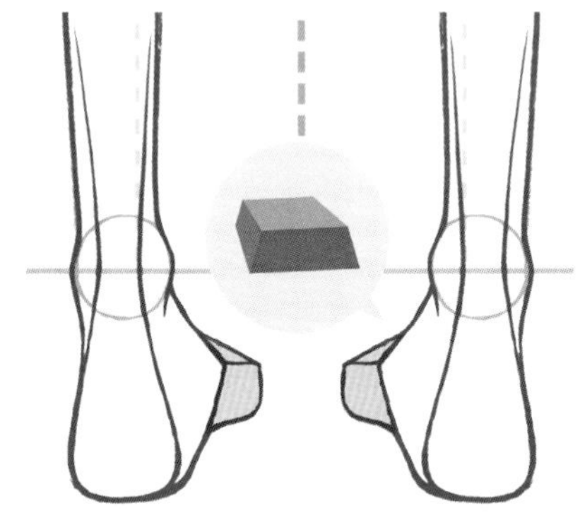

11 繪製腳背部分。由於近大遠小的透視關係，繪製起來可能有些複雜，但基本的感覺是一個四邊形的方磚向前面伸展開來繪製。

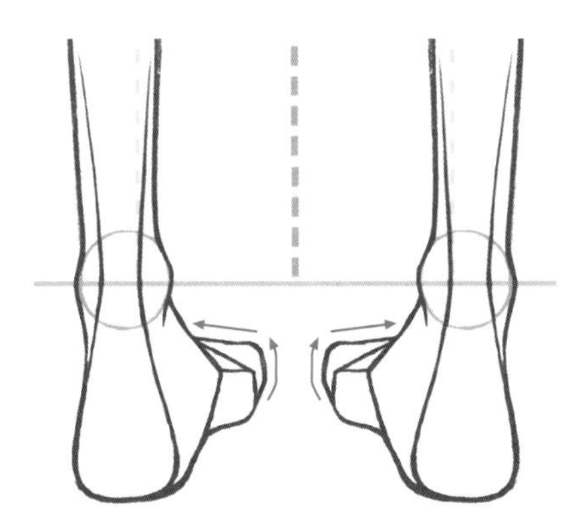

12 繪製出三角形的腳尖。

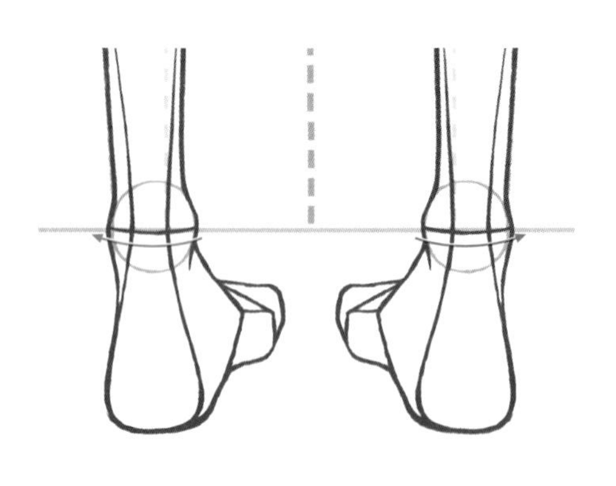

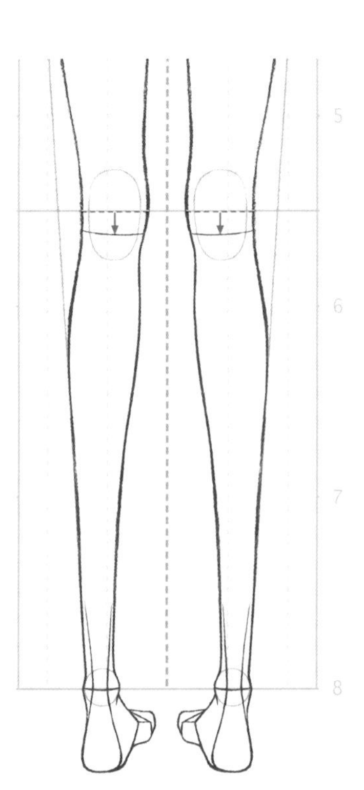

13 添加膝蓋窩和腳踝的關節線。膝蓋窩的關節線位於膝蓋下端3mm處。

14 添加出膝蓋窩的線條，完成腿部的繪製。

# 繪製的實踐 上半身 手臂、手部

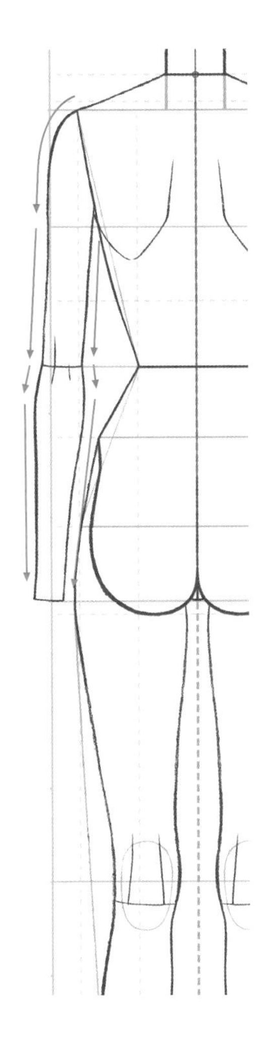

## 15

手臂與正面的繪製方法相同。

### 試著稍微改變手部的朝向

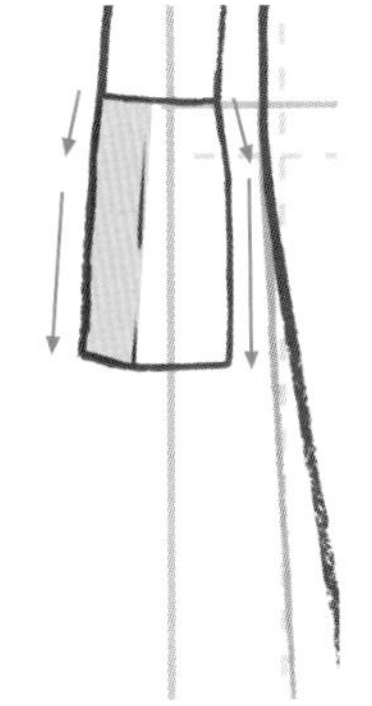

## 16

手部和腳部一樣，都是一不小心就容易畫小的部位，因此我們索性一開始就畫得大一些。斜向的手背就像是細長的六邊形磚塊。

## 17

大拇指應從手腕處延伸出來。

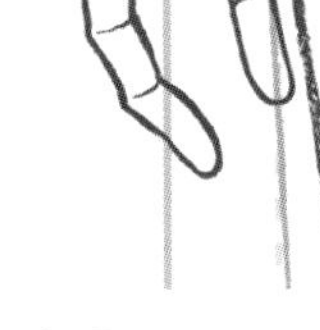

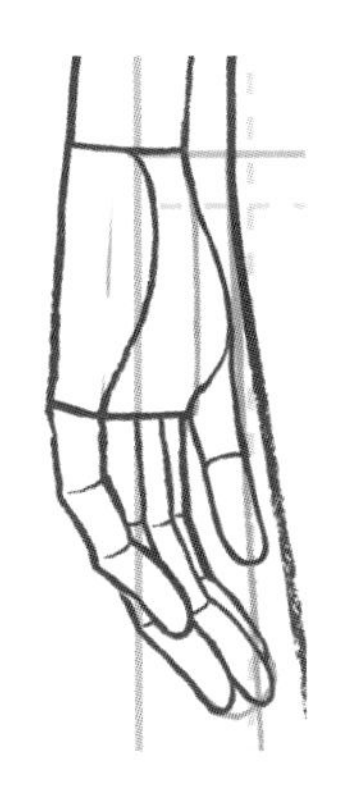

## 18

先繪製近處的小指。手掌要繪製出一定的隆起，以表現出立體感。

## 19

遠處的無名指和中指用塊面來表現。

## 20

將中指和無名指依次區分開來。

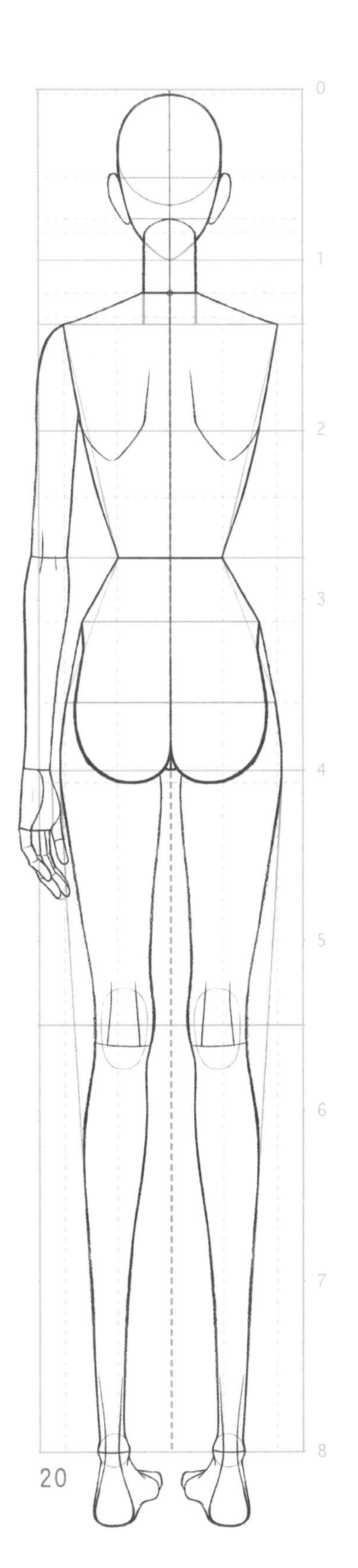

# 從人體線稿到人體完成圖

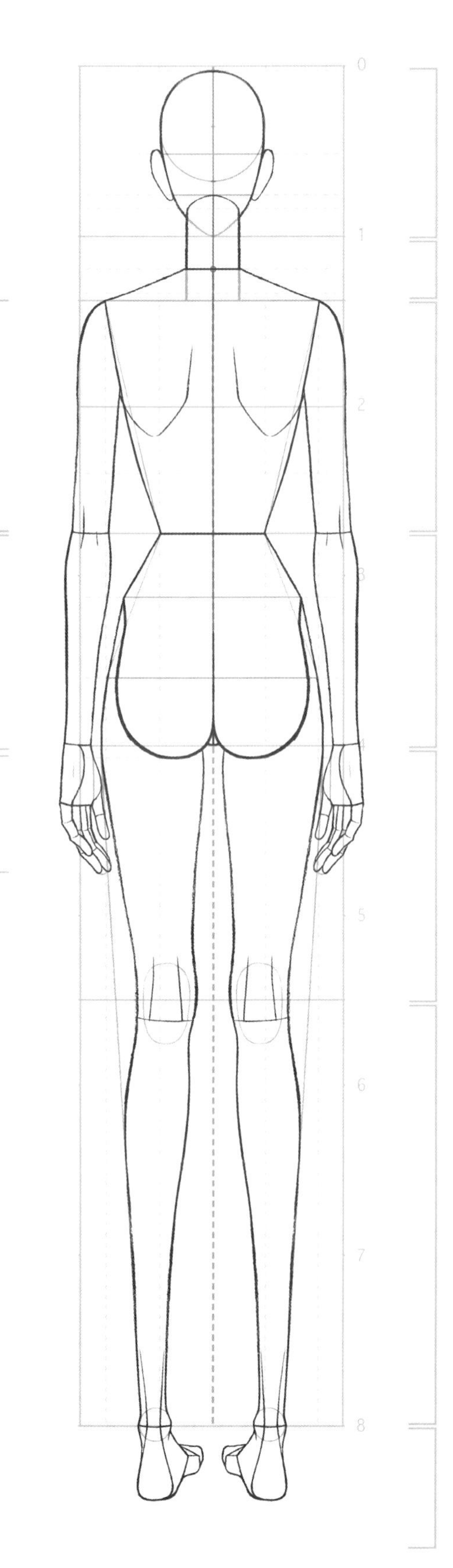

## 21

以同樣的方法繪製
右側的手臂，完成
人體的繪製。

## 22

人體線稿繪製完成後，將其
放在描圖紙的下面，流暢地
描繪出人體完成圖。要表現
出就像給人體裹上一層輕柔
的皮膚的感覺。

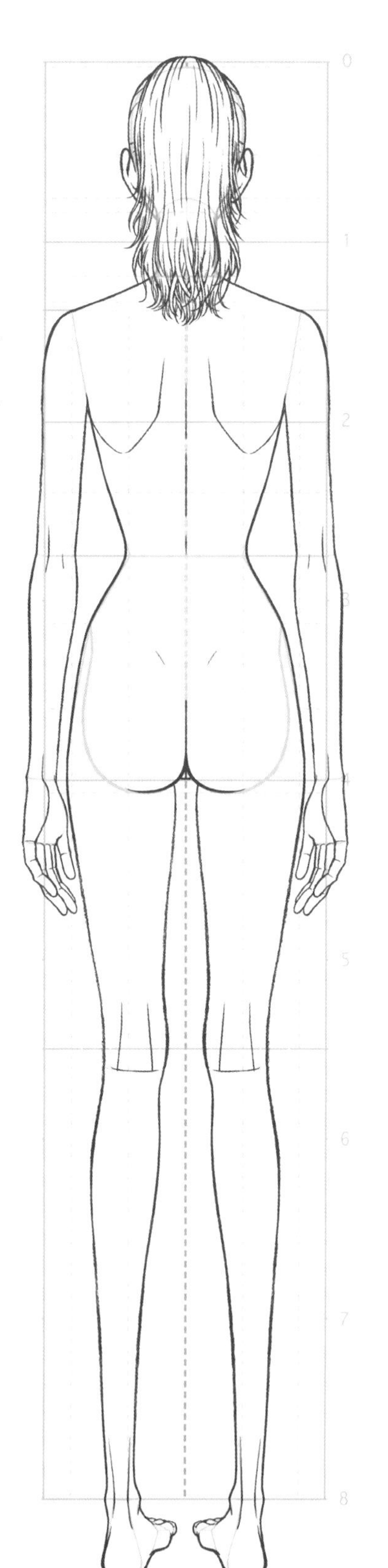

### 感覺怎麼樣呢？

僅是讓兩個腳尖都朝向內側，就能夠展現出很有女人味的姿勢。我們可以試著改變雙腳之間的寬度，進行多次練習。後面我們要講的是另外一種站姿，即單腿支撐的姿勢。不光是腿部，腰部也產生了動態變化，整個人體的動作顯得更加流暢。

# Pose Variations 各種姿勢

# 下半身有動態變化的姿勢①單腿支撐

## 雖然與正面時的身體曲線相同，但要注意遠處的非重心腿

現在我們來學習繪製背面的單腿支撐姿勢。正面時我們看到的非重心腿是伸向近處的，而背面時則是伸向遠處的，這一點請注意。

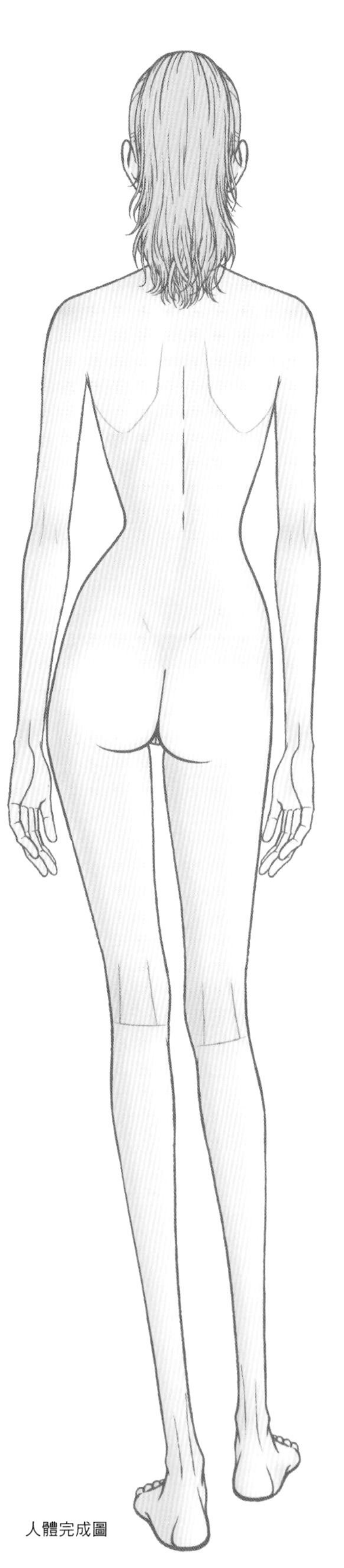

人體完成圖

### 直立姿勢和單腿支撐姿勢的比較

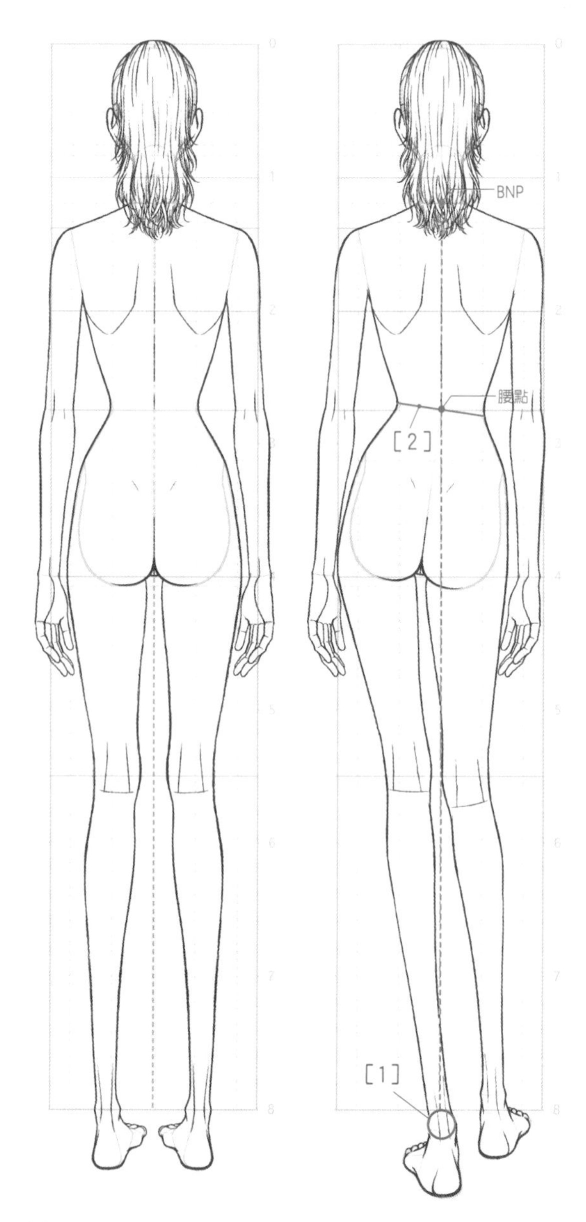


單腿支撐姿勢有兩大特徵。由於有一條腿要承擔體重，因此下半身會產生變化。

[1]
支撐腿的腳踝位於重心線（從BNP垂直向下的直線）附近。

[2]
腰部以腰點為中心轉動，支撐腿一側的腰圍線向上方傾斜。

繪製背面的單腿支撐姿勢時，一定要切實表現出這兩個特徵。

在開始實踐之前——

# 單腿支撐姿勢的學習要點——繪製伸向遠處的非重心腿

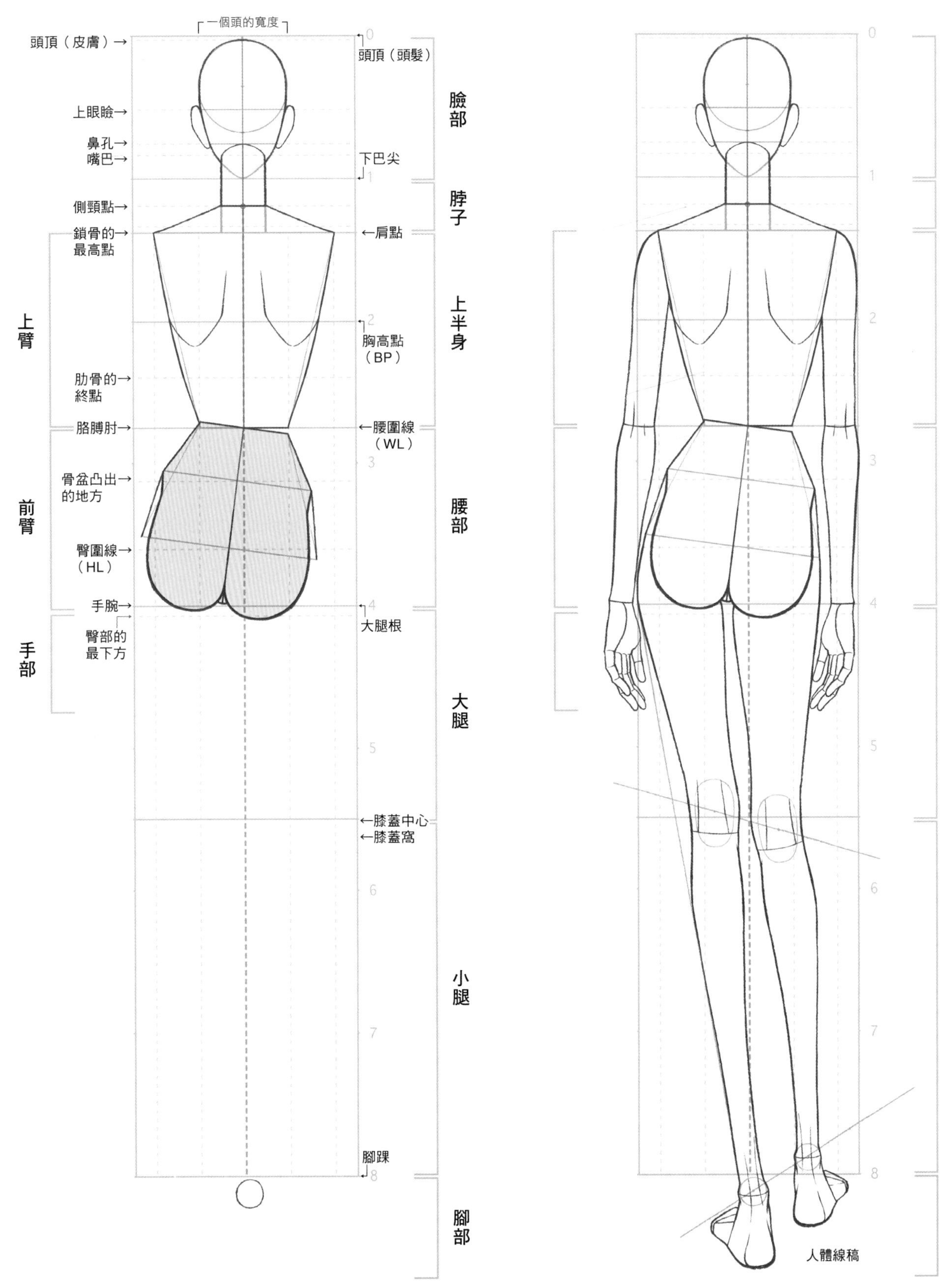

# 繪製的實踐 下半身 繪製傾斜的臀部

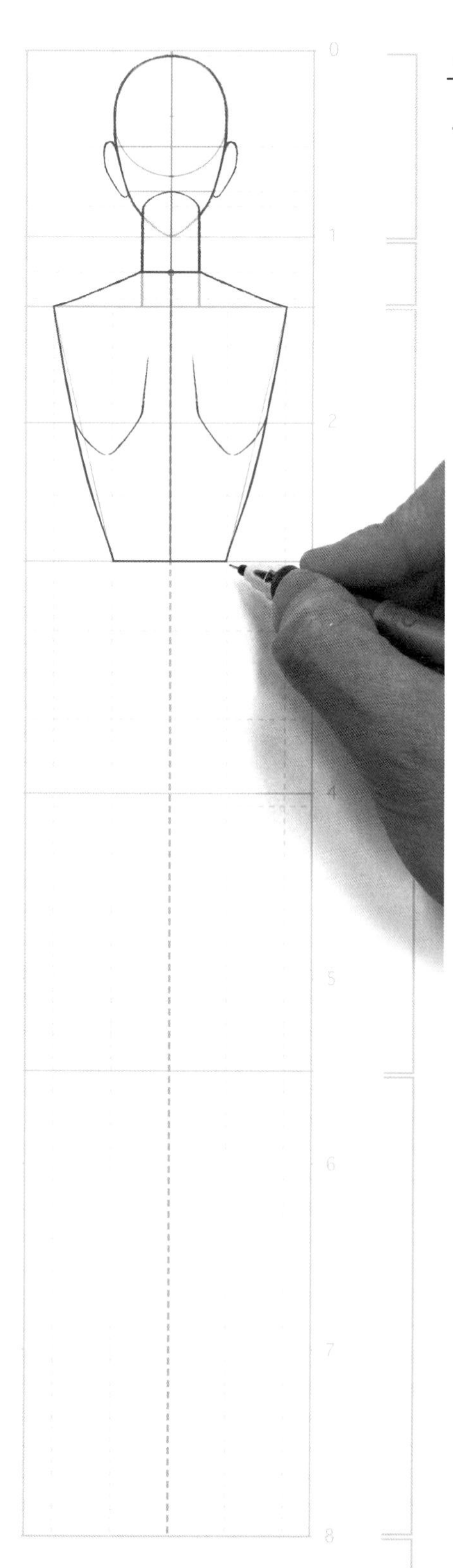

## 上半身的畫法與之前相同

1 單腿支撐的姿勢由於是下半身的動作，因此頭部、後頸、後背部位都可以按照之前的方法來繪製。

### 繪製傾斜的臀部時，要以腰圍線為基準

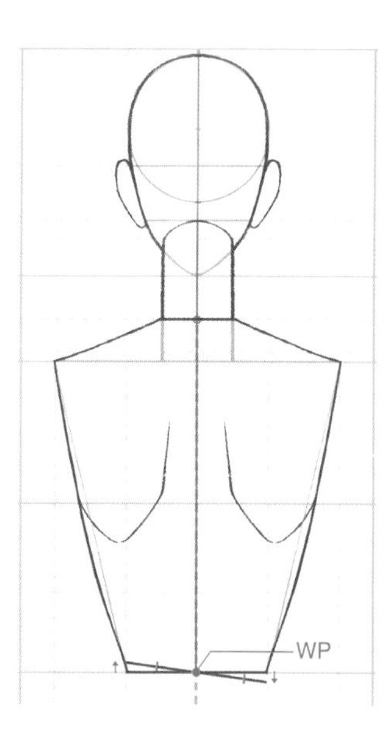


2

穿過腰點繪製出傾斜的腰圍線。由於腰圍線向上傾斜的一側是支撐腿，因此這裡左腿是支撐腿。腰圍線傾斜 2mm 左右剛剛好，如果傾斜得過多，左右大腿的粗細就會差別較大，顯得很不協調。腰圍線的寬度與頭部的寬度相同，以腰點為中心，左右兩側的寬度要相等。

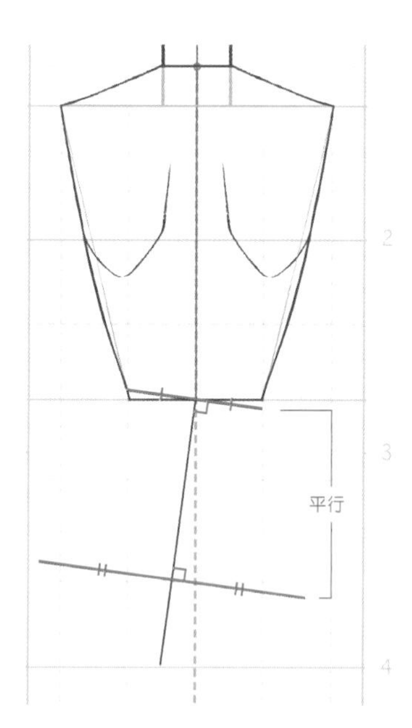


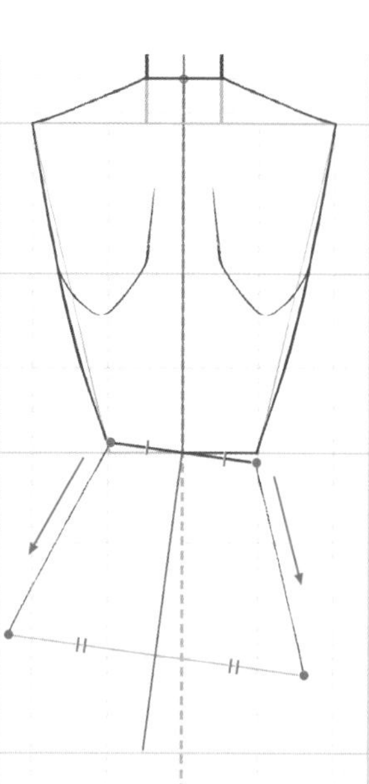

3

繪製時要注意腰部的正中線與腰圍線成直角，且臀圍線與腰圍線平行。臀部的寬度為兩個頭部的寬度，且正中線到兩側的距離要相等。

4

將腰部的線條與臀部的線條相連，然後再次確認從正中線到兩邊的距離是否相等。

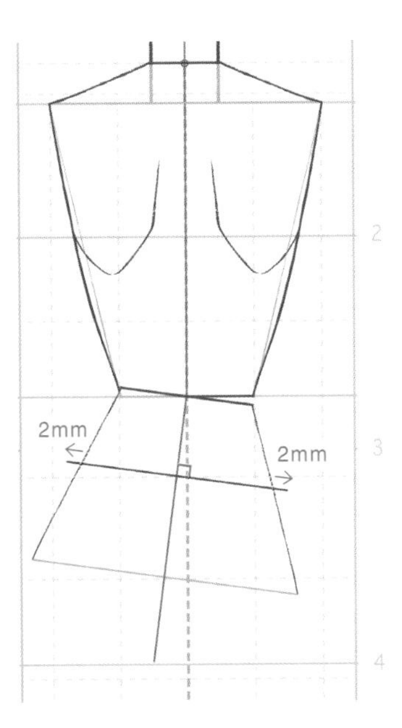


5

骨盆的線條也與正中線成直角，隆起的部分位於輔助線外2mm。

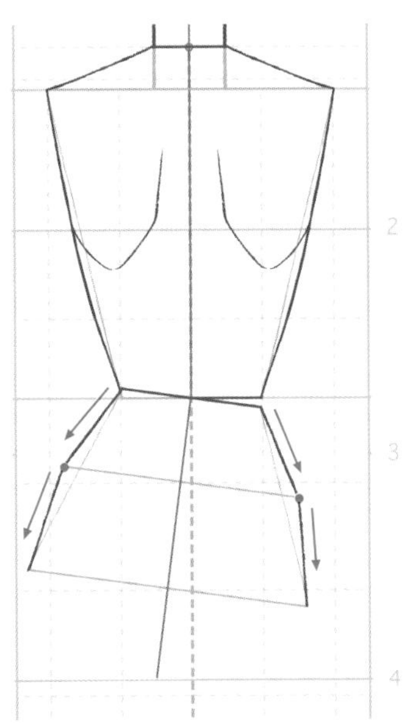

6

以骨盆隆起的地方為頂點，分別畫出與腰部和臀部相連的線條。

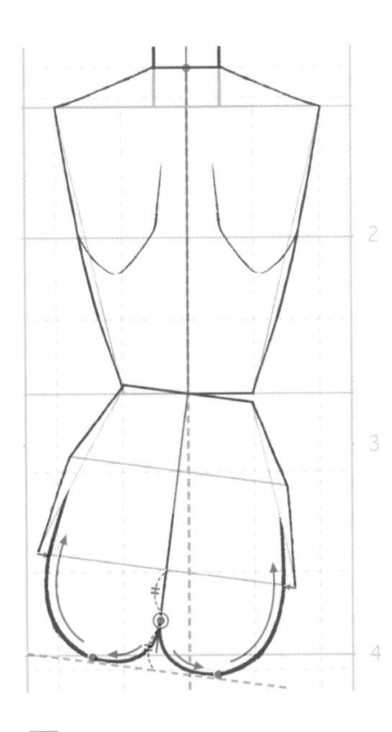


7

繪製臀部下方的線條。以圖中的◎為起點，分別向腰部的輔助線畫圓弧，呈現出し形的曲線。

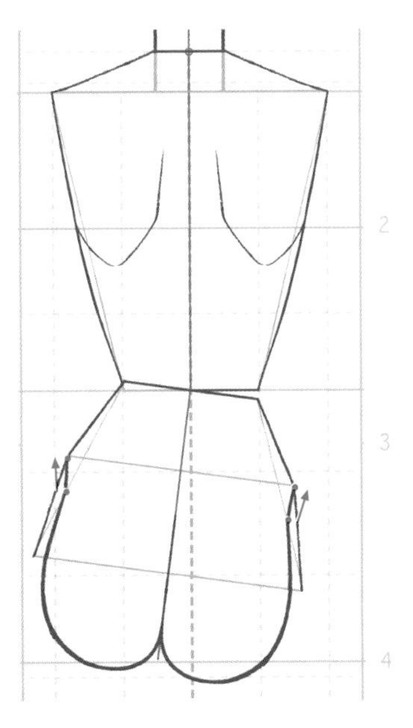


8

連接到輔助線之後，改變線條的方向，與骨盆隆起的地方相連。

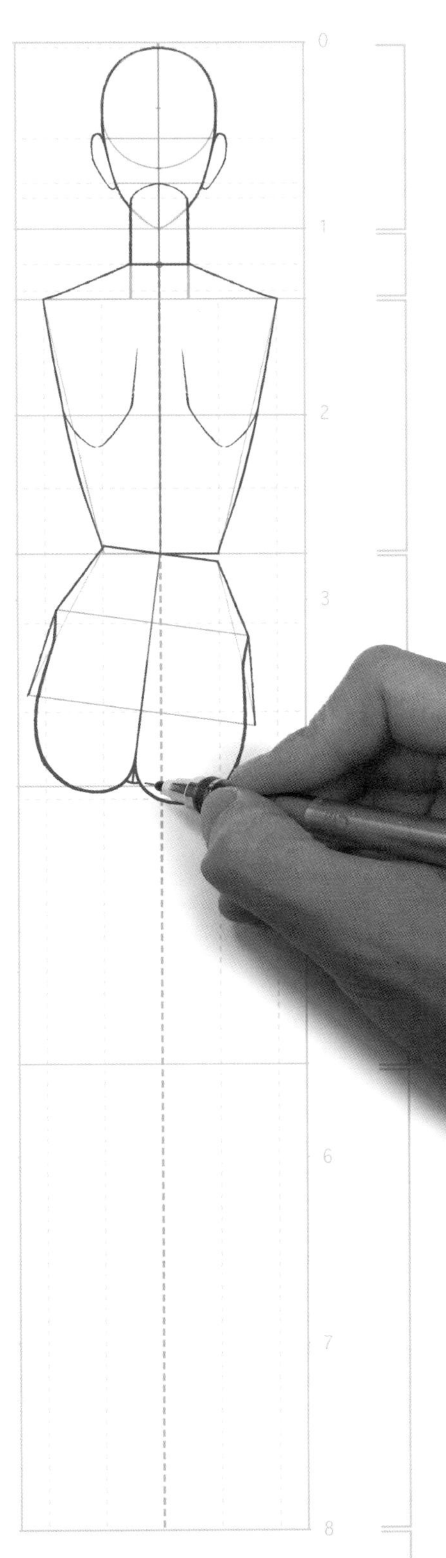


9

繪製出胯下部分。

## 下半身 繪製腿部——可將支撐腿的大腿和小腿作為一個整體來繪製

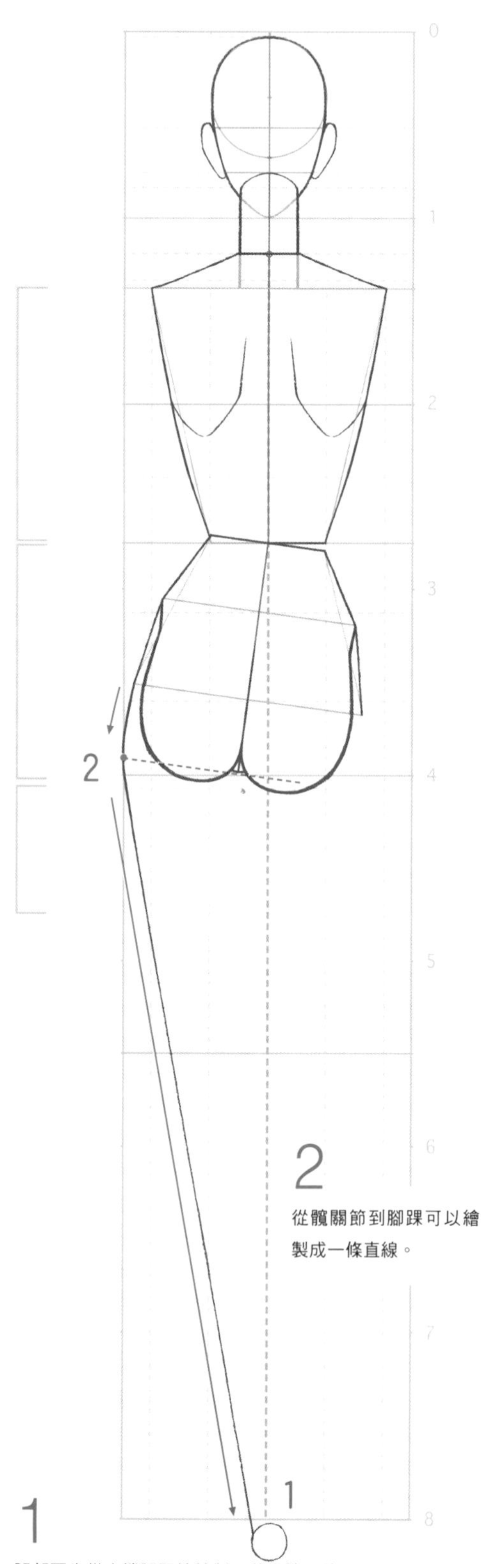


1

腿部要先從支撐腿開始繪製。將支撐腿的腳踝設定在重心線附近，並用○表示出來。支撐腿承擔的體重越多，就越靠近重心線。

2

從髖關節到腳踝可以繪製成一條直線。

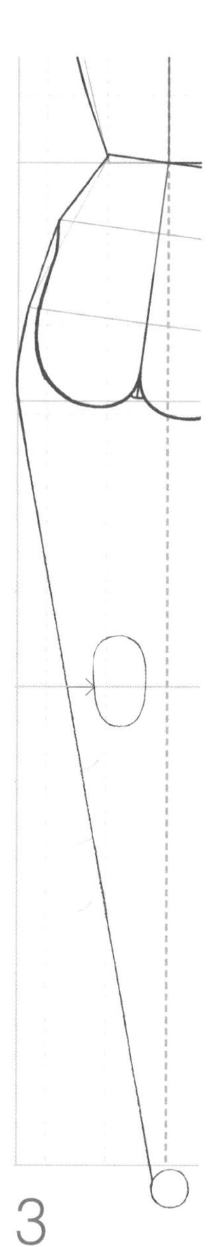

3

膝蓋位於輔助線內側5mm左右，並呈與臉部形狀相同的橢圓，寬度不到臉部的1/2。

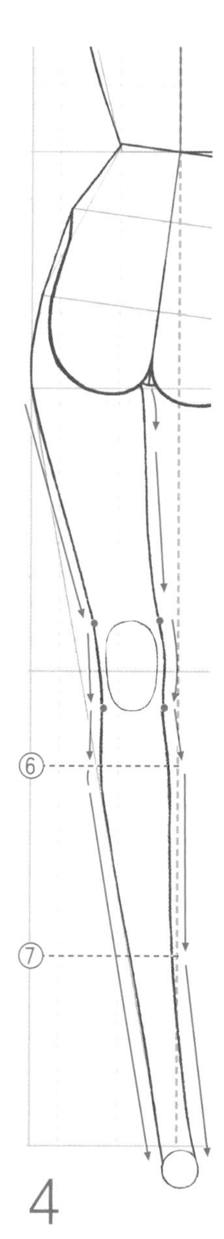


4

繪製腿部。首先繪製腿部的外側，依次連接大腿、膝蓋和小腿肚等。小腿肚在6頭身附近與輔助線匯合，然後與其重合。繪製內側的線條時，注意小腿肚呈S形曲線。

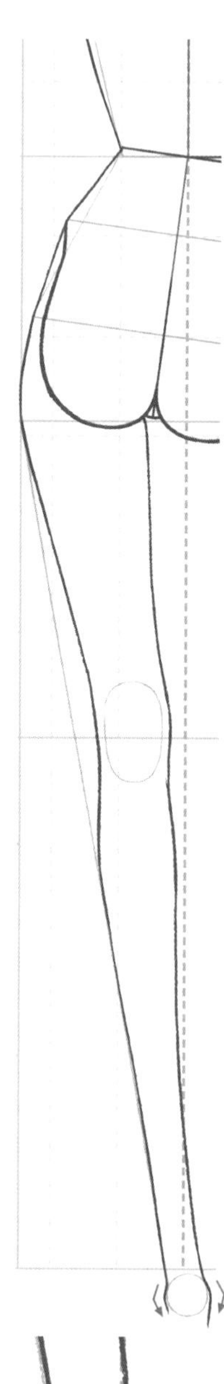

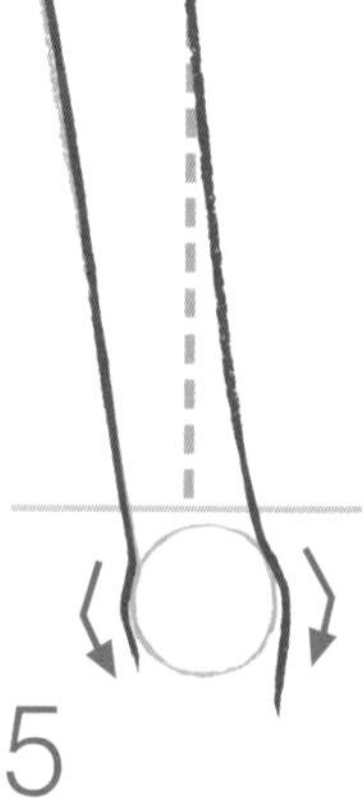

5

繪製出呈兩個相對的<字形的腳踝。

# 從腿部到腳部

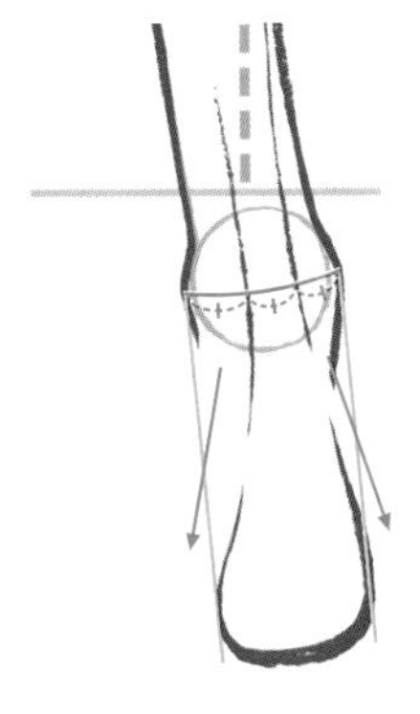

6

繪製腳後跟時，將腳踝進行 3 等分，然後向下繪製出兩個形狀相同的腳後跟，其寬度與腳踝的寬度基本相同。

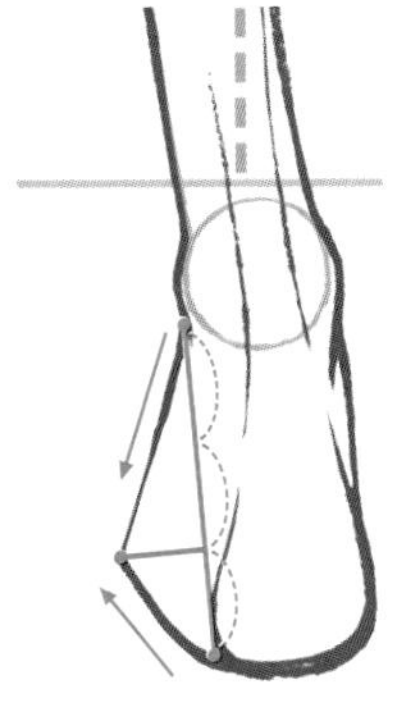

7

繪製腳部的足弓時。要沿著圖中的輔助線來繪製。

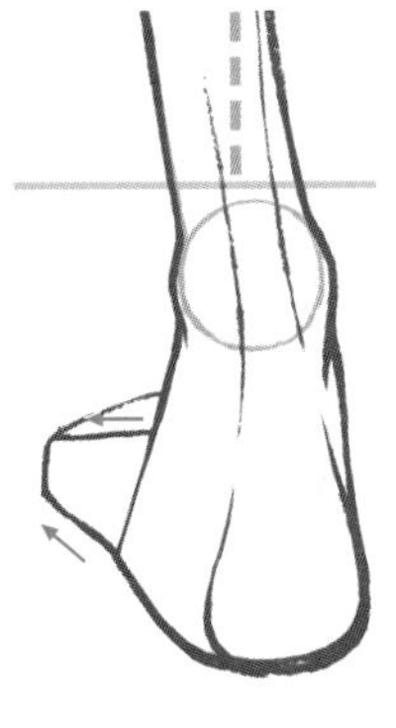

8

繪製出腳背部分。由於遠近透視的關係，可能繪製起來有些複雜，但基本的感覺是一個四邊形的方磚向前面伸展開來。

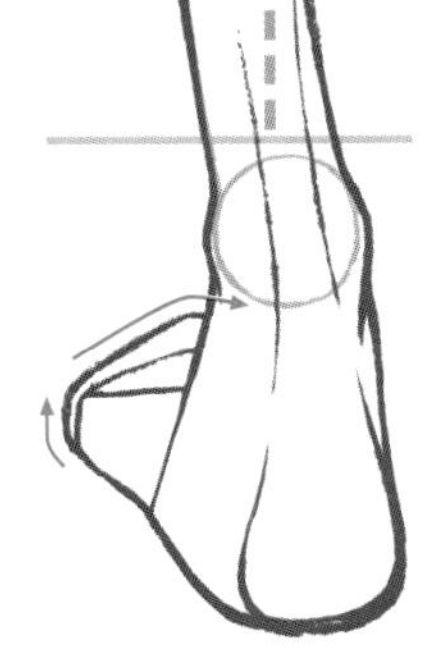

9

繪製出三角形的腳尖。

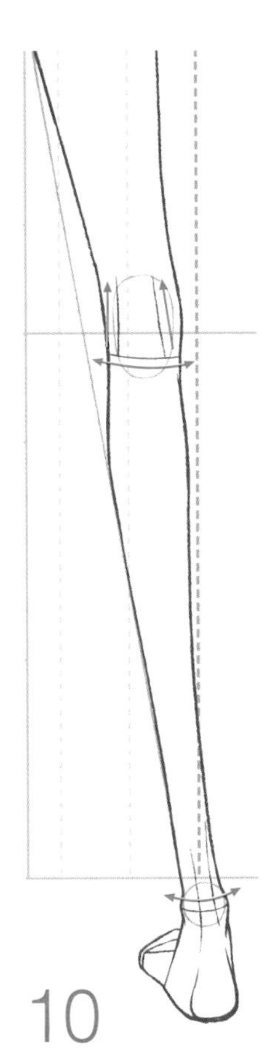

10

添加膝蓋和腳踝的關節線以及膝蓋窩的線條。

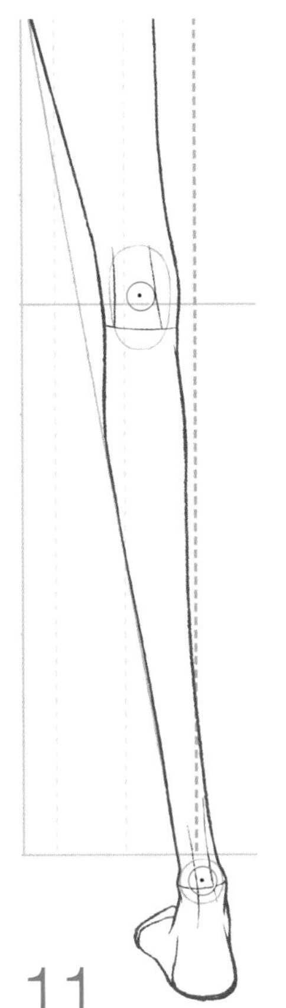

11

繪製非重心腿時，同樣將大腿和小腿分開繪製。為添加輔助線，可以在支撐腿的膝蓋、腳踝的中心畫出標記點。

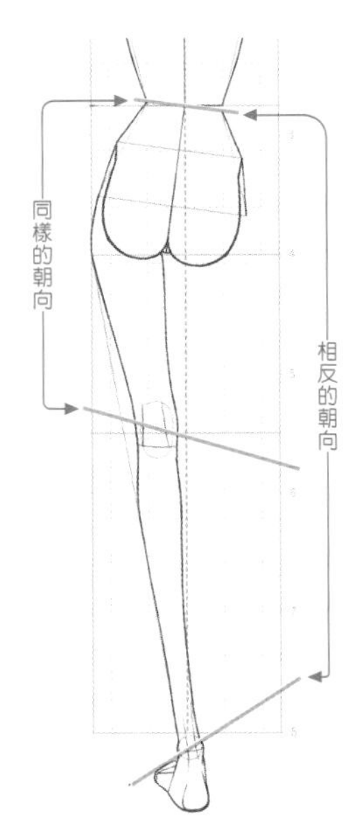


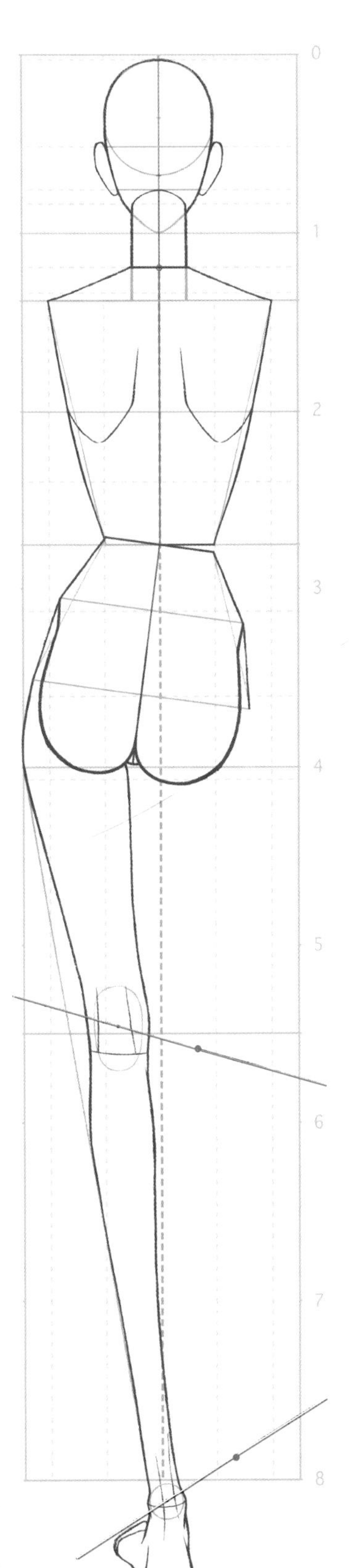


12

膝蓋的傾斜線與腰圍線以同樣的角度傾斜，腳踝的輔助線則會由於遠近透視，而向相反的方向傾斜。然後根據支撐腿的輔助線，確定出非重心腿的膝蓋和腳踝的位置。如果非重心腿的腳踝稍偏離重心線，則很容易表現出單腿支撐姿勢的感覺。

# 下半身 非重心腿的小腿肚由於遠近透視關係會變短

13

在膝蓋和腳踝處繪製○形。此外，要注意左右腿的粗細要相同。

14

由於非重心腿沒有承擔體重，因此可分別繪製非重心腿的大腿和小腿肚。首先在膝蓋上添加肉感，然後再繪製大腿。繪製時要注意比較左右腿的粗細是否相同。

15

繪製小腿肚。由於遠近的透視關係，位於遠處的非重心腿會顯得稍細一些。

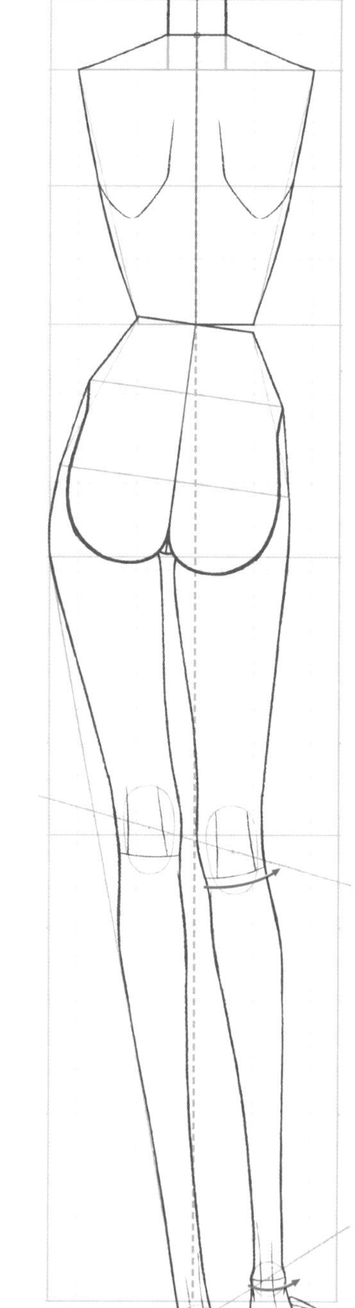

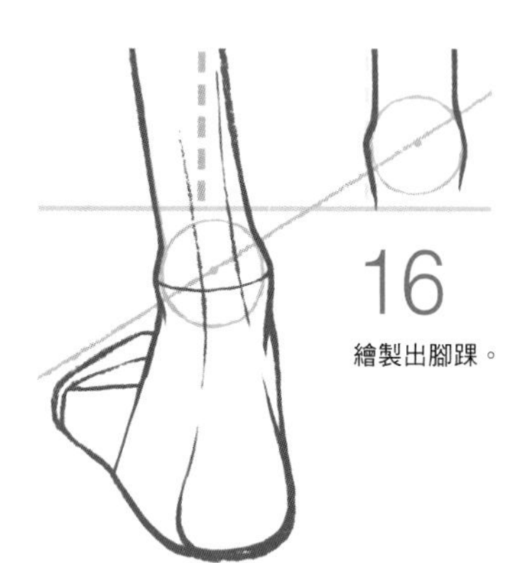

16

繪製出腳踝。

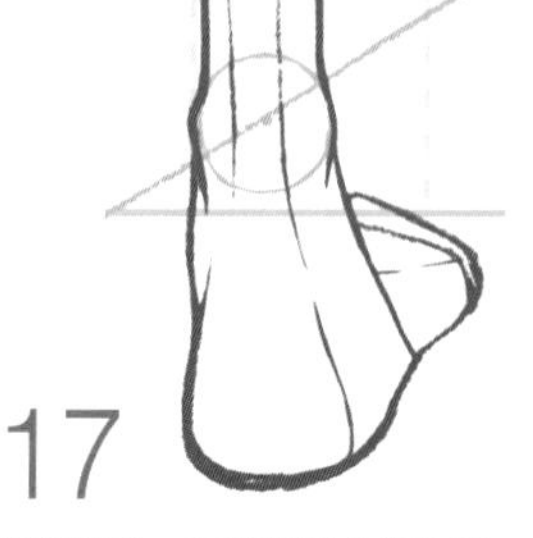

17

繪製腳部，由於非重心腿比支撐腿要遠一些，因此可將腳部繪製得稍微小一些。

18

添加膝蓋和腳踝的分割線。

# 從人體線稿到人體完成圖

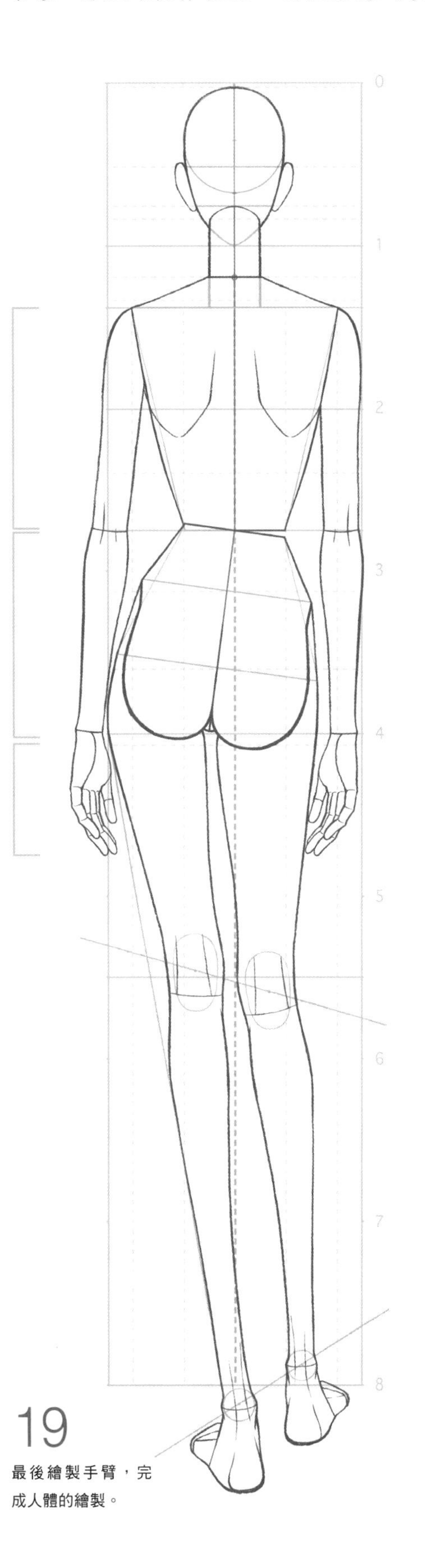

19

最後繪製手臂，完成人體的繪製。

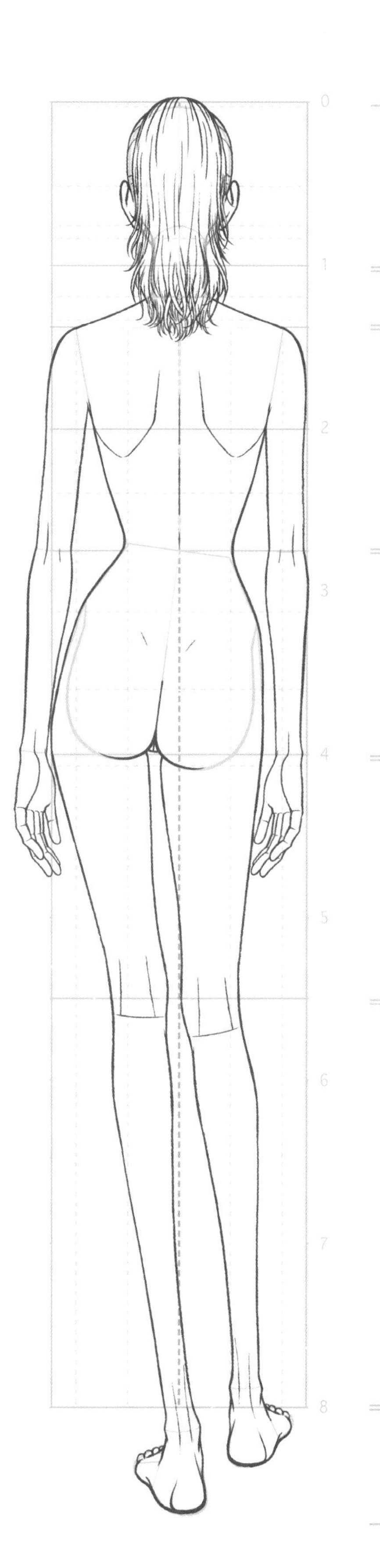

20

人體線稿繪製完成後，將其放在描圖紙下面，流暢地描繪出人體完成圖，表現出像是給身體包裹上一層輕柔的皮膚的感覺。

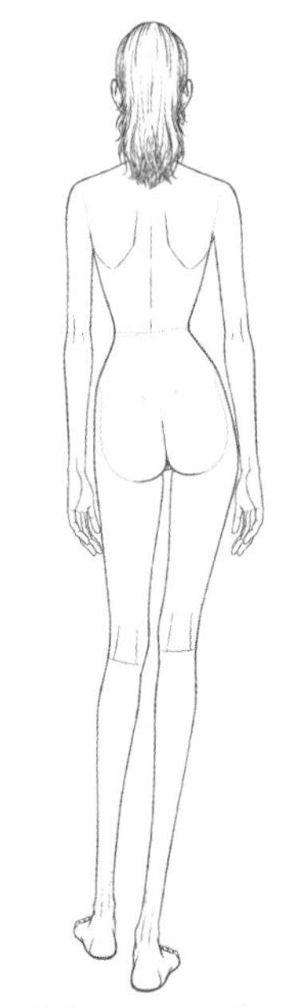

如果將右腿作為支撐腿，方法也是一樣的。在繪製過程中如果還有不明白的地方，可以將1~19的插圖左右反轉複製後使用。

## 感覺怎麼樣呢？

背面的姿勢也可以和正面一樣進行繪製，大家明白了嗎？下面我們將運用單腿支撐的姿勢來繪製行走的姿態。

# 下半身有動態變化的姿勢②步行

## 運用單腿支撐的姿勢來繪製步行的動態

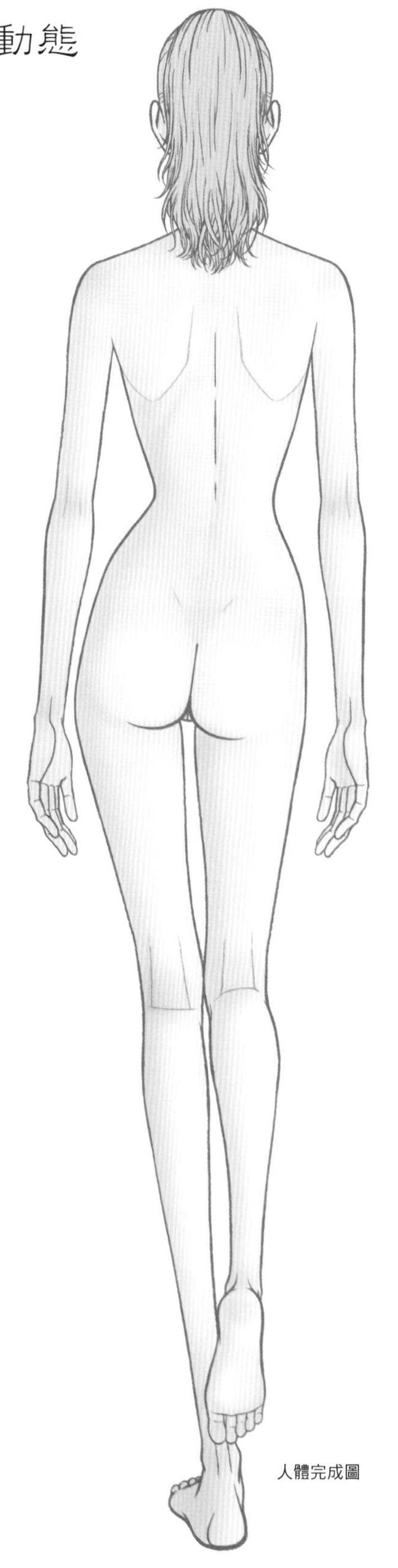
人體完成圖

### 繪製向上抬起的非重心腿時，要考慮到遠近透視

繪製這個姿勢時，非重心腿的小腿肚和腳底是繪製的要點。

### 單腿支撐的姿勢和步行姿勢的比較

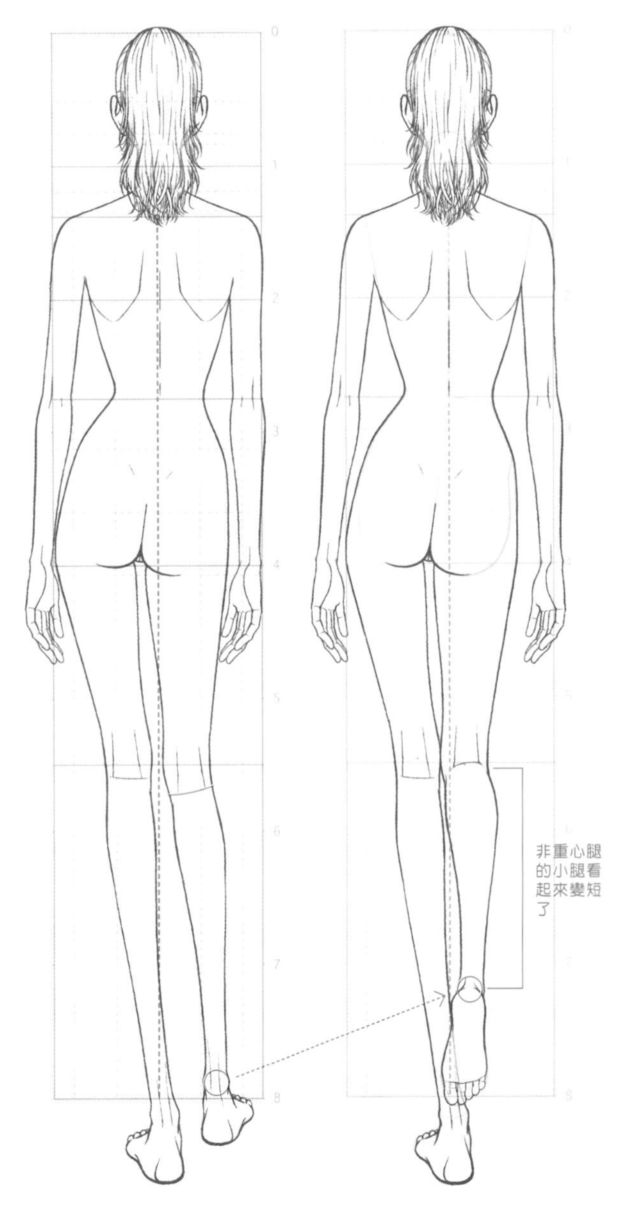

在開始實踐之前——

# 步行姿勢的學習要點——繪製腳底

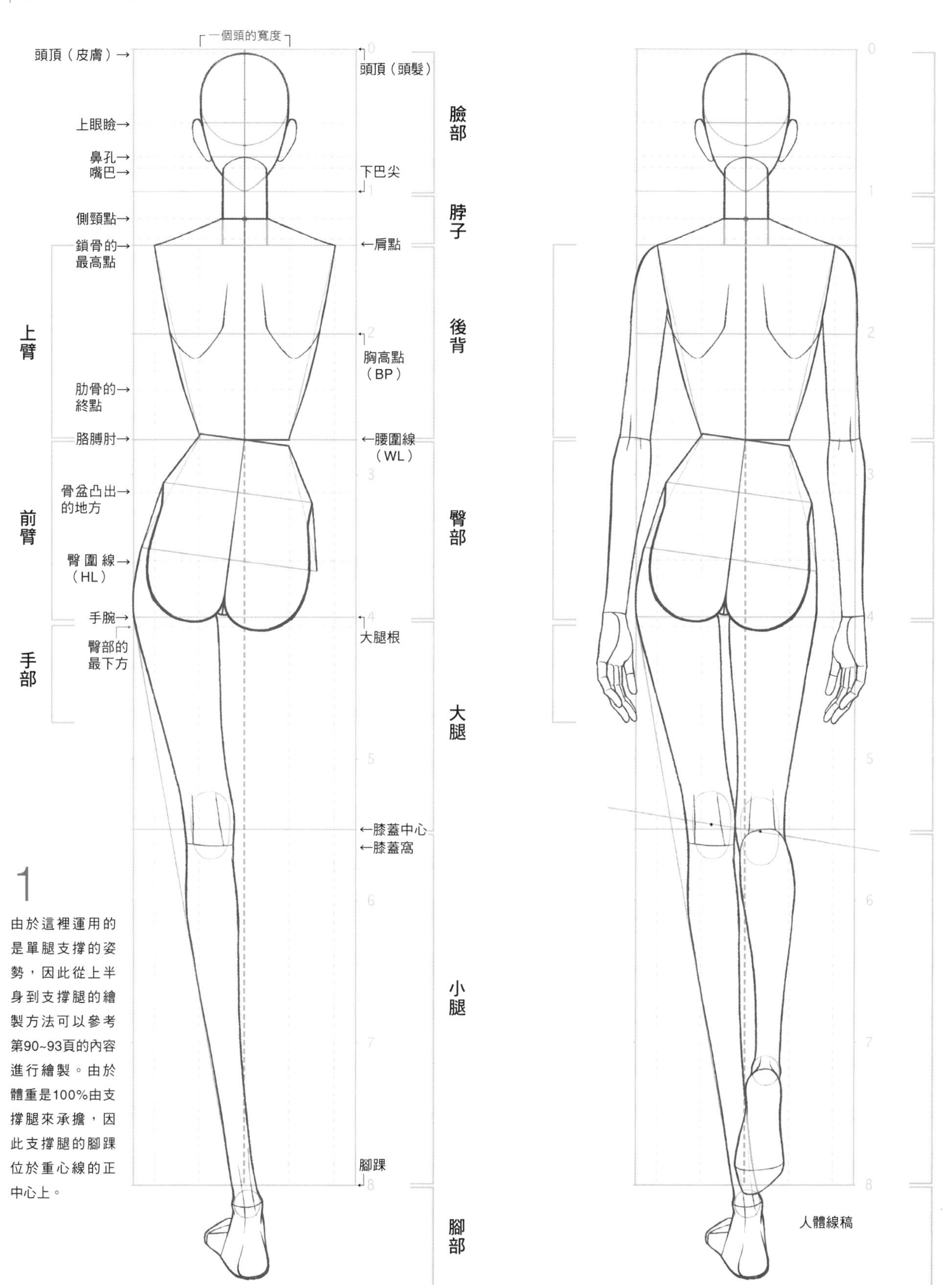


1

由於這裡運用的是單腿支撐的姿勢，因此從上半身到支撐腿的繪製方法可以參考第90~93頁的內容進行繪製。由於體重是100%由支撐腿來承擔，因此支撐腿的腳踝位於重心線的正中心上。

# 繪製的實踐 下半身 繪製非重心腿

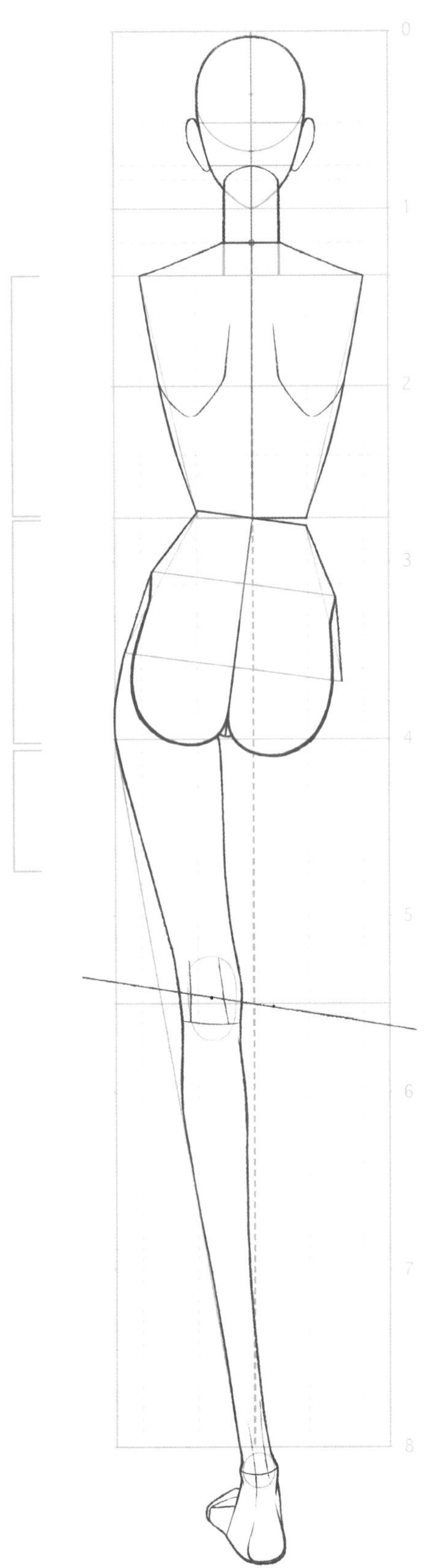

2

從支撐腿的膝蓋中心繪製一條與腰圍線平行的輔助線，然後確定出非重心腿膝蓋的位置。

3

繪製膝蓋，使其左右大小相同。

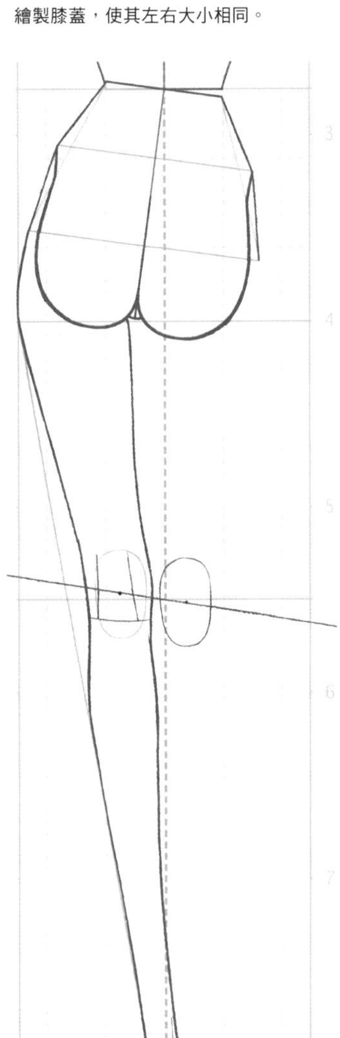

4

繪製非重心腿的膝蓋和大腿。左右膝蓋之間不要留出縫隙。

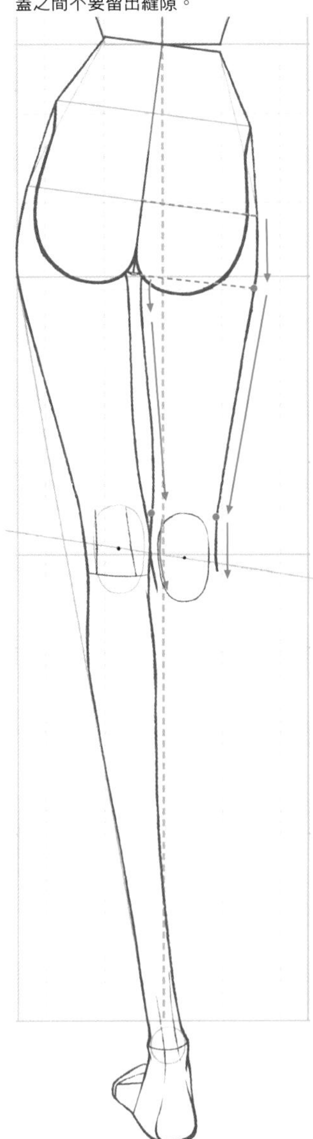

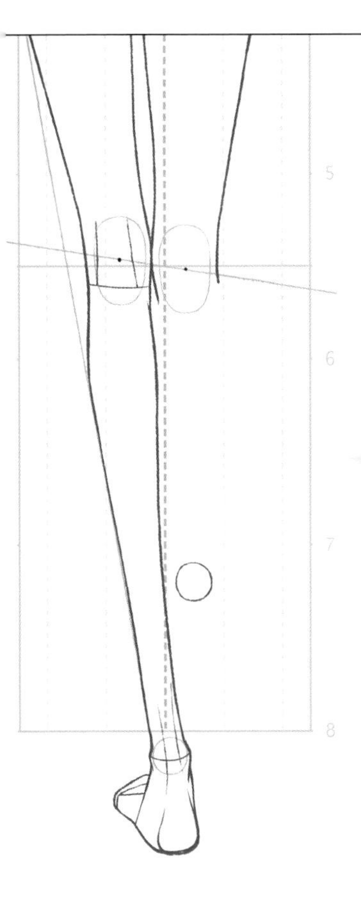

## 5

繪製有遠近透視的部位（指小腿肚）時，首先要確定終點的位置（指腳踝），這是小腿看起來變短了，用曲線繪製出橫截面。

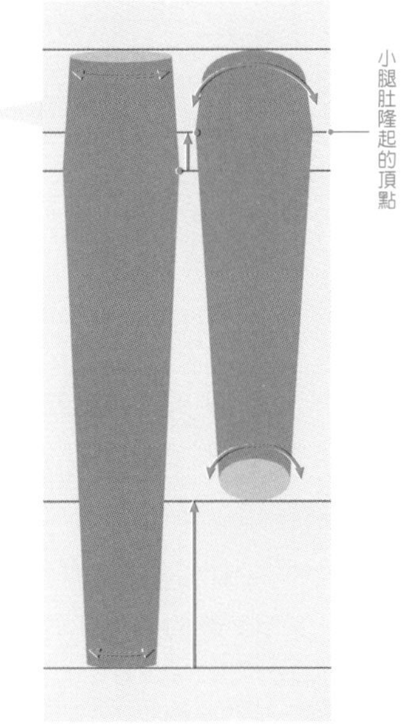

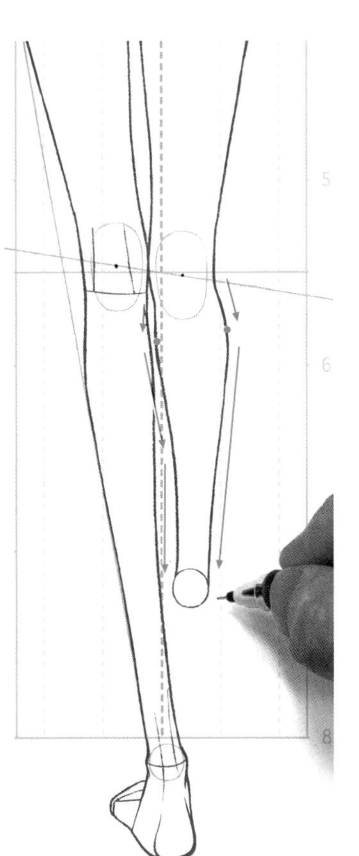

## 6

繪製小腿。由於遠近透視的影響，小腿肚的頂點向上偏移了很多。由於非重心腿的小腿肚離視線較近，所以要畫得比支撐腿稍微粗一些。

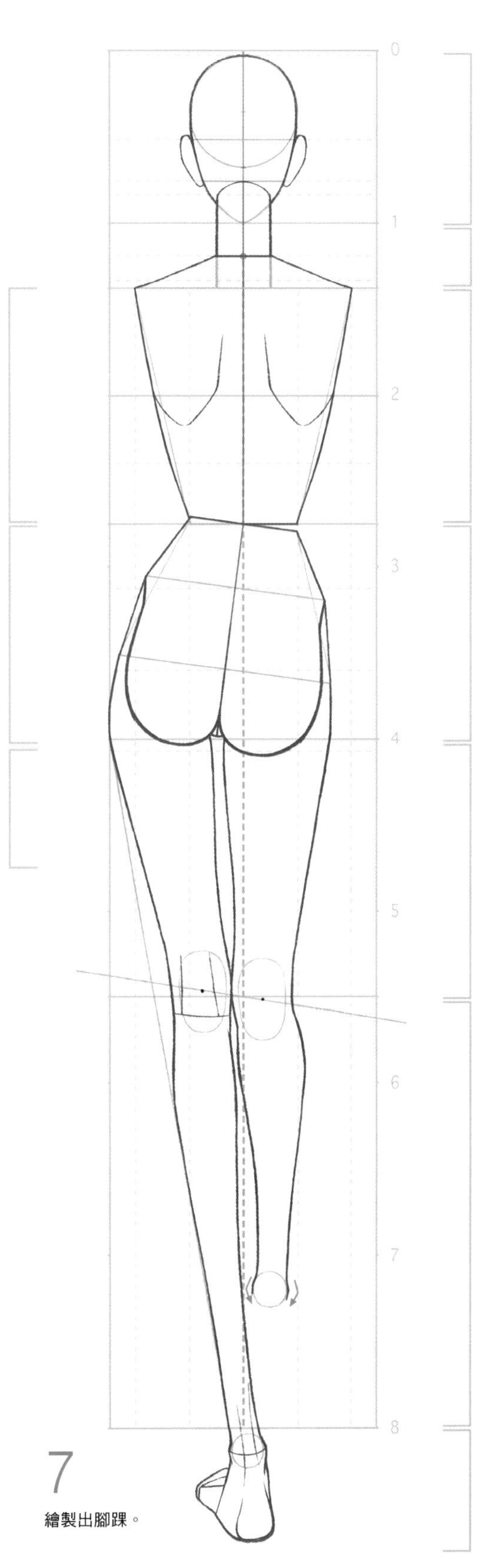

## 7

繪製出腳踝。

# 下半身 從腿部到腳部 上半身 手臂

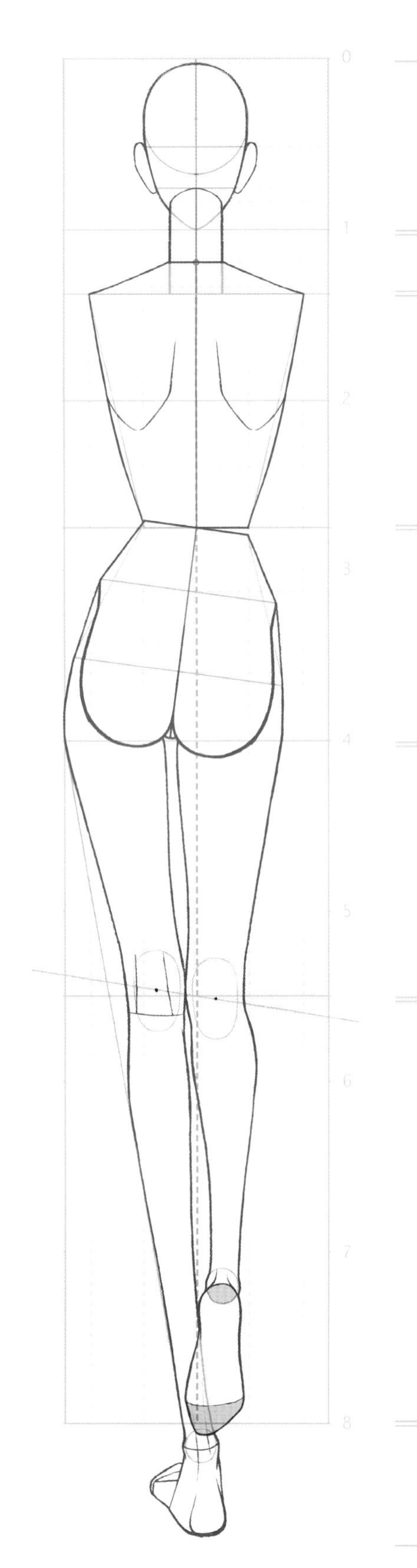

## 8

繪製腳部。由於非重心腿的腳部離視線較近，因此我們需要根據遠近透視關係將其繪製得大一些。其中，腳後跟與腳踝相重合。俯看腳背，其三角形的腳尖部分變也長了。

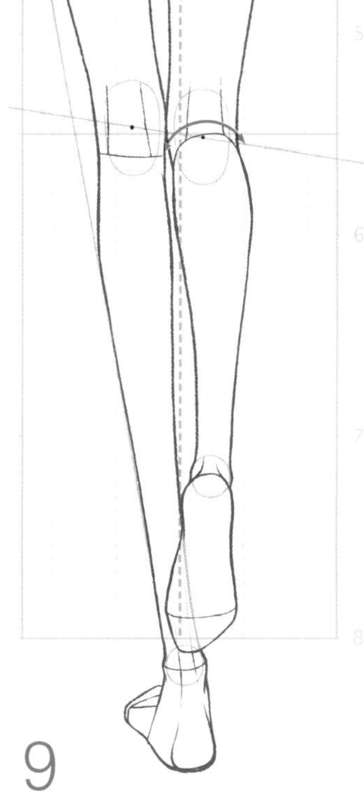

## 9

繪製出膝蓋窩的關節線。非重心腿的橫截面用彎曲度較大的曲線來繪製。

**手臂的前後擺動通過橫截面的曲線朝向來表現**

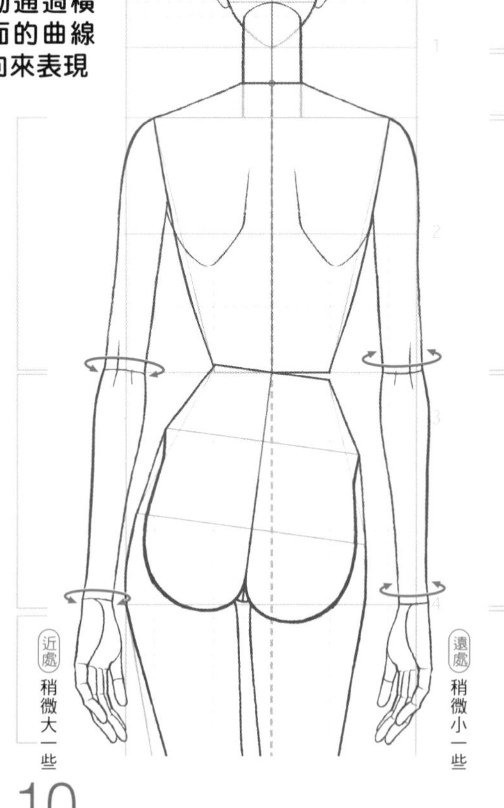


## 10

通過曲線彎曲的朝向來表現胳膊前後擺動的形態。近處的手部用向上彎曲的弧線來表示，且要將手部畫得大一些，而遠處的手部則用向下彎曲的弧線來表現，將手部畫得小一些。

# 從人體線稿到人體完成圖

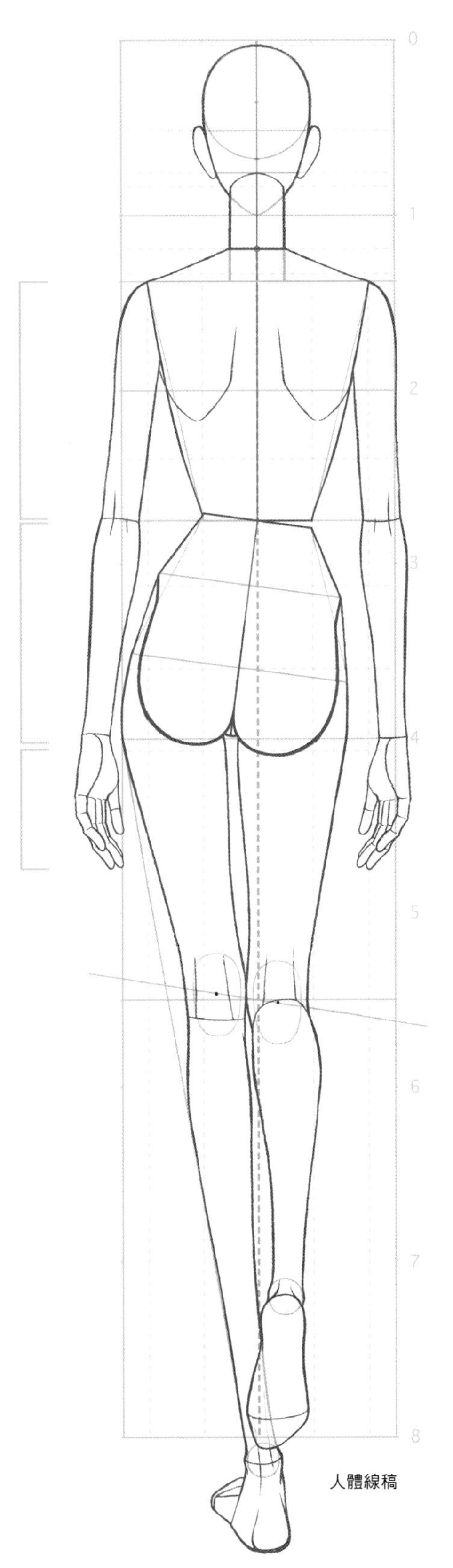


人體線稿

## 11

人體線稿繪製完成後，將其放在描圖紙的下面，流暢地描繪出人體完成圖，要表現出就像給人體包裹了一層輕柔的皮膚的感覺。

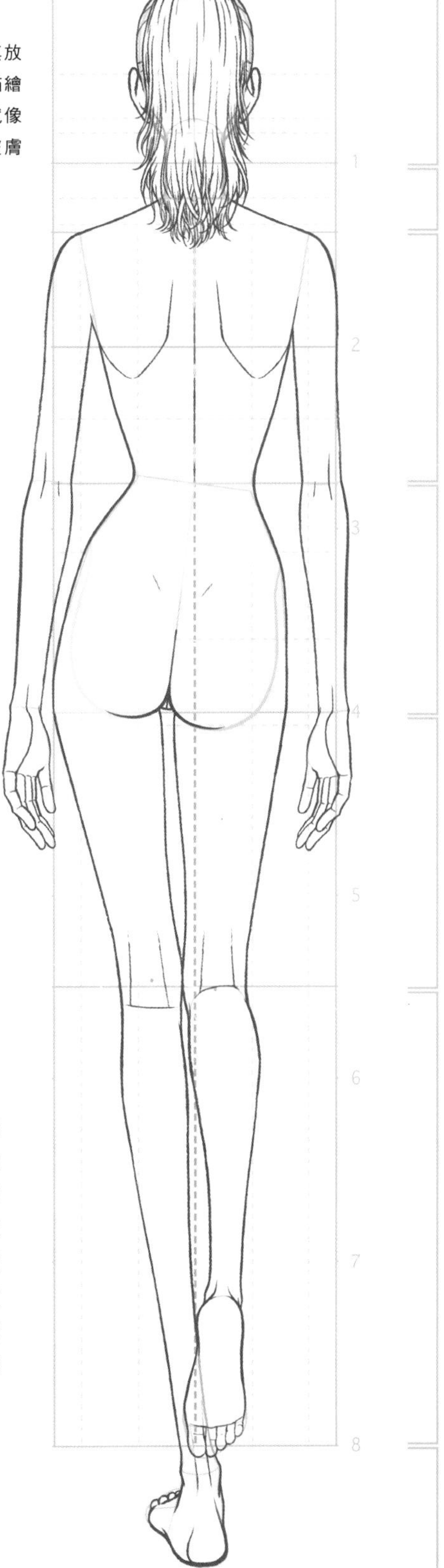


## 感覺怎麼樣呢？

繪製背面的單腿支撐姿勢時，最重要的就是表現好傾斜的腰部。為了使添加了動態變化的腰部不會扭曲，我們要充分注意腰圍線、正中線以及臀圍線的間直角、平行、左右對稱以及長度等要點，並進行多次練習。下面一章，我們將學習側面身體姿態的繪製。

# *Pose Variations* 各種姿勢

# CHAPTER02

## 正側面

在前一章，我們學習了正面狀態下的兩種站姿。站姿基本上就是這兩種類型。現在我們來看一下身體朝向的改變所產生的變化。同樣是站姿，如果朝向改變了，也會產生各種各樣的變化。首先我們來學習正側面的姿勢。

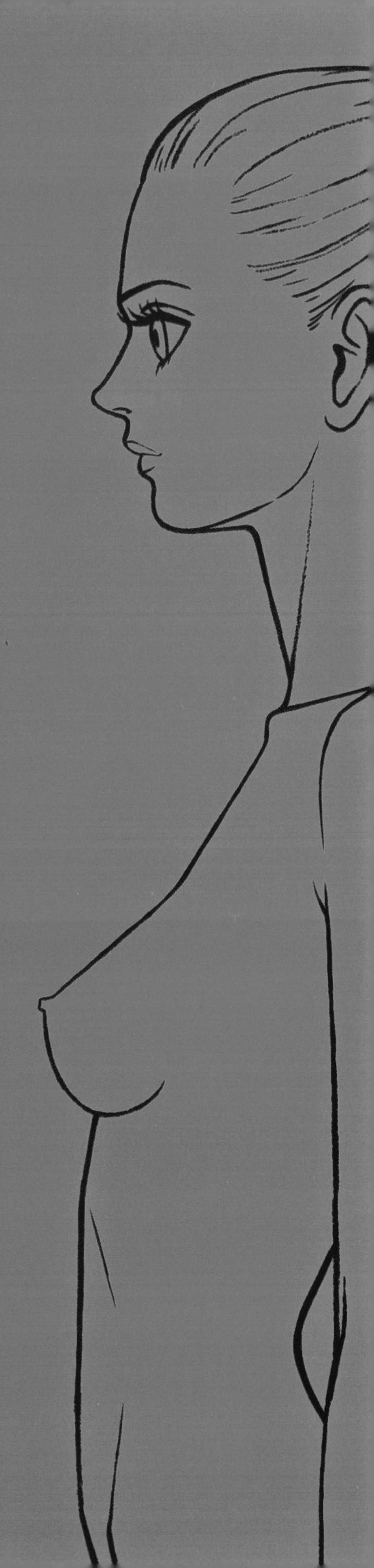

# 雙腿承擔體重的姿勢①直立

## 正側面的身體呈S形曲線

從正面看，身體以正中線為中心左右對稱；從側面看，身體的曲線感就被強調了出來。凸出的胸部、正中線、腿部的S形曲線都是繪製的要點。

### 正面與側面人體的比較

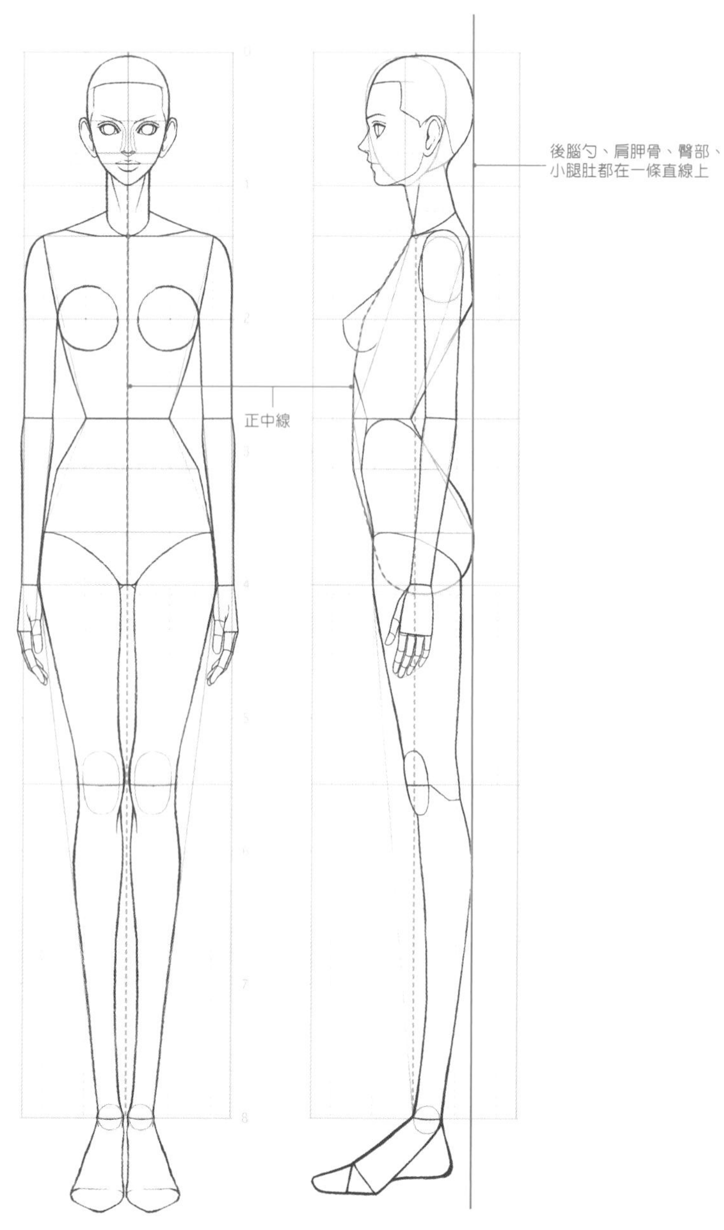


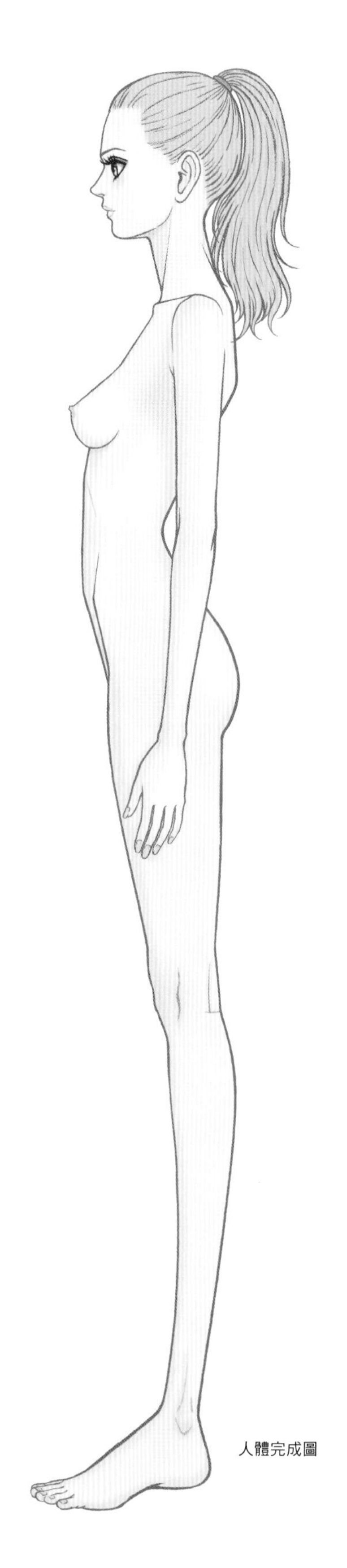

人體完成圖

在開始實踐之前——

# 將人體框架圖放在下面，按照一定的比例繪製人體

## 繪製S形曲線的秘訣

a.左圖為常容易繪製錯誤的側面人體。整體沒有曲線感，從頭到腳都是垂直向下的直線。臉部還是正面時的五官表現，且沒有表現出後腦勺的部分。

b.為了強調出S形的身體曲線，就要表現出腰部向前凸出，後頸和胳膊肘向後伸的感覺，這樣一來，上半身和下半身間的不同的S形曲線就被強調了出來。

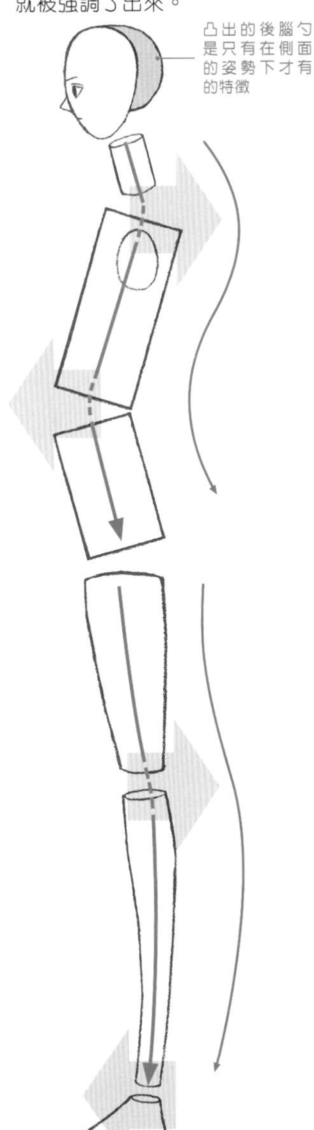




1

與正面一樣，使用人體框架圖來進行繪製。人體重心的基準為前頸點。以此為頂點繪製人體的話，整體的平衡感會較好。因此，先繪製出頸部的正中線，側面時，頸部是向前傾的。

# 繪製的實踐 頭部 臉部的輪廓

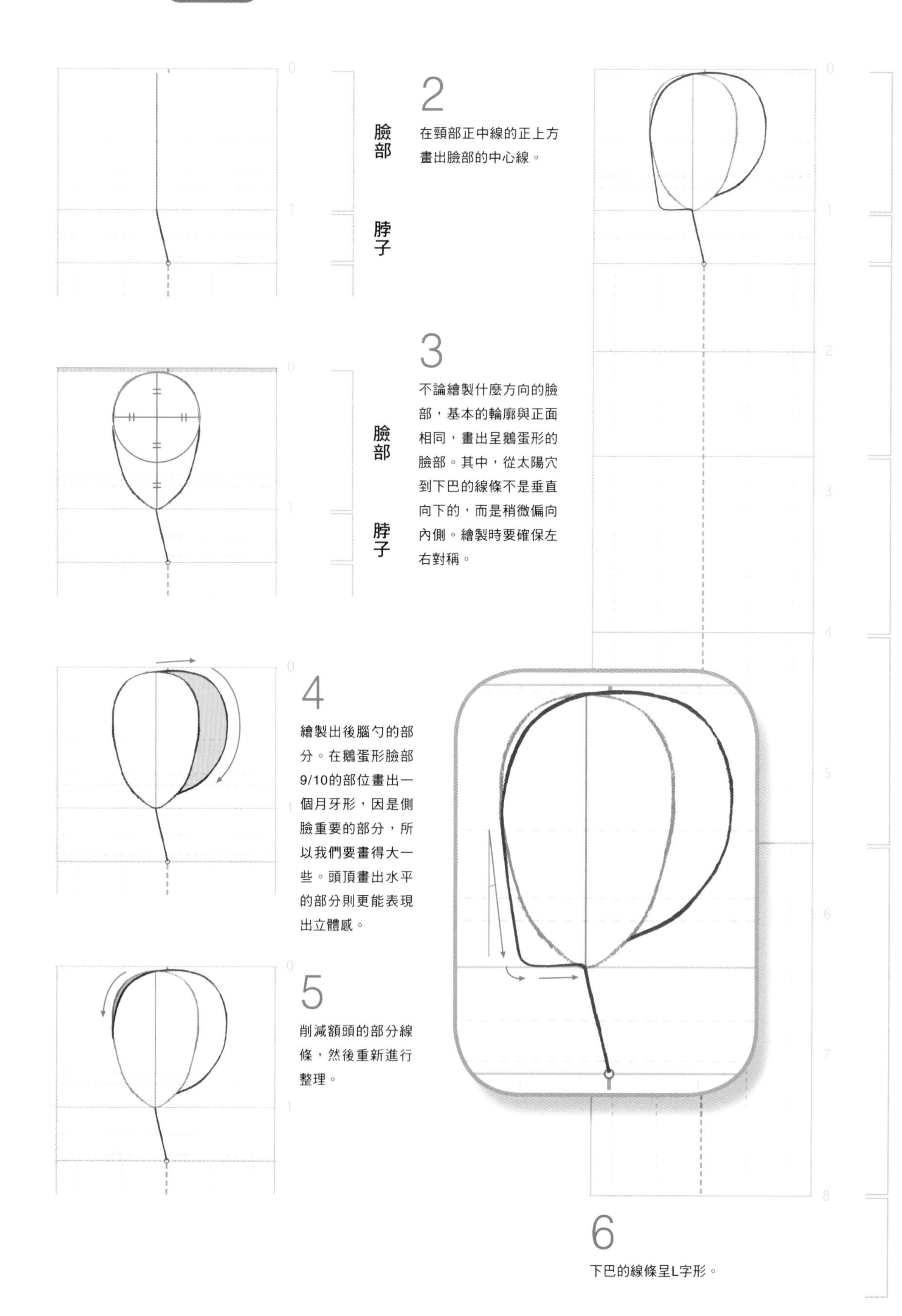


## 2

在頸部正中線的正上方畫出臉部的中心線。

## 3

不論繪製什麼方向的臉部，基本的輪廓與正面相同，畫出呈鵝蛋形的臉部。其中，從太陽穴到下巴的線條不是垂直向下的，而是稍微偏向內側。繪製時要確保左右對稱。

## 4

繪製出後腦勺的部分。在鵝蛋形臉部9/10的部位畫出一個月牙形，因是側臉重要的部分，所以我們要畫得大一些。頭頂畫出水平的部分則更能表現出立體感。

## 5

削減額頭的部分線條，然後重新進行整理。

## 6

下巴的線條呈L字形。

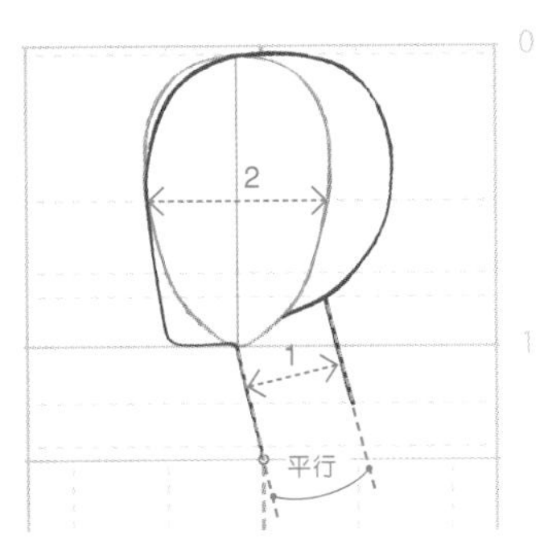


## 7

後頸的線條與脖子的正中線相平行，其寬度為頭部寬度的1/2。

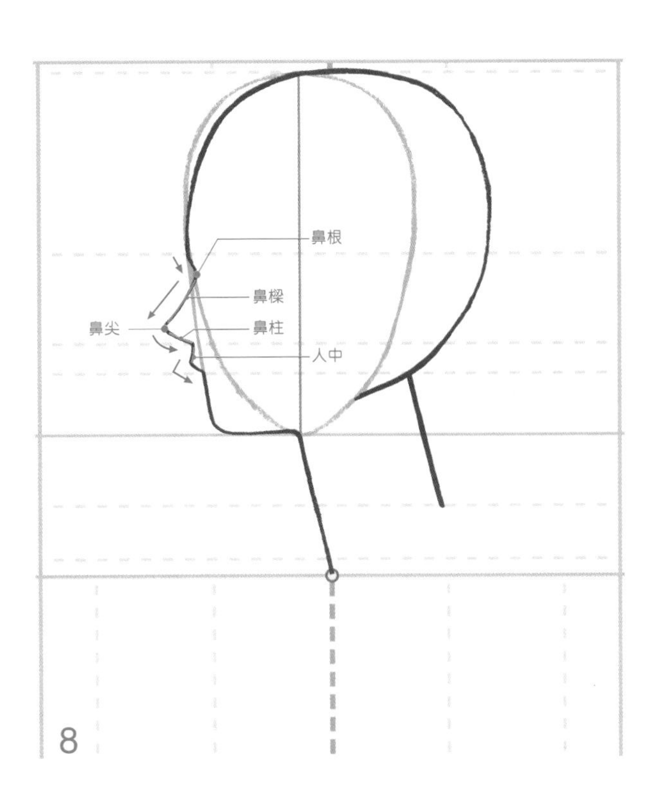


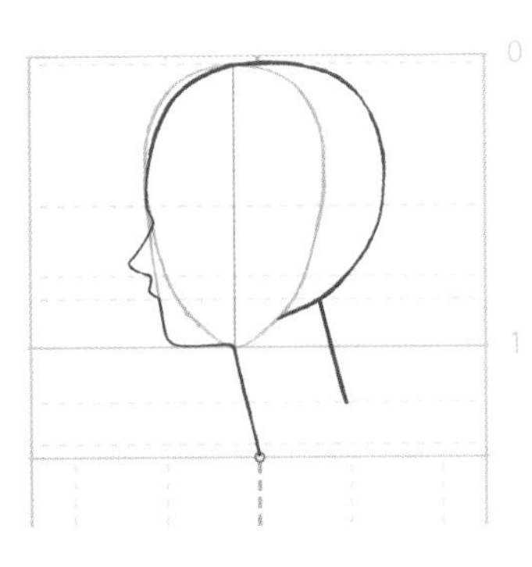

## 8

繪製出鼻子和上唇。依次畫出鼻根、鼻樑、鼻尖、鼻柱和人中，要表現出一定的流線感。

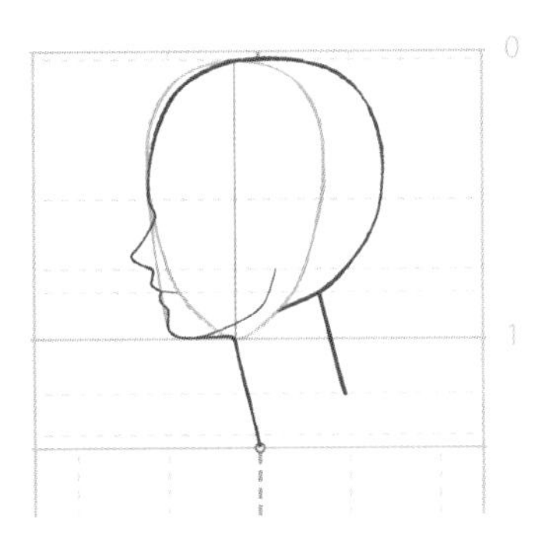

## 9

連接下唇到下巴的線條。由於上唇應該是凸出的，若下唇也畫成凸出的，就會使上唇顯得凹陷，這一點請注意。

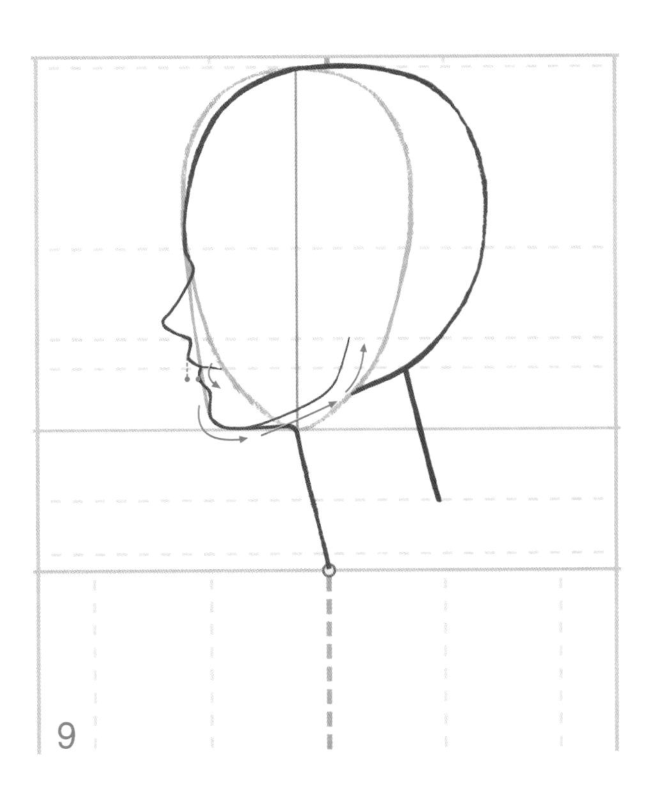


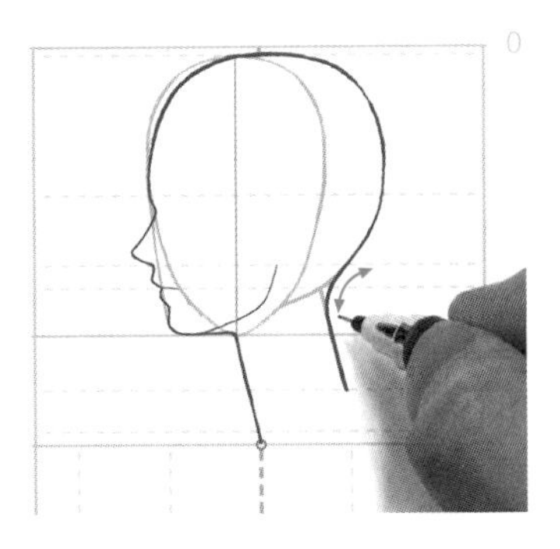

## 10

流暢地連接後腦勺和後頸部分。

# 頭部 臉部的部位——眼睛、眉毛、耳朵、髮際線

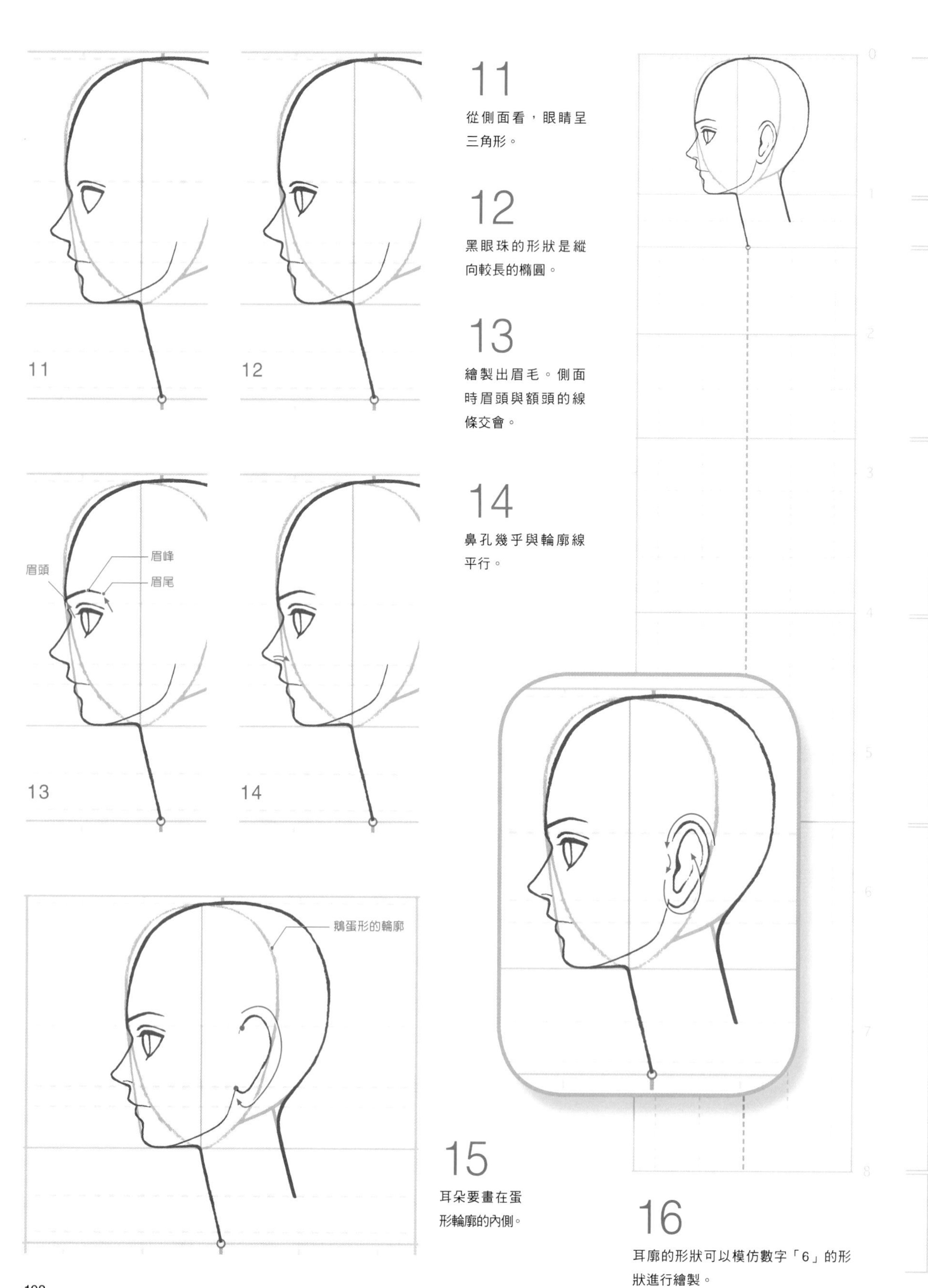


## 11

從側面看，眼睛呈三角形。

## 12

黑眼珠的形狀是縱向較長的橢圓。

## 13

繪製出眉毛。側面時眉頭與額頭的線條交會。

## 14

鼻孔幾乎與輪廓線平行。

## 15

耳朵要畫在蛋形輪廓的內側。

## 16

耳廓的形狀可以模仿數字「6」的形狀進行繪製。

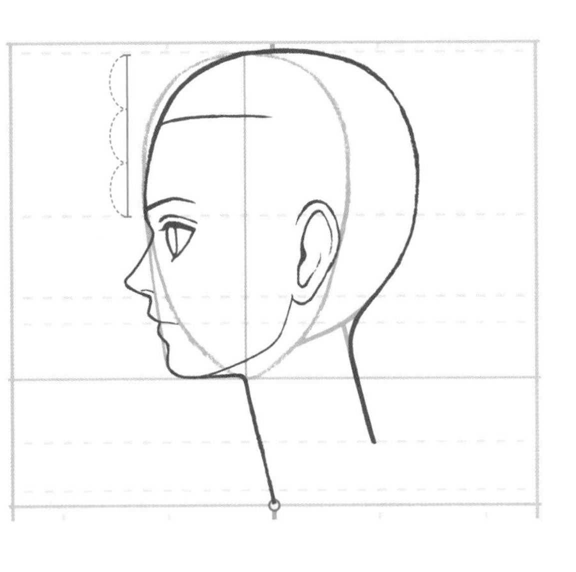

## 17

在額頭的1/3處繪製髮際線的基準線。

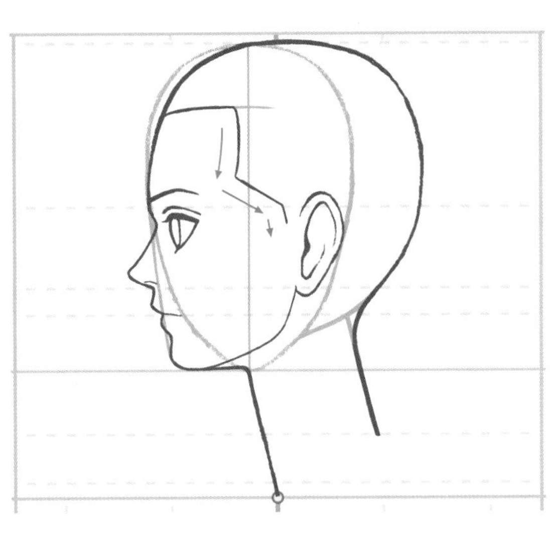

## 18

鬢角呈「<」字形。

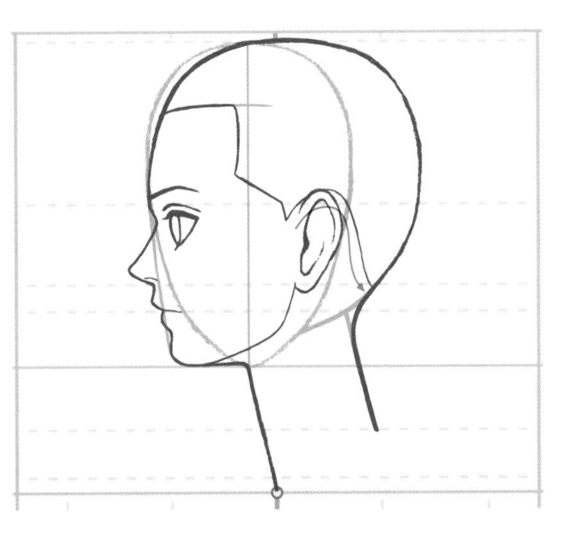

## 19

繪製出從耳朵到後頸的髮際線之後，臉部的繪製就基本完成了。

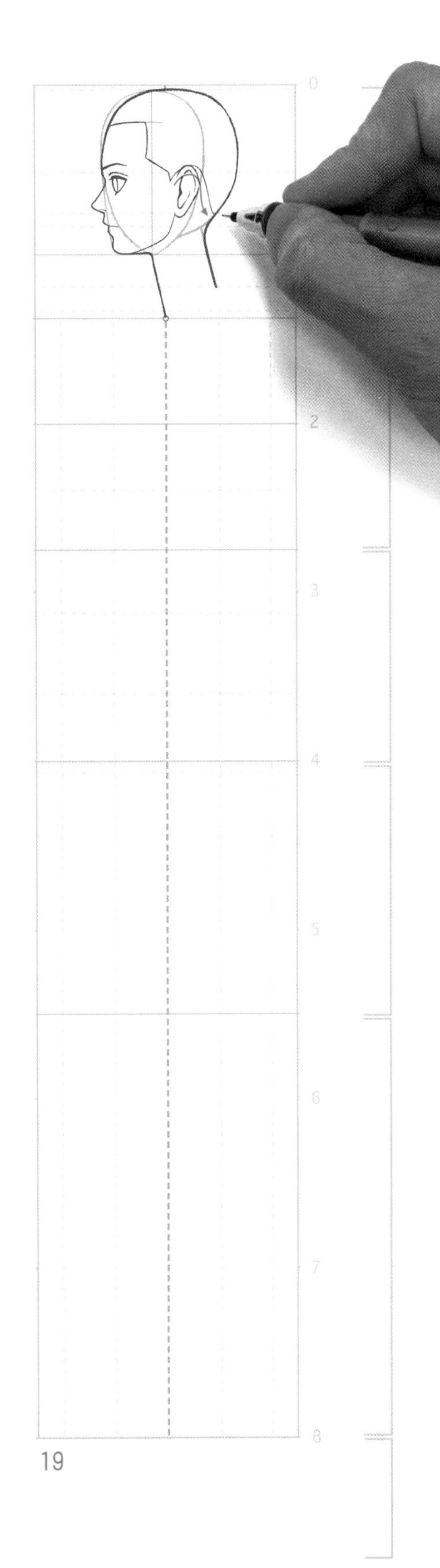


19

# 繪製的實踐 上半身 繪製軀幹時感覺是將肚臍推到了前面

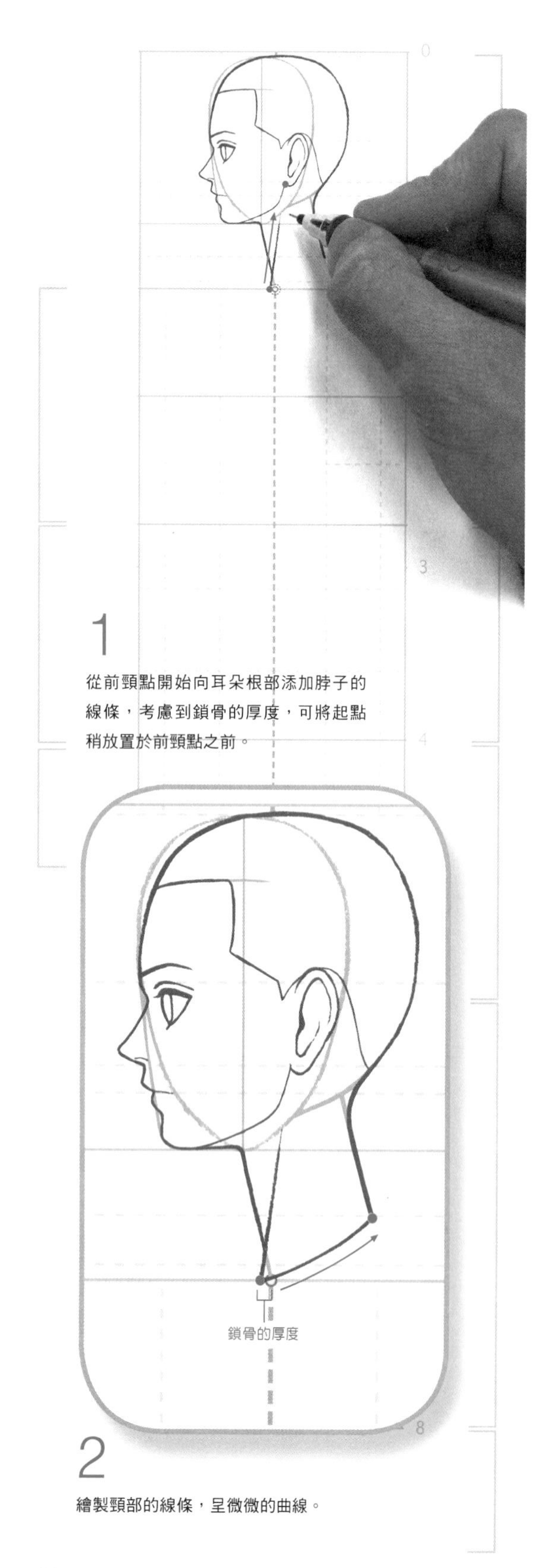


## 1

從前頸點開始向耳朵根部添加脖子的線條，考慮到鎖骨的厚度，可將起點稍放置於前頸點之前。

## 2

繪製頸部的線條，呈微微的曲線。

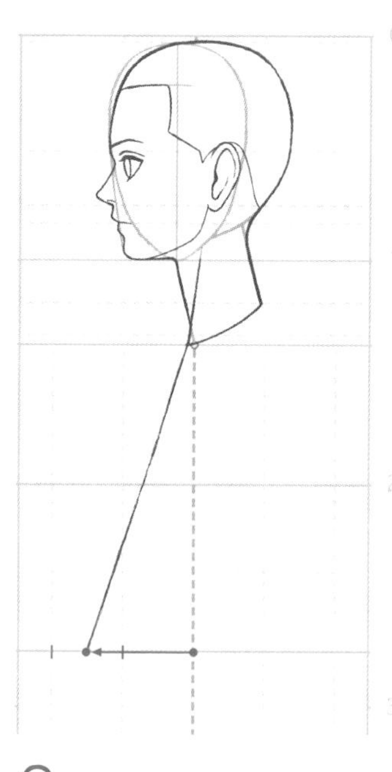

## 3

繪製正中線的輔助線。正中線位於距離正中心約一個半刻度的地方。然後繪製出將肚臍推到前面的感覺。

## 4

繪製肩膀的線條。比後頸部的線條稍微打開一些。

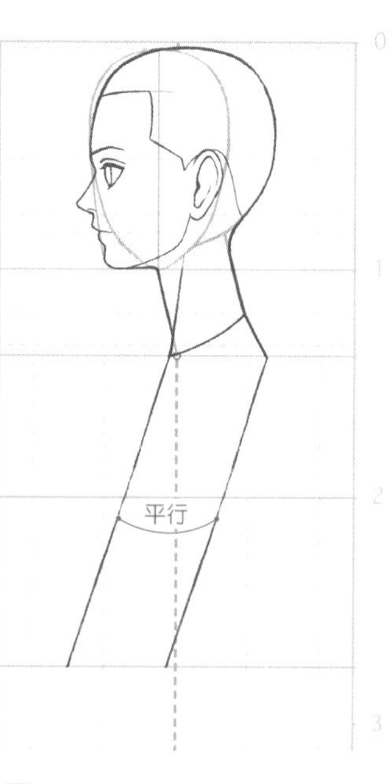


## 5

繪製與正中線平行的後背的輔助線。

## 6

將腰圍線連接起來，表現出軀幹的體積感，並以輔助線為基準，逐漸增加體積。

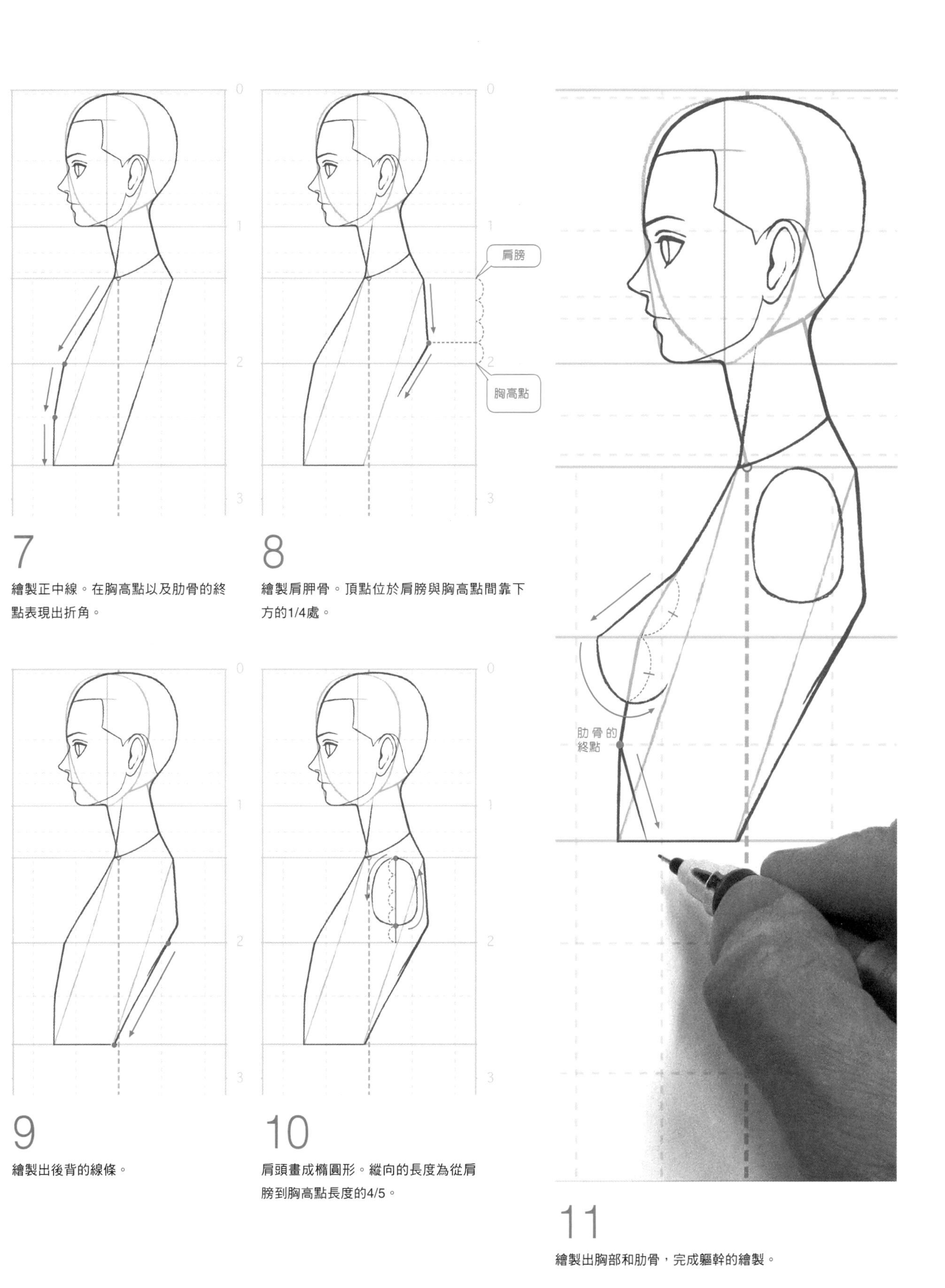


7

繪製正中線。在胸高點以及肋骨的終點表現出折角。

8

繪製肩胛骨。頂點位於肩膀與胸高點間靠下方的1/4處。

9

繪製出後背的線條。

10

肩頭畫成橢圓形。縱向的長度為從肩膀到胸高點長度的4/5。

11

繪製出胸部和肋骨，完成軀幹的繪製。

# 繪製的實踐 下半身 繪製腰部時，臀部的圓潤感是重點

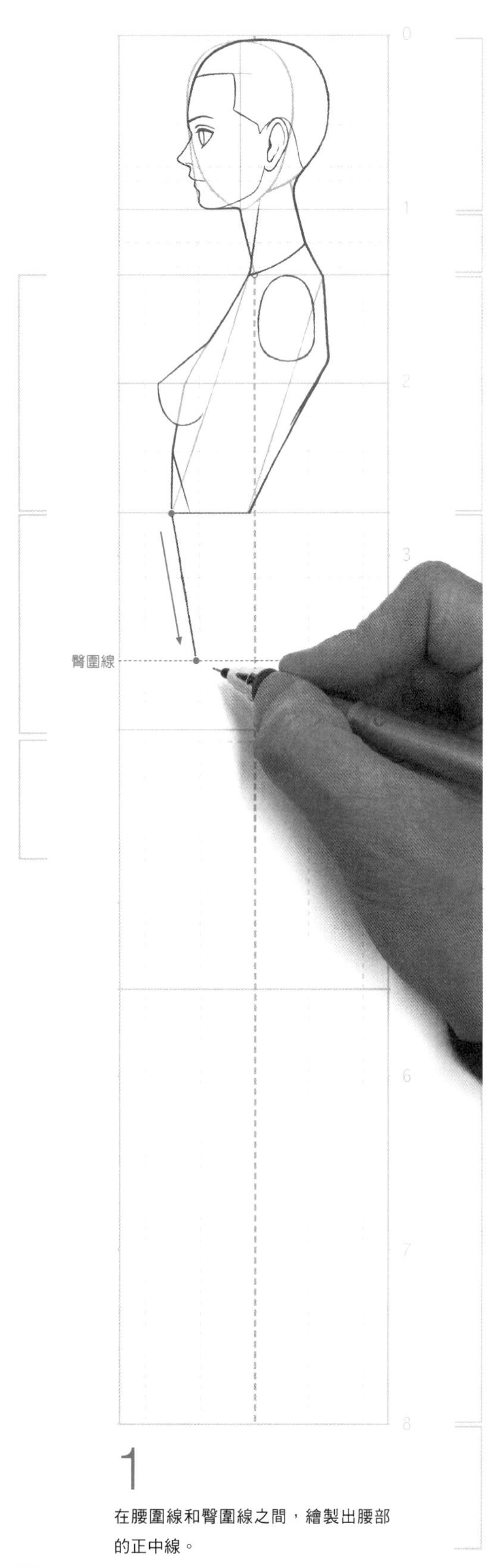


1

在腰圍線和臀圍線之間，繪製出腰部的正中線。

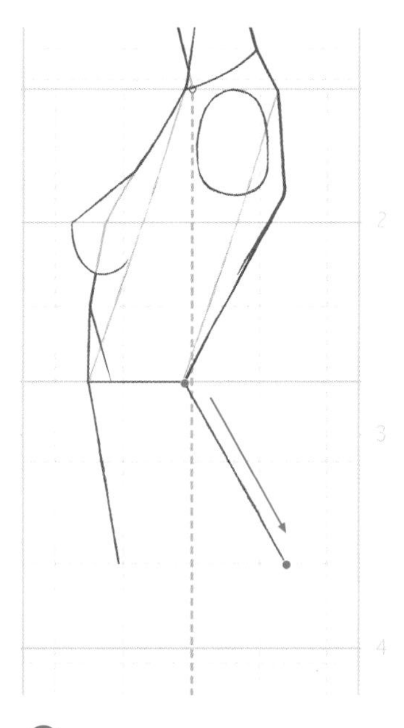

2

在腰圍線和臀圍線之間，繪製出臀部的輔助線。

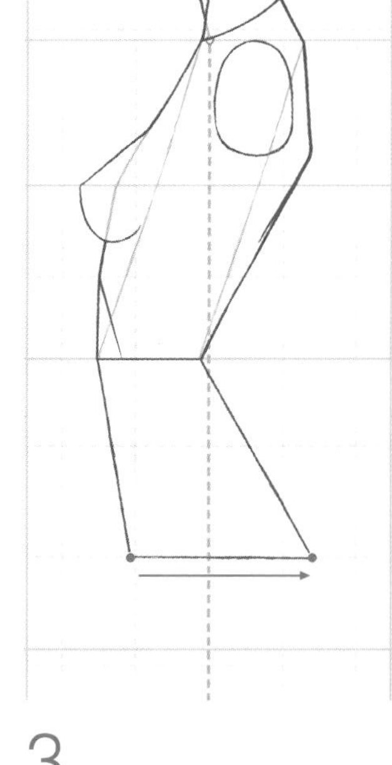
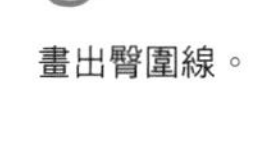

3

畫出臀圍線。

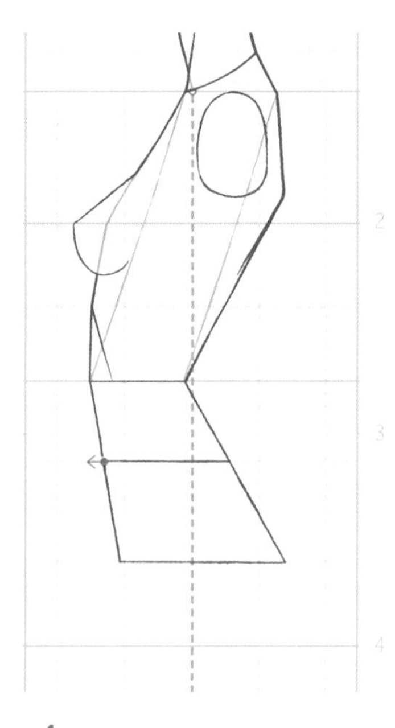

4

繪製骨盆的輔助線，其隆起的高度為2mm。

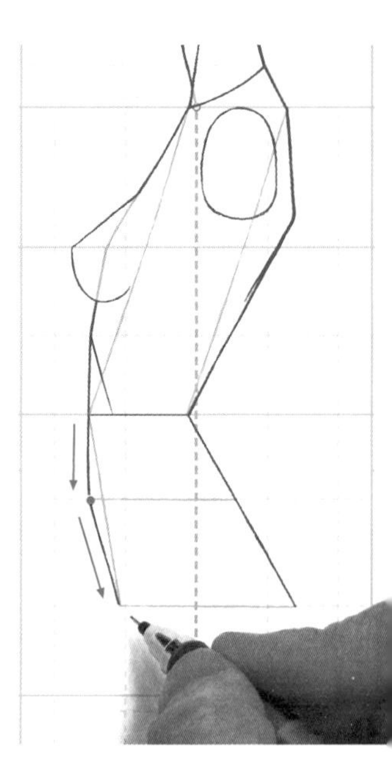

5

繪製腰部的正中線。

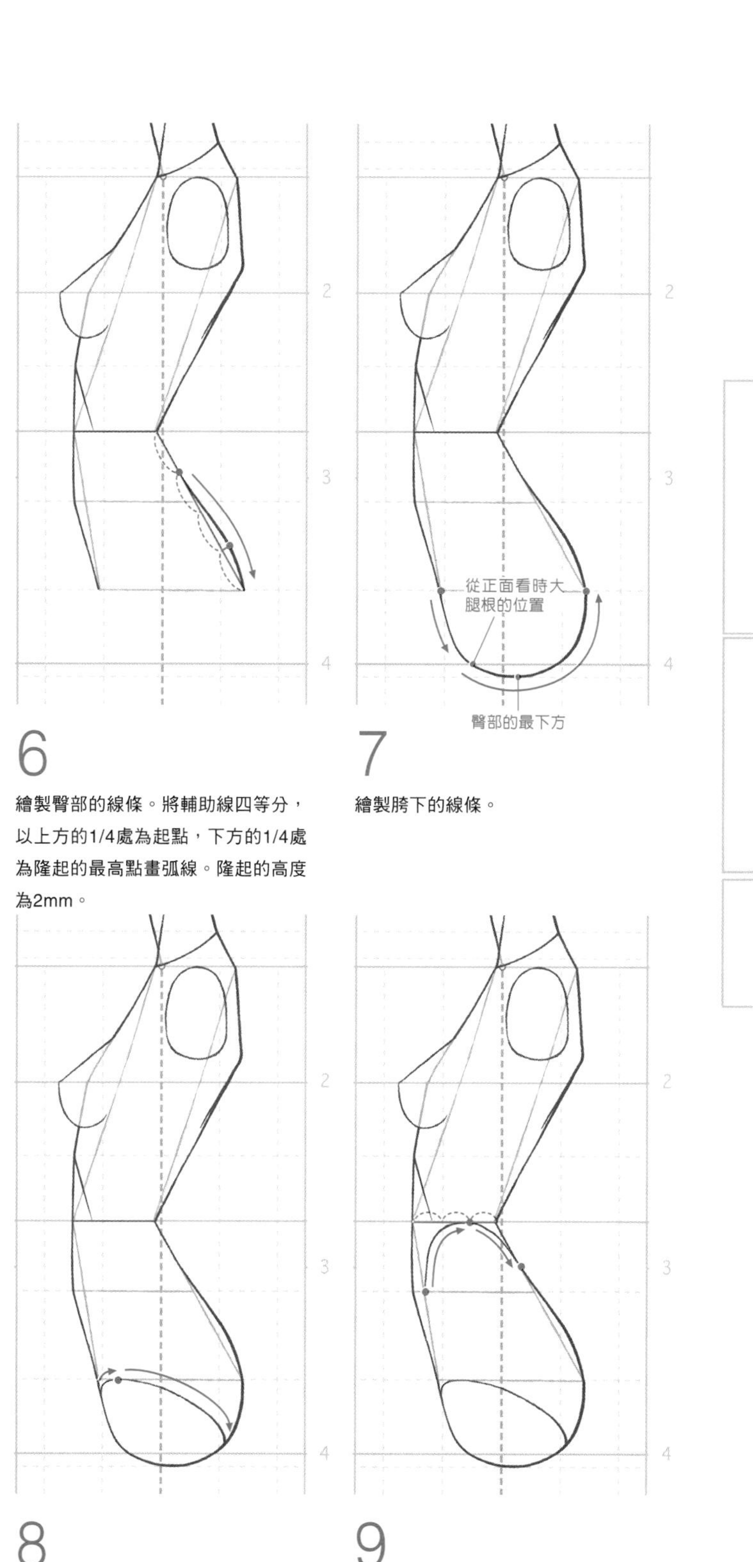


6

繪製臀部的線條。將輔助線四等分，以上方的1/4處為起點，下方的1/4處為隆起的最高點畫弧線。隆起的高度為2mm。

7

繪製胯下的線條。

8

繪製大腿根部的線條，由於頂點的位置非常靠前，感覺好像是穿了一條很寬的褲子。

9

繪製骨盆的弧線。起點位於腰圍線的輔助線上，並與臀部的線條相連。

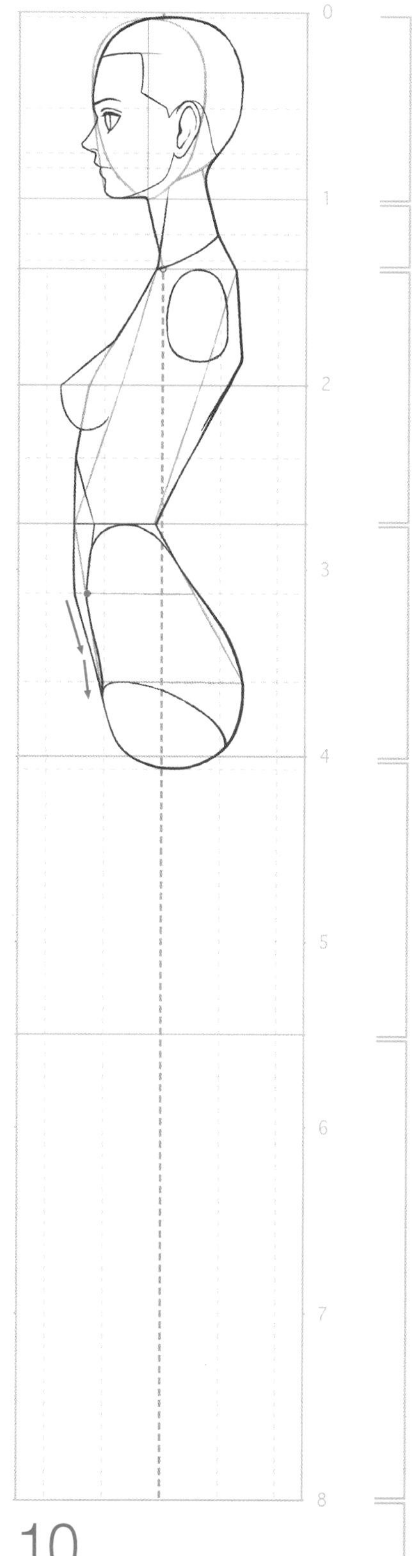

10

將骨盆的凸起部分與大腿根相連，完成腰部的繪製。

# 下半身 腿部——繪製腿部的S形時，小腿肚的彎曲是關鍵

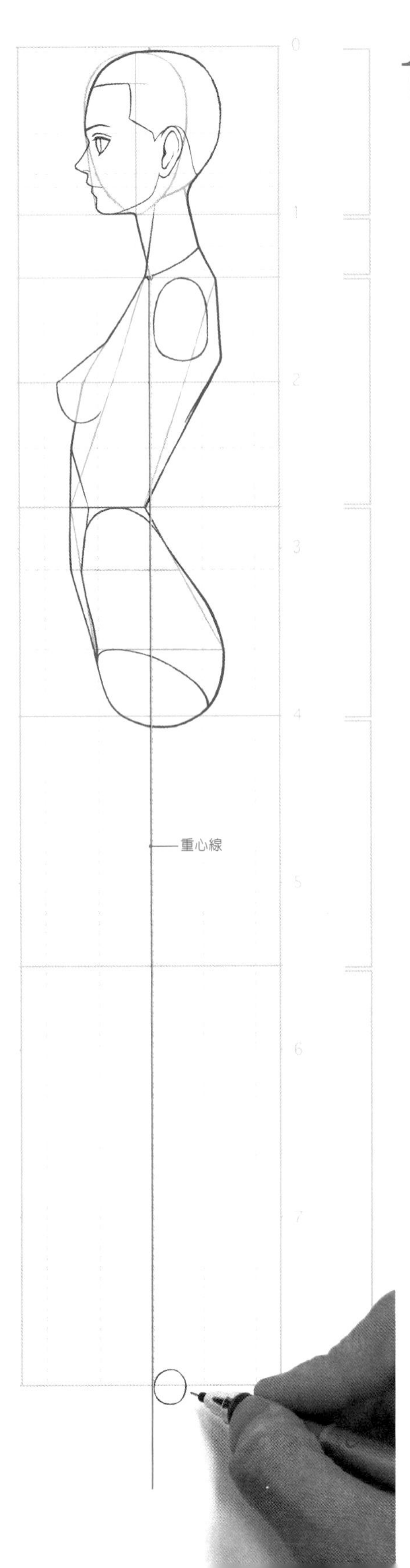


1
由於我們將支撐腿想像為一條腿。因此可將膝蓋的位置放在後面來考慮，我們首先來確定出終點腳踝的位置。因為是人體直立的姿勢，所以腳踝位於重心線附近。繪製時要將其放置在緊貼重心線的位置。

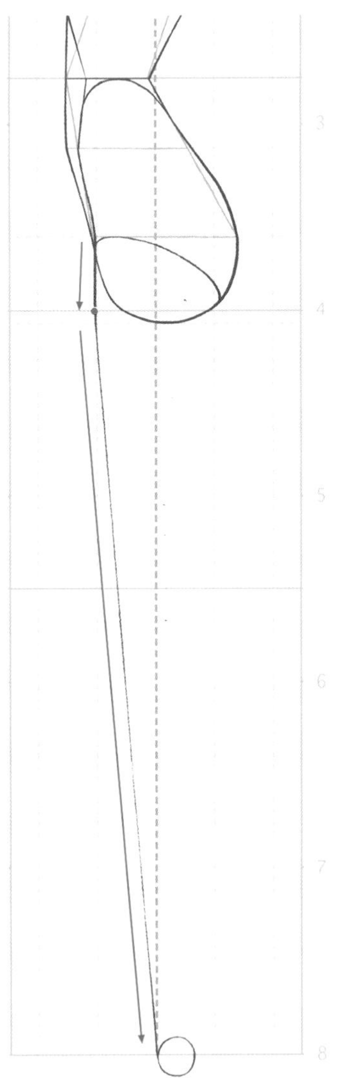

2
繪製輔助線。在人體框架圖的4頭身之上基本都垂直繪製。從4頭身開始到腳踝之間用直線來連接。

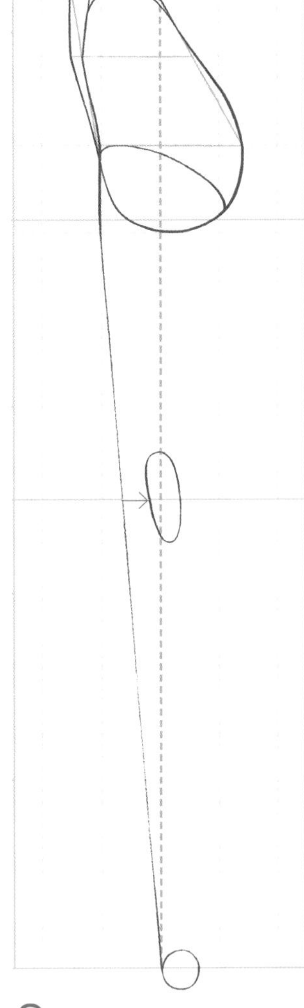

3
從胯下到腳踝的中間是膝蓋，位於輔助線內側5mm的地方，膝蓋的長度與正面時的長度相同，但由於這裡是側面的姿勢，寬度只有原來的一半。

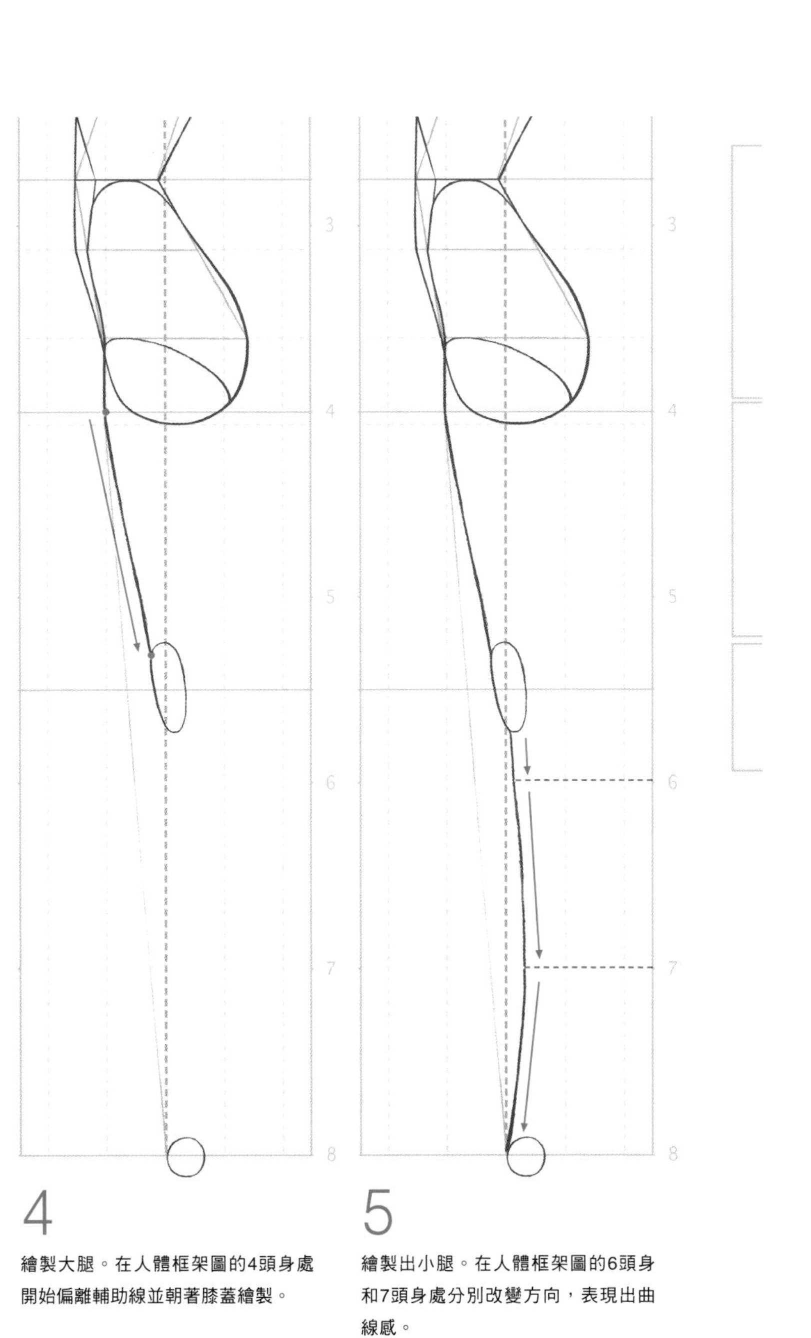

4

繪製大腿。在人體框架圖的4頭身處開始偏離輔助線並朝著膝蓋繪製。

5

繪製出小腿。在人體框架圖的6頭身和7頭身處分別改變方向，表現出曲線感。

6

大腿內側有微妙的曲線。在大腿內側的1/2處是隆起的頂點。

## 下半身 從腿部到腳部——繪製腳部的基準是表現出領帶前端的形狀

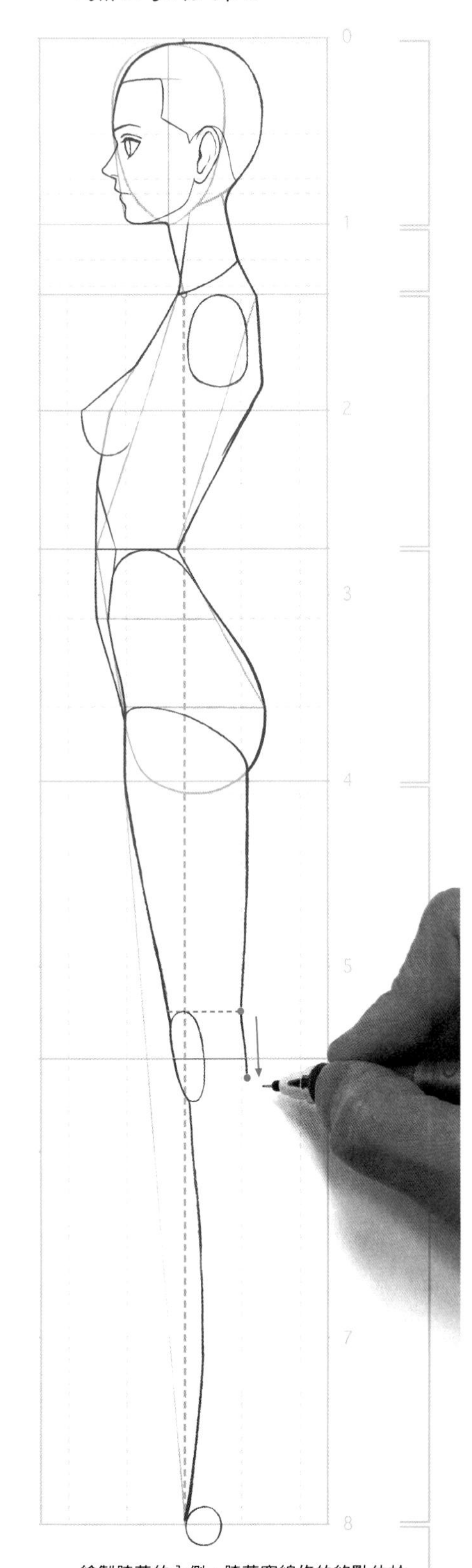

7 繪製膝蓋的內側，膝蓋窩線條的終點位於膝蓋中心向下3mm處。

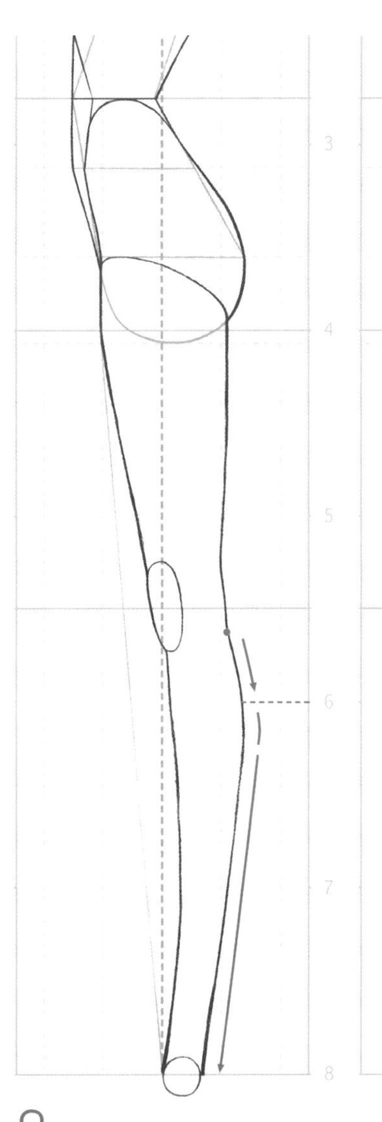

8 繪製時，以人體框架圖的6頭身為頂點，用柔和的曲線將其與腳踝相連。

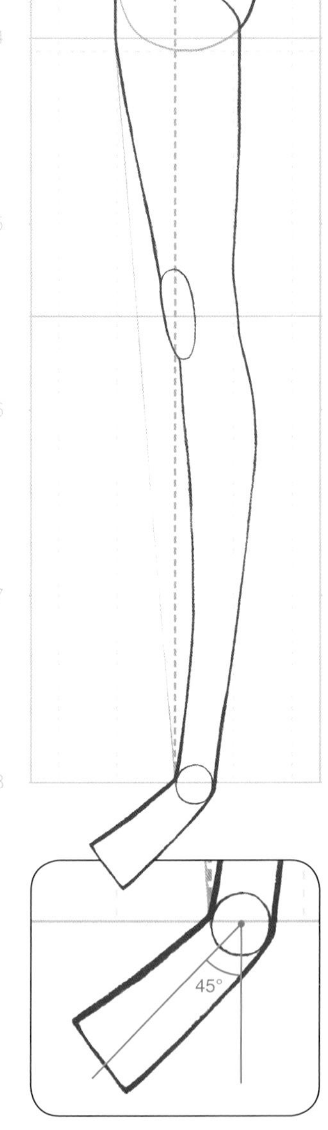


9 腳部的正面是以領帶前端的形狀為基準進行描繪。側面時，前端呈45°角的傾斜。為了表現出整體的穩定感，索性將腳部畫得大一些。

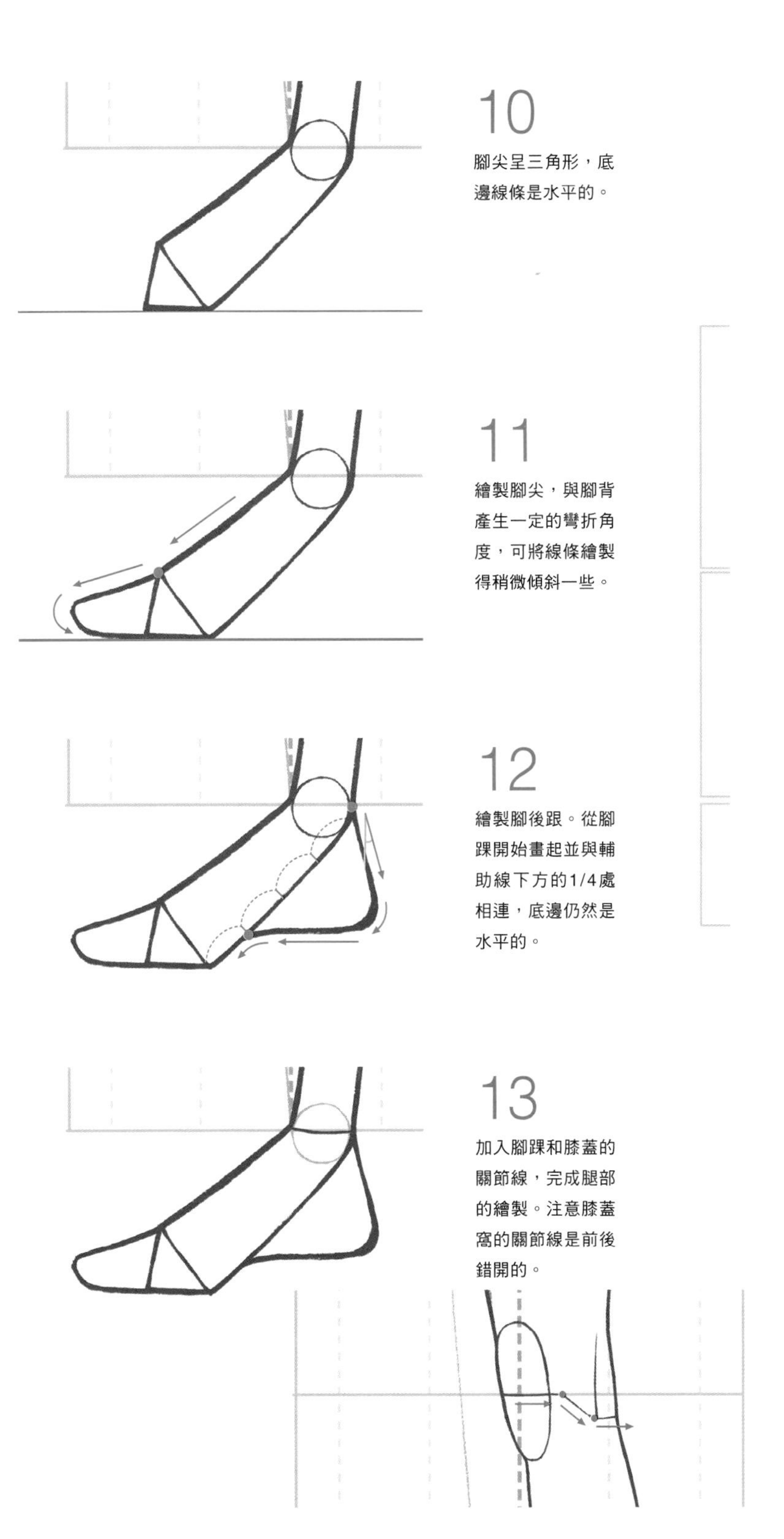

## 10

腳尖呈三角形，底邊線條是水平的。

## 11

繪製腳尖，與腳背產生一定的彎折角度，可將線條繪製得稍微傾斜一些。

## 12

繪製腳後跟。從腳踝開始畫起並與輔助線下方的1/4處相連，底邊仍然是水平的。

## 13

加入腳踝和膝蓋的關節線，完成腿部的繪製。注意膝蓋窩的關節線是前後錯開的。

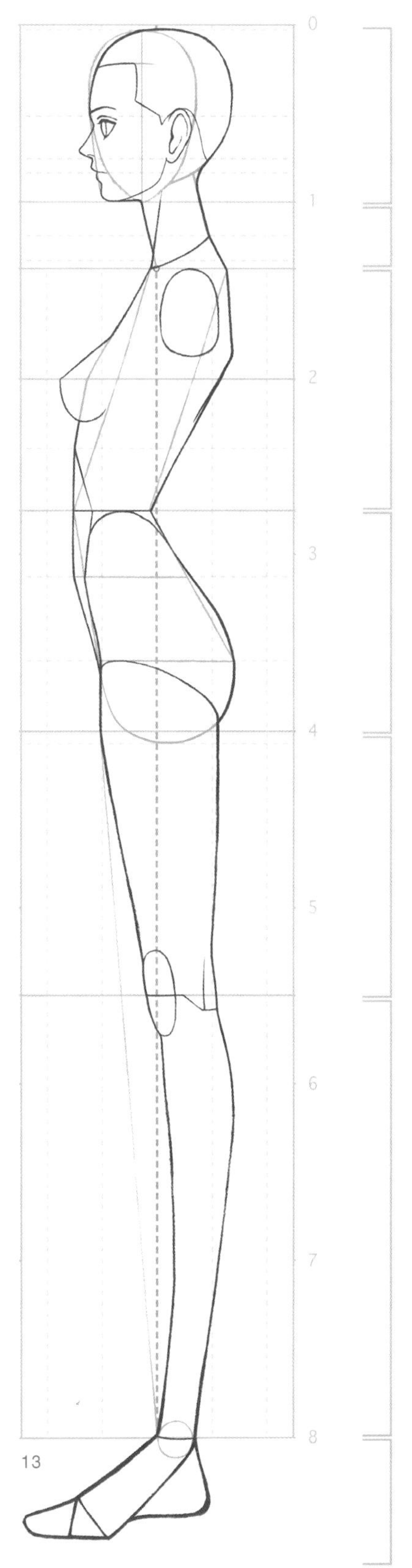

# 繪製的實踐 上半身 手臂——繪製手臂時，與鎖骨的連接處是表現要點

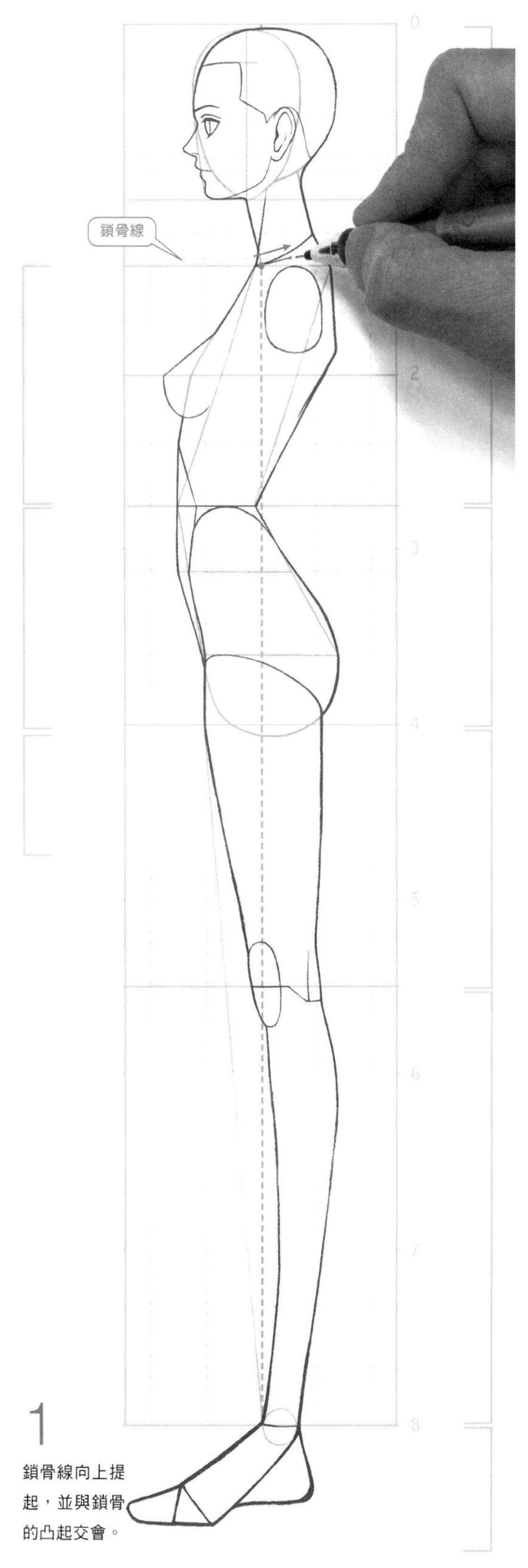


1

鎖骨線向上提起，並與鎖骨的凸起交會。

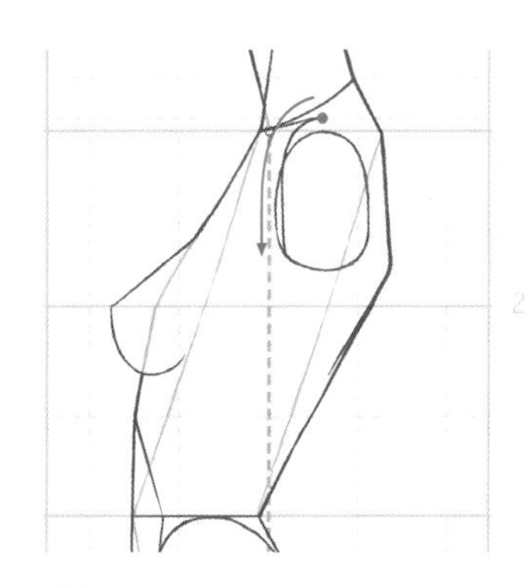

2 繪製肩膀時，要注意將其與鎖骨線相連。

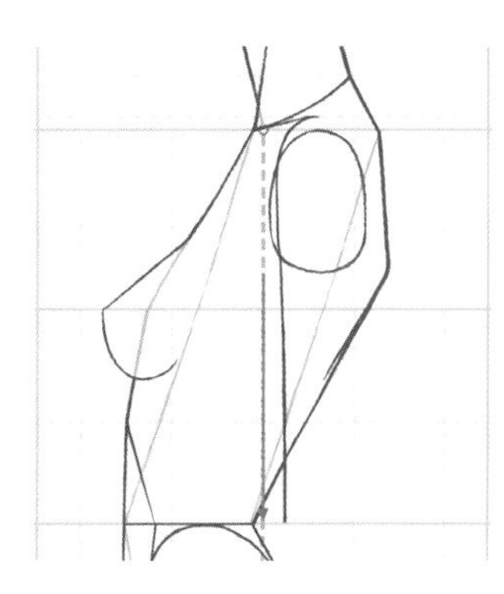

3 從肩頭向下表現為直線。

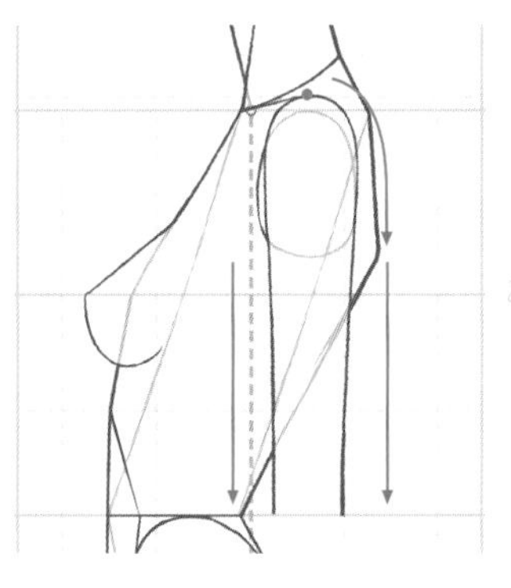

4 上臂的兩條線是平行的。

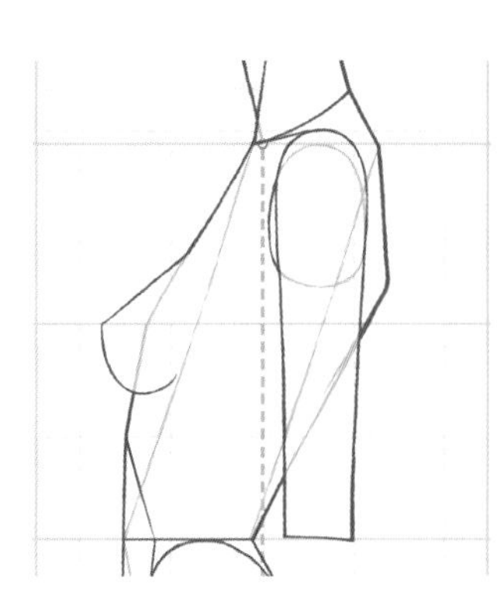

5 加入胳膊肘的關節線。

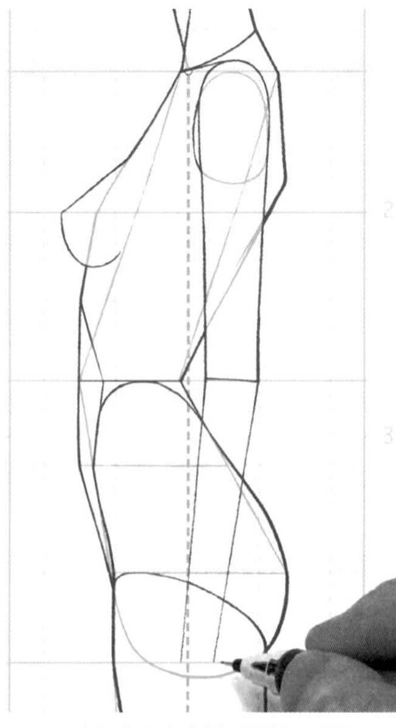

6 因為手腕比胳膊肘要細，因此添加的輔助線要漸漸變細。

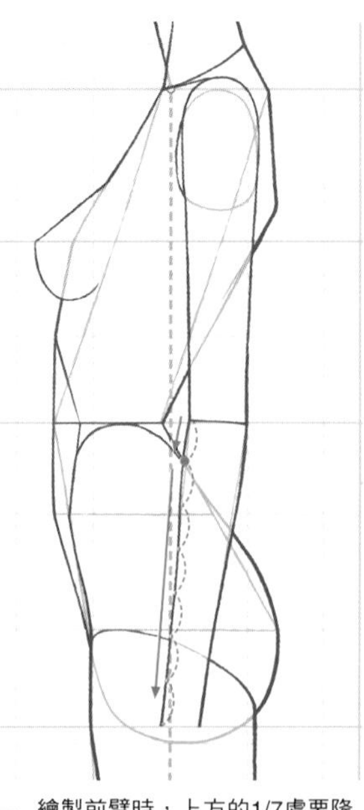

7 繪製前臂時，上方的1/7處要隆起，隆起的幅度為輔助線向外1mm。

## 分別繪製手背和手指

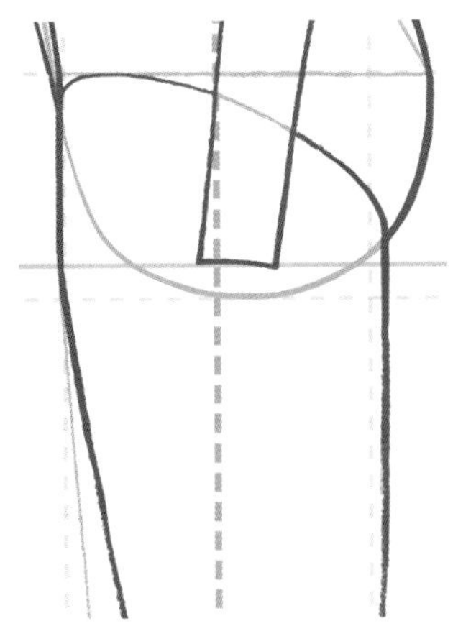

8 加入手腕的關節線。

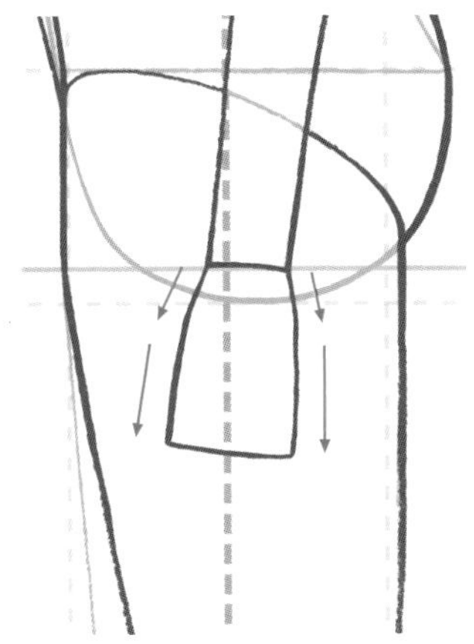

9 手部和腳部同樣都是容易畫小的部位，因此索性一開始就畫得大一些。從形狀上來看，手部整體呈上方1/3處有隆起的六邊形。

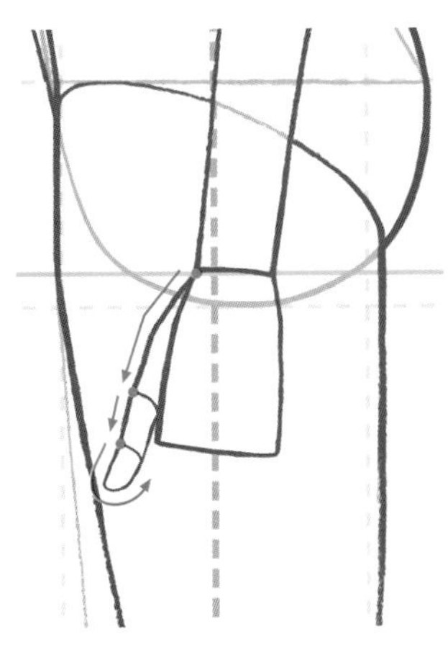

10 大拇指的根部是從手腕處延伸出來的。

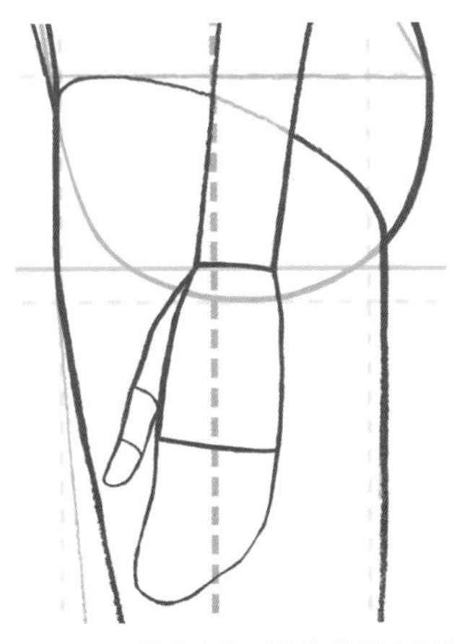

11 先將從食指到小指的部分繪製成合指手套的樣子。

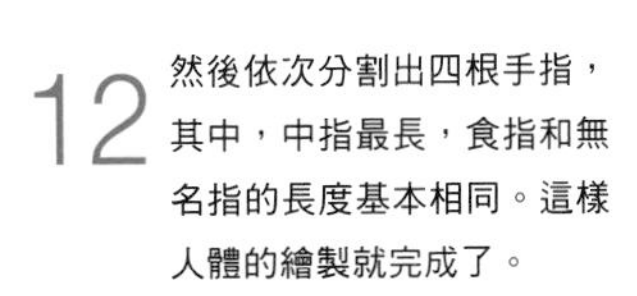

12 然後依次分割出四根手指，其中，中指最長，食指和無名指的長度基本相同。這樣人體的繪製就完成了。

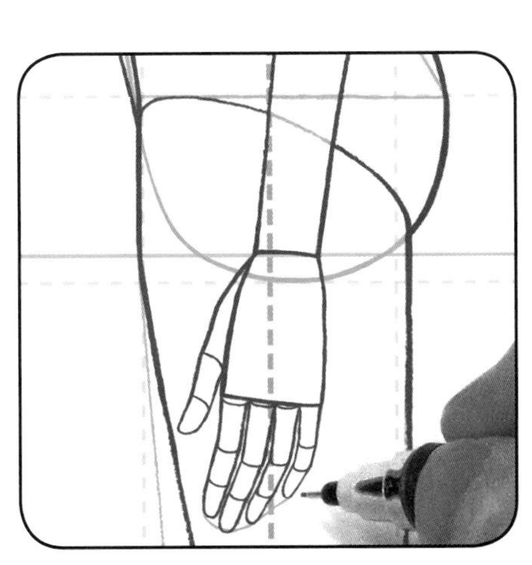

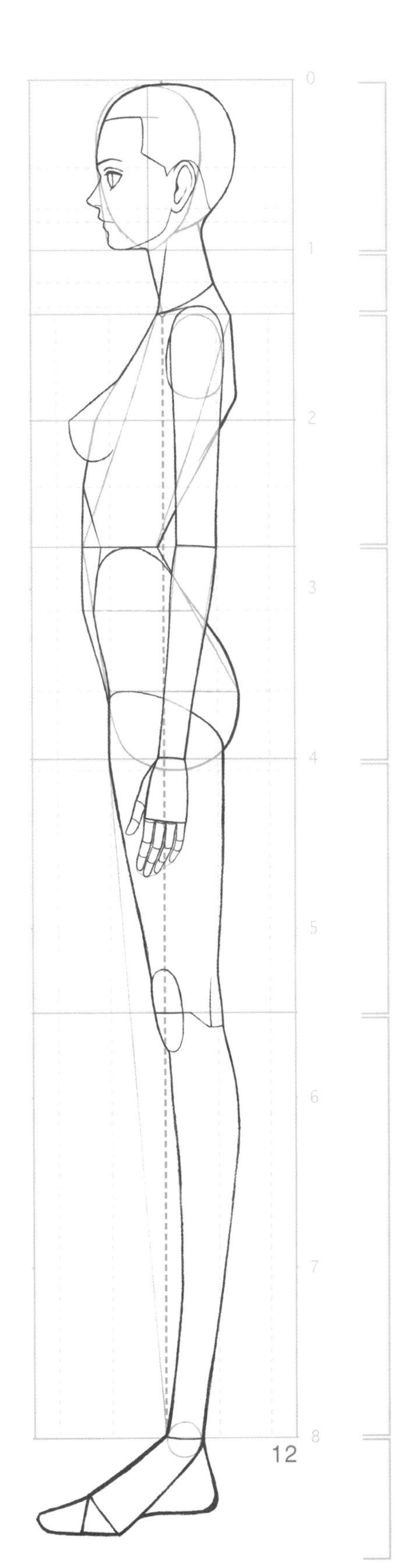

# 從人體線稿到人體完成圖

人體線稿繪製完成後，將其放在描圖紙的下面，然後流暢地描繪出人體完成圖。

## 由於臉部的輪廓較為複雜，因此繪製時要多加注意

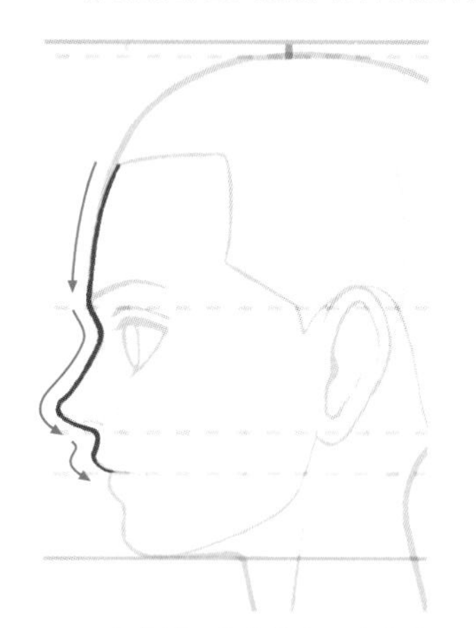

1 由於側面的輪廓有一定的特徵，因此我們不從眼睛開始繪製，而是從額頭開始繪製。

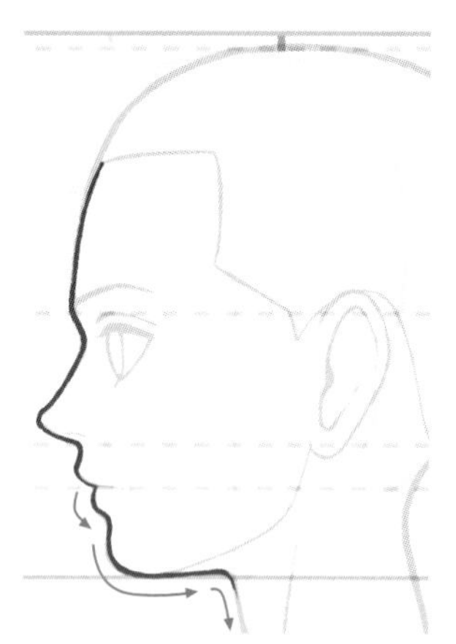

2 從下唇開始稍微往裡收。

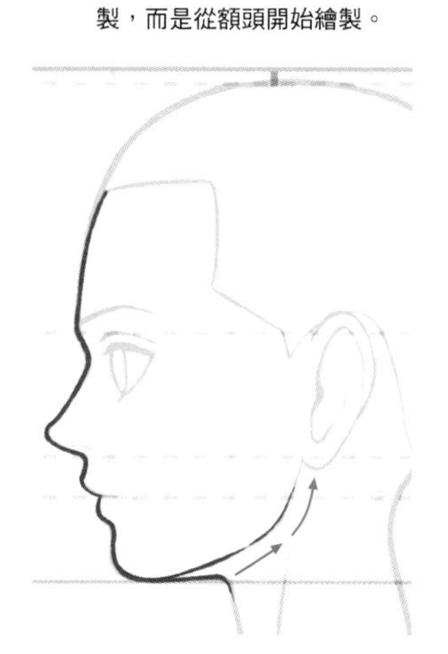

3 將下巴與腮部相連。

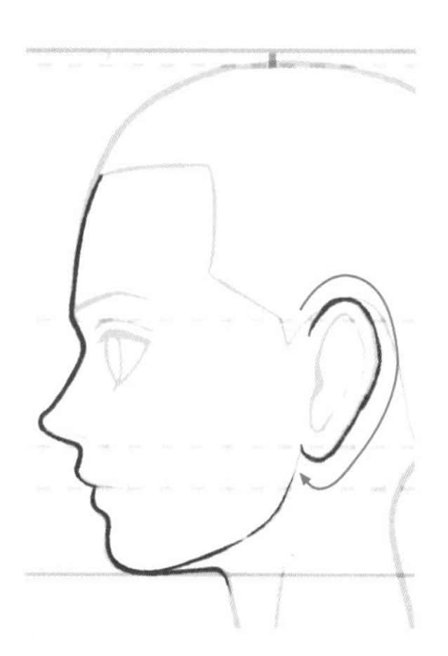

4 繪製出耳朵。

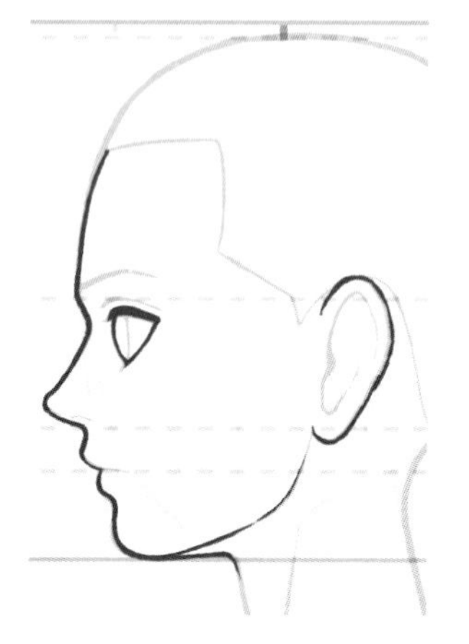

5 繪製出眼睛的輪廓。

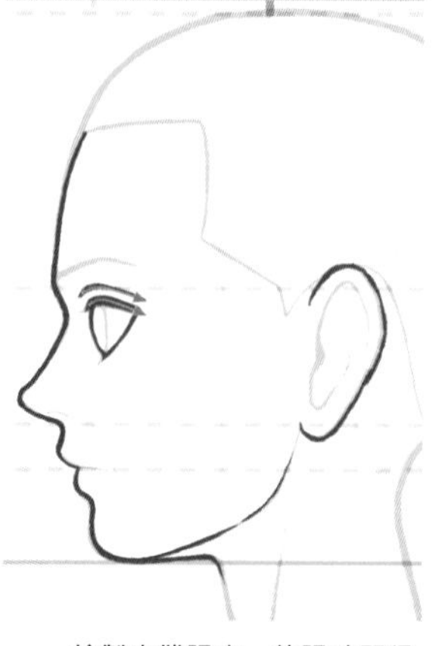

6 繪製出雙眼皮，使眼睛顯得更大。雙眼皮的線條與上眼瞼平行。

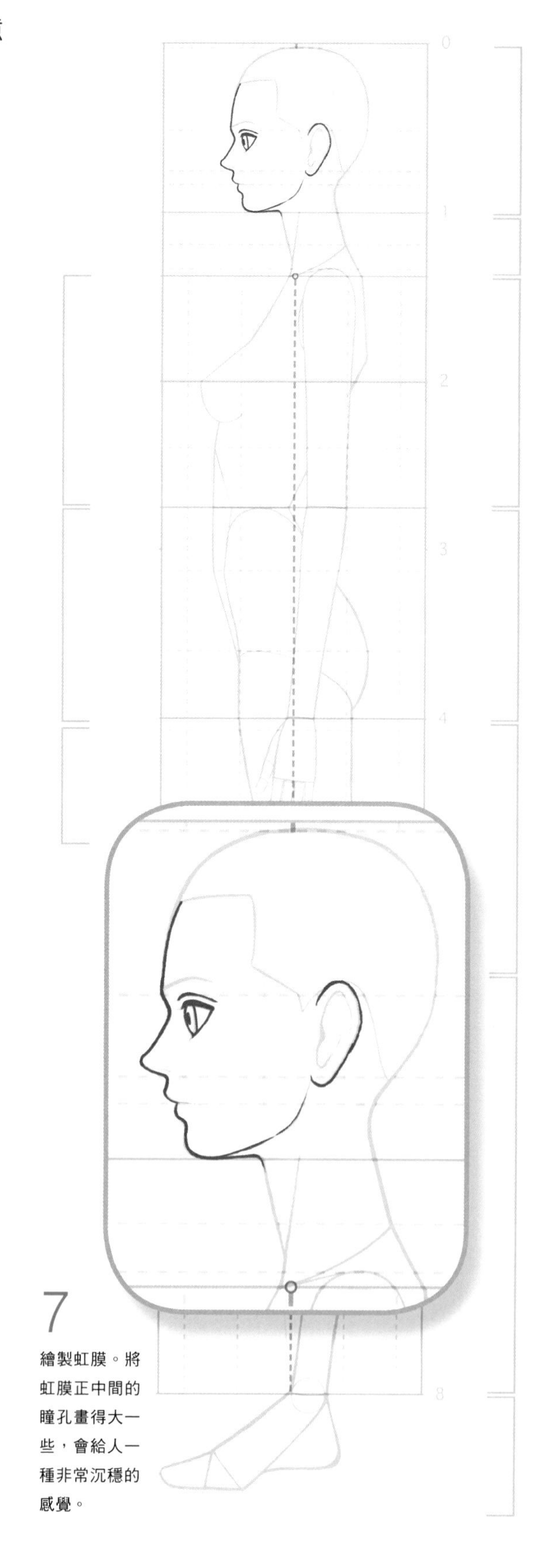

7 繪製虹膜。將虹膜正中間的瞳孔畫得大一些，會給人一種非常沉穩的感覺。

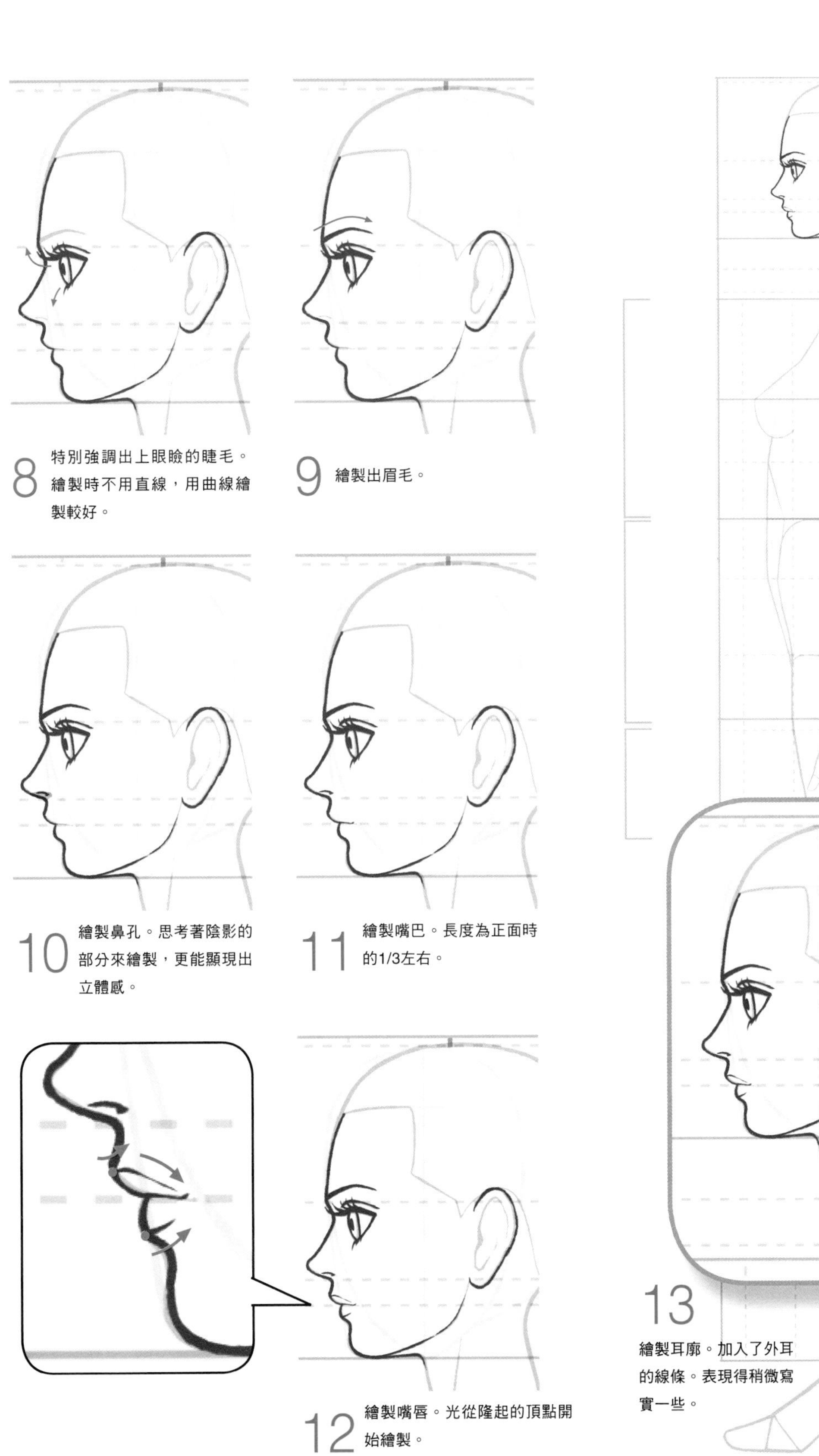


8 特別強調出上眼瞼的睫毛。繪製時不用直線，用曲線繪製較好。

9 繪製出眉毛。

10 繪製鼻孔。思考著陰影的部分來繪製，更能顯現出立體感。

11 繪製嘴巴。長度為正面時的1/3左右。

12 繪製嘴唇。光從隆起的頂點開始繪製。

13 繪製耳廓。加入了外耳的線條。表現得稍微寫實一些。

## 頭部 繪製頭髮

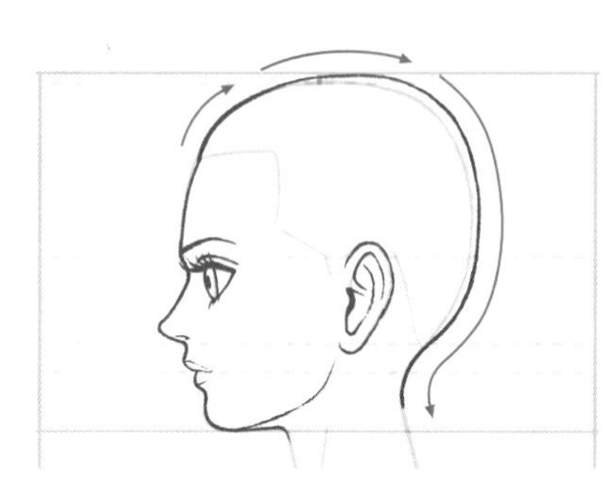

14

考慮著頭髮的髮量感，然後從髮際線到後腦勺一氣呵成地繪製出來。頭頂表現得平整一些。

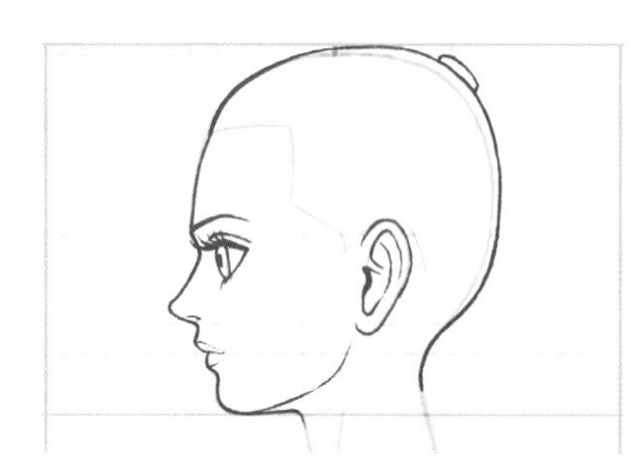

15

確定出髮束的位置。

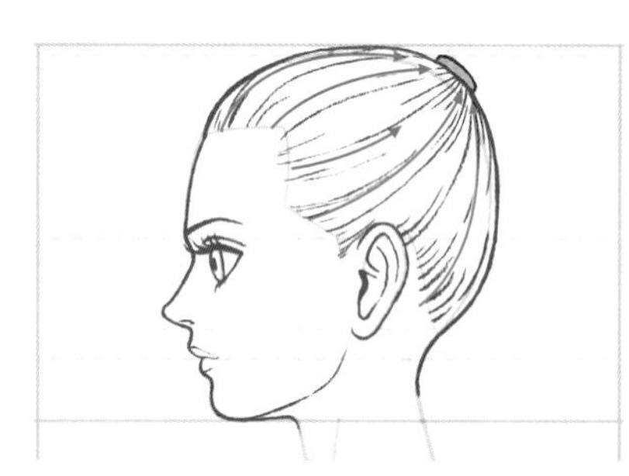

16

繪製出從髮際線到髮束間頭髮的走向。

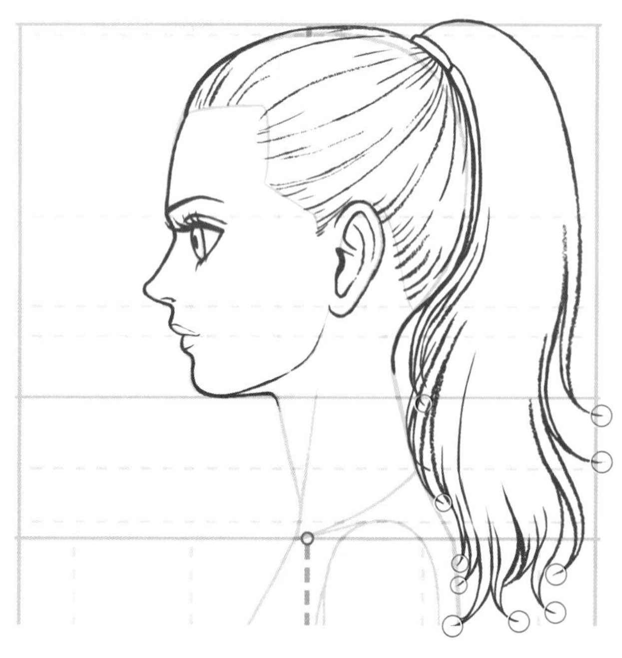

17

將馬尾辮的髮梢畫得捲曲一些。首先繪製出一個輪廓。髮梢的尖端用兩條閉合的線條表示。

18

繪製頭髮的走向時，要將每綹頭髮間留出2mm的縫隙。臉部的繪製就完成了。

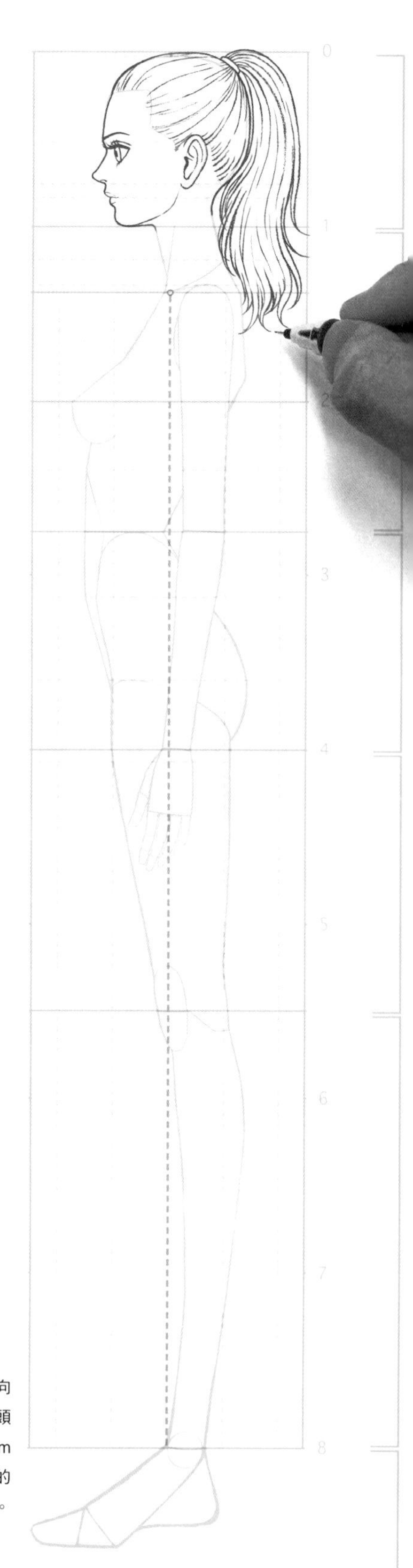

## 上半身 繪製軀幹——充分考慮著S形來繪製身體的曲線

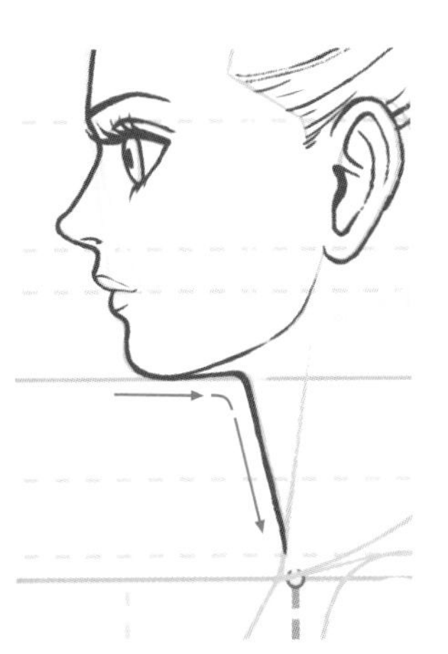

1 連接線條時，要按照各部位的前後順序來連接，這樣就能夠在繪製的過程中考慮到體積感了。首先連接下巴和脖子的線條。

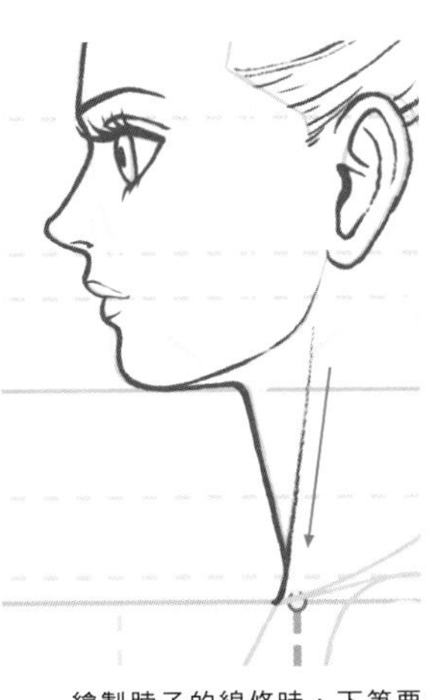

2 繪製脖子的線條時，下筆要表現出由輕到重的感覺。

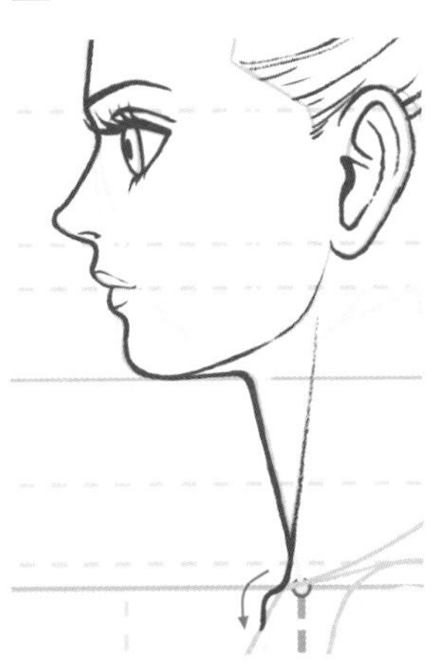

3 繪製出鎖骨的隆起。

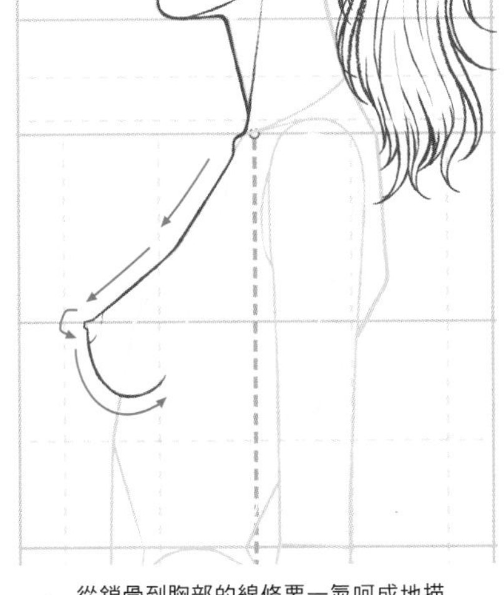

4 從鎖骨到胸部的線條要一氣呵成地描繪出來。

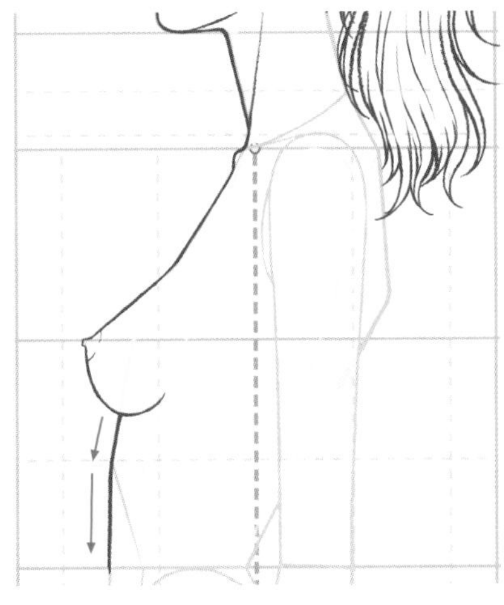

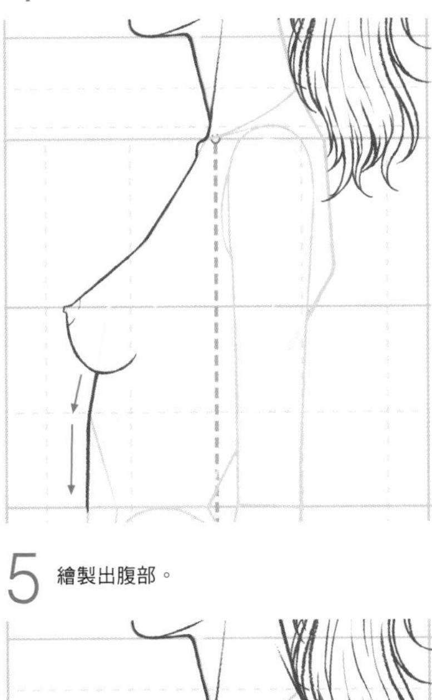

5 繪製出腹部。

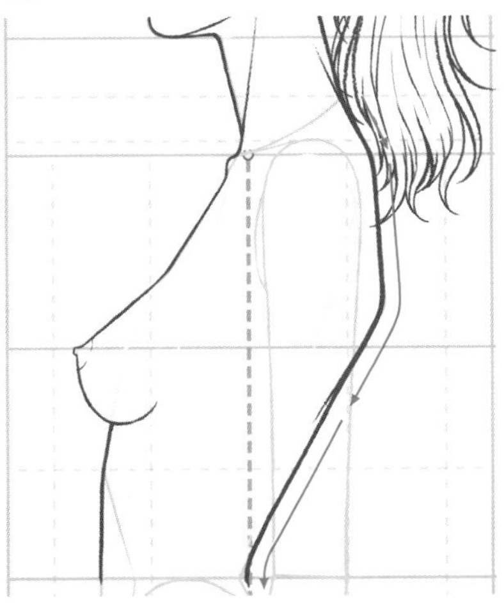

6 繪製出後背。

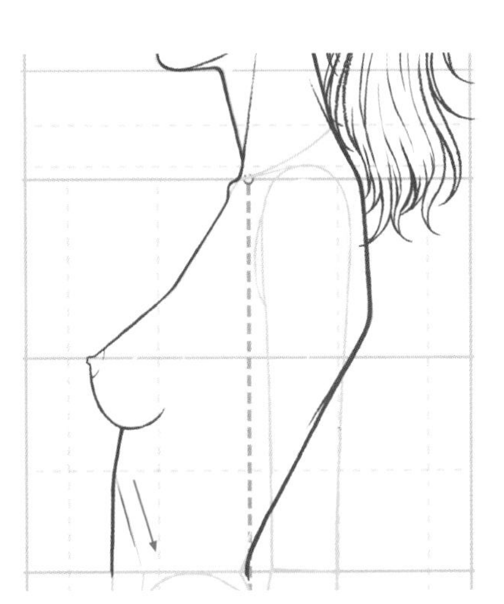

7 繪製軀幹的肋骨線條。

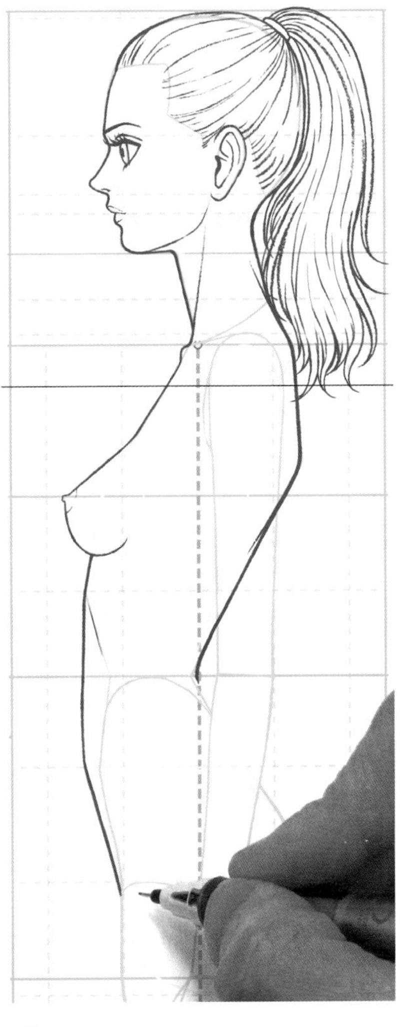

8 描繪下腹部的線條。

## 下半身 繪製腰部和腿部

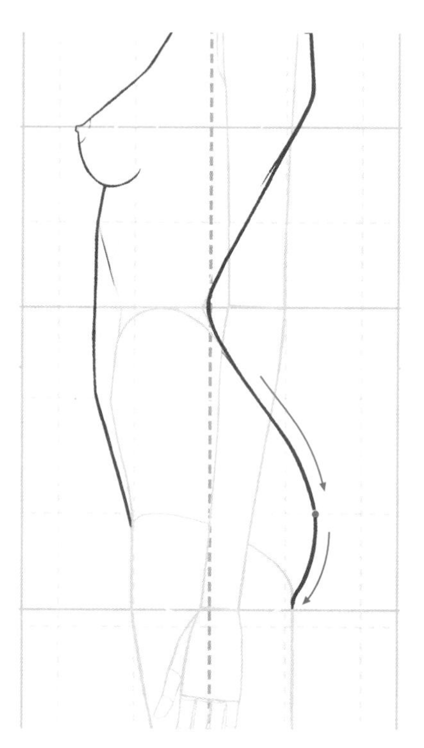

9 繪製出臀部的線條。

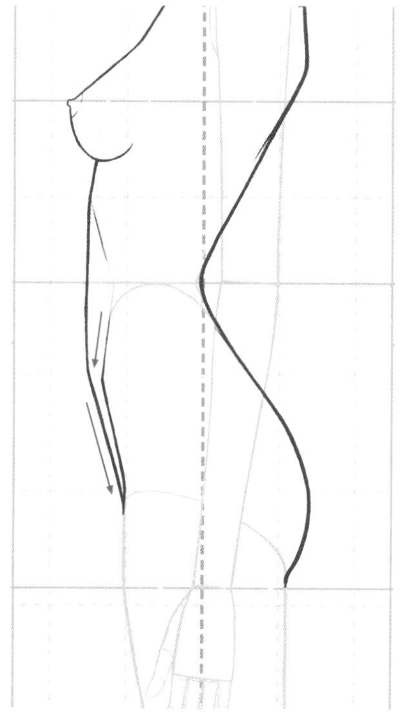

10 連接骨盆到大腿根部的線條。

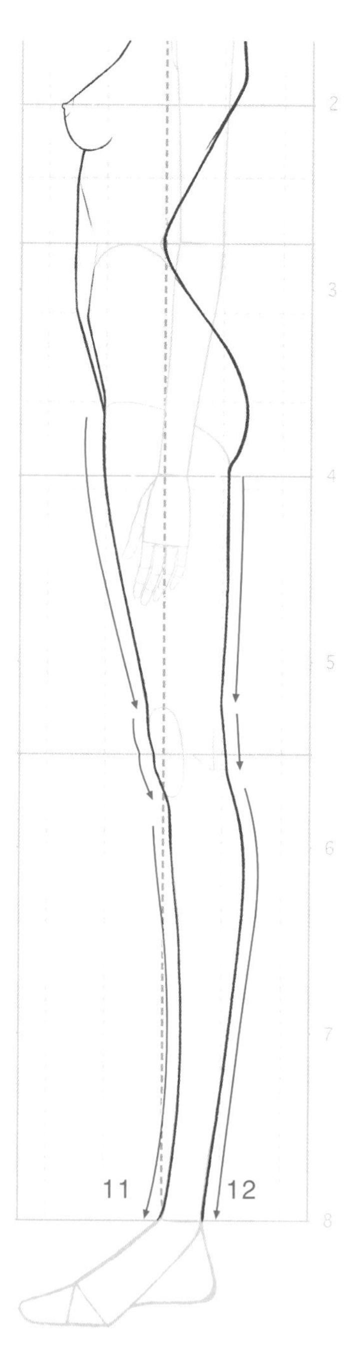


11 連接腿部前側的線條。因為線條較長，所以每個部位都要分開描繪。

12 腿部後側的線條也較長，因此也可以將每個部位分開繪製。

13 繪製出膝蓋以及膝蓋窩的線條。

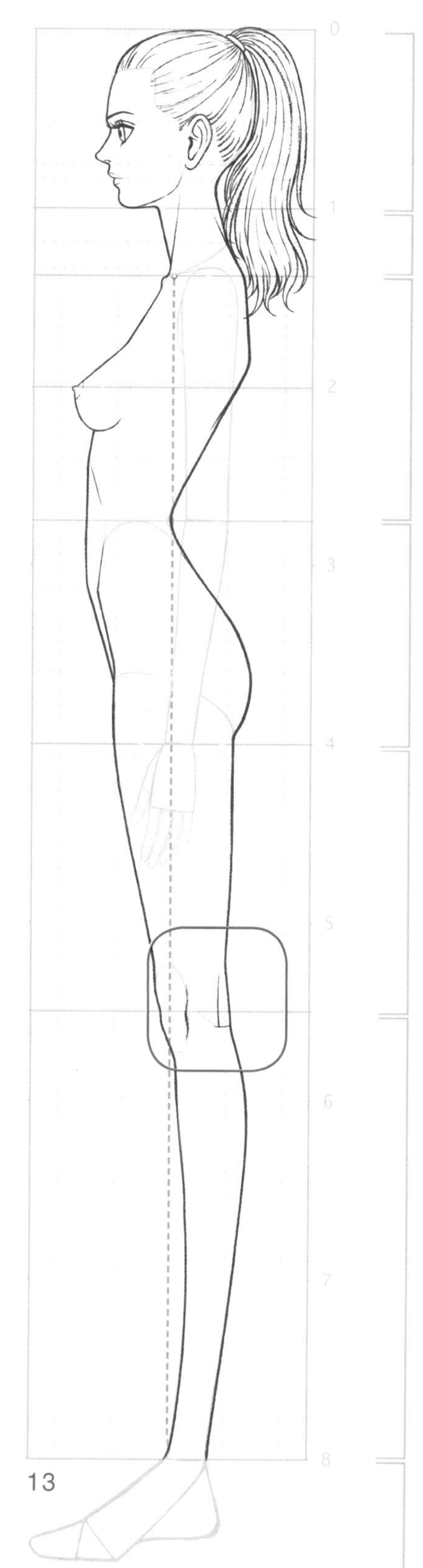

# 繪製腳部

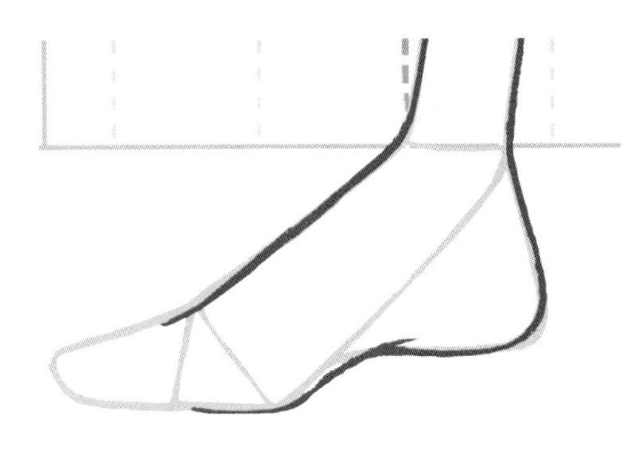

14

首先繪製腳背、腳跟和腳心。

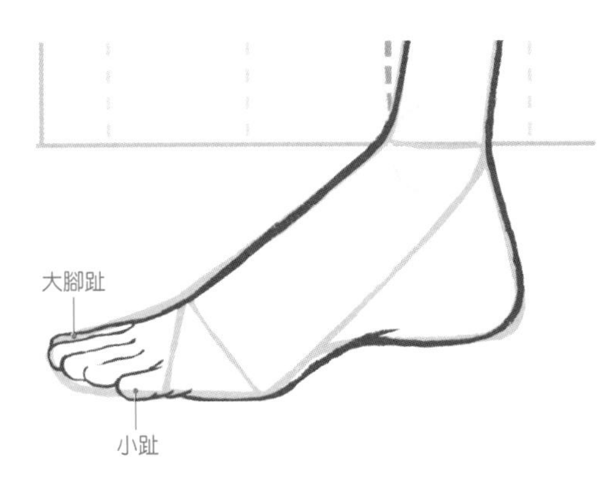


15

繪製腳趾。由於繪製的是左腳，因此最外側的腳趾是小腳趾。

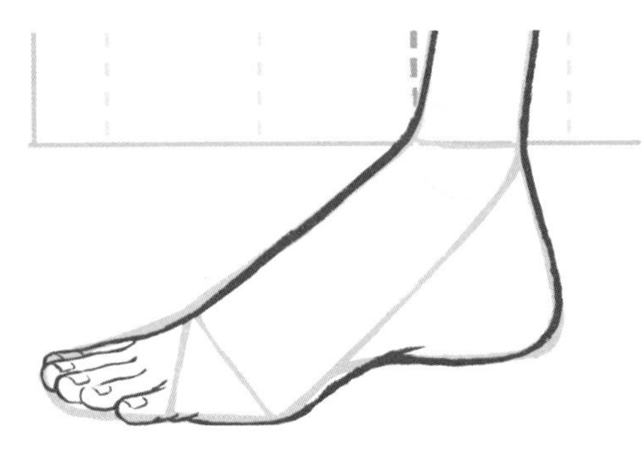

16

繪製出腳趾甲。

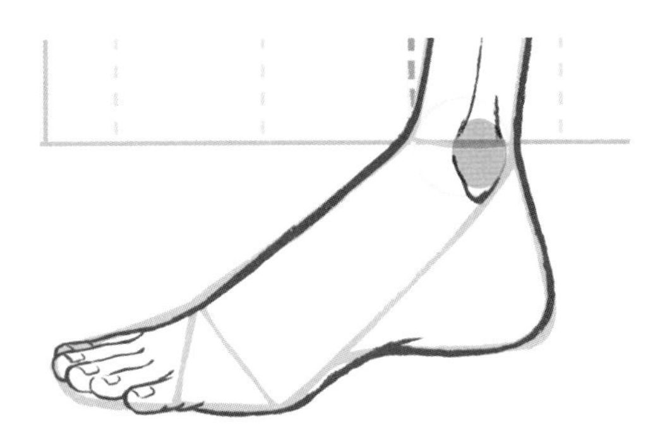

17

繪製出腳踝。

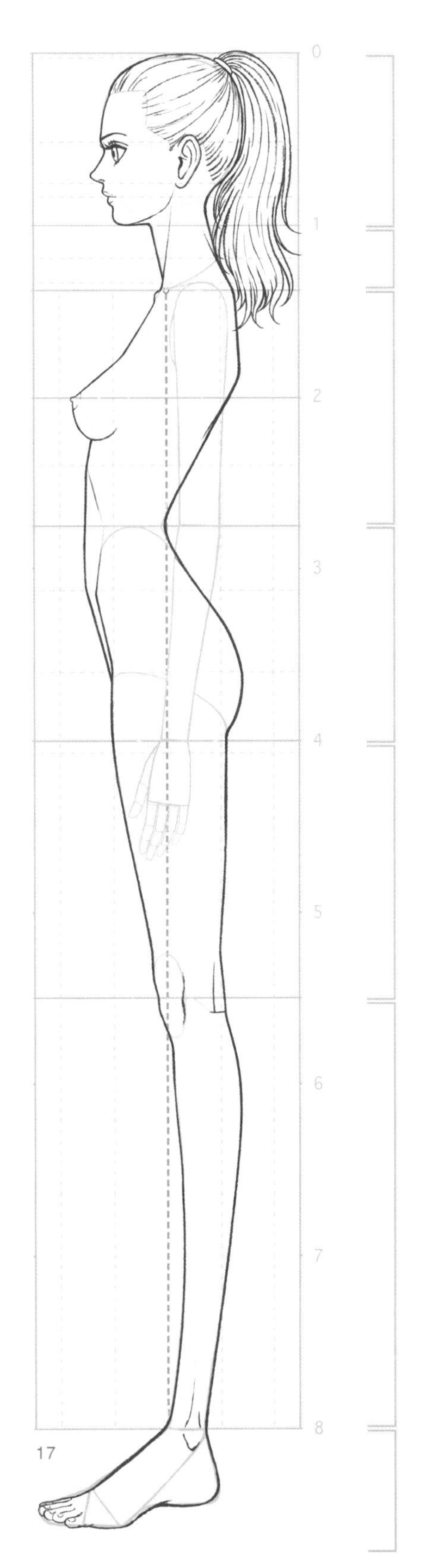

## 上半身 繪製鎖骨、手臂和手部

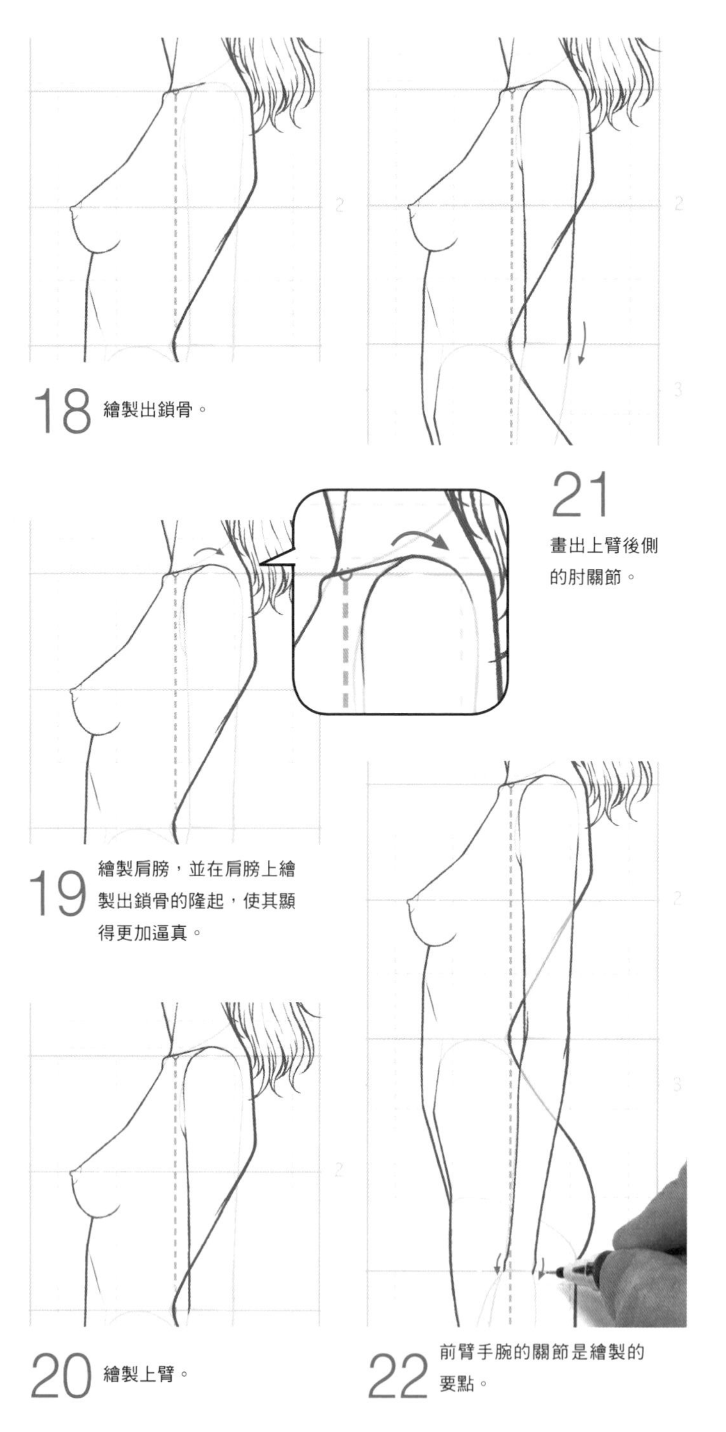

18 繪製出鎖骨。

19 繪製肩膀，並在肩膀上繪製出鎖骨的隆起，使其顯得更加逼真。

20 繪製上臂。

21 畫出上臂後側的肘關節。

22 前臂手腕的關節是繪製的要點。

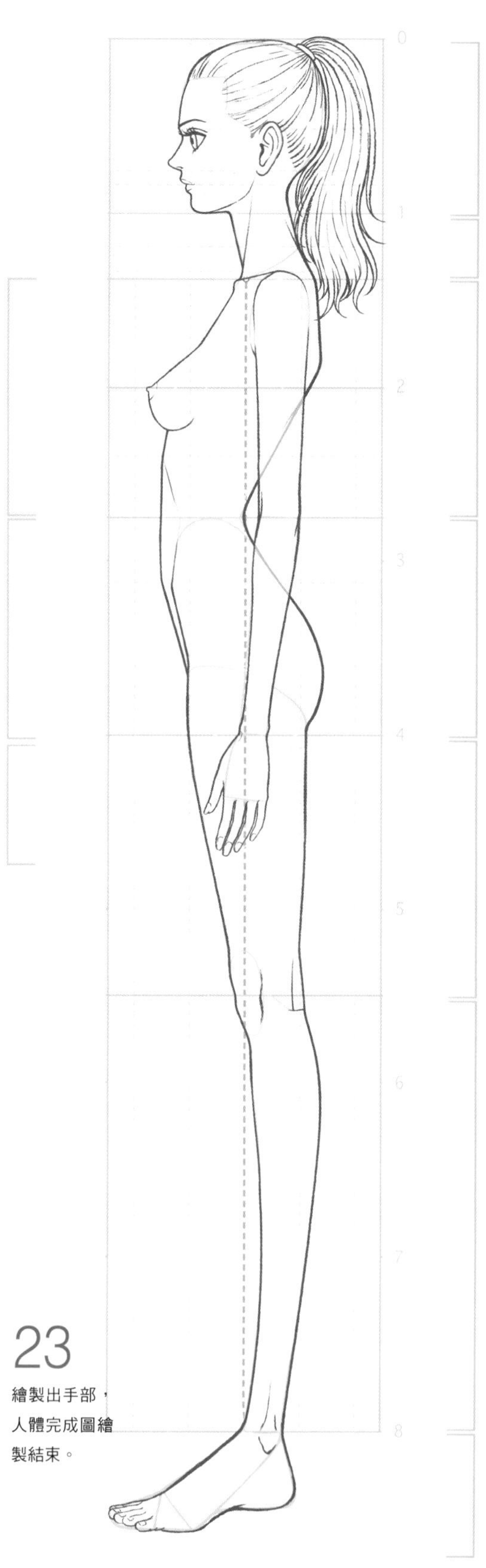

23 繪製出手部，人體完成圖繪製結束。

### 感覺怎麼樣呢？

同樣是直立的姿勢，方向改變後也會有新的發現。側面的情況下，胸部和臀部的凹凸所形成的S形是最大的繪製要點。請大家好好練習，掌握側面直立姿勢的繪製方法。

# 雙腿承擔體重的姿勢②雙腿分開

## 直立姿勢的應用

前面描繪的正面站姿，我們稱為「直立的站姿」，其特徵是左右腿承擔相同的重量。現在我們要對直立的姿勢加以應用，來繪製雙腿分開的姿勢。由於這也是直立姿勢的一種，因此除了步幅的改變，其他的繪製方法都相同。

## 即使雙腳分開，腳部的形狀也不會發生改變

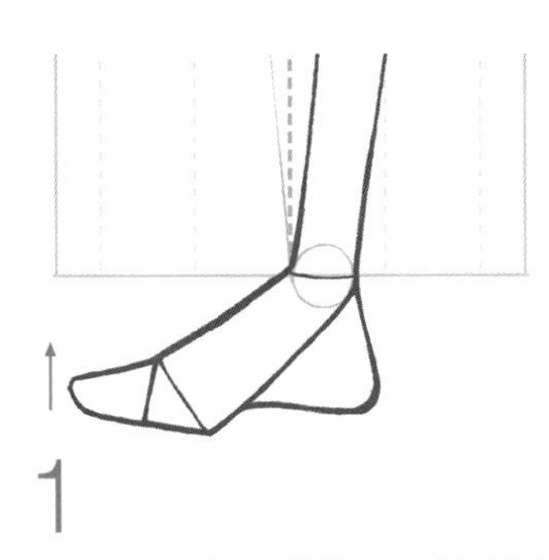

1

從側面觀察腳部，即使雙腳分開其形狀也不會有什麼變化。但如果是內八字，外側的腳尖會稍微上移一些。

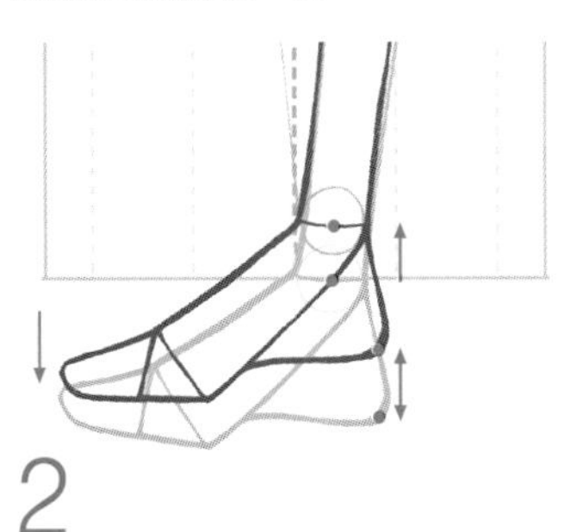

2

由於遠近透視的關係，內側的腳踝會稍微上移一些，內側的腳尖則會稍微下移一些。兩個腳後跟的位置呈一上一下的狀態。

## 感覺怎麼樣呢？

雖然從正側面看幾乎沒有什麼變化，但是只要稍微改變一下腳尖的狀態，就會給人一種不同的感覺。接下來就可以讓人體動起來，進而嘗試繪製各種各樣的站姿了。

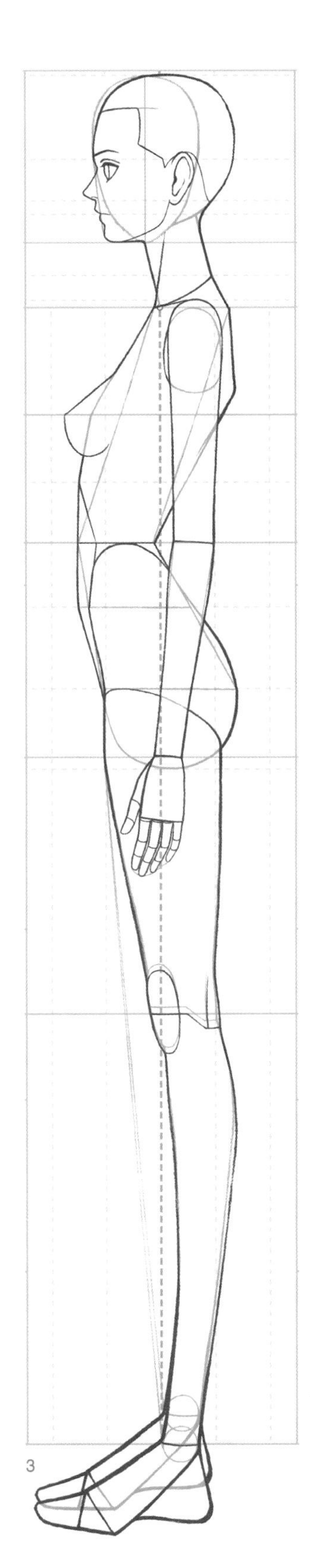

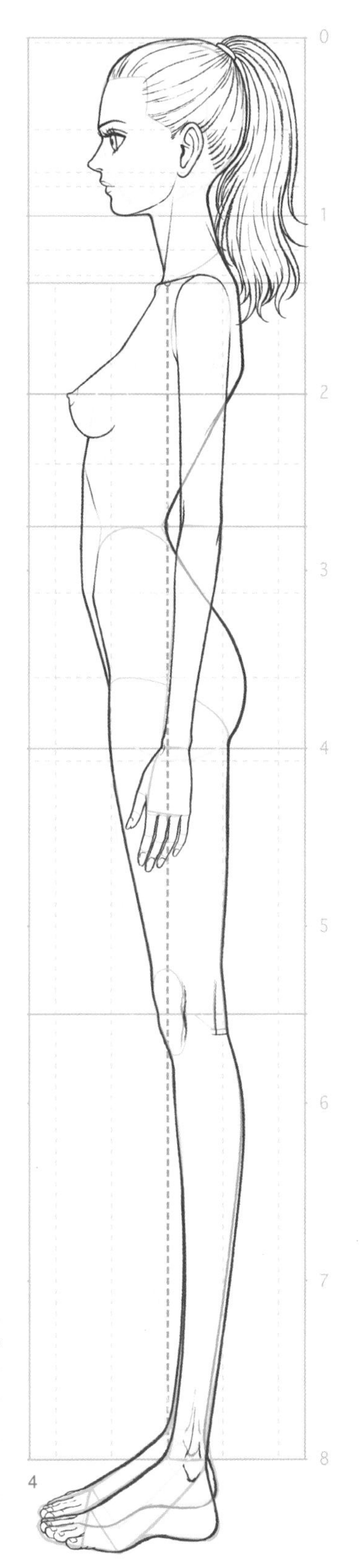

3

完成人體線稿的繪製。

4

人體線稿繪製完成後，將線稿放在描圖紙的下面，通過流暢的描繪來完成人體的繪製。最終的效果要呈現出一種在身體外面加了一層輕薄柔軟的皮膚一樣的感覺。

# 下半身有動態變化的姿勢①支撐腿在外側

## 外側為支撐腿的單腿支撐姿勢

與正面下半身的情況相同，我們也可以賦予側面一定的動態，進而繪製單腿支撐的姿勢。同樣是單腿支撐的姿勢，支撐腿在內側和外側時，給人的感覺是不一樣的，因此要分別進行繪製。

### 雙腿分開與單腿支撐姿勢的比較

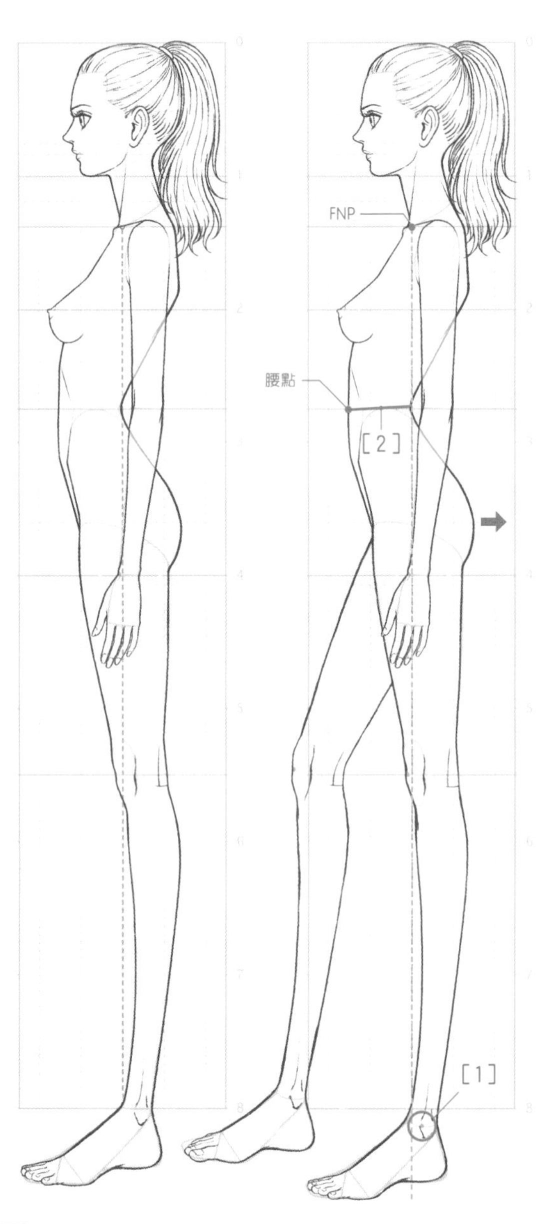


#### 單腿支撐姿勢的特徵

單腿支撐的姿勢有兩大特徵。由於是一條腿承擔體重，因此下半身會發生變化。

[1]

支撐腿的腳踝位於重心線（從FNP垂直向下的垂線）附近。

[2]

從正面看時，其特徵是腰圍線表現為傾斜的直線。而從側面看時，前面所指的也就是腹部的線條基本上是看不見的。這裡要表現的是臀部向後方凸出的感覺。

繪製單腿支撐姿勢的時候，一定要認真表現好以上兩個特徵。

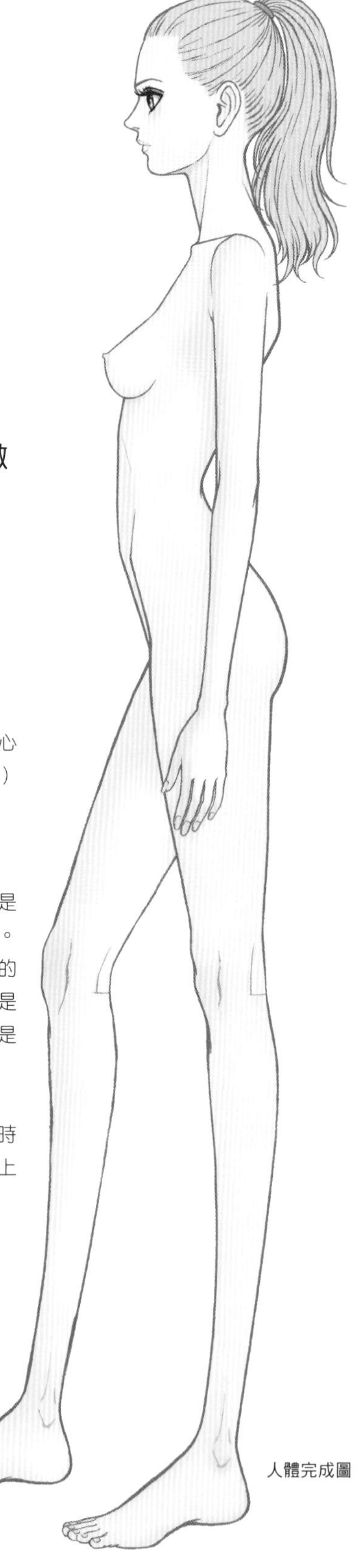

人體完成圖

# 單腿支撐姿勢的學習重點——臀部凸出，強調S形

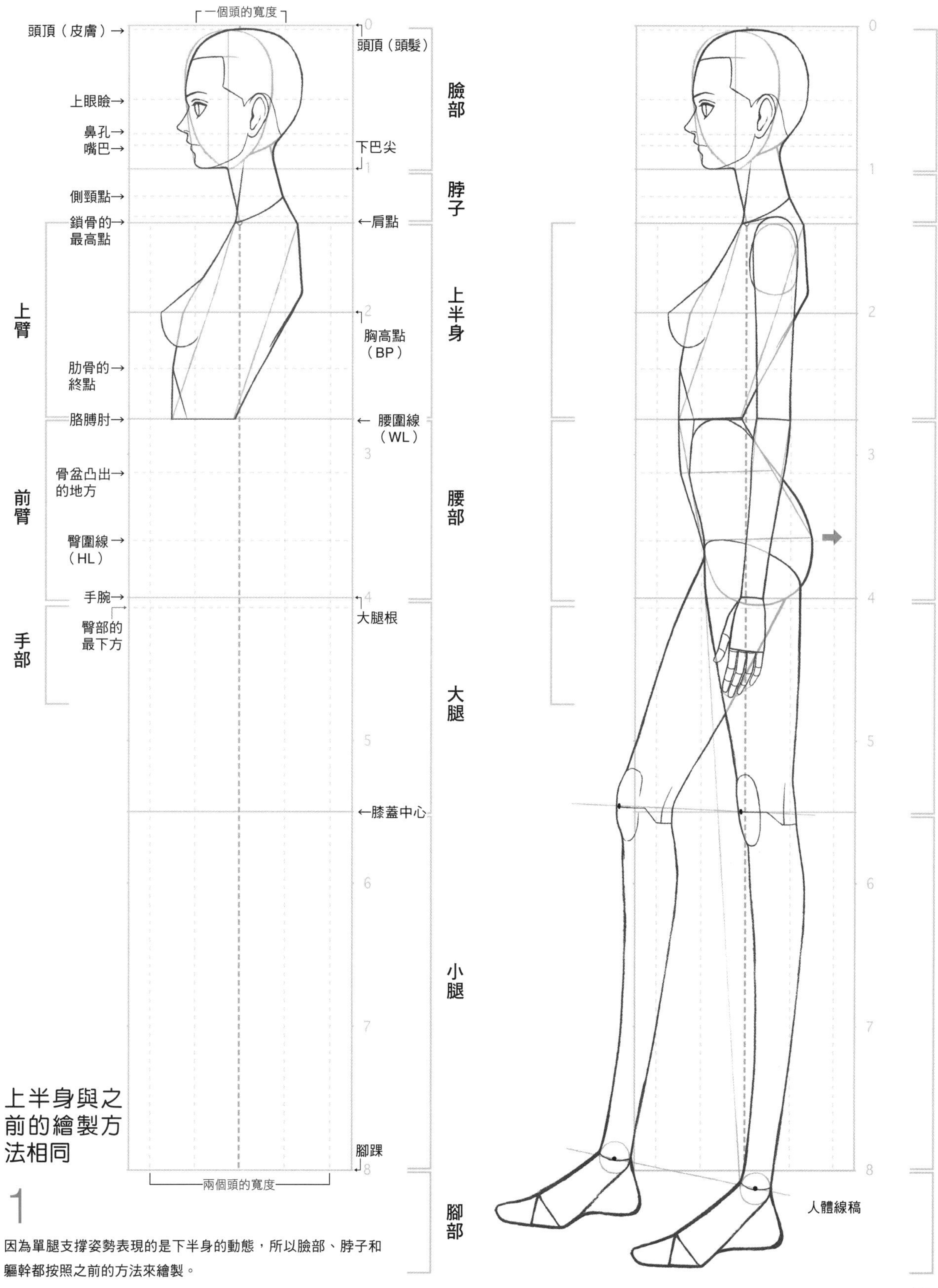


上半身與之前的繪製方法相同

1

因為單腿支撐姿勢表現的是下半身的動態，所以臉部、脖子和軀幹都按照之前的方法來繪製。

# 繪製的實踐 下半身 傾斜的腰部要以傾斜的腰圍線為基準來繪製

2 繪製出傾斜的腰圍線，使其穿過腰點。為了表現出臀部凸出的感覺，腰圍線要向後背的方向傾斜。傾斜的幅度在 1mm~2mm 左右剛剛好。如果傾斜得過多，臀部會顯得過於凸出，因此請注意這一點。其長度為頭部寬度的 1.5 倍。

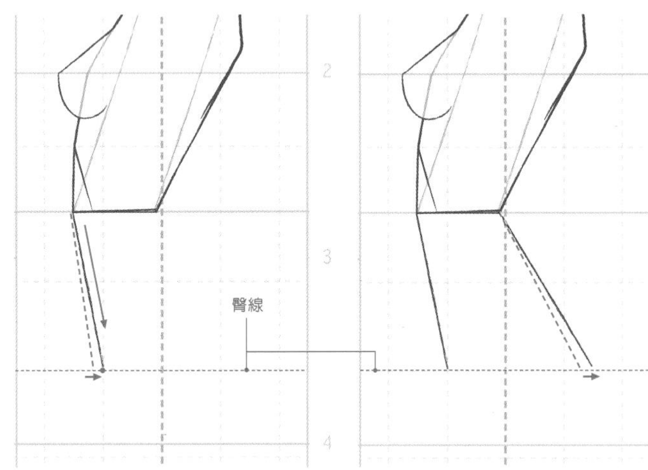


3 連接腰部到臀部的線條，繪製出腰部正中線的輔助線。因為腰圍線是傾斜的，所以腰部正中線的終點會略微向後背的方向偏移。

4 繪製出連接腰部到臀部的臀部輔助線。因為腰圍線是傾斜的，所以臀部的輔助線會略微向後背的方向偏移。

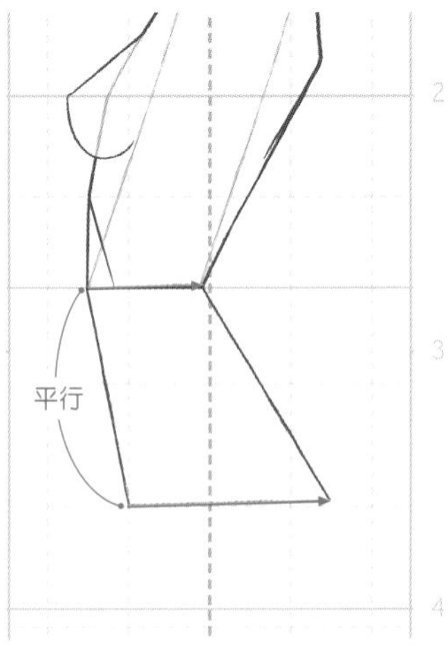


5 畫出與腰部平行的臀圍線。

6 繪製骨盆的輔助線，隆起的幅度為2mm。

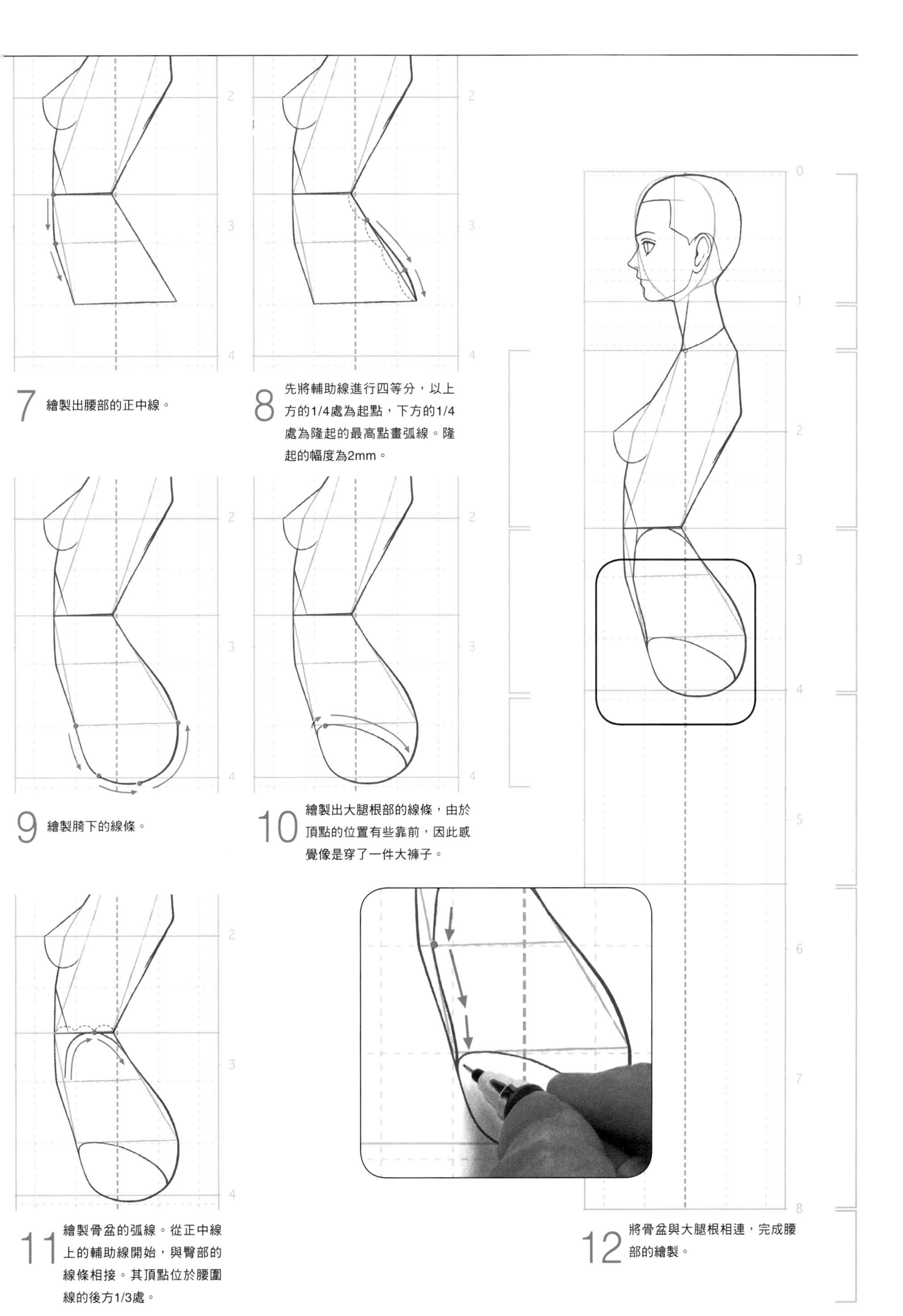

7 繪製出腰部的正中線。

8 先將輔助線進行四等分，以上方的1/4處為起點，下方的1/4處為隆起的最高點畫弧線。隆起的幅度為2mm。

9 繪製胯下的線條。

10 繪製出大腿根部的線條，由於頂點的位置有些靠前，因此感覺像是穿了一件大褲子。

11 繪製骨盆的弧線。從正中線上的輔助線開始，與臀部的線條相接。其頂點位於腰圍線的後方1/3處。

12 將骨盆與大腿根相連，完成腰部的繪製。

# 下半身 繪製S形的腿部時，小腿的彎曲是要點

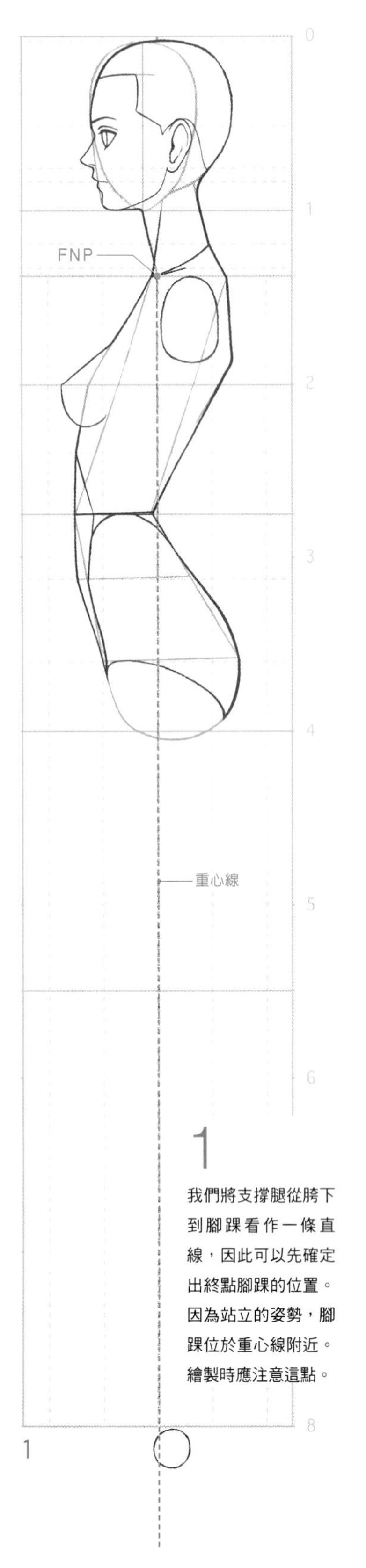


1

我們將支撐腿從胯下到腳踝看作一條直線，因此可以先確定出終點腳踝的位置。因為站立的姿勢，腳踝位於重心線附近。繪製時應注意這點。

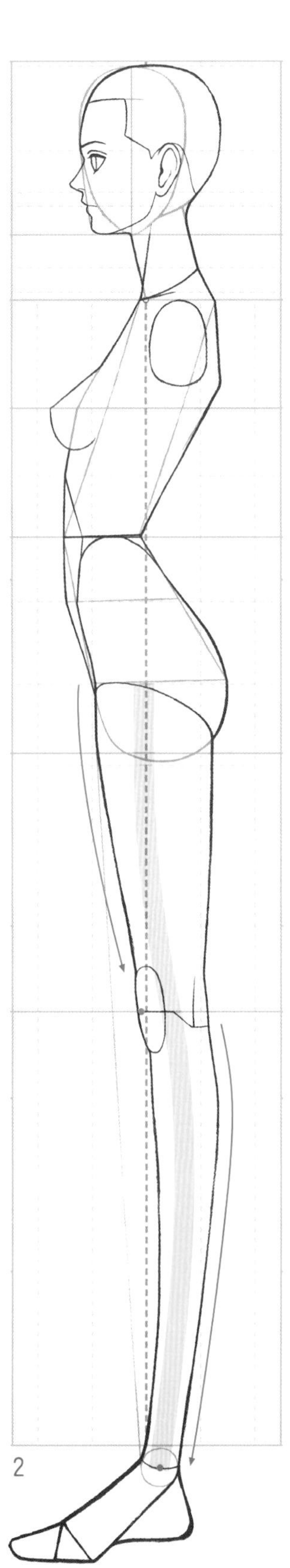


2

腿部的繪製方法和前面講解的一樣（請參考第14~117頁），切實地表現出S形。非重心腿和手臂的繪製方法一樣，分別繪製出大腿和小腿。為了使左右腿的長度統一可添加輔助線，在支撐腿的膝蓋和腳踝的中心各畫一個點。

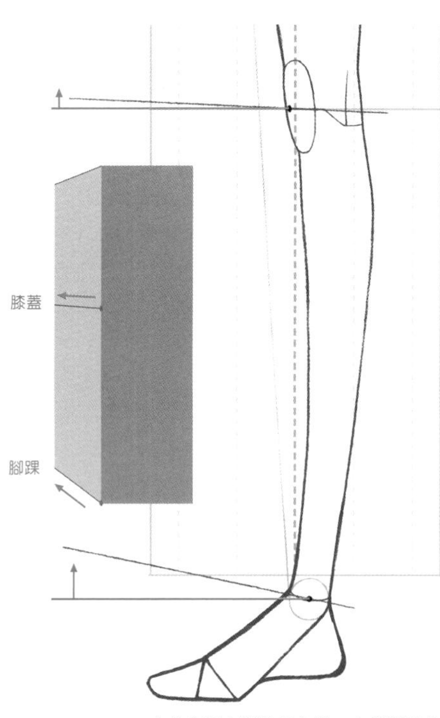


3

由於非重心腿位於內側，支撐腿位於外側，因此左、右側的膝蓋以及連接腳踝的傾斜線由於遠近透視的關係會向上移動。

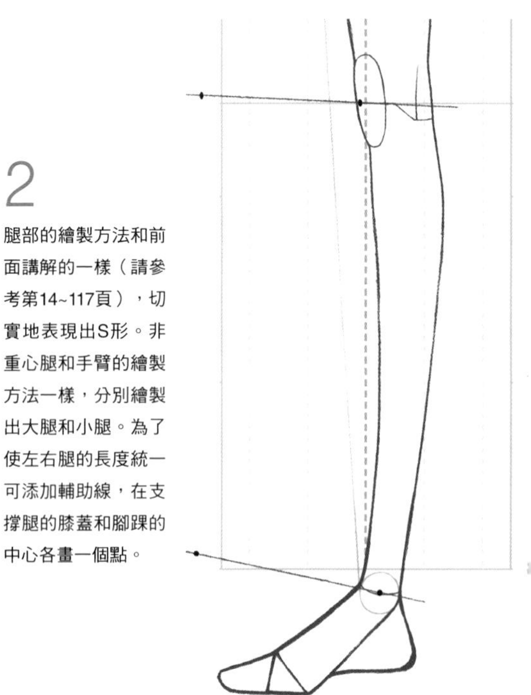

4

在傾斜線上確定出非重心腿的膝蓋和腳踝的位置。與支撐腿稍微偏離一些的話，則很容易表現出單腿支撐姿勢的感覺。

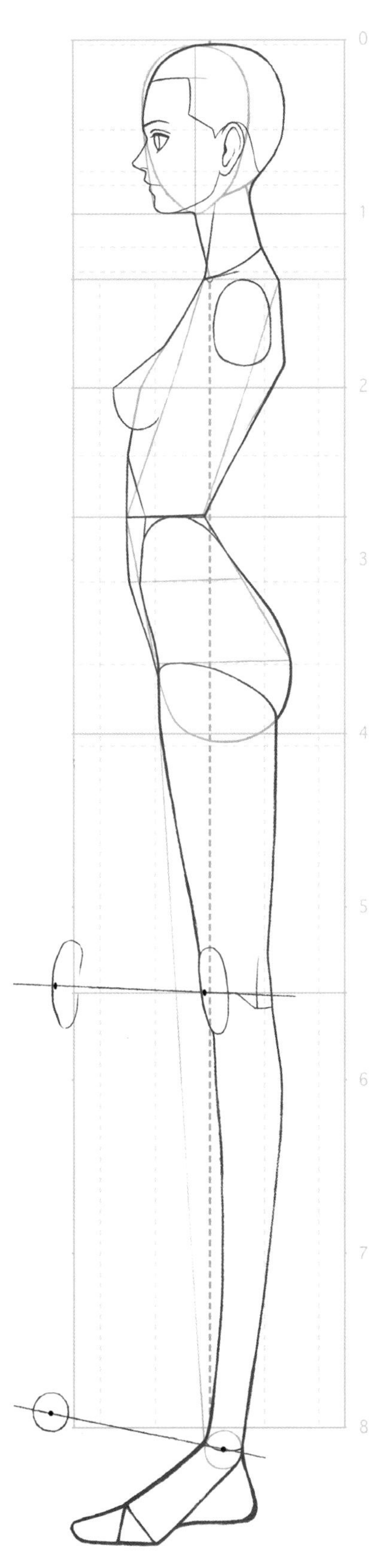

5 在膝蓋和腳踝處畫上〇形，雖然左右大小相同，但是如果將內側非重心腿的膝蓋和腳踝繪製得稍微小一些，則更能夠顯現出遠近透視。

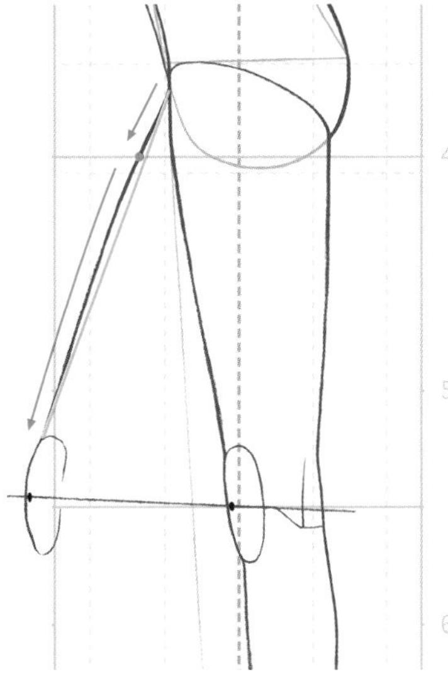

6 由於非重心腿沒有承擔體重，所以可像繪製手臂一樣分別繪製不同的部位，也就是說分別繪製大腿和小腿。繪製時先從大腿畫起。

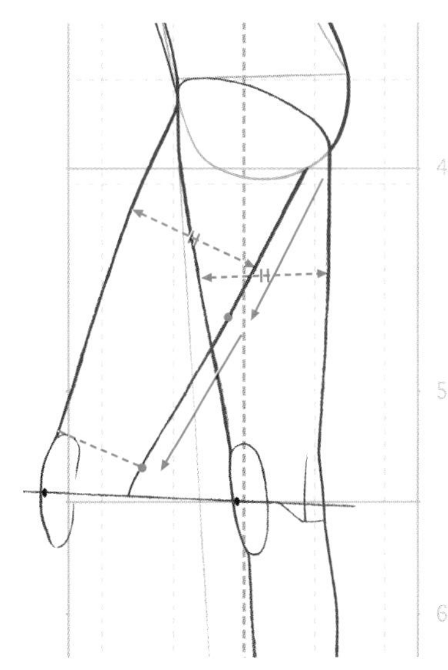

7 繪製大腿的內側。雖然左、右側的大小相同，但是如果將非重心腿的一側繪製得稍微小一些，就能夠更好地顯現出遠近透視。

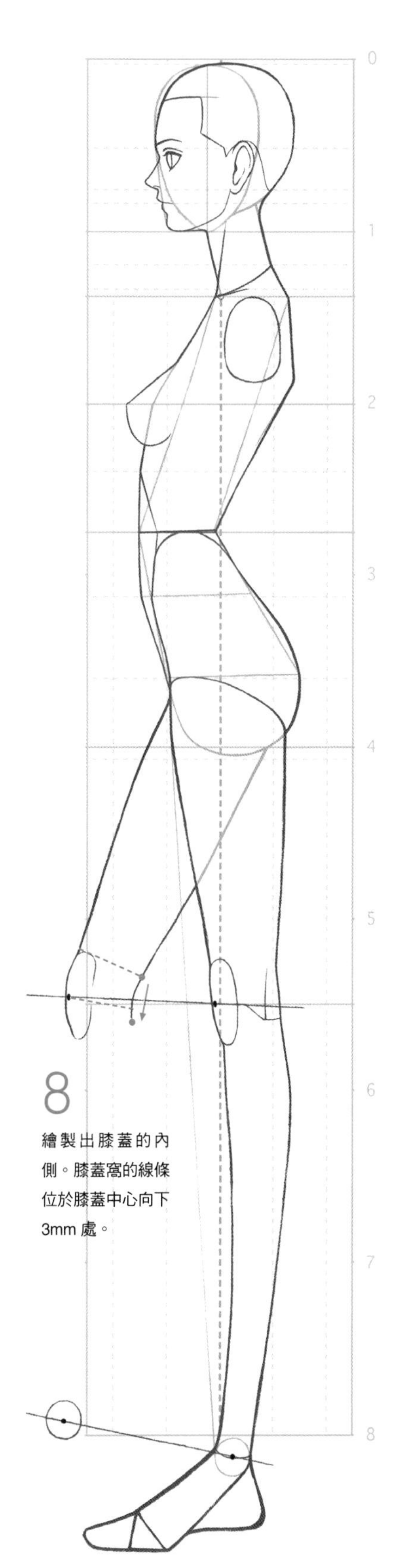

8 繪製出膝蓋的內側。膝蓋窩的線條位於膝蓋中心向下3mm處。

## 下半身 繪製非重心腿的腳部

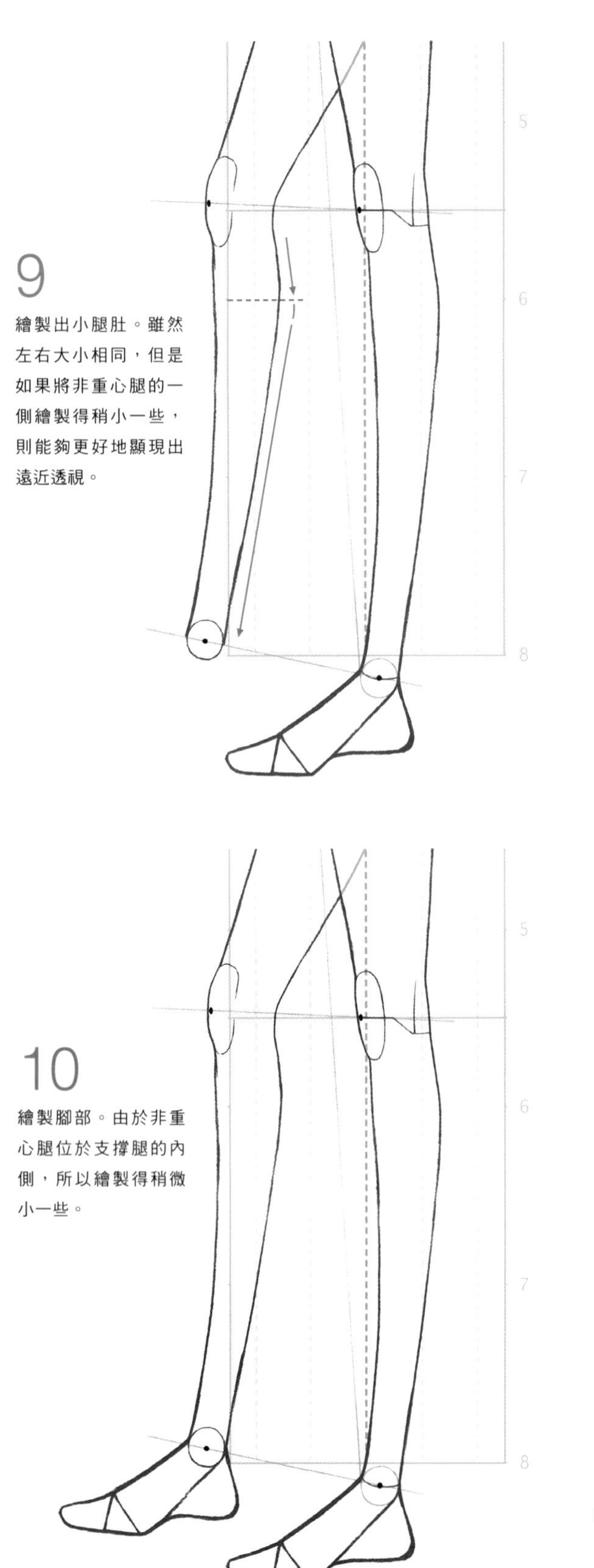

9

繪製出小腿肚。雖然左右大小相同，但是如果將非重心腿的一側繪製得稍小一些，則能夠更好地顯現出遠近透視。

10

繪製腳部。由於非重心腿位於支撐腿的內側，所以繪製得稍微小一些。

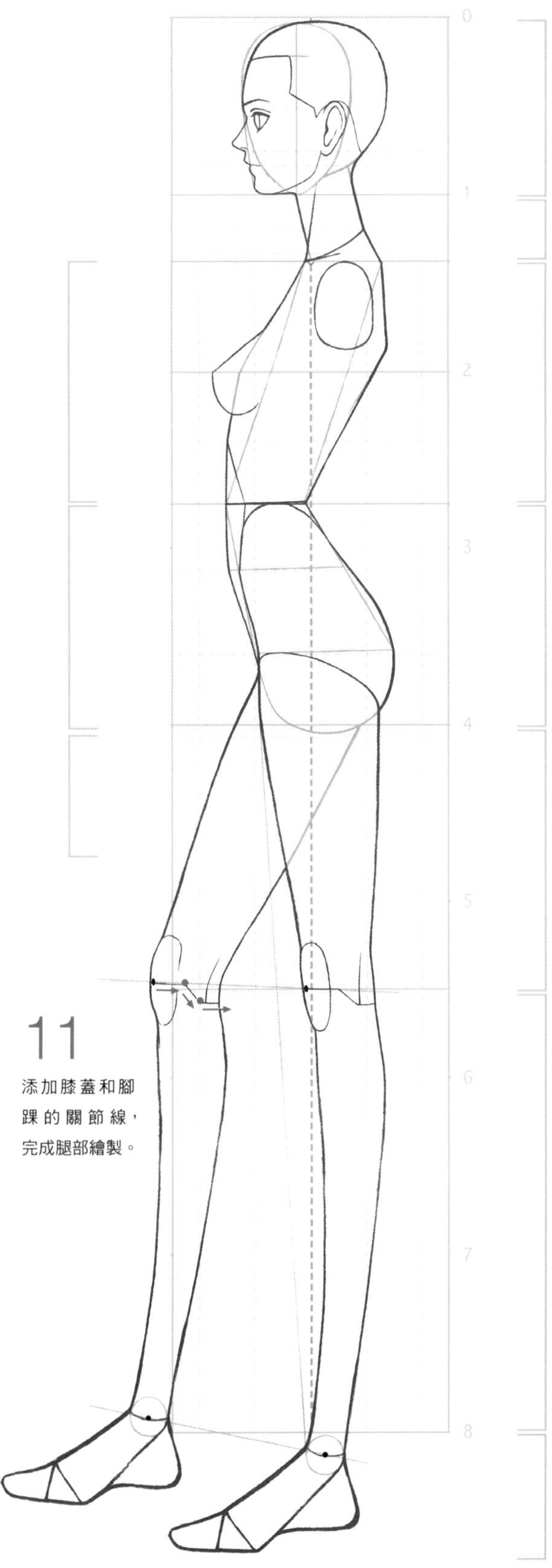

11

添加膝蓋和腳踝的關節線，完成腿部繪製。

## 從人體線稿到人體完成圖——將人體完成圖放在下面繪製人體

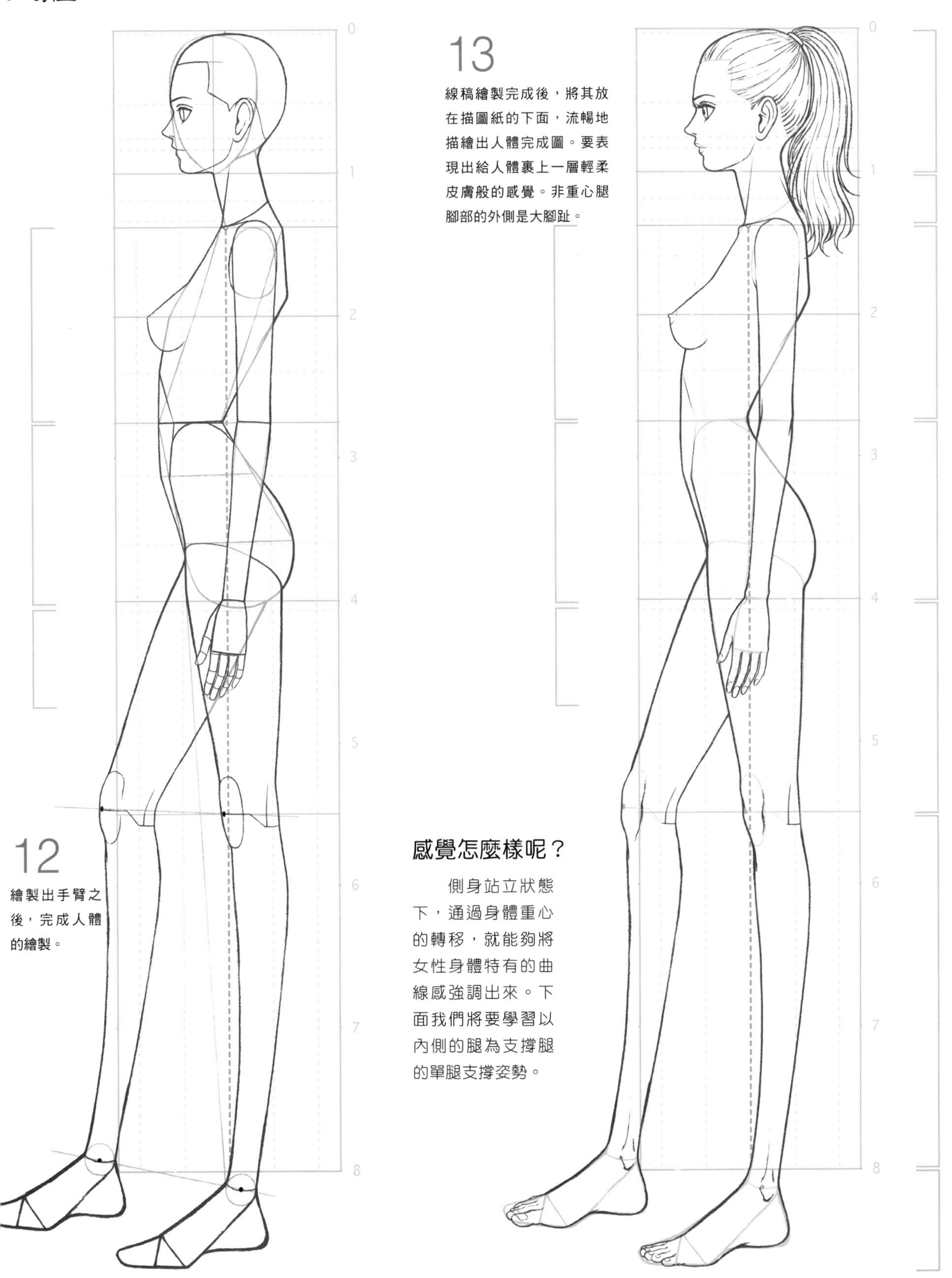

12

繪製出手臂之後，完成人體的繪製。

13

線稿繪製完成後，將其放在描圖紙的下面，流暢地描繪出人體完成圖。要表現出給人體裹上一層輕柔皮膚般的感覺。非重心腿腳部的外側是大腳趾。

### 感覺怎麼樣呢？

側身站立狀態下，通過身體重心的轉移，就能夠將女性身體特有的曲線感強調出來。下面我們將要學習以內側的腿為支撐腿的單腿支撐姿勢。

# 下半身有動態變化的姿勢②支撐腿在內側

## 即使支撐腿在內側，人體的曲線感也不會改變

繪製支撐腿位於內側的單腿支撐姿勢。非重心腿位於外側的情況下，其特徵是能夠看見臀部的線條。

### 單腿支撐・支撐腿在外側和支撐腿在內側的比較

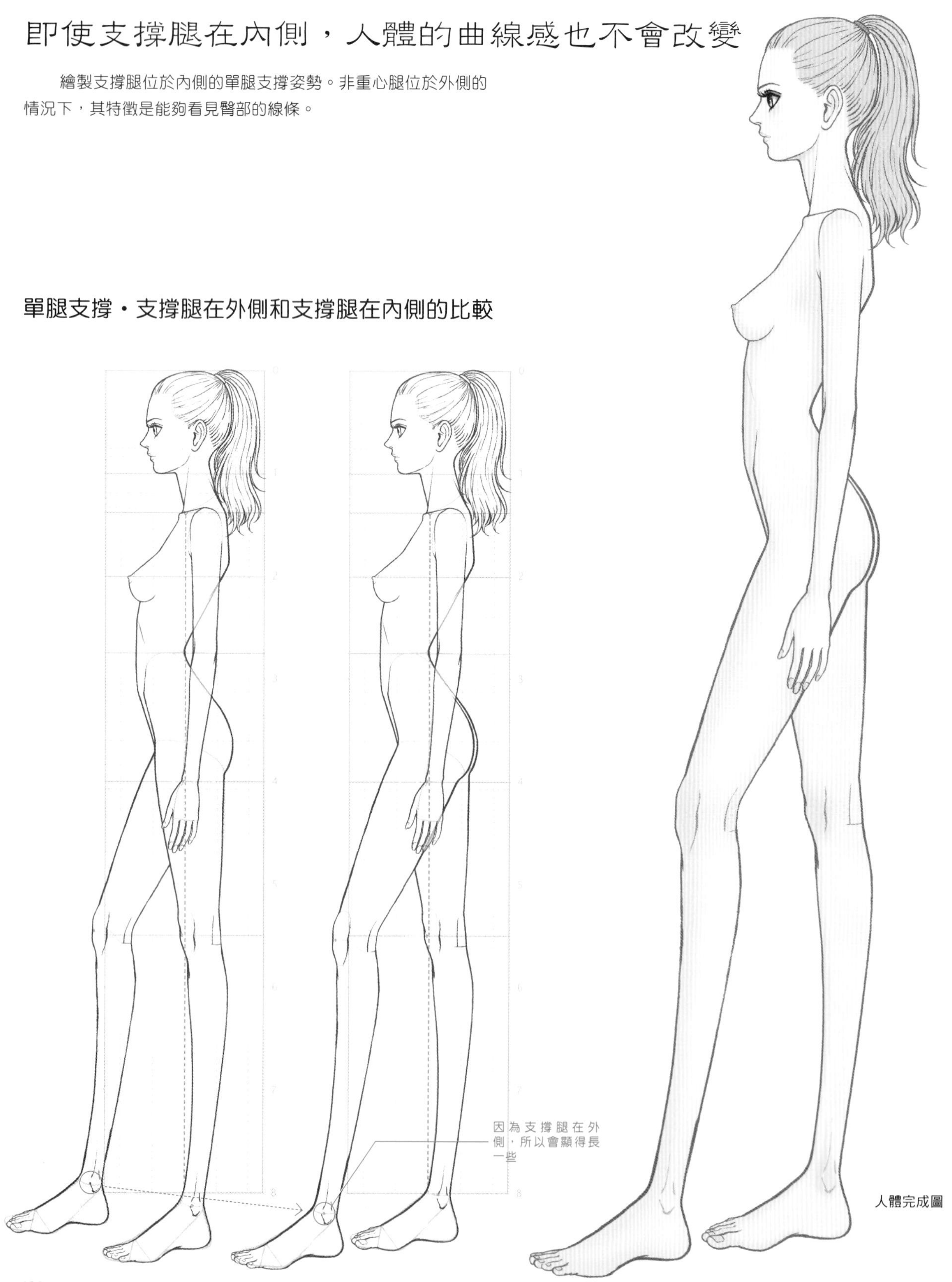


人體完成圖

在開始實踐之前——

# 單腿支撐姿勢的學習要點——臀部凸出，強調S形

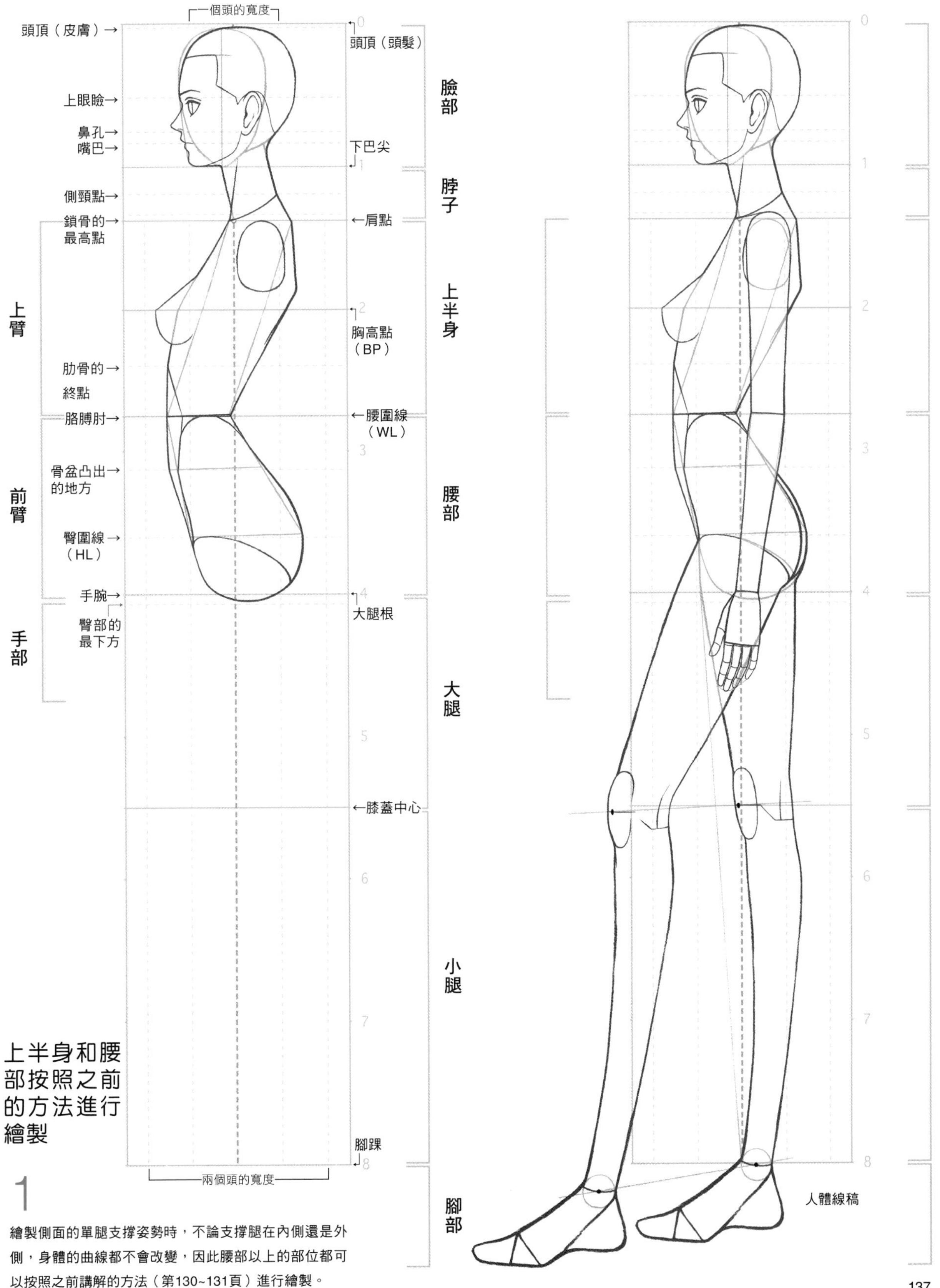


1

繪製側面的單腿支撐姿勢時，不論支撐腿在內側還是外側，身體的曲線都不會改變，因此腰部以上的部位都可以按照之前講解的方法（第130~131頁）進行繪製。

# 繪製的實踐 下半身 支撐腿和非重心腿

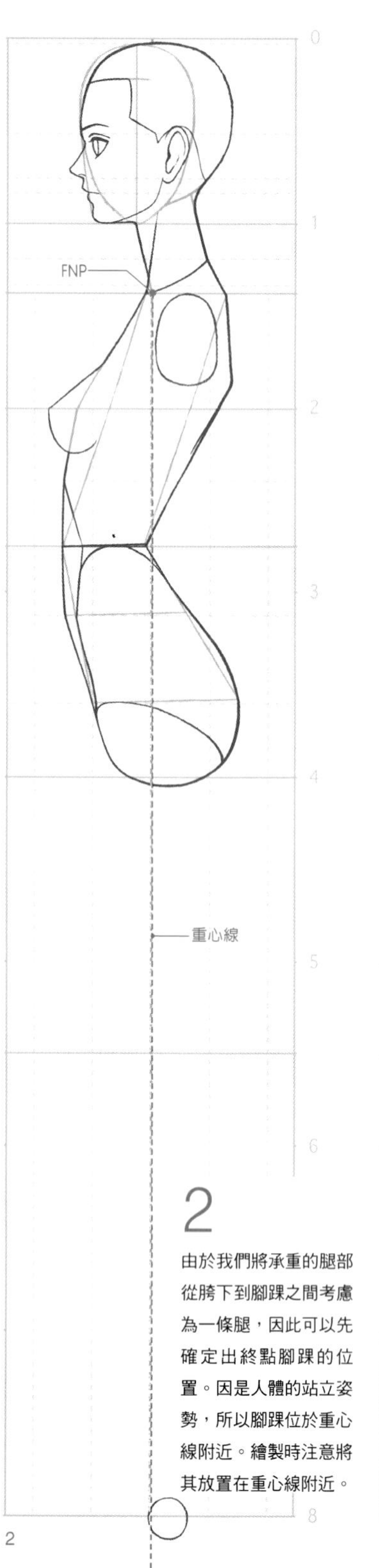


2

由於我們將承重的腿部從胯下到腳踝之間考慮為一條腿，因此可以先確定出終點腳踝的位置。因是人體的站立姿勢，所以腳踝位於重心線附近。繪製時注意將其放置在重心線附近。

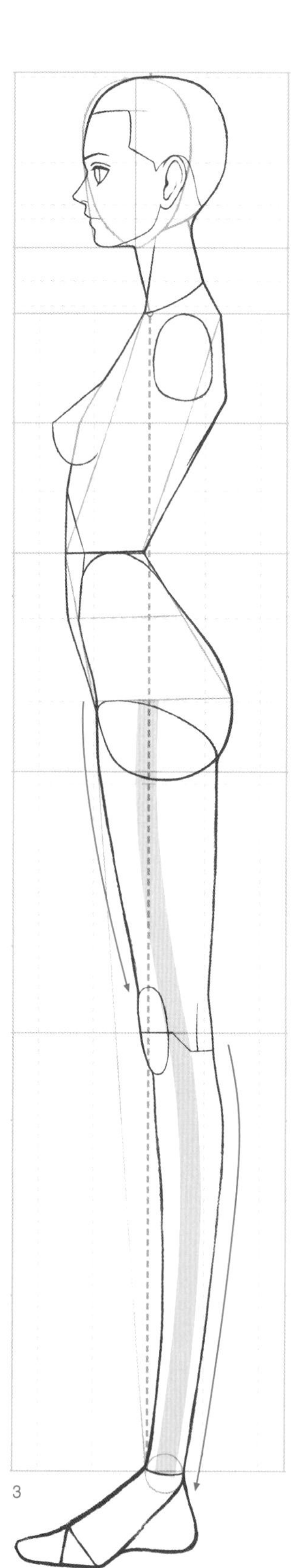


3

繪製位於內側的支撐腿。確實地表現出腿部的S形。

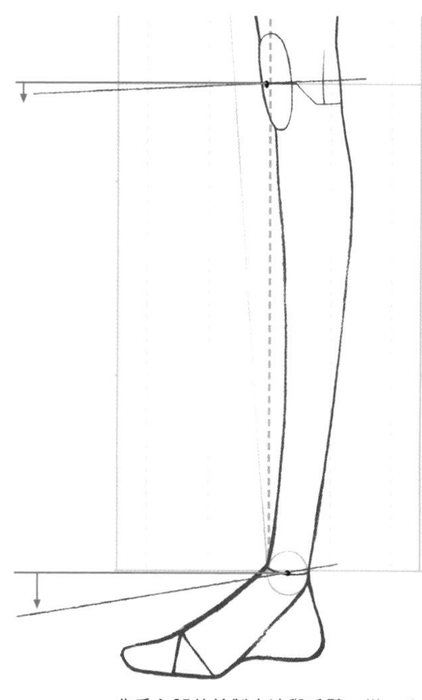

4 非重心腿的繪製方法與手臂一樣，分別繪製大腿和小腿。為了統一左、右腿的長度可添加輔助線，然後在支撐腿的膝蓋和腳踝的中心各畫一個點。由於支撐腿在內側，因此連接左、右膝蓋和腳踝的傾斜線會由於遠近透視而下移。

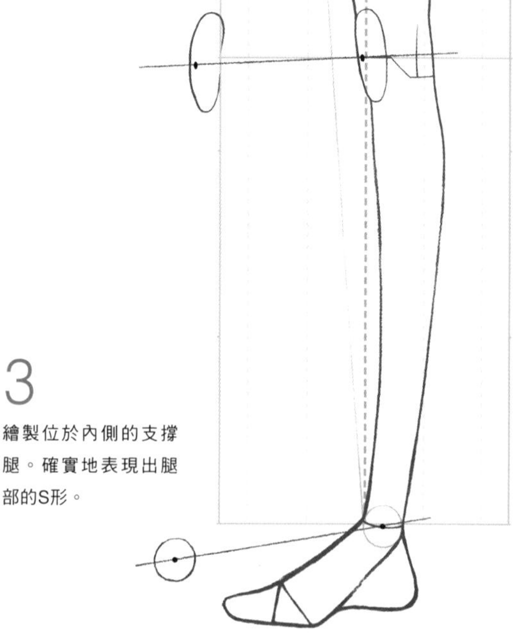

5 在傾斜線上確定出非重心腿的膝蓋和腳踝的位置。如果離支撐腿稍微遠一些的話，則更容易表現出單腿支撐姿勢的感覺。然後畫出膝蓋和腳踝的○形，可將非重心腿畫得稍微大一些，則更加能夠顯現出遠近透視。

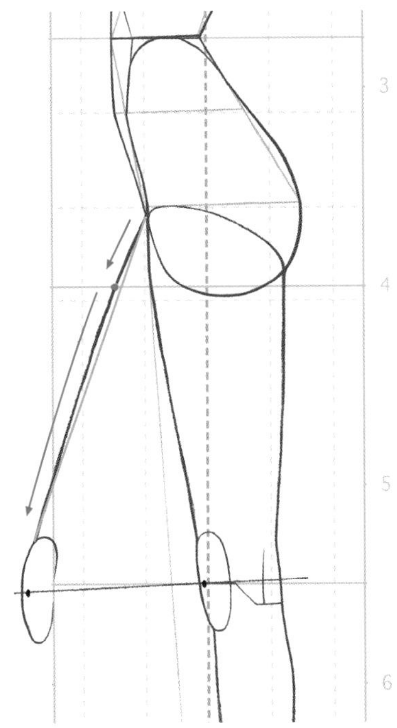

6 因為非重心腿不承擔體重，所以與繪製手臂時一樣，可以分別畫出不同的部位，也就是說分別繪製大腿和小腿。繪製時先從大腿畫起。

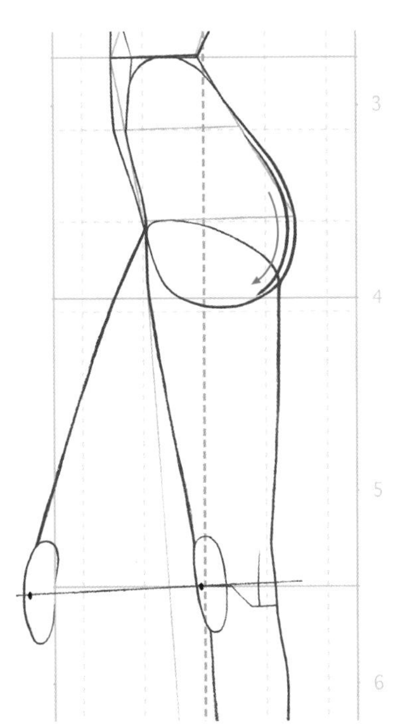

7 繪製臀部的線條。由於腳部前伸，所以臀部會顯得稍微偏向外側。

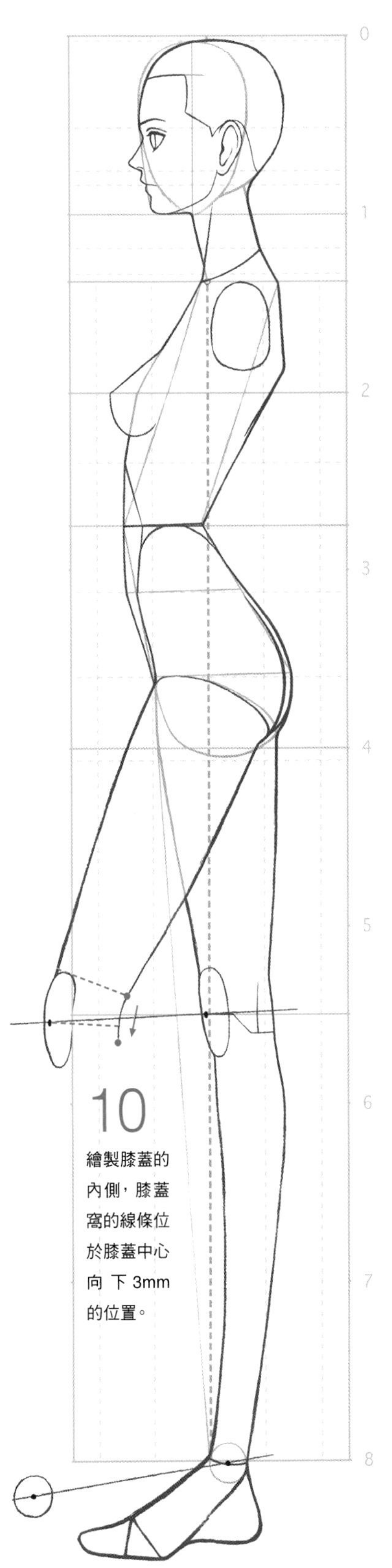

10 繪製膝蓋的內側，膝蓋窩的線條位於膝蓋中心向 下 3mm 的位置。

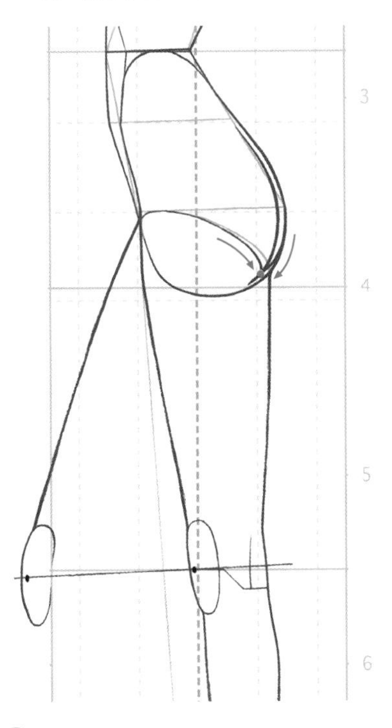

8 結合臀部的線條來調整短褲的線條。

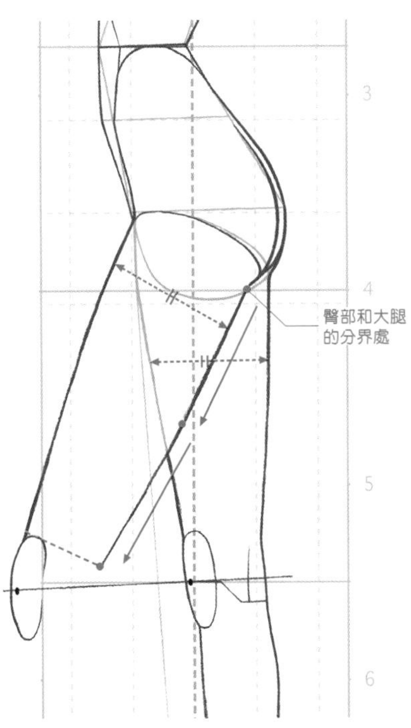


9 繪製大腿內側。雖然左右大小相同，但是如果將位於外側非重心腿的大腿寬度稍微加寬一些，則更加能夠顯現出遠近透視。

## 下半身 繪製非重心腿的腳部

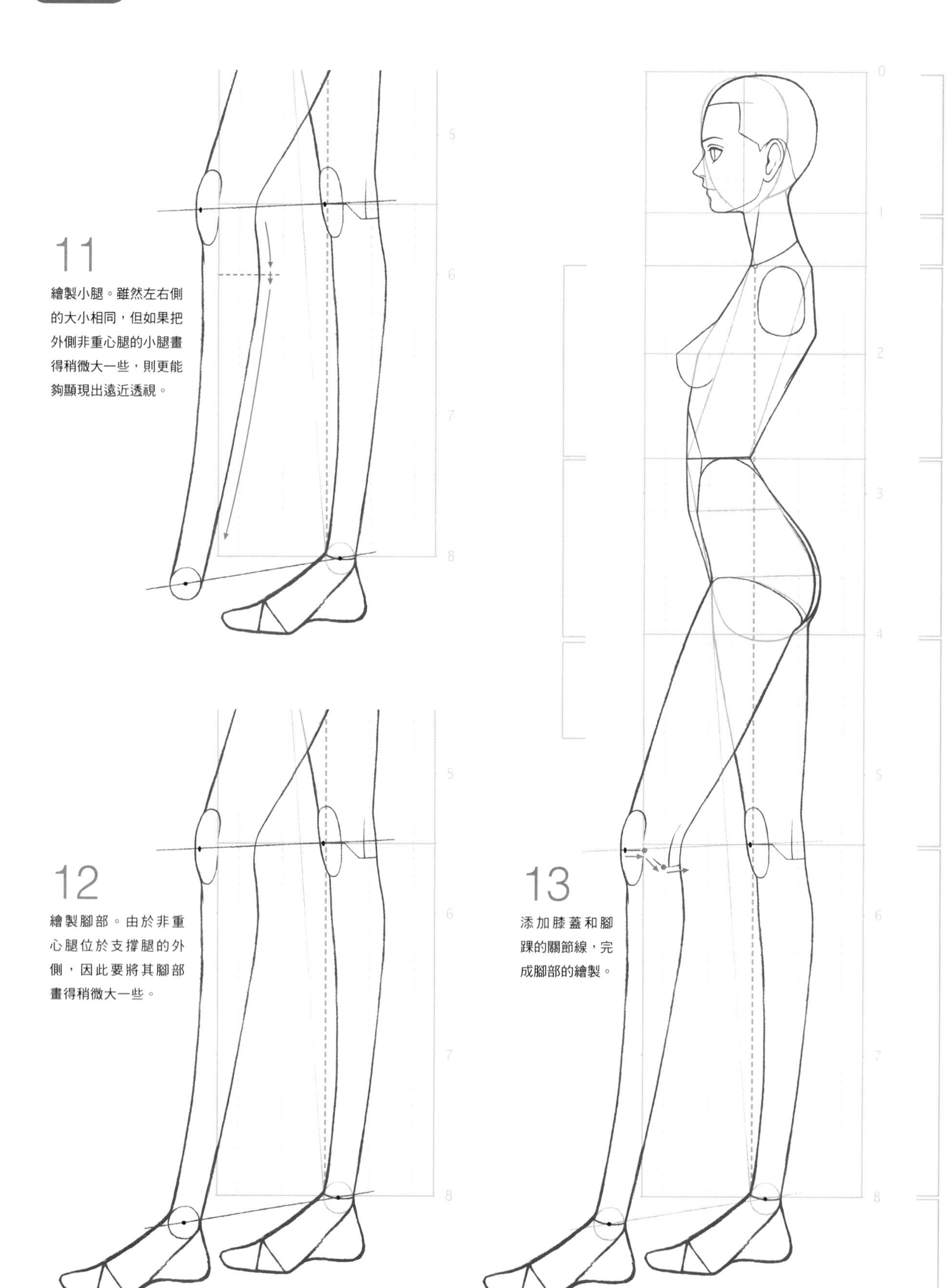

11

繪製小腿。雖然左右側的大小相同，但如果把外側非重心腿的小腿畫得稍微大一些，則更能夠顯現出遠近透視。

12

繪製腳部。由於非重心腿位於支撐腿的外側，因此要將其腳部畫得稍微大一些。

13

添加膝蓋和腳踝的關節線，完成腳部的繪製。

# 從人體線稿到人體完成圖

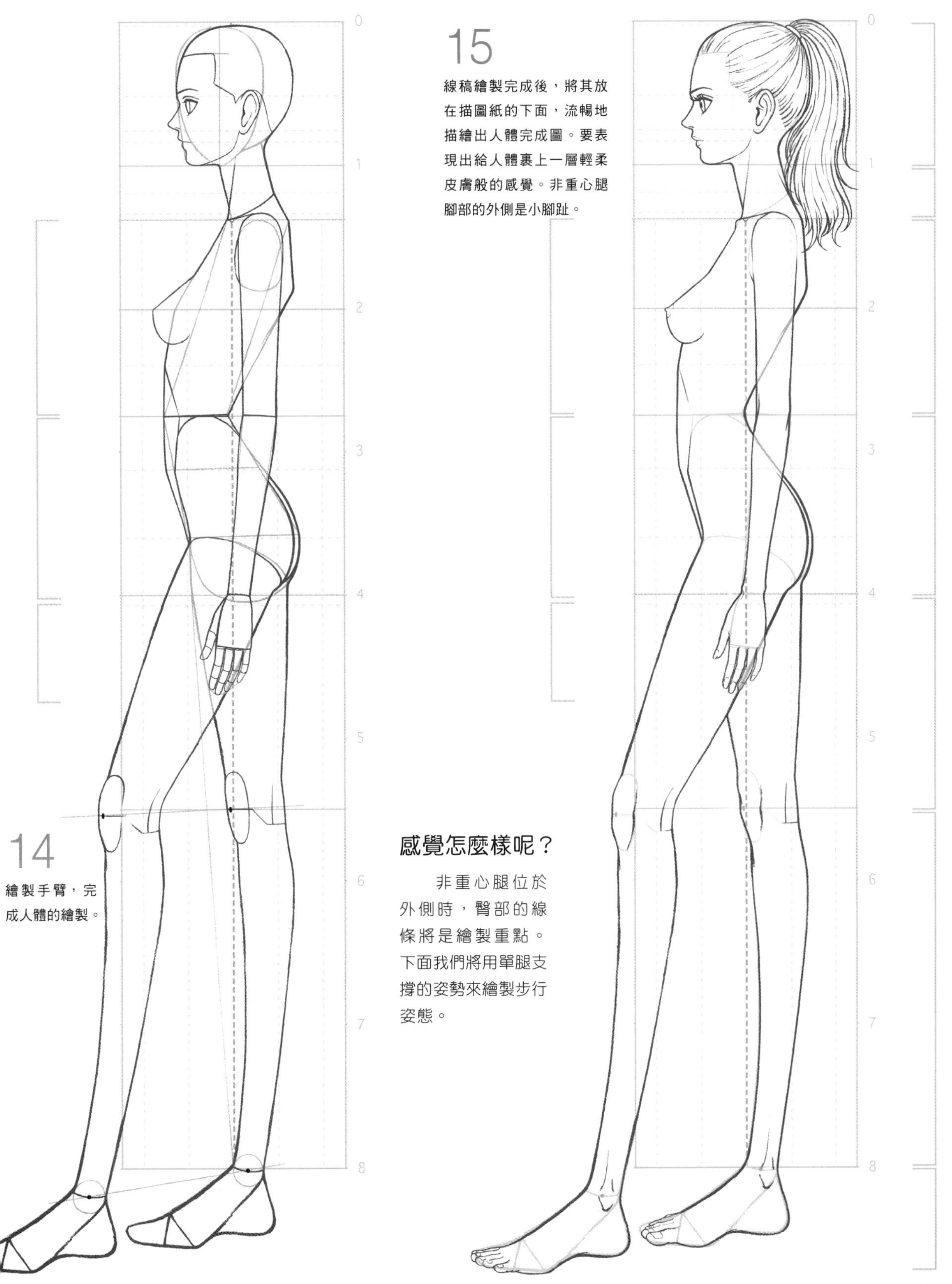


14

繪製手臂，完成人體的繪製。

15

線稿繪製完成後，將其放在描圖紙的下面，流暢地描繪出人體完成圖。要表現出給人體裹上一層輕柔皮膚般的感覺。非重心腿腳部的外側是小腳趾。

## 感覺怎麼樣呢？

非重心腿位於外側時，臀部的線條將是繪製重點。下面我們將用單腿支撐的姿勢來繪製步行姿態。

# 下半身有動態變化的姿勢③步行

## 應用單腿支撐的姿勢來繪製步行的姿態

左右腿分開與胳膊的擺動是此處繪製的重點。如果想表現出雙腳交錯的狀態，只需繪製出外側左腳向前邁出一步的姿勢就可以了。

### 單腿支撐與步行姿勢的比較

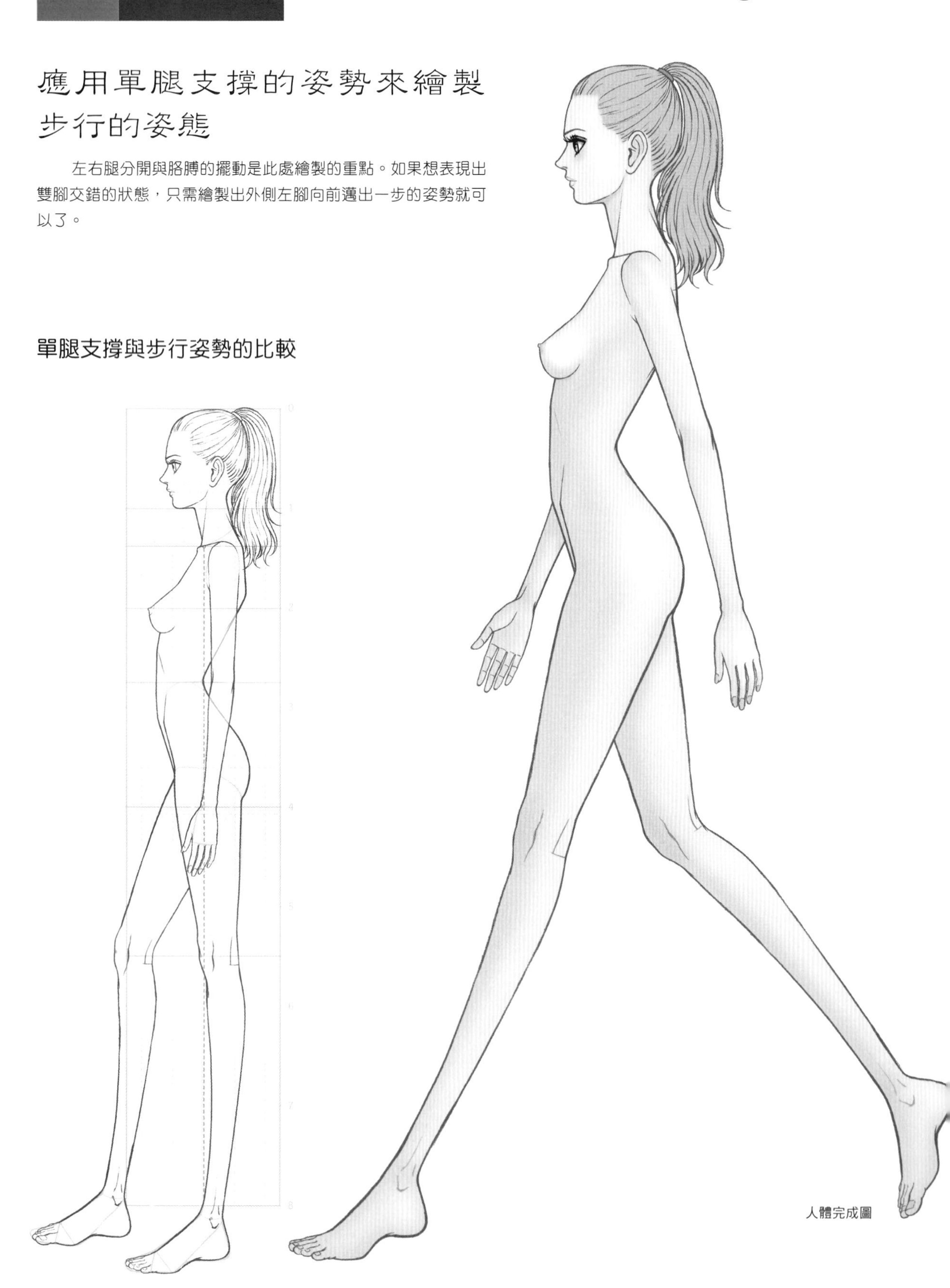

人體完成圖

# 學習步行姿勢的要點——身體呈人字形

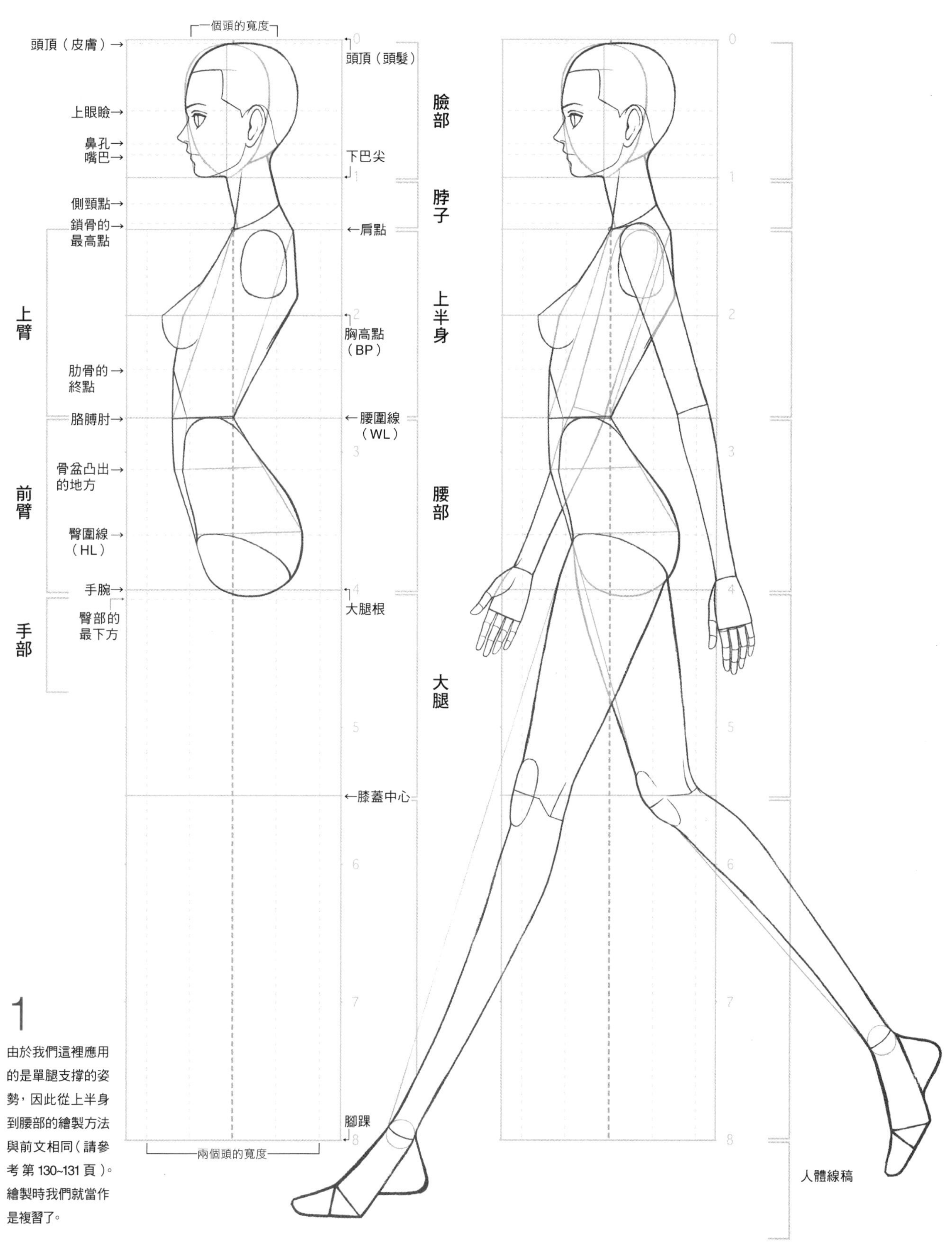


1

由於我們這裡應用的是單腿支撐的姿勢，因此從上半身到腰部的繪製方法與前文相同（請參考第130~131頁）。繪製時我們就當作是複習了。

# 繪製的實踐 下半身 從腿部到腳部

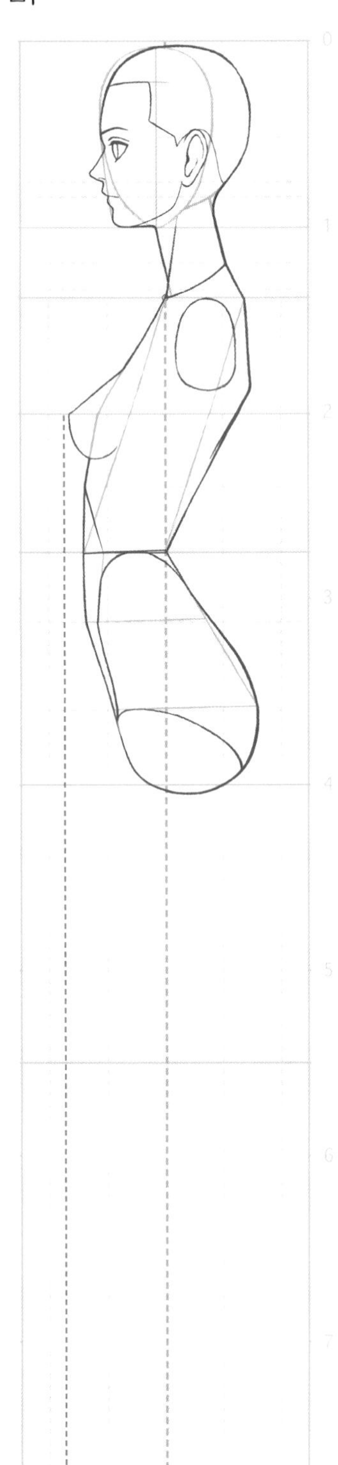

2 我們將從胯下到腳踝之間的支撐腿想像為一條直線。因此先確定出終點腳踝的位置。由於是向前邁出一步的姿勢，因此腳踝的位置位於身體的前方。



3 繪製出輔助線。在人體框架圖的4頭身處稍微轉彎，從4頭身到腳踝之間用直線繪製。

4 膝蓋位於胯下與腳踝的中間位置，且位於輔助線內側5mm處。腿部與正面時的長度相同，但由於是側面，所以寬度只有正面時的一半。



5 繪製大腿。在人體框架圖的4頭身處左右偏離輔助線，並連接到膝蓋。

6 繪製小腿。在人體框架圖的6頭身和7頭身處改變方向，表現出彎曲翹起的感覺。

## 由於邁在前面的支撐腿承載著體重，所以膝蓋是伸直的

7 大腿內側的曲線有些微妙。大腿內側線條的1/2處有微微的隆起。

8 繪製出膝蓋的內側。



9 繪製小腿肚。以人體框架圖的6頭身處為頂點，用流暢的線條與腳踝相連。

## 繪製腳部的輪廓為領帶尖端的形狀

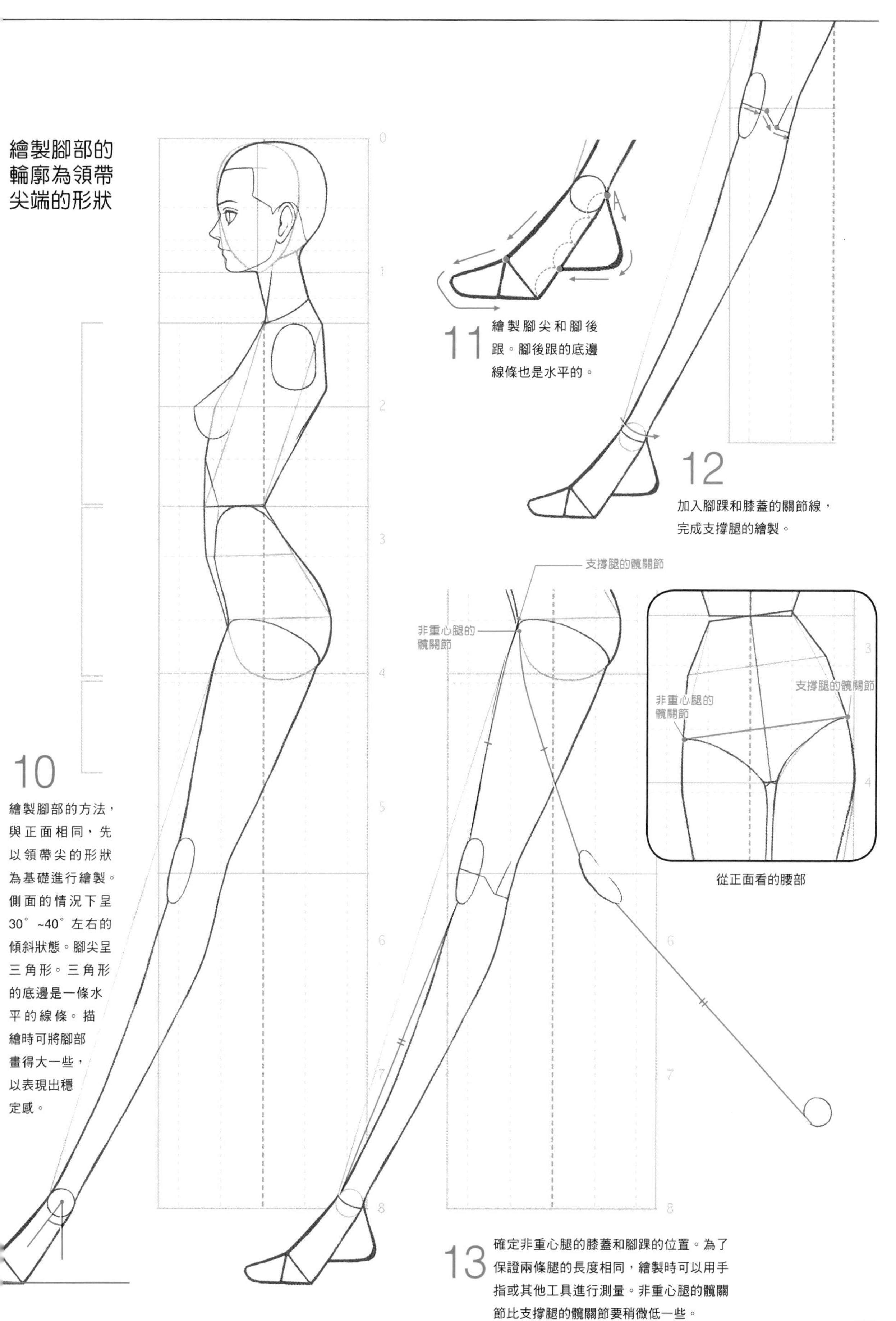


10 繪製腳部的方法，與正面相同，先以領帶尖的形狀為基礎進行繪製。側面的情況下呈30°~40°左右的傾斜狀態。腳尖呈三角形。三角形的底邊是一條水平的線條。描繪時可將腳部畫得大一些，以表現出穩定感。

11 繪製腳尖和腳後跟。腳後跟的底邊線條也是水平的。

12 加入腳踝和膝蓋的關節線，完成支撐腿的繪製。

從正面看的腰部

13 確定非重心腿的膝蓋和腳踝的位置。為了保證兩條腿的長度相同，繪製時可以用手指或其他工具進行測量。非重心腿的髖關節比支撐腿的髖關節要稍微低一些。

下半身 繪製非重心腿

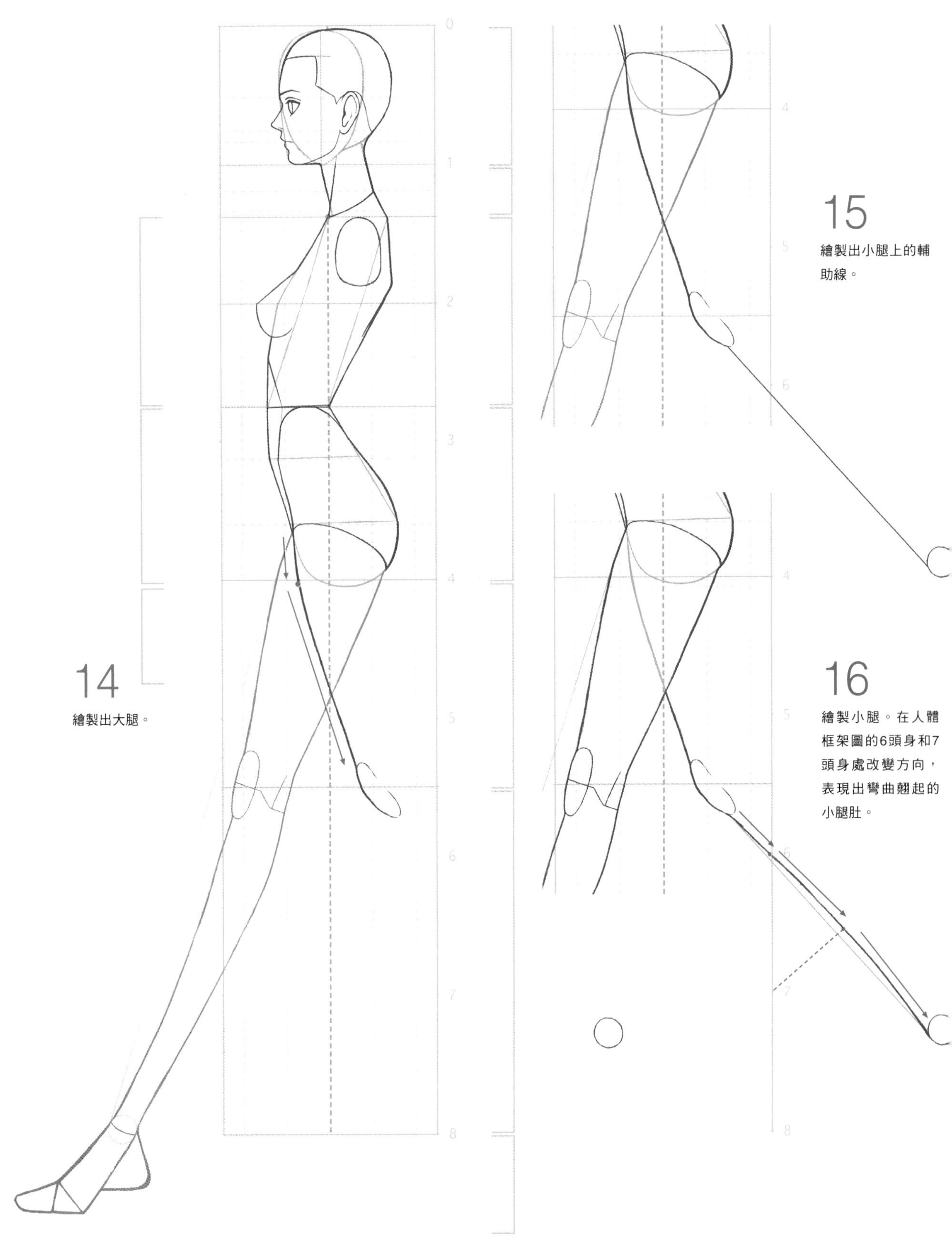


14

繪製出大腿。

15

繪製出小腿上的輔助線。

16

繪製小腿。在人體框架圖的6頭身和7頭身處改變方向，表現出彎曲翹起的小腿肚。

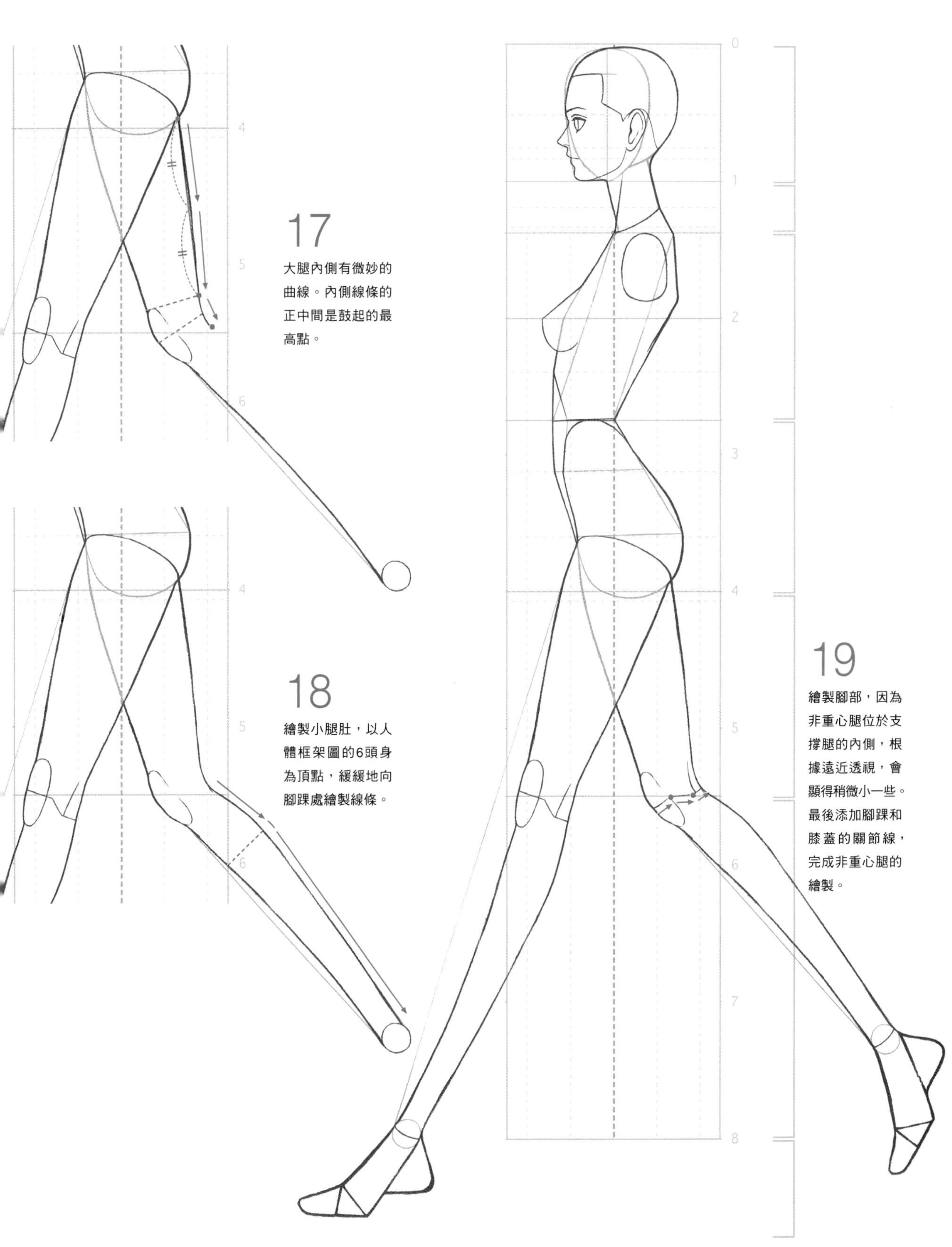

17

大腿內側有微妙的曲線。內側線條的正中間是鼓起的最高點。

18

繪製小腿肚，以人體框架圖的6頭身為頂點，緩緩地向腳踝處繪製線條。

19

繪製腳部，因為非重心腿位於支撐腿的內側，根據遠近透視，會顯得稍微小一些。最後添加腳踝和膝蓋的關節線，完成非重心腿的繪製。

# 上半身 手臂與鎖骨的連接處是重點

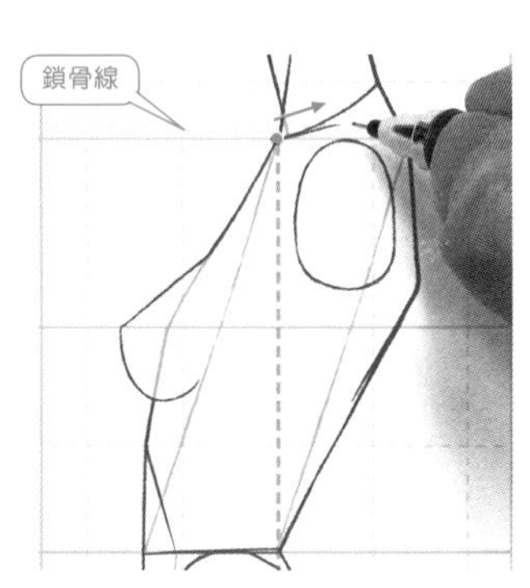


1 鎖骨線向上提起，與鎖骨的凸起交會。

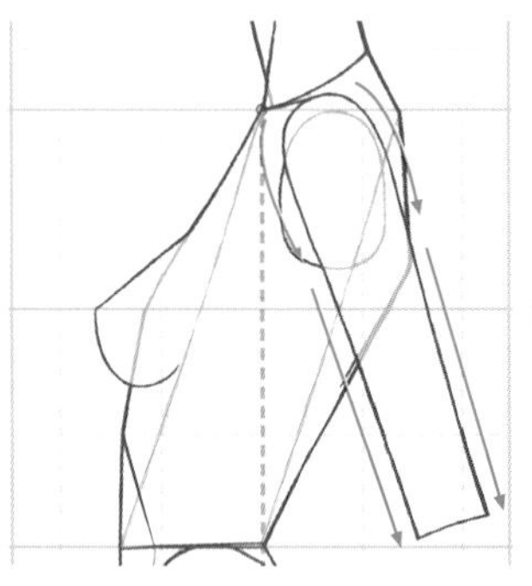

2 因為支撐腿向前邁出，所以會帶動手臂向後擺動。繪製出肩膀的線條，使其與鎖骨線相連，從肩頭向下用直線繪製。

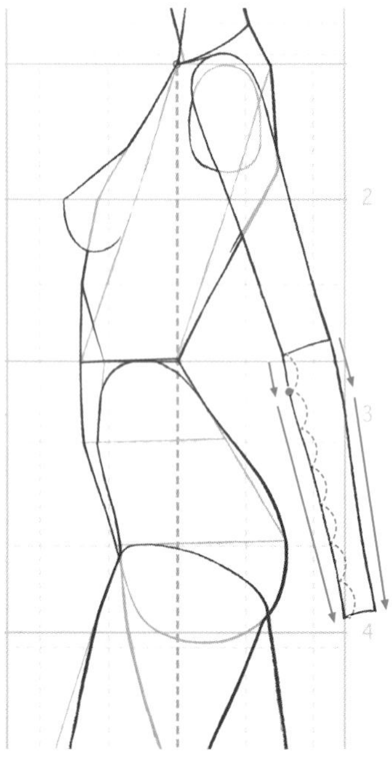

3 繪製前臂，在其上方的1/7處表現出一定的隆起。隆起的高度為距離輔助線1mm。

## 繪製手部時，可以將手背和手指分別繪製

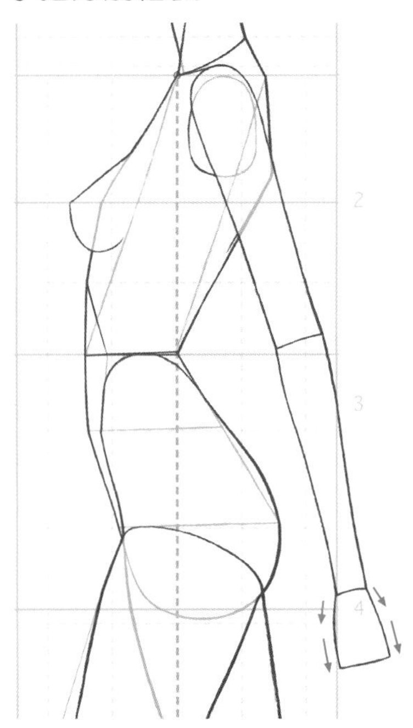

4 手部和腳部一樣，都是一不小心就容易畫小的部位，因此我們在一開始就索性畫得大一些。其形狀表現為上方1/3處有隆起的六邊形。

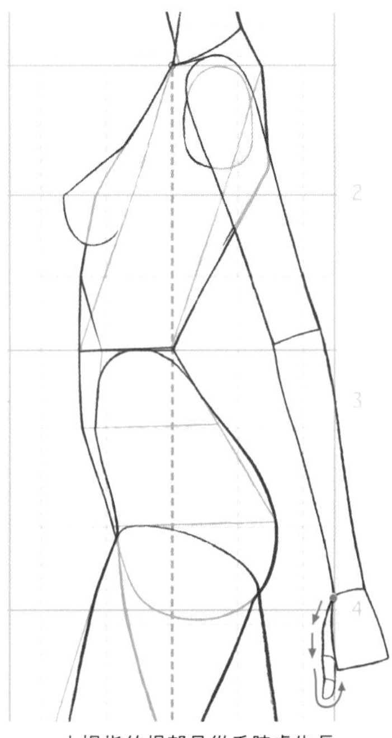

5 大拇指的根部是從手腕處生長出來的。

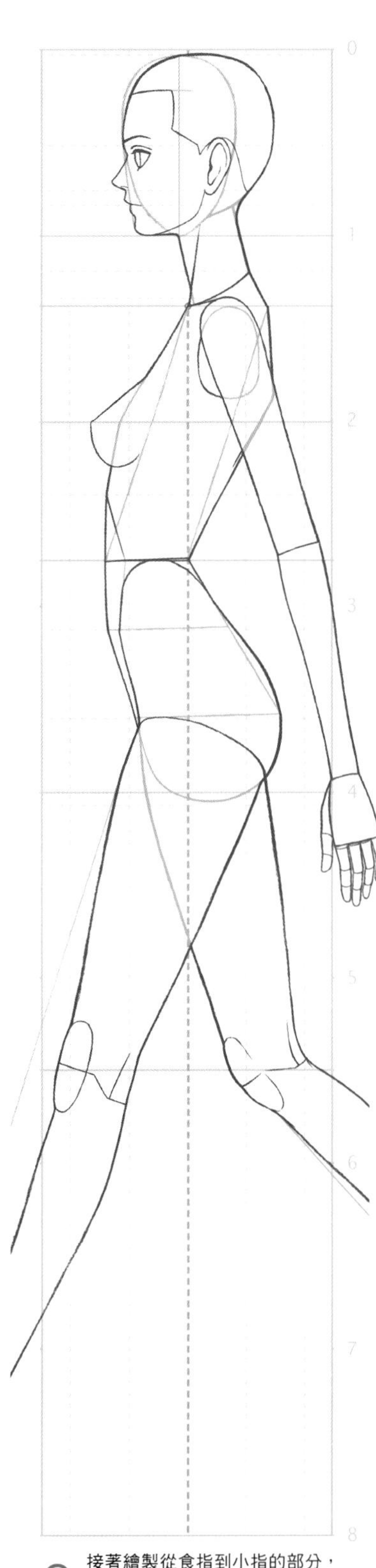

6 接著繪製從食指到小指的部分，如果不擅長繪製手指，可將四根手指先畫成合指手套狀，然後再進行繪製（請參見第 119 頁）。

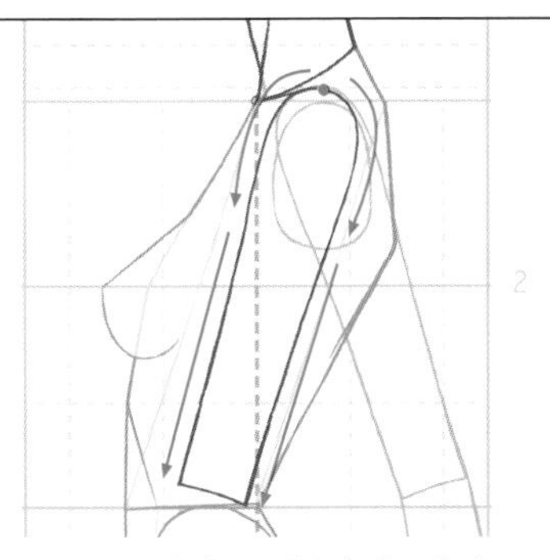

7 因為非重心腿的腿部是向後方伸展的，所以會帶動手臂向前擺動。繪製肩膀時要與鎖骨線相接，從肩頭向下用直線來繪製。

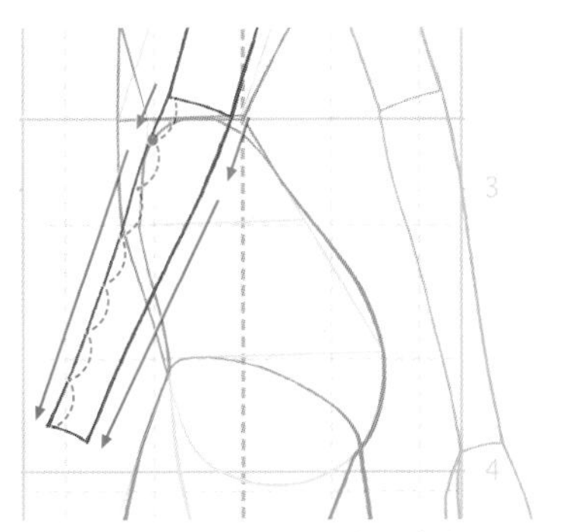

8 繪製前臂時，在其上方1/7處表現出一定的隆起。

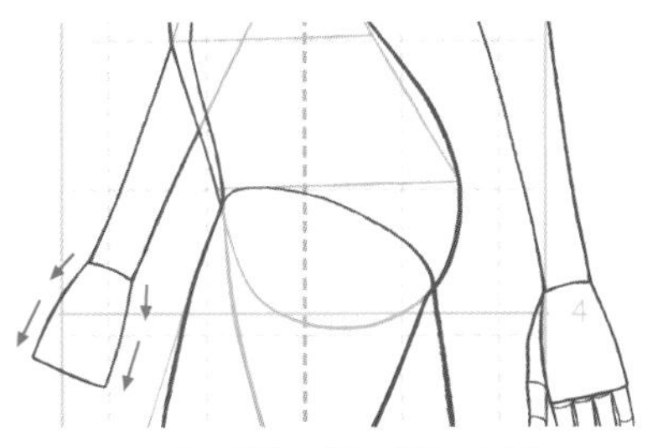

9 手部和腳部一樣，都是一不小心就容易畫小的部位，因此我們在一開始就索性畫得大一些。其形狀表現為上方1/3處有隆起的六邊形。

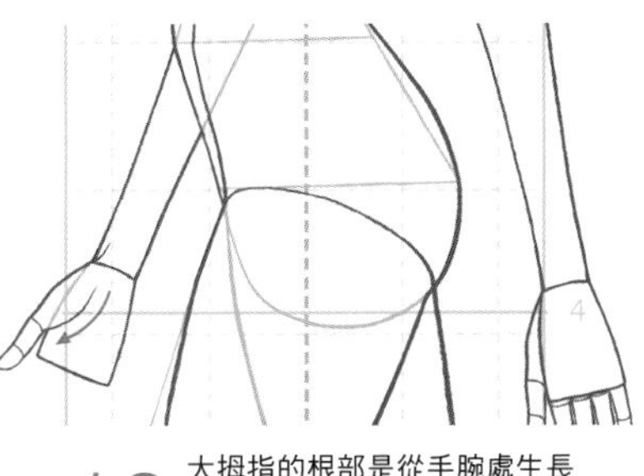

10 大拇指的根部是從手腕處生長出來的。繪製手掌的要點是要表現出連接大拇指的肌肉。

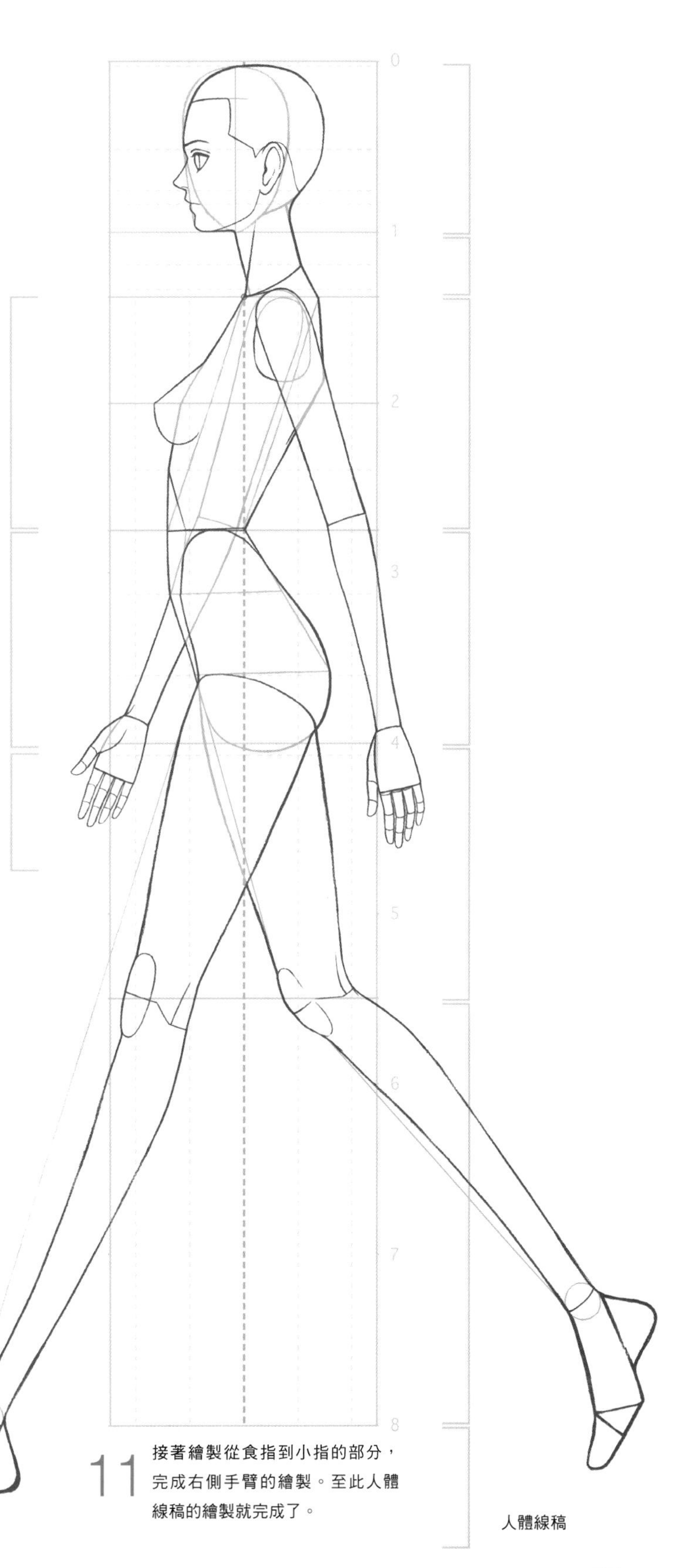

11 接著繪製從食指到小指的部分，完成右側手臂的繪製。至此人體線稿的繪製就完成了。

人體線稿

# 從人體線稿到人體完成圖

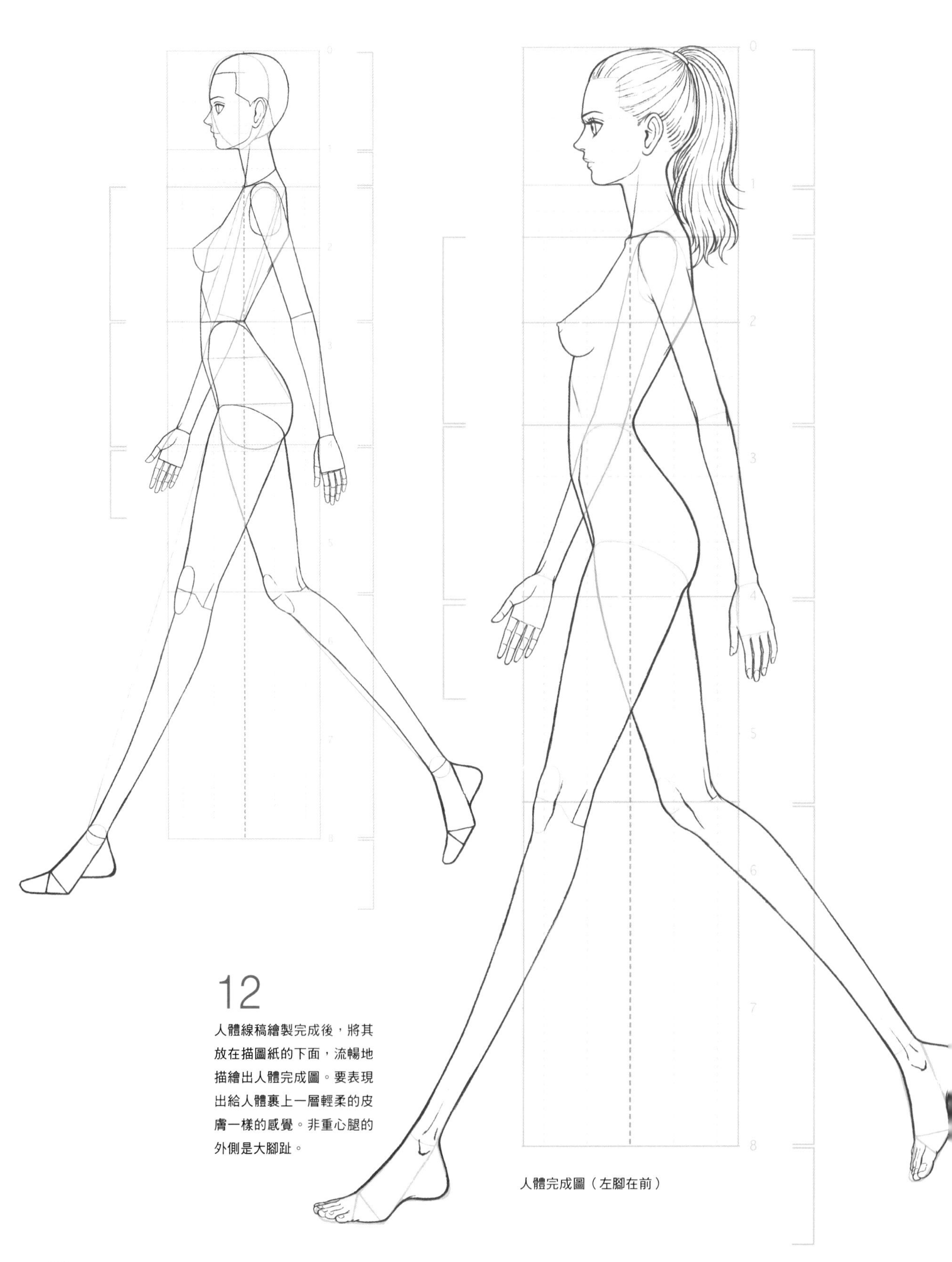

## 12

人體線稿繪製完成後，將其放在描圖紙的下面，流暢地描繪出人體完成圖。要表現出給人體裹上一層輕柔的皮膚一樣的感覺。非重心腿的外側是大腳趾。

人體完成圖（左腳在前）

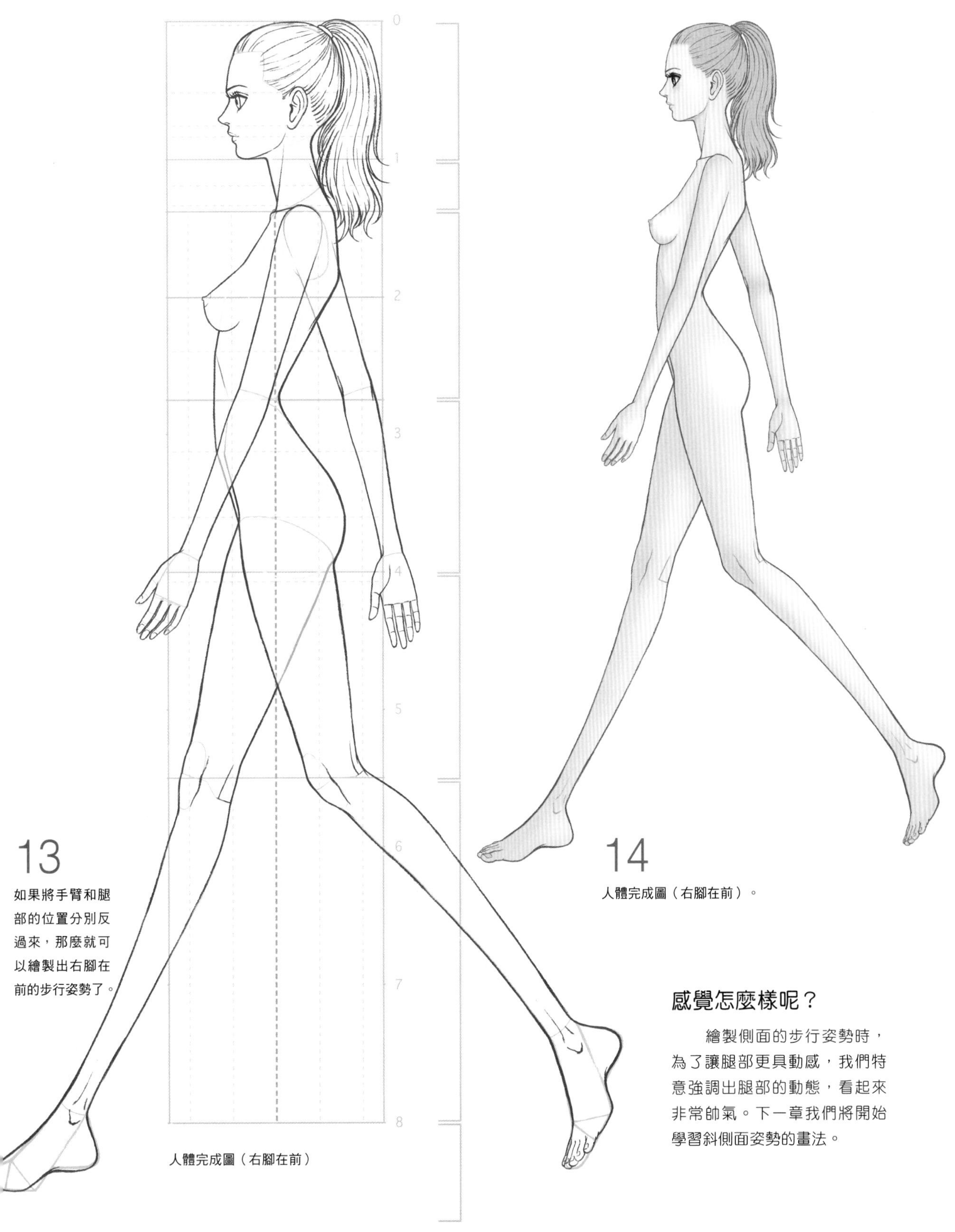


13

如果將手臂和腿部的位置分別反過來，那麼就可以繪製出右腳在前的步行姿勢了。

人體完成圖（右腳在前）

14

人體完成圖（右腳在前）。

## 感覺怎麼樣呢？

繪製側面的步行姿勢時，為了讓腿部更具動感，我們特意強調出腿部的動態，看起來非常帥氣。下一章我們將開始學習斜側面姿勢的畫法。

# Pose Variations 各種姿勢

側面狀態的服裝可以同時展現出前後兩面的設計元素，因此我們要同時表現出前後的要點。胸部、後頸的蝴蝶結和裸露的後背都是繪製的要點。

## 想要快樂地練習繪製人體形態圖，哪些事情是非常必要的呢？

若要一下子畫出完整的人體完成圖，我們就需要同時注意很多細節。這樣一來，注意力很容易分散，也許畫著畫著就感受不到繪製的樂趣了。

這時候，我們先繪製自己喜歡的部位就可以了。

比如，有不少人對臉部的繪製很感興趣吧。實際上，有很多學生即便是沒有繪製過全身圖，但至少都嘗試過繪製臉部。日本人的繪畫不像歐美人那樣表現得非常立體，而是喜歡用簡潔的線條和平面的塊面來表現。因此，以漫畫為主，我們身邊有很多質樸的、易於模仿的素材。可以說是日本從浮世繪時代傳承下來的特有的繪畫技法。

另外，從日本人的面部表情上，也可以感知到各種各樣的情感。這就是在人際交往中培養起來的所謂的「默契」。因此，日本人很擅長讀取別人的面部表情，通常會將眼睛畫得大一些，或者將嘴巴的動作畫得誇張一些，以此來淺顯易懂地表現人物的情感。

女性的化妝技巧在不斷進步，我們會經常發現一些長著和漫畫人物一樣的大眼睛的女性。繪製這樣的臉部時，如果能夠找到自己獨特的表現技法，那麼你的繪畫興趣就會高漲，也就找到了一條提升繪畫水平的捷徑。帶著這樣的感覺，漸漸地對各個部位產生興趣，從而擴大自己的興趣面。

如果畫者是男性，我想大多數都會對女性特有的曲線美很感興趣。如果畫者是女性，我想她也許會在鎖骨、後背和手指等細節部位更加追求完美。如果身體的每個部位，你都有自己所鍾愛的形態，那麼全身繪製也會變得更加有趣。本書中的人體形態圖就是為了更好地展現人體每一個部位的平衡感而準備的人體比例圖。一方面是縱觀整體形態的宏觀視點，另一方面是追求每一個細節部位的微觀視點，通過將這兩個視點反覆交錯在一起，我們就能夠感受到一種形態之美與繪畫的樂趣了。

對自己筆下的繪製對象投入大量的情感和熱情，也許這才是提升繪製技法的捷徑。

### 對繪製對象的愛與情感，才是最重要的

我在學生時代的時候，常蒐集自己認為非常棒的動作姿態。除了正面、斜側面和正側面等站姿，還有坐姿、扭轉身體等各種各樣自己喜歡的姿勢，然後將這些資料以文件的形式保存起來。這樣今後有需要這方面題材的時候，馬上就可以繪製出來。同時，我還將一些細節部分也作為文件保存了下來。比如說自己喜歡的時裝、臉部的妝容、髮型等，這些資料在我編著本書的時候也起到了很大的作用。大家也嘗試著大量製作一些屬於自己的文件資料吧。

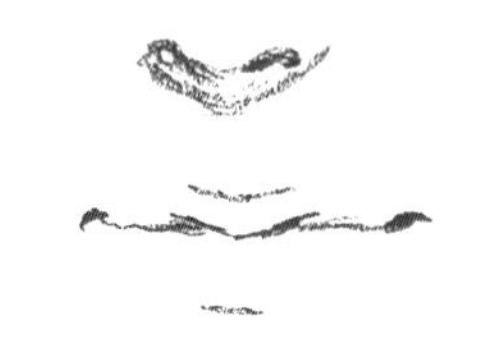

另外，老師當時還說了這樣一段話，讓我至今都記憶猶新：「為了更好地表現出質感、彈力和觸感，我們不僅僅要通過視覺去感知，還要通過觸覺、嗅覺、聽覺和味覺去感受，也就是要將五感整合。這一點很重要。」

希望大家在繪製的時候，也不僅僅是去觀察，而是通過接受各種各樣的感官刺激，去豐富自己的感知。

更多的訓練還會持續進行，請大家在接受各種感知的同時，快樂地進行繪製吧。

CHAPTER03

# 45° 側面和 45° 背側面

45° 側面姿勢的繪製方法綜合了前文中的正面、背面和正側面的知識點。由於這個姿勢可以同時展現出衣服的設計和骨骼的立體感，因此看起來非常美。同時，繪製中需要注意的要點也會有所增加。下面我們就一步一步地來學習吧。

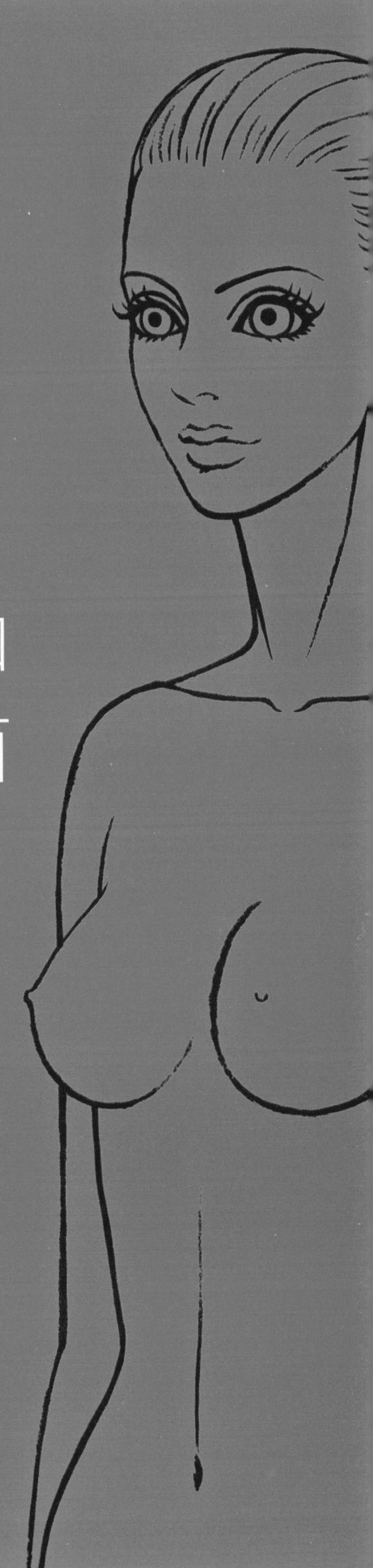

# 雙腿承擔體重的姿勢①直立

## 正中線呈S形曲線

在正面的情況下，身體以正中線為中心呈左右對稱狀；側面時，身體的曲線就被強調出來了。凸出的胸部、正中線以及腿部的S形曲線都是繪製中的要點。由於斜側面處於正面和側面之間，因此，身體也呈S形曲線。

### 比較不同朝向的正中線

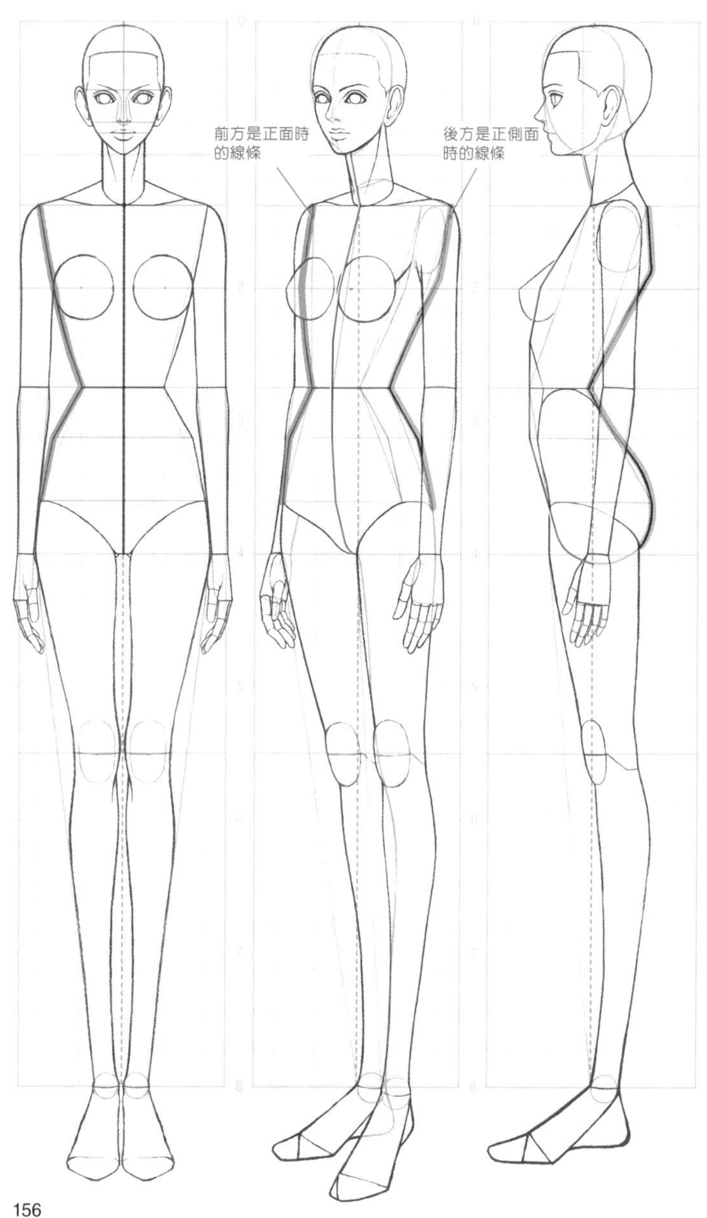


隨著正面向正側面的轉體，
正中線（細的粉色線）逐漸
變為S形曲線

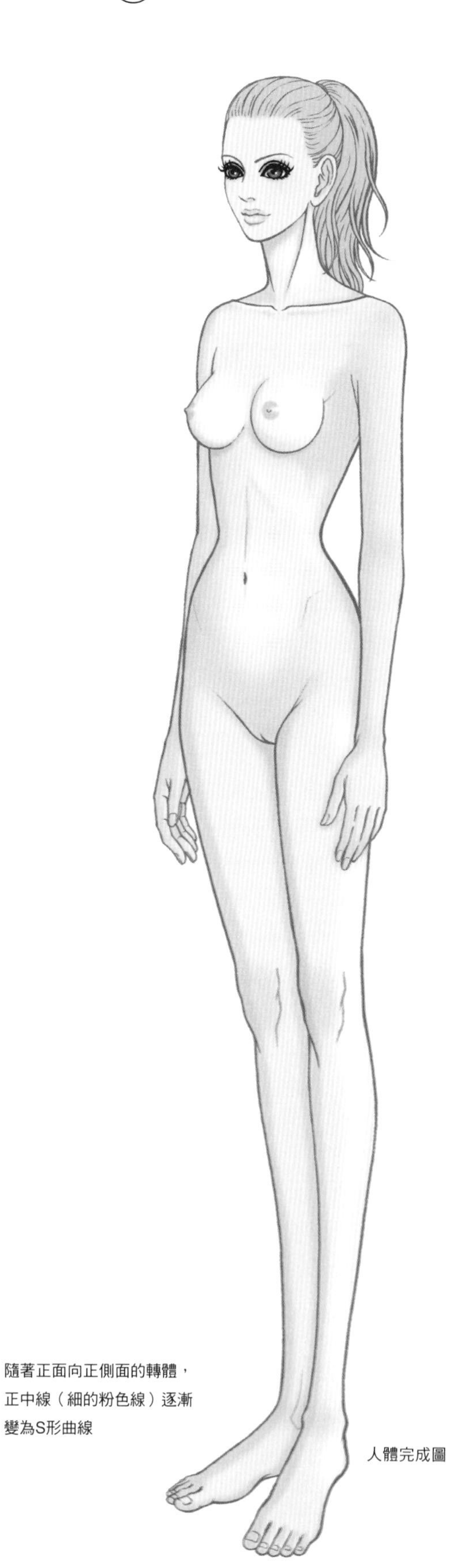

人體完成圖

# 把人體框架圖放在下面，按照一定的比例繪製人體

## 繪製S形曲線的秘訣

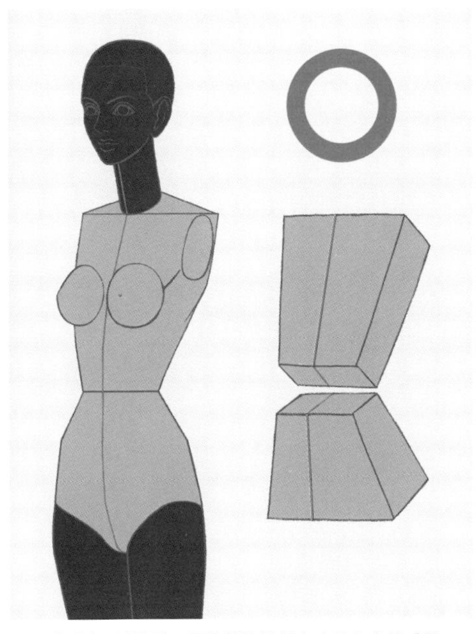

為了強調出S形體型，要將肚臍繪製出向外凸出的感覺。

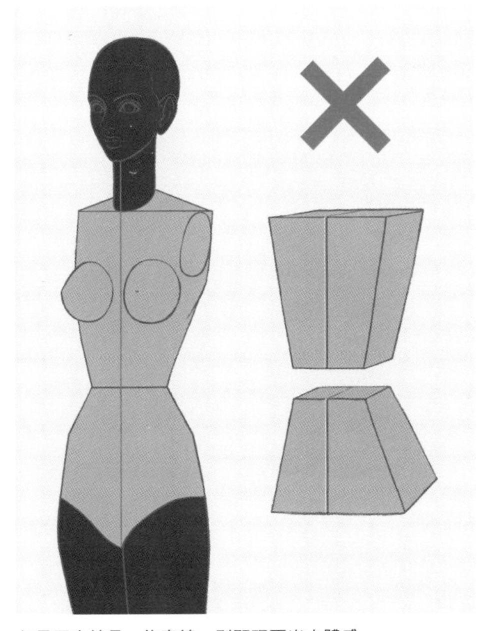

如果正中線是一條直線，則顯現不出立體感

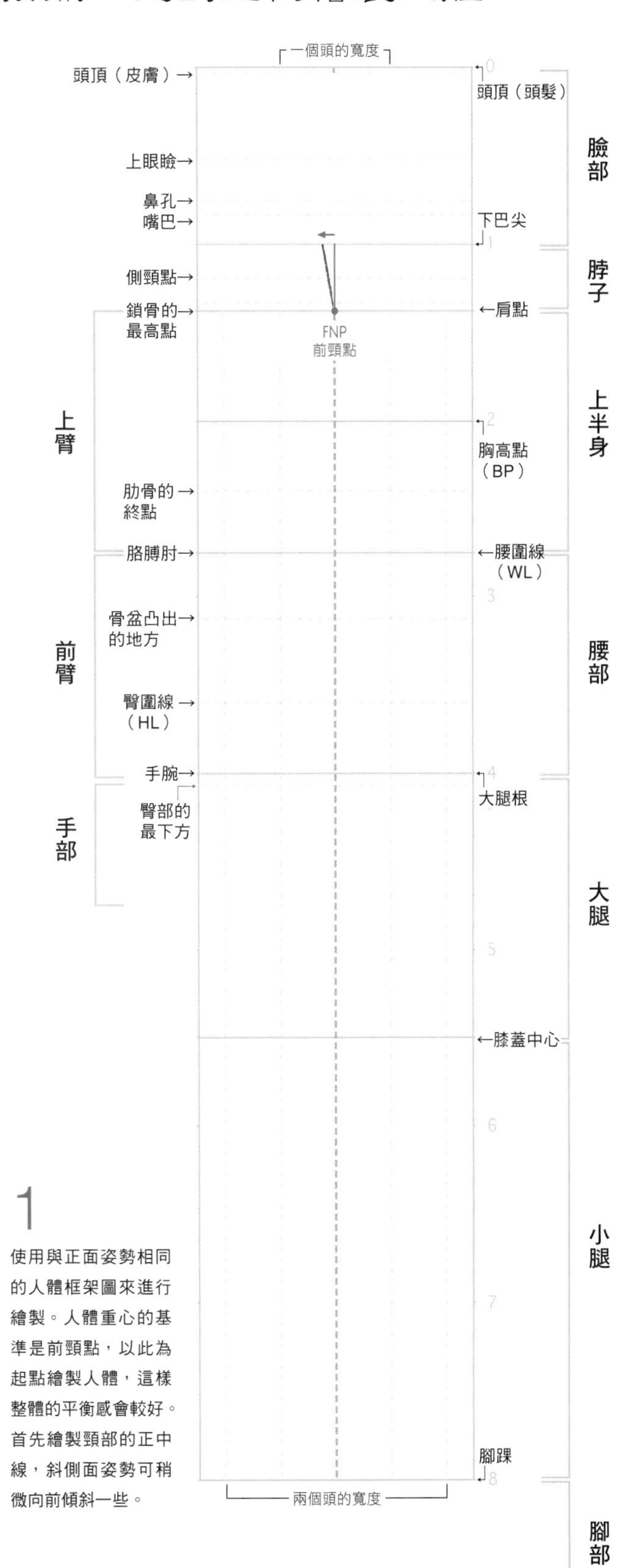


1

使用與正面姿勢相同的人體框架圖來進行繪製。人體重心的基準是前頸點，以此為起點繪製人體，這樣整體的平衡感會較好。首先繪製頸部的正中線，斜側面姿勢可稍微向前傾斜一些。

# 繪製的實踐 頭部 從臉部的輪廓開始

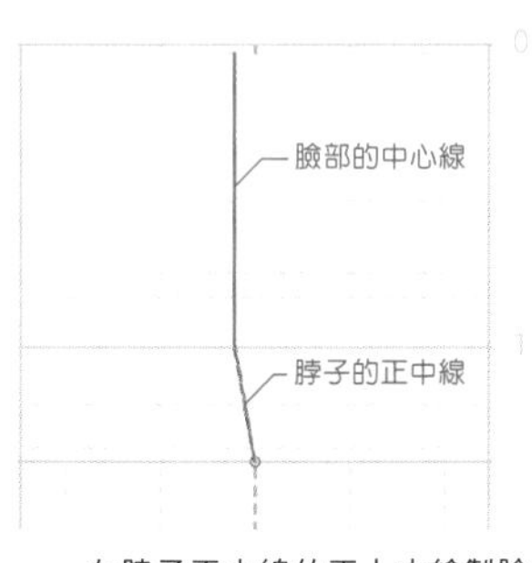


2 在脖子正中線的正上方繪製臉部的中心線。

## 臉部的基本輪廓為鵝蛋形

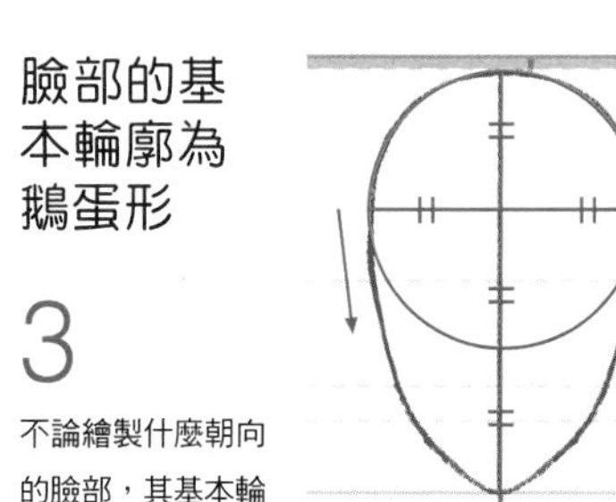

3 不論繪製什麼朝向的臉部，其基本輪廓都是正面的鵝蛋形臉部。繪製時先將中心線進行三等分，以上面的兩等分為直徑畫圓。然後連接太陽穴到下巴的部分，使整體呈鵝蛋形。繪製時要稍微向內側畫弧線。另外要注意左右對稱。

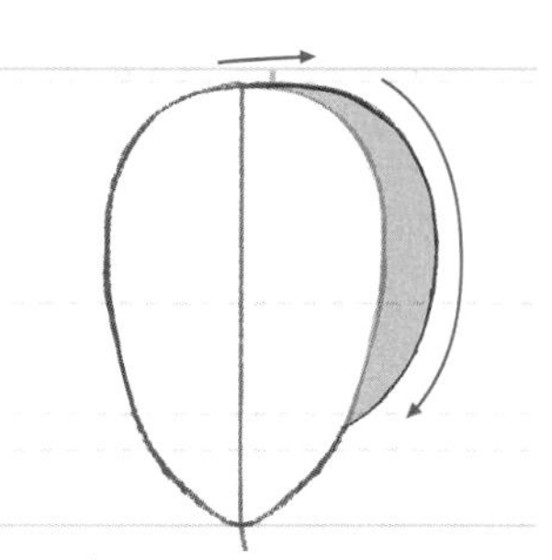

4 描繪後腦勺部分。在鵝蛋形上方的3/4的部分畫出一個月牙形。因為這是表示斜側面的重要部分，因此要畫得大一些。

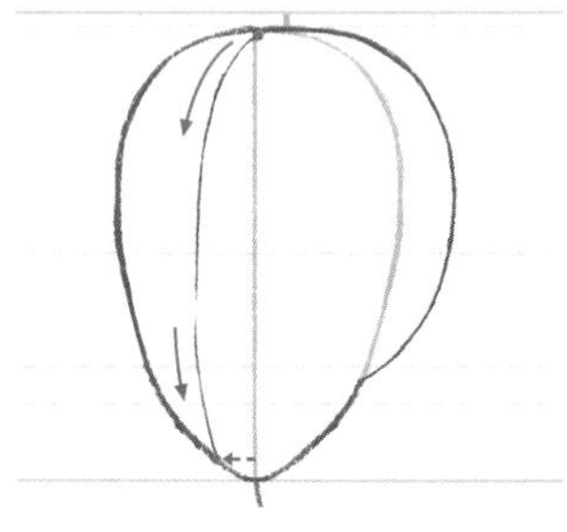

5 繪製斜側面臉部的正中線。繪製時要以鵝蛋形的面部繪製曲線。終點偏離中心一些。

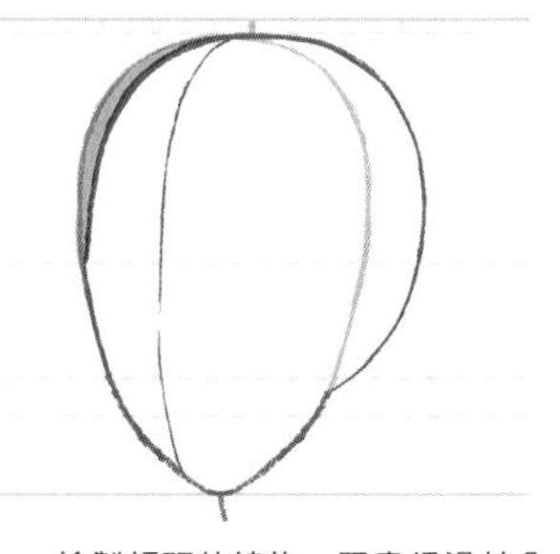

6 繪製額頭的線條。因畫得過於凸出，所以要擦除部分。

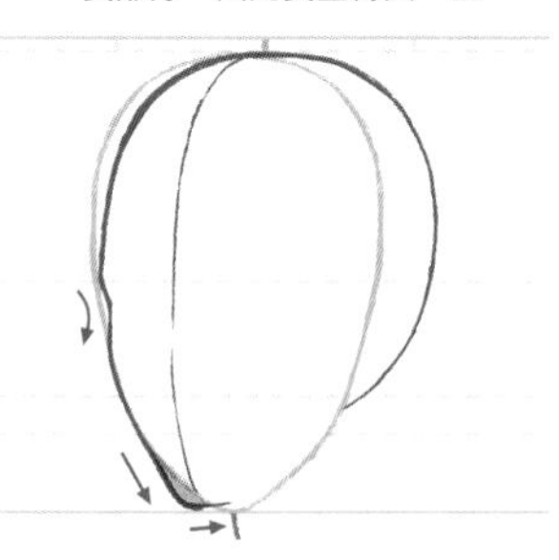

7 表現出眼睛的凹陷和下巴的隆起。

8 繪製從下巴到腮的部分，將線條一直延續到耳根。

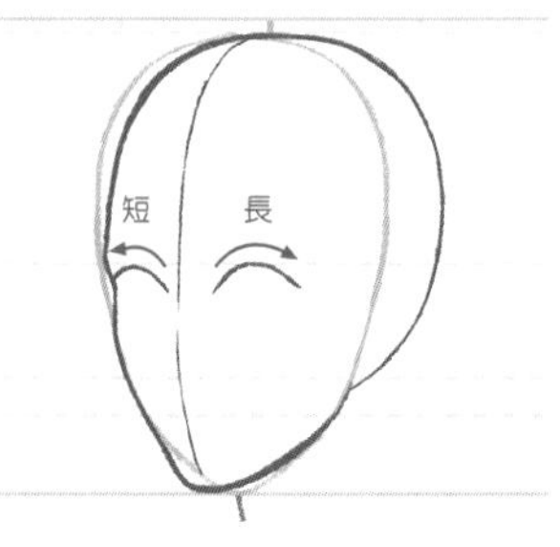


9 以正中線為準分別向左右兩邊畫出上眼瞼。由於遠近的透視關係，外側的眼睛會顯得較大。注意表現出兩隻眼睛的大小差別。

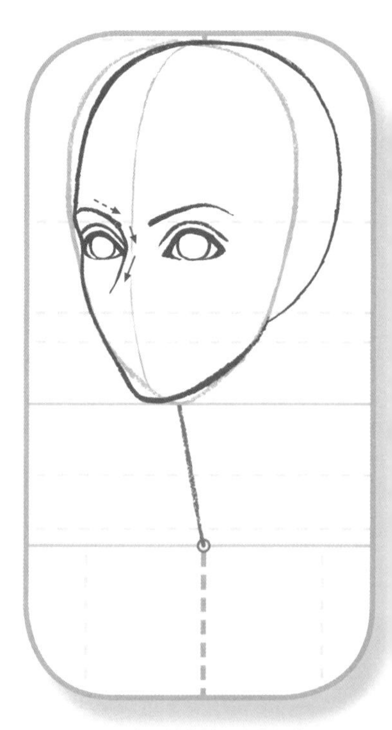

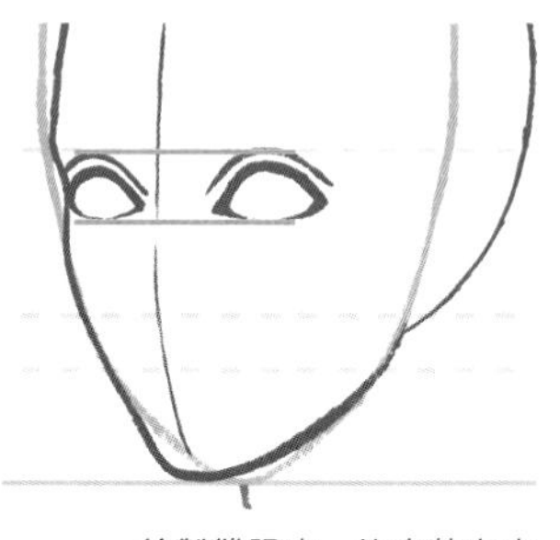

10 繪製雙眼皮，注意其高度要統一。

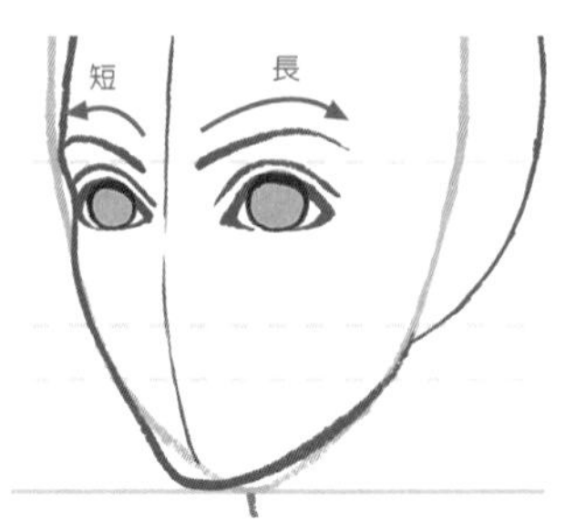


11 眉毛也是外側略長一些。如果將虹膜繪製得略大於眼瞼，眼睛會顯得更有魅力。虹膜呈縱向略長的橢圓形。

12 鼻子的上端要與內側的眉毛相連，這樣會更有立體感。

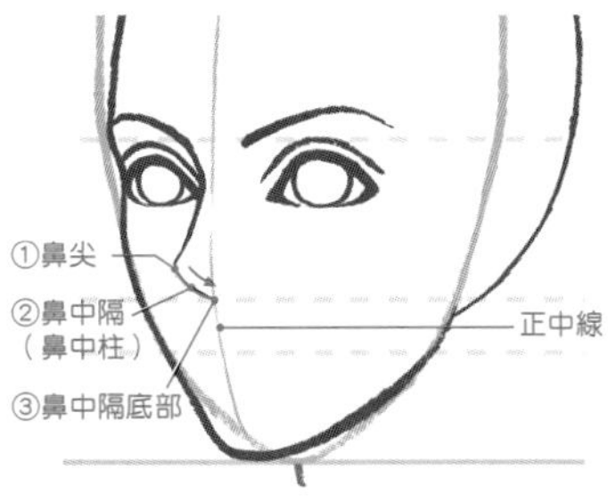


13 鼻中隔（鼻中柱）的終點位於正中線上。

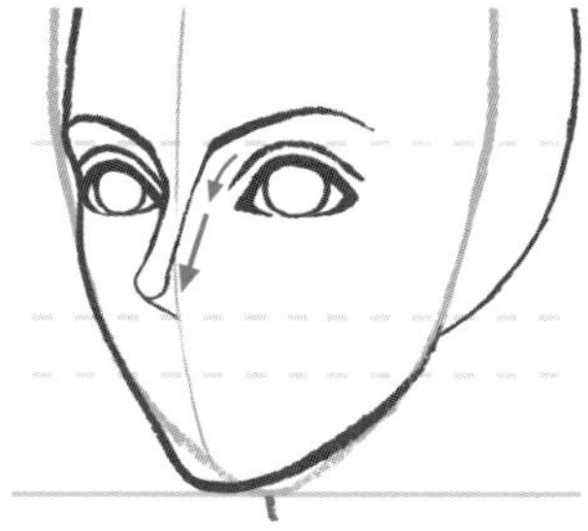

14 繪製時要注意表現出鼻樑的高度。

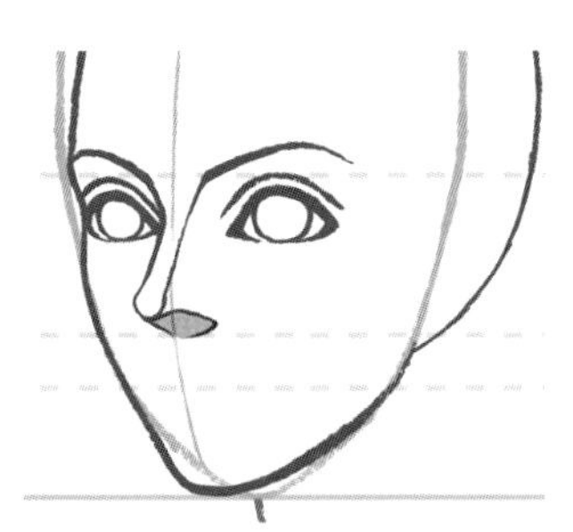

15 鼻頭的陰影呈菱形。

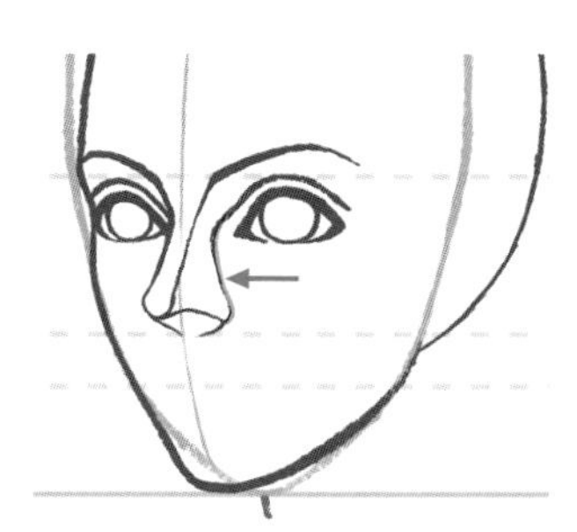

16 鼻翼部分也要繪製出來。

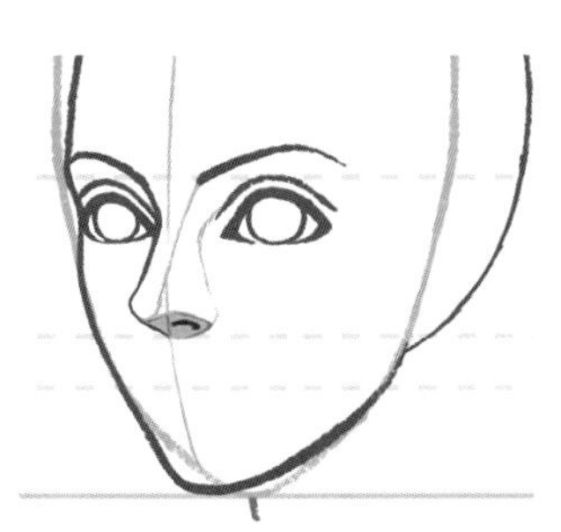

17 繪製鼻孔，在陰影部分畫一個「ヘ」形來表現。

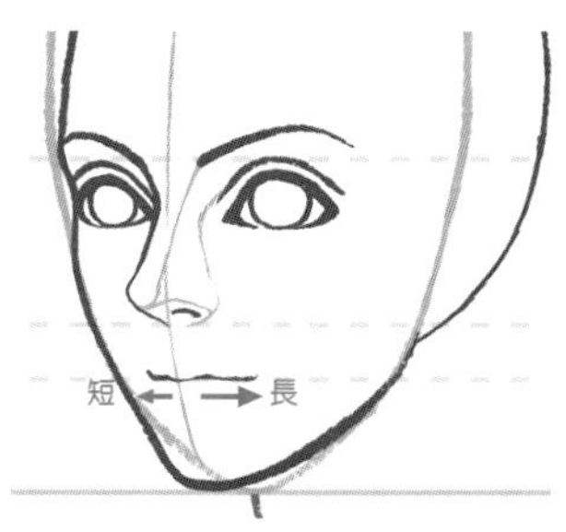


18 嘴巴從中間的凹陷處向兩邊延伸。因遠近透視，可將外側的部分畫得長一些。

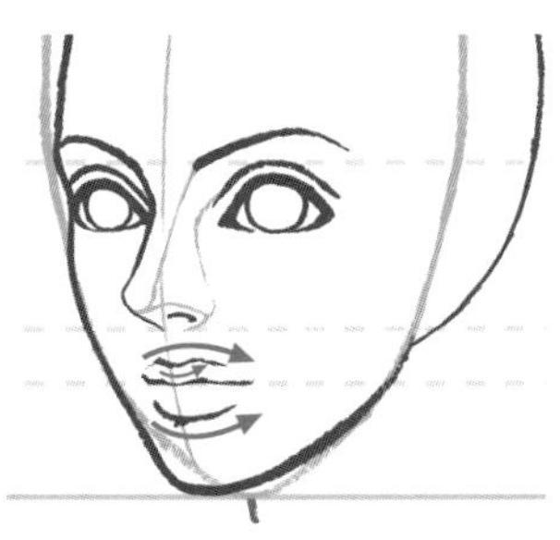

19 嘴唇的厚度大致相同，因上唇的中間有凹陷，所以下唇顯得厚一些。

20 繪製耳朵。耳廓部分以數字「6」的形狀繪製。

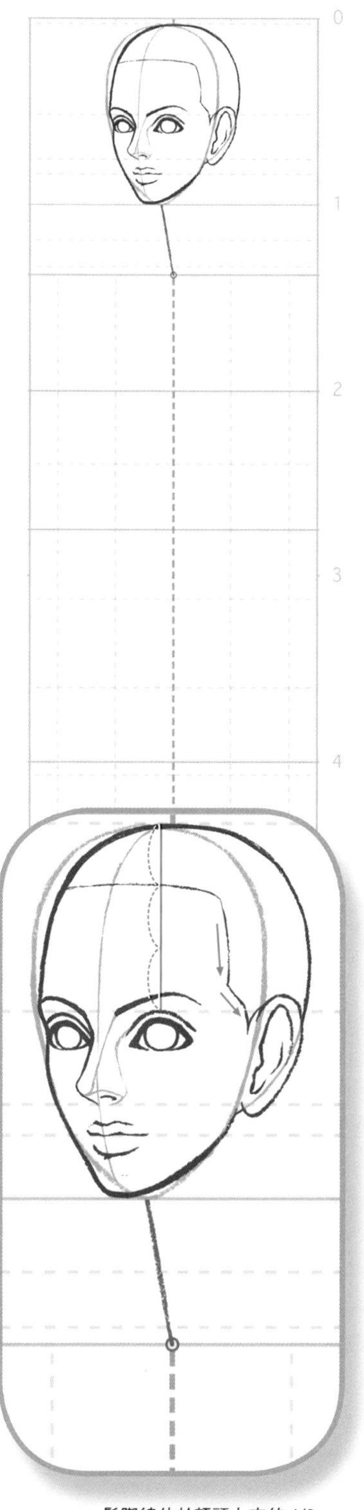


21 髮際線位於額頭上方的 1/3 處。太陽穴部分的髮際線呈「く」形。

# 繪製的實踐 上半身 從脖子到軀幹

## 脖子呈向前傾倒的圓柱形

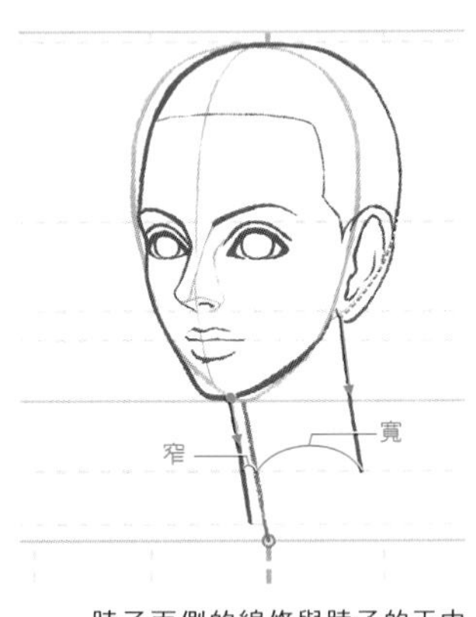


1 脖子兩側的線條與脖子的正中線平行。

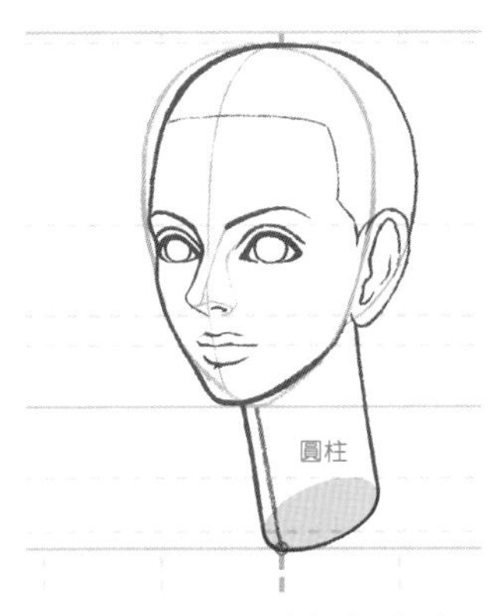


2 參照圓柱體的底部來繪製脖子線條。

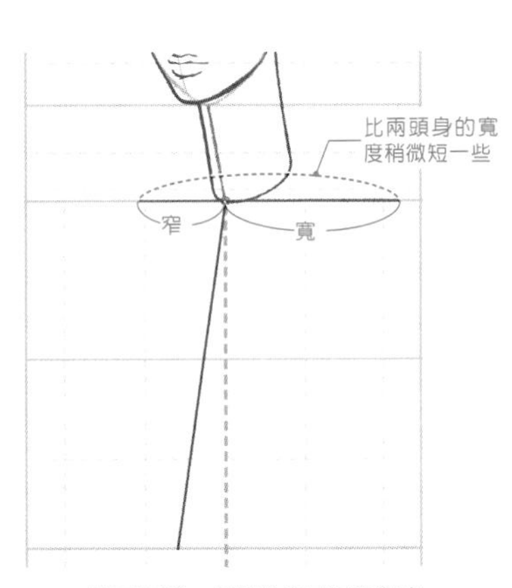


4 從正面看，肩膀的寬度是頭部寬度的兩倍。臉部側向的角度越大，肩膀的寬度就越窄。因遠近透視可將外側繪製得長一些，內側繪製得稍微窄一些。

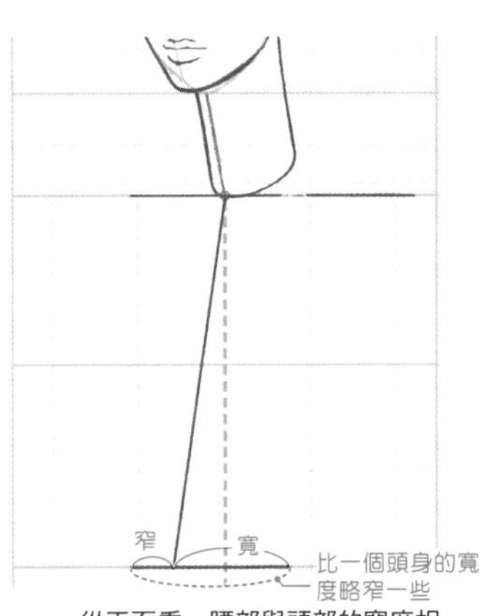


5 從正面看，腰部與頭部的寬度相等。臉部側向的角度越大，腰部的寬度就越窄。因遠近透視，繪製時可將外側繪製得長一些，內側繪製得稍微窄一些。

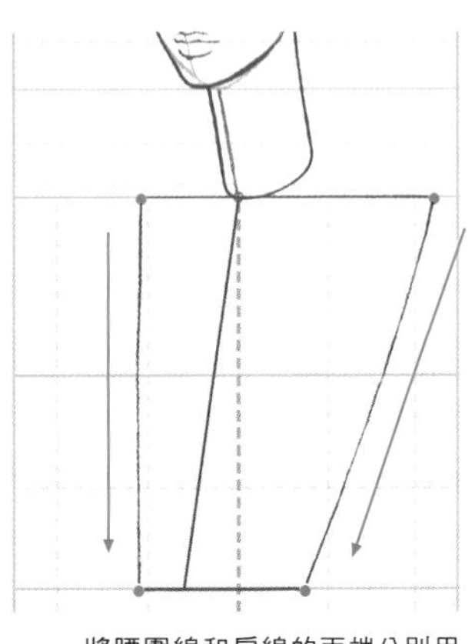

6 將腰圍線和肩線的兩端分別用直線連接起來。

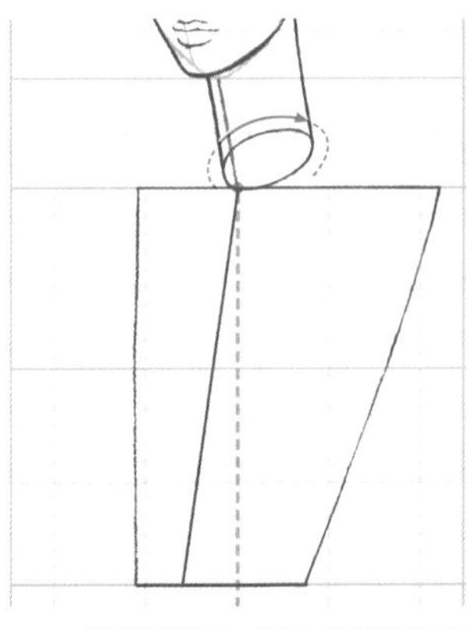

7 繪製肩線時，要先從頸部確定好起點。頸部線條為橢圓形。

## 繪製軀幹時，將胸部與腹部考慮為一體

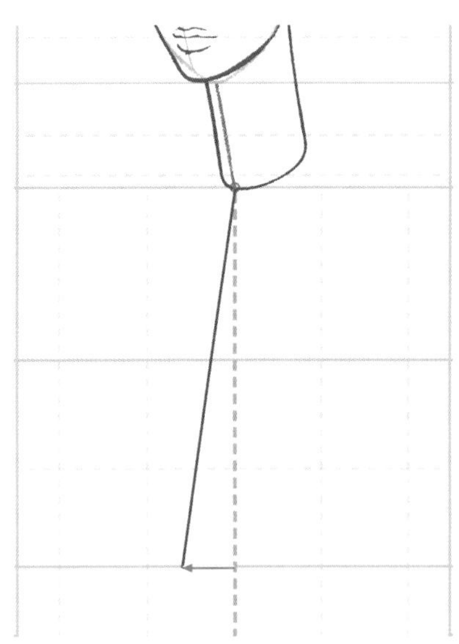

3 只要不是向前彎曲的姿勢，我們都可以將胸部和腹部視為一體，稱為「軀幹」。首先在人體框架圖正中靠前的位置畫出正中線的輔助線。要表現出肚臍部分向前凸出的感覺。

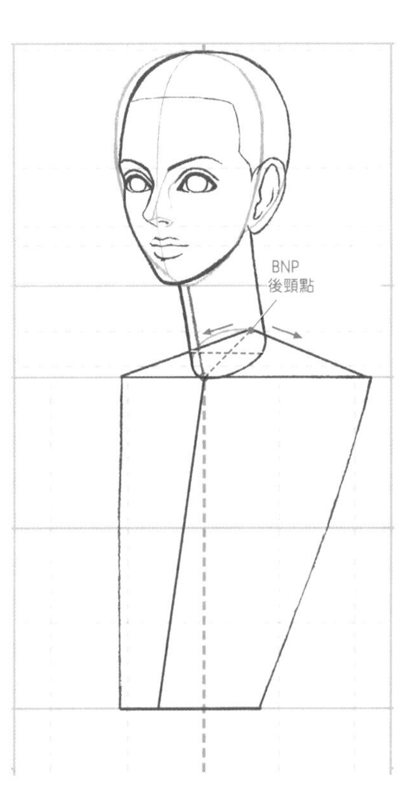


8 連接後頸點到肩膀兩端的線條。

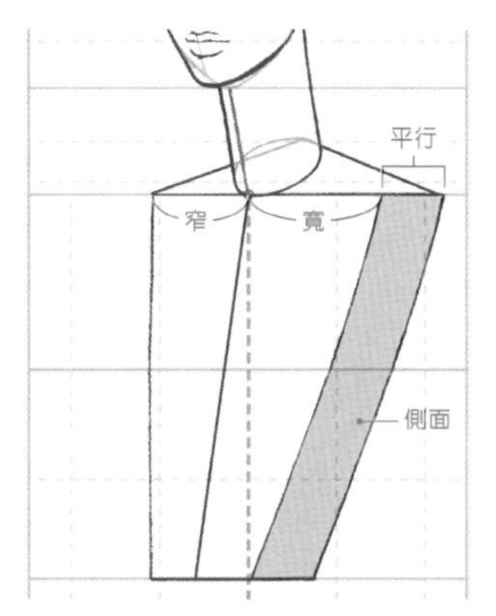


9 斜側面既能看到身體前面，又能看到身體的側面。因此我們需要畫出正面和側面的分界線。繪製時，分界線要與後背的線條平行，並注意表現出遠近透視。

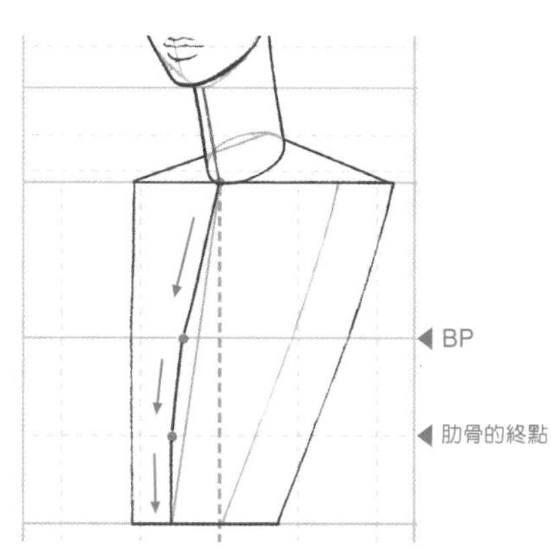


10 每個部位基本上都有隆起。我們可以以「胸高點」和「肋骨的終點」為頂點畫出平緩的凸起，來表現肋骨柔和的凸起。先繪製出正中線，隆起為 2mm。

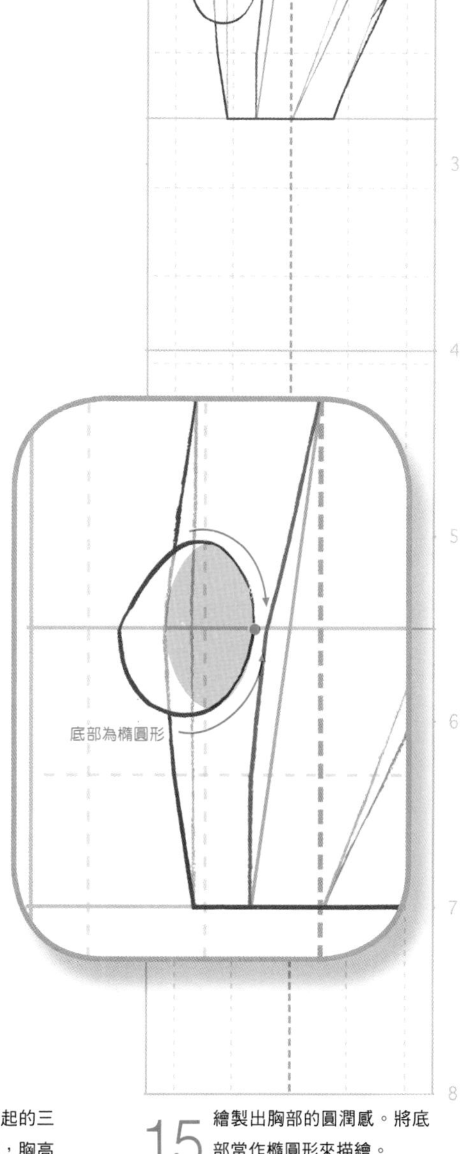


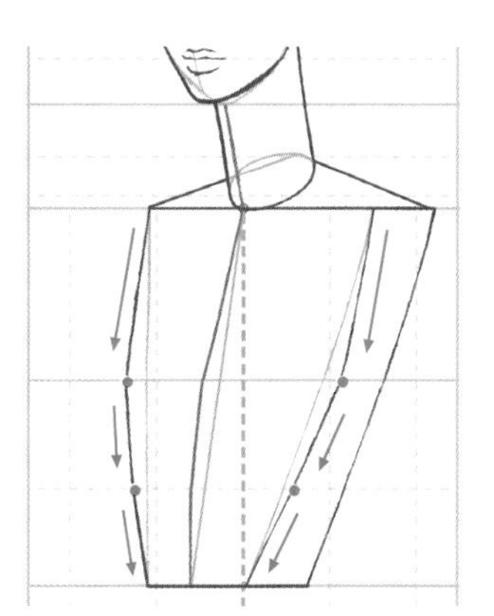

11 繪製正側面的隆起。

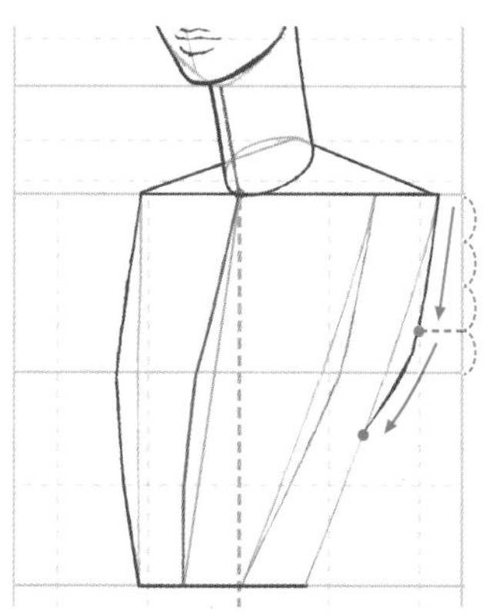

12 後背的隆起是從肩胛骨的凸起處開始繪製的。頂點位於肩點到胸高點間靠下方的1/4處。

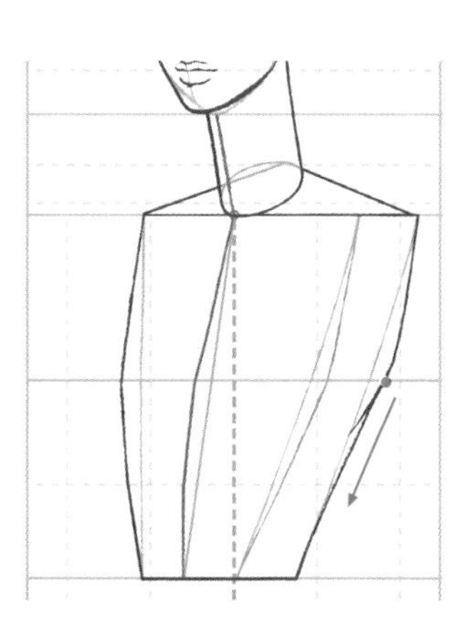

13 將線條連接到腰部。

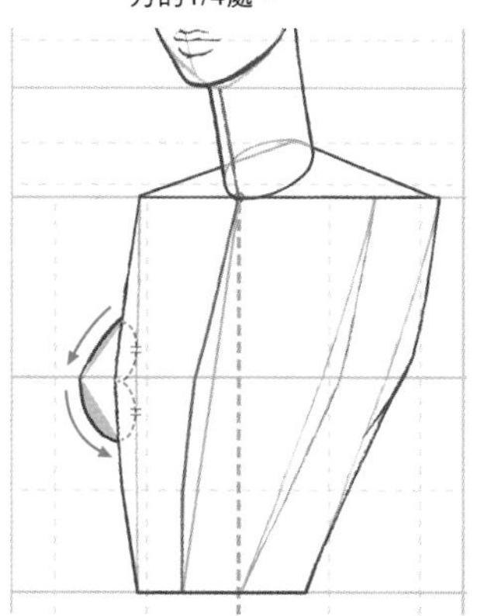

14 側向的胸部是立體的。首先，用隆起的三角形來表示罩杯。由於受重力影響，胸高點的下面隆起較大。

15 繪製出胸部的圓潤感。將底部當作橢圓形來描繪。

## 上半身 從軀幹到腰部

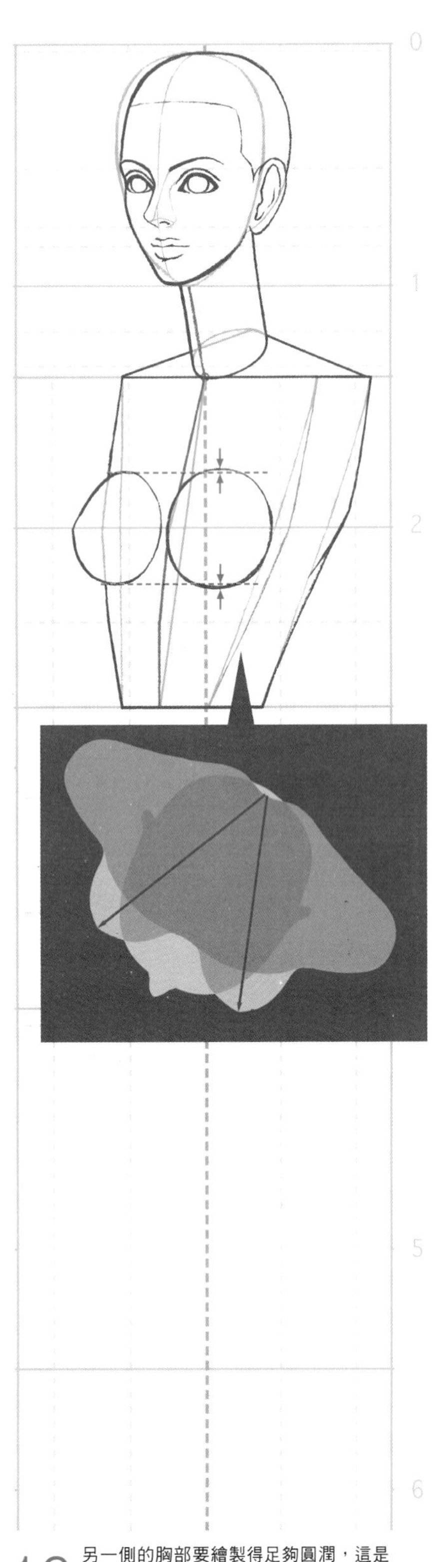

16 另一側的胸部要繪製得足夠圓潤，這是因為從上方俯看時，胸部呈八字形。外側的胸部要畫得大一些。

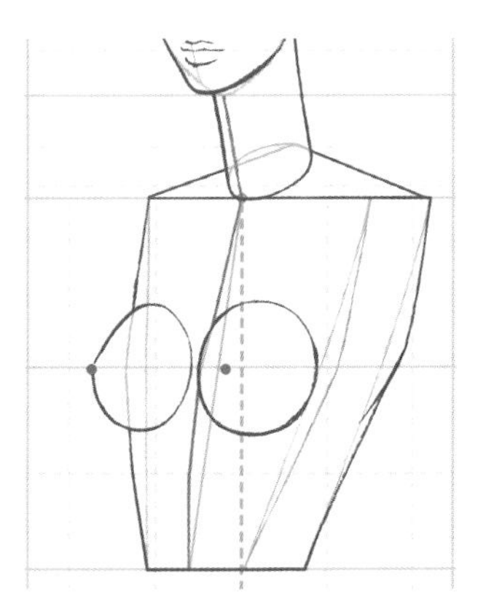

17 繪製胸高點。

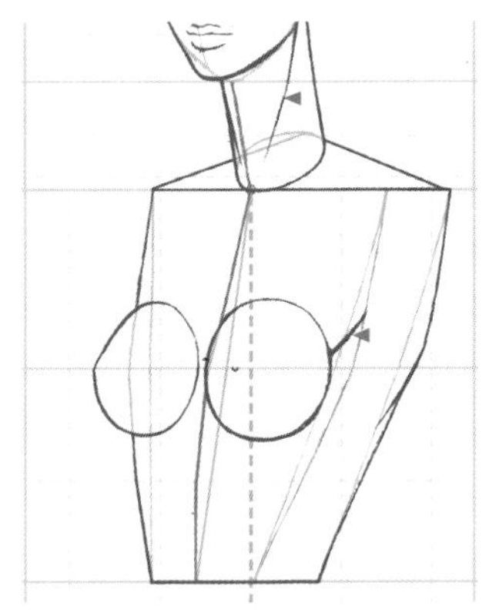

18 繪製脖子的線條以及從頸部到手臂的線條。

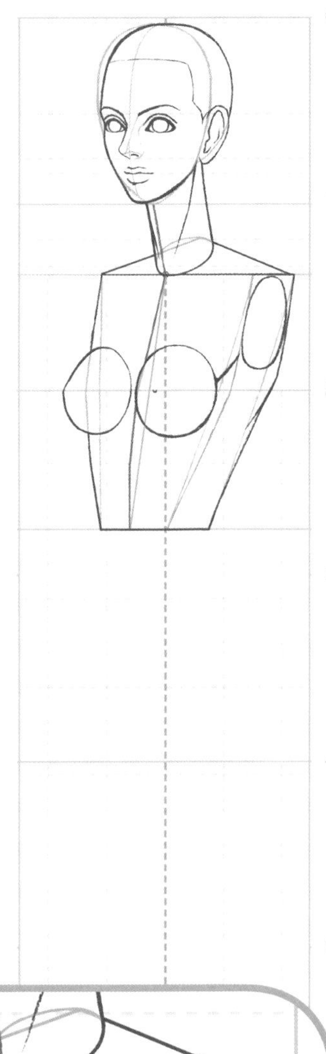

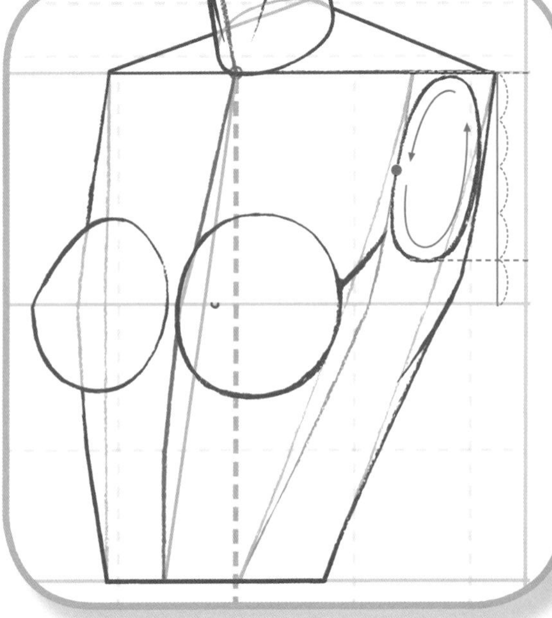

19 肩頭呈橢圓形。其縱向長度為從肩膀到胸高點的垂直距離的 4/5。

# 腰部像是穿了一件大褲子一樣

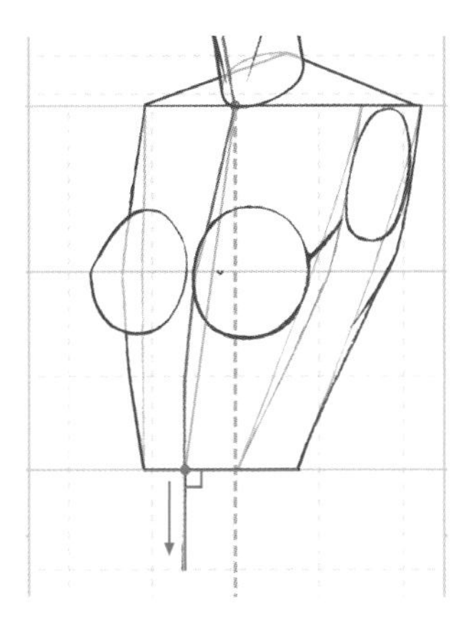

1

繪製腰部的正中線。以腰點為起點向下繪製出腰圍線的垂線。

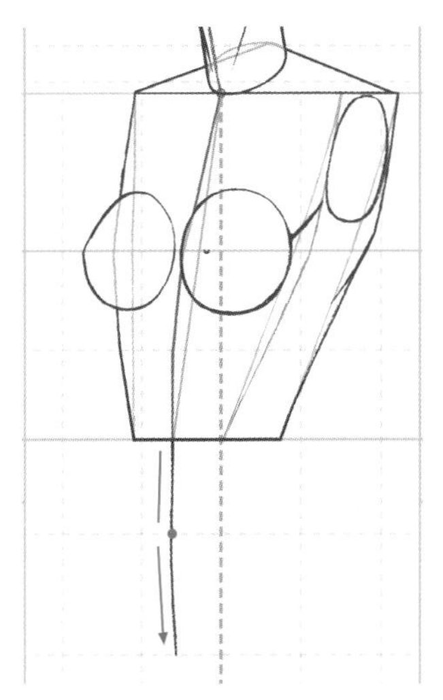

2

繪製時逐漸向中心線靠近，以表現出胯部的圓潤。

表現出漸漸彎曲的樣子

3

最後與中心線交會。其整體呈「J」形。

窄
寬
肩寬
臀圍線

4

臀部的寬度是頭部寬度的兩倍，與肩寬相等。繪製時與肩膀的線條一樣，外側較寬，內側較窄。

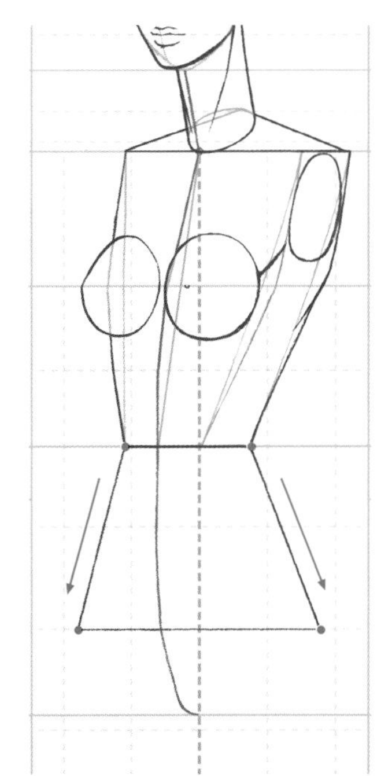

5

用直線分別將腰部線條的兩端與臀部線條的兩端相連。

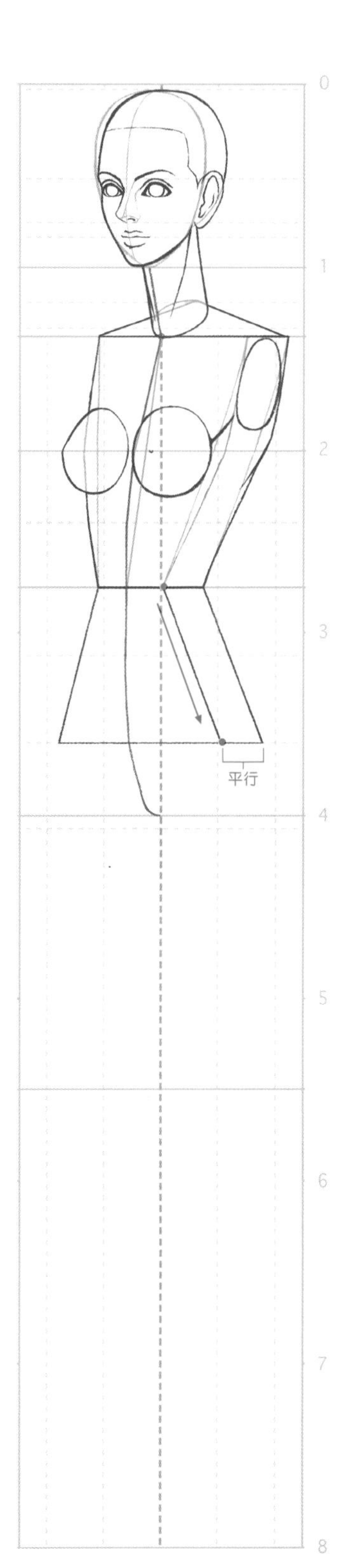


6

繪製正面與側面的分割線，與靠近臀部的線條平行。

# 下半身 從腰部到腿部

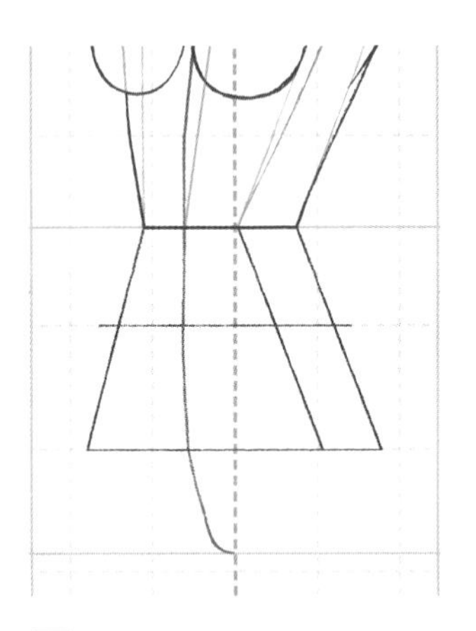

7 繪製腰部隆起的輔助線。

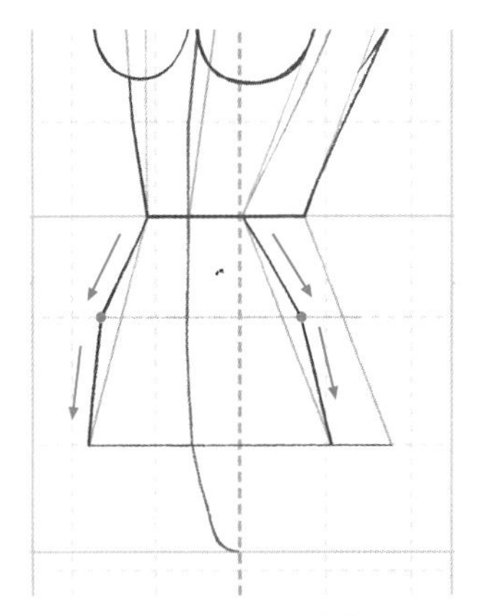

8 繪製身體前面的隆起部分，隆起的高度為2mm。

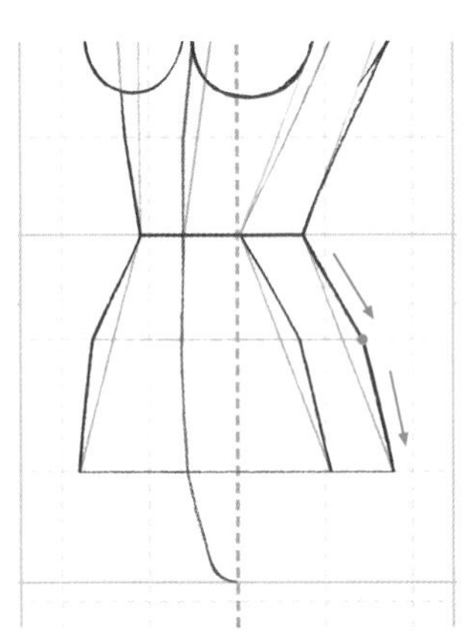

9 由於臀部的隆起與骨盆的隆起相平行，因此隆起的高度也是2mm。

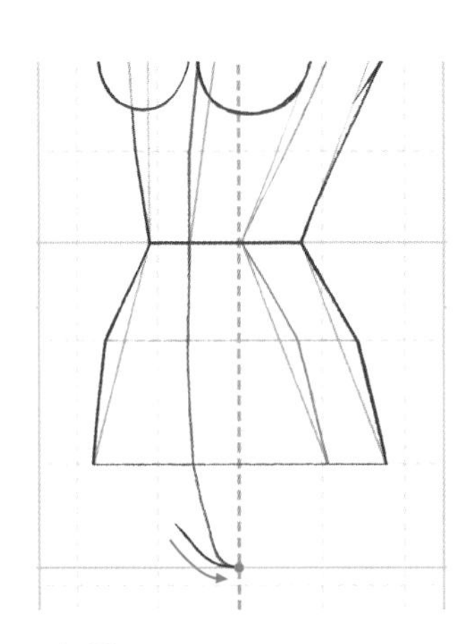

10 繪製胯下部分的隆起。

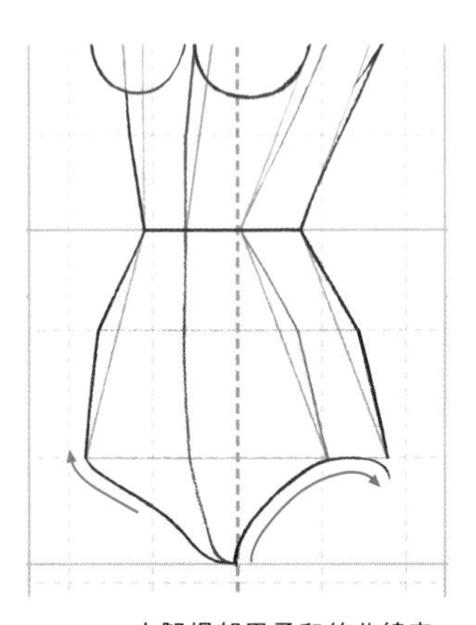

11 大腿根部用柔和的曲線來描繪。

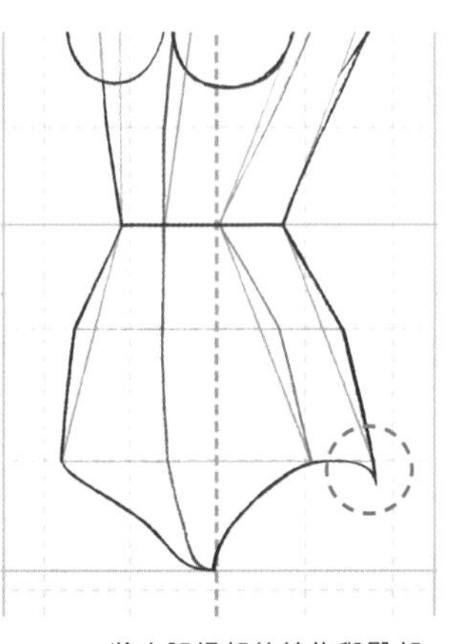

12 將大腿根部的線條與臂部的線條連接在一起。

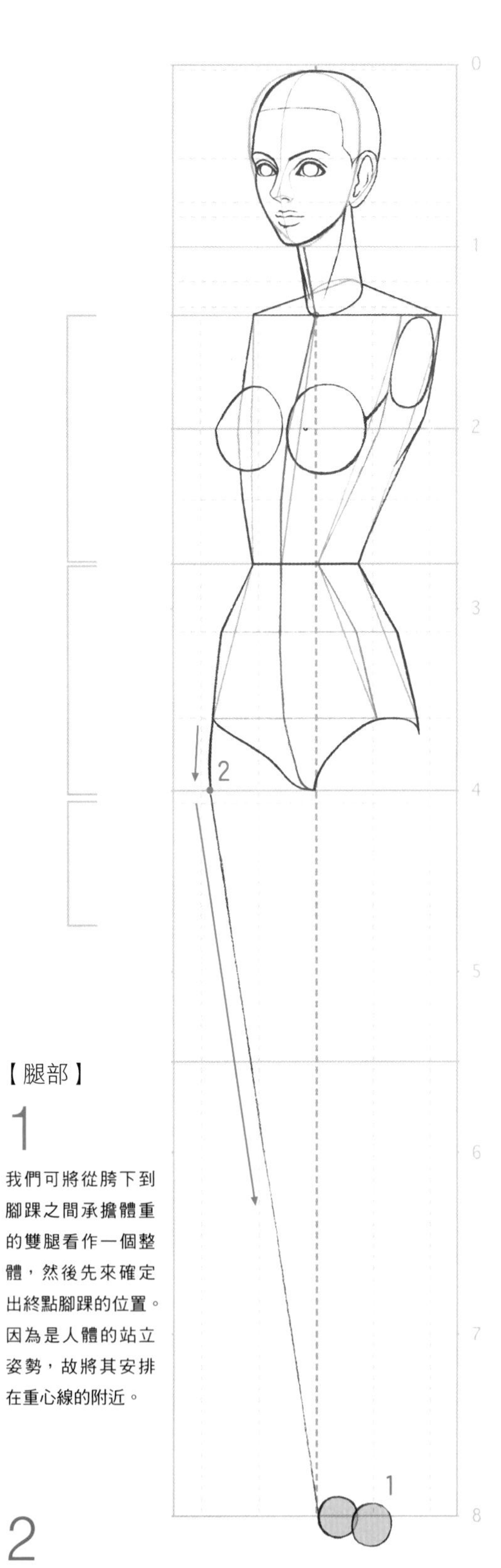


【腿部】

1

我們可將從胯下到腳踝之間承擔體重的雙腿看作一個整體，然後先來確定出終點腳踝的位置。因為是人體的站立姿勢，故將其安排在重心線的附近。

2

首先繪製內側腿。因為腳尖是朝向側面的，所以要繪製側面的腿部。人體框架圖中4頭身的輔助線幾乎都是垂直的，可從4頭身開始用直線連接到腳踝的腿部線條。

## 由於內側腿是朝向側面的，所以要強調出S形

### 3

從胯下到腳踝的中間位置是膝蓋，位於輔助線向內4mm處。膝蓋與正面時的長度相同，因是朝向側面的，寬度只有正面時的一半。

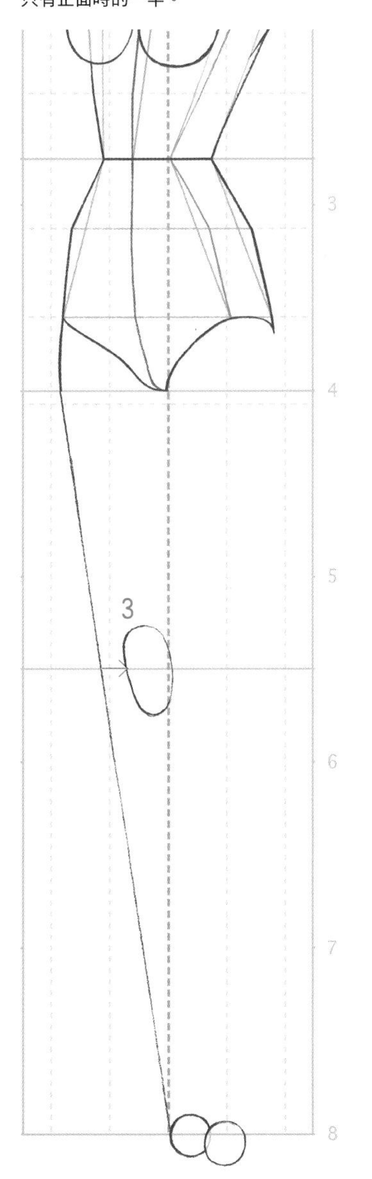


### 4

繪製大腿。從人體框架圖的4頭身開始離開輔助線向膝蓋繪製腿部線條。

### 5

繪製小腿。在人體框架圖的6頭身和7頭身處改變方向，表現出彎曲的腿部線條。

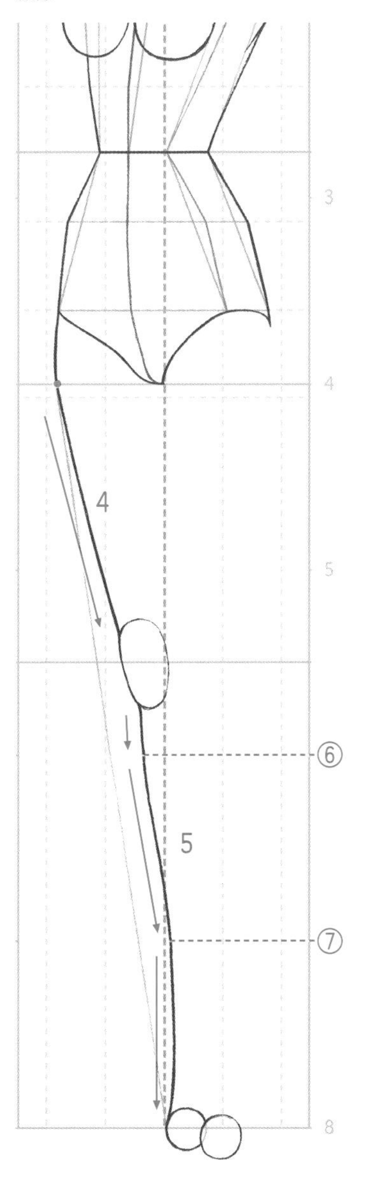


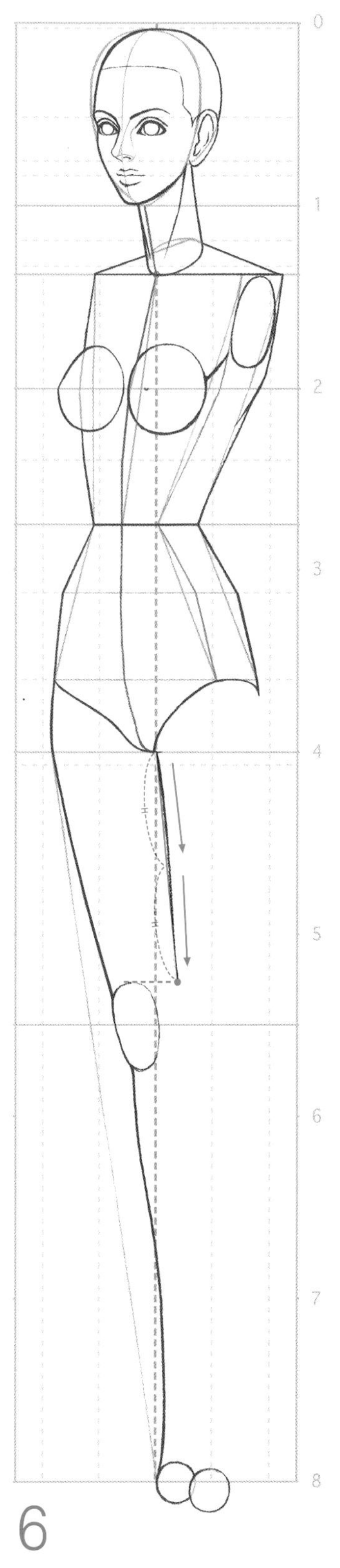


### 6

繪製大腿內側微妙的曲線。其內側的1/2處有隆起。

## 下半身 從腿部到腳部

### 腿部輔助線的起點，會根據腳尖的朝向而發生變化

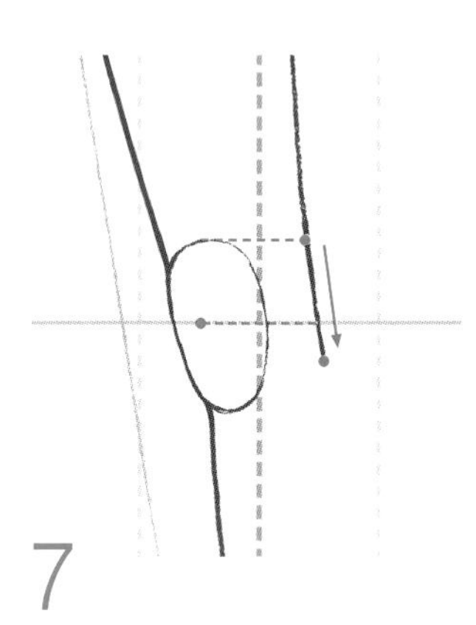

7

膝蓋窩是一條直線。終點位於膝蓋中心向下3mm處。

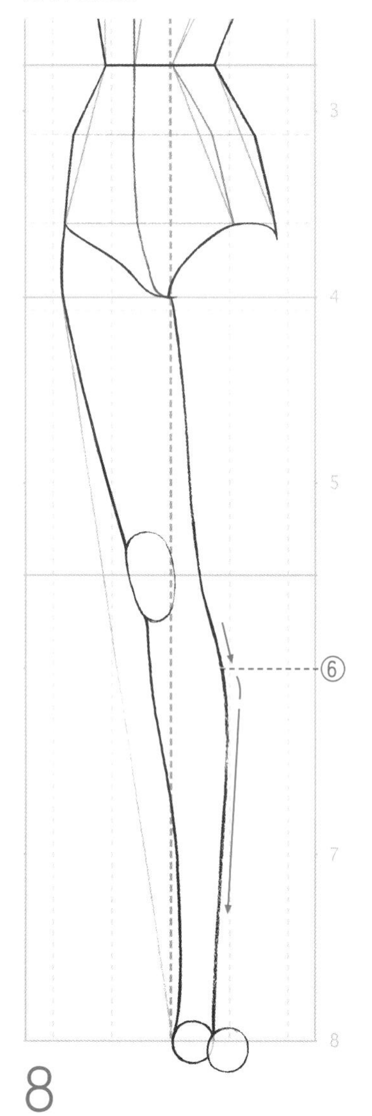


8

繪製小腿。以人體框架圖的6頭身附近為頂點，緩緩地繪製曲線並與腳踝相連。

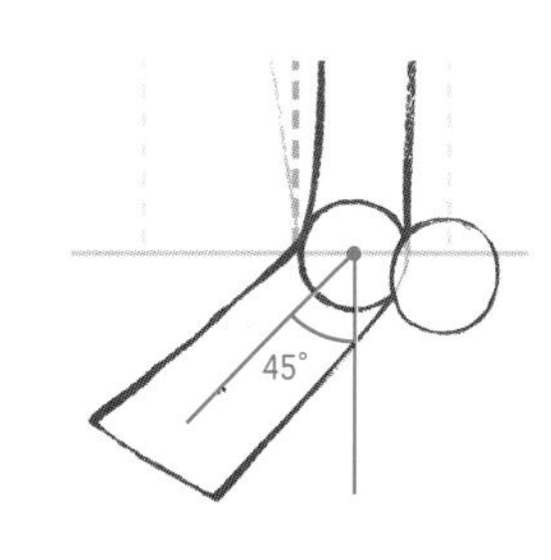


9

腳部以領帶前端的形狀為基準進行繪製。側面時前端傾斜45°。為了表現出整體的穩定感，腳部一定要繪製得大一些。

10

腳尖呈三角形。腳尖前端的底邊不是水平的，而是稍微向下傾斜一些。

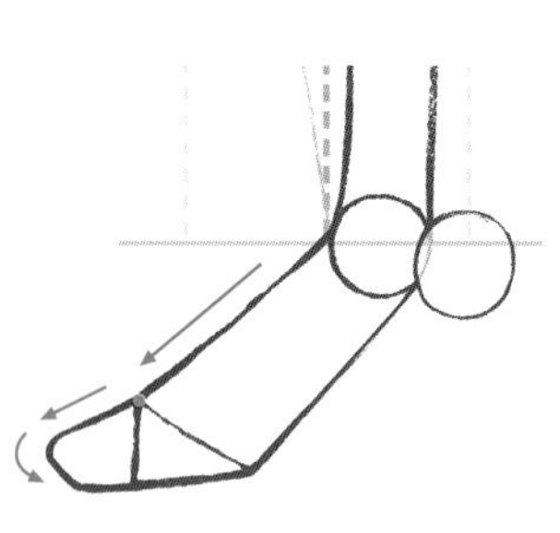

11

繪製出腳尖。要與腳背表現出一定的折角。

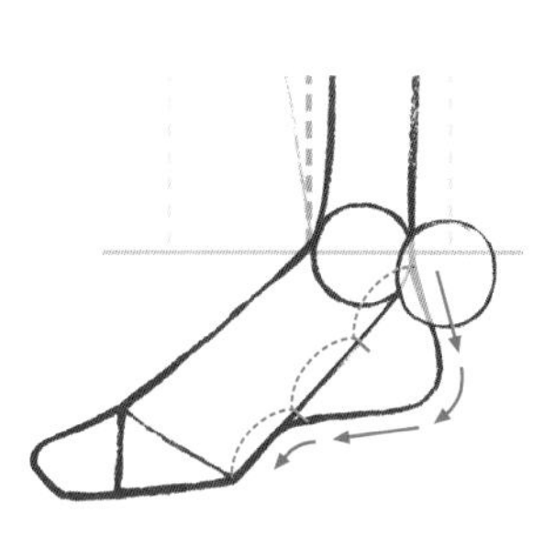

12

繪製腳後跟。大腳趾朝向外側時，腳心的位置位於輔助線的1/3處。腳後跟底邊的線條不是水平的，前端略向下傾斜。

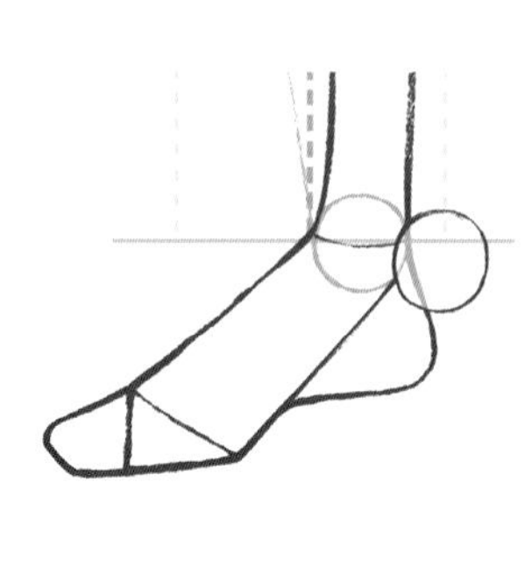

13

加入腳踝和膝蓋的關節線，完成內側腿的繪製。

14

繪製外側腿。先根據腳尖的朝向添加輔助線。以讀者的視點來看，腳尖是朝向左側的，因此從腳部的最左端向腳踝連接線條。

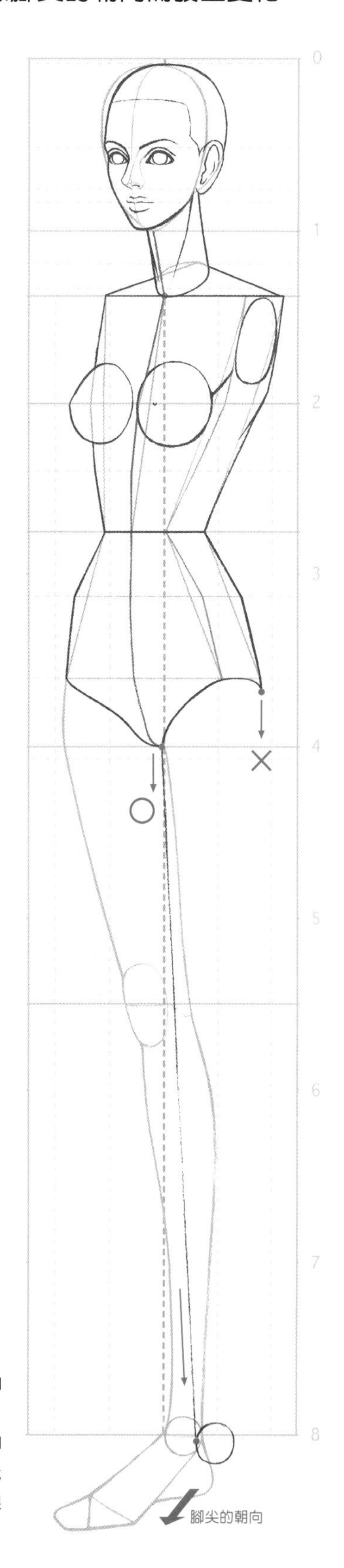

## 外側的腿部是斜向的，所以要繪製成S形

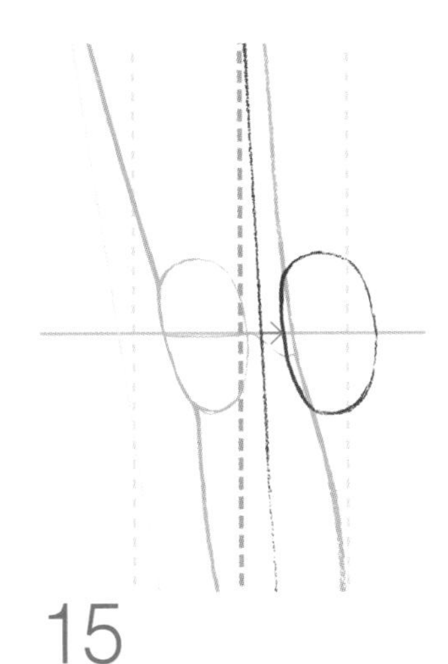

15

胯下到腳踝的中間是膝蓋，位於輔助線向內2mm處。膝蓋的形狀與臉部大致相同，都是橢圓形。大小略小於臉部的1/2。

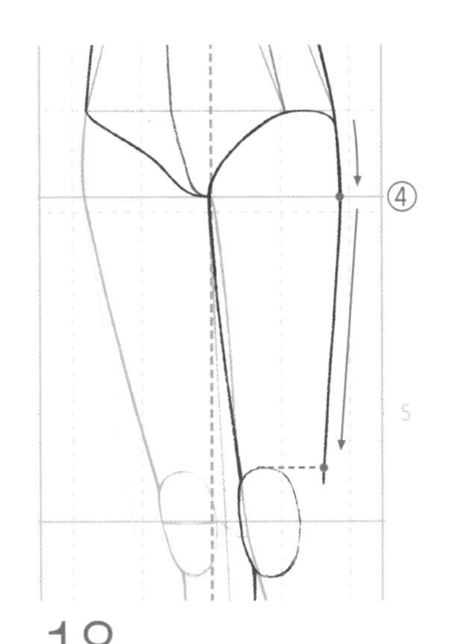


18

繪製大腿的外側部分。在4頭身處線條方向發生微妙的變化。

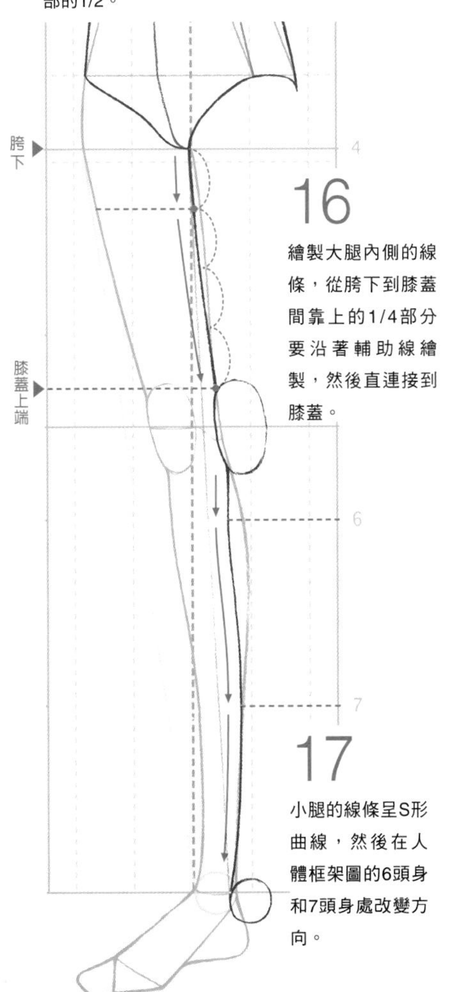


16

繪製大腿內側的線條，從胯下到膝蓋間靠上的1/4部分要沿著輔助線繪製，然後直連接到膝蓋。

17

小腿的線條呈S形曲線，然後在人體框架圖的6頭身和7頭身處改變方向。

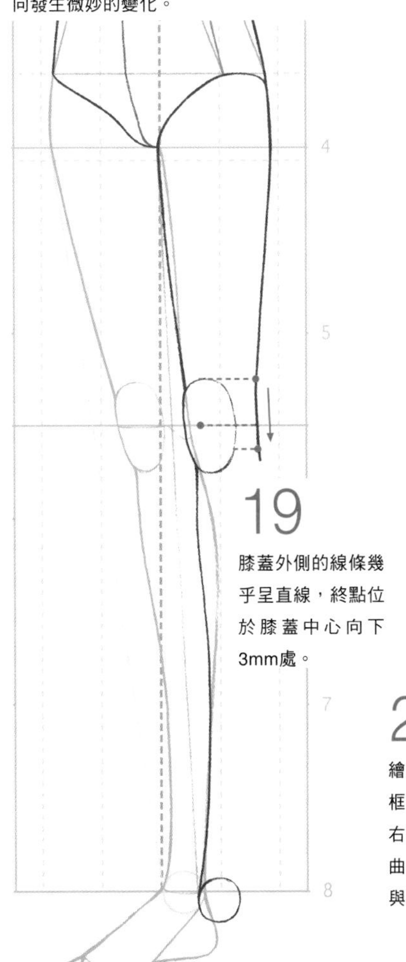


19

膝蓋外側的線條幾乎呈直線，終點位於膝蓋中心向下3mm處。

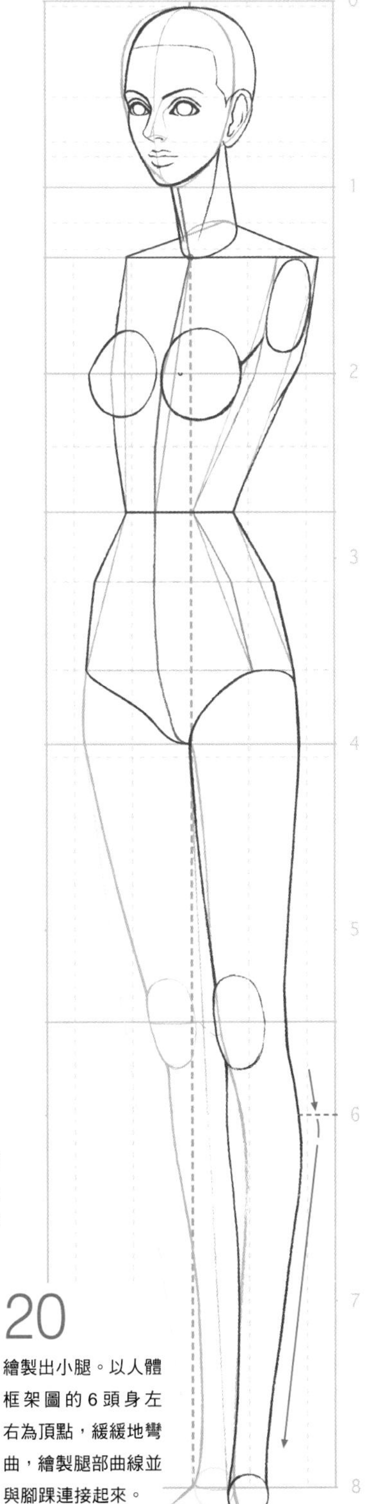


20

繪製出小腿。以人體框架圖的6頭身左右為頂點，緩緩地彎曲，繪製腿部曲線並與腳踝連接起來。

## 下半身 腳部呈領帶前端的形狀，腳尖呈三角形。

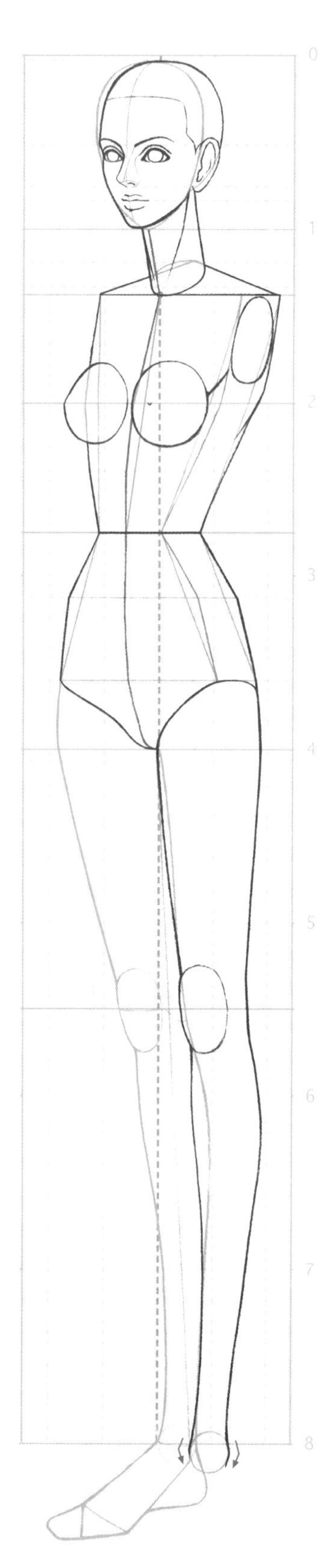

21 繪製出腳踝，腳踝兩端為「く」形。

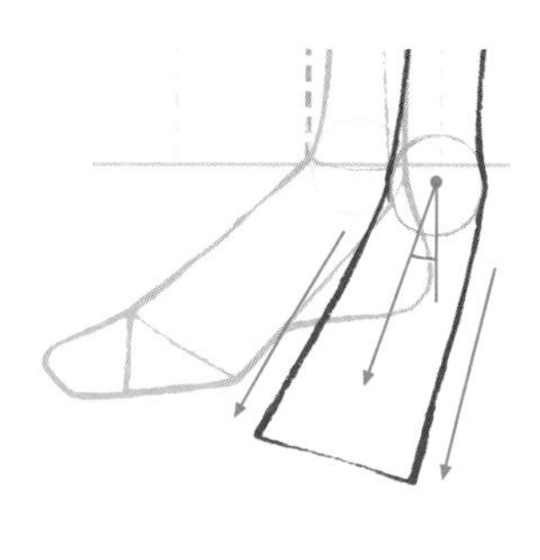

22 腳部以領帶前端的形狀為基準進行繪製。側面時腳尖傾斜30°。為了表現出整體的穩定感，腳部一定要繪製得大一些。

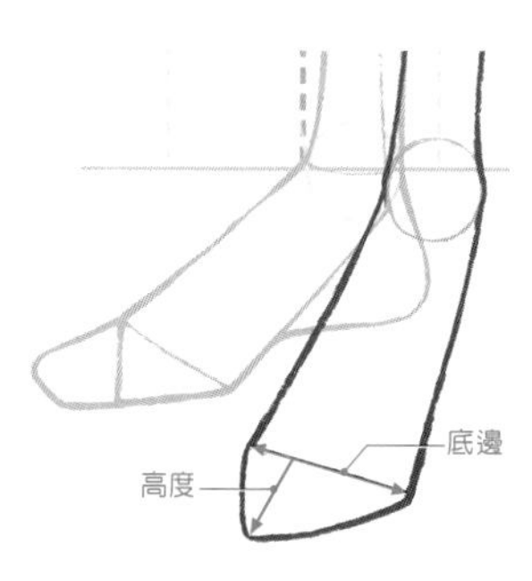


23 腳尖呈三角形。將二趾和拇趾之間的部分作為頂點。繪製正面的腳尖時，底邊比高度略長。

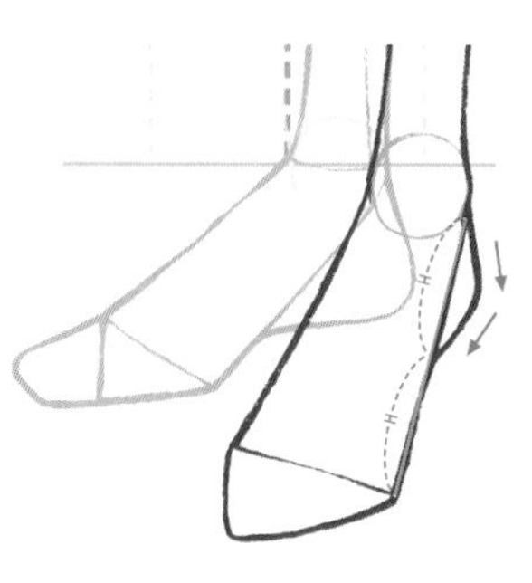

24 繪製腳後跟。斜側面的情況下，腳後跟露出得不多，因此寬度為輔助線的1/2左右即可。

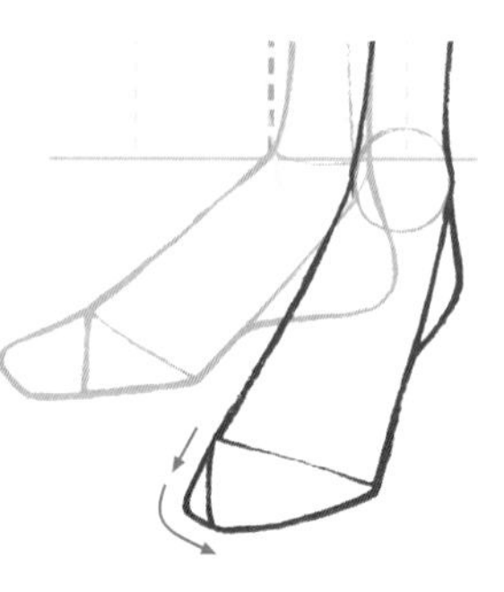

25 繪製出腳尖。

26 加入腳踝和膝蓋的關節線，完成腿部的繪製。

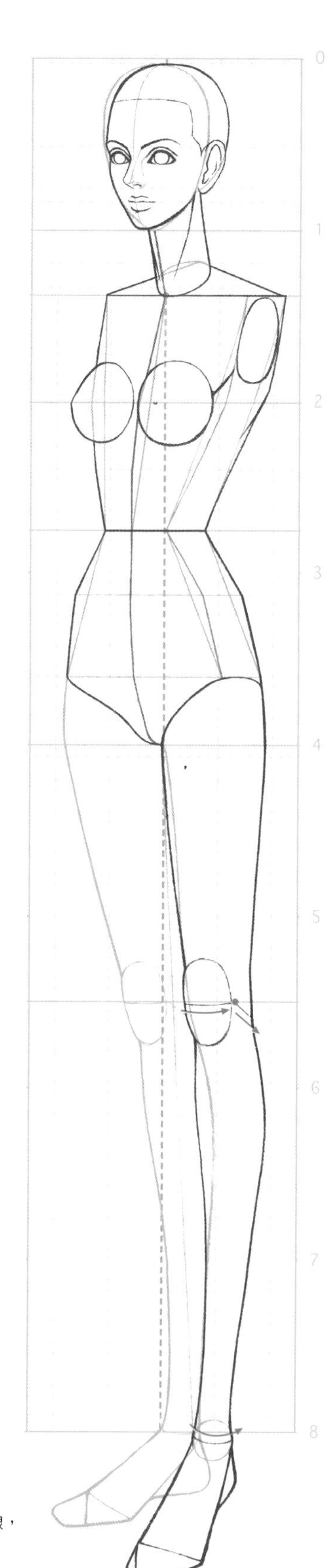

## 上半身 鎖骨與手臂的連接處是重點

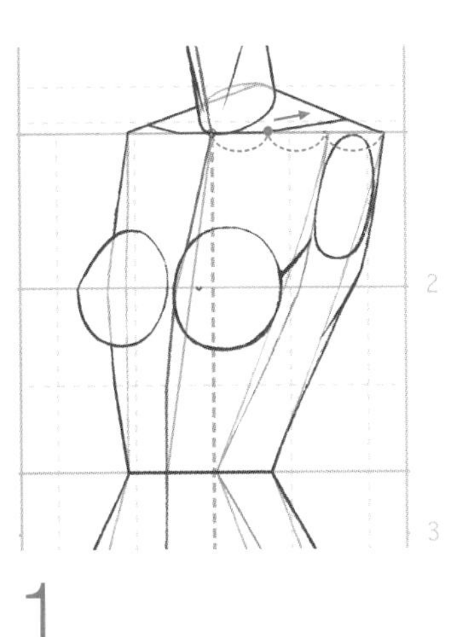

1

鎖骨線在1/3處會向上方傾斜，與肩線交會。

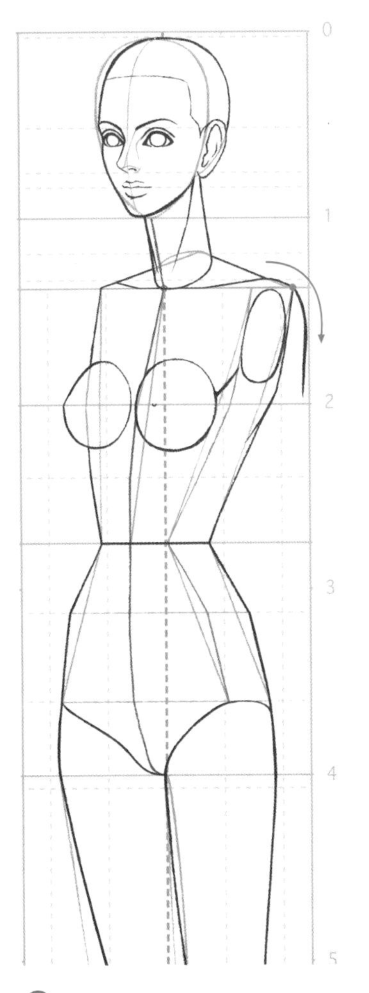

2

以肩點為頂點畫圓弧。

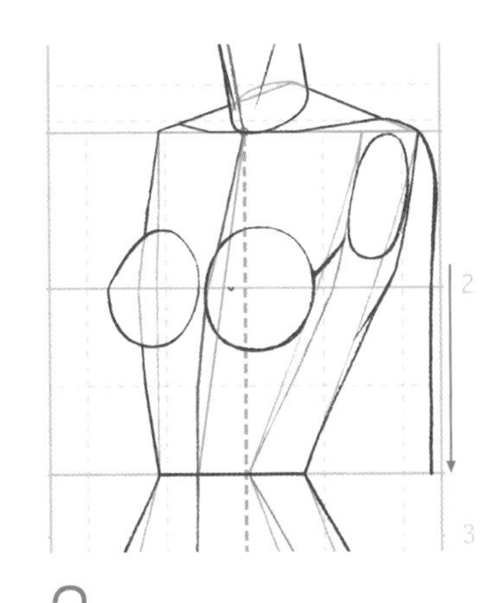

3

上臂的線條是直線。

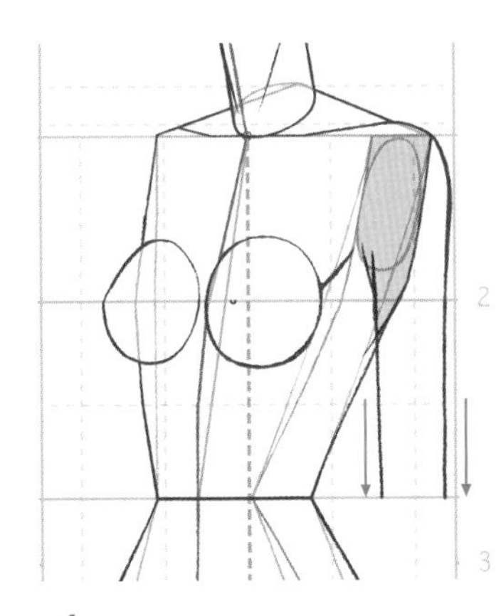

4

手臂內側的線條和外側的線條是兩條平行的直線。與正面時不同，此時的手臂與軀幹重疊的部分較多。

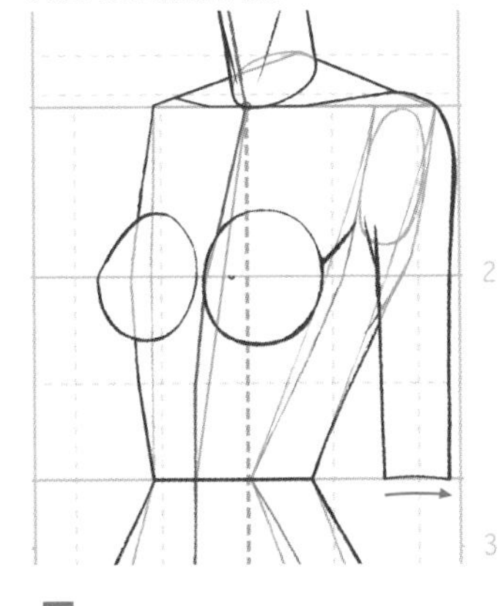

5

添加胳膊肘的關節線。

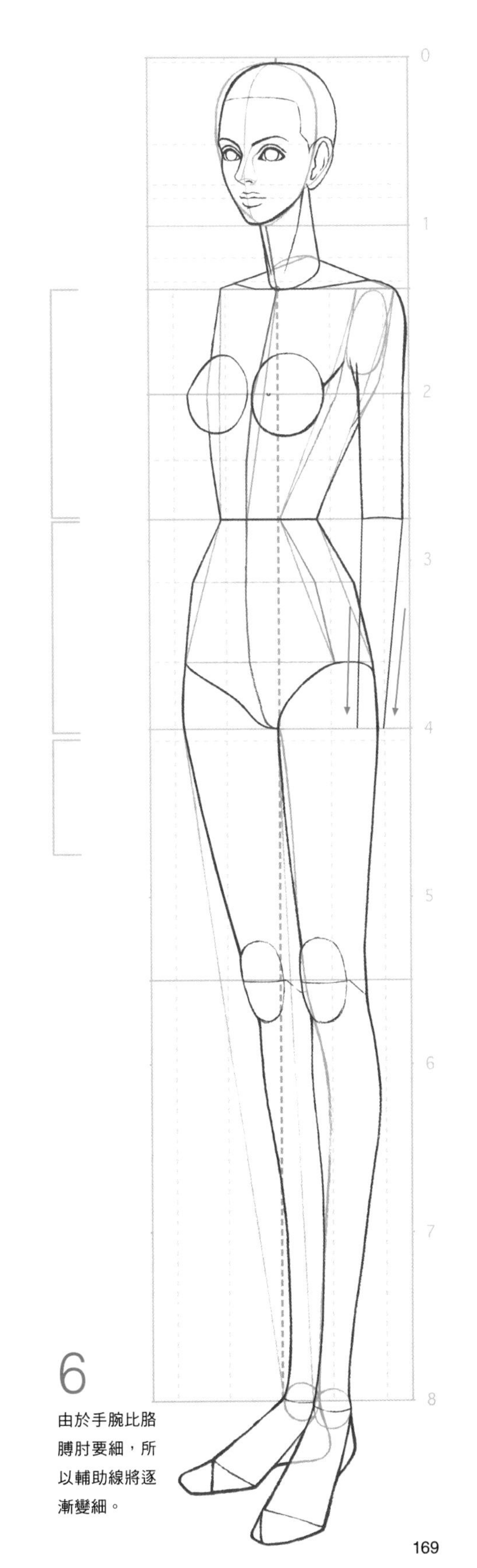

6

由於手腕比胳膊肘要細，所以輔助線將逐漸變細。

# 上半身 從手臂到手部

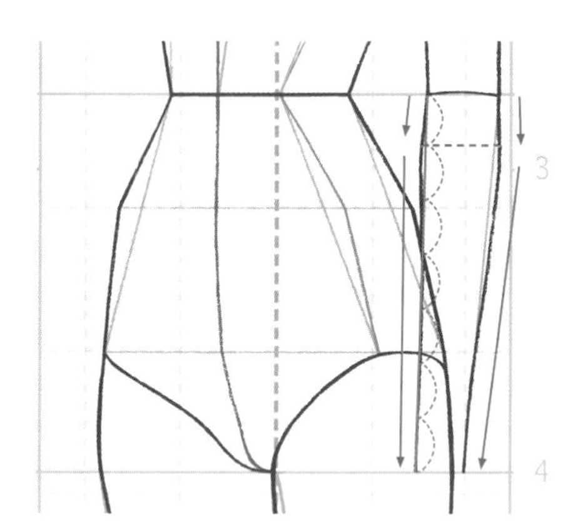

## 7

繪製前臂時，上方1/7處有隆起，隆起的頂點距離輔助線高1mm。

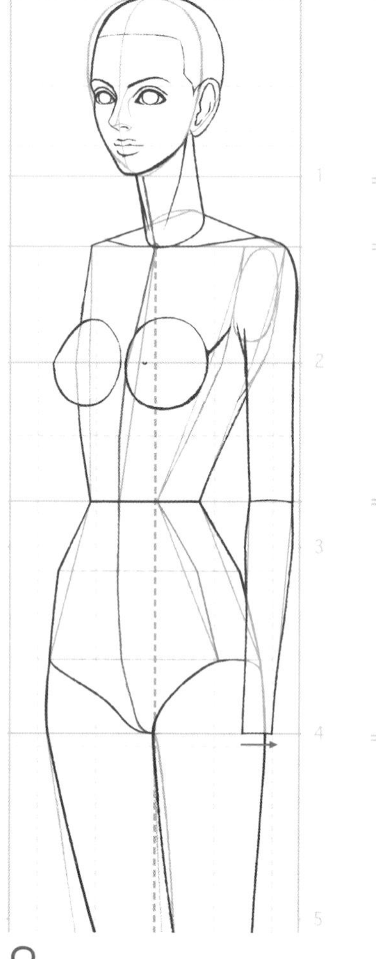

## 8

添加手腕的關節線。

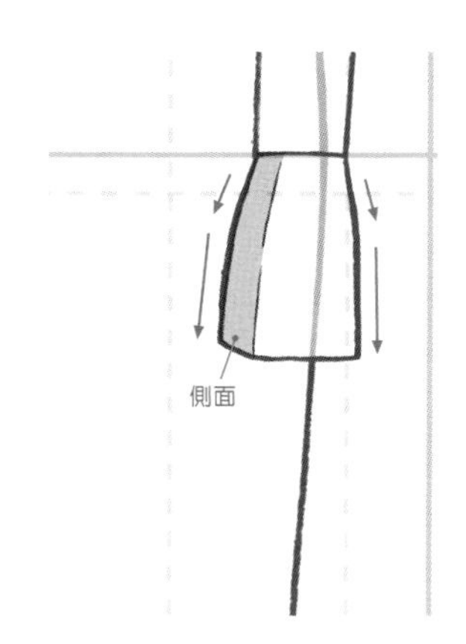


## 9

手部和腳部都是容易畫小的部位，因此索性畫得大一些。畫出整體呈上方1/3處有隆起的六邊形。然後加入側面的線條，表現出立體感。

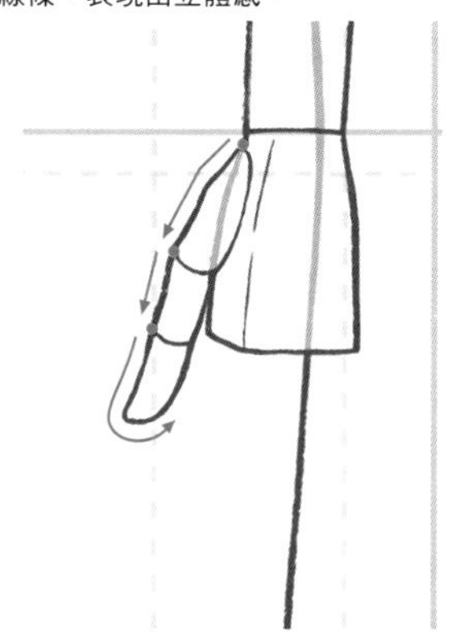

## 10

大拇指的根部從手腕處生長出來。

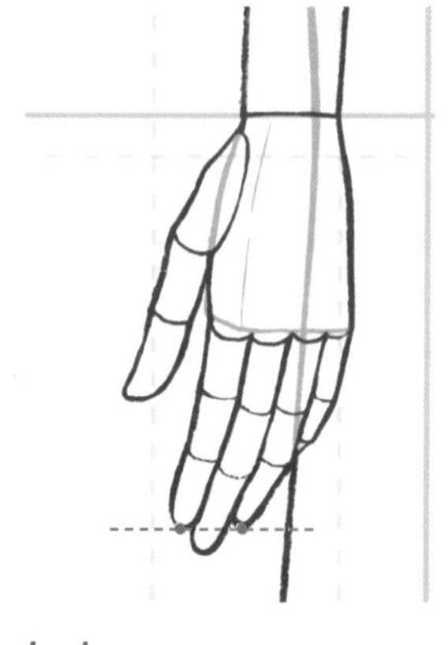

## 11

繪製出剩下的四根手指，其中中指最長，食指和無名指幾乎一樣長。

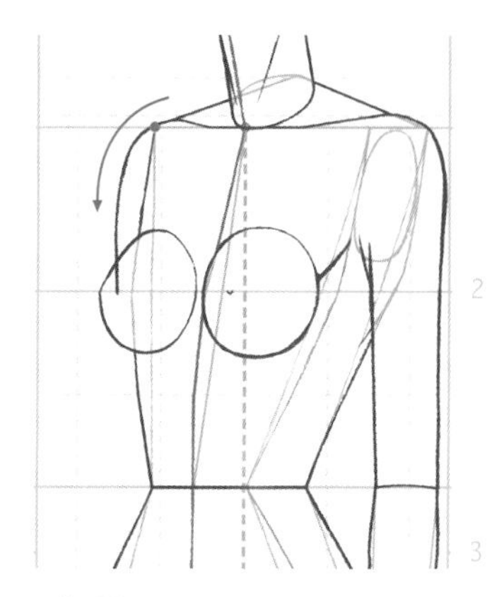

## 12

內側的手臂也是先從肩膀開始繪製。以肩點為頂點畫圓弧，由於身體的遮擋，只能看見它的1/3左右。

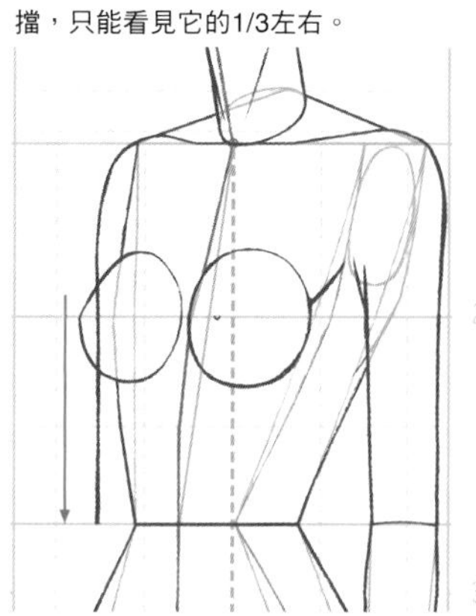

## 13

上臂是直線。

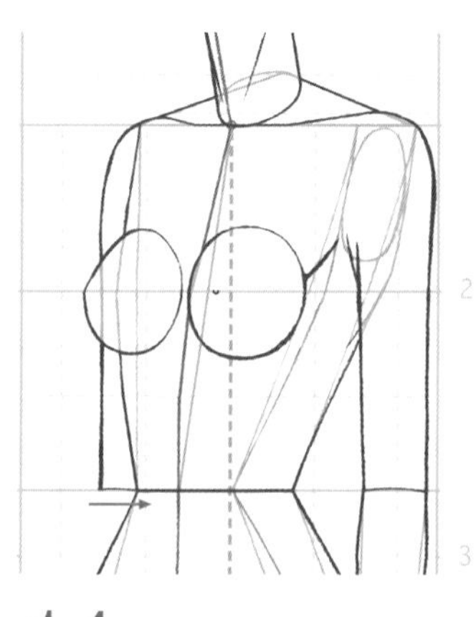

## 14

添加胳膊肘的關節線。

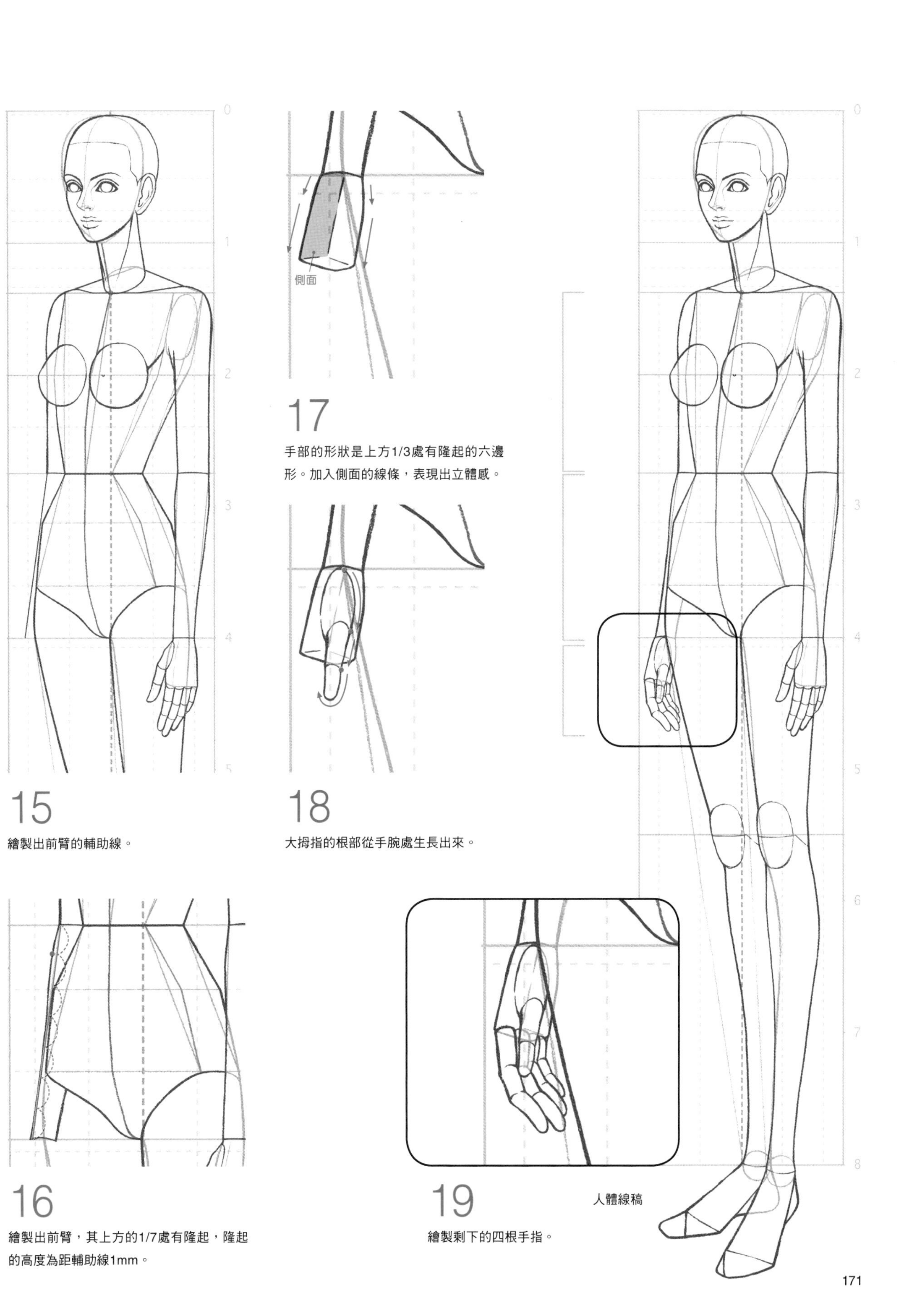


15

繪製出前臂的輔助線。

16

繪製出前臂，其上方的1/7處有隆起，隆起的高度為距輔助線1mm。

17

手部的形狀是上方1/3處有隆起的六邊形。加入側面的線條，表現出立體感。

18

大拇指的根部從手腕處生長出來。

19

繪製剩下的四根手指。

人體線稿

# 從人體線稿到人體完成圖——將線稿放在描圖紙下面來繪製人體完成圖

人體線稿完成後，將線稿放在描圖紙的下面，流暢地描繪出人體完成圖。

## 頭部 眼睛是臉部的關鍵

1 繪製眼睛的輪廓要用兩層線條來表現。

2 繪製眉毛。

3 繪製虹膜。左右側的眼睛由於遠近透視關係所產生的差別要清楚地表現出來。

4 瞳孔位於虹膜的正中央。如果將瞳孔畫得大一些，會使表情顯得更加穩重。

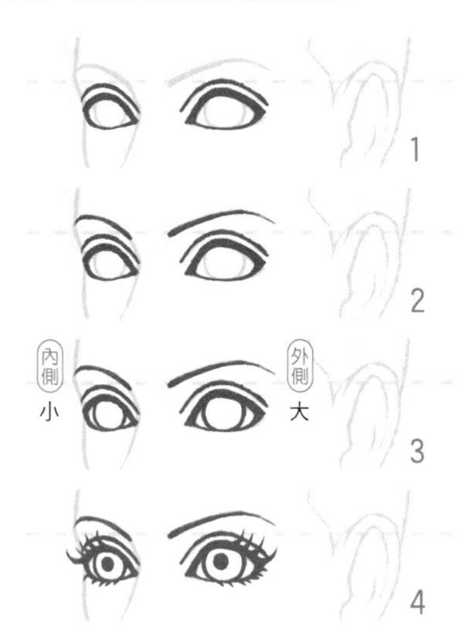


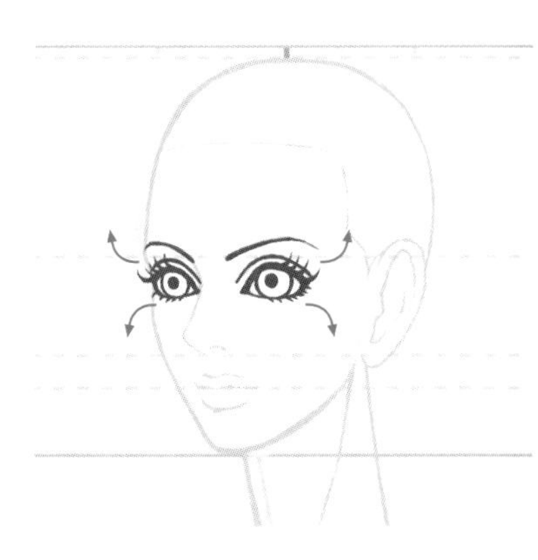

5 為了使眼睛更有魅力，我們為其分別添加睫毛。睫毛不要用直線來繪製，用曲線更能顯現出女性特質。外眼角的睫毛要特意繪製粗一些。

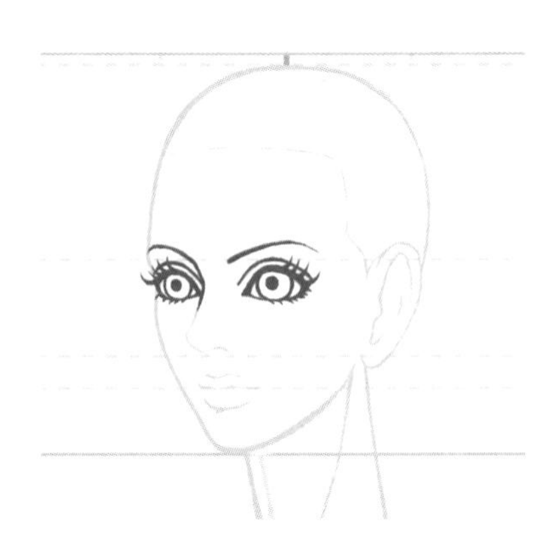

6 畫出鼻子的線條。

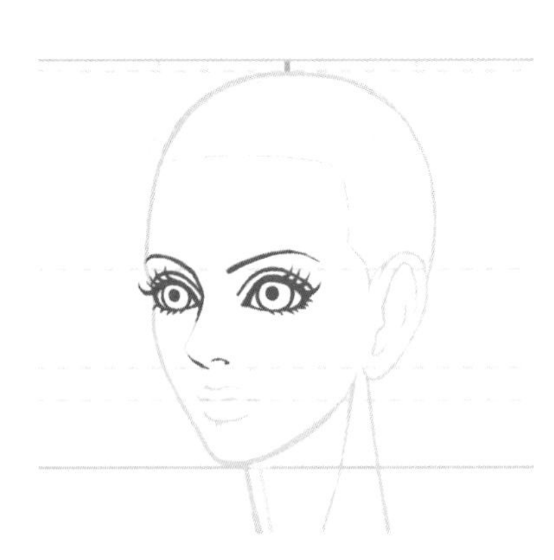

7 繪製鼻中隔和鼻孔。由於鼻翼會過分強調出鼻子的大小，所以還是不要畫出來比較好。

8 繪製嘴巴。嘴唇的線條不要完全封閉起來，繪製時還要顯現出嘴唇的厚度。

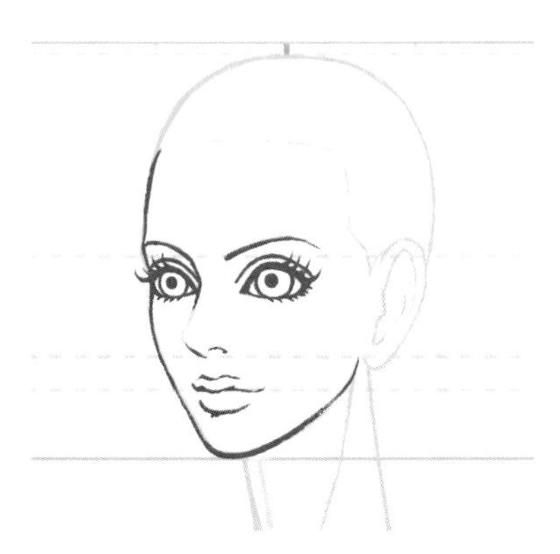

9 描繪臉部的輪廓。

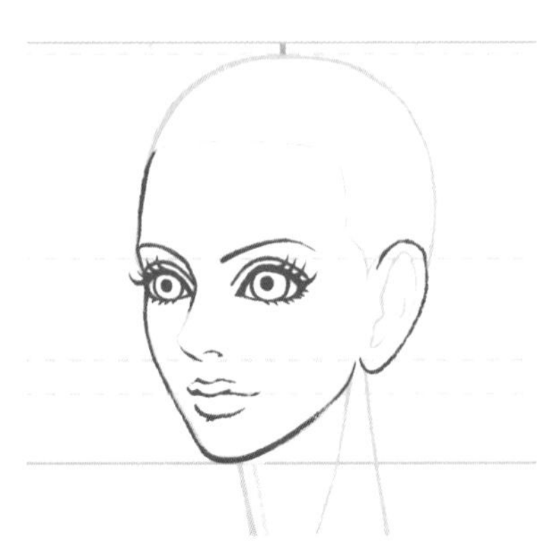

10 繪製耳朵。

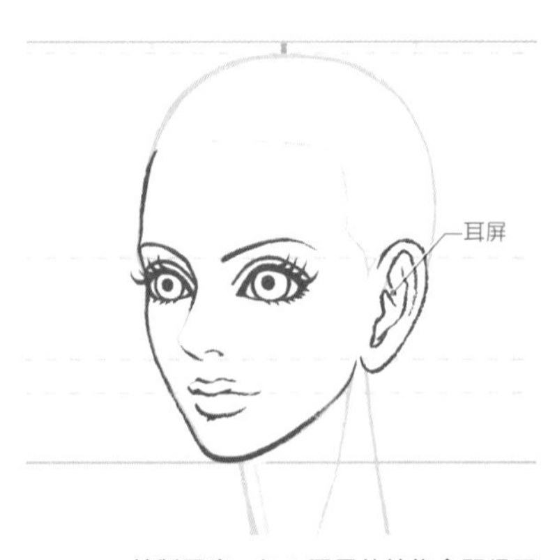


11 繪製耳廓，加入耳屏的線條會顯得更加真實。

頭部

# 繪製頭髮

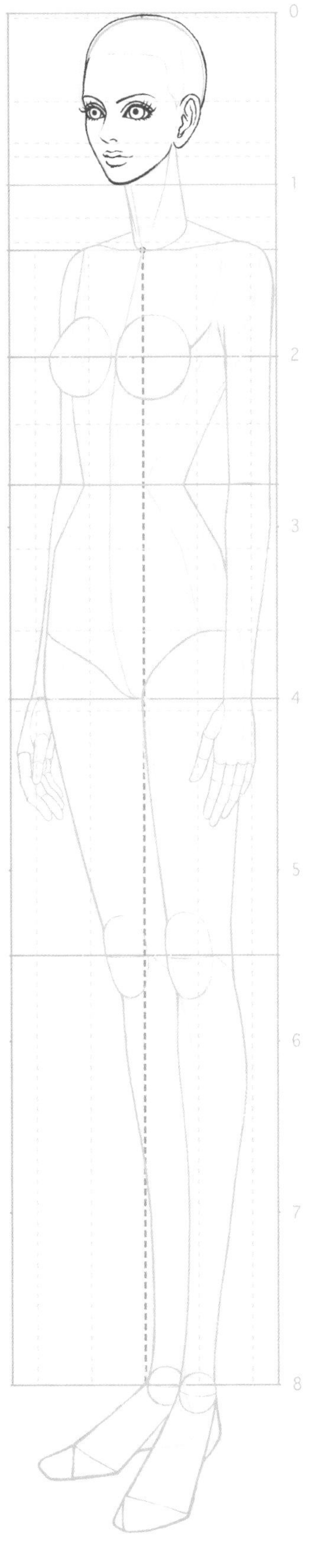

12 繪製頭部。加入頭髮的髮量，使頭部達到一個頭身比的大小。

13

確定頭髮束紮起來的位置。畫出從髮際線到束髮間的頭絲走向。每綹頭髮的間隔為2mm~3mm。長髮用長線條來繪製，短髮用短線條來繪製。

14

因為頭髮是束在腦後的，所以先繪製出頭髮束起的部分。

15

畫出腦後馬尾的輪廓。為了表現出強弱變化，我們用曲線來繪製，稍添加一絲動感。髮尾用閉合的兩條線，來表現頭髮束在一起的感覺。

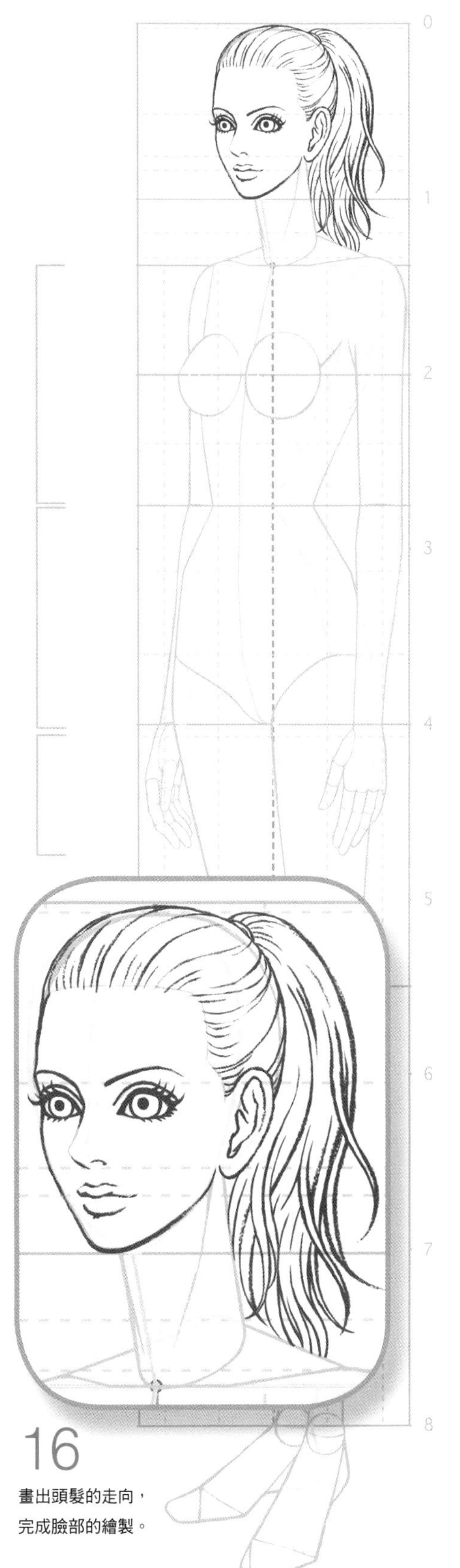

16

畫出頭髮的走向，完成臉部的繪製。

# 上半身 繪製軀幹和腿部

## 要點是身體的關節用短小的曲線來連接

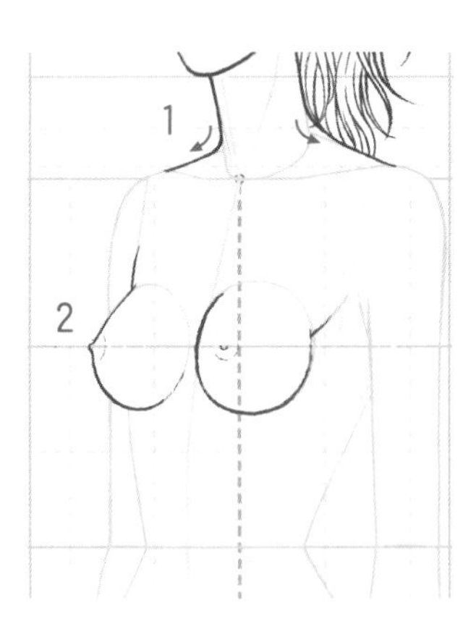


1

將頸部和肩膀連接起來，然後緊貼著身體的曲線來描繪線條。要點是只有頸部和肩膀連接處的2mm~3mm為曲線。

2

靠近外側的胸部較圓潤，只繪製出圓形下方的3/4就可以了。

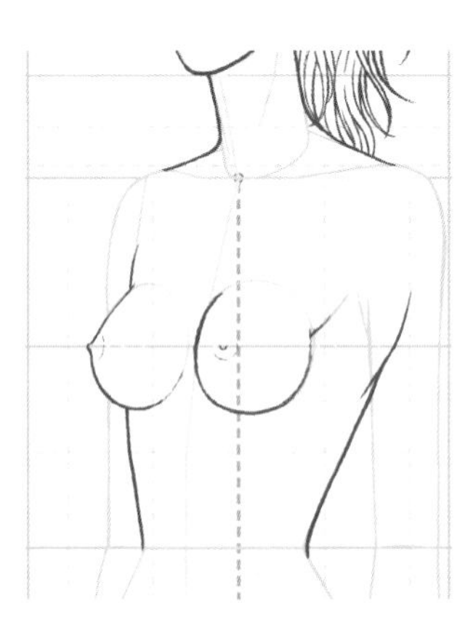

3

繪製軀幹。

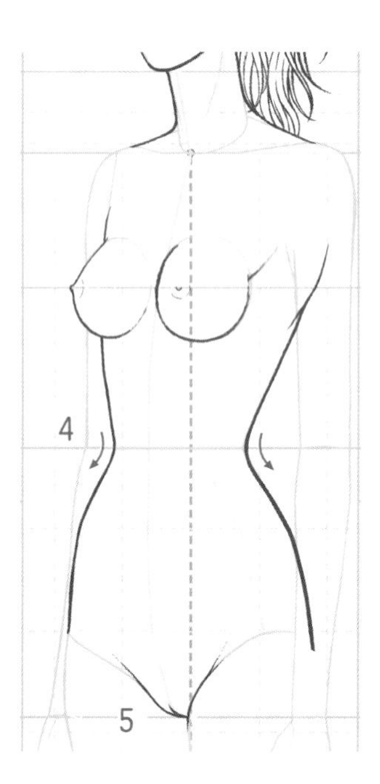


4

繪製腰部。在腰部和骨盆間線條的方向會改變。繪製時要緊緊貼著人體線稿描繪，只在方向改變的2mm~3mm處用曲線繪製。總之一定要重視人體線稿圖。

5

畫出胯下的部分。

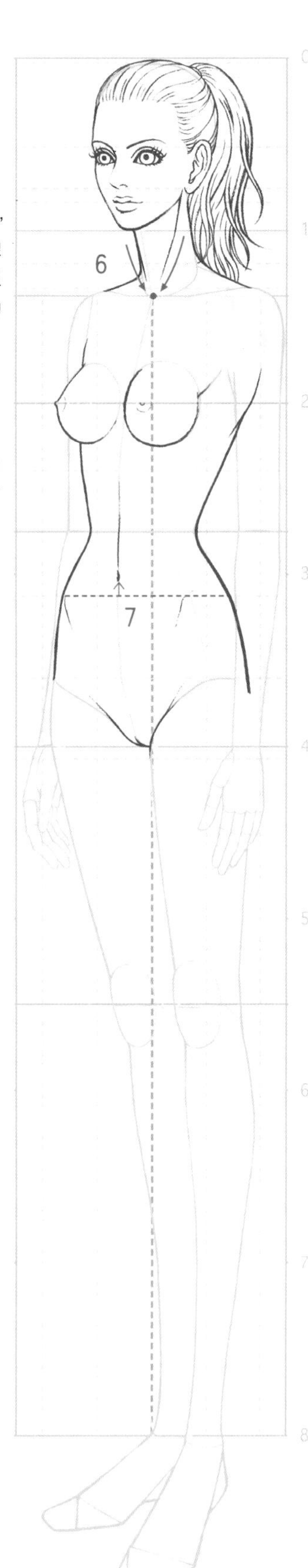


6 描繪脖子上的肌肉線條，從耳朵後面連接到前頸點。

7 繪製肚臍和骨盆時，為其添加縱向線條來表現凹凸感。肚臍位於骨盆隆起的上方。

## 繪製腿部時，關節間要用一條流暢的線條進行繪製

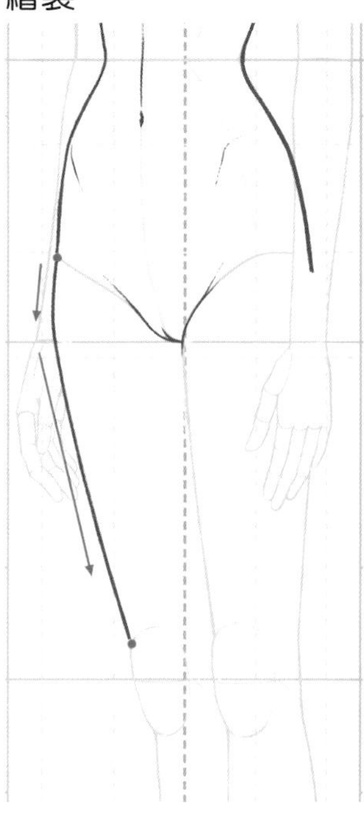

8

腿部要從主導大腿輪廓的外側線條開始繪製。如果關節與關節間一氣呵成畫出來更能顯現出節奏感，因此從大腿到膝蓋要用一條直線來繪製。

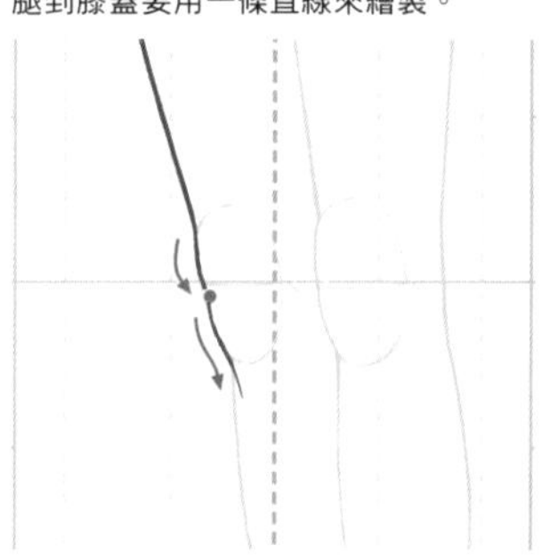

9

膝蓋的中央稍微有些凹陷。

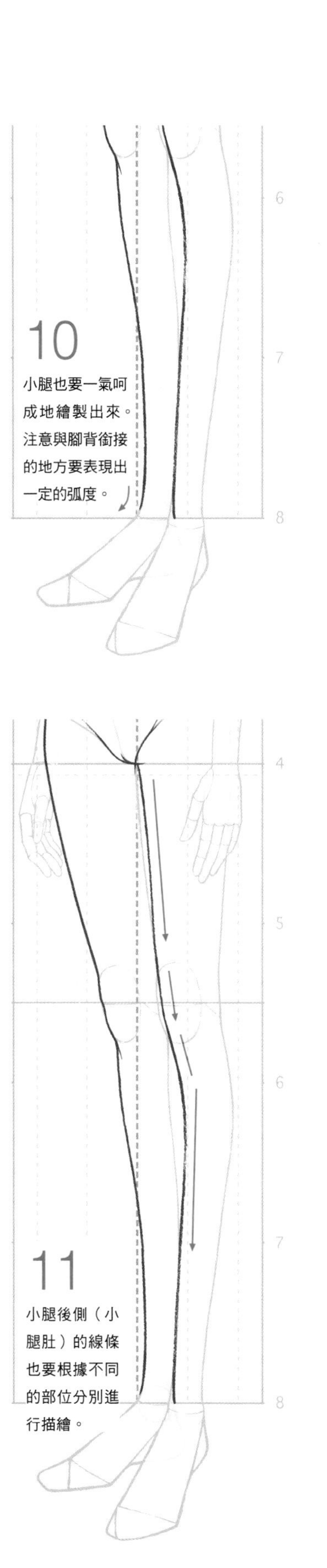


10

小腿也要一氣呵成地繪製出來。注意與腳背銜接的地方要表現出一定的弧度。

11

小腿後側（小腿肚）的線條也要根據不同的部位分別進行描繪。

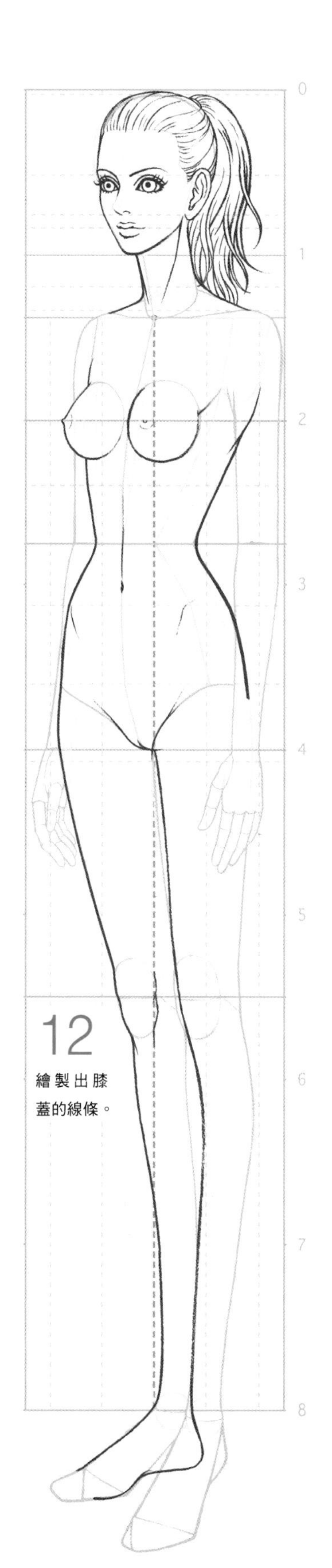


12

繪製出膝蓋的線條。

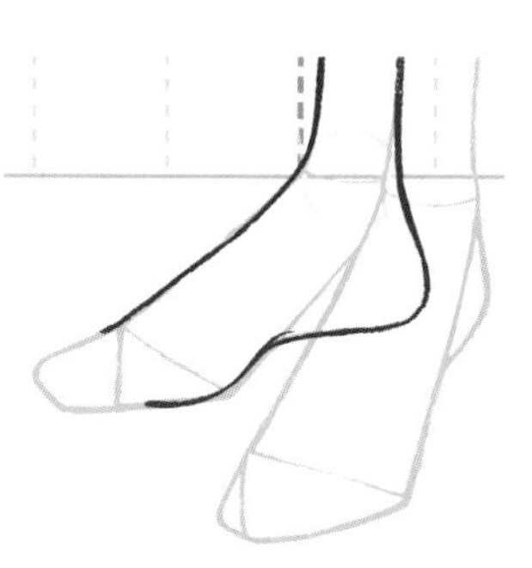

13 繪製出腳背、腳後跟以及腳心。

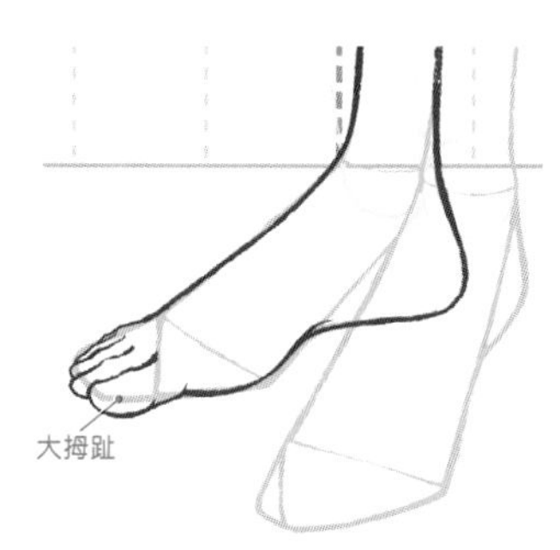


14 繪製腳趾。因圖為右腳，所以離視線最近的是大拇趾。

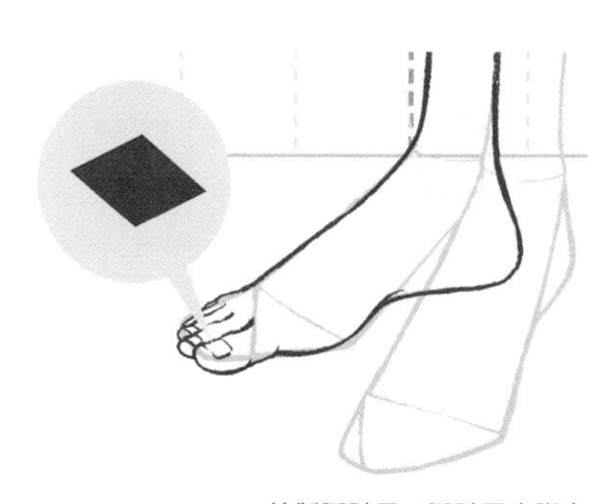

15 繪製腳趾甲。腳趾甲實際上是長方形的，但是這裡由於遠近透視關係要將其表現為平行四邊形。

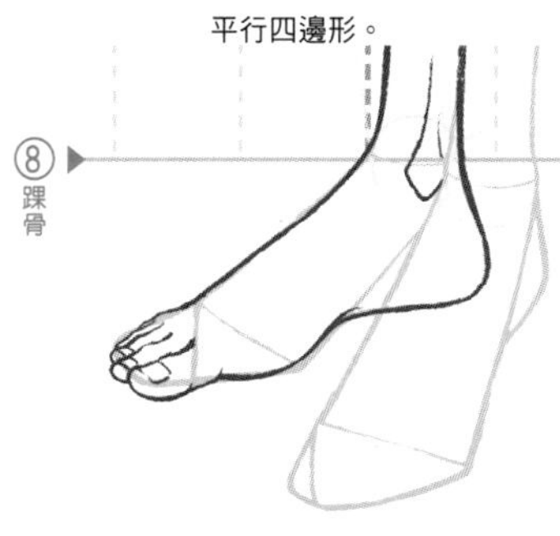


16 在腳踝部分要強調出踝骨。

# 上半身 繪製腿部

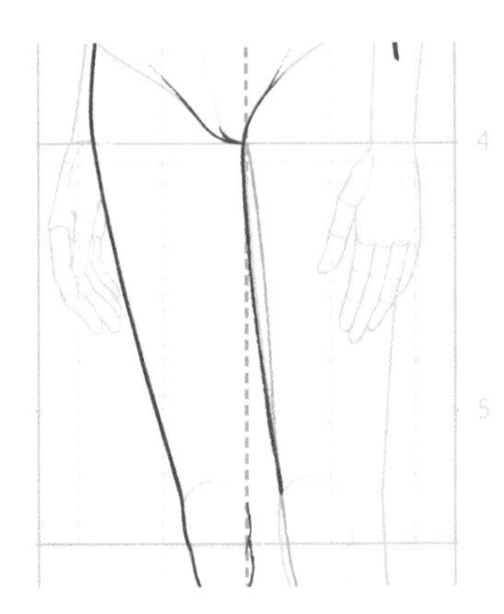

17

外側腿也從前方的線條開始繪製。從大腿到膝蓋用一根線條來描繪。

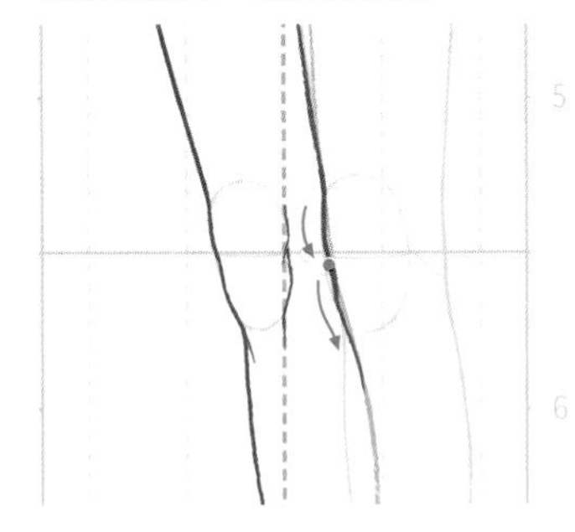

18

膝蓋的中央部分稍微有些凹陷。

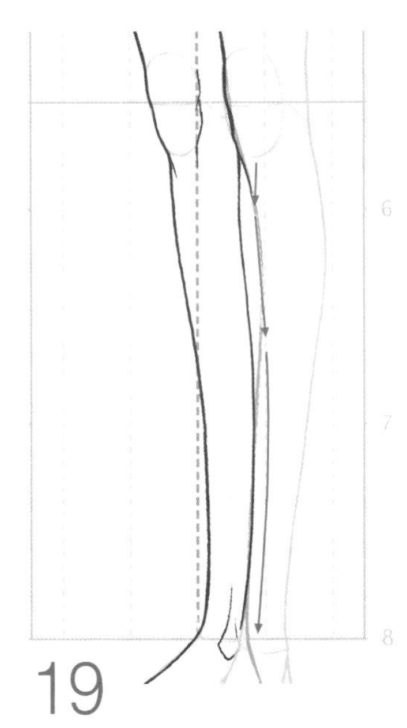

19

小腿也要一氣呵成地繪製出來。與腳背銜接的地方要表現出一定的弧度。

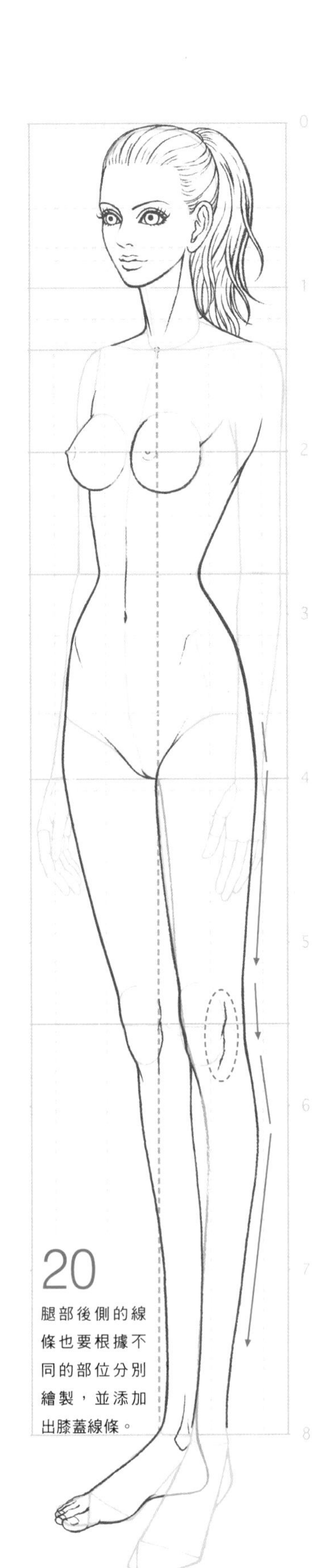

20

腿部後側的線條也要根據不同的部位分別繪製，並添加出膝蓋線條。

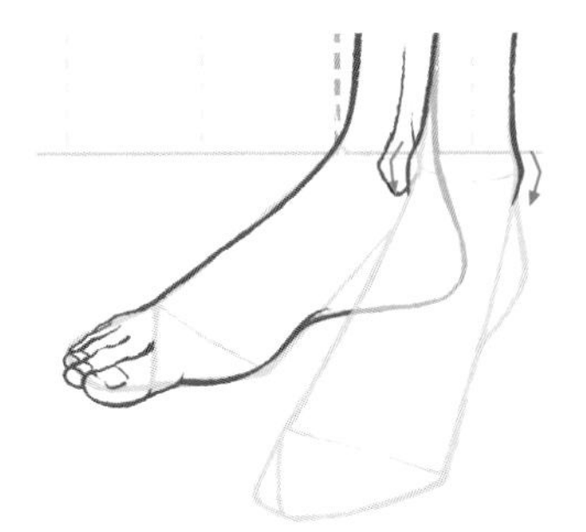

21 腳踝呈「く」形。

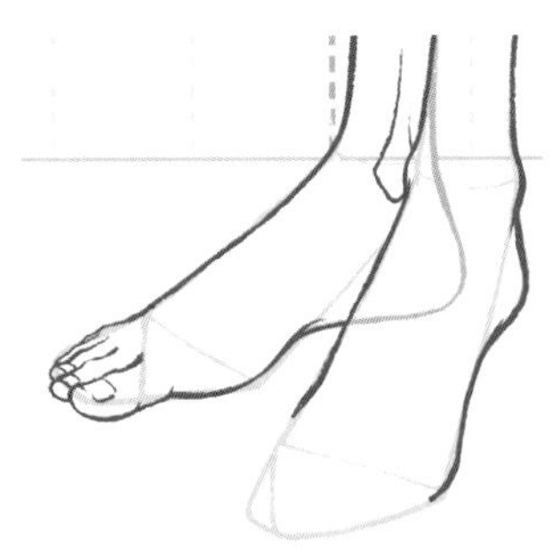

22 繪製出腳背、腳後跟以及腳心。

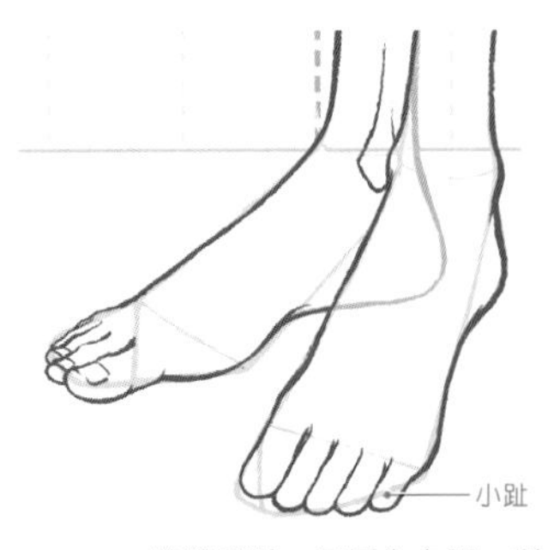


23 繪製腳趾。因圖為左腳，所以離視線最近的是小趾。

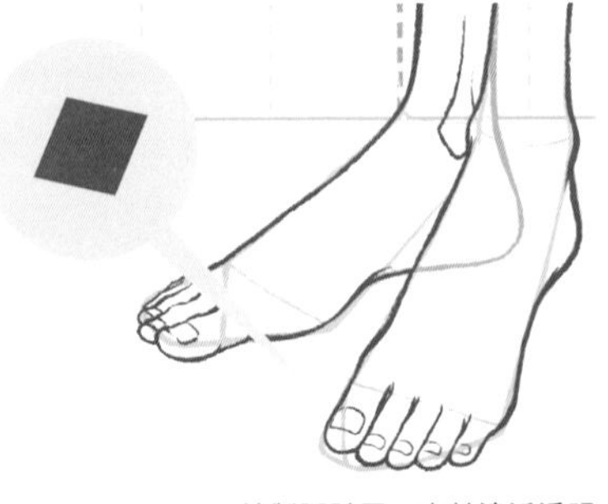

24 繪製腳趾甲。由於遠近透視關係要將其表現為平行四邊形。

## 上半身 繪製鎖骨、手臂和手部

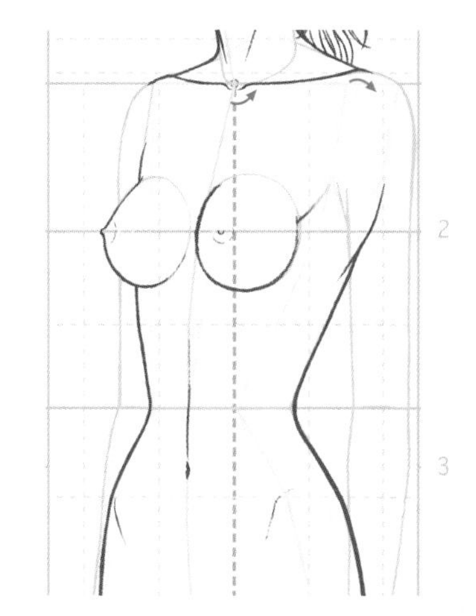

25 鎖骨是非常重要的。為了更好地表現出頸部線條的美，請一定要認真仔細地繪製。鎖骨兩端（前頸點與肩點）的小弧線，是表現骨骼的要點。

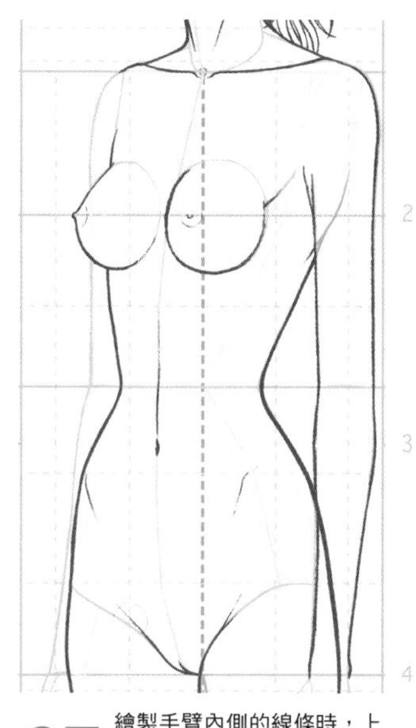

27 繪製手臂內側的線條時，上臂和前臂也同樣要一氣呵成地描繪出來。

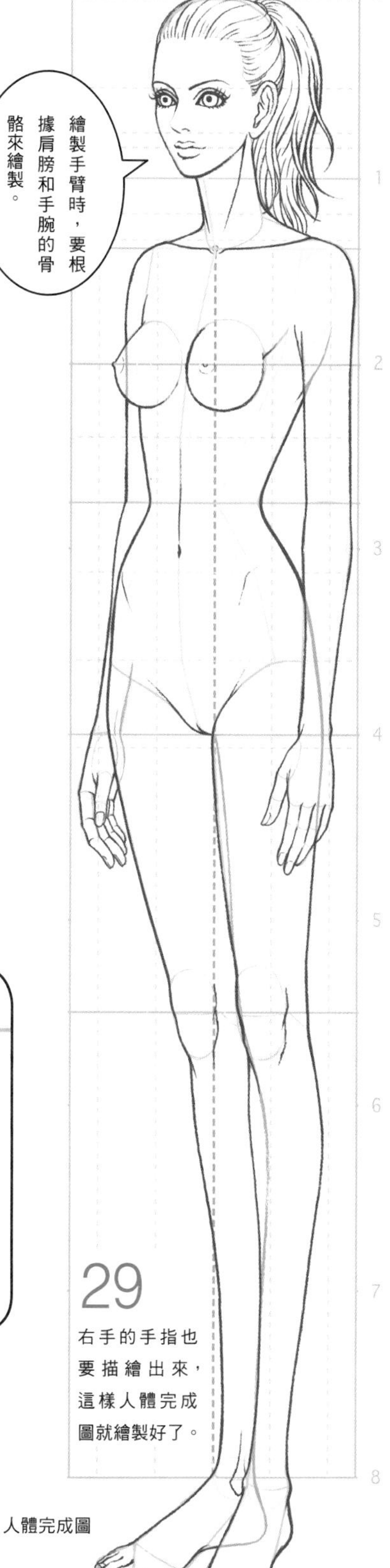


29 右手的手指也要描繪出來，這樣人體完成圖就繪製好了。

人體完成圖

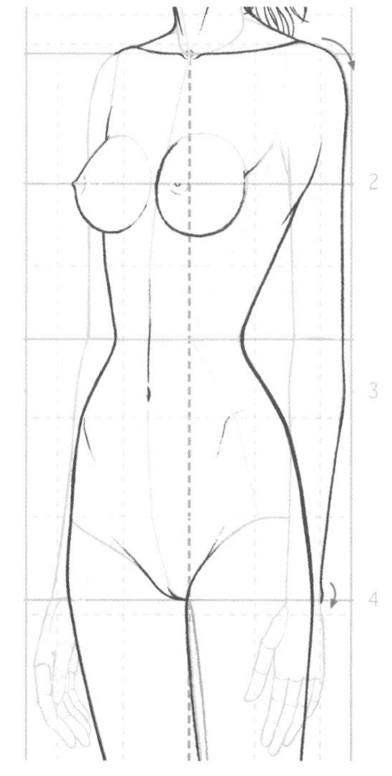

26 上臂用簡單的直線來繪製，然後描繪前臂。肩膀與手腕關節的圓弧是繪製的關鍵點。

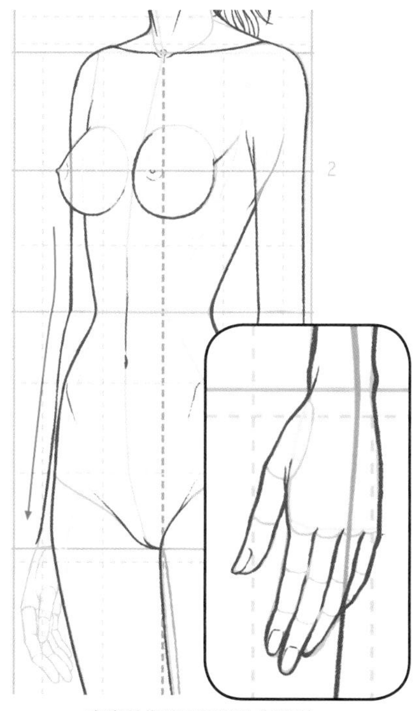

28 畫出手指甲可更好地表現手指。接下來繪製右側的上臂部分。

### 感覺怎麼樣呢？

繪製時要考慮到S形軀幹和腿部的朝向所產生的差異，就能順利完成繪製。繪製頭部時要考慮到遠近透視關係，「離視線較近一側的眼睛要畫得大一些哦」。大家通過多次練習就可以掌握了。接下來我們再讓身體動起來，來進一步繪製各種姿勢吧。

# 雙腿承擔體重的姿勢②雙腿分開

## 雙腿分開是直立姿勢的一種

前面我們學習的正面人體站姿叫做「直立姿勢」，其特徵是左右腿均承擔相同的體重。現在我們要應用「直立姿勢」來繪製雙腿分開的姿勢。由於這也是直立姿勢的一種，因此除了步幅有所改變，其他部分的繪製方法都相同。

### 直立姿勢與雙腿分開姿勢的比較

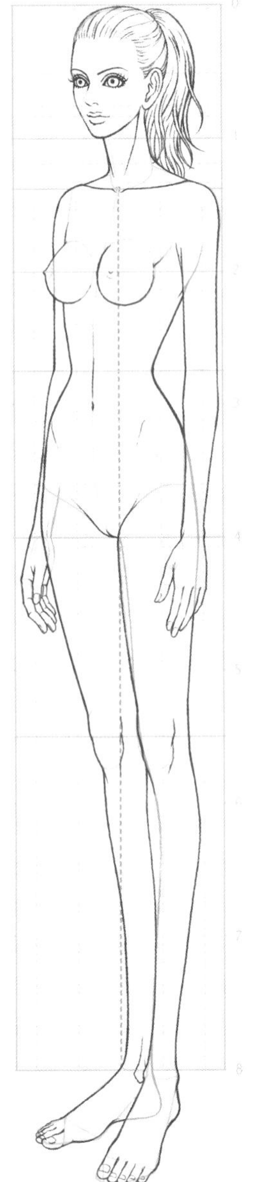

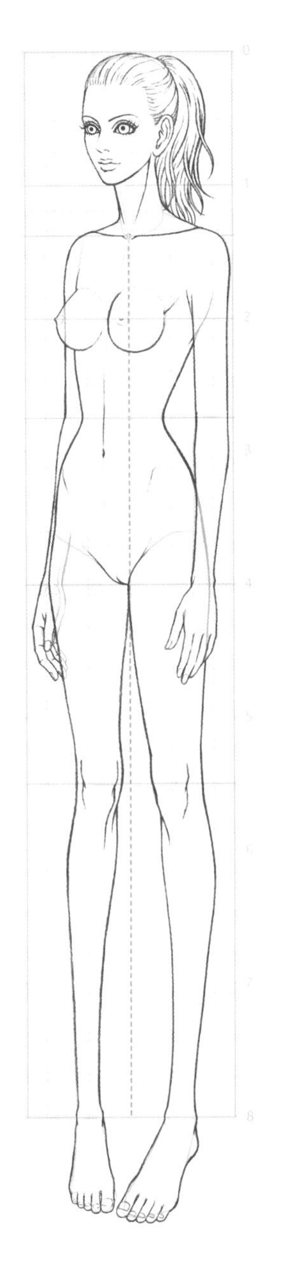

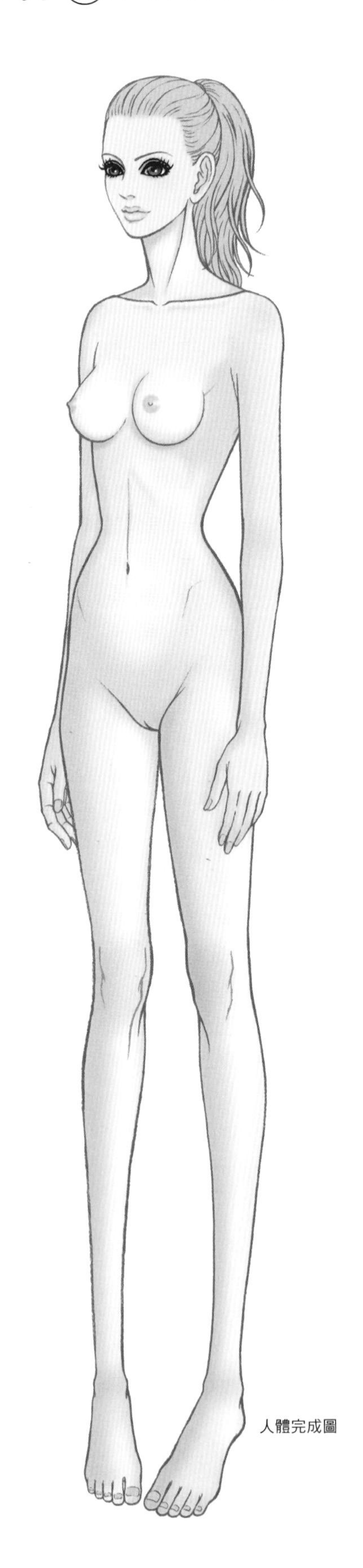

人體完成圖

# 雙腿分開姿勢的學習要點——注意膝蓋和腳部的朝向。

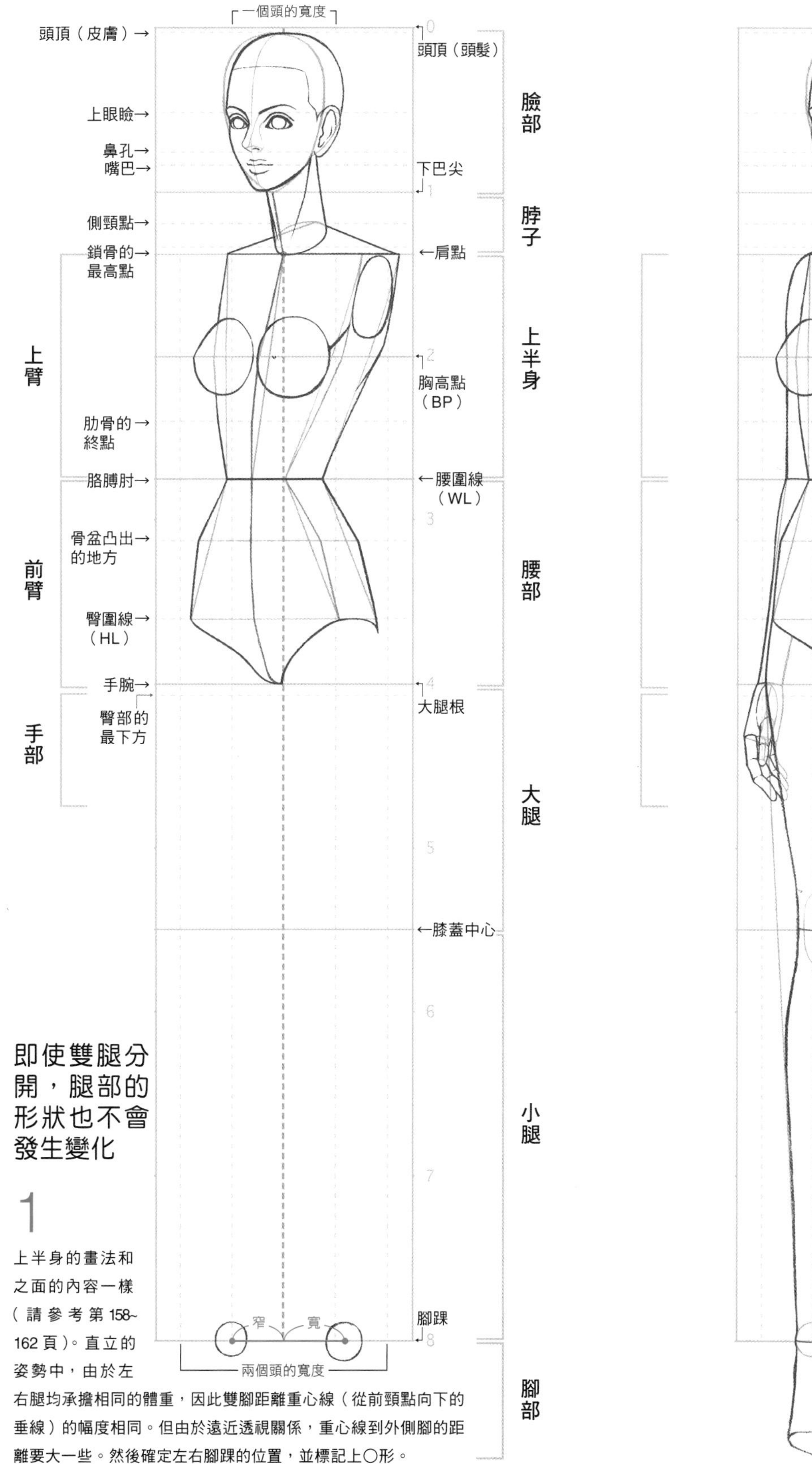


## 即使雙腿分開，腿部的形狀也不會發生變化

1

上半身的畫法和之面的內容一樣（請參考第 158~162 頁）。直立的姿勢中，由於左右腿均承擔相同的體重，因此雙腳距離重心線（從前頸點向下的垂線）的幅度相同。但由於遠近透視關係，重心線到外側腳的距離要大一些。然後確定左右腳踝的位置，並標記上〇形。

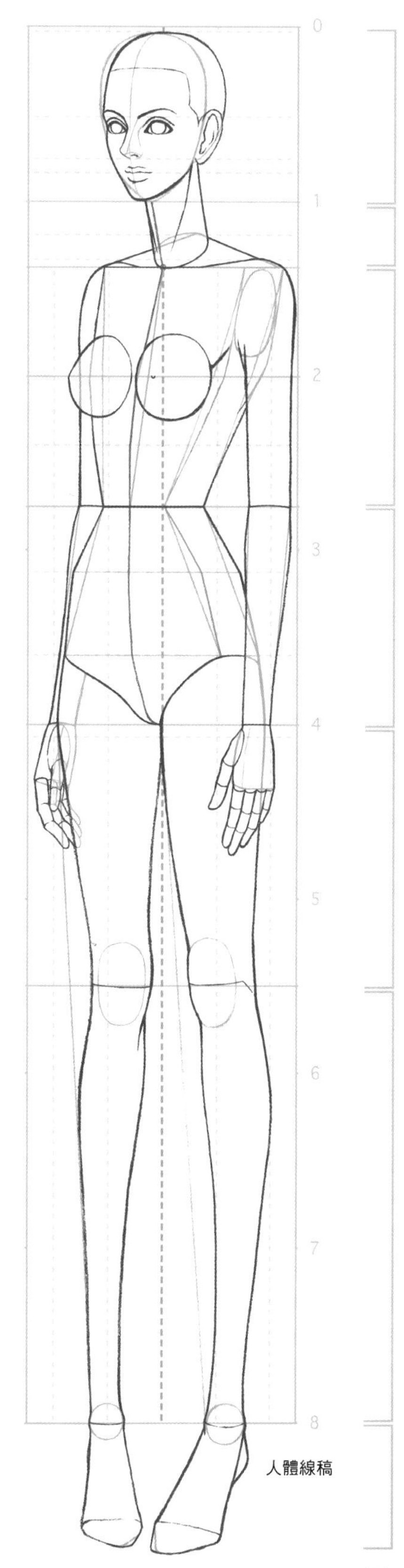

人體線稿

# 繪製的實踐 下半身 上半身的繪製流程與直立姿勢相同

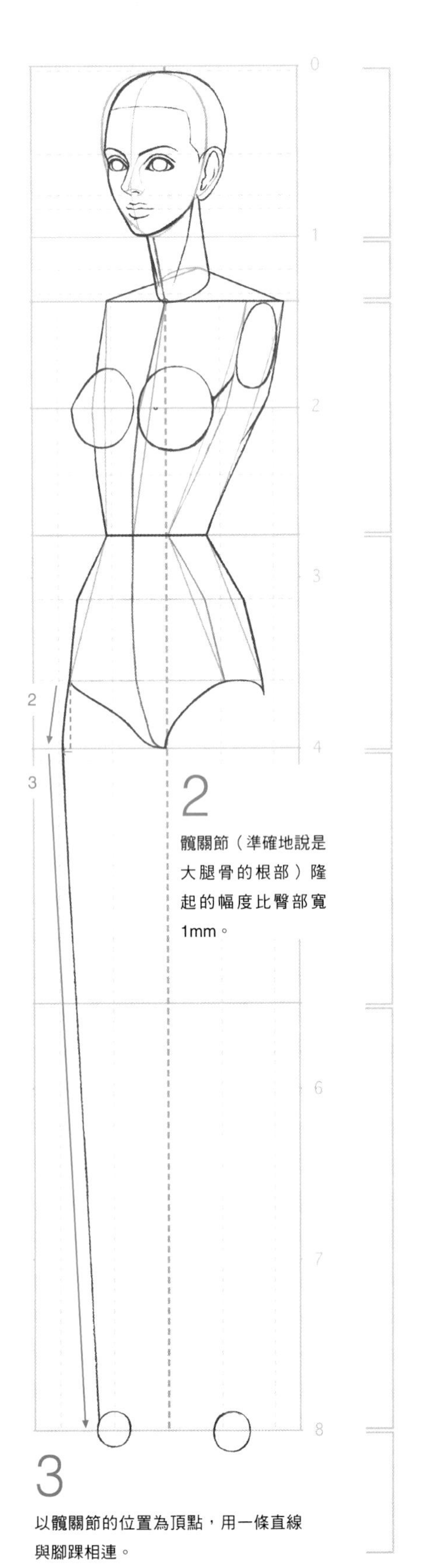


2

髖關節（準確地說是大腿骨的根部）隆起的幅度比臀部寬1mm。

3

以髖關節的位置為頂點，用一條直線與腳踝相連。

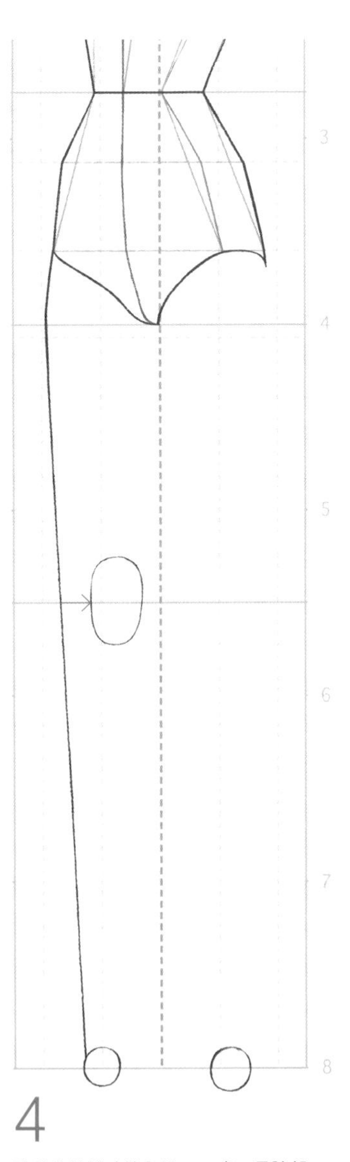


4

膝蓋位於輔助線內側4mm處，呈臉部1/2大小左右的橢圓形。

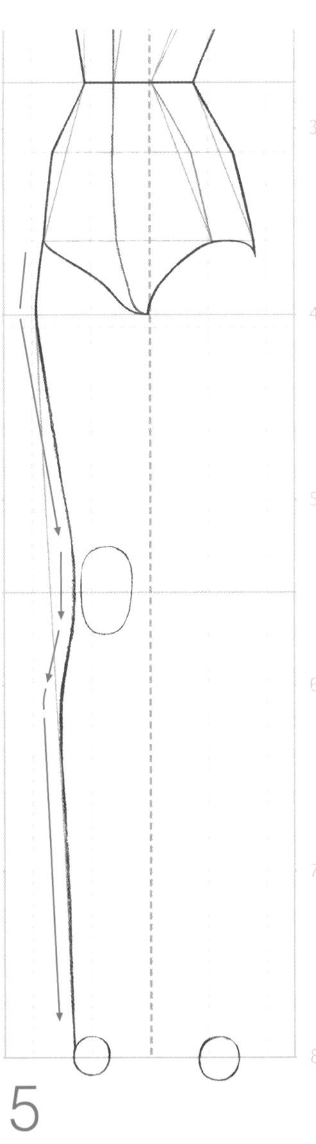


5

繪製腿部時，先從外側線條開始描繪。與直立的姿勢一樣，先用直線畫出膝蓋，再用直線將髖關節與膝蓋連接起來，小腿部分在人體框架圖的6頭身處與輔助線重疊。

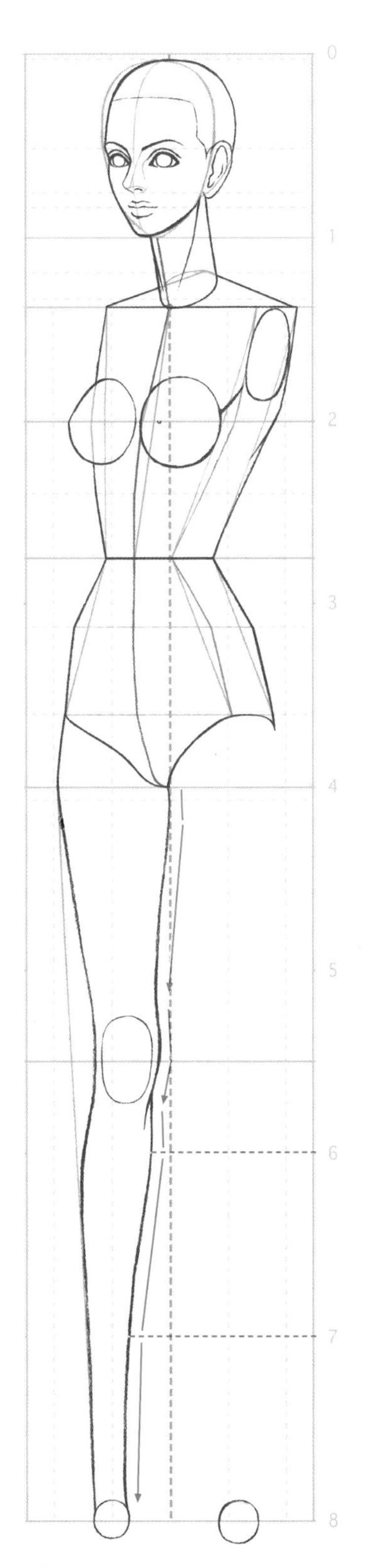


# 6

腿部內側的線條也要繪製出來。

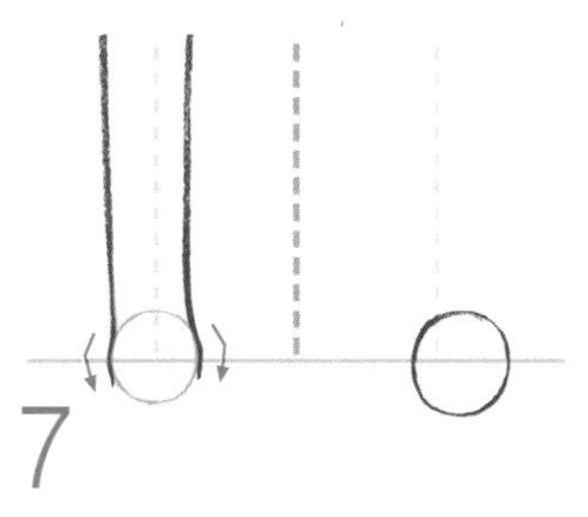

# 7

腳踝呈「<」字形。

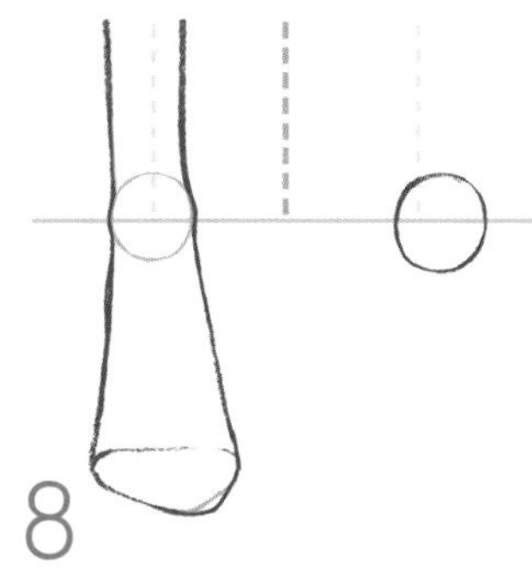

# 8

腳部呈領帶前端的形狀。為了表現出女性特質，可讓腳尖朝向內側呈現內八字的感覺。另外，可將腳部畫得大一些，以表現出穩定感。

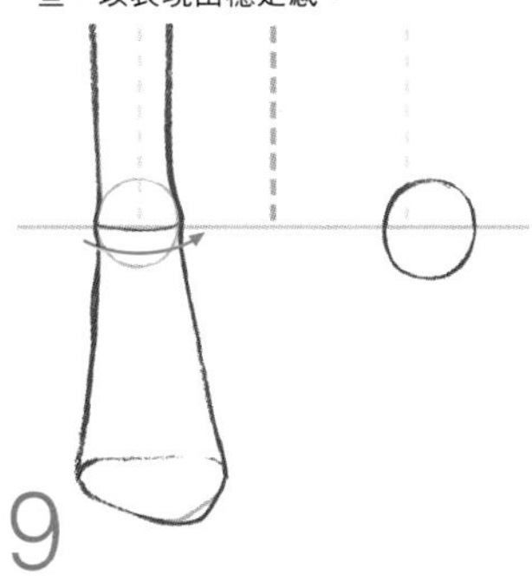

# 9

添加腳踝和膝蓋的關節線。

# 10

接下來繪製左腳。左腳的輔助線可根據腳尖的朝向來繪製。由於外側腳是朝向左側的，因此要從左側向腳踝連接線條。

# 11

大腿根與腳踝的中點是膝蓋部分，位於輔助線內側2mm處，呈臉部1/2大小左右的橢圓。

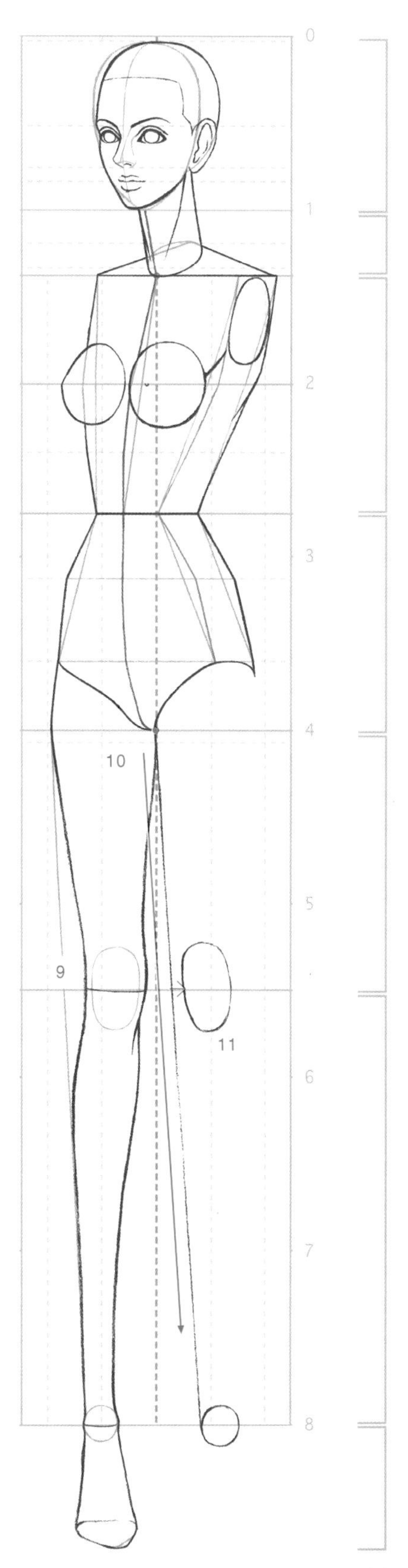

## 下半身 從腿部到腳部

### 12

繪製大腿內側從胯下到膝蓋上端時，靠上方的1/4處沿輔助線繪製，之後直接與膝蓋連接。

### 13

小腿的線條呈S形，在人體框架圖的6頭身和7頭身處改變方向。雖然有些複雜，但這是影響腿部形態的重要部位，因此要努力認真地繪製。

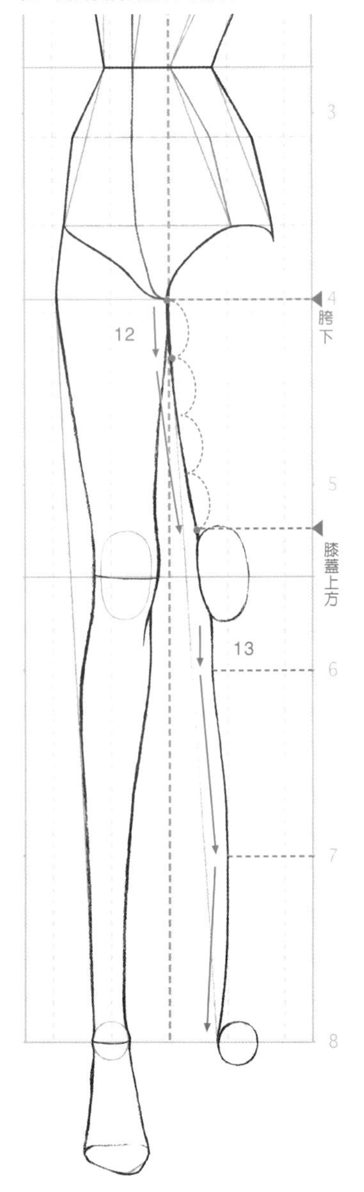


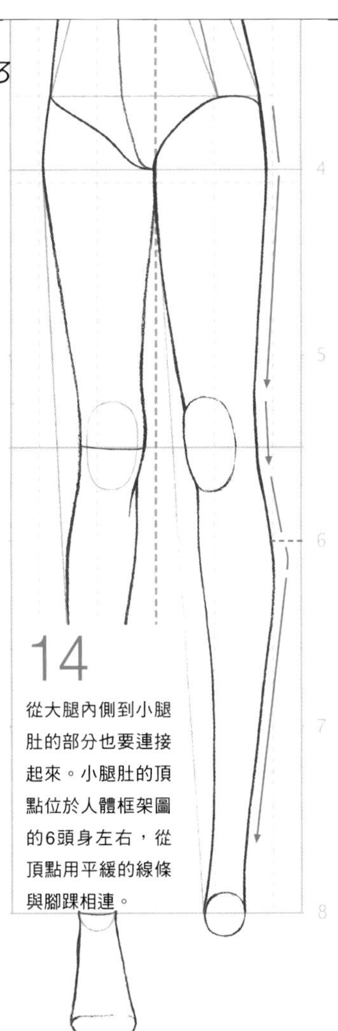


### 14

從大腿內側到小腿肚的部分也要連接起來。小腿肚的頂點位於人體框架圖的6頭身左右，從頂點用平緩的線條與腳踝相連。

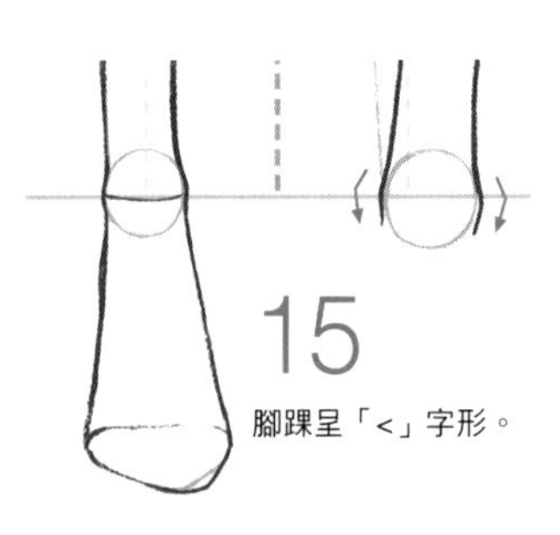

### 15

腳踝呈「<」字形。

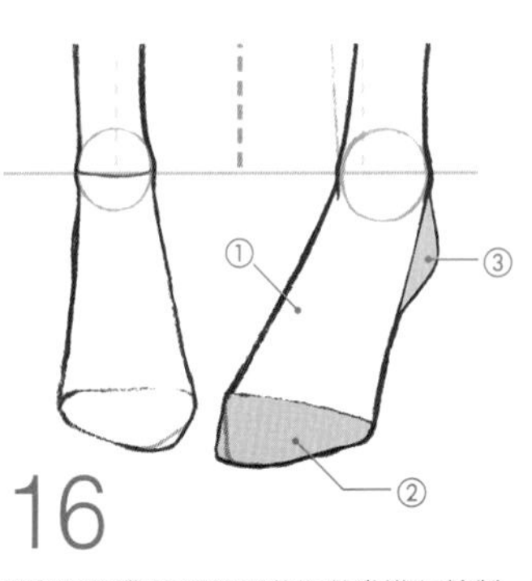


### 16

腳部以領帶前端的形狀為基準進行繪製。再依次添加腳後跟和腳尖，表現出立體感。

### 17

在腳踝和膝蓋處加入關節線，完成腳部的繪製。

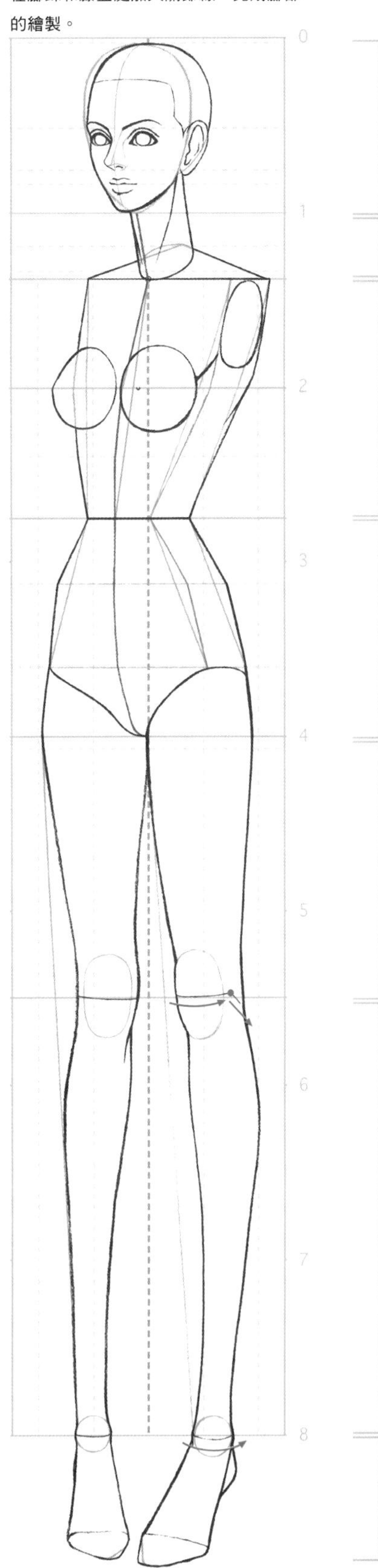

# 從人體線稿到人體完成圖——以人體線稿為底稿繪製人體完成圖

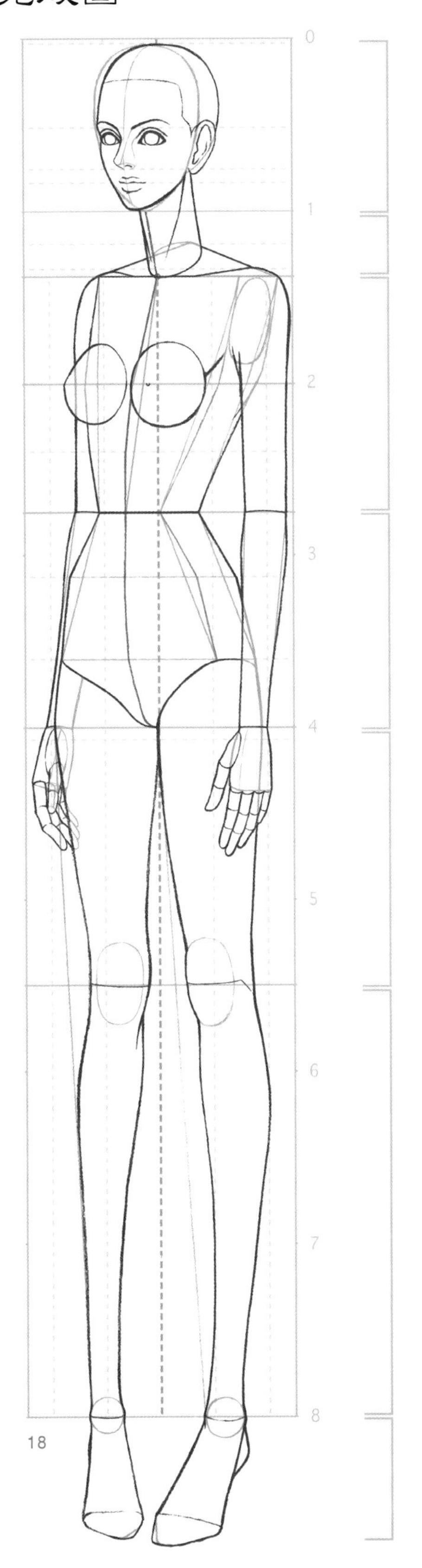


## 18

繪製手臂（參考第169~171頁），完成人體的繪製。

## 19

人體線稿完成之後，將其放在描圖紙下面，流暢地畫出人體完成圖。就像給人體裹上一層輕柔的皮膚似的。

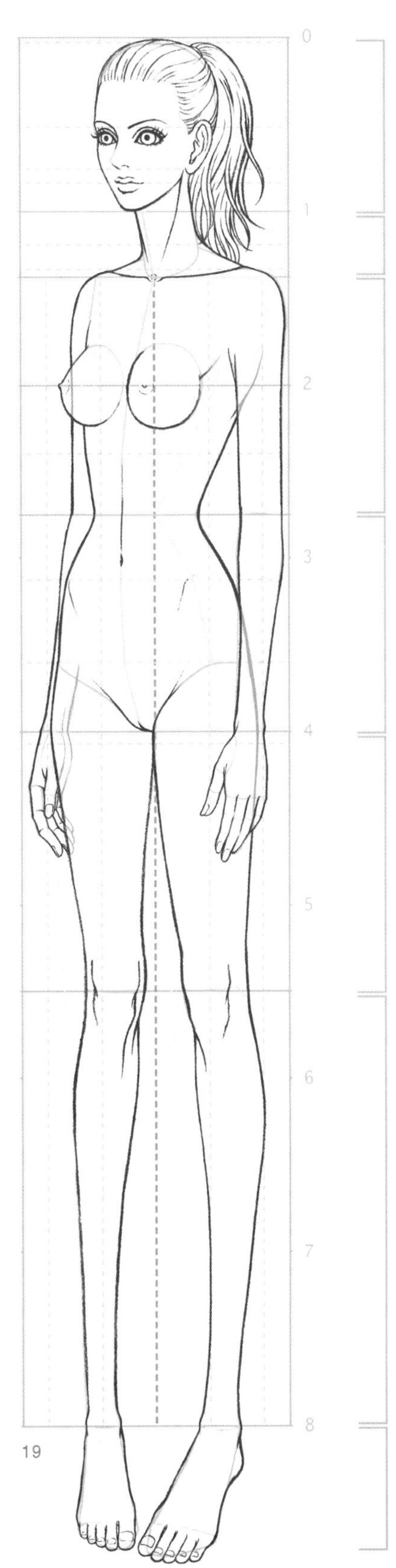


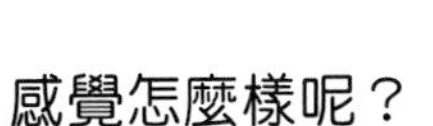

## 感覺怎麼樣呢？

試著來描繪各種步幅，並反覆進行練習吧！下面我們要學習的是另一種站姿，也就是單腿支撐的站姿。不光是腿部，腰部也產生了動態變化，所以動作顯得更加流暢。

# 下半身有動態變化的姿勢①支撐腿在內側

## 更加強調女性的特徵

為斜側面姿勢的下半身添加一定的動態，就可以表現出更加流暢的人體線條。為了強調出女性的身體特徵，需要充分考慮身體曲線來進行描繪。

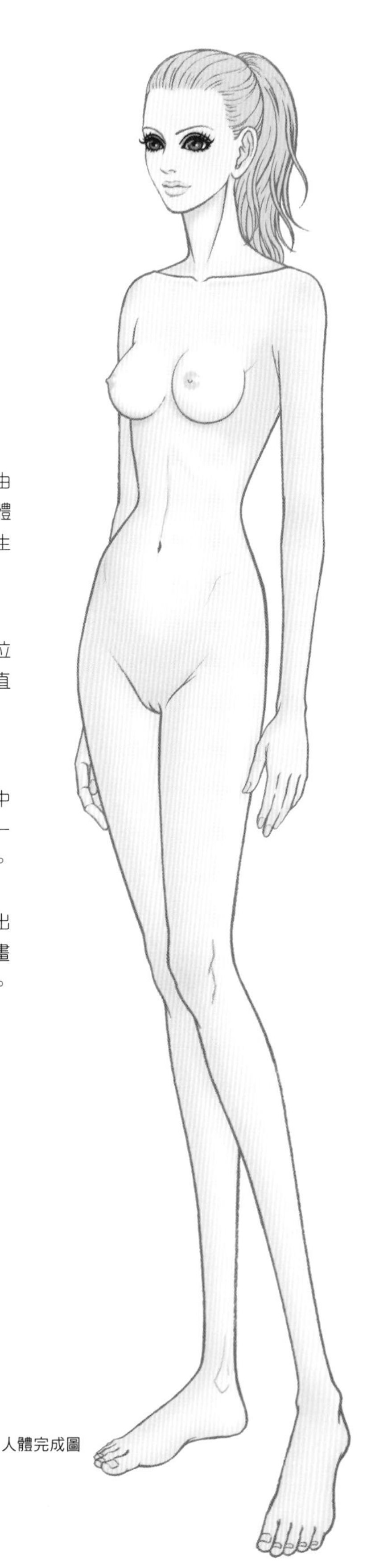

人體完成圖

### 雙腿分開姿勢與單腿支撐姿勢的比較

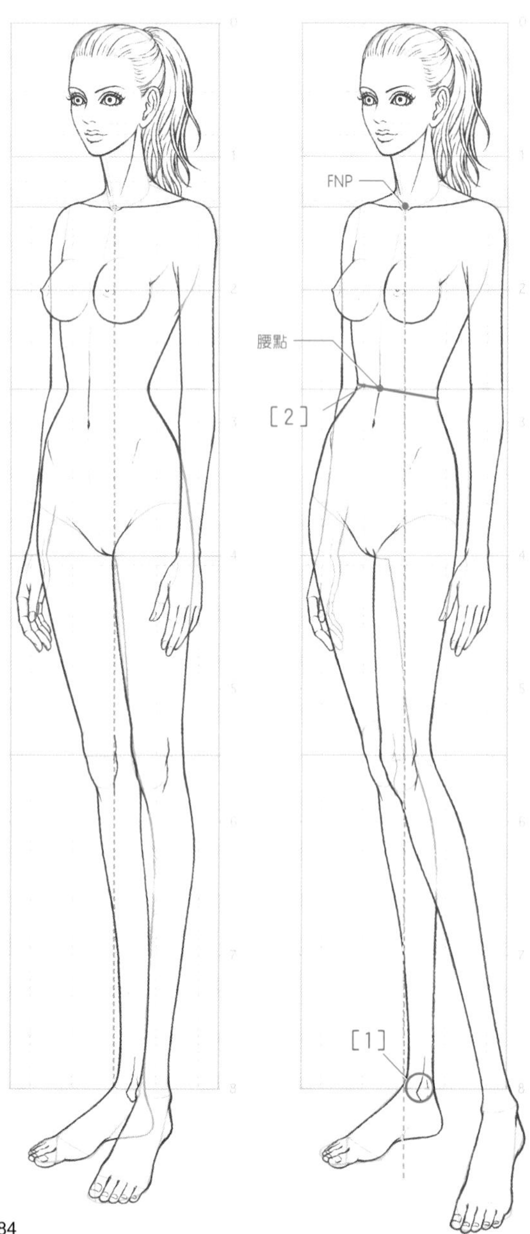


單腿支撐時，由於是一隻腿來承擔體重，因此下半身會發生變化。

[1]

支撐腿的腳踝位於重心線（從FNP垂直向下的線條）附近。

[2]

腰部以腰點為中心旋轉，位於支撐腿一側的腰圍線向上傾斜。

如果能夠表現出這兩個特徵，就可以畫好單腿支撐的姿勢了。

在開始實踐之前——

# 單腿支撐姿勢的要點——重點是內側的腰圍線向上提

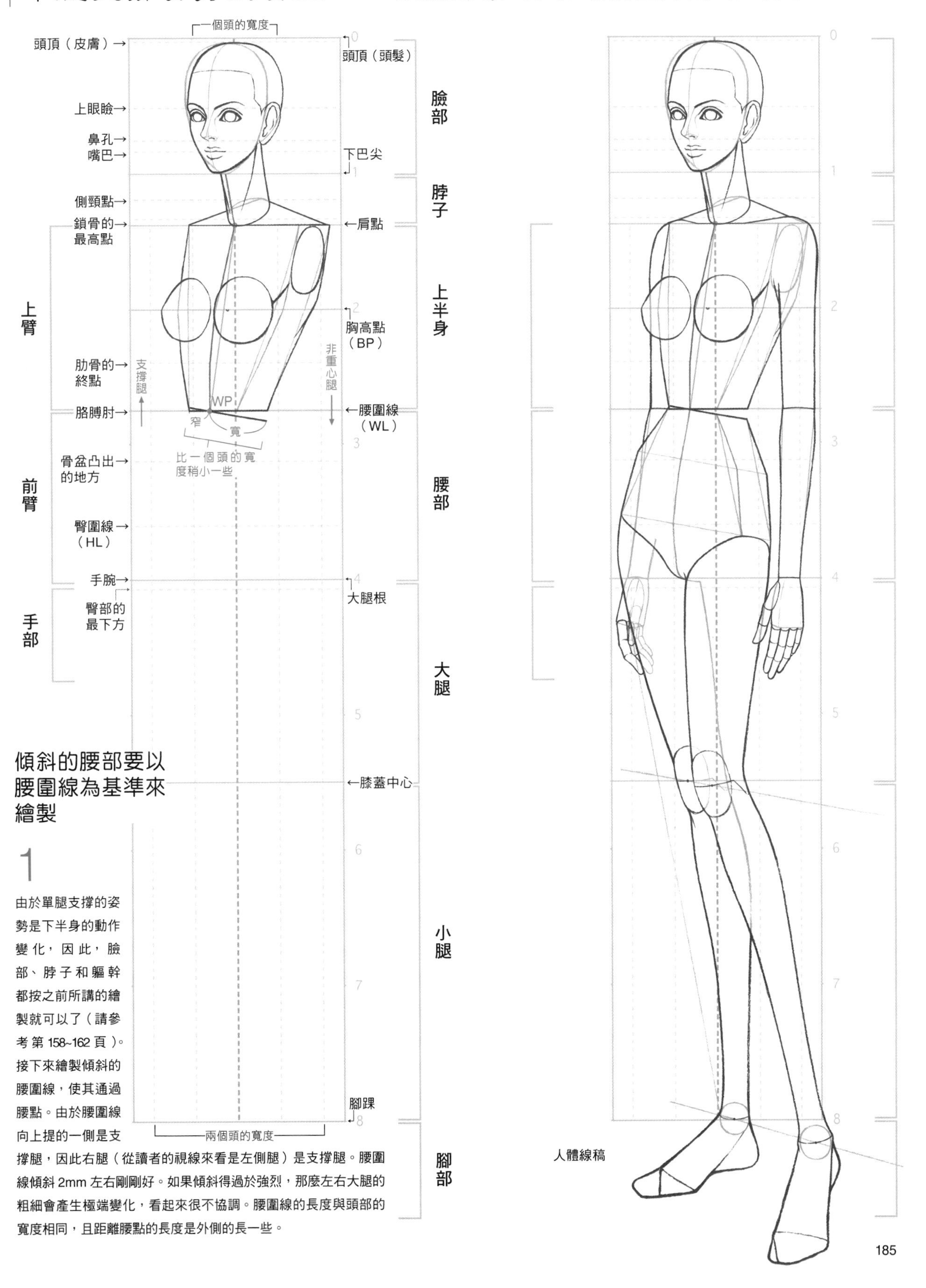


## 傾斜的腰部要以腰圍線為基準來繪製

# 1

由於單腿支撐的姿勢是下半身的動作變化，因此，臉部、脖子和軀幹都按之前所講的繪製就可以了（請參考第158~162頁）。接下來繪製傾斜的腰圍線，使其通過腰點。由於腰圍線向上提的一側是支撐腿，因此右腿（從讀者的視線來看是左側腿）是支撐腿。腰圍線傾斜2mm左右剛剛好。如果傾斜得過於強烈，那麼左右大腿的粗細會產生極端變化，看起來很不協調。腰圍線的長度與頭部的寬度相同，且距離腰點的長度是外側的長一些。

# 繪製的實踐 下半身 上半身跟之前的繪製方法相同，重點是腰部以下的部分

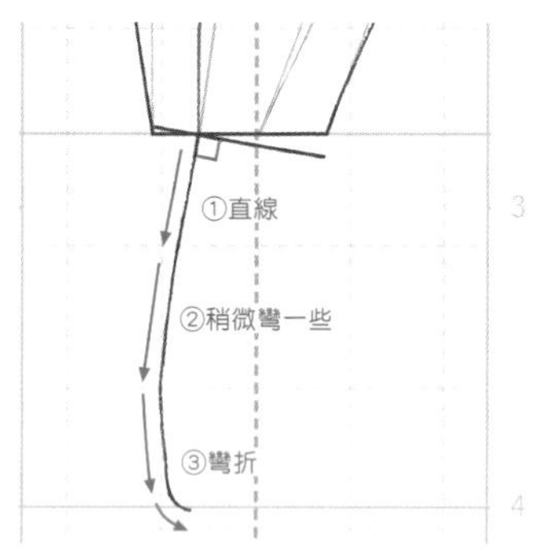


2 正中線與腰圍線呈垂直，為了表現出胯下的圓潤感，線條呈J字形。

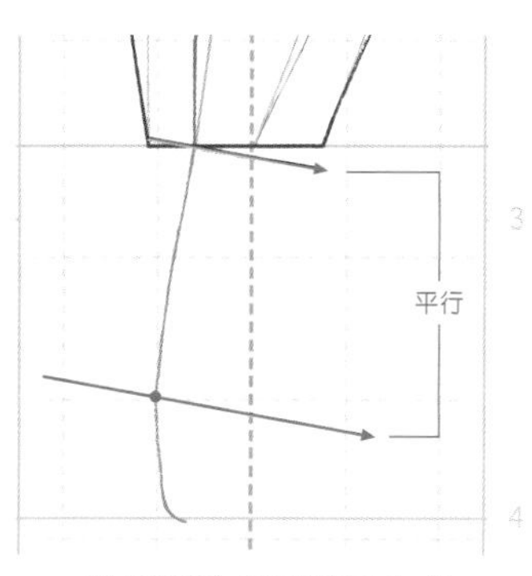


3 臀部的寬度是頭部寬度的2倍，並與肩膀的寬度相同。

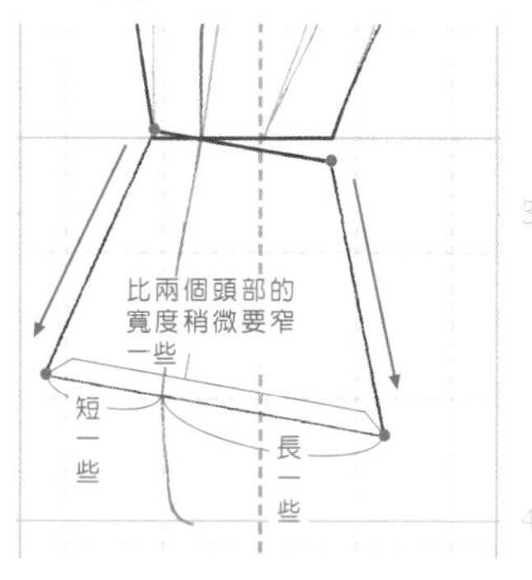


4 將腰部與臀部的兩端分別用直線連接起來。與左右肩膀的一樣都是外側較長，內側較短。

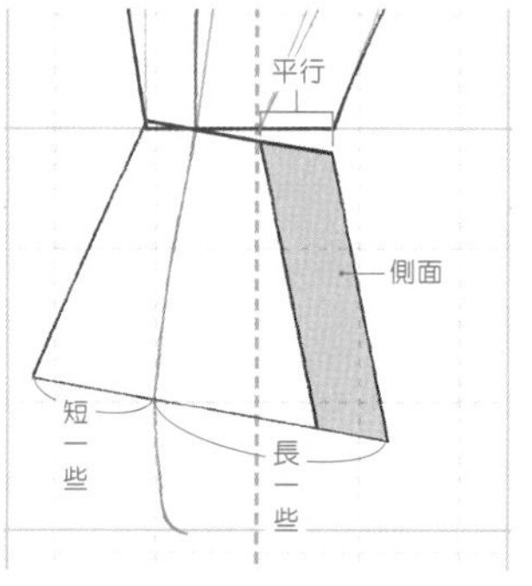
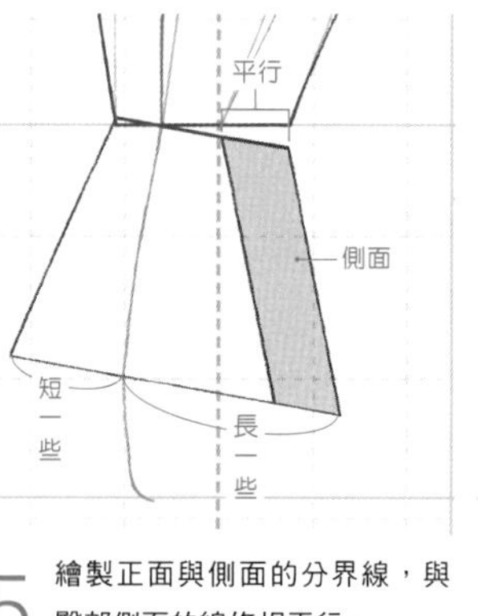


5 繪製正面與側面的分界線，與臀部側面的線條相平行。

6 畫出腰部的輔助線，兩側有一定的隆起。

7 腰部的隆起為2mm。骨盆的凸起與腰部的隆起相平行，因此幅度都是2mm。

8 大腿的根部要用柔和的曲線來描繪。

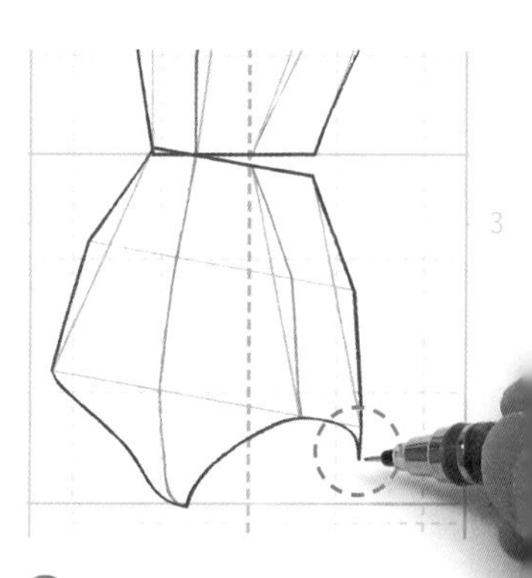

9 連接靠近臀部一側的線條。

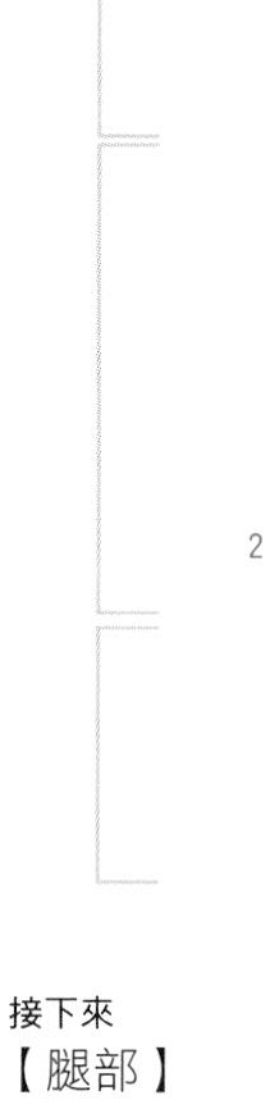

接下來

【腿部】

1

繪製腿部時，要先從支撐腿開始繪製。將支撐腿的腳踝設定在重心線附近，並且用〇來表示。繪製時支撐腿承擔的體重越多，腳踝中心的位置就越接近重心線。

2

隆起的髖關節比臀部的寬度多出1mm。以髖關節的位置為頂點，用直線連接到腳踝。

## 可將支撐腿的大腿和小腿作為一個整體來考慮

### 3

膝蓋位於輔助線內側4mm處，呈臉部1/2大小左右的橢圓。

### 4

以輔助線和膝蓋的位置為基準繪製側面的腿部。可參考之前學習的內容來進行繪製（請參考第 165~166 頁）。

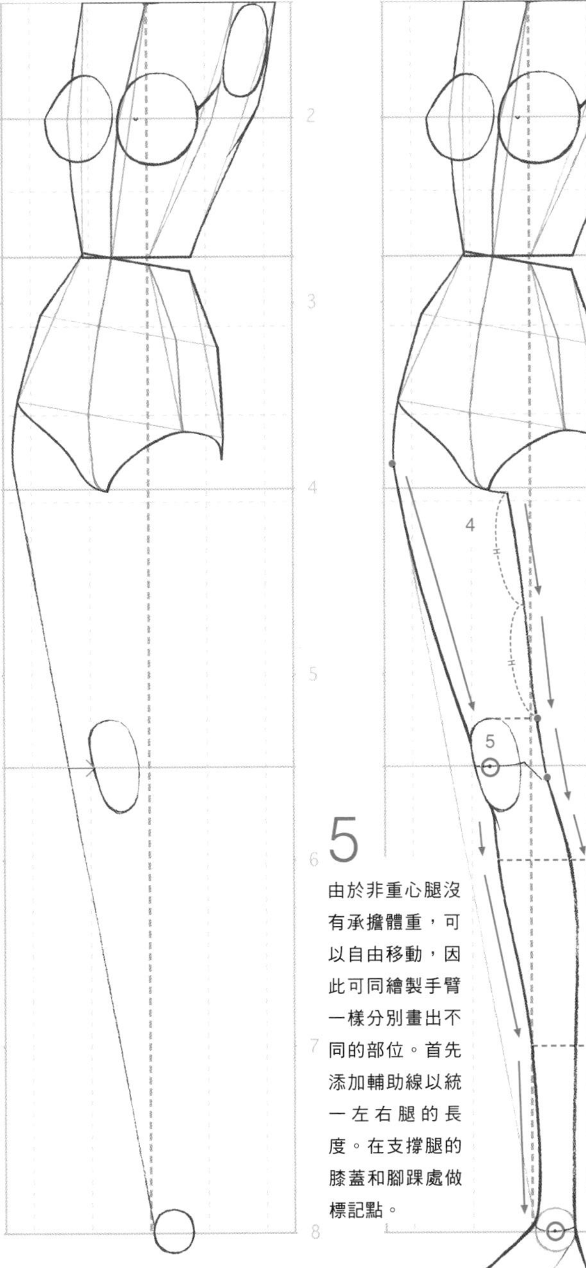

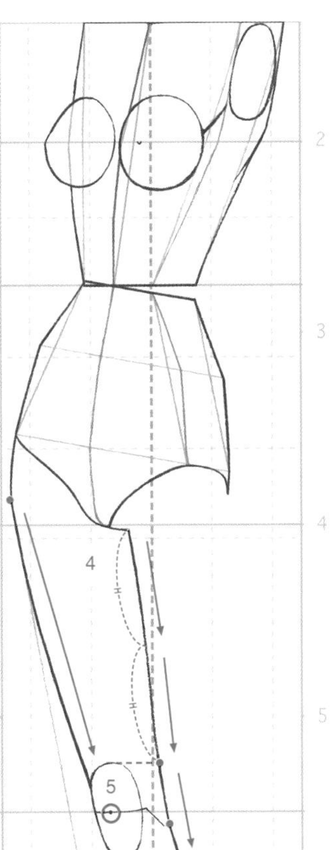


### 5

由於非重心腿沒有承擔體重，可以自由移動，因此可同繪製手臂一樣分別畫出不同的部位。首先添加輔助線以統一左右腿的長度。在支撐腿的膝蓋和腳踝處做標記點。

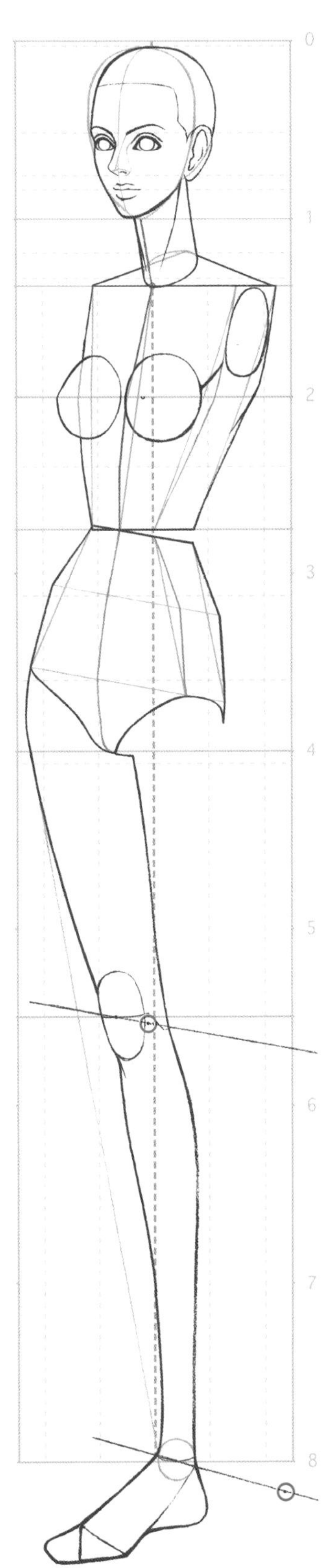

### 6

分別連接左右膝蓋和左右腳踝的輔助線，並與腰圍線向同一個方向傾斜。如果非重心腿的腳踝能夠偏離重心線一些，則更容易顯現出單腿支撐姿勢的特徵。

## 下半身 繪製非重心腿時，要先確定膝蓋和腳踝的位置

### 7

在膝蓋和腳踝處畫○形。注意左右大小相同。

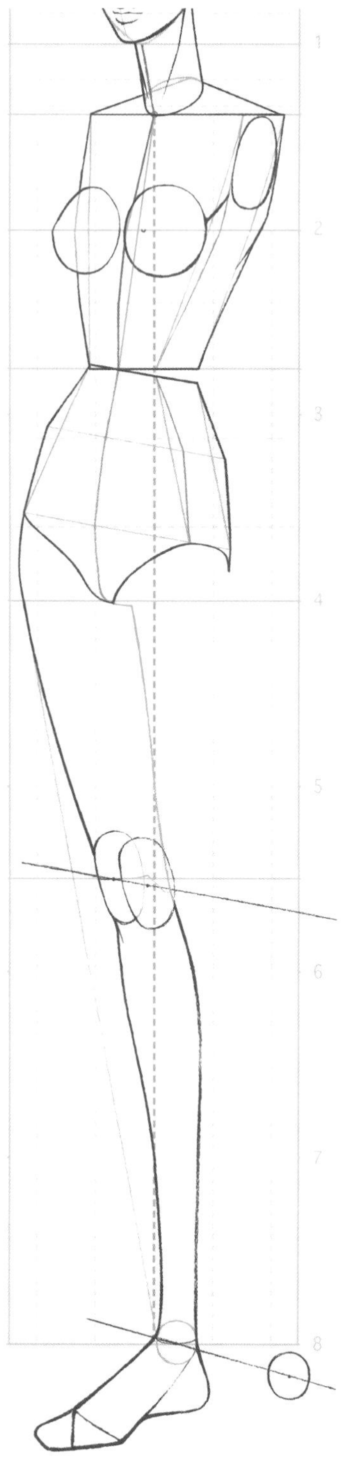


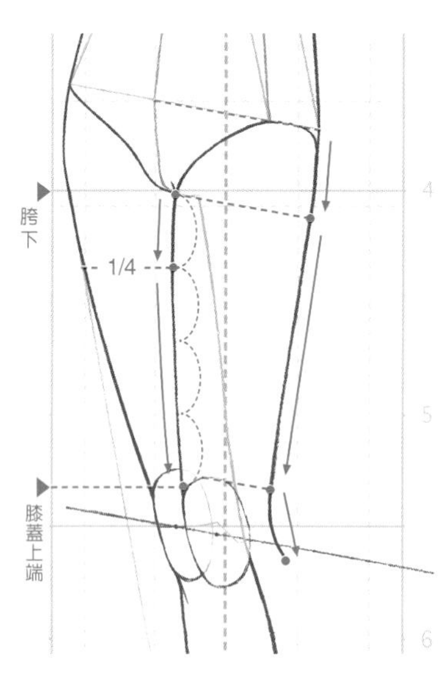


### 8

因為非重心腿沒有承擔體重，因此可分別畫出「大腿」和「小腿」。首先我們來繪製大腿，為了確保左右腿粗細一致，要一邊繪製一邊進行比較。膝蓋窩的線條位於膝蓋中心向下 3mm 處。

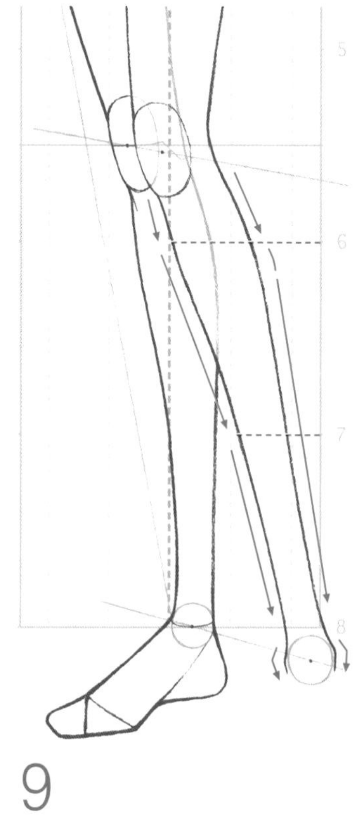


### 9

畫出小腿和腳踝。注意左右腿的粗細要相同。

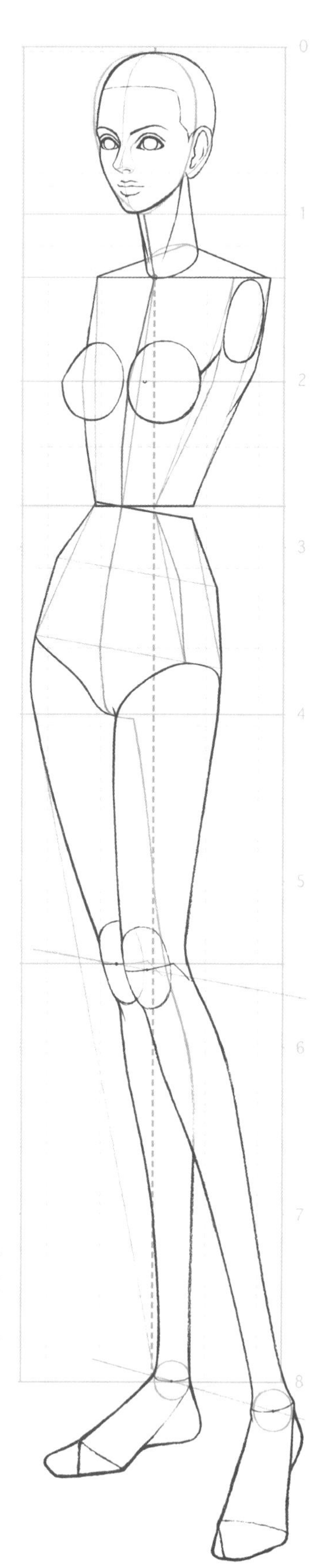


### 10

畫出腳部。由於非重心腿位於支撐腿的外側，因此要稍微畫得大一些。最後，加入膝蓋和腳踝的關節線，完成腿部的繪製。

# 從人體線稿到人體完成圖——將線稿放在描圖紙下面來繪製人體完成圖

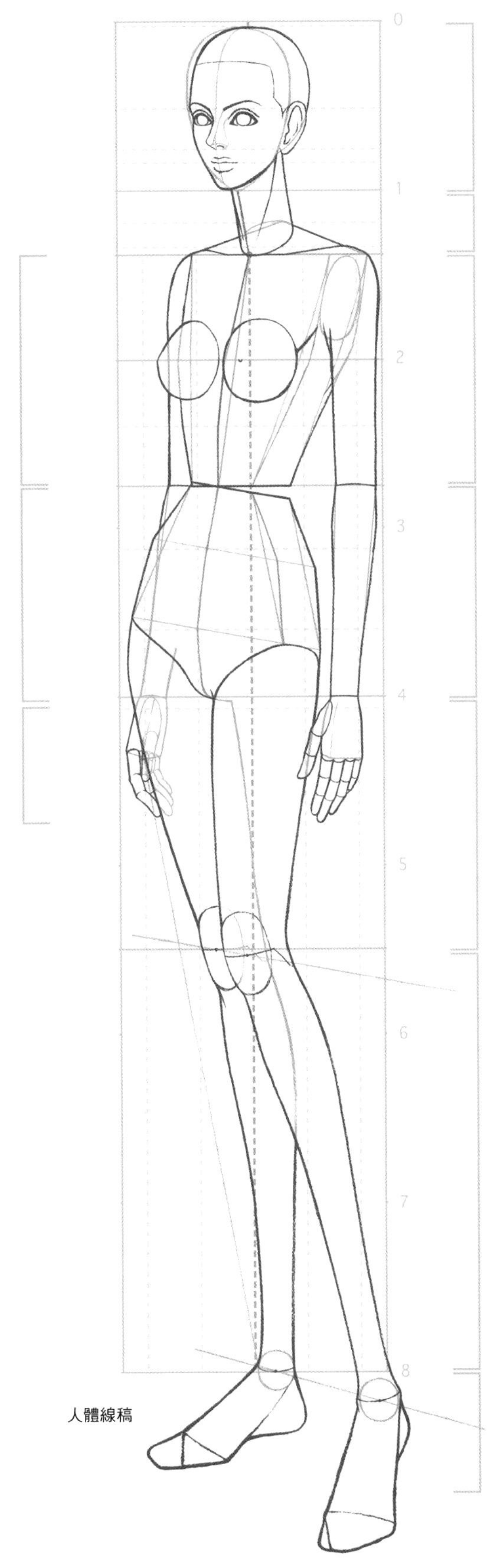

人體線稿

## 11

畫出手臂，完成人體線稿的繪製。

## 12

人體線稿繪製完成後，將其放在描圖紙下面，流暢地繪製出人體完成圖。感覺就像給身體裹上了一層輕柔的皮膚似的。

## 感覺怎麼樣呢？

除了軀幹，腰部也產生了橫向的動態變化，也許這種情況很難繪製。但是如果很好地繪製出來，就能夠表現出女性特有的曲線美姿態。

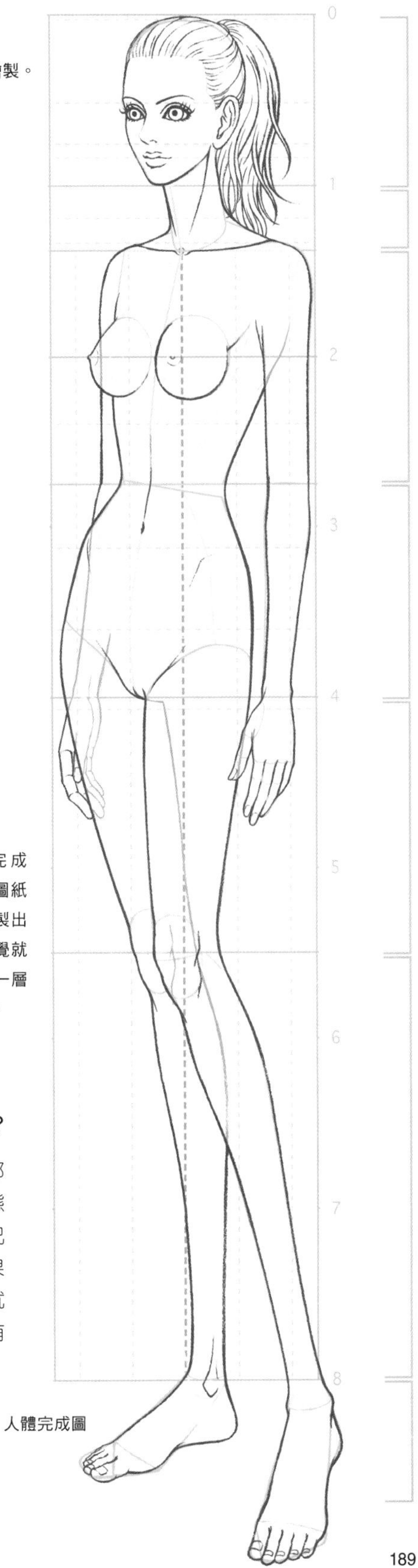

人體完成圖

# 下半身有動態變化的姿勢②支撐腿在外側

## 如果支撐腿在外側，整體感覺會有變化

支撐腿位於外側時，腰部也會偏向外側，此時S形體型會被進一步強調出來，因此這個姿勢是很多繪圖師都喜歡繪製的姿態。這種姿態中人體凹凸有致，很容易表現出女性的身體特徵。這裡我們繪製的是手臂自然下垂的姿勢。繪製時，我們也可以不讓腰部遮擋手臂，而是將手部撐在腰間，這樣的效果會更好（參考第207頁的姿勢）。

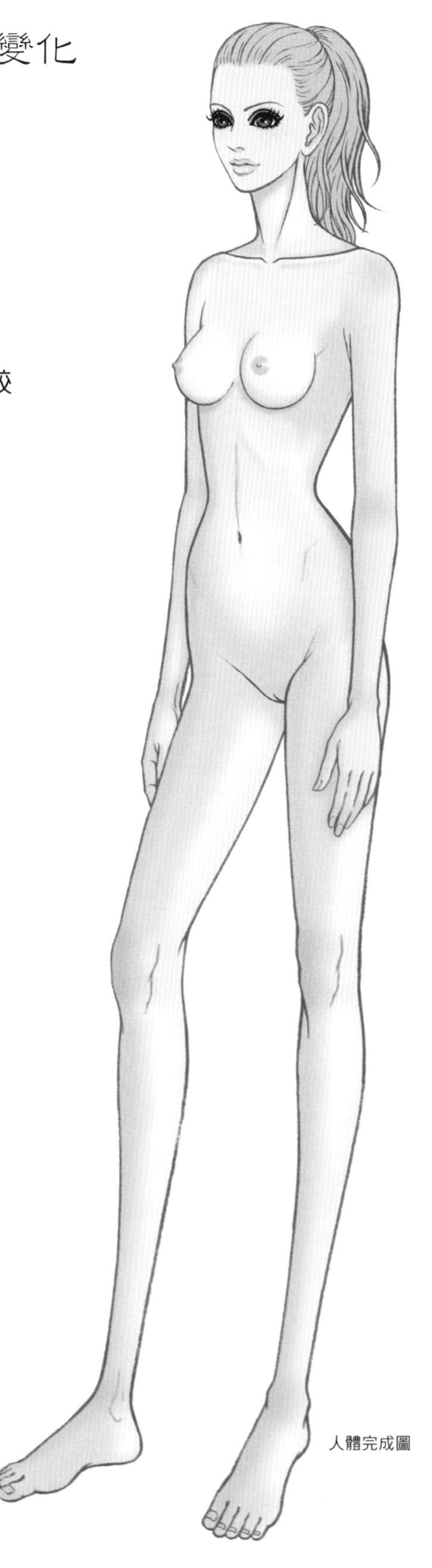

人體完成圖

### 單腿支撐姿勢下，支撐腿在內側和支撐腿在外側的比較

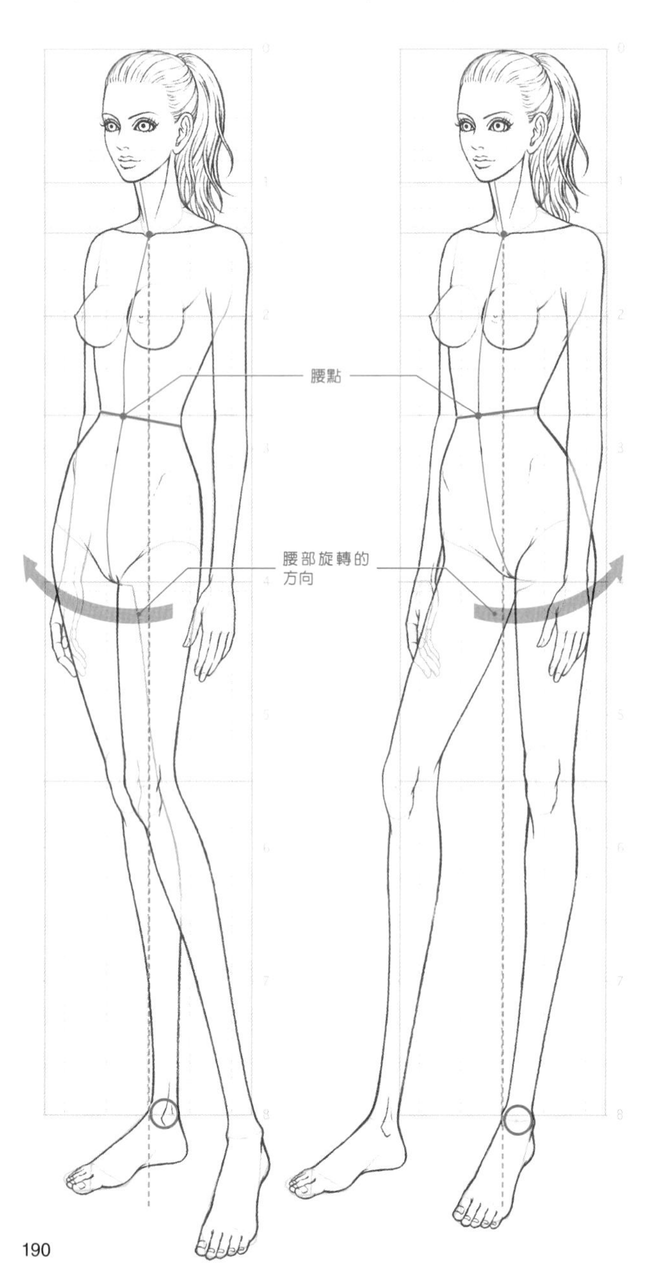

# 單腿支撐姿勢的學習要點——繪製出腰部向外側推出的感覺

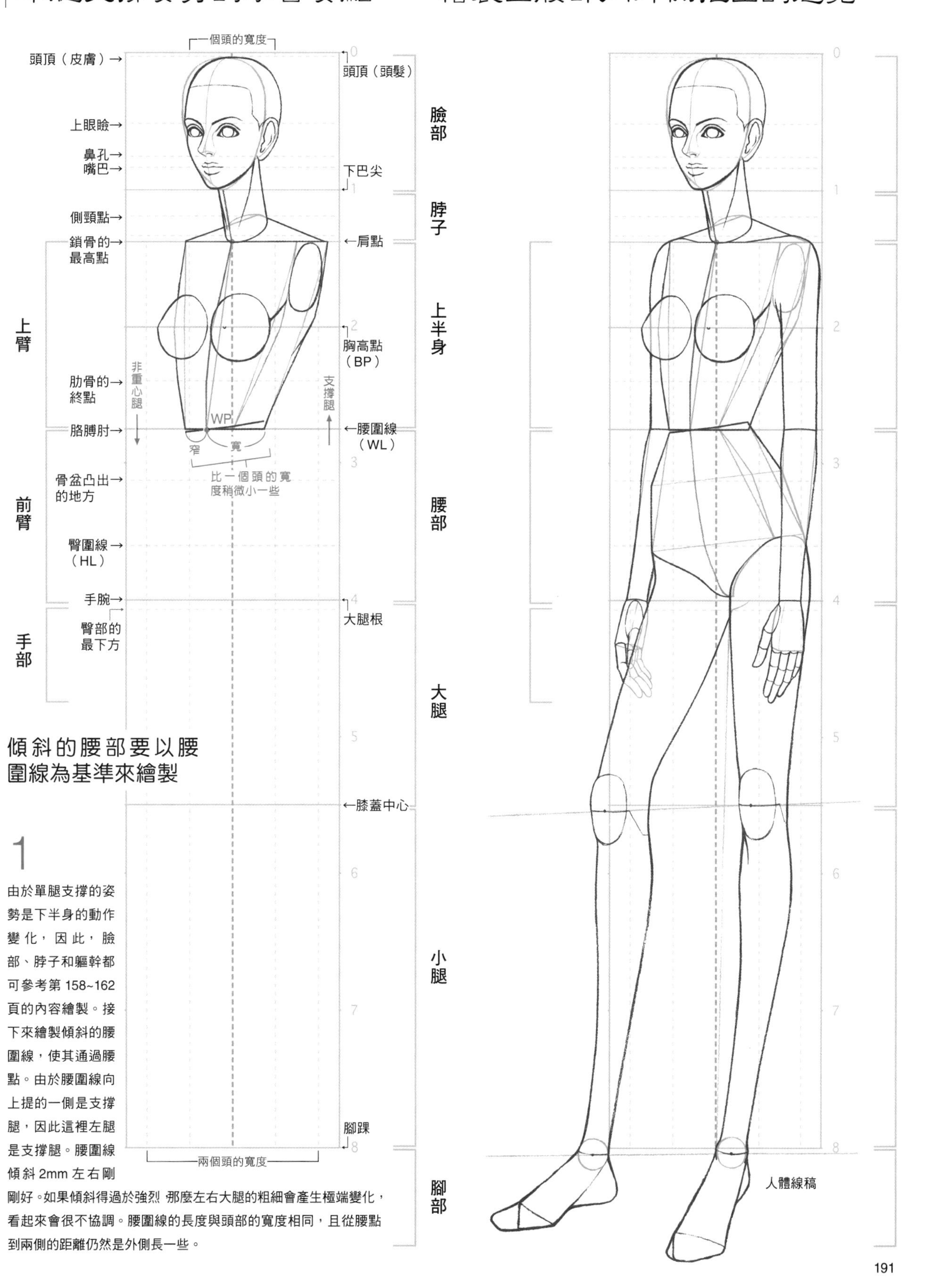


## 傾斜的腰部要以腰圍線為基準來繪製

## 1

由於單腿支撐的姿勢是下半身的動作變化，因此，臉部、脖子和軀幹都可參考第 158~162 頁的內容繪製。接下來繪製傾斜的腰圍線，使其通過腰點。由於腰圍線向上提的一側是支撐腿，因此這裡左腿是支撐腿。腰圍線傾斜 2mm 左右剛剛好。如果傾斜得過於強烈，那麼左右大腿的粗細會產生極端變化，看起來會很不協調。腰圍線的長度與頭部的寬度相同，且從腰點到兩側的距離仍然是外側長一些。

# 繪製的實踐 下半身 畫出外側的腰部向上提的感覺

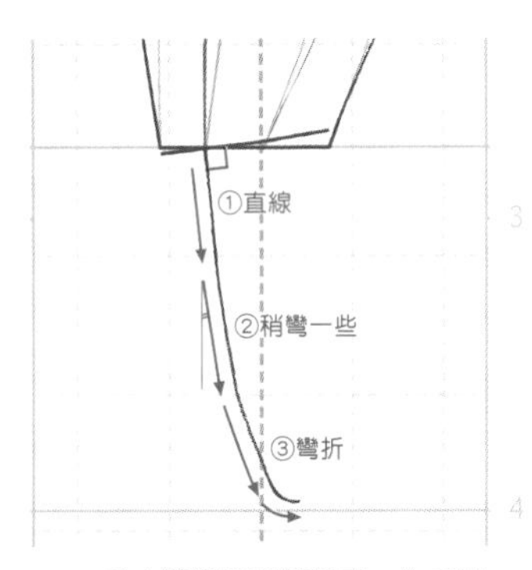


2 正中線與腰圍線垂直，為了表現出胯下的圓潤感，線條呈J字形。

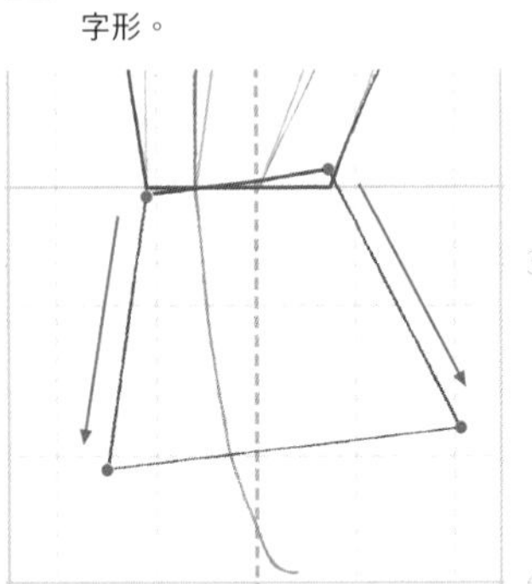

4 將腰部的兩端分別與臀部的兩端用直線相連。

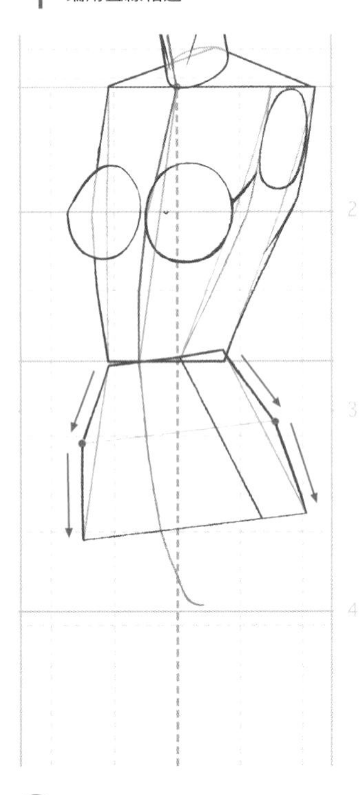

6 腰部的隆起是2mm。

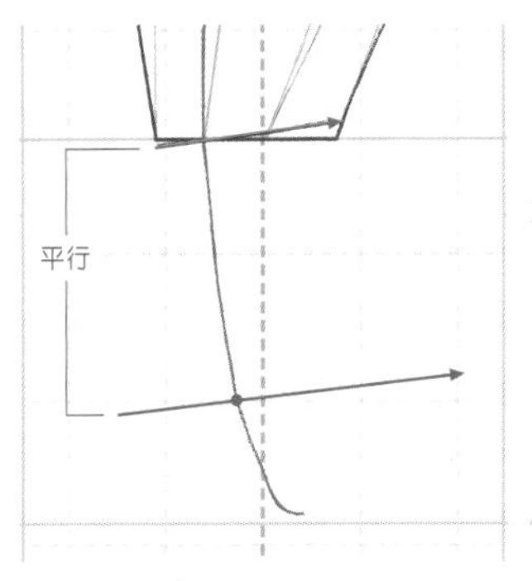


3 臀部的寬度是頭部寬度的2倍，並與肩膀的寬度相同，同時均為外側較長，內側較短。

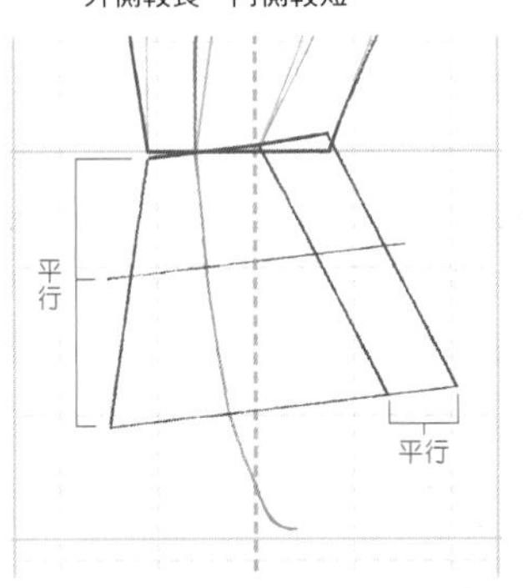
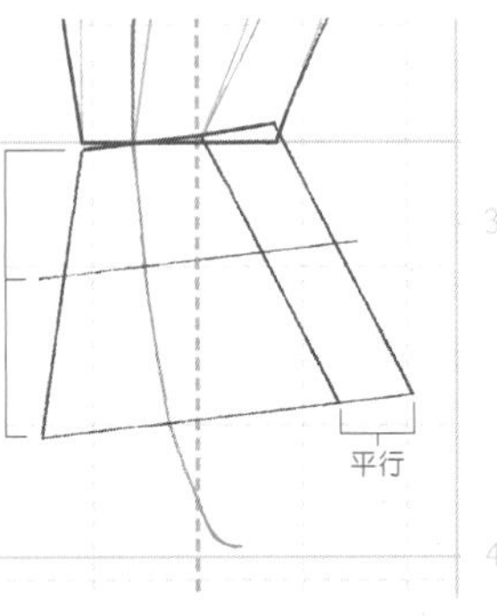


5 繪製正面與側面的分界線，其與臀部側面的線條平行，接下來繪製隆起的腰部輔助線。

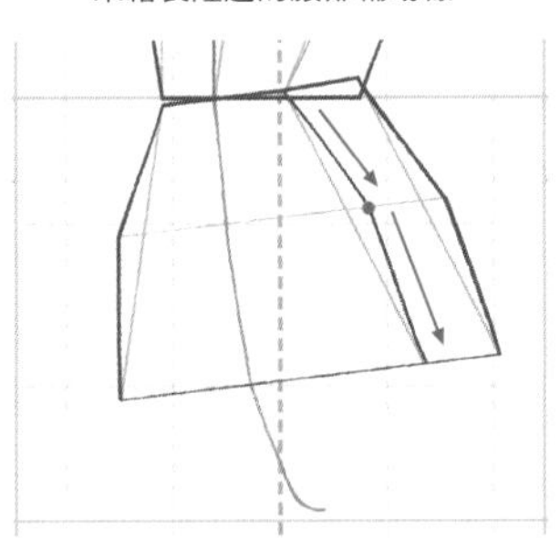

7 骨盆的凸出與腰部的隆起是平行的，幅度都是2mm。

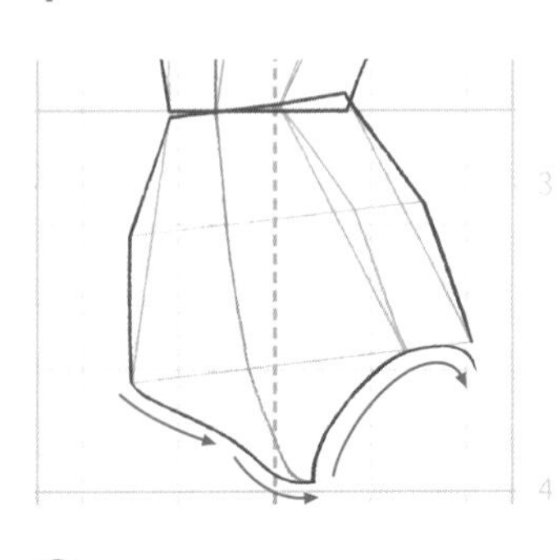

8 大腿根部用柔和的曲線來描繪。

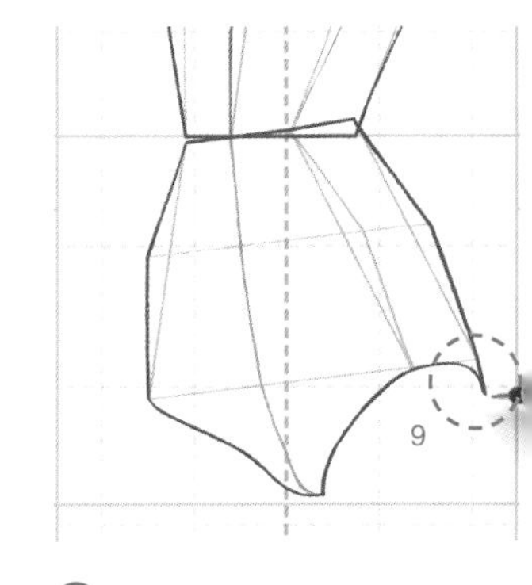


9 連接臀部一側的線條。

接下來

【腿部】

1

繪製腿部時，要先從支撐腿開始繪製。將支撐腿的腳踝設定在重心線附近，並且用○來表示。繪製時支撐腿承擔的體重越多，腳踝中心的位置就越接近重心線。

2

結合腳尖的朝向來添加輔助線。從讀者的視線來看，腳尖是朝向左側的，因此先從腳部的左側開始向腳踝繪製直線。

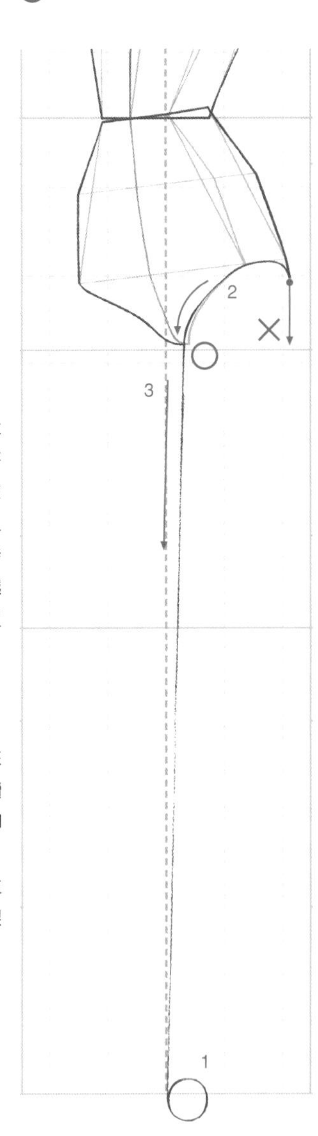


3

因為腿是偏向內側的，所以內側的大腿與腰部有少許的重疊。繪製時不要將支撐腿的大腿畫得過細。

## 可將支撐腿的大腿和小腿作為一個整體來考慮

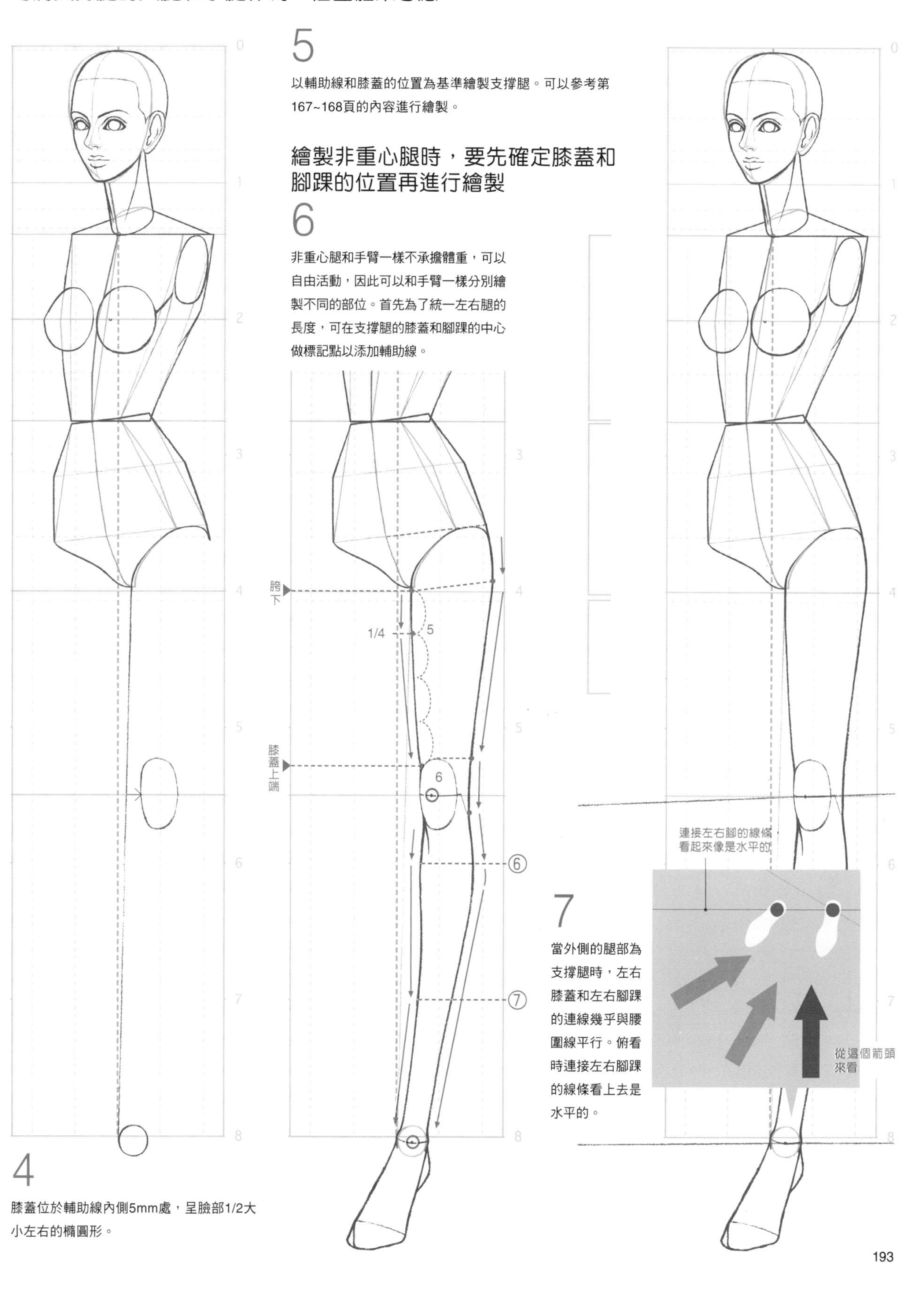


### 4

膝蓋位於輔助線內側5mm處，呈臉部1/2大小左右的橢圓形。

### 5

以輔助線和膝蓋的位置為基準繪製支撐腿。可以參考第167~168頁的內容進行繪製。

## 繪製非重心腿時，要先確定膝蓋和腳踝的位置再進行繪製

### 6

非重心腿和手臂一樣不承擔體重，可以自由活動，因此可以和手臂一樣分別繪製不同的部位。首先為了統一左右腿的長度，可在支撐腿的膝蓋和腳踝的中心做標記點以添加輔助線。

### 7

當外側的腿部為支撐腿時，左右膝蓋和左右腳踝的連線幾乎與腰圍線平行。俯看時連接左右腳踝的線條看上去是水平的。

# 下半身 繪製非重心腿

8

在傾斜線上確定出膝蓋和腳踝的位置。非重心腿的腳踝可稍偏離重心線以突出單腿支撐姿勢。然後分別畫出左右相等的膝蓋和腳踝的○形。

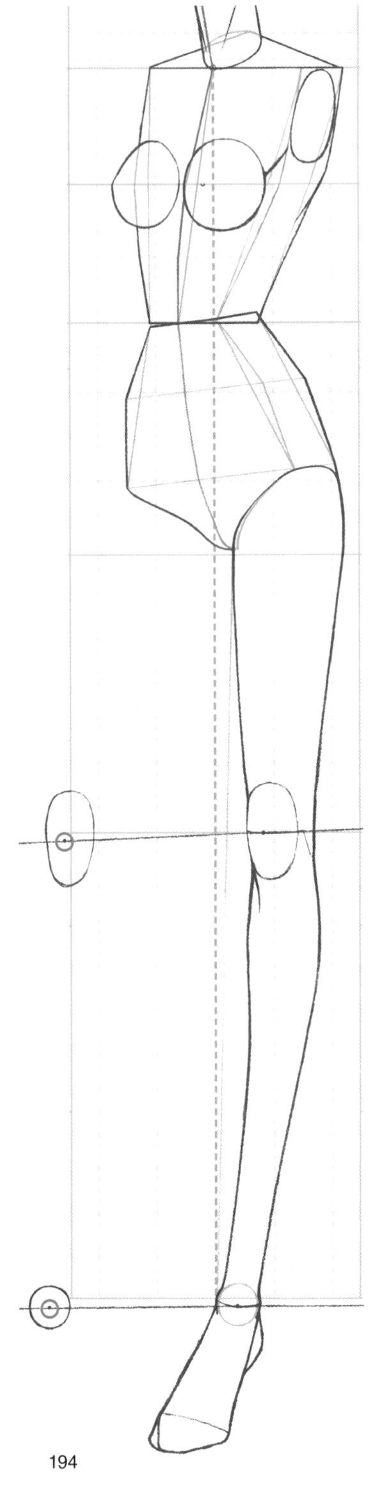

腿部向上提的話，彎折點的位置也會向上移動

9

由於非重心腿沒有承擔體重，因此可以分別繪製大腿和小腿。首先繪製大腿，為了確保左右粗細一致，可以一邊比較一邊進行繪製。

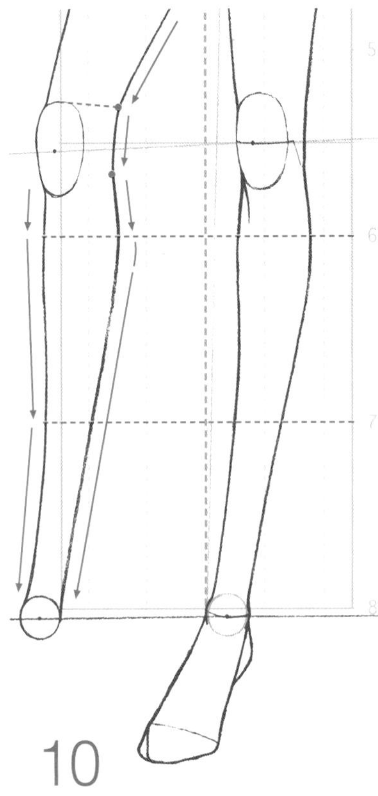

10

繪製小腿，注意左右的粗細要相同。

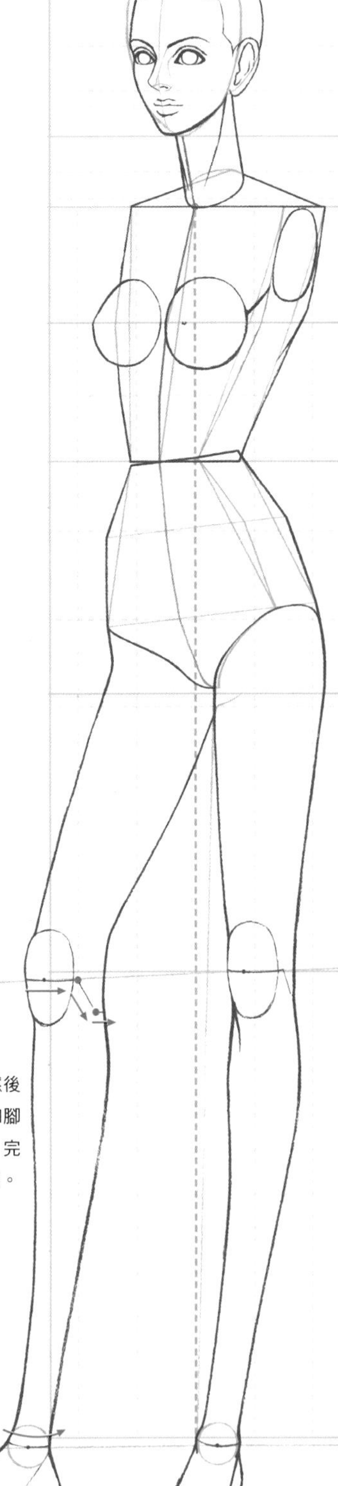

11

畫出腳部。然後添加上膝蓋和腳踝的關節線，完成腿部的繪製。

## 從人體線稿到人體完成圖——將線稿放在描圖紙下面繪製人體完成圖

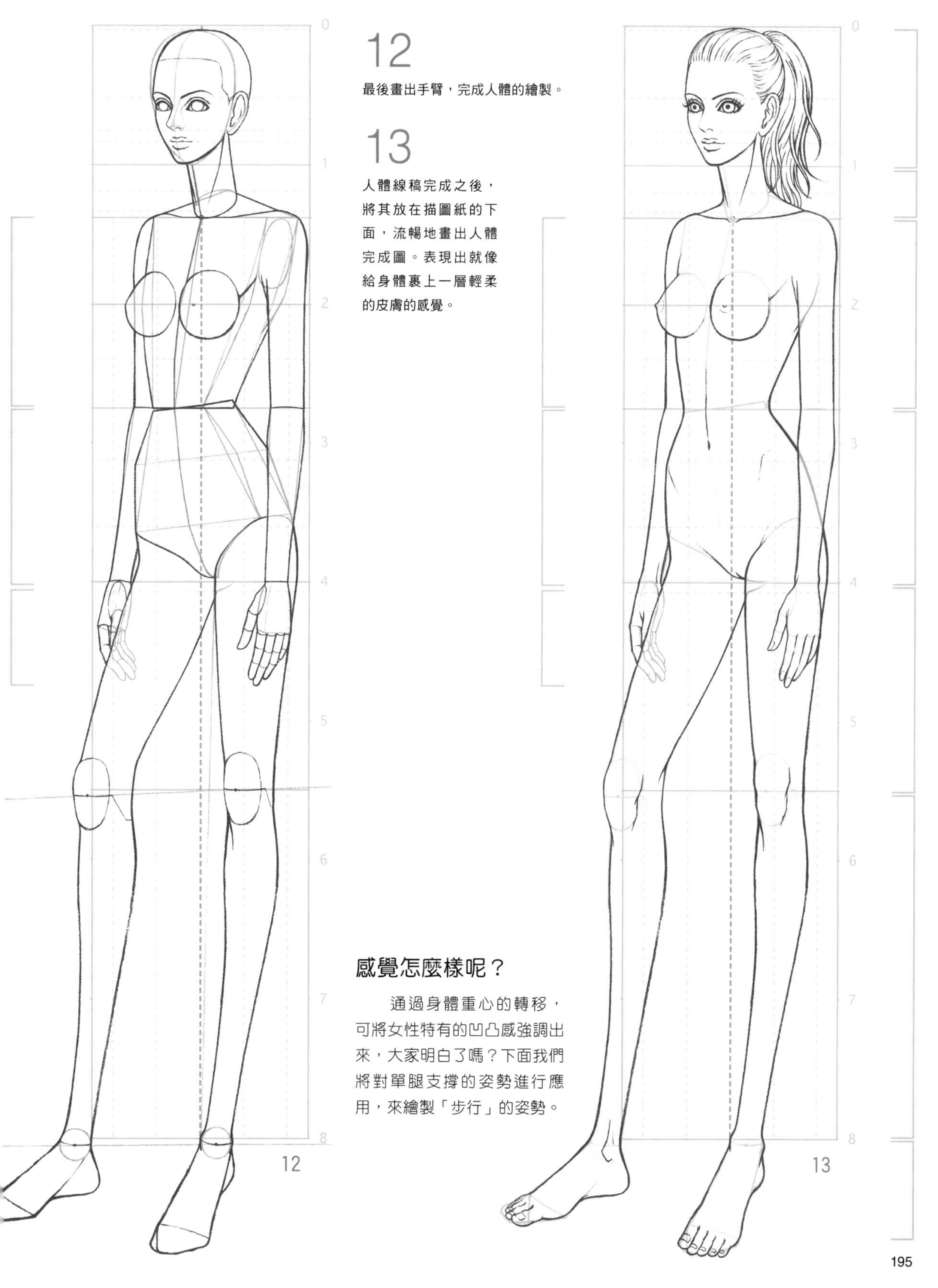


**12**

最後畫出手臂，完成人體的繪製。

**13**

人體線稿完成之後，將其放在描圖紙的下面，流暢地畫出人體完成圖。表現出就像給身體裹上一層輕柔的皮膚的感覺。

### 感覺怎麼樣呢？

通過身體重心的轉移，可將女性特有的凹凸感強調出來，大家明白了嗎？下面我們將對單腿支撐的姿勢進行應用，來繪製「步行」的姿勢。

# 下半身有動態變化的姿勢③步行

## 左右腳分開的動作與手臂的擺動是要點

應用單腿支撐的姿勢，也可以繪製行走的姿態。繪製的重點是左右腳分開的動作和手臂的擺動。為了表現出雙腿交叉的感覺，我們畫出外側腿向前跨出一步的姿勢。

### 單腿支撐姿勢（外側腿是支撐腿）和行走姿勢的比較

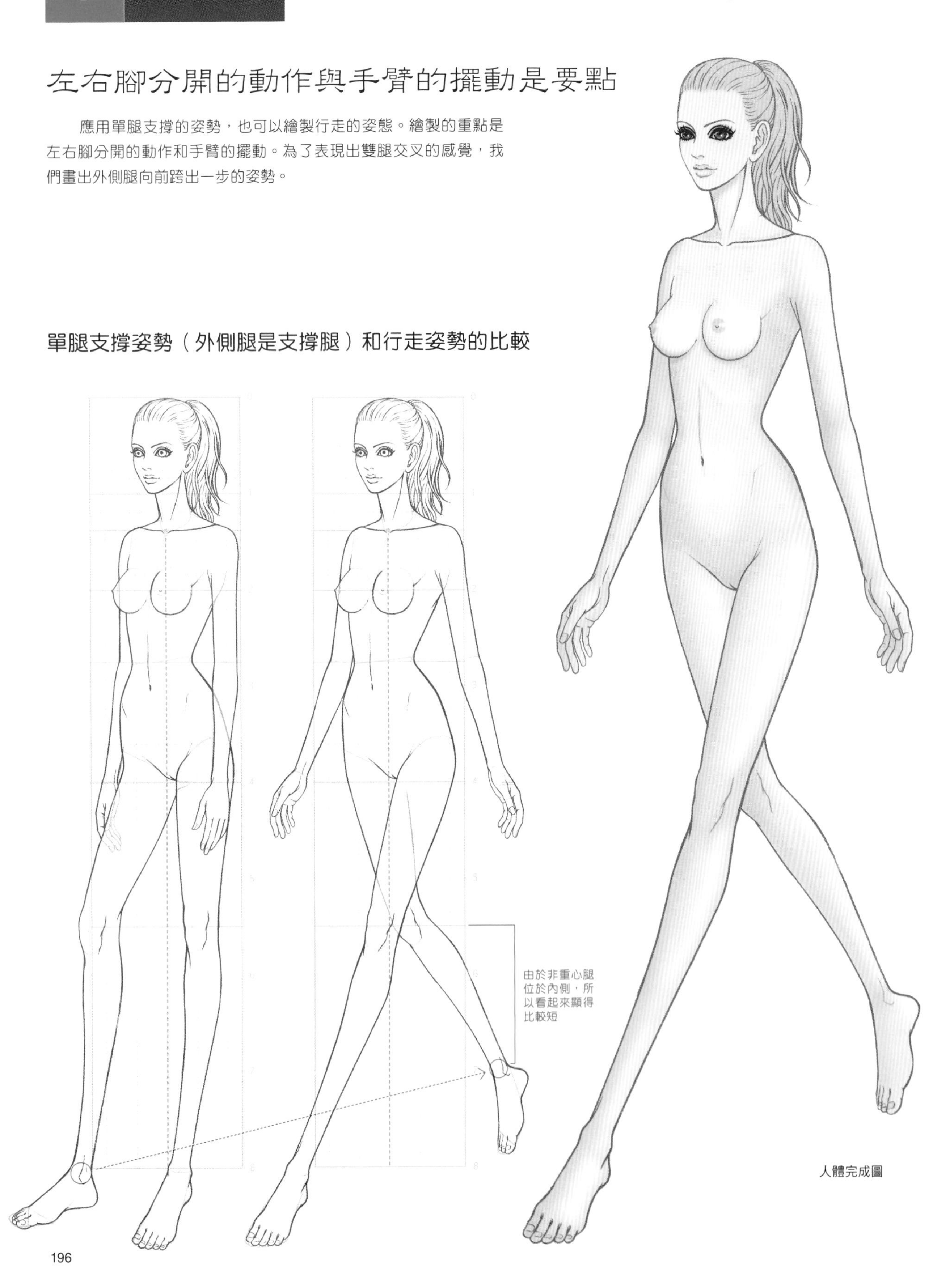


人體完成圖

在開始實踐之前——

# 步行姿勢的學習要點——注意右側腿部的遠近透視

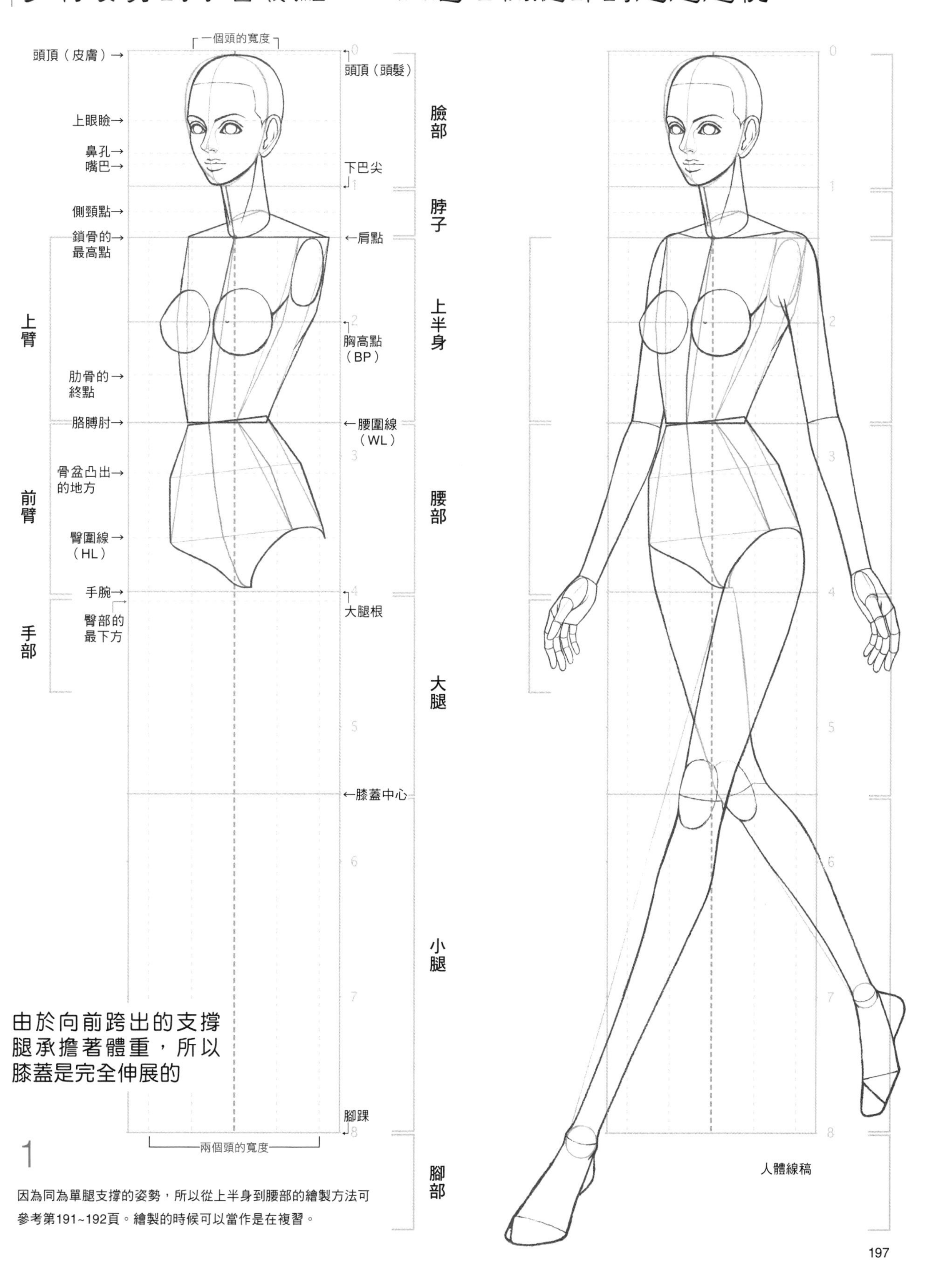


1

因為同為單腿支撐的姿勢，所以從上半身到腰部的繪製方法可參考第191~192頁。繪製的時候可以當作是在複習。

# 繪製的實踐 下半身 注意伸展的膝蓋

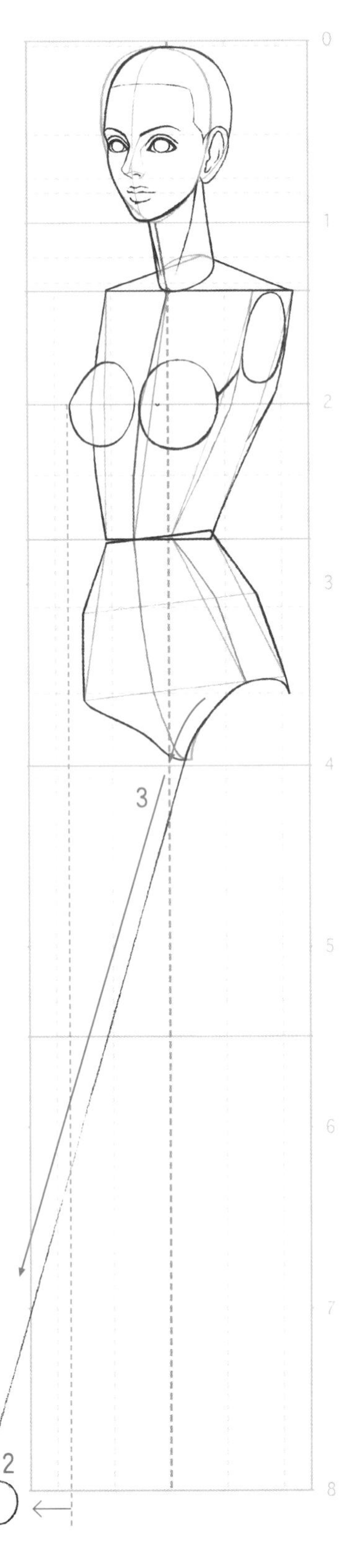


2

從胯下到腳踝之間，可將支撐腿的各部分考慮為一個整體，因此首先確定出作為腿部終點的腳踝。由於是向前跨出一步，所以腿部位於身體的前方。

3

繪製輔助線。大腿的內側部分與腰部稍微有些重疊。因此繪製時也要注意不要將支撐腿的大腿畫得過細。

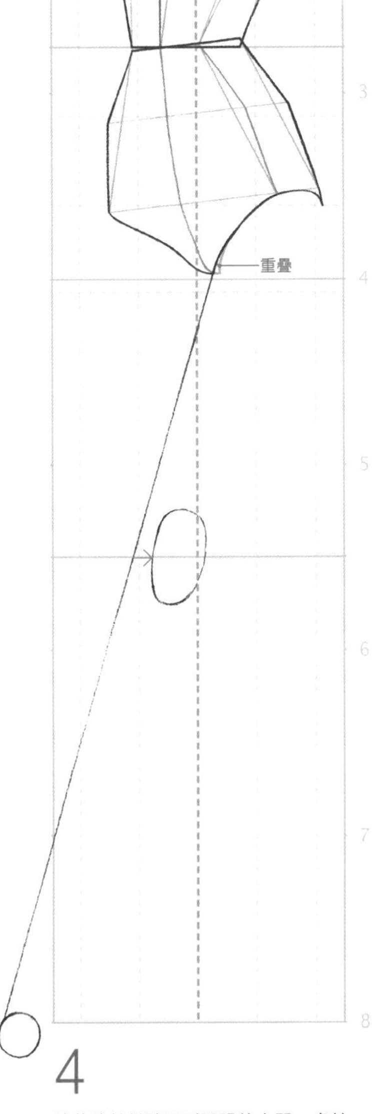


4

膝蓋位於從胯下到腳踝的中間，處於輔助線內側2mm的地方。

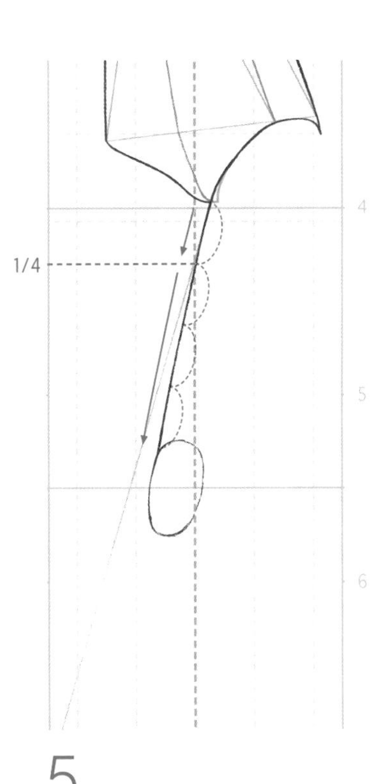


5

繪製大腿。靠上方的1/4部分要沿著輔助線描繪，然後漸漸地偏離輔助線與膝蓋相連。

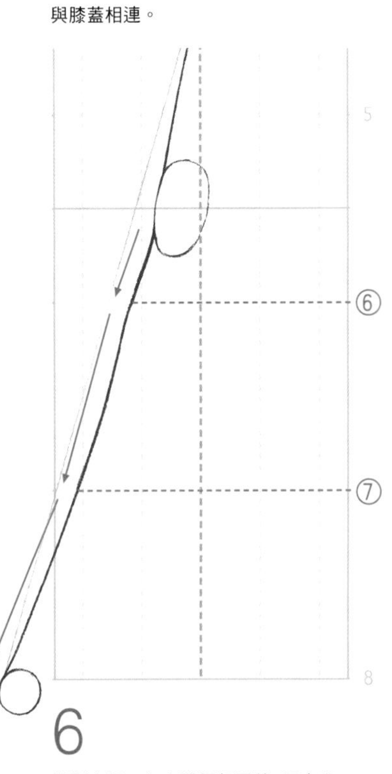


6

繪製小腿。在人體框架圖的6頭身和7頭身處改變方向要表現出轉折。

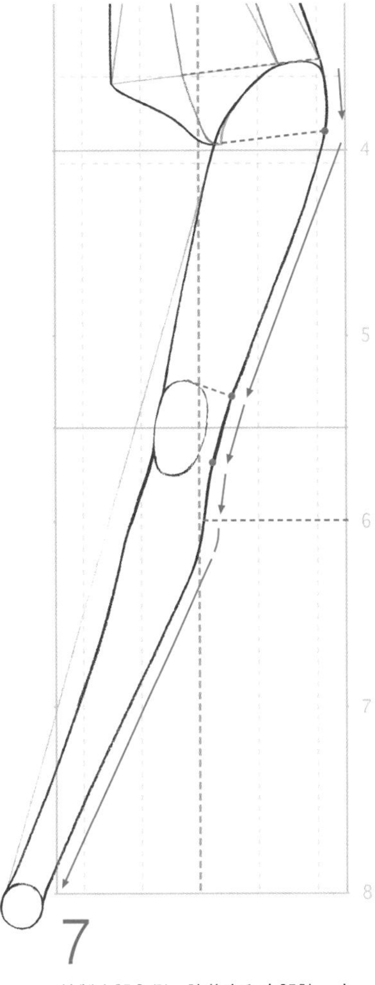

# 7

繪製大腿內側、膝蓋窩和小腿肚。小腿肚的頂點位於人體框架圖的6頭身左右，然後緩緩地與腳踝相連。

# 8

腳踝呈「<」字形。

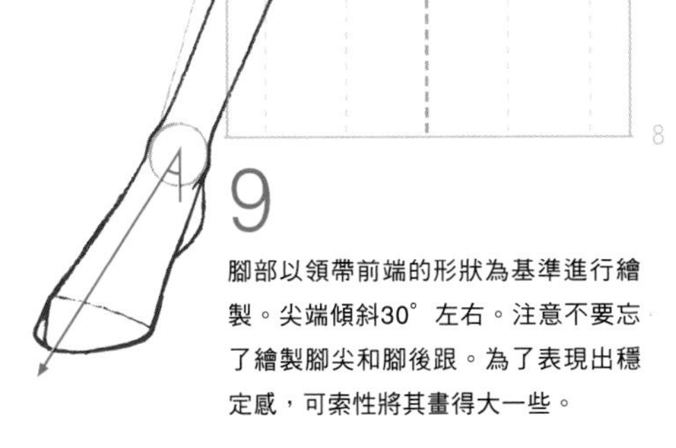

# 9

腳部以領帶前端的形狀為基準進行繪製。尖端傾斜30°左右。注意不要忘了繪製腳尖和腳後跟。為了表現出穩定感，可索性將其畫得大一些。

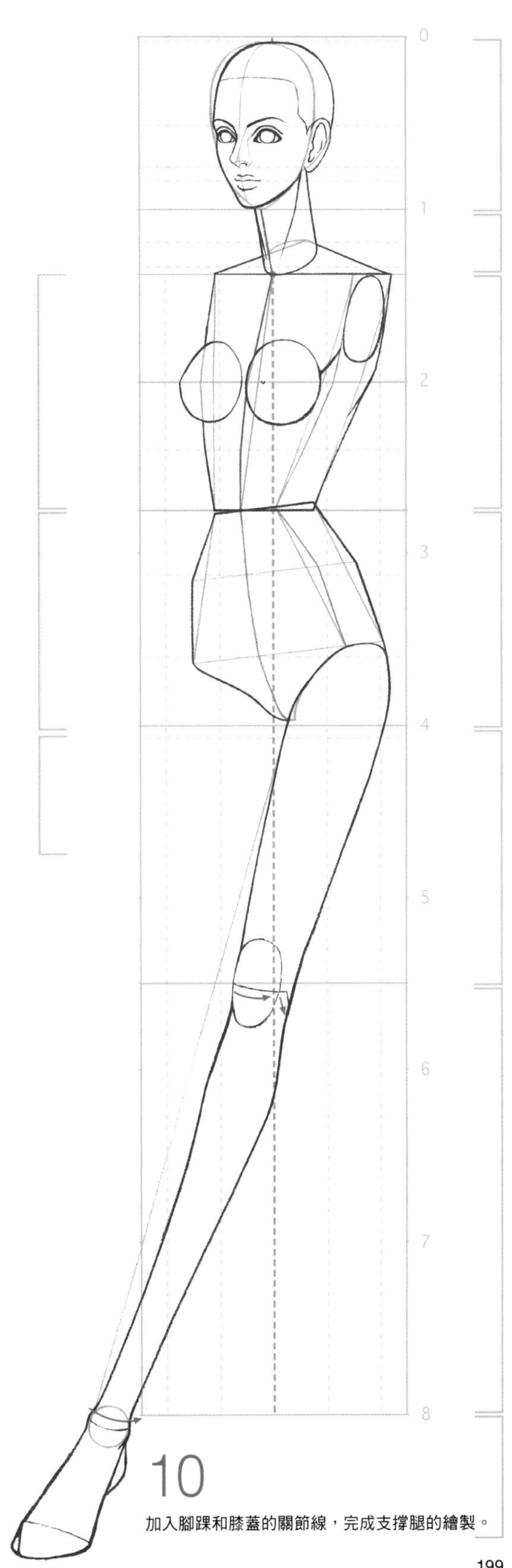

# 10

加入腳踝和膝蓋的關節線，完成支撐腿的繪製。

# 下半身 繪製非重心腿

## 繪製向後踢起的非重心腿時要考慮到遠近透視

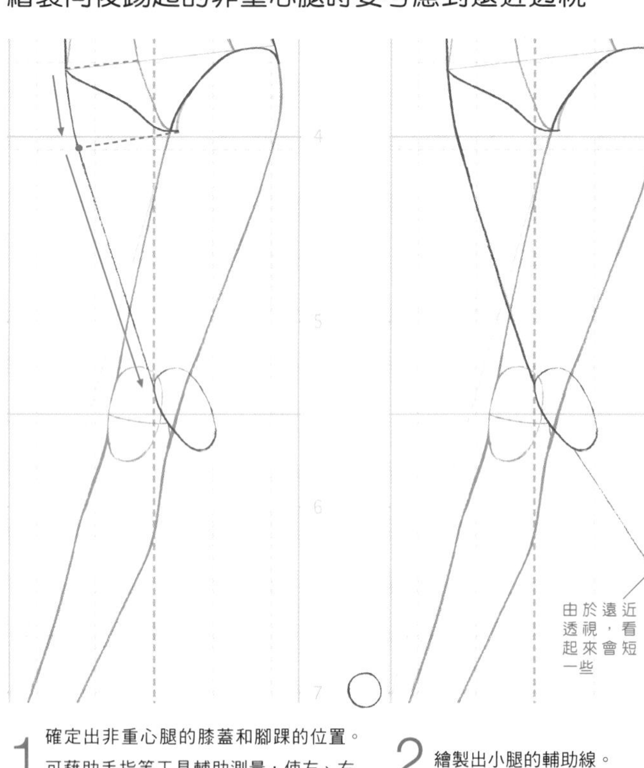


1 確定出非重心腿的膝蓋和腳踝的位置。可藉助手指等工具輔助測量，使左、右腿的長度一致。小腿由於遠近透視看起來會顯得短一些。這步先來繪製大腿。

2 繪製出小腿的輔助線。

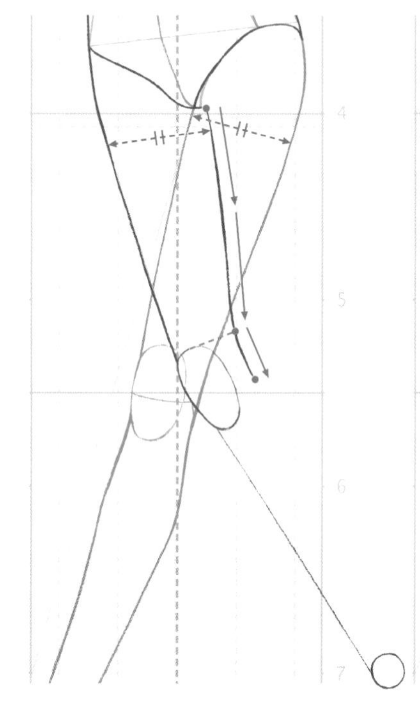

3 注意大腿內側和膝蓋窩要與支撐腿的粗細相同。

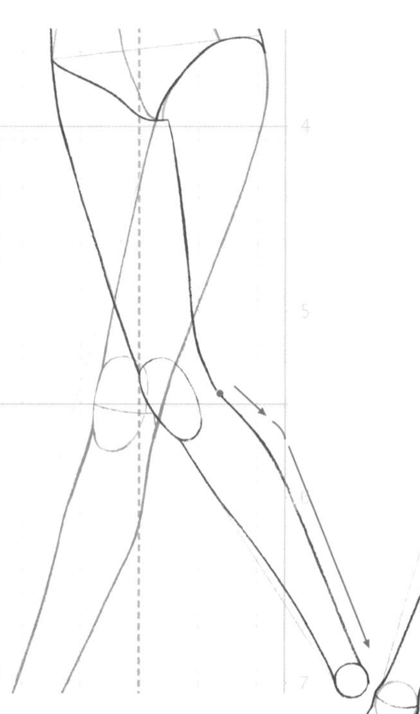

4 小腿肚的頂點由於透視的關係，位置會略偏上。

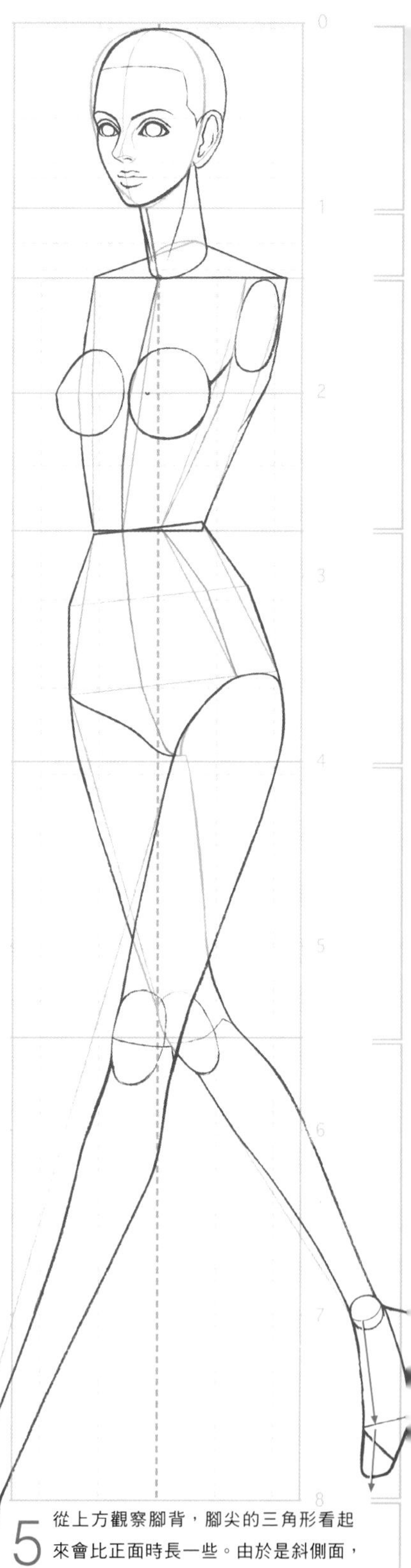

5 從上方觀察腳背，腳尖的三角形看起來會比正面時長一些。由於是斜側面，因此不要忘了繪製腳尖和腳後跟。最後，加入腳踝和膝蓋的關節線，完成非重心腿的繪製。

## 鎖骨與手臂的連接是重點

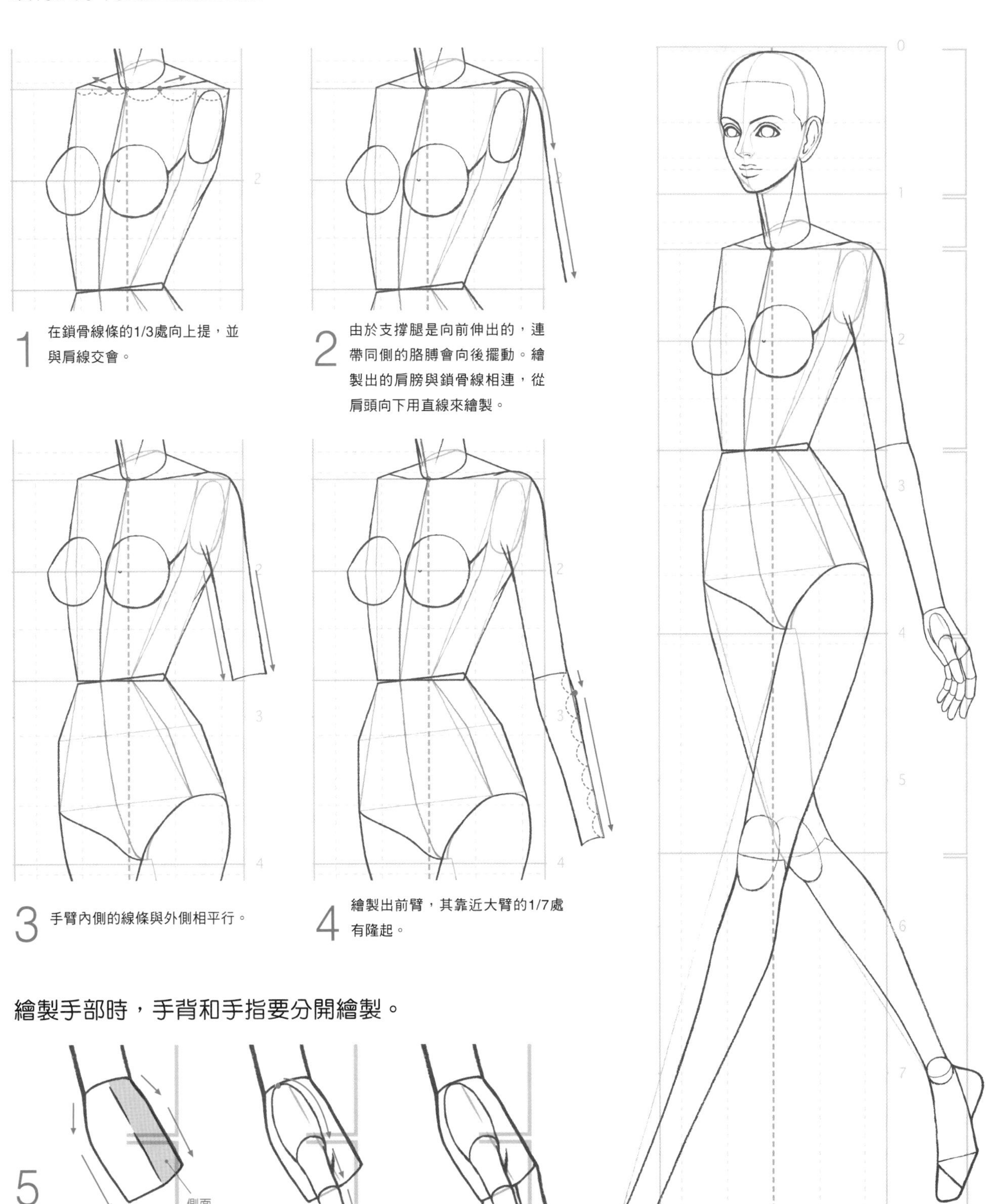


1 在鎖骨線條的1/3處向上提，並與肩線交會。

2 由於支撐腿是向前伸出的，連帶同側的胳膊會向後擺動。繪製出的肩膀與鎖骨線相連，從肩頭向下用直線來繪製。

3 手臂內側的線條與外側相平行。

4 繪製出前臂，其靠近大臂的1/7處有隆起。

7 畫出四根手指，其中中指最長。

## 繪製手部時，手背和手指要分開繪製。

5 手部也是容易畫小的部位。因此索性一開始就畫得大一些。其形狀為上部1/3 處有隆起的六邊形。由於存在一定的角度，所以在右側面加入結構線，將其繪製成一個立體的箱型。

6 大拇指的根部是從手腕處生長出來。

## 上半身 繪製內側的手臂

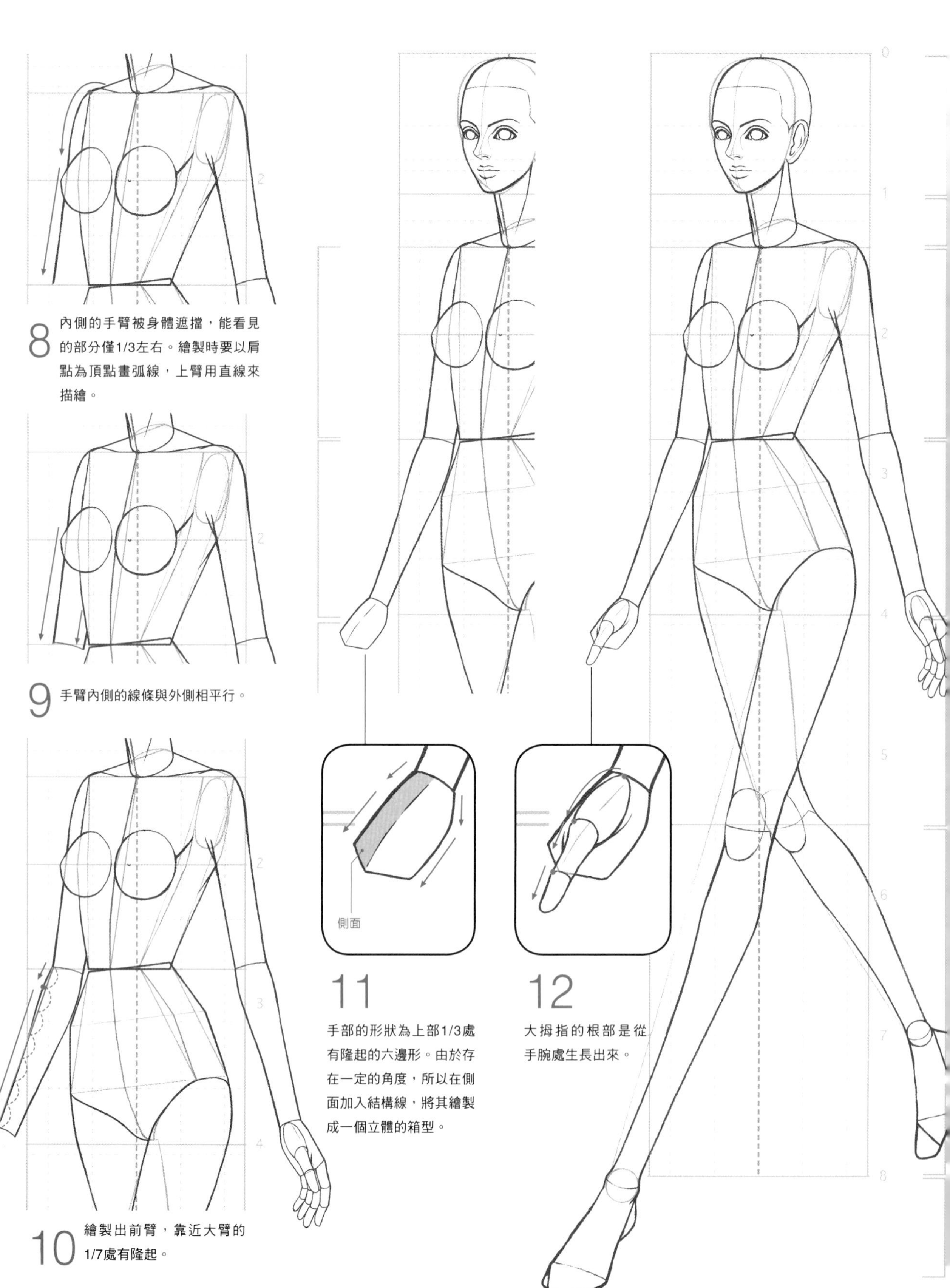


8 內側的手臂被身體遮擋，能看見的部分僅1/3左右。繪製時要以肩點為頂點畫弧線，上臂用直線來描繪。

9 手臂內側的線條與外側相平行。

10 繪製出前臂，靠近大臂的1/7處有隆起。

11 手部的形狀為上部1/3處有隆起的六邊形。由於存在一定的角度，所以在側面加入結構線，將其繪製成一個立體的箱型。

12 大拇指的根部是從手腕處生長出來。

# 從人體線稿到人體完成圖——將人體線稿放在描圖紙下面繪製人體完成圖

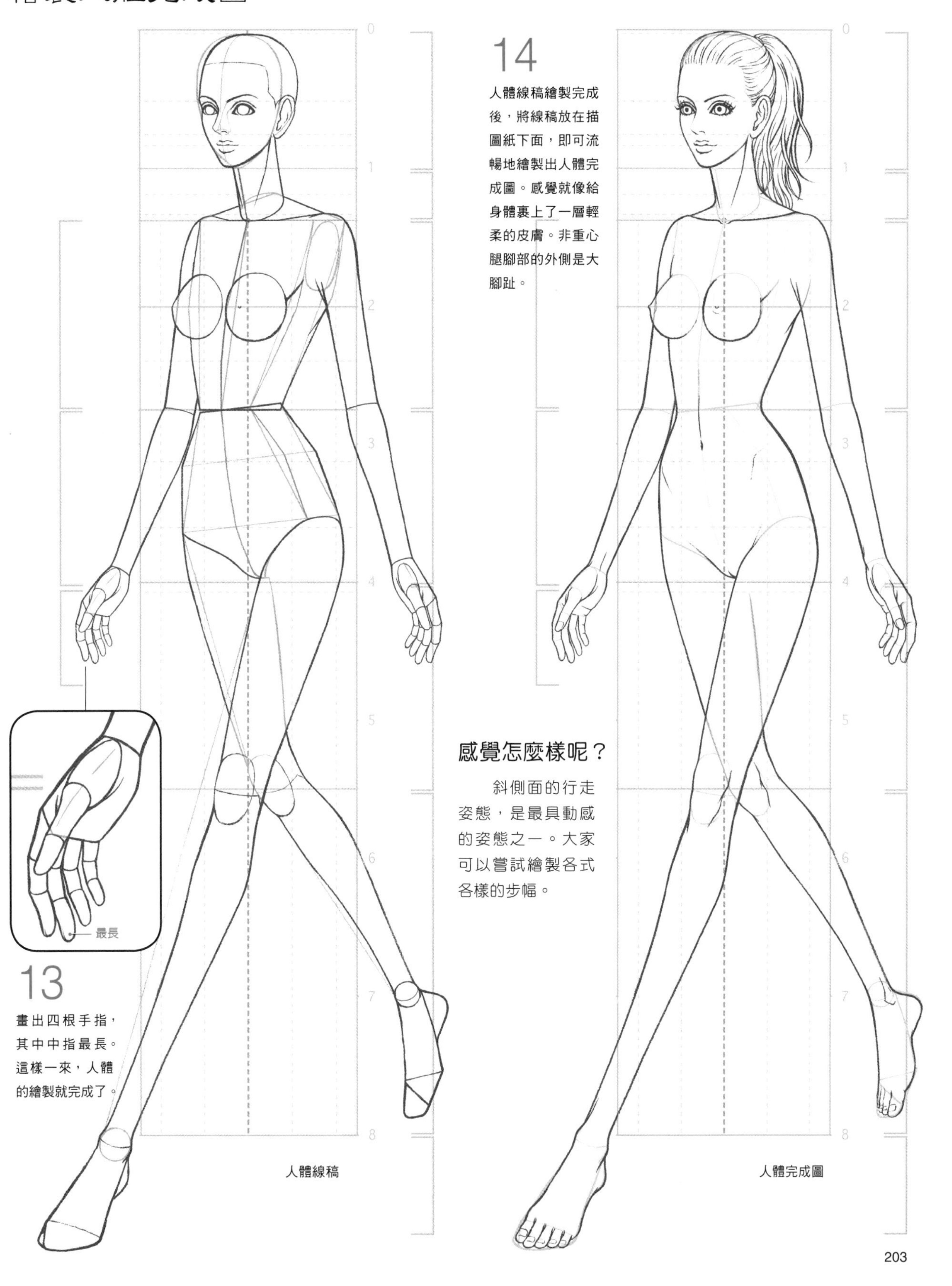


14

人體線稿繪製完成後，將線稿放在描圖紙下面，即可流暢地繪製出人體完成圖。感覺就像給身體裹上了一層輕柔的皮膚。非重心腿腳部的外側是大腳趾。

13

畫出四根手指，其中中指最長。這樣一來，人體的繪製就完成了。

人體線稿

人體完成圖

## 感覺怎麼樣呢？

斜側面的行走姿態，是最具動感的姿態之一。大家可以嘗試繪製各式各樣的步幅。

# Pose Variations 各種姿勢

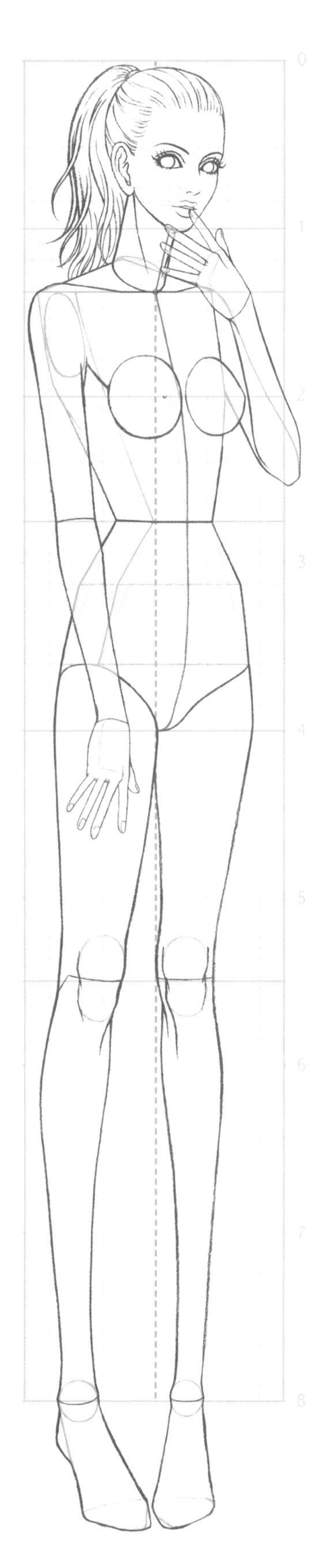

喇叭裙的縱向褶皺線會因布料的大小而表現出一定的不同。每條褶皺線的形態都有所不同，這樣會顯得更有立體感，表現得更加真實。繪製時裝畫時，我們可在能看清褶皺重複規律的前提下，注意表現出布料材質的紋理。

使用了大量鈕扣的硬皮革短款上衣，搭配花田一樣的小短裙。整體感覺修身中略帶休閒。我們將搖滾風格的膠底皮鞋設計為後跟較高的坡跟款，更加強調出了女性的美感。

## *Pose Variations* 各種姿勢

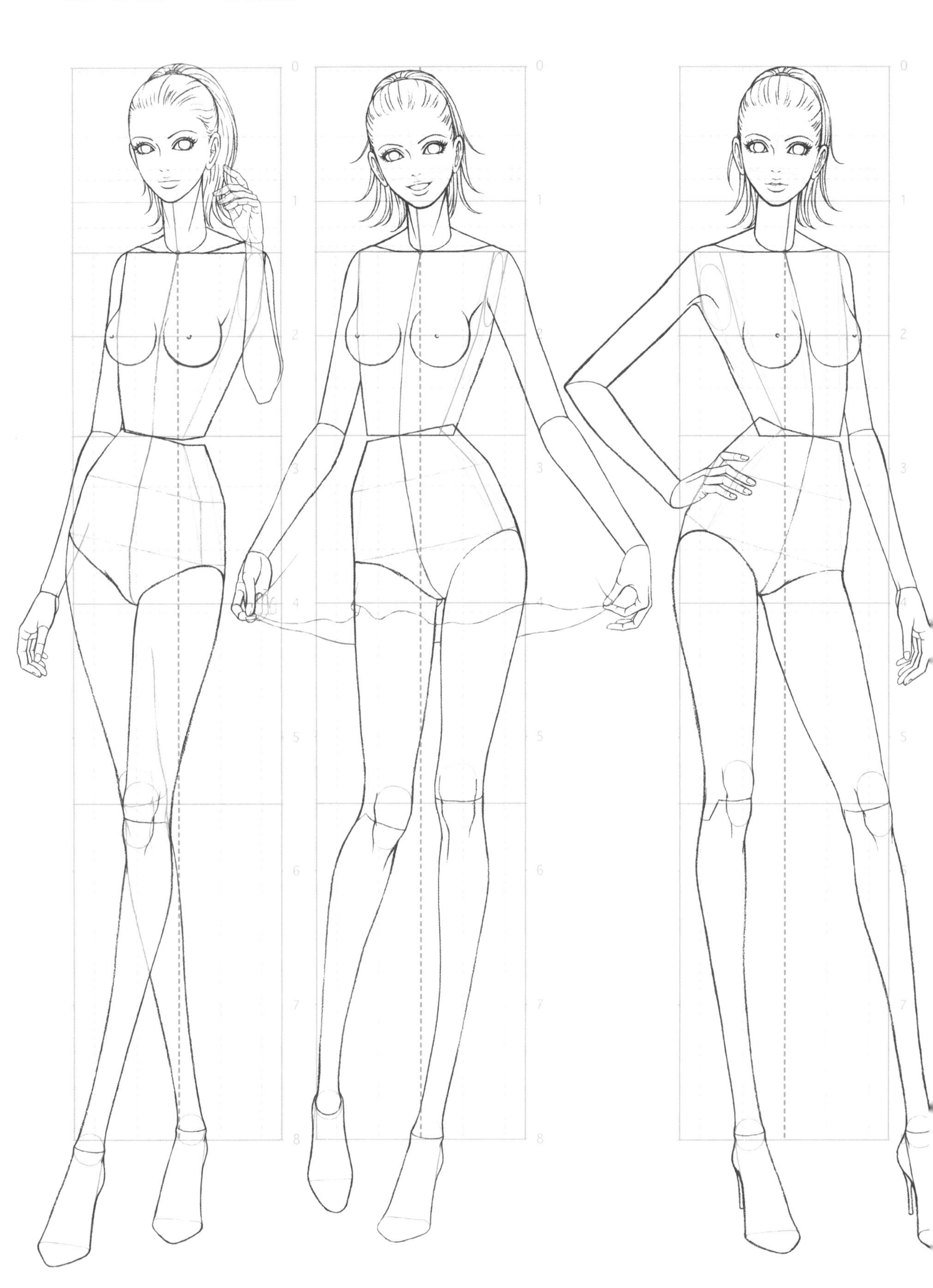

和服是最能將全世界設計師的創造力激發出來的日本傳統服飾。這次我們採用的主題是「水乾」（和服的一種樣式）。線條大膽、凹凸有致的曲線，通過對「袖括」「菊綴」和「袴」等細節進行配置，表現出非常具有現代感的設計風格。

# 雙腿承擔體重的姿勢①直立

## 強調後背和臀部的線條美

斜後方的姿勢是能夠強調出後背和臀部線條美的姿態。其繪製的要點是，完全按照正面的身體曲線來進行繪製。

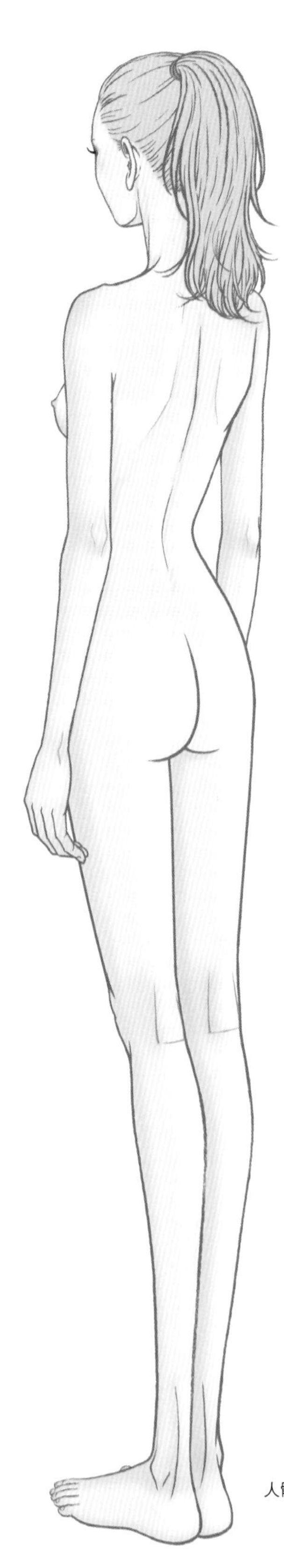

人體完成圖

### 45° 側面與 45° 背側面的比較

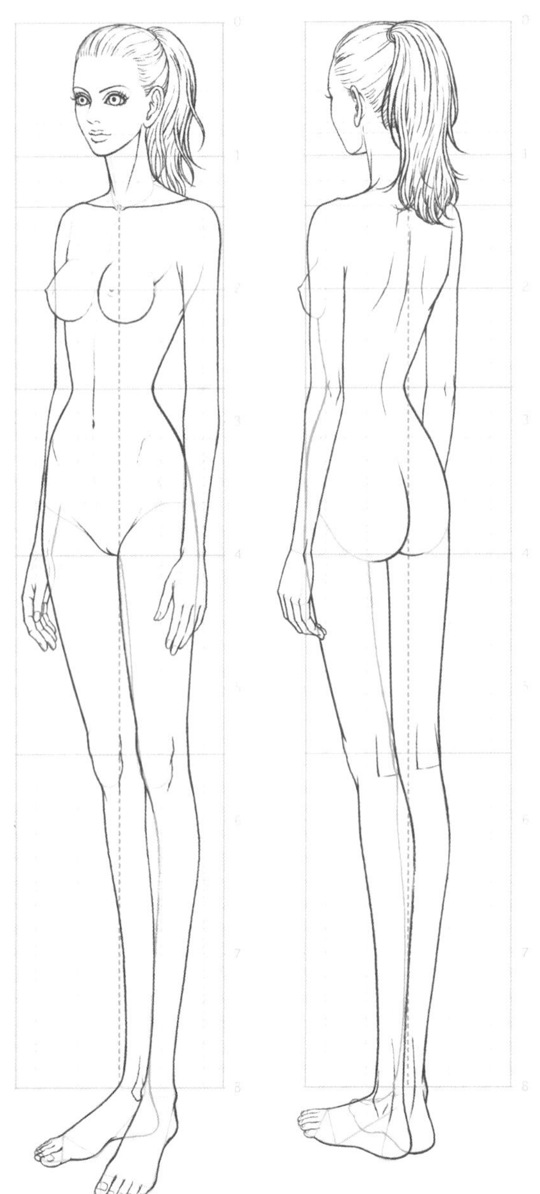

開始實踐之前——

# 將人體框架圖放在下面，按照一定的比例來繪製人體

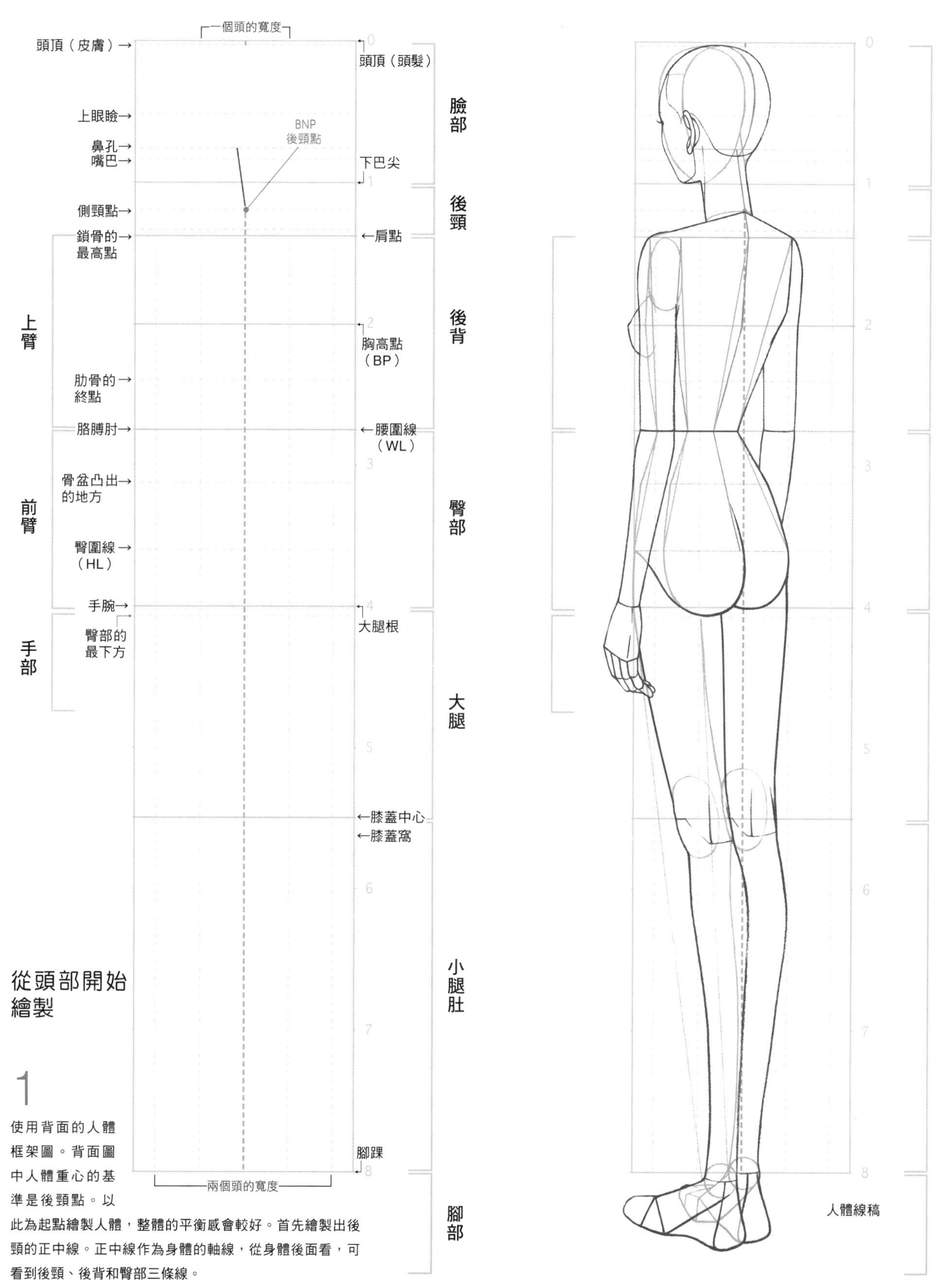


## 從頭部開始繪製

1

使用背面的人體框架圖。背面圖中人體重心的基準是後頸點。以此為起點繪製人體，整體的平衡感會較好。首先繪製出後頸的正中線。正中線作為身體的軸線，從身體後面看，可看到後頸、後背和臀部三條線。

# 繪製的實踐 頭部 從臉部的輪廓開始繪製

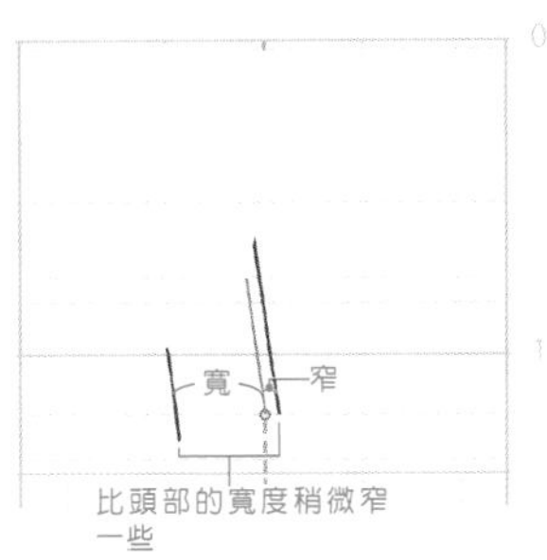


2 繪製脖子。由於遠近透視的關係，正中線到左右兩側的距離中靠外側的距離較寬。其整體寬度比頭部寬度稍微小一些。

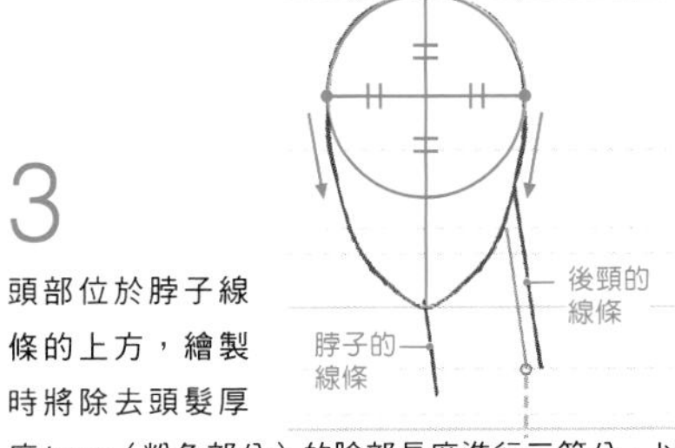


3 頭部位於脖子線條的上方，繪製時將除去頭髮厚度1mm（粉色部分）的臉部長度進行三等分，以上方2/3的部分為直徑畫圓，然後再連接太陽穴到下巴的部分，描繪出一個鵝蛋形。繪製秘訣是線條不是向著正下方，而是稍微向內側偏移。繪製時要注意左右對稱。

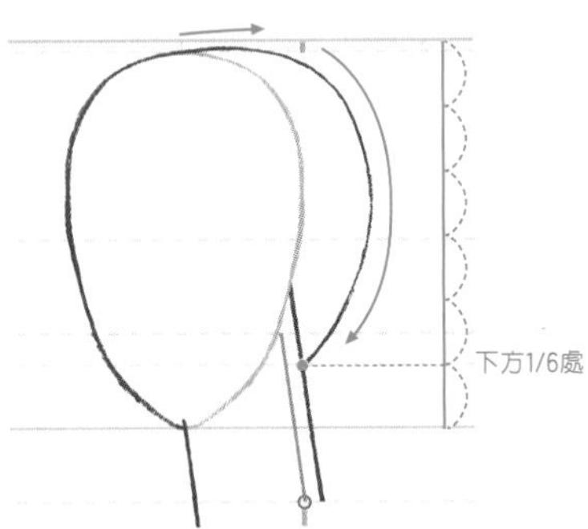


4 繪製頭部的後側。從頭頂畫出一個月牙形，終點位於鵝蛋形下方的1/6處。因是表現斜側面的重要部分，所以要繪製得大一些。

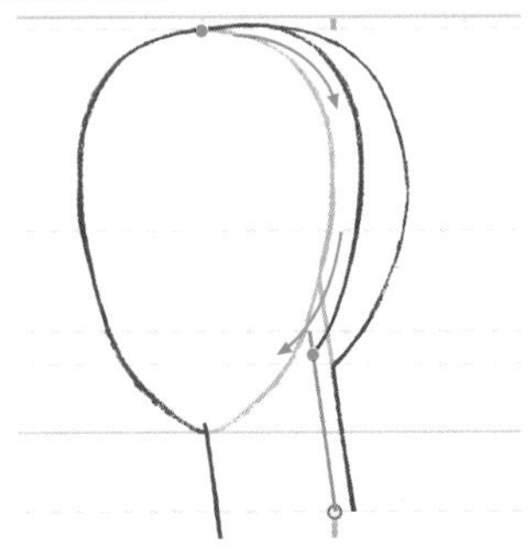

5 畫出頭部後側的正中線。用曲線來繪製出鵝蛋形。

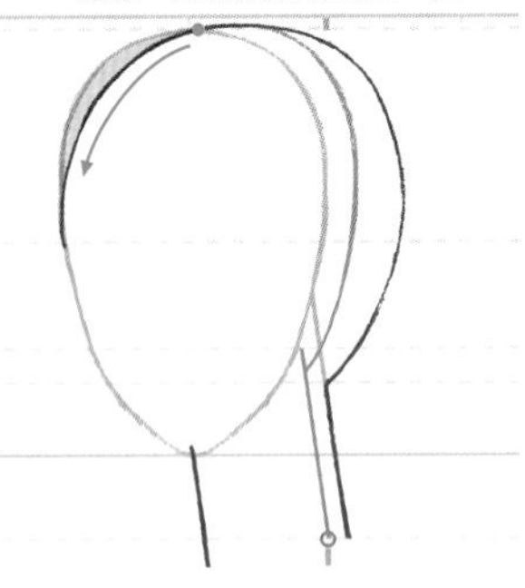

6 畫出額頭的線條。因其顯得過於凸出，需削減掉一個月牙形。

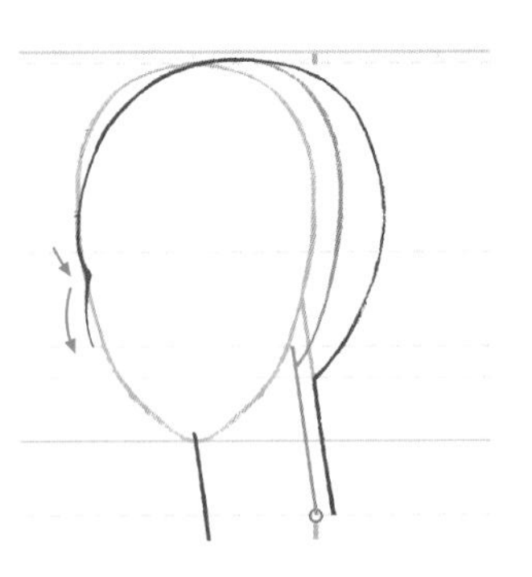

7 繪製眼睛凹陷的地方

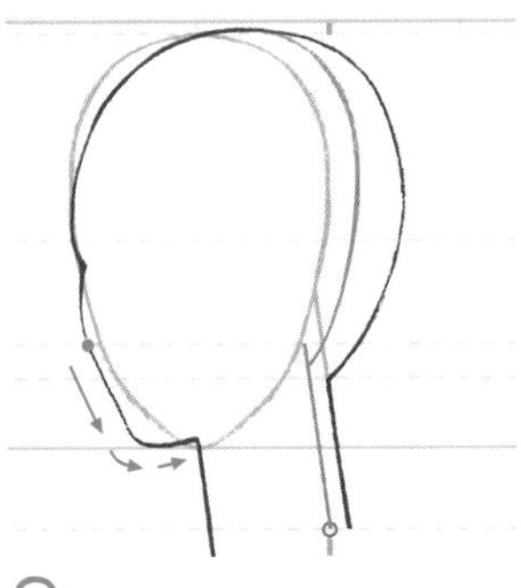

8 畫出下巴的隆起。

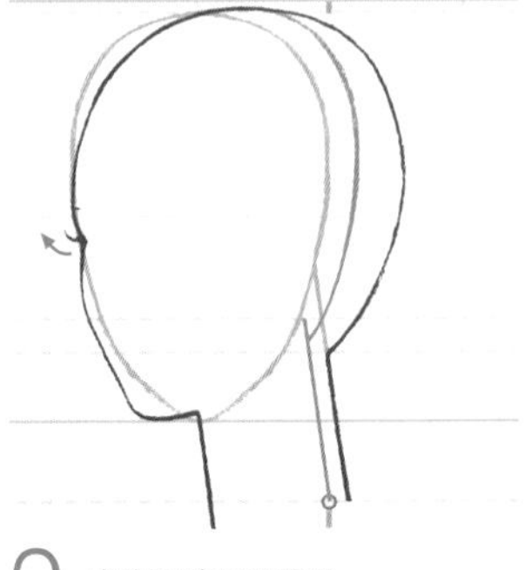

9 畫出眼睫毛和眉毛。

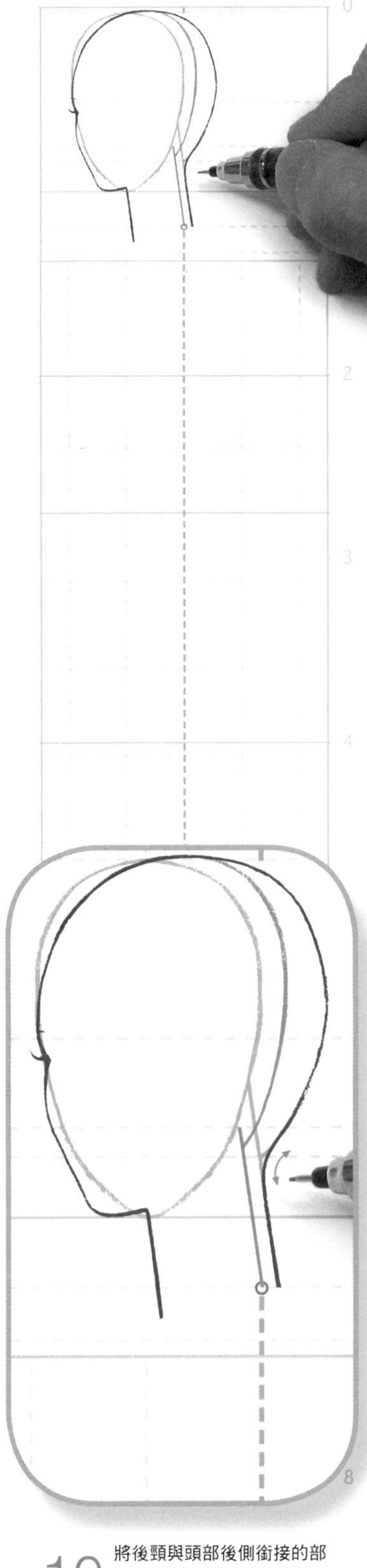

10 將後頸與頭部後側銜接的部分描繪得更加流暢一些。

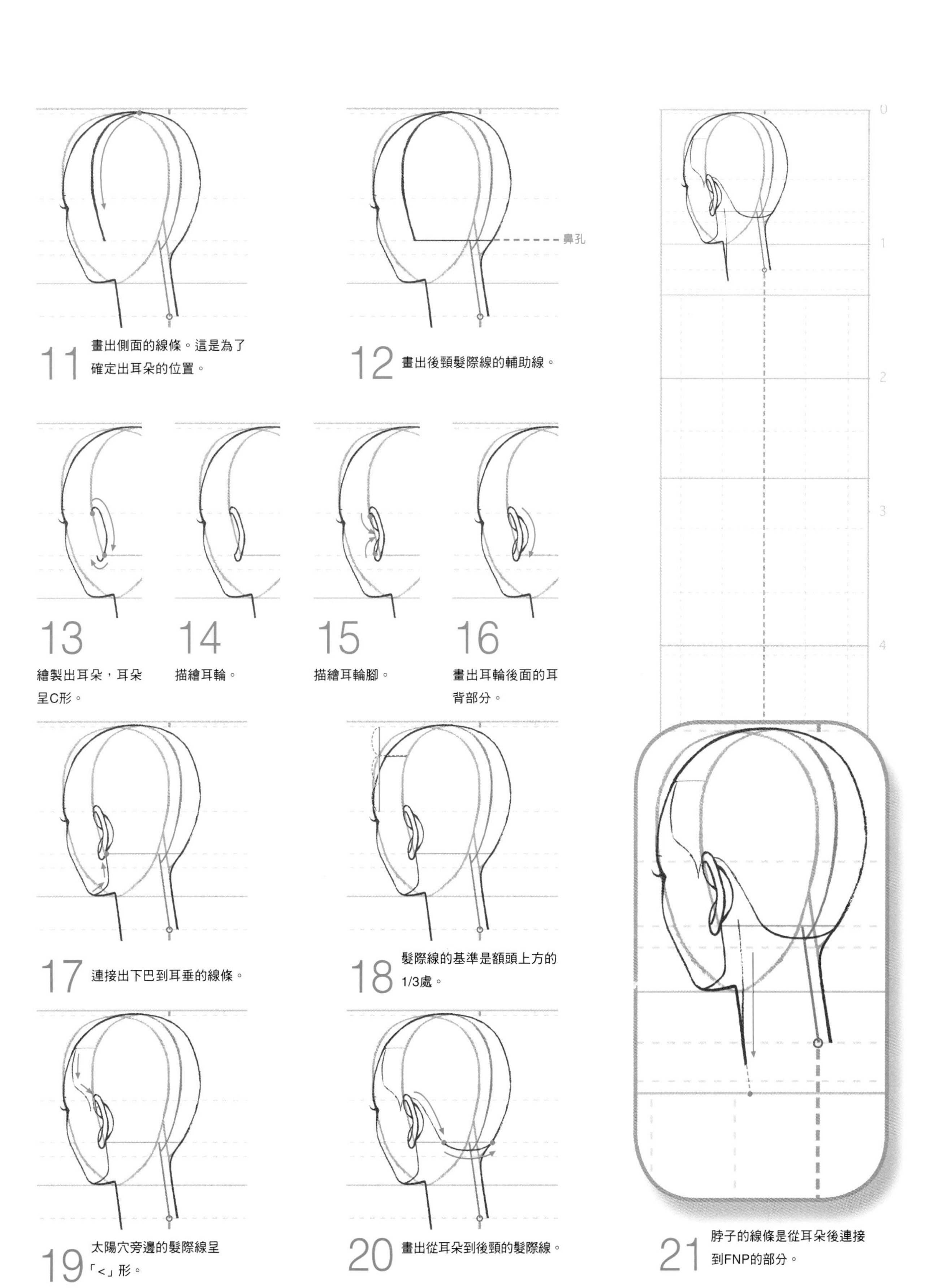


11 畫出側面的線條。這是為了確定出耳朵的位置。

12 畫出後頸髮際線的輔助線。

13 繪製出耳朵，耳朵呈C形。

14 描繪耳輪。

15 描繪耳輪腳。

16 畫出耳輪後面的耳背部分。

17 連接出下巴到耳垂的線條。

18 髮際線的基準是額頭上方的1/3處。

19 太陽穴旁邊的髮際線呈「<」形。

20 畫出從耳朵到後頸的髮際線。

21 脖子的線條是從耳朵後連接到FNP的部分。

# 上半身 從脖子到軀幹

## 繪製軀幹時，將胸部和腹部作為一個整體來考慮

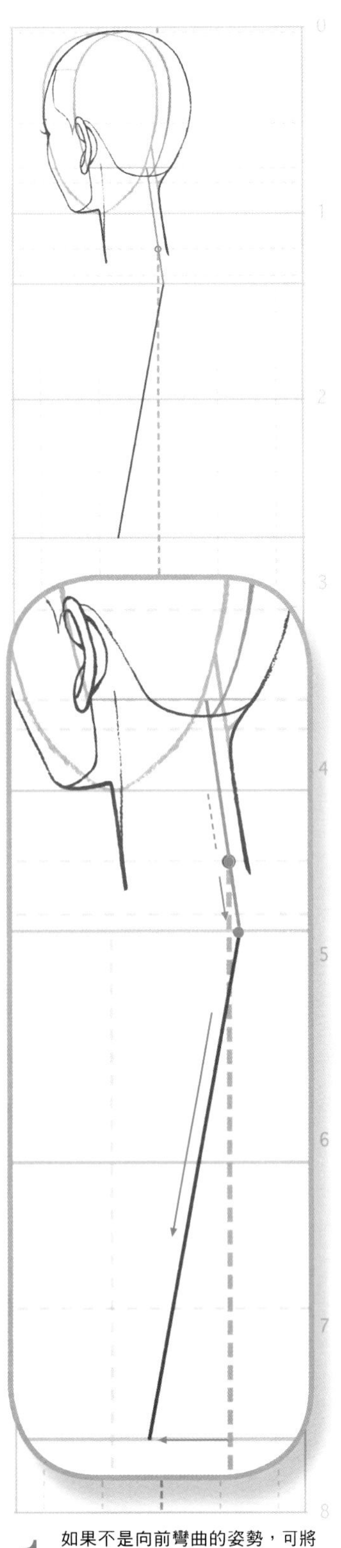

1 如果不是向前彎曲的姿勢，可將胸部和腹部作為一整體「軀幹」來進行繪製。先描繪正中線的輔助線，表現出肚臍凸出的感覺。

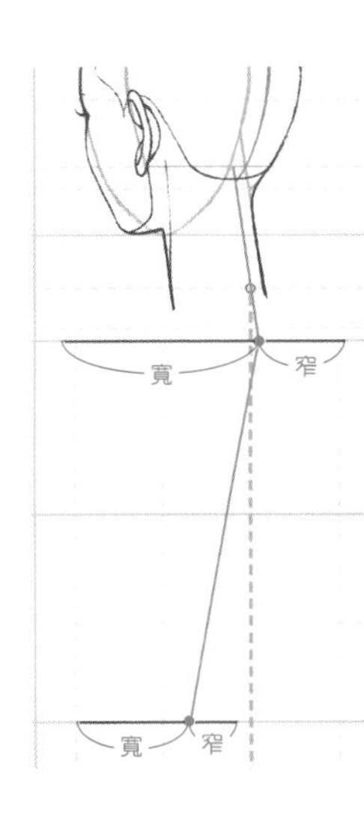


2
從正面來看，肩部的寬度是頭部寬度的兩倍，而臉部偏向側面的角度越大，肩膀的寬度就越窄。考慮到正中線的遠近透視，其外側要畫得較寬，內側則畫得就較窄。從正面看，腰部的寬度與頭部的寬度相等，而臉部偏向側面的角度越大，腰部的寬度也就越窄。考慮到正中線的遠近透視，繪製時，可將其外側畫得寬一些，內側則畫得窄一些。

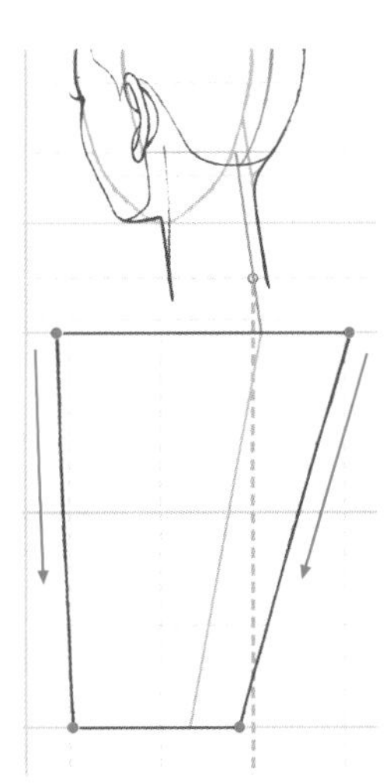

3
繪製出將肩膀和腰部的兩端連接起來的直線，這就是人體的基本型。

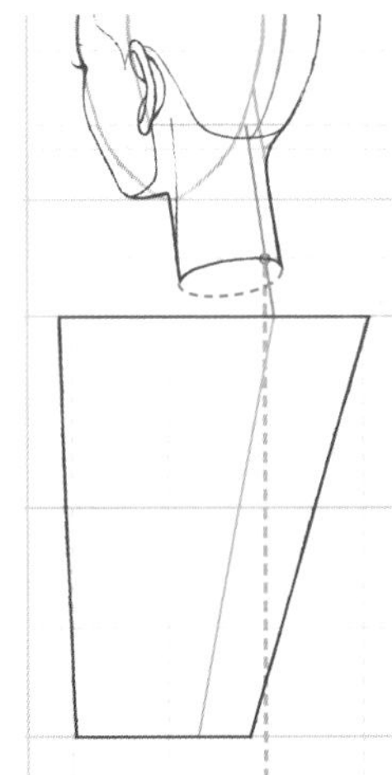

4
繪製頸部的線條時，可先畫出一個橢圓形，表現出就像圓柱體向前傾倒的感覺。

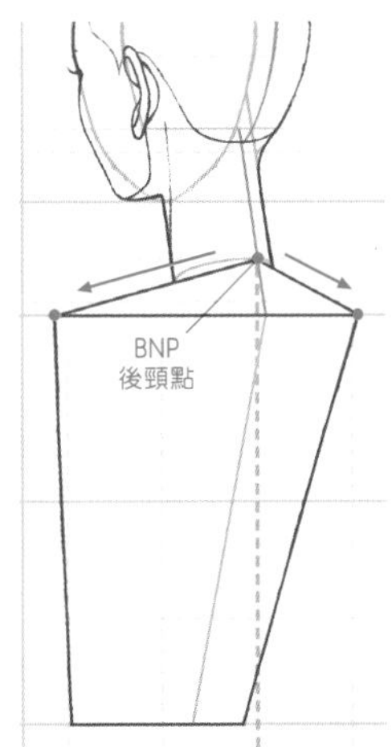


5
連接後頸點到肩點的線條。

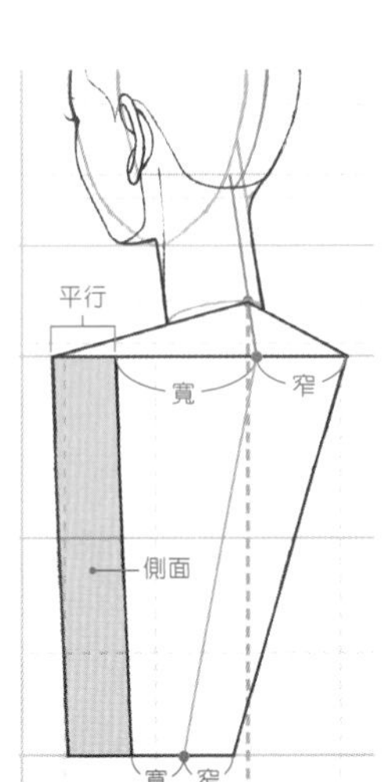


6
背側面的要點是既可以看到背面也可以看到側面，先畫出與後背線條平行的背面與側面的分界線。繪製時要考慮到距離正中線寬度的遠近透視。

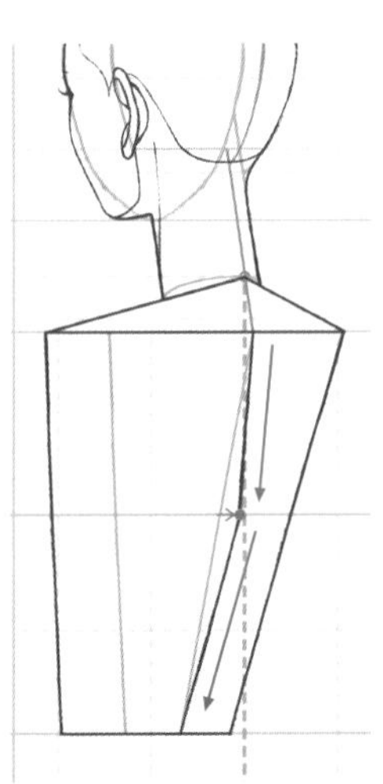

7
所有的部位基本上都有隆起。以胸高點為頂點緩緩地畫出隆起，表現出後背肩胛骨的凸起部分。先繪製正中線，隆起的幅度為2mm。

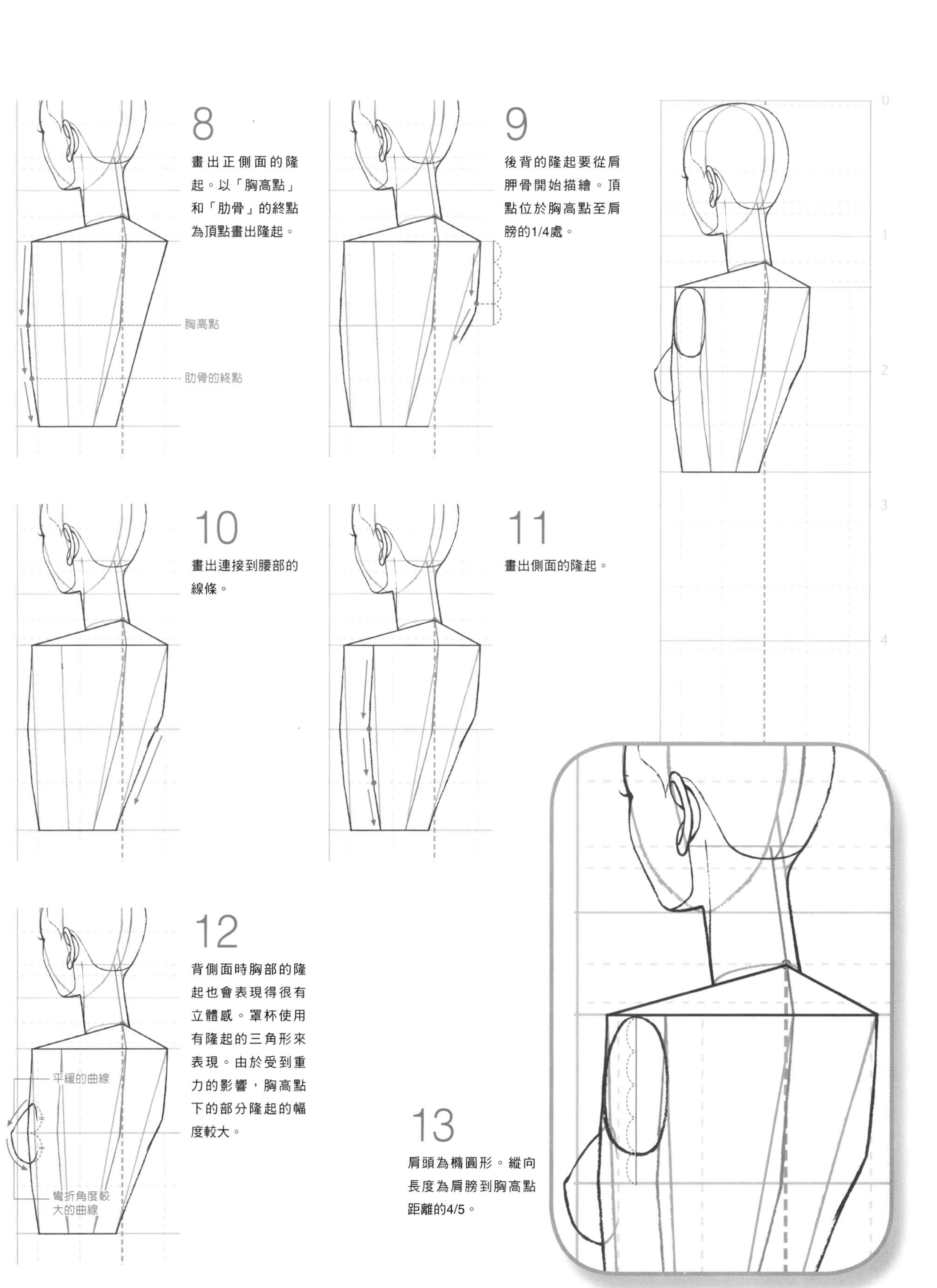

8
畫出正側面的隆起。以「胸高點」和「肋骨」的終點為頂點畫出隆起。
胸高點
肋骨的終點
9
後背的隆起要從肩胛骨開始描繪。頂點位於胸高點至肩膀的1/4處。
10
畫出連接到腰部的線條。
11
畫出側面的隆起。
12
背側面時胸部的隆起也會表現得很有立體感。罩杯使用有隆起的三角形來表現。由於受到重力的影響，胸高點下的部分隆起的幅度較大。
平緩的曲線
彎折角度較大的曲線
13
肩頭為橢圓形。縱向長度為肩膀到胸高點距離的4/5。

# 下半身 畫出腰部和臀部

## 腰部的感覺像是穿了一件大褲子一樣

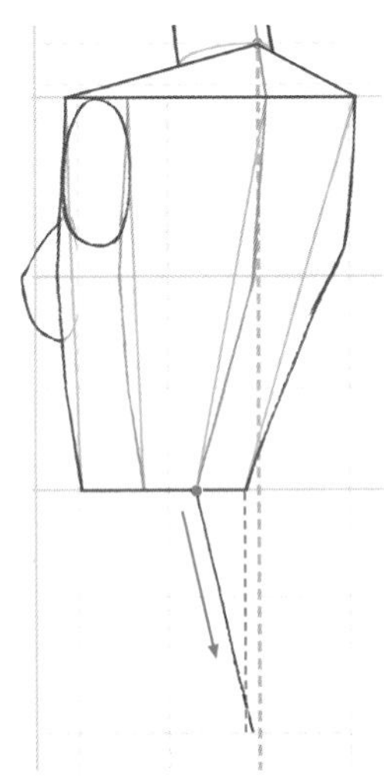

1

先畫出臀部的正中線，這裡並不是直角。然後以腰部的一端為基準，畫出斜向的線條。

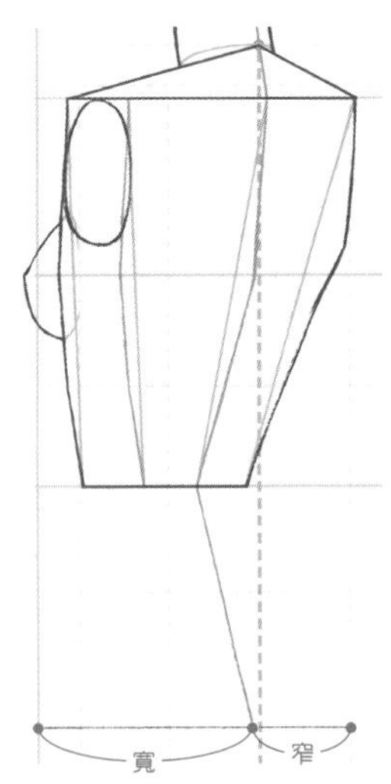


2

臀部的寬度是頭部寬度的兩倍，與肩膀的寬度相同。與肩膀同為外側的部分較寬，內側的部分較窄的狀態。

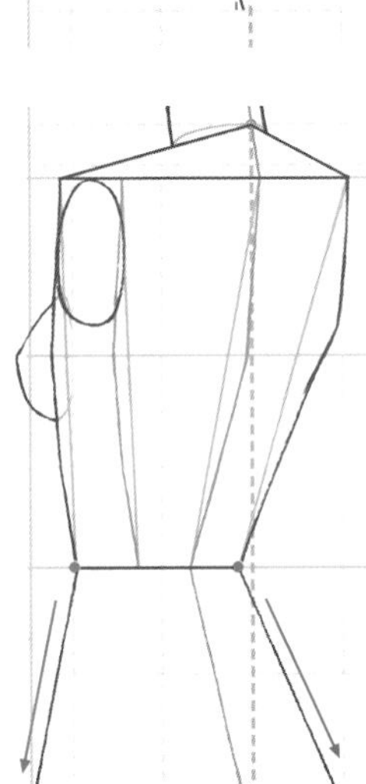

3

用直線將腰圍線和臀圍線的兩端連接起來。

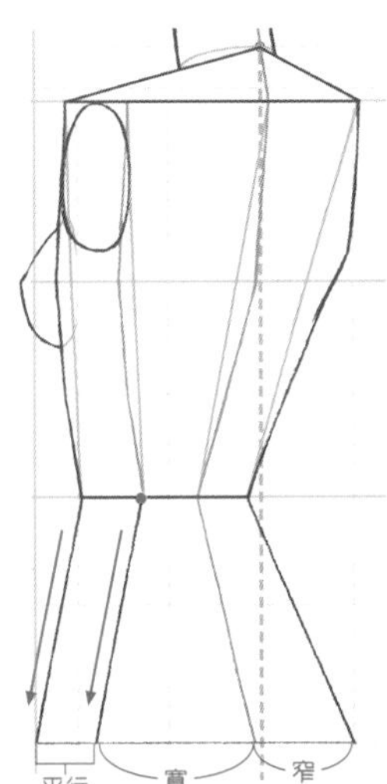


4

畫出與臀部線條平行的正、側面的分界線。

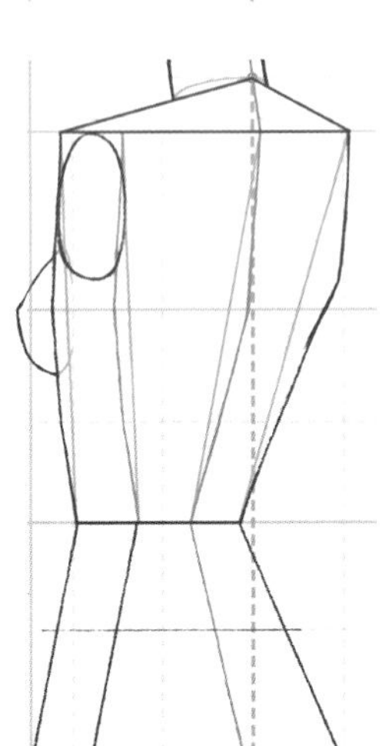

5

畫出腰部隆起的輔助線。

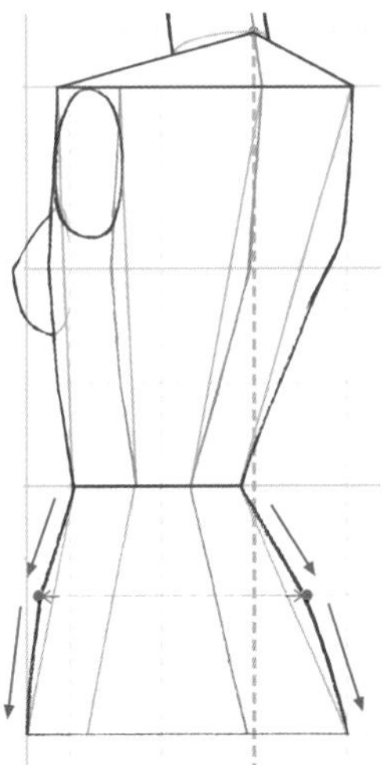

6

腰部的隆起為 2mm。

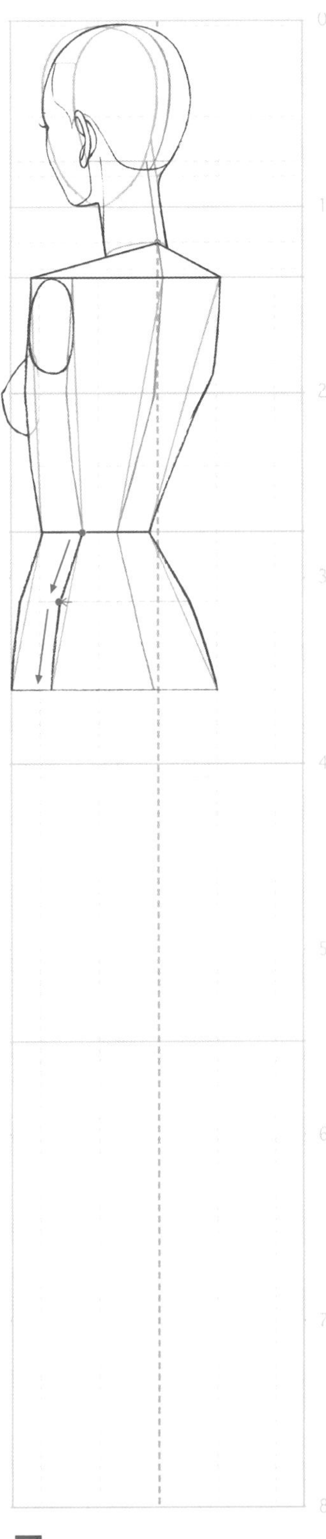

7

骨盆的隆起與腰部的隆起相平行，其幅度都是2mm。

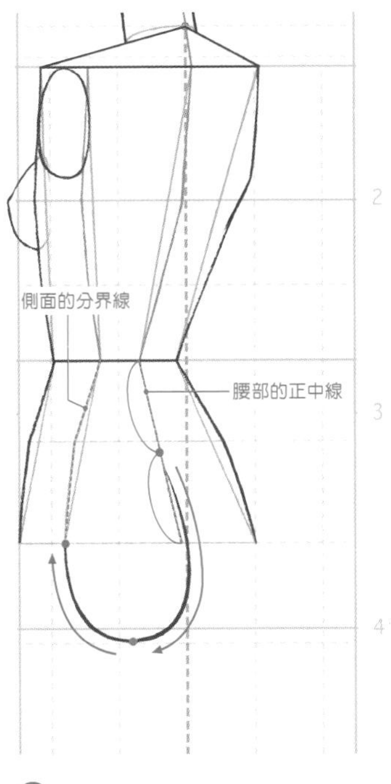


# 8

畫出臀部的弧線。以腰部正中線的中點為起點繪製弧線，並與側面分界線的終點相接。

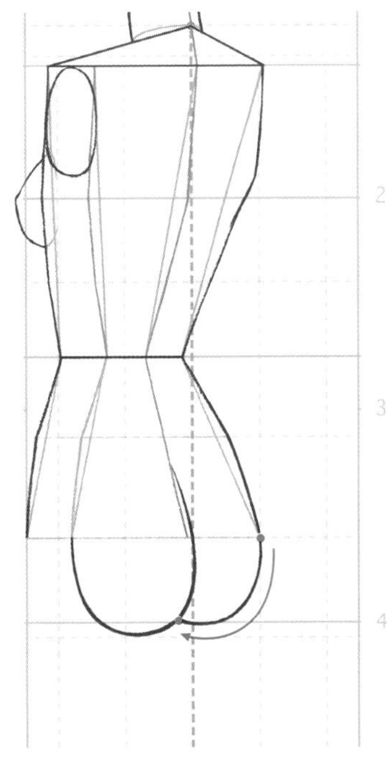


# 9

繪製內側的臀部時，以腰圍線的端點為起點向中央連線。

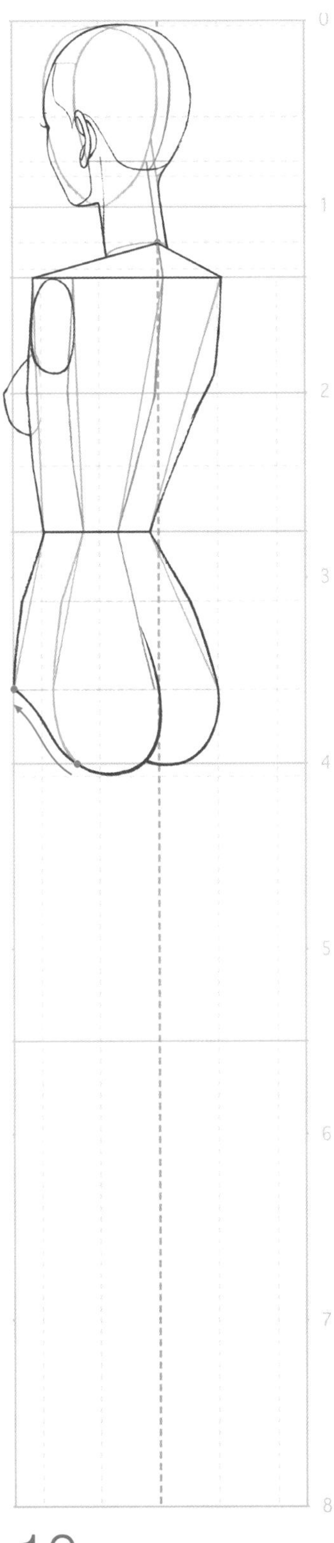


# 10

用曲線畫出大腿根部的線條。

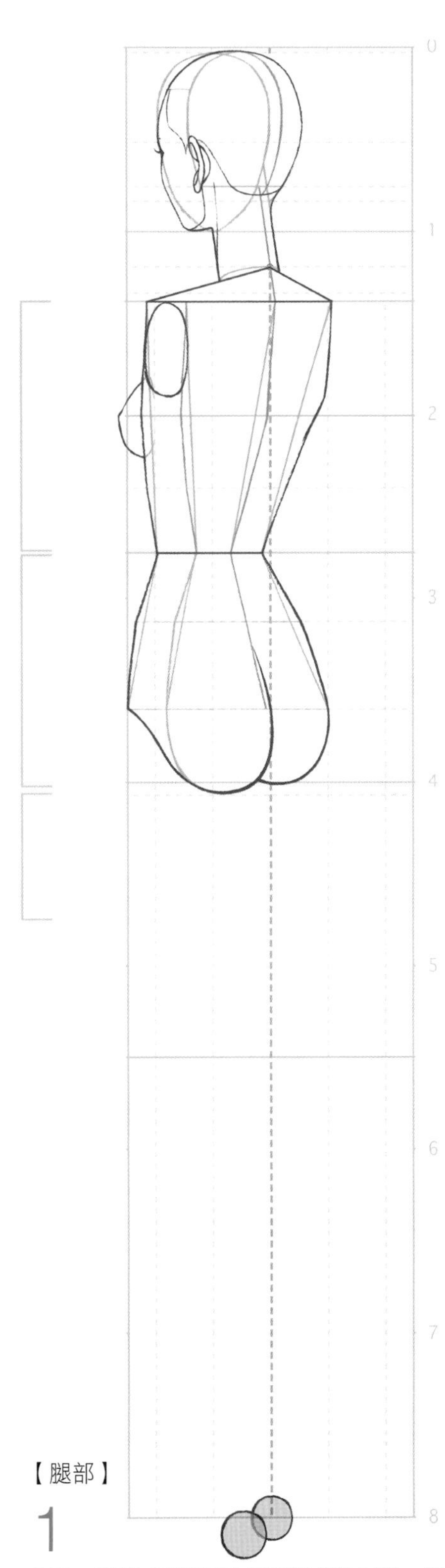


【腿部】

# 1

我們可以將胯下到腳踝間承擔體重的雙腿考慮為一個整體，先確定出終點腳踝的位置。因其為站立姿勢，所以腳踝位於重心線附近。

## 下半身 繪製左腿

因為外側的腿部是朝向側面的，所以要強調出S形

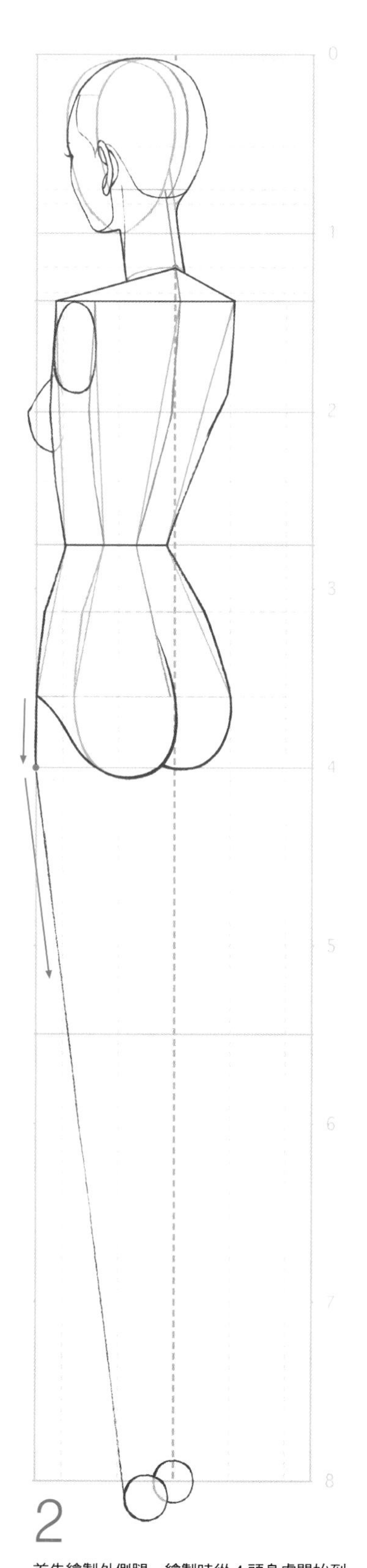

2

首先繪製外側腿。繪製時從 4 頭身處開始到腳踝用直線連接即可。

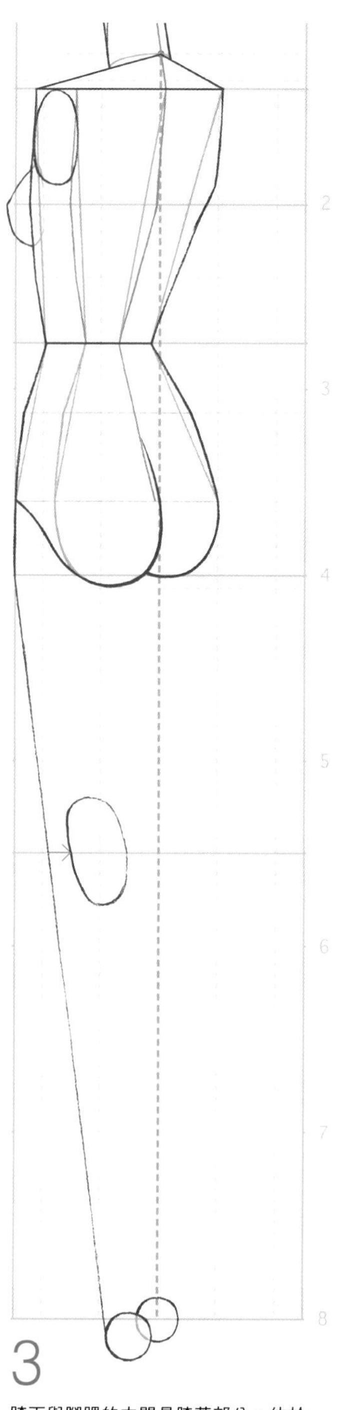

3

胯下與腳踝的中間是膝蓋部分，位於輔助線向內4mm處。

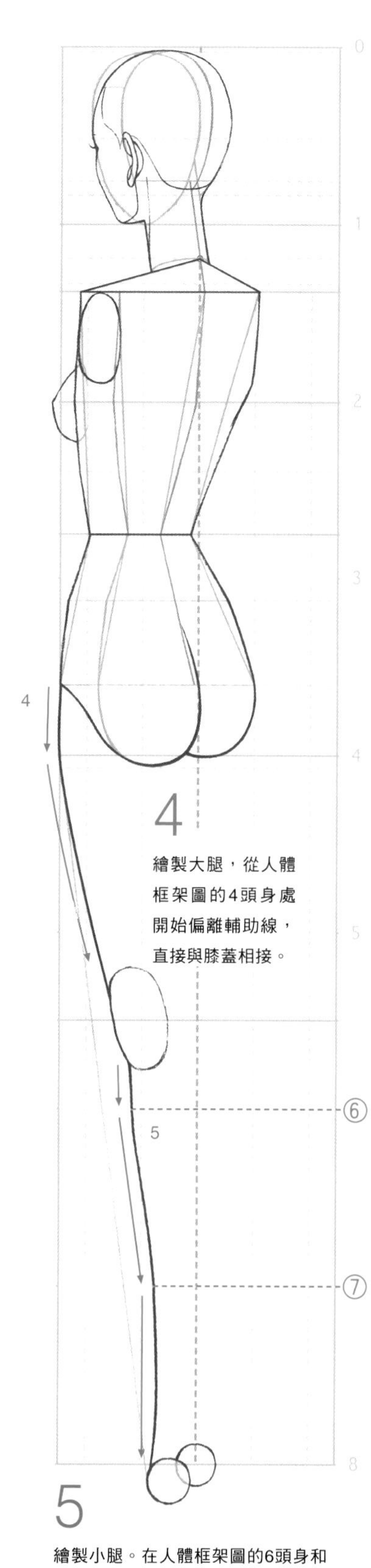


4

繪製大腿，從人體框架圖的4頭身處開始偏離輔助線，直接與膝蓋相接。

5

繪製小腿。在人體框架圖的6頭身和7頭身處改變方向，表現出彎折。

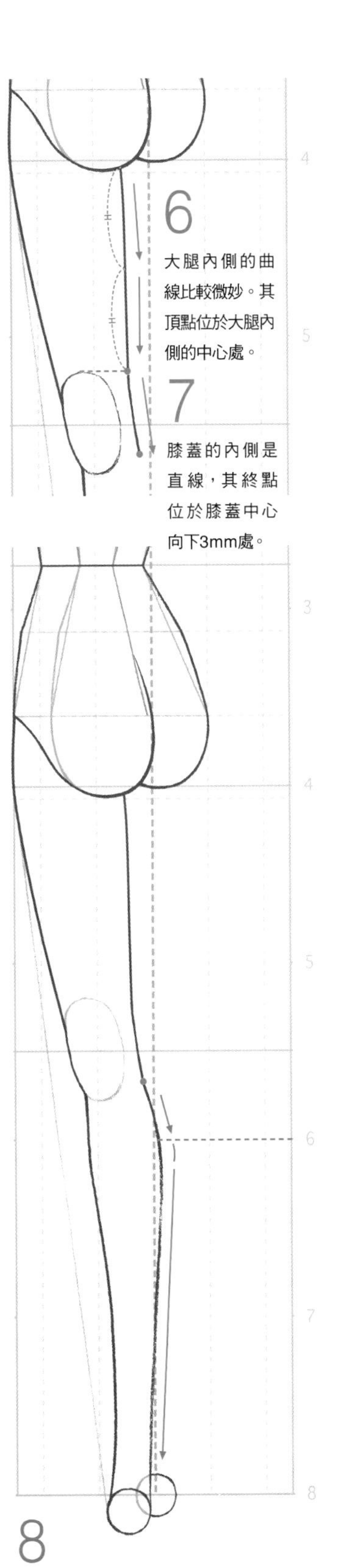

6

大腿內側的曲線比較微妙。其頂點位於大腿內側的中心處。

7

膝蓋的內側是直線，其終點位於膝蓋中心向下3mm處。

8

繪製小腿肚。以人體框架圖的6頭身處為頂點，緩緩地與腳踝相連。

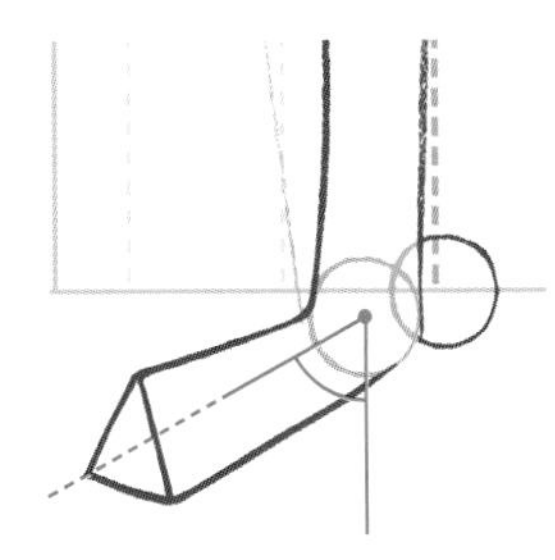

9

腳部以領帶前端的形狀為基準進行繪製。腳尖呈傾斜60°。為了表現出穩定感，索性將腳部畫得大一些。

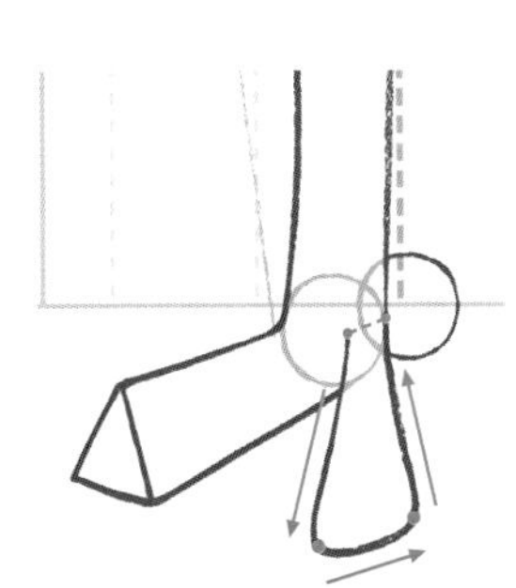

10

腳後跟的形狀類似於表現出遠近透視的等邊梯形。

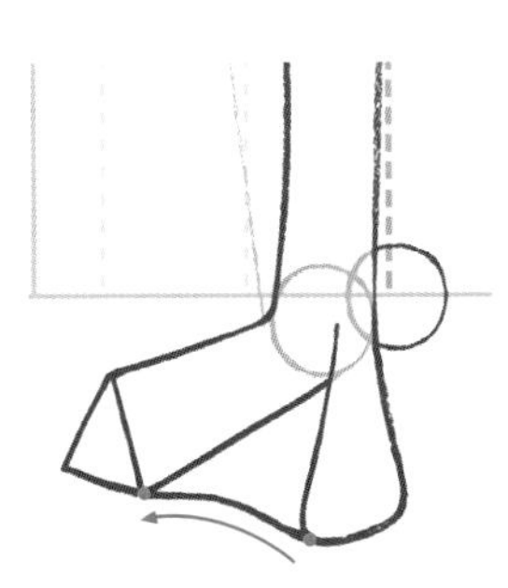

11

用平緩的曲線將腳後跟和腳尖連接起來。

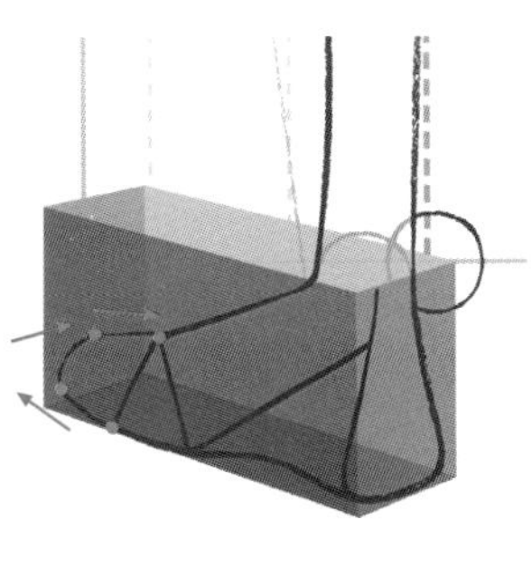

12

畫出腳尖。如左圖所示，參照箱體的遠近透視來進行描繪。

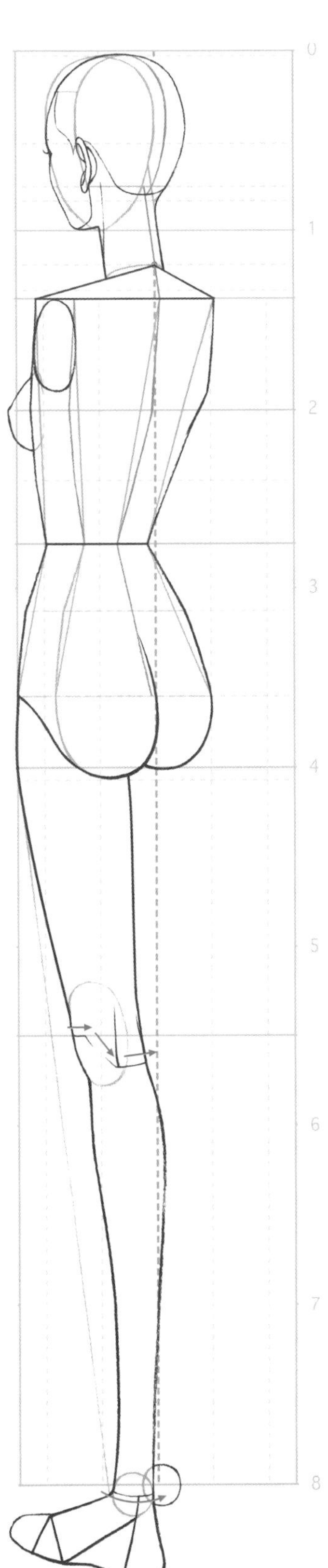

13

添加腳踝和膝蓋的關節線，外側腿部的繪製就完成了。

# 下半身 繪製右腿

## 由於內側的腿部是斜向的，因此要表現出S形

1 輔助線要結合腳尖的朝向來添加。從讀者的角度來看，此處腳尖是朝向左側的，因此要從腳的左端向腳踝連線。

2 胯下與腳踝的中點是膝蓋部分，其位於輔助線向內4mm處。膝蓋的形狀與臉部相同，其大小比臉部的1/2略小。

3 繪製大腿的內側時，先將胯下到膝蓋上方之間四等分，靠近上方的1/4要沿著輔助線繪製，然後直接與膝蓋連接起來。

4 小腿的線條呈S形，分別在人體框架圖的6頭身和7頭身處改變方向。雖然略顯複雜，但這是影響腿部形狀的一大要點，因此要努力畫好。

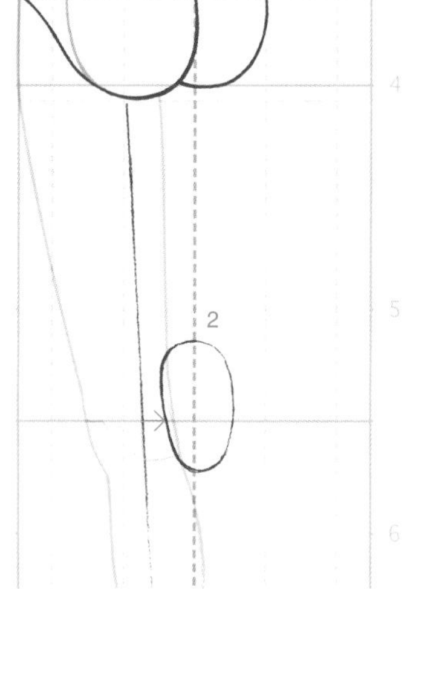
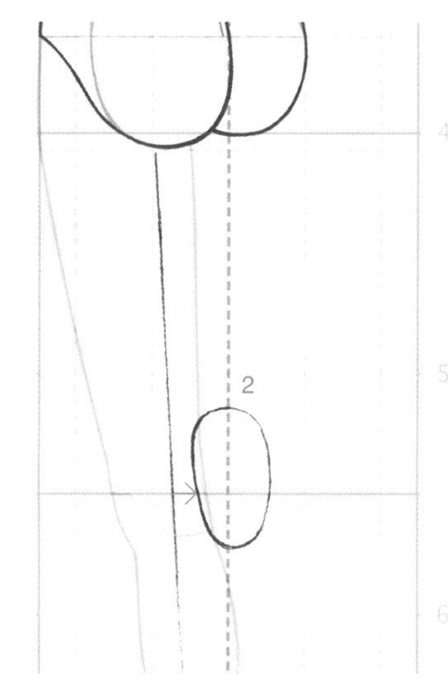


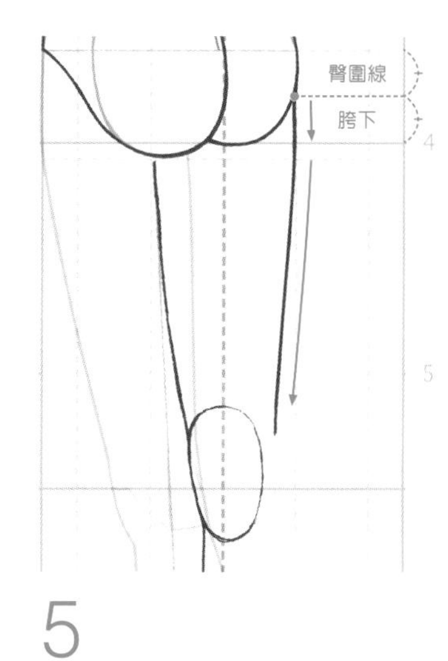


5

繪製大腿右側。以臀圍線和胯下中點為起點，在其4頭身處微妙地改變方向。

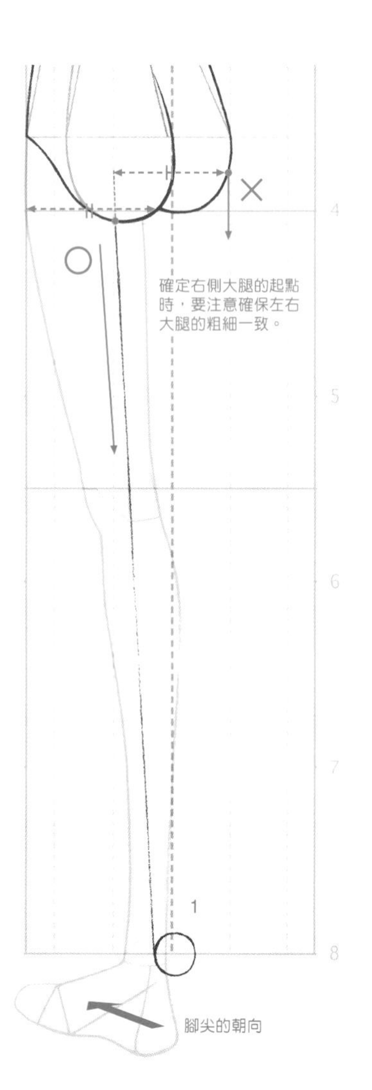


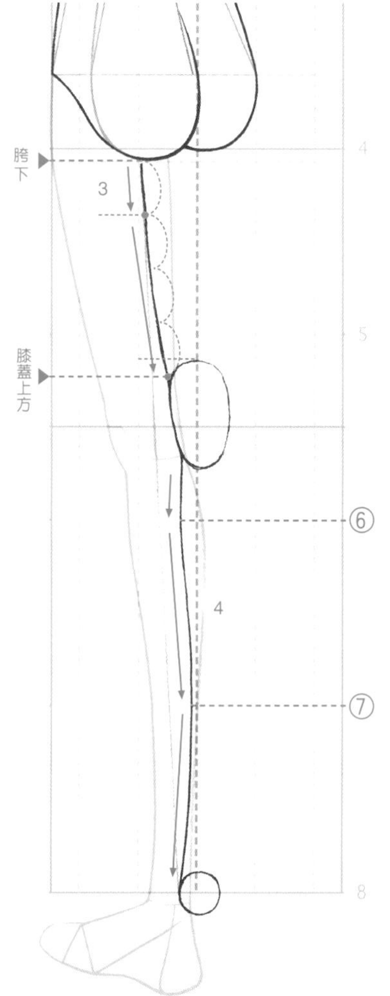


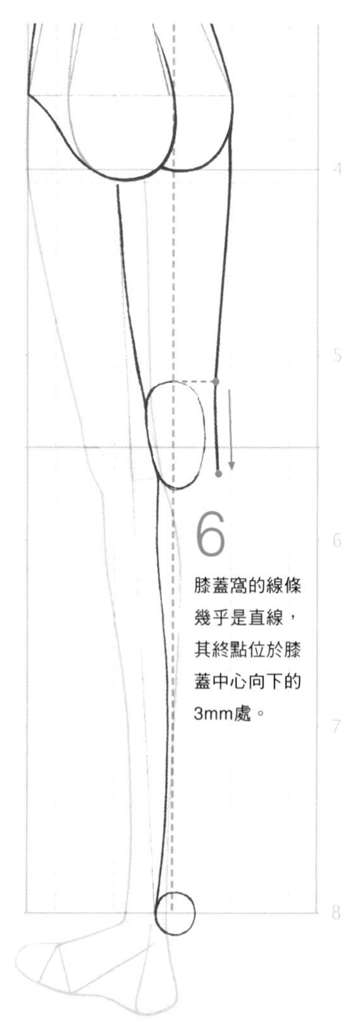

6

膝蓋窩的線條幾乎是直線，其終點位於膝蓋中心向下的3mm處。

## 腳部繪製的要點是腳尖

7

繪製小腿肚。以近人體框架圖的6頭身處為頂點，緩緩地與腳踝相連。

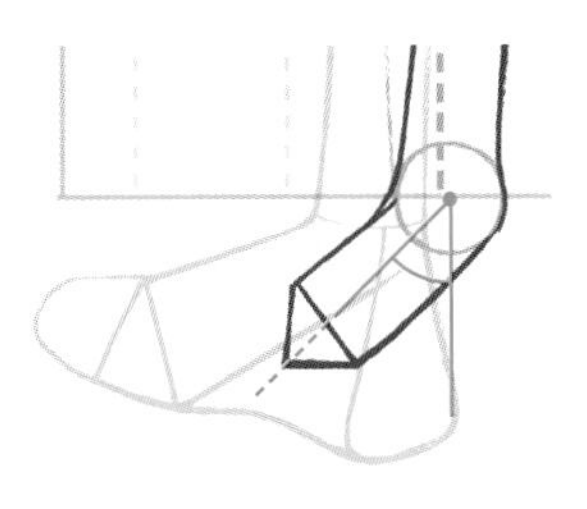

8

繪製腳部時，以領帶前端的形狀為基準來進行繪製。腳尖呈傾斜30°。可將腳部畫得大一些，使站立的姿勢顯得更有穩定感。

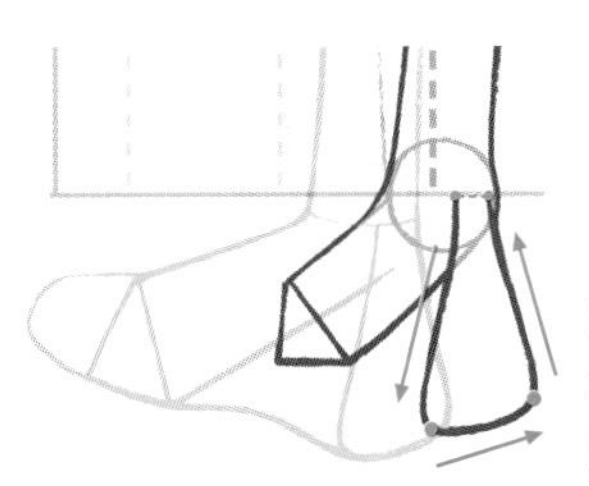

9

腳後跟的形狀類似於表現出遠近透視的等邊梯形。

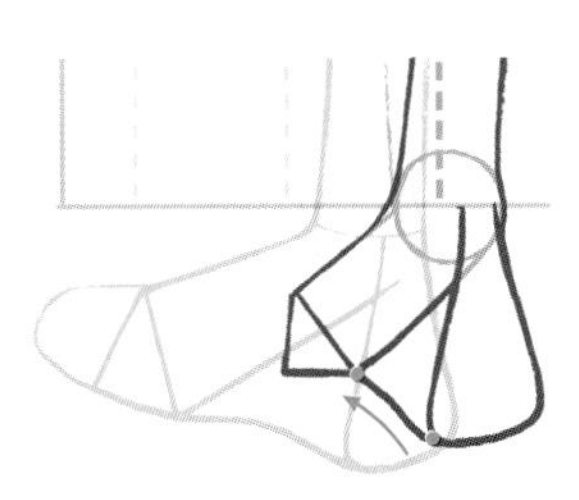

10

用平緩的曲線將腳後跟和腳尖連接起來，並表現出腳心部分。

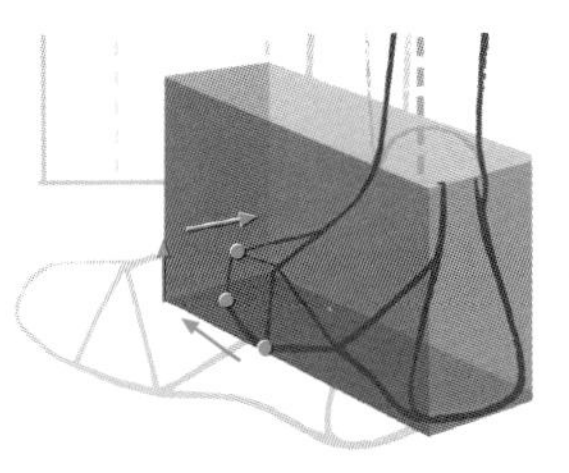

11

如左圖所示，畫出腳背。可參照箱體的遠近透視來進行描繪。

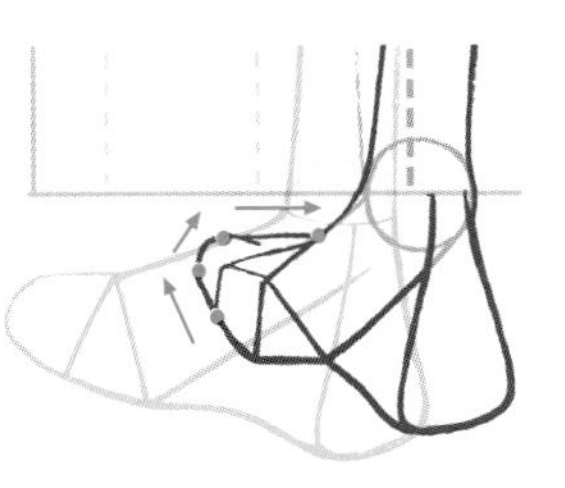

12

畫出腳尖。

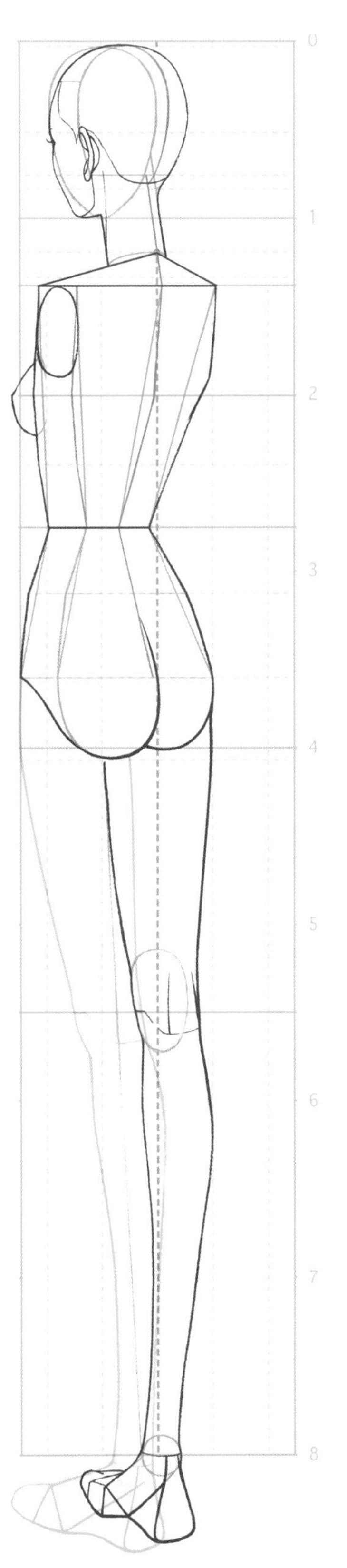

13

添加腳踝和膝蓋的關節線，內側腿部的繪製就完成了。

# 上半身 從手臂到手部

## 手臂感覺像是覆蓋在肩頭一樣

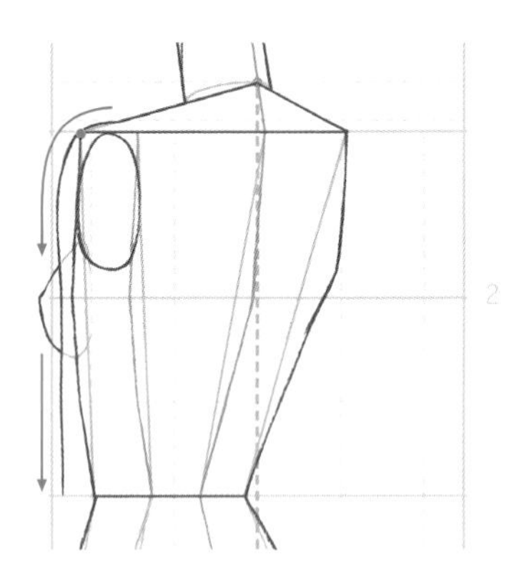

1

以肩點為頂點畫出圓弧來表現肩膀，並用直線來繪製上臂。

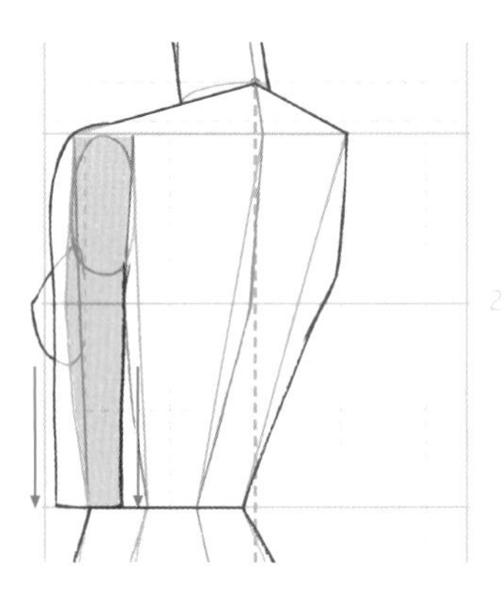

2

手臂內側線條是與外側相平行的直線，大部分都與軀幹重疊在一起。繪製時不要忘了添加胳膊肘的關節線。

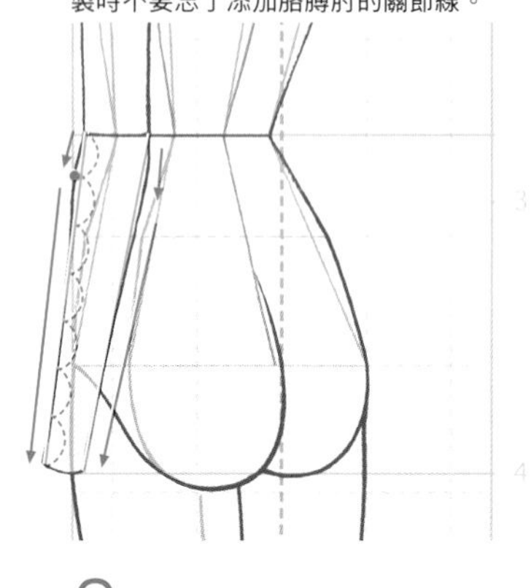

3

繪製前臂時，注意其上方的1/7左右處有隆起。且隆起的高度為距離輔助線1mm。

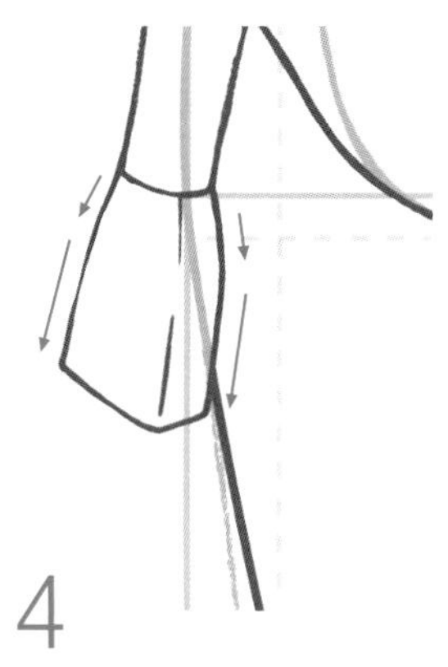

4

手部和腳部都是容易畫小的部位，索性一開始就畫得大一些。可將其畫成上方1/3處有隆起的六邊形。繪製時可把它當作具有遠近透視的箱體來進行描繪。

5

描繪手指時可先從外側的小指開始繪製。注意表現出小指從手掌側面生長出來的感覺。

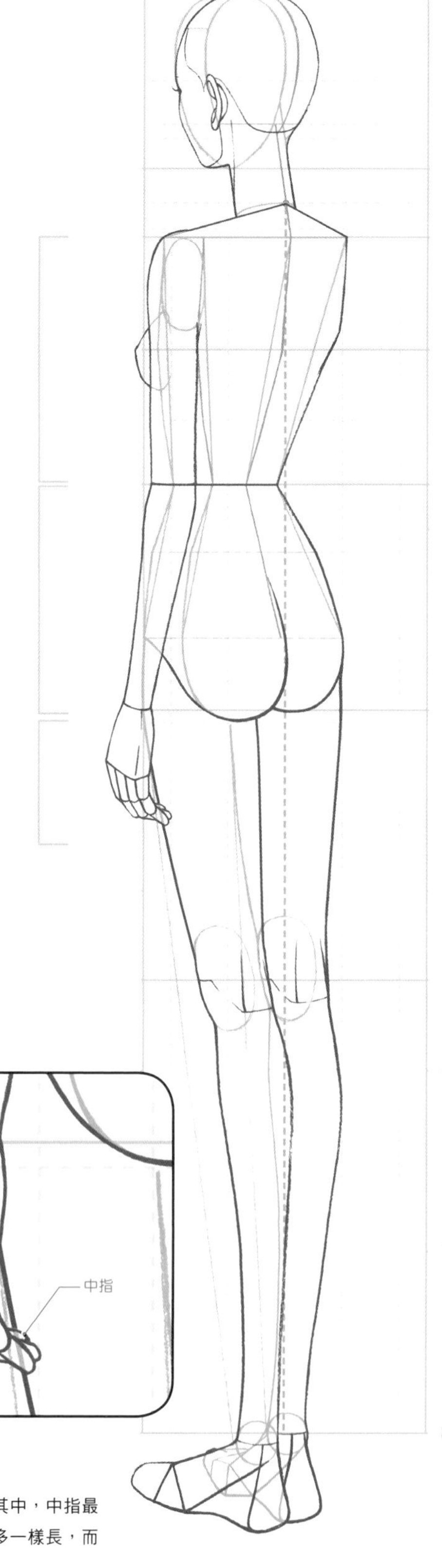


6

畫出剩下的幾根手指。其中，中指最長，食指和無名指差不多一樣長，而大拇指則幾乎看不見。

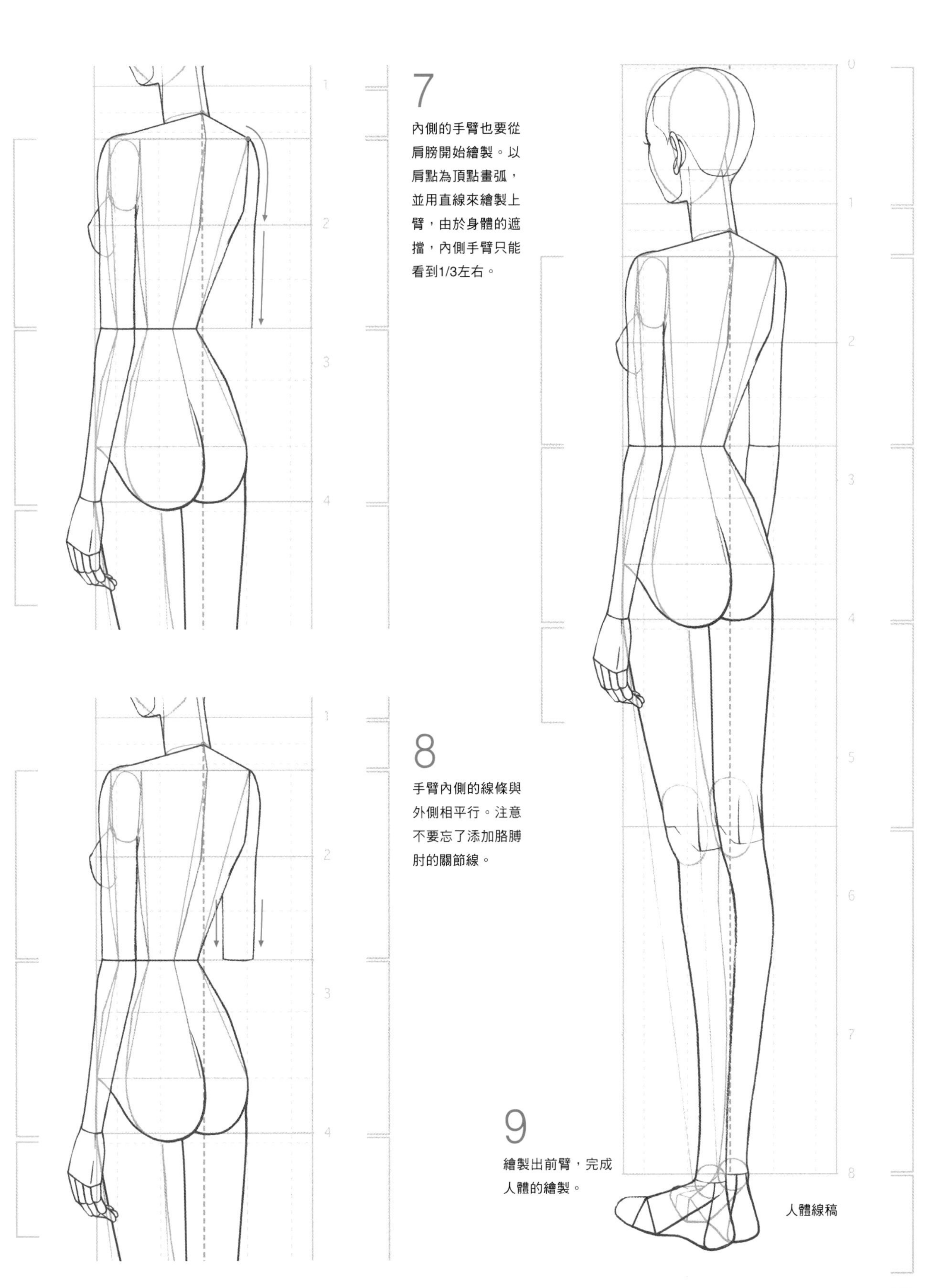


7

內側的手臂也要從肩膀開始繪製。以肩點為頂點畫弧，並用直線來繪製上臂，由於身體的遮擋，內側手臂只能看到1/3左右。

8

手臂內側的線條與外側相平行。注意不要忘了添加胳膊肘的關節線。

9

繪製出前臂，完成人體的繪製。

# 從人體線稿圖到人體完成圖——將人體線稿圖放在描圖紙下面來繪製人體完成圖

人體線稿圖完成後，將線稿放在描圖紙下面，流暢地繪製出人體完成圖。

## 頭部 繪製臉部和頭髮

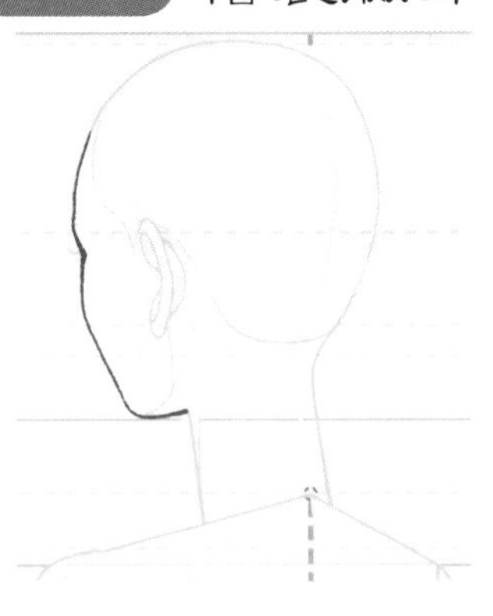

1 畫出臉部的輪廓。

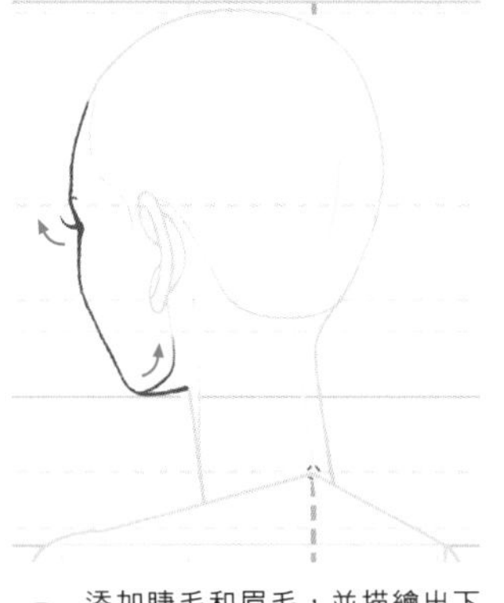

2 添加睫毛和眉毛，並描繪出下巴的線條。

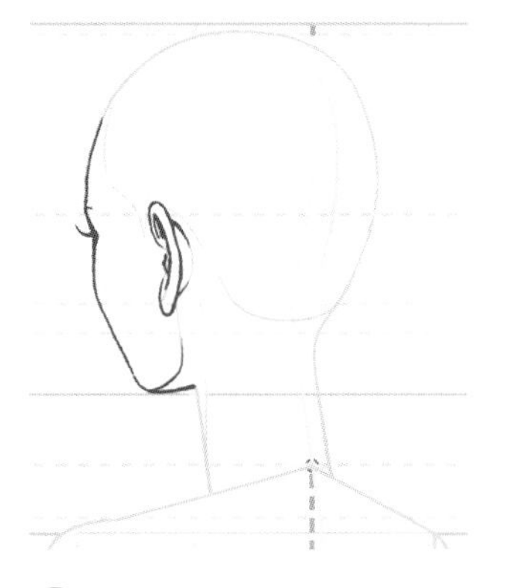

3 繪製出耳朵。

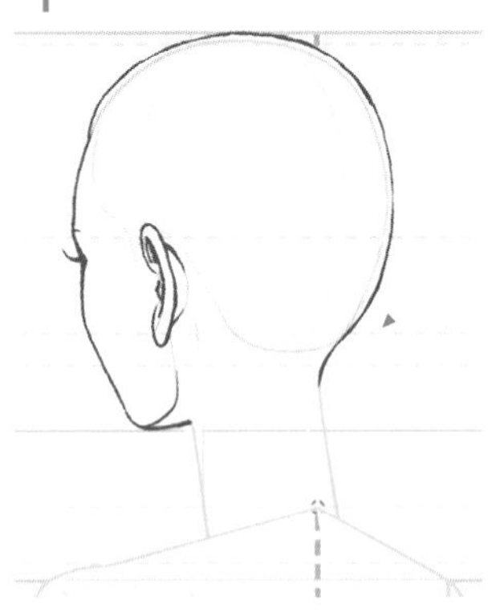

4 繪製頭部，並表現出髮量部分，高度為一個頭身的高度。

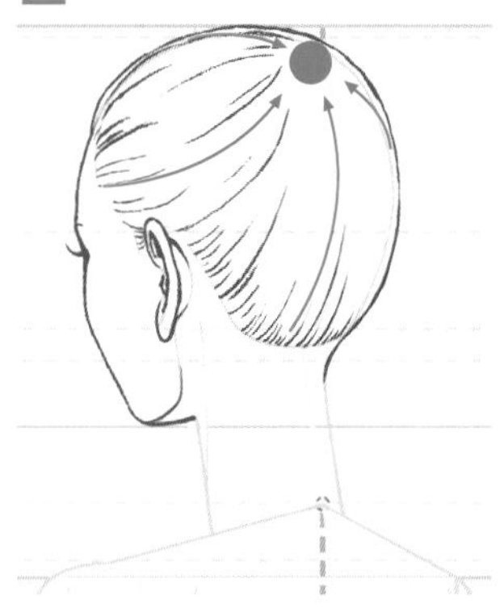

5 確定出束髮的位置，畫出從髮際線到頭髮紮起處的髮絲走向。頭髮的線條之間有2mm~3mm的間隔。長髮用長線條來繪製，短髮則用短線條來繪製。

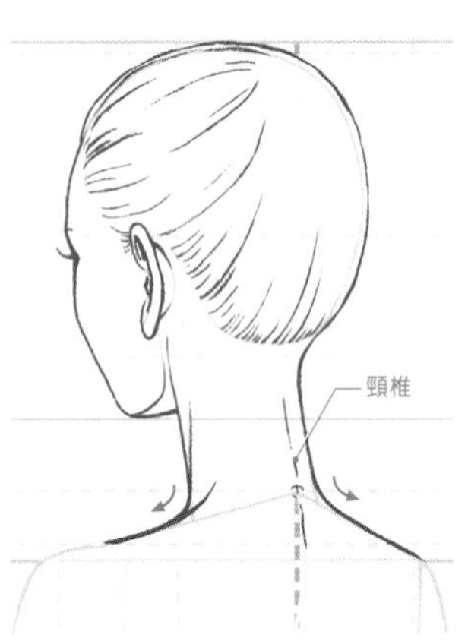


6 連接脖子到肩膀的線條，緊緊地沿著線稿圖進行描繪，僅在是脖子和肩膀連接處的2mm~3mm部分是曲線。若頸椎線位於正中線上，那麼身體曲線看起來會更加纖細。

7 繪製後面馬尾的輪廓。為了表現出動感變化，可在髮尾表現出一些捲曲感。若髮尾以兩條線條封閉起來收尾，則會顯得較纖細。

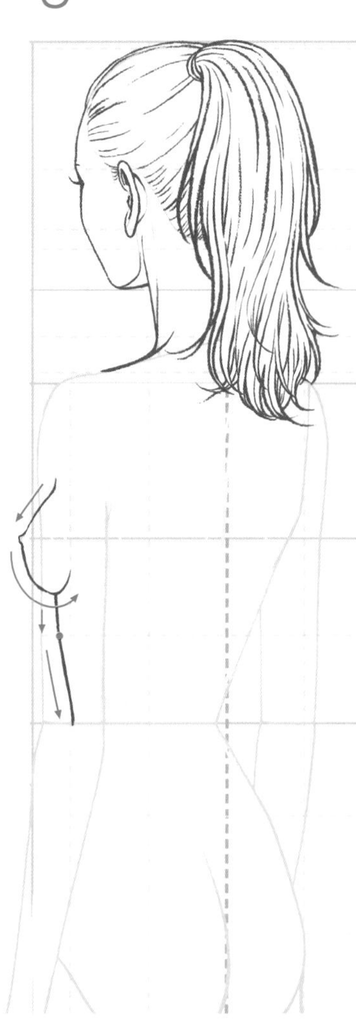

8 畫出髮尾的走向，完成頭部的繪製。接下來繪製軀幹。將胸部畫得尖尖的，同時畫出腹部的線條。

## 下半身 畫出軀幹和腿部

**繪製要點：關節用短小的曲線來表現。**

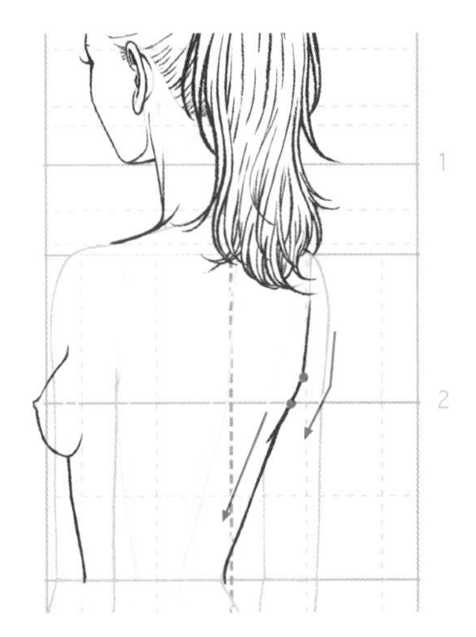

9

先畫出肩胛骨的隆起，然後繪製後背處線條。

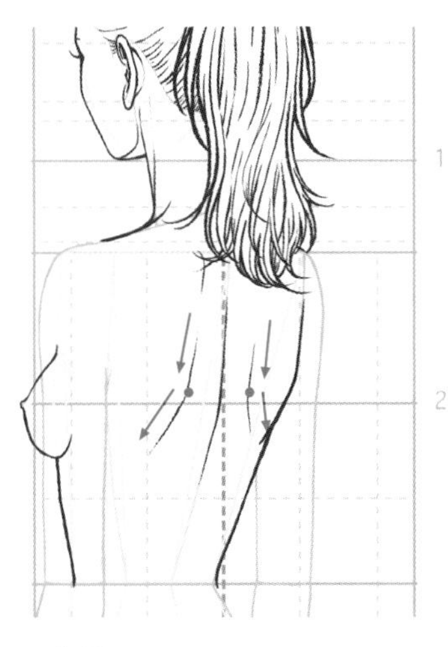

10

肩胛骨和脊柱是後背姿態中最重要的表現部位，因此必須繪製出來。

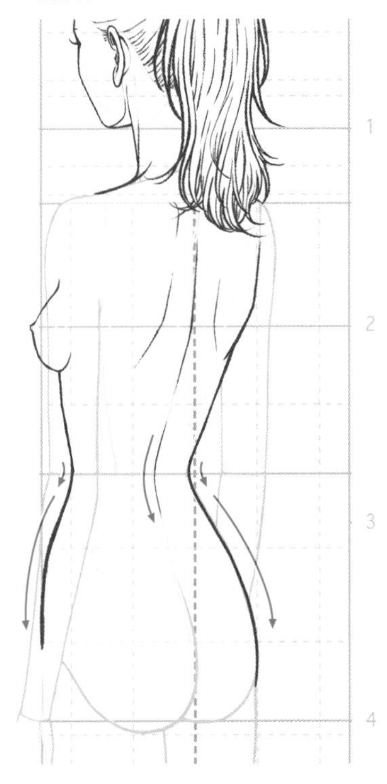

11

繪製腰部。在腰部和骨盆凸出的部分，線條的走向會發生變化，因此要緊貼著人體線稿圖進行描繪。繪製要點是方向改變的部分只有2mm~3mm為曲線。另外還要畫出脊柱的凹陷。

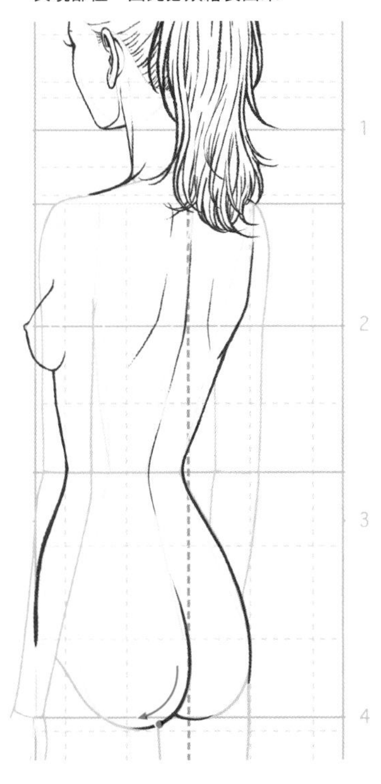

12

臀部的線條繪製到大腿根部即可。

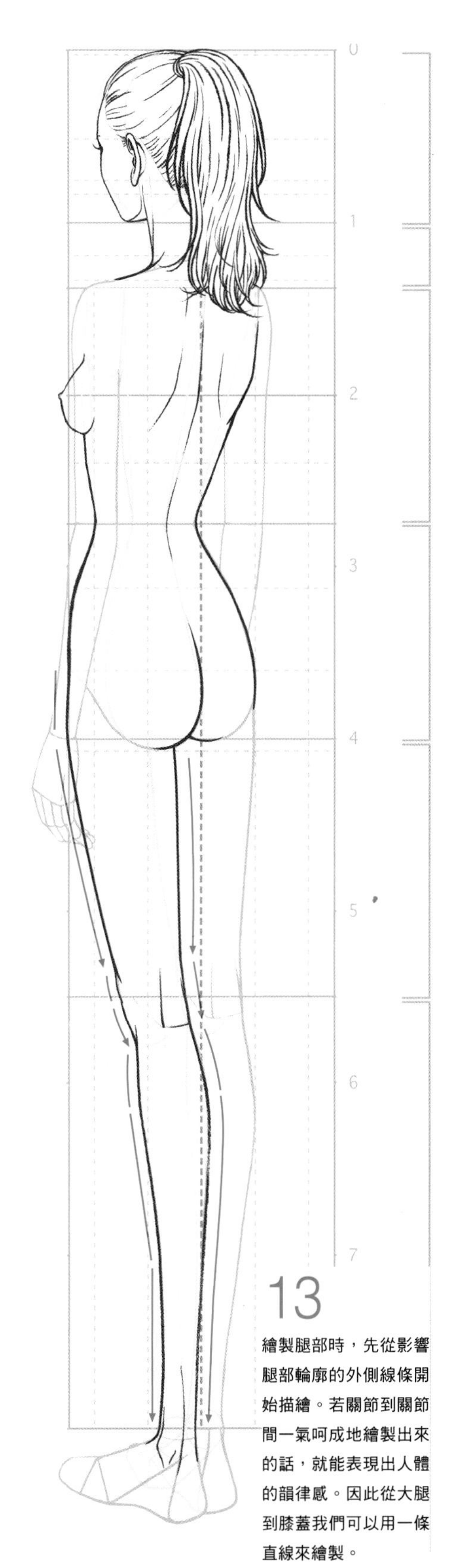

13

繪製腿部時，先從影響腿部輪廓的外側線條開始描繪。若關節到關節間一氣呵成地繪製出來的話，就能表現出人體的韻律感。因此從大腿到膝蓋我們可以用一條直線來繪製。

# 下半身 繪製腿部

## 繪製腿部時，可以將關節間用一條線流暢地繪製出來

**14** 繪製外側腿。添加腳踝以及阿基里斯腱的線條，能夠使腿部顯得更加纖細。

**15** 內側腿也運用同樣的方法繪製出來。

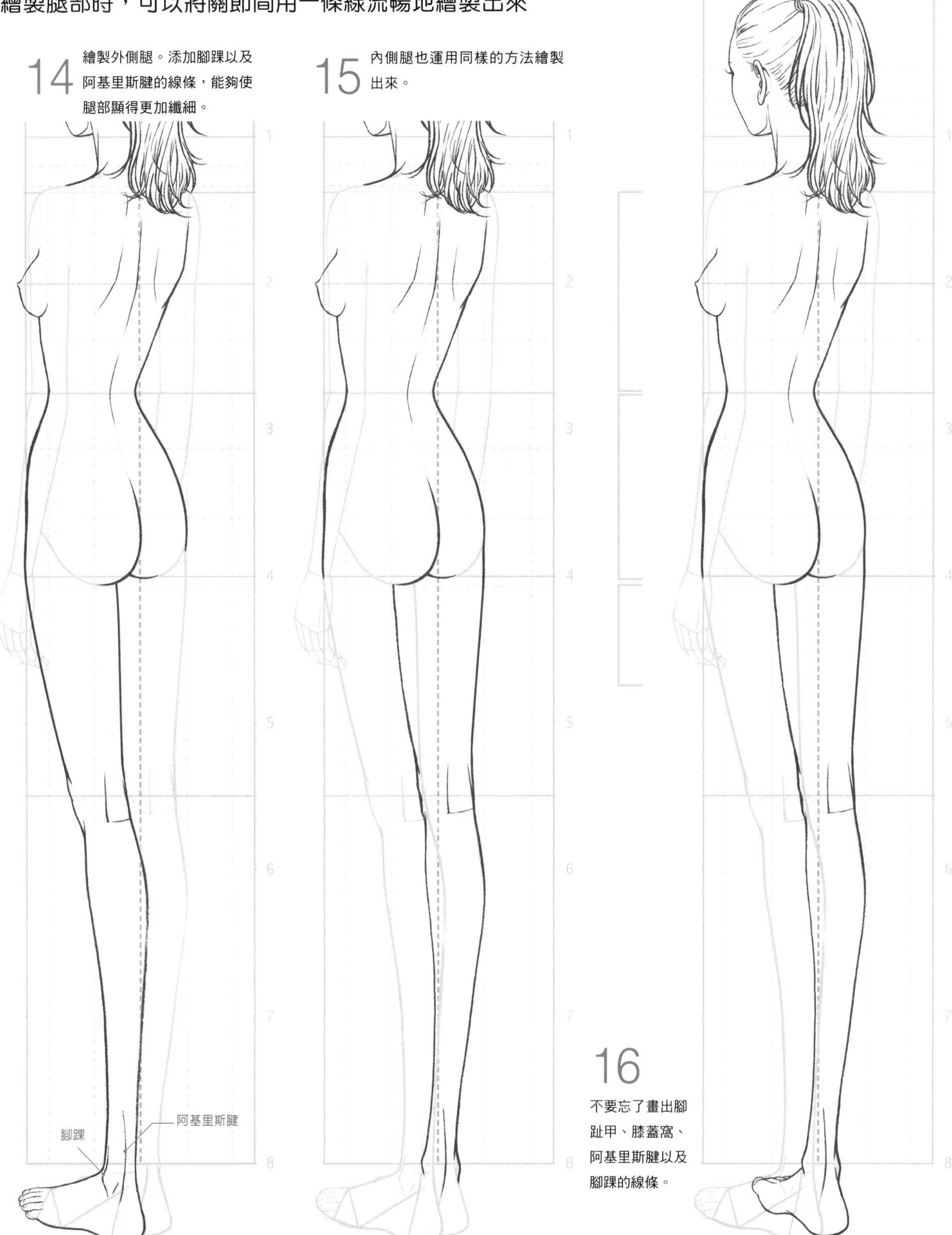


**16** 不要忘了畫出腳趾甲、膝蓋窩、阿基里斯腱以及腳踝的線條。

## 繪製手臂時，要意識著肩膀和手腕的骨骼來繪製

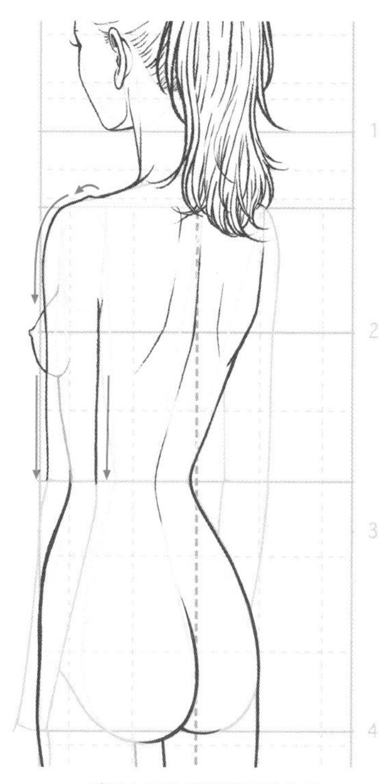


17 肩膀上可以看到鎖骨的凸起部分。上臂用肩膀處為弧線的簡單直線來繪製。

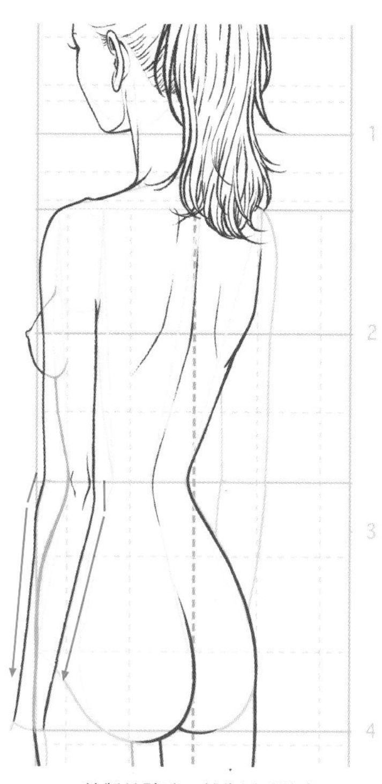


18 繪製前臂時，越靠近手腕處越纖細。

19 繪製出手背和手指，添加出手腕的關節線，會顯得更加纖細。

20 用同樣的方法繪製出內側手臂。即可結束人體完成圖的繪製。

### 感覺怎麼樣呢？

從後背到臀部的線條，充分地展現出女性特有的曲線美。繪製時要意識軀幹的S形和腳部的朝向所產生的與正面姿勢不同的要點。大家可以通過多次繪製來掌握。下面我們就讓身體動起來，嘗試繪製各式各樣的姿勢吧。

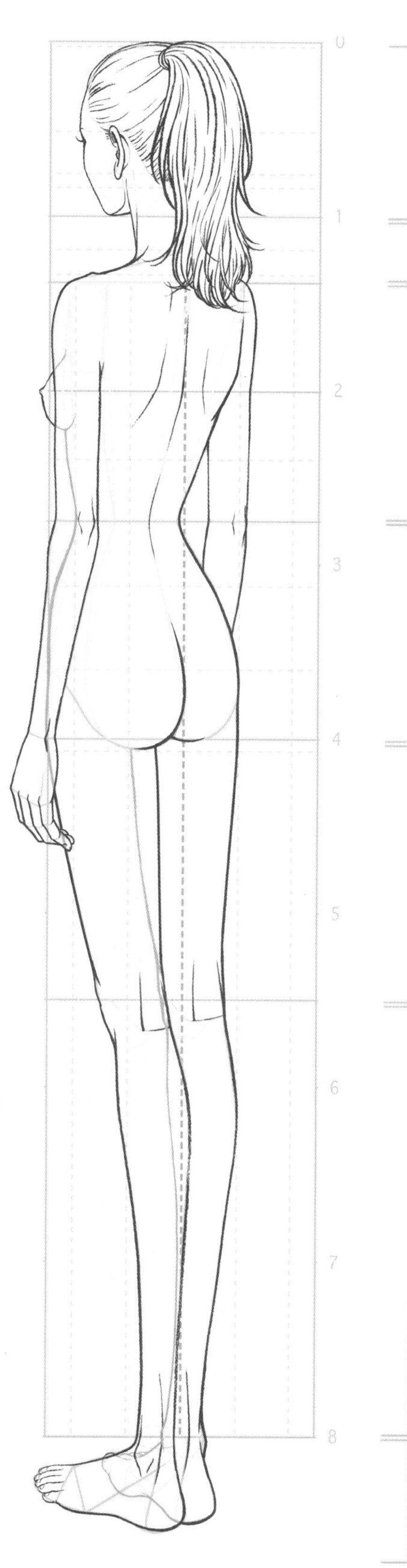

# 雙腿承擔體重的姿勢②雙腿分開

## 用直立的姿勢來繪製

前面我們學習的正面人體的站姿叫做「直立站姿」。其特點是左右腿承擔相同的體重。現在我們將應用這個姿勢來繪製雙腿分開的姿勢。因為這也屬於直立站姿的一種，所以除了步幅部分以外，其他部分的繪製方法都相同。

### 直立站姿與雙腿分開姿勢的比較

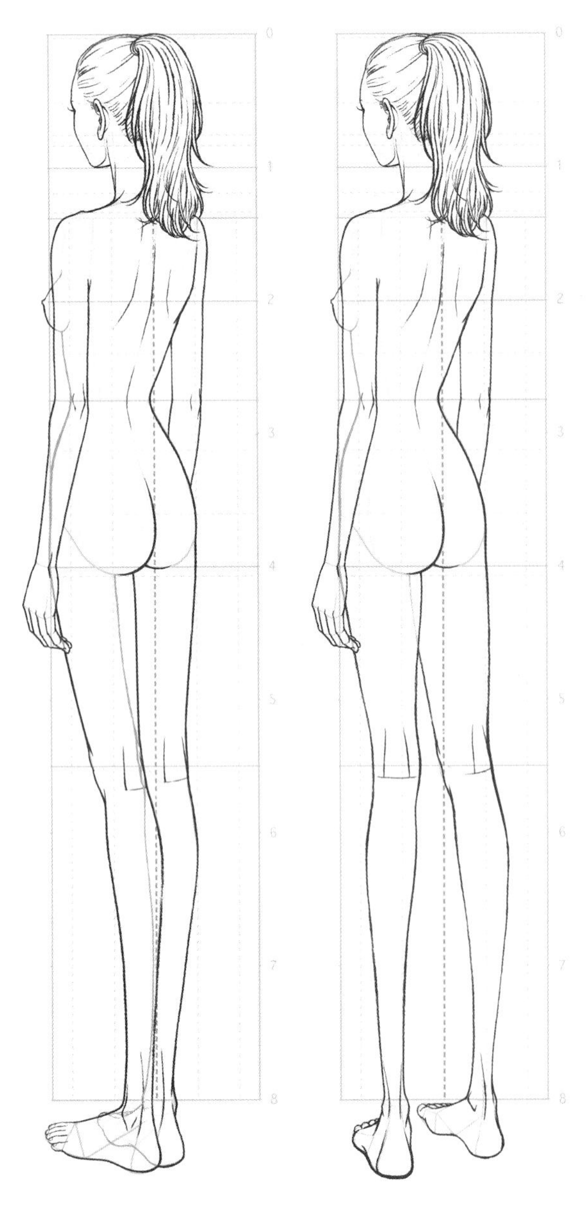


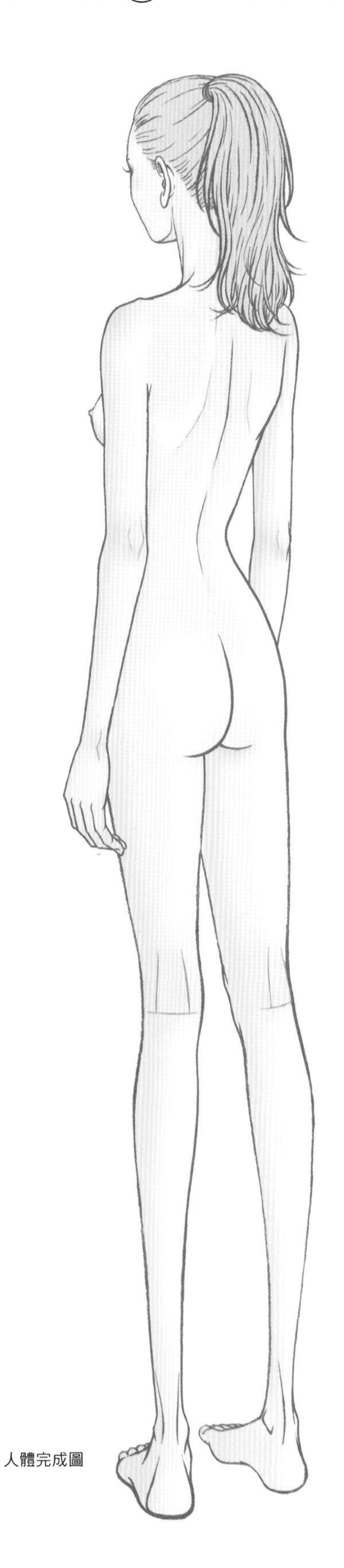

人體完成圖

# 雙腿分開姿勢的學習要點——觀察膝蓋窩的朝向與腿部形態的關係

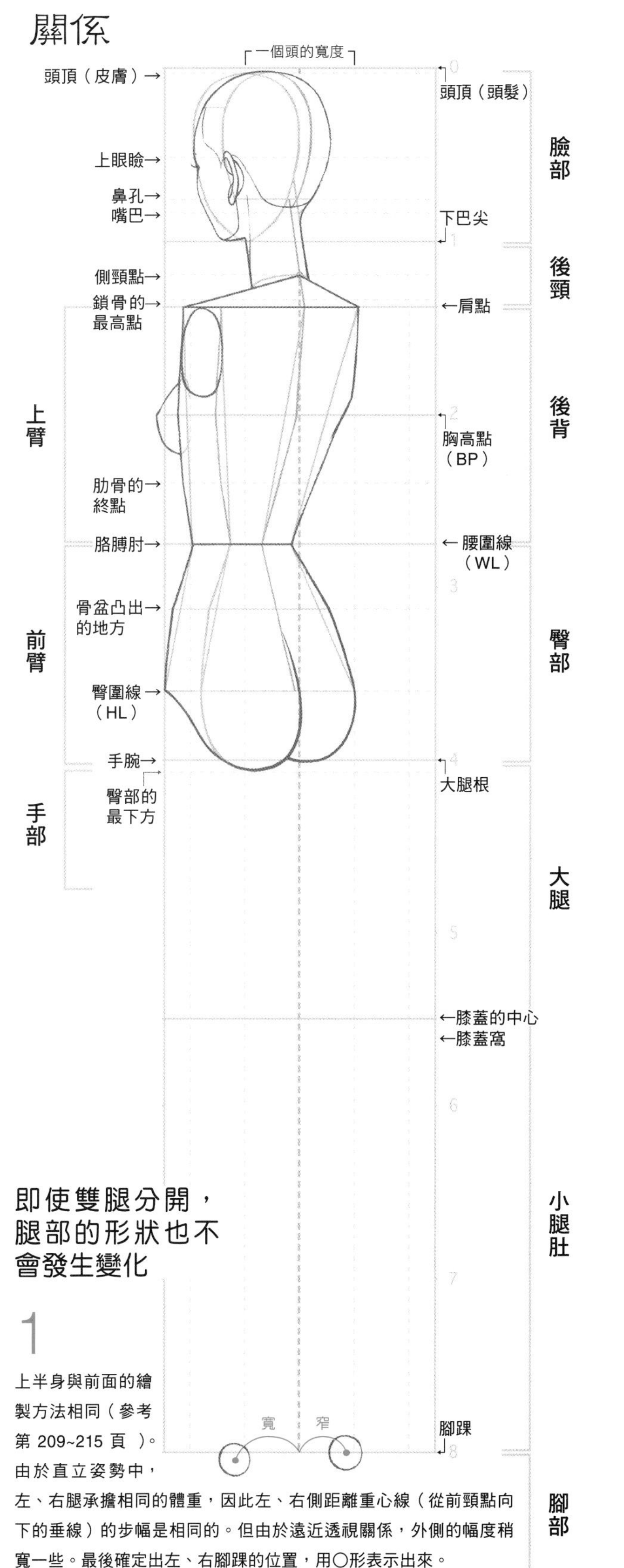


## 即使雙腿分開，腿部的形狀也不會發生變化

## 1

上半身與前面的繪製方法相同（參考第 209~215 頁）。由於直立姿勢中，左、右腿承擔相同的體重，因此左、右側距離重心線（從前頸點向下的垂線）的步幅是相同的。但由於遠近透視關係，外側的幅度稍寬一些。最後確定出左、右腳踝的位置，用〇形表示出來。

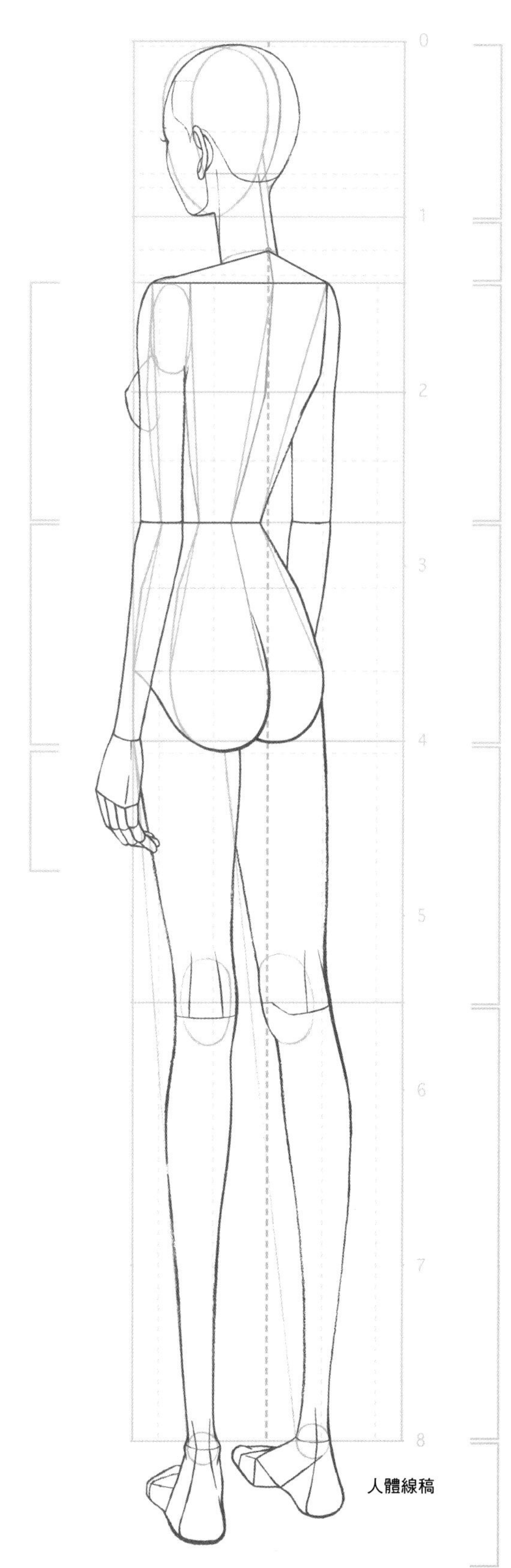


人體線稿

# 繪製的實踐 下半身 繪製腿部

2 用一條直線以髖關節為頂點連接到腳踝處。髖關節（準確地說是大腿骨的根部）的隆起位於臀部外側1mm處。

3 膝蓋位於輔助線向內4mm處。膝蓋呈近臉部1/2大小的橢圓。

4 以輔助線和膝蓋為基準，繪製背面的腿部。由於之前繪製過多次，因此可參考前面學習的繪製方法（參考第74~77頁）。

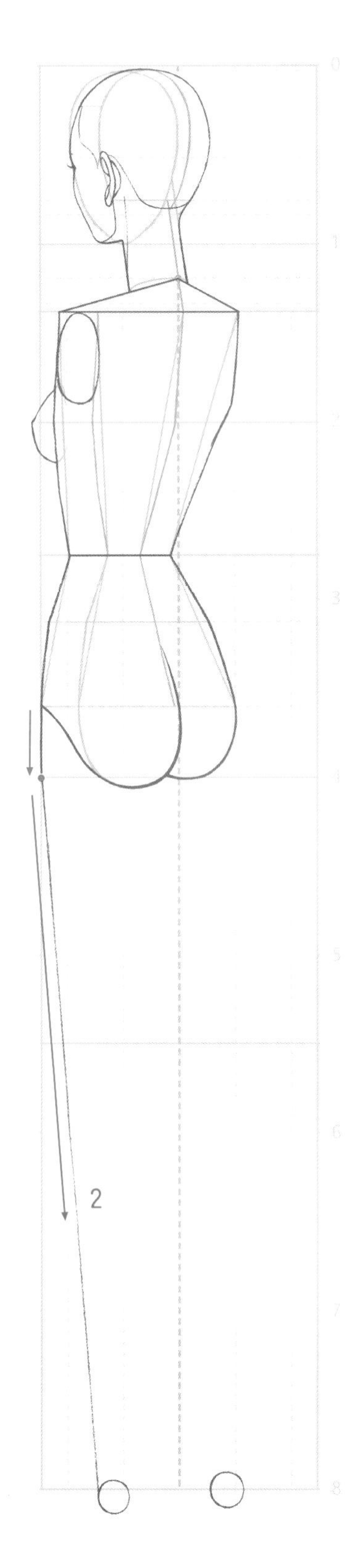


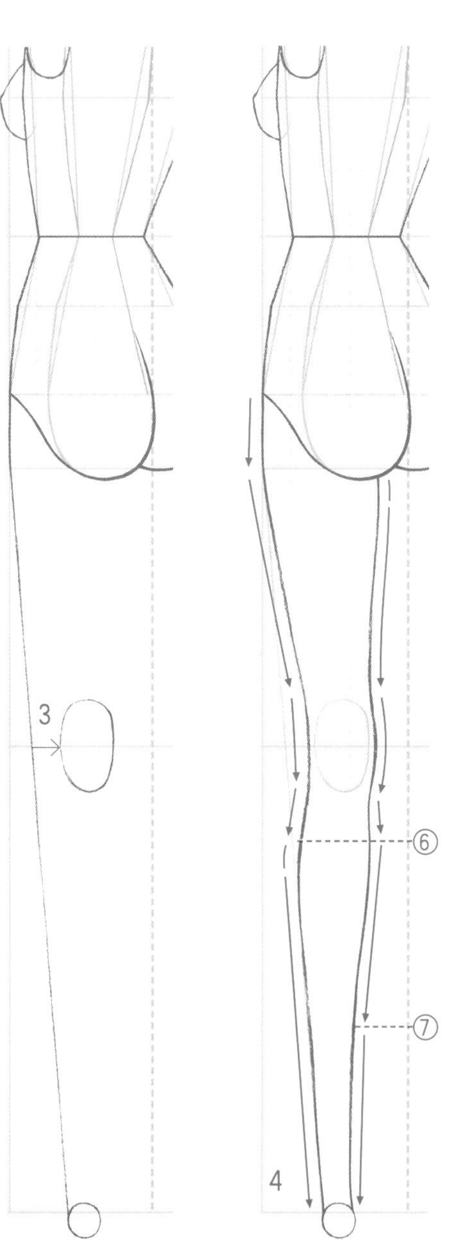


## 繪製腳部時，腳後跟的體積感是繪製的要點

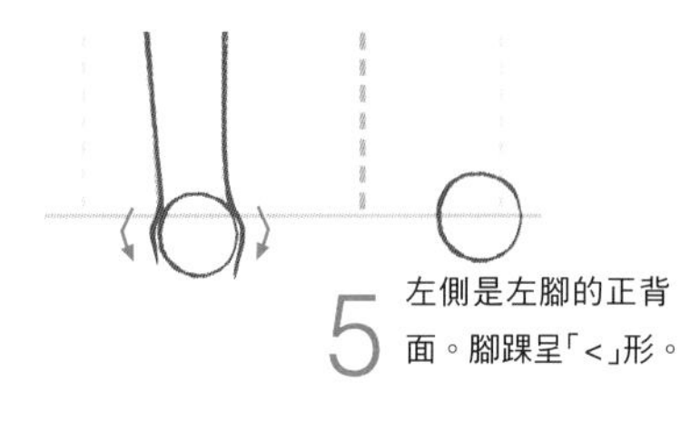

5 左側是左腳的正背面。腳踝呈「<」形。

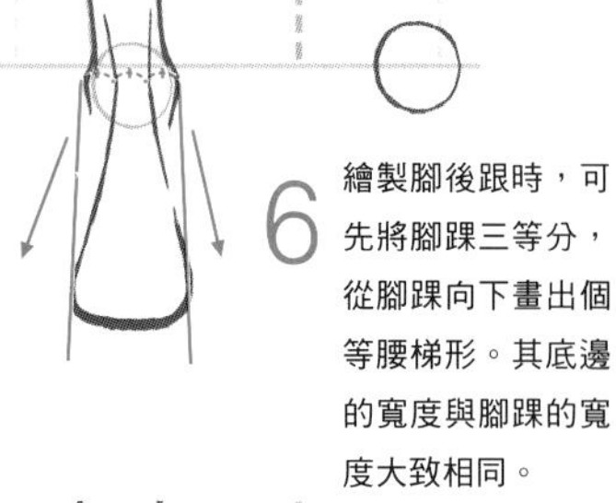

6 繪製腳後跟時，可先將腳踝三等分，從腳踝向下畫出個等腰梯形。其底邊的寬度與腳踝的寬度大致相同。

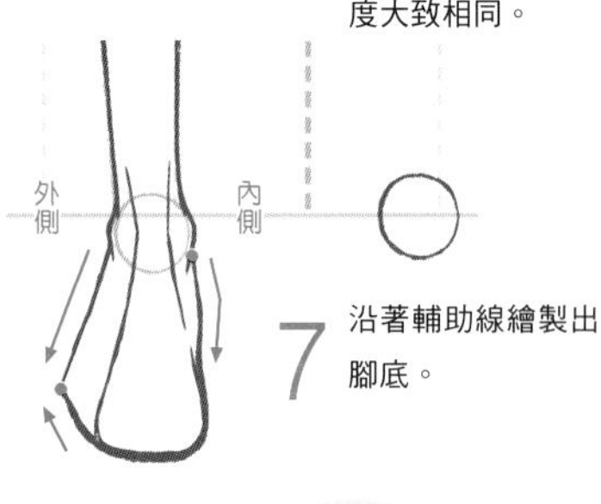


7 沿著輔助線繪製出腳底。

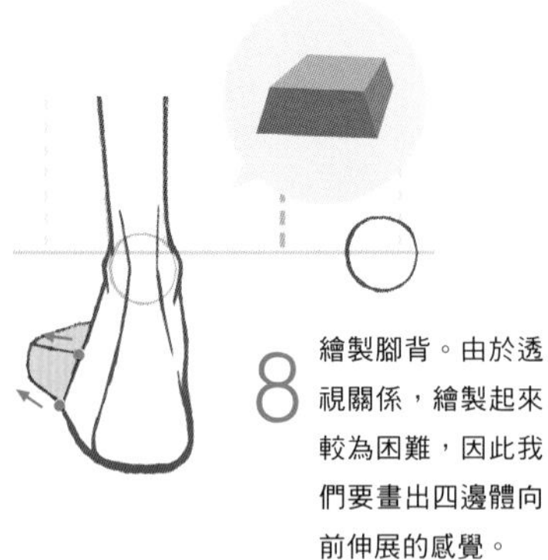

8 繪製腳背。由於透視關係，繪製起來較為困難，因此我們要畫出四邊體向前伸展的感覺。

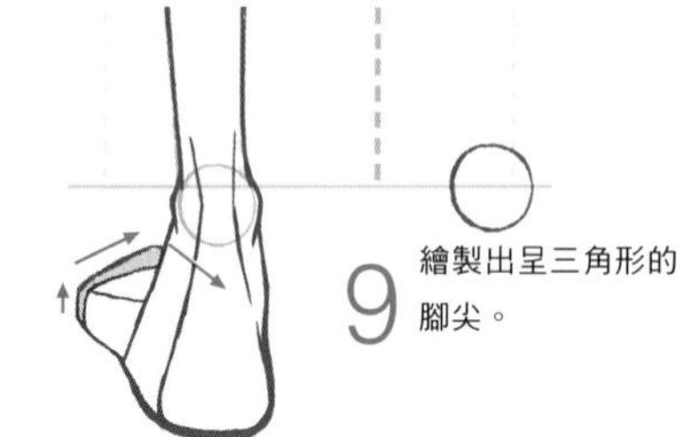

9 繪製出呈三角形的腳尖。

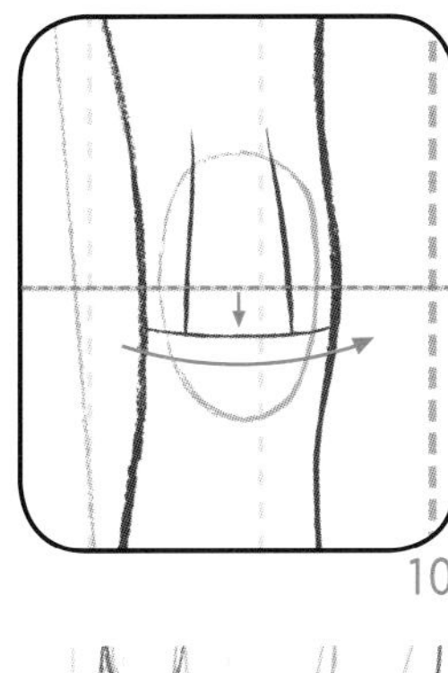


10 添加膝蓋窩和腳踝的關節線。需要注意的是膝蓋窩的關節線位於膝蓋中心的下方。

11 腳部的輔助線要根據腳尖的朝向來添加。由於圖中的右腳是朝向左側的，因此繪製時可從腳部的左端向腳踝處繪製線條。

12 從胯下到腳踝的中點處是膝蓋，其位於輔助線向內2mm處。膝蓋的形狀與臉部大致相同，都是橢圓形。大小略小於1/2的臉部。

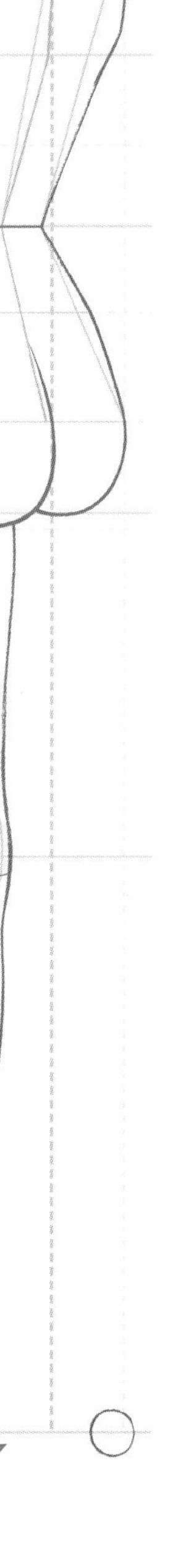

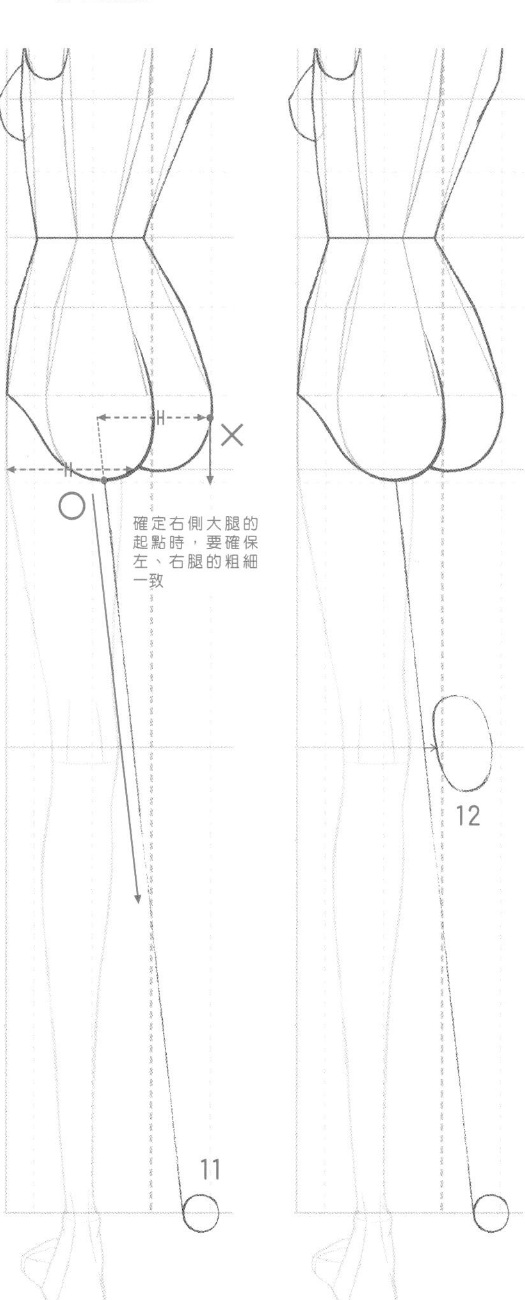


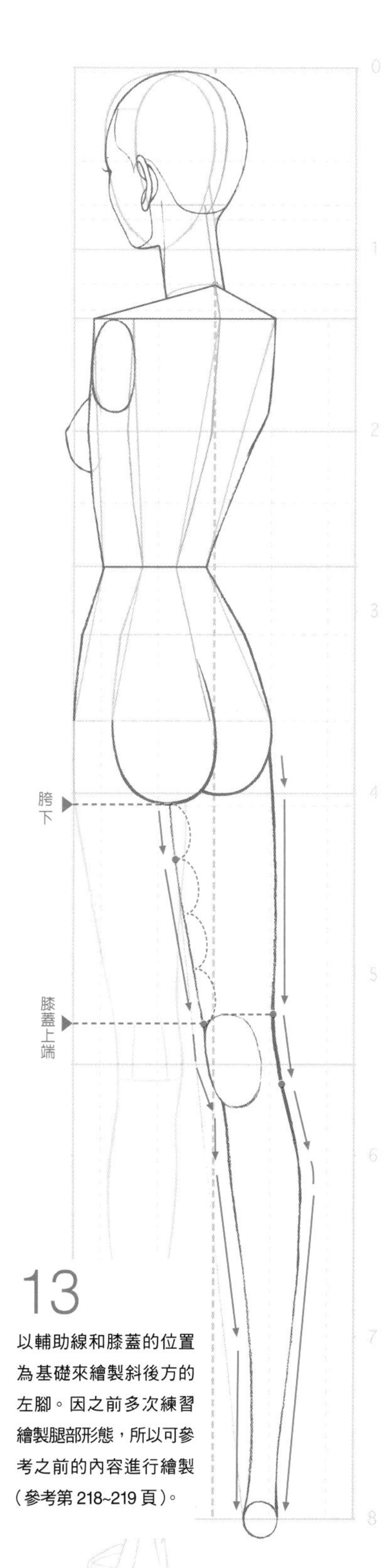


13 以輔助線和膝蓋的位置為基礎來繪製斜後方的左腳。因之前多次練習繪製腿部形態，所以可參考之前的內容進行繪製（參考第 218~219 頁）。

# 下半身 從腿部 上半身 到手臂和手部

## 14

腳部以領帶前端的形狀進行繪製。因其朝向內側，所以要將傾斜的角度加大一些，設定為60°。

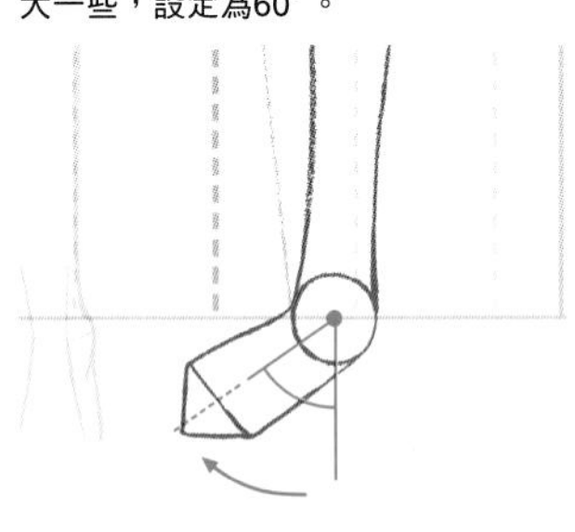

## 15

繪製腳部。依次添加腳後跟和腳尖，表現出立體感。

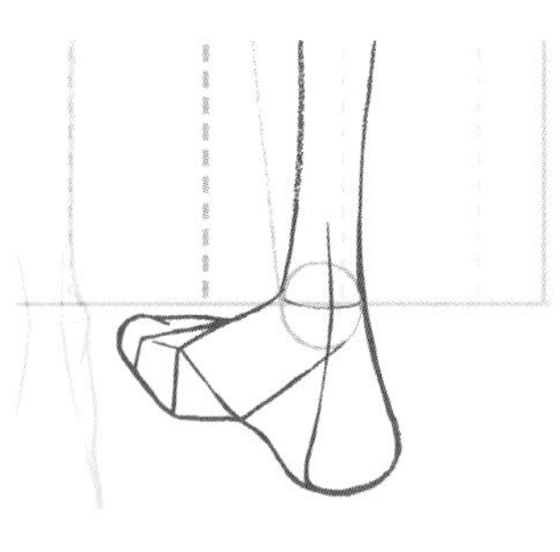

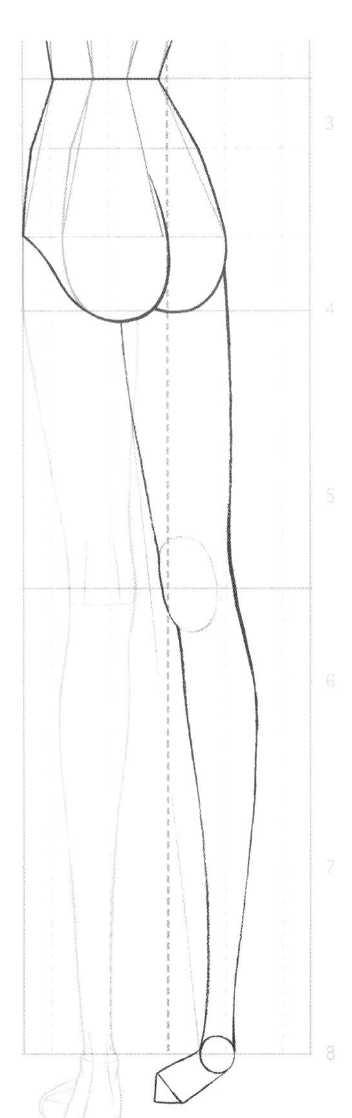

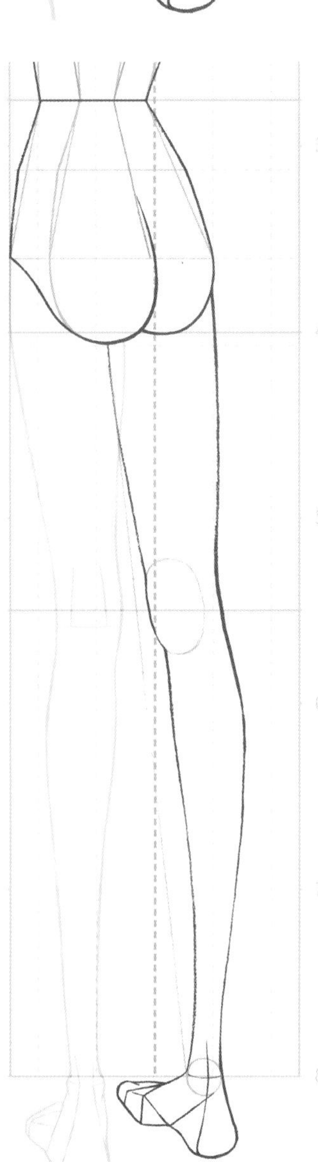

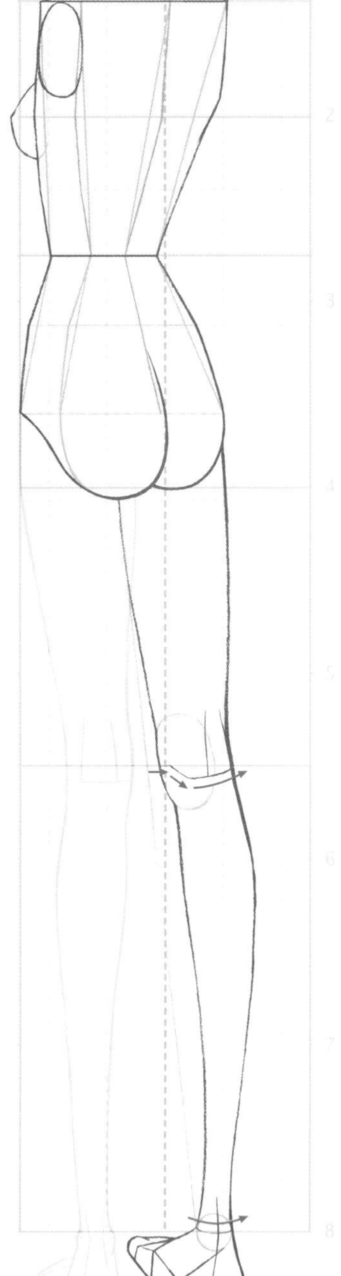

## 16

添加腳踝和膝蓋的關節線。完成腿部的繪製。

# 從人體線稿圖到人體完成圖——將人體線稿放在描圖紙下面繪製人體完成圖

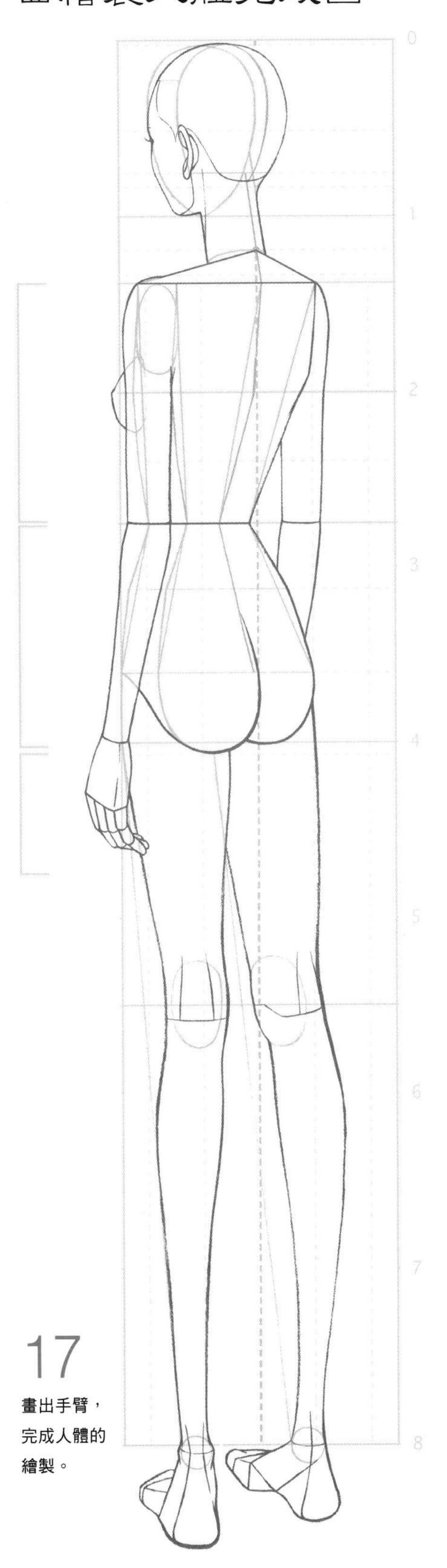

17

畫出手臂，完成人體的繪製。

18

線稿繪製完成後，將其放在描圖紙的下面，流暢地畫出人體完成圖。表現出就像給人體裹上一層輕柔的皮膚一樣的感覺。

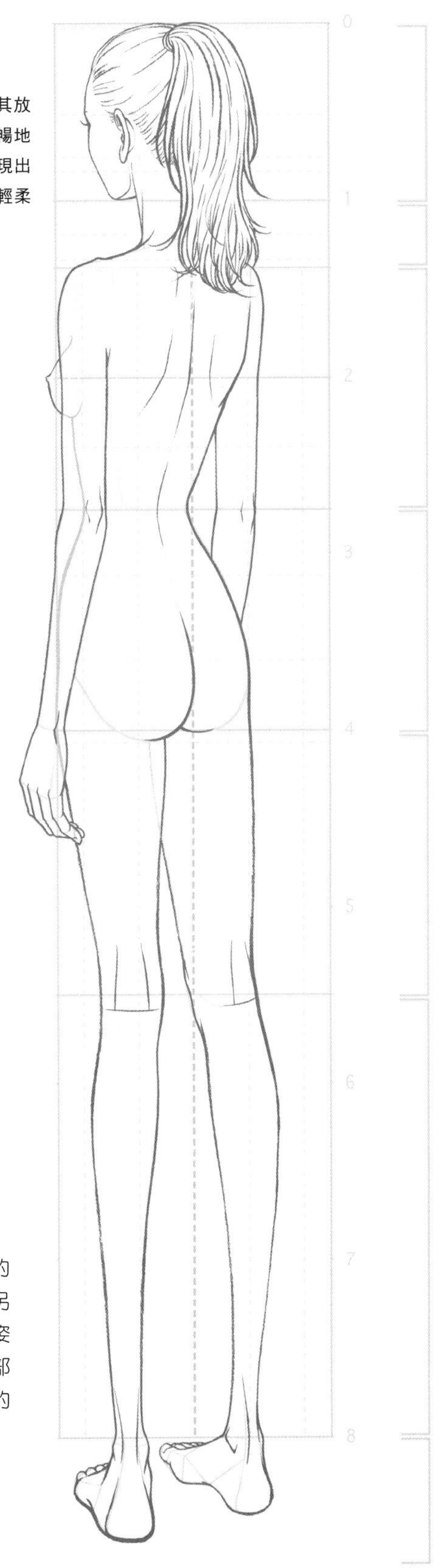

## 感覺怎麼樣呢？

嘗試練習描繪各式各樣的步幅吧。接下來我們將要學習另一種站姿，也就是單腿支撐的姿勢。這次不光是腳部，就連腰部也活動了起來，因此整個身體的動態顯得更加流暢。

# 下半身有動態變化的姿勢①支撐腿在內側

## 表現出腰部的凹凸感

在斜後方的姿勢中，加入下半身的動作，就可以使腰部更加凹凸有致，表現出女性特有的曲線美。繪製時要充分意識到腰部和臀部的線條來進行描繪。

### 直立姿勢（雙腿分開）與單腿支撐（支撐腿在內側）姿勢的比較

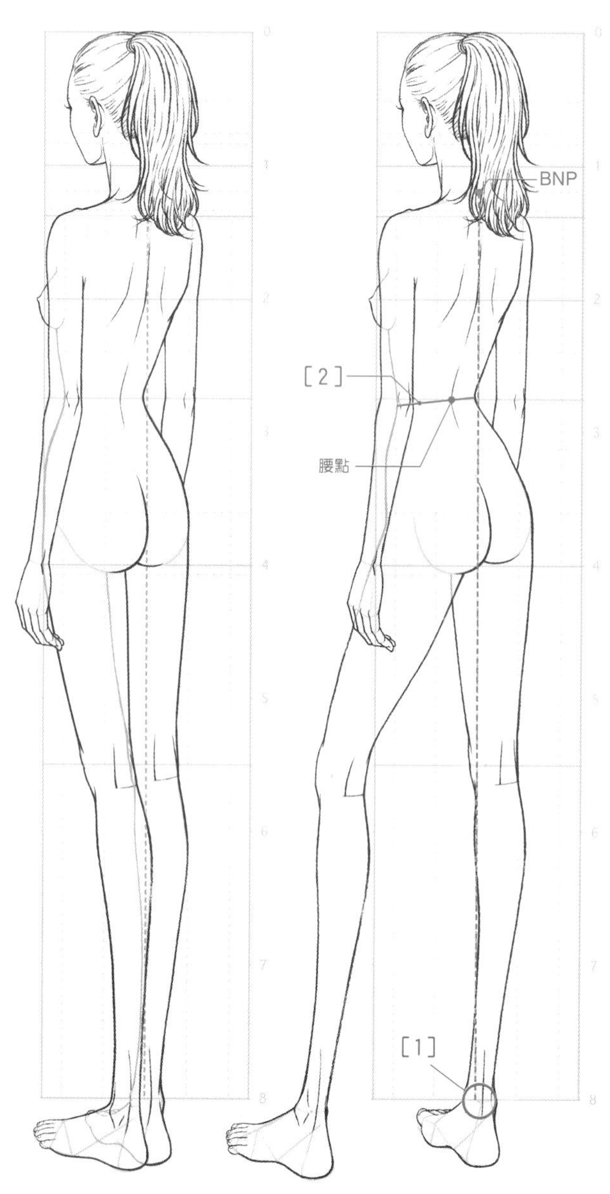


#### 單腿支撐姿勢的特徵

[1]

由於是一條腿承擔著體重，因此下半身會產生變化。支撐腿的腳踝位於重心線（從BNP垂直向下的線條）的附近。

[2]

腰部以腰點為中心旋轉。旋轉後的腰圍線是支撐腿一側向上的斜線。

如果能夠表現好以上兩個特徵，就能夠繪製好單腿支撐的姿勢。

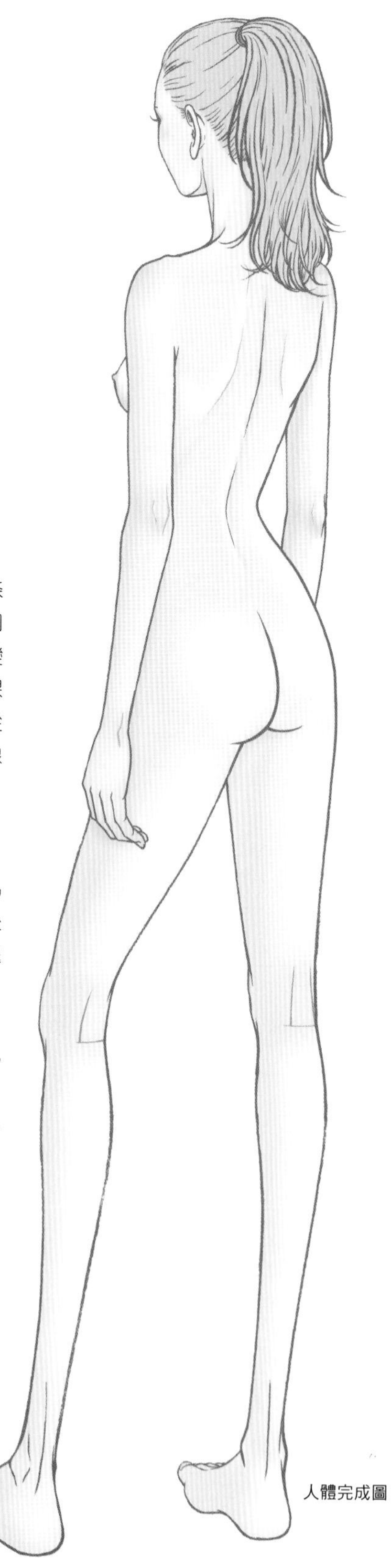
人體完成圖

# 單腿支撐姿勢的學習要點——臀部向內側傾斜

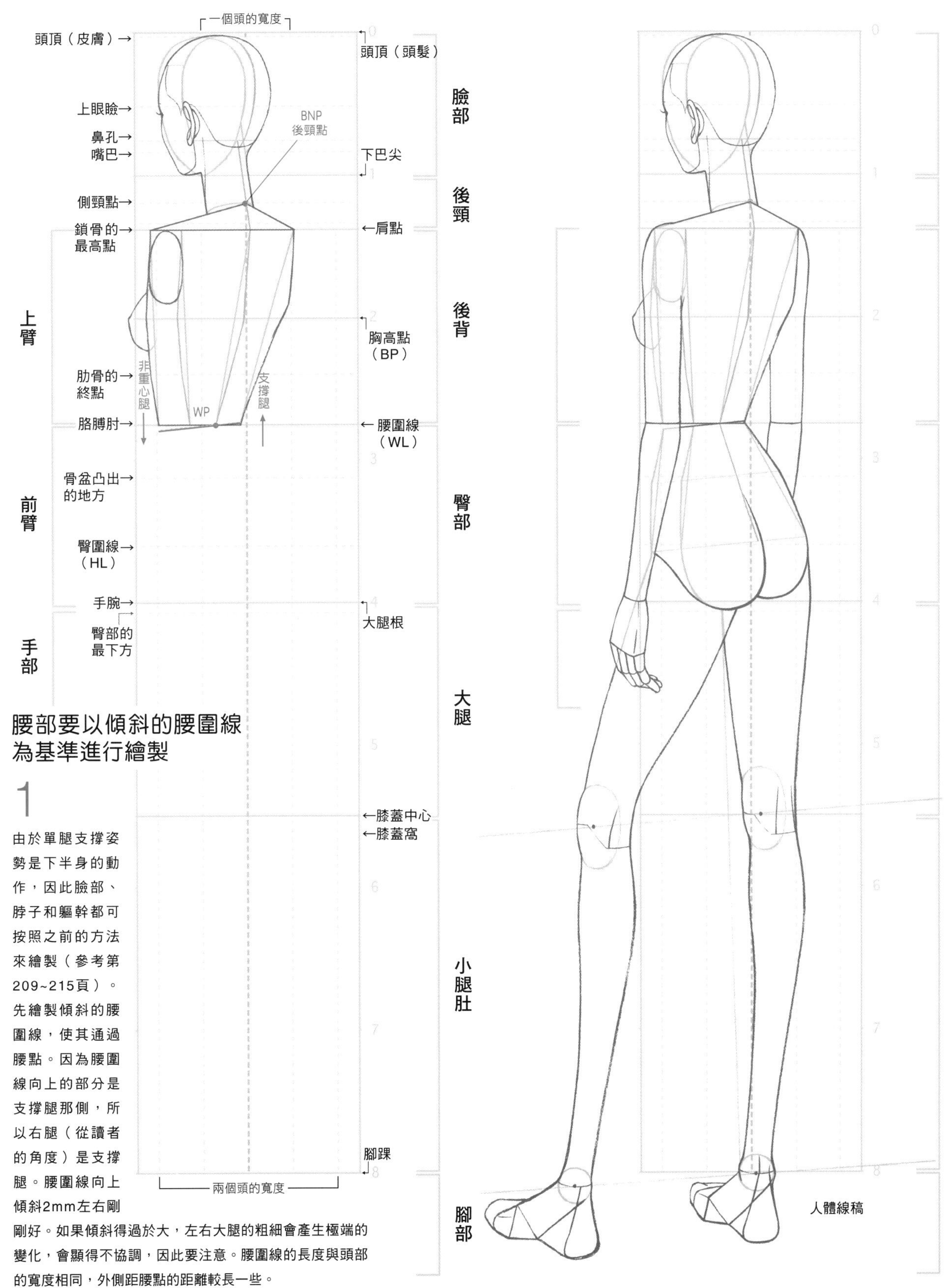


## 腰部要以傾斜的腰圍線為基準進行繪製

1

由於單腿支撐姿勢是下半身的動作，因此臉部、脖子和軀幹都可按照之前的方法來繪製（參考第209~215頁）。先繪製傾斜的腰圍線，使其通過腰點。因為腰圍線向上的部分是支撐腿那側，所以右腿（從讀者的角度）是支撐腿。腰圍線向上傾斜2mm左右剛剛好。如果傾斜得過於大，左右大腿的粗細會產生極端的變化，會顯得不協調，因此要注意。腰圍線的長度與頭部的寬度相同，外側距腰點的距離較長一些。

# 繪製的實踐 下半身 從傾斜的腰圍線開始繪製

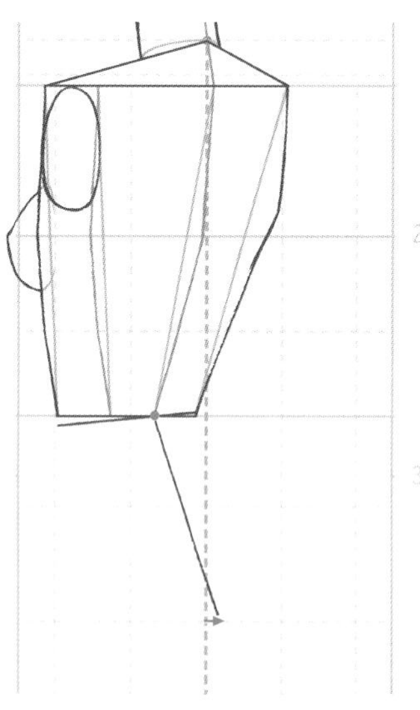

2 繪製出臀部的正中線。以腰部的一端為基準畫出傾斜的線條。因腰部是傾斜的，所以臀部的正中線相比直立時會向右側偏離2mm左右。

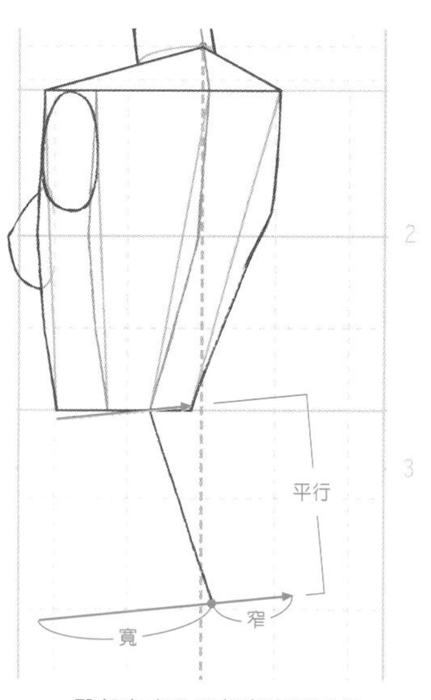


3 臀部寬度是頭部寬度的兩倍，且與肩膀的寬度相同。整體與左右側肩膀一樣，外側較長，內側較短。

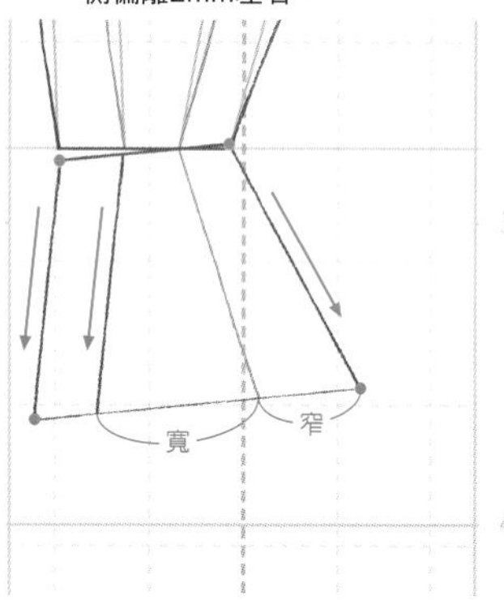


4 將腰部的兩端與臀部的兩端各用直線相連，並畫出與臀部線條平行的正面與側面的分界線。

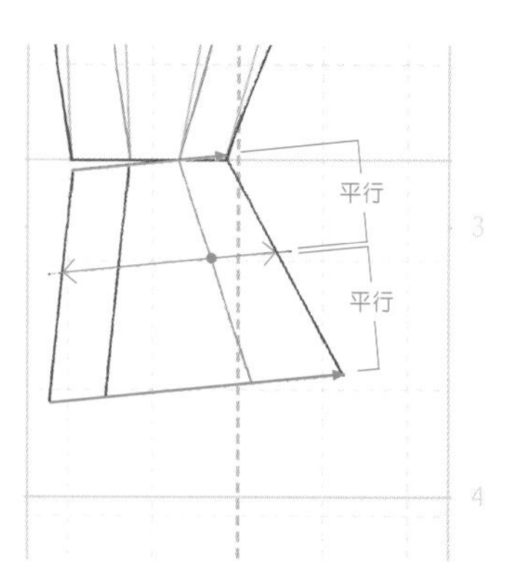


5 畫出腰部隆起處的輔助線。

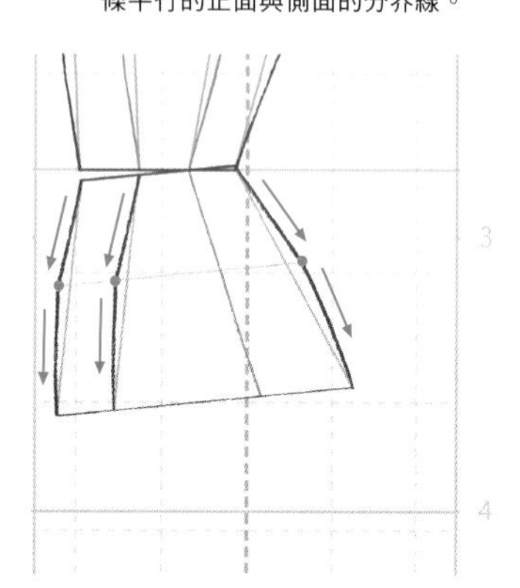

6 腰部隆起的幅度為2mm。骨盆的凸出與腰部的隆起相平行，且隆起的高度都是2mm。

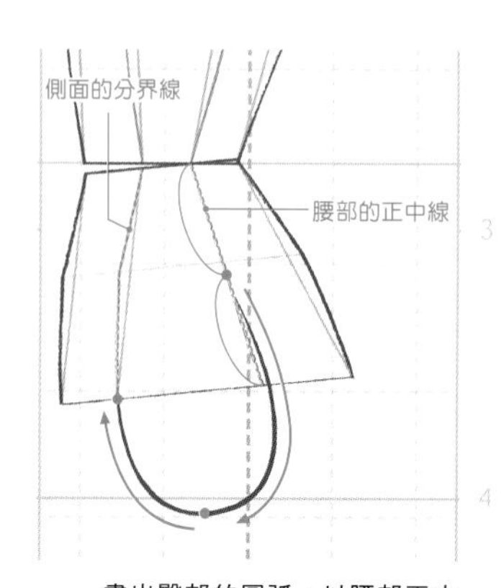


7 畫出臀部的圓弧。以腰部正中線的中點為起點畫弧線，然後連接到側面分界線的終點。

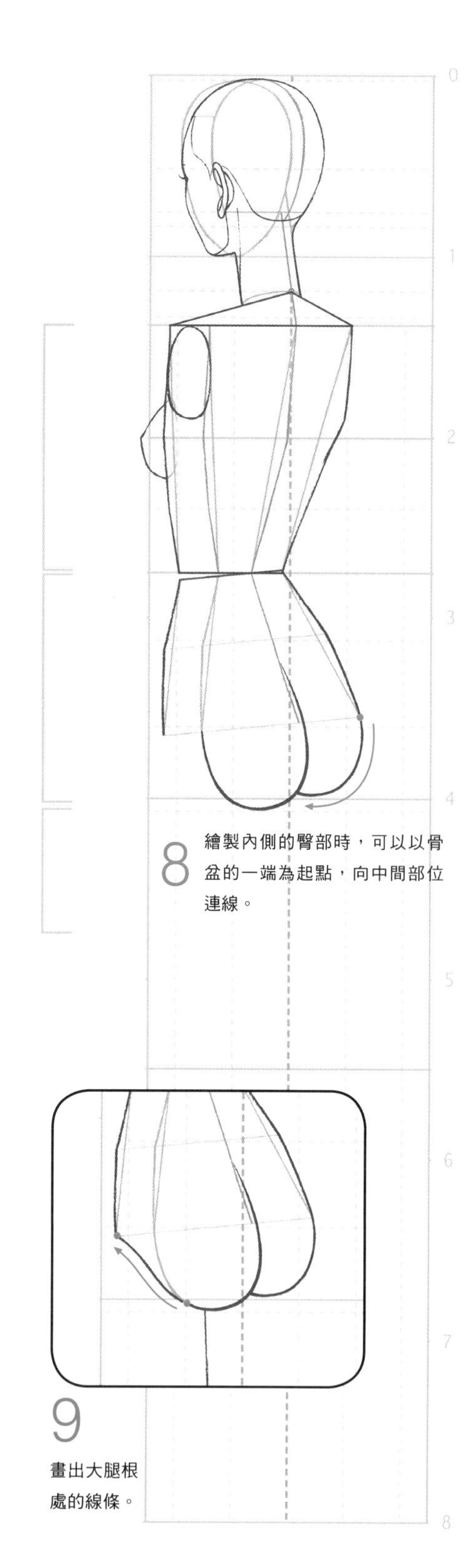

8 繪製內側的臀部時，可以以骨盆的一端為起點，向中間部位連線。

9 畫出大腿根處的線條。

## 下半身 畫出支撐腿

### 因為支撐腿承擔著體重，所以可將大腿和小腿作為一個整體來考慮

1 繪製腿部時，一定要先從支撐腿開始繪製。因為「支撐腿的腳踝位於重心線的附近」，因此我們按要求先確定出腳踝的位置並用○表示。支撐腿承擔的體重越多，腳踝的中心就越靠近重心線。

2 輔助線要根據腳尖的朝向來添加。因為此處的腳尖是朝向左側的，所以可從左側向腳踝繪製線條。

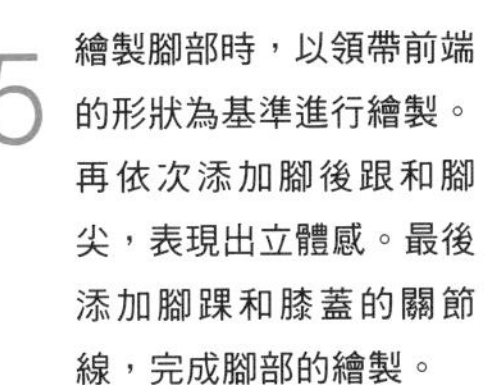

3 從胯下到腳踝的中點處是膝蓋，其位於輔助線向內4mm處。膝蓋的形狀與臉部都是橢圓形，其大小略小於臉部的1/2。

4 以輔助線和膝蓋的位置為基礎來繪製斜後側的支撐腿。因之前多次練習繪製此角度的腿部形態，所以可參考之前內容進行繪製。

5 繪製腳部時，以領帶前端的形狀為基準進行繪製。再依次添加腳後跟和腳尖，表現出立體感。最後添加腳踝和膝蓋的關節線，完成腳部的繪製。

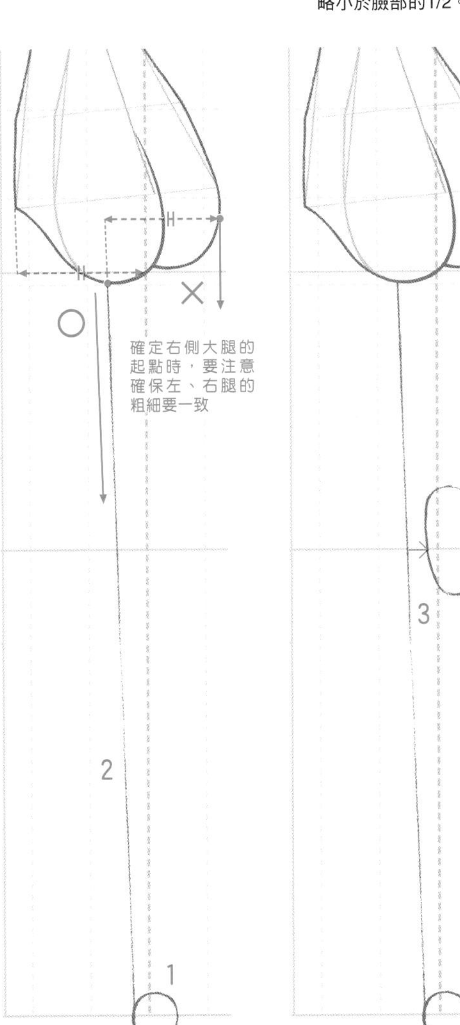


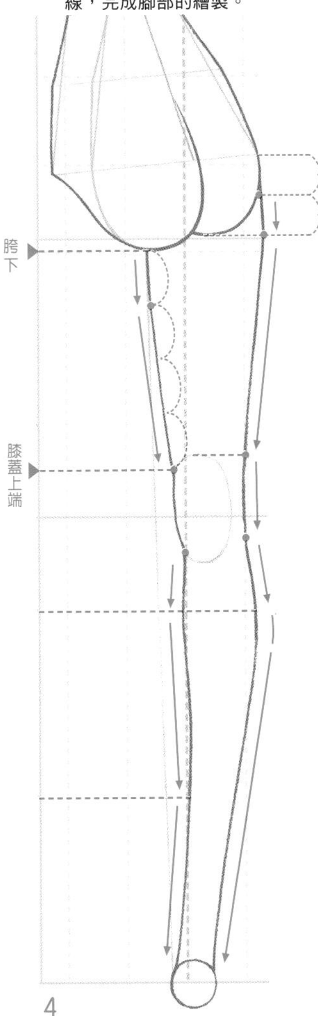


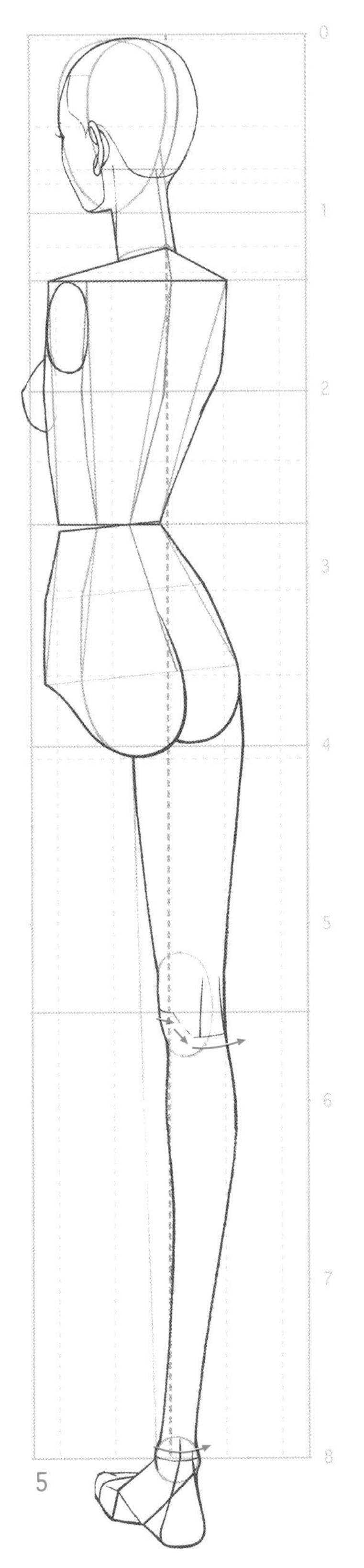

# 下半身 繪製非重心腿

## 確定非重心腿的膝蓋和腳踝的位置

1 因為非重心腿沒有承擔體重，可自由活動，因此可以像繪製手臂一樣，分別畫出不同的部位。首先為了統一左右腿的長度，我們需要添加輔助線。可在支撐腿的膝蓋和腳踝的中心標出指示點。

2 連接左右膝蓋和左右腳踝的輔助線，它們分別與腰圍線相平行。

3 在傾斜線上確定出膝蓋和腳踝的位置。如果非重心腿的腳踝稍微偏離正中線，則更容易表現出單腿支撐姿勢的特徵。在膝蓋和腳踝處畫○，注意左右大小一致。

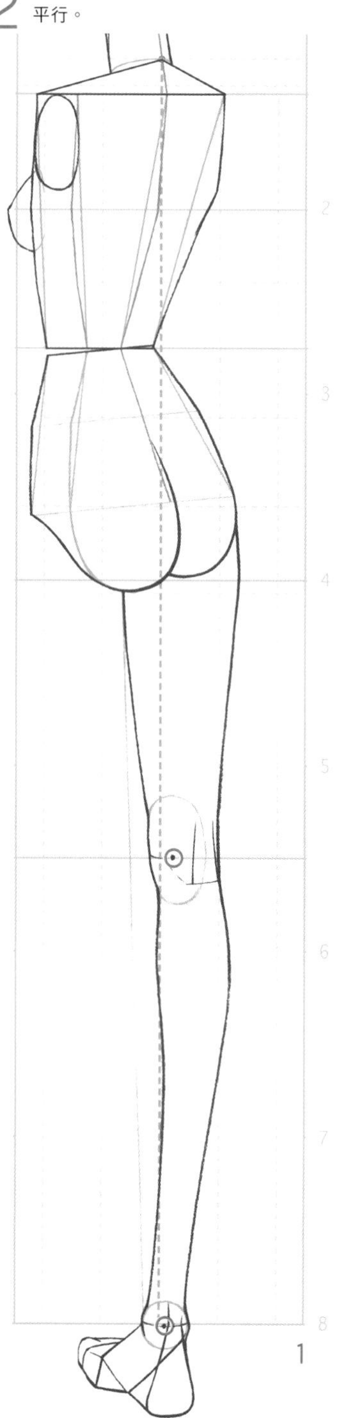


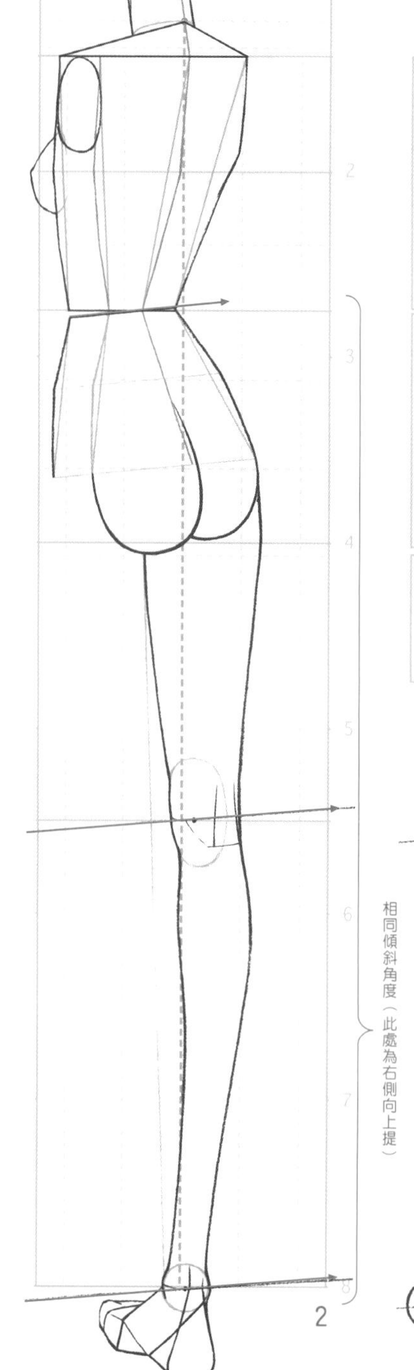


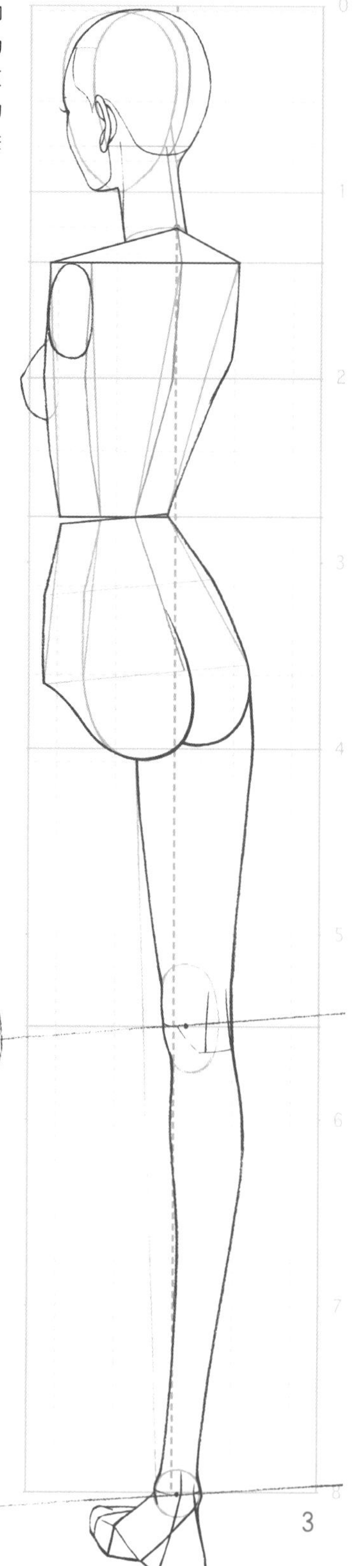

# 4

因為非重心腿沒有承擔體重，可以像繪製手臂一樣，分別畫出「大腿」和「小腿」。繪製時要注意比較，確保左右腿的粗細相同。

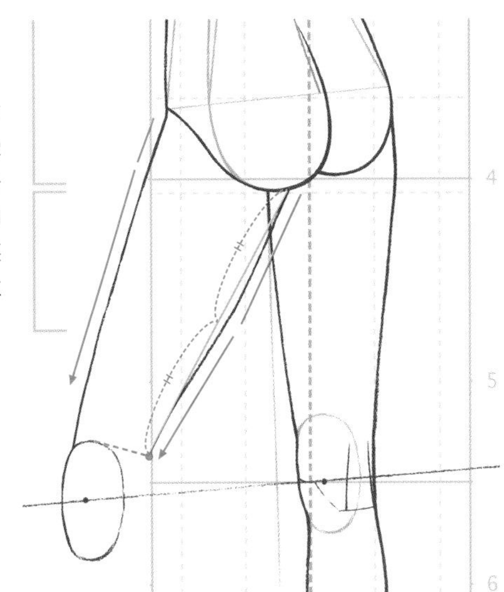

# 5

繪製小腿和腳踝。注意左右部分要確保粗細一致。

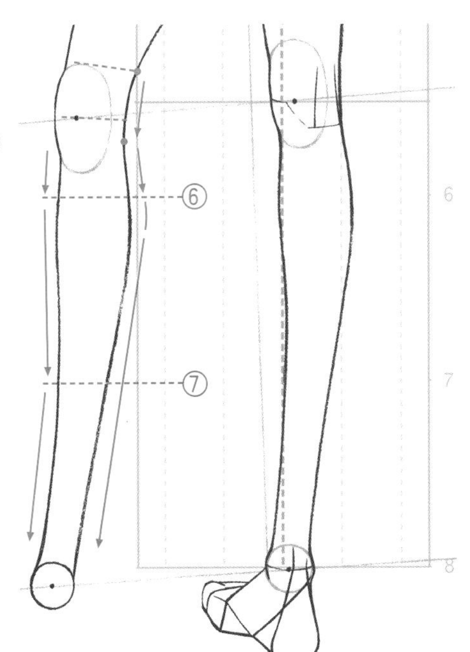


# 6

腳部首先從前端開始繪製。因為非重心腿位於支撐腿的外側，離讀者的視線較近，所以可稍微畫得大一些。由於腳尖朝向內側，所以傾斜的角度為60°左右。

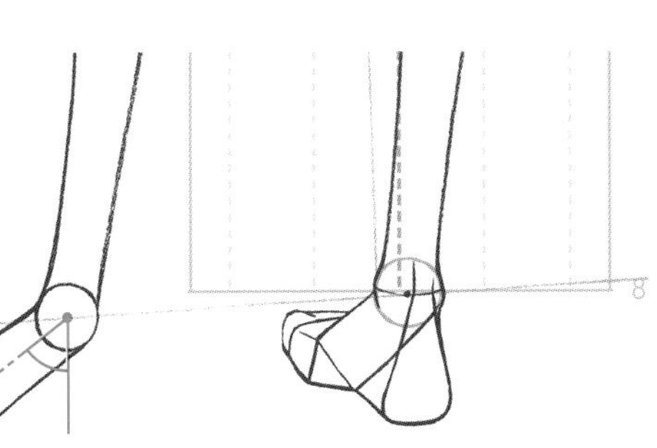

# 7

依次繪製出腳後跟和腳尖（參考第217頁）。然後添加膝蓋和腳踝的關節線，完成腿部的繪製。

# 從人體線稿到人體完成圖——將線稿放在描圖紙下面來繪製人體完成圖

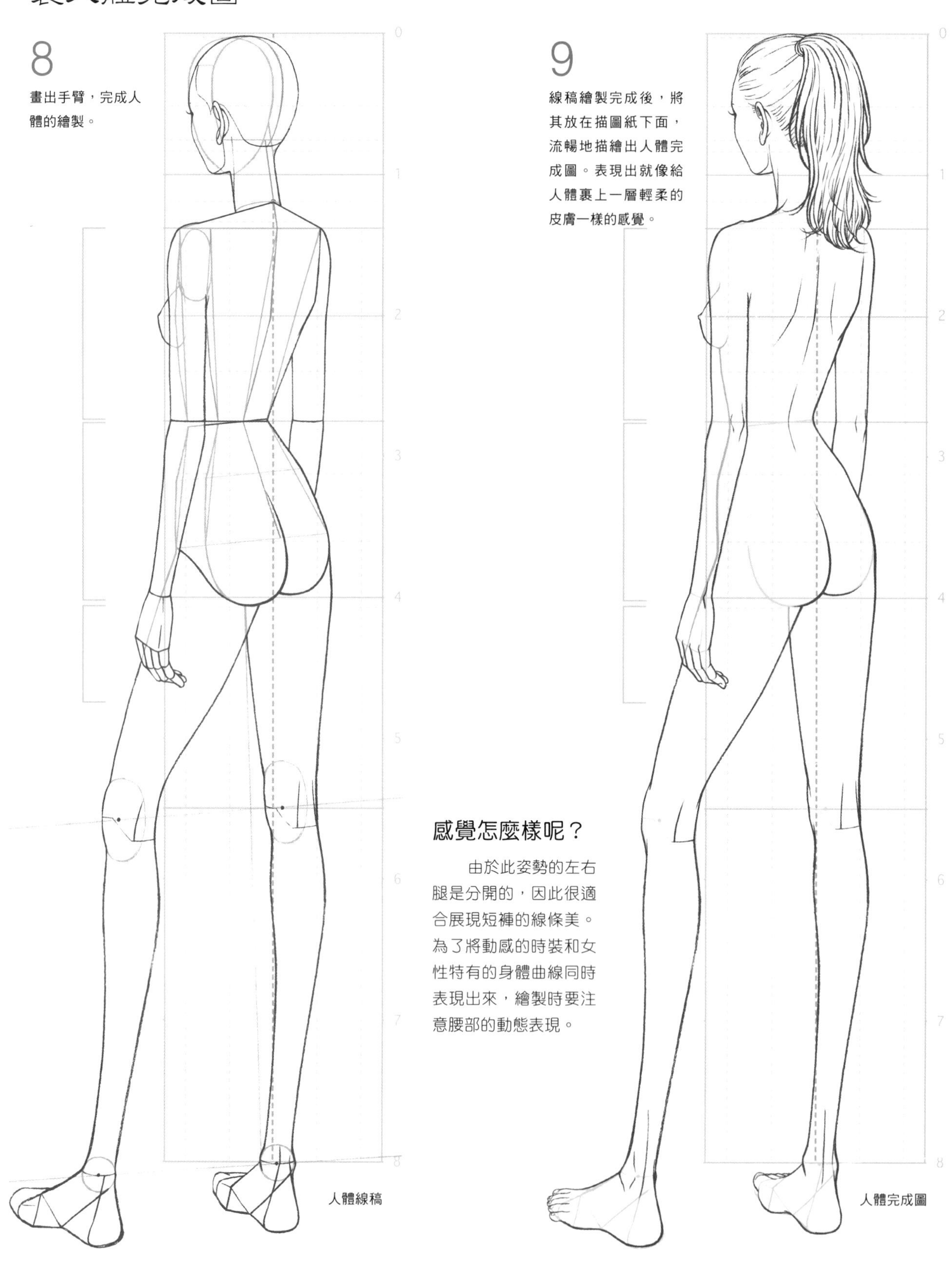


8

畫出手臂，完成人體的繪製。

9

線稿繪製完成後，將其放在描圖紙下面，流暢地描繪出人體完成圖。表現出就像給人體裹上一層輕柔的皮膚一樣的感覺。

## 感覺怎麼樣呢？

由於此姿勢的左右腿是分開的，因此很適合展現短褲的線條美。為了將動感的時裝和女性特有的身體曲線同時表現出來，繪製時要注意腰部的動態表現。

# Pose Variations 各種姿勢

# 下半身有動態變化的姿勢②支撐腿在外側

## 畫出腰部的傾斜，表現出動感

當支撐腿位於外側時，會感覺腰部變得較為明顯了。因為腰部到大腿間的動作較大，繪製時要充分注意這部分的線條。這裡我們將手臂設定為自然下垂的狀態。如果想展開繪製其他的姿勢，也可以讓手臂動起來，將腰部完全展現出來。這樣從腰部、臀部到腿部線條的凹凸就被強調出來了（參考第239頁）。

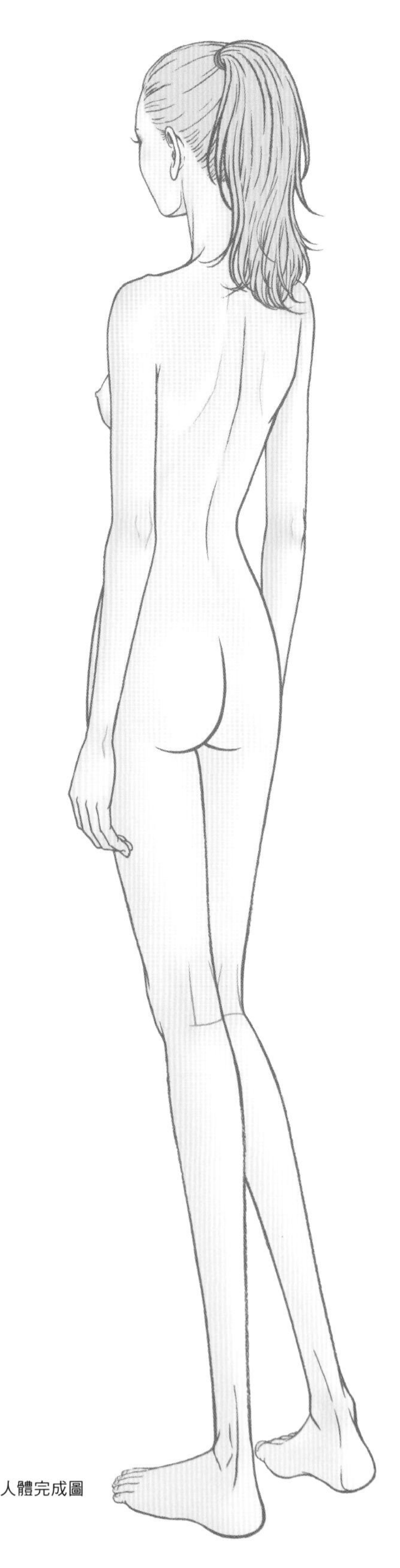
人體完成圖

### 單腿支撐的姿勢下，支撐腿在外側和支撐腿在內側的比較

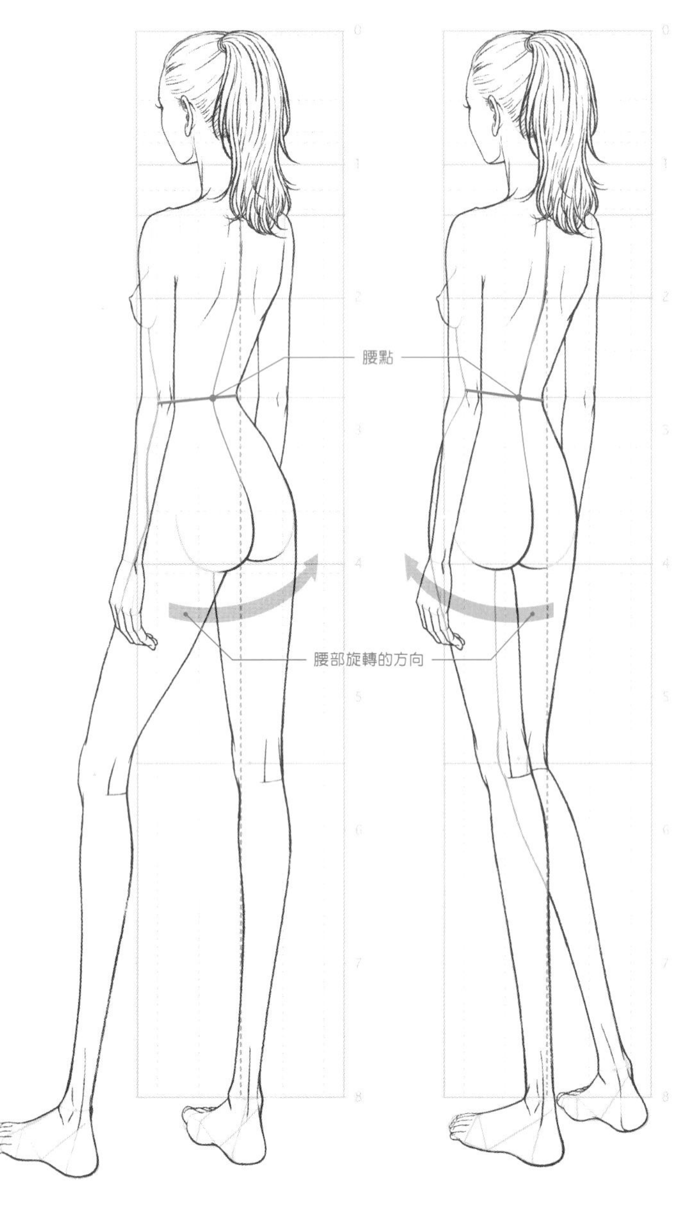

# 單腿支撐姿勢的學習要點——臀部向外側凸出

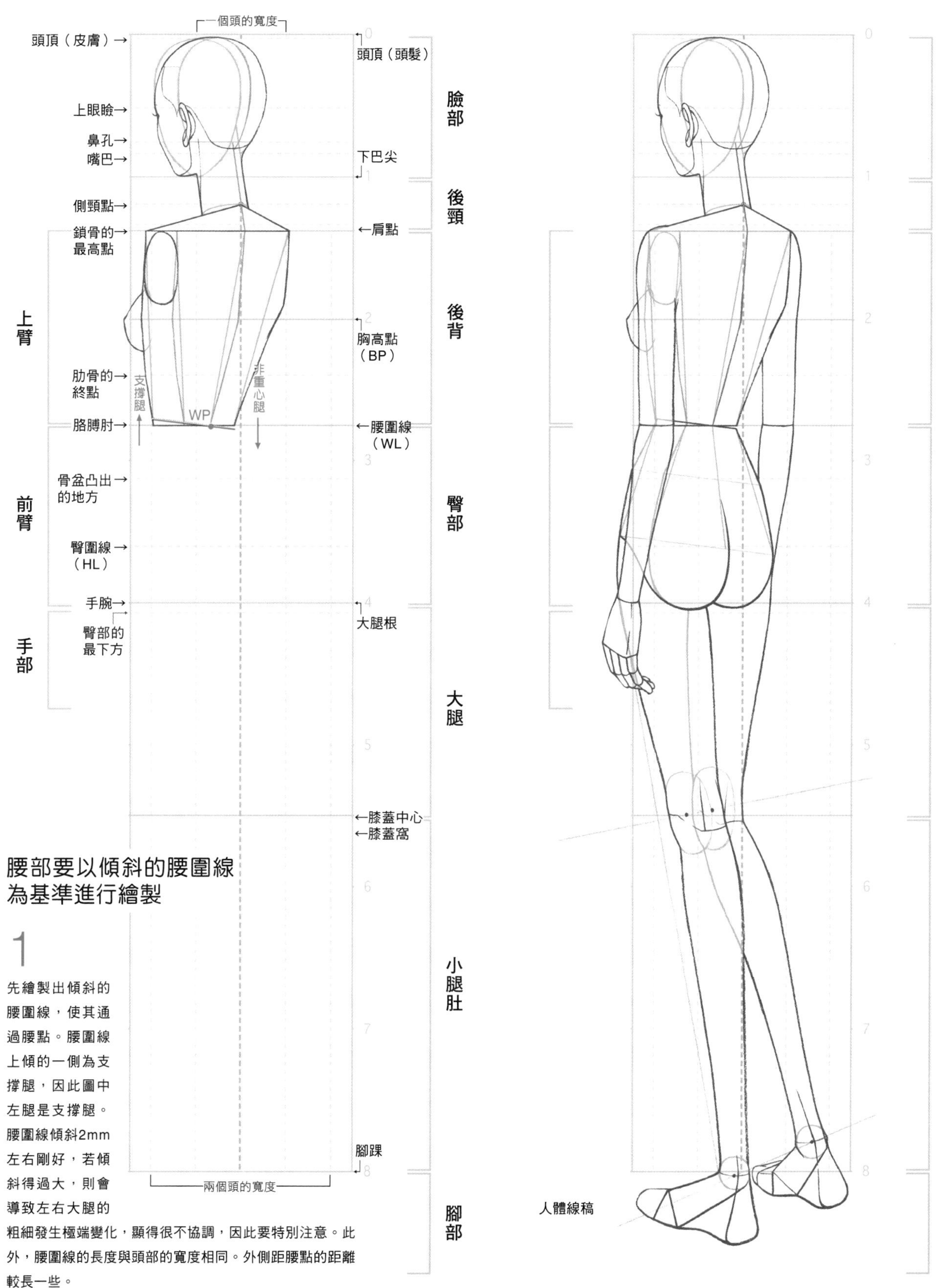


## 腰部要以傾斜的腰圍線為基準進行繪製

1

先繪製出傾斜的腰圍線，使其通過腰點。腰圍線上傾的一側為支撐腿，因此圖中左腿是支撐腿。腰圍線傾斜2mm左右剛好，若傾斜得過大，則會導致左右大腿的粗細發生極端變化，顯得很不協調，因此要特別注意。此外，腰圍線的長度與頭部的寬度相同。外側距腰點的距離較長一些。

# 繪製的實踐 下半身 繪製腰部和臀部

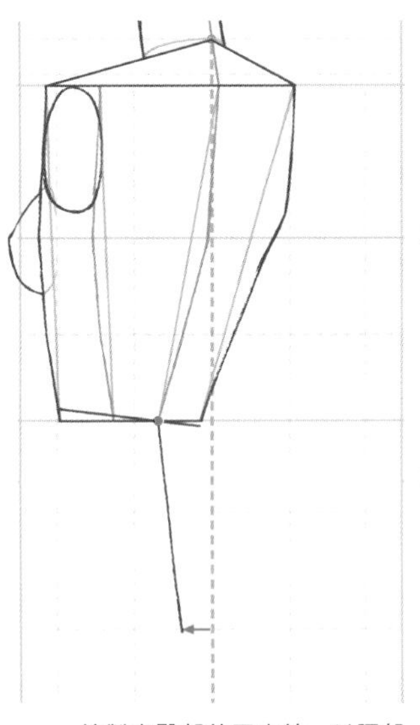

2 繪製出臀部的正中線。以腰部的一端為基準畫出傾斜的線條。因腰部是傾斜的，所以臀部的正中線相比直立時會向右側偏離2mm左右。

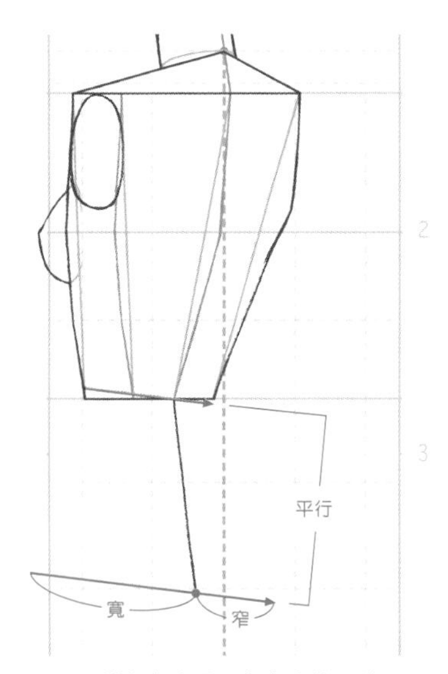


3 臀部寬度是頭部寬度的兩倍，且與肩膀的寬度相同。整體與左右側肩膀一樣，外側較長，內側較短。

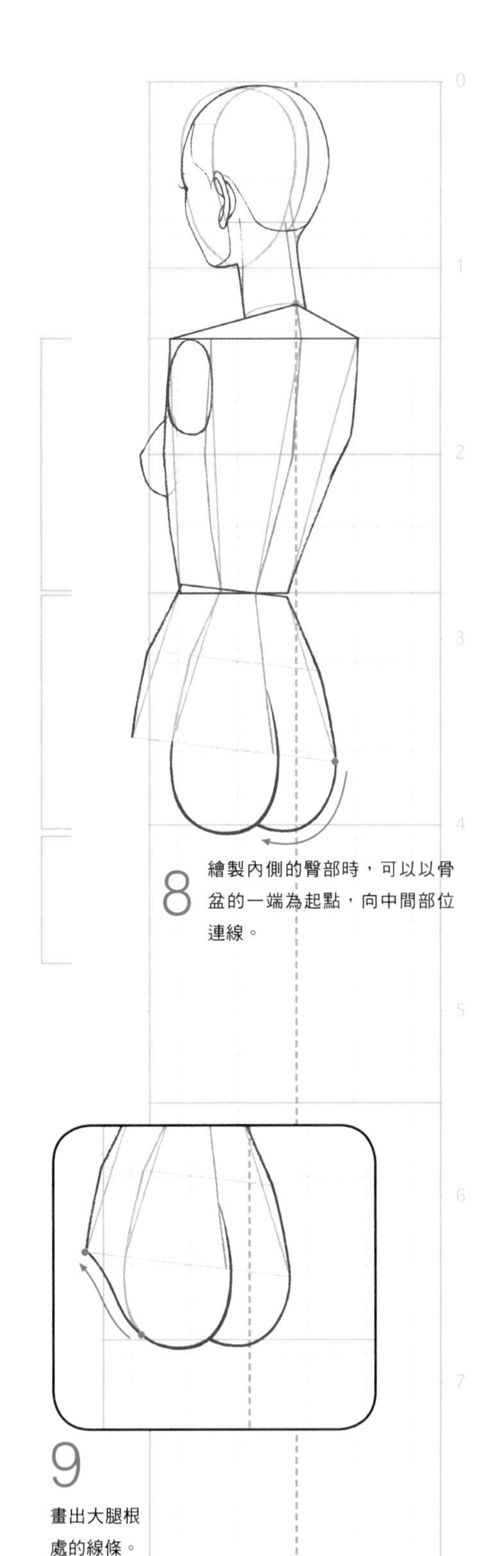

8 繪製內側的臀部時，可以以骨盆的一端為起點，向中間部位連線。

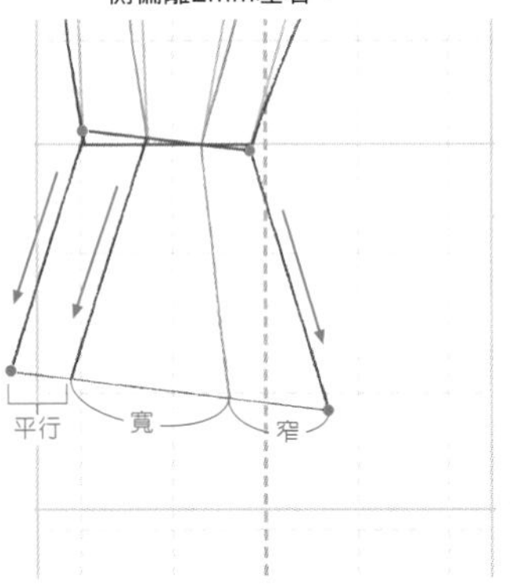


4 將腰部的兩端與臀部的兩端各用直線相連，並畫出與臀部線條平行的正面與側面的分界線。

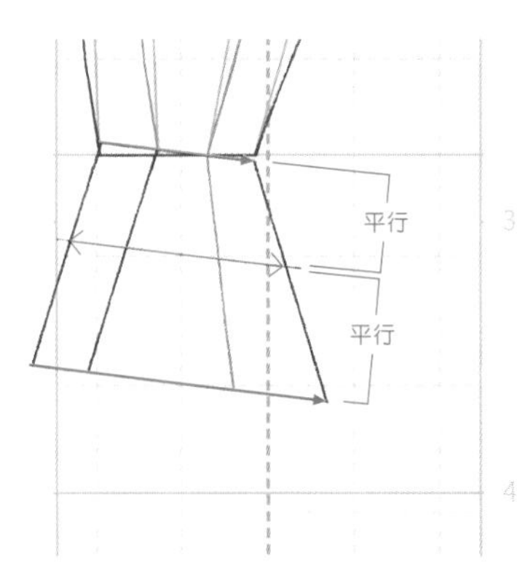


5 畫出腰部隆起處的輔助線。

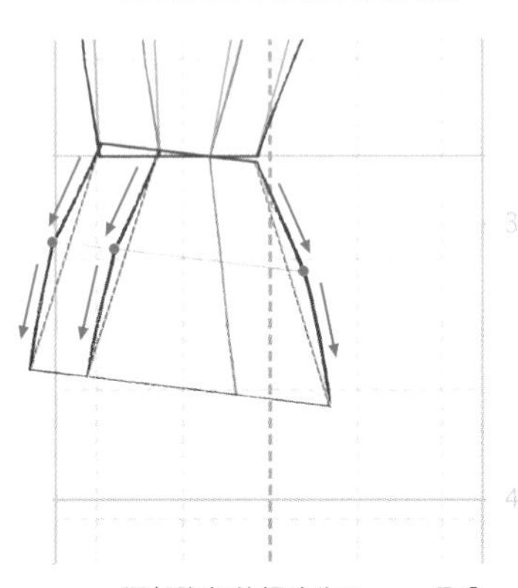

6 腰部隆起的幅度為2mm。骨盆的凸出與腰部的隆起相平行，且隆起的高度都是2mm。

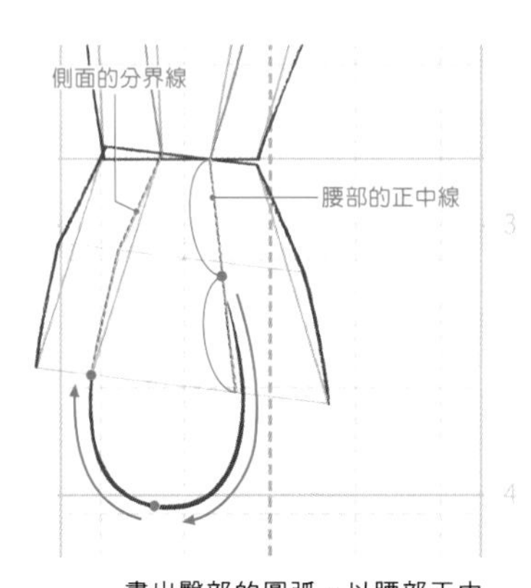


7 畫出臀部的圓弧。以腰部正中線的中點為起點畫弧線，然後連接到側面分界線的終點。

9 畫出大腿根處的線條。

## 下半身 繪製左腿

### 因為支撐腿承擔著體重，所以可將大腿和小腿作為一個整體來考慮

1 繪製腿部時，一定要先從支撐腿開始繪製。因為「支撐腿的腳踝位於重心線的附近」，因此我們需要先確定出腳踝的位置，並用○表示。支撐腿承擔的體重越多，腳踝的中心就越靠近重心線。

2 髖關節的隆起（大腿骨的根部）位於臀部外側 1mm 處。以髖關節為頂點，用一條直線連接到腳踝。

3 從胯下到腳踝的中點處是膝蓋，其位於輔助線向內 2mm處。膝蓋的形狀與臉部形狀大致相同，都是橢圓形，大小略小於臉部的1/2。

4 以輔助線和膝蓋的位置為基礎來繪製斜後側的左腿。因之前多次練習繪製此角度前腿部形態，所以可以參考前面的內容進行繪製（參考第 216~217 頁）。

5 繪製腳部時，以領帶前端的形狀為基準進行繪製。再依次添加腳後跟和腳尖，表現出立體感（參考第217頁）。最後添加腳踝和膝蓋的關節線，完成支撐腿的繪製。

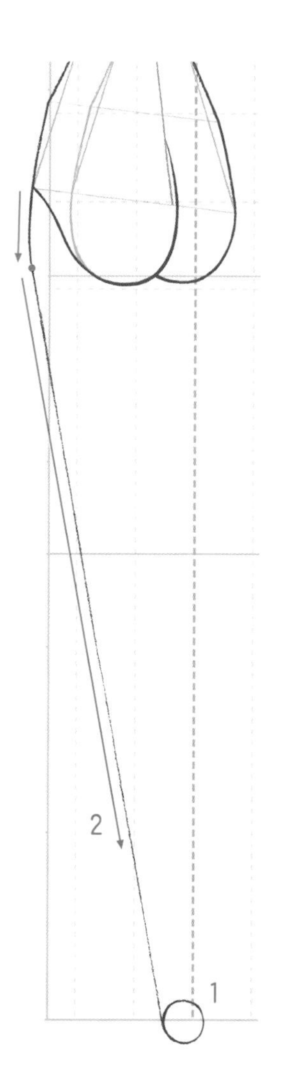


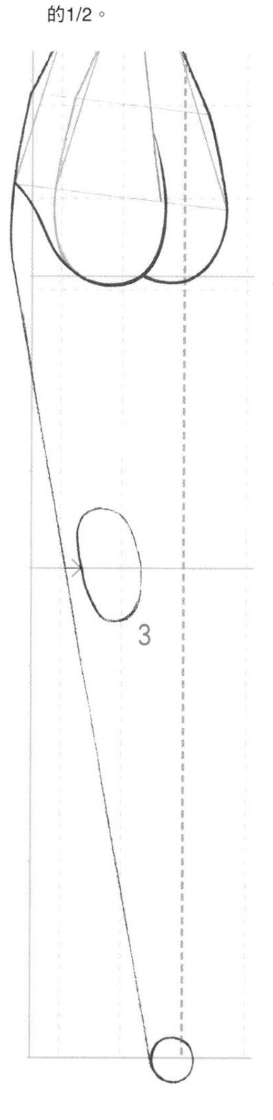


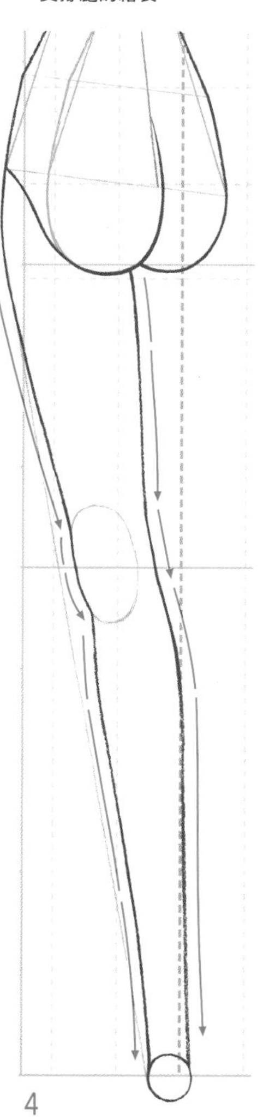


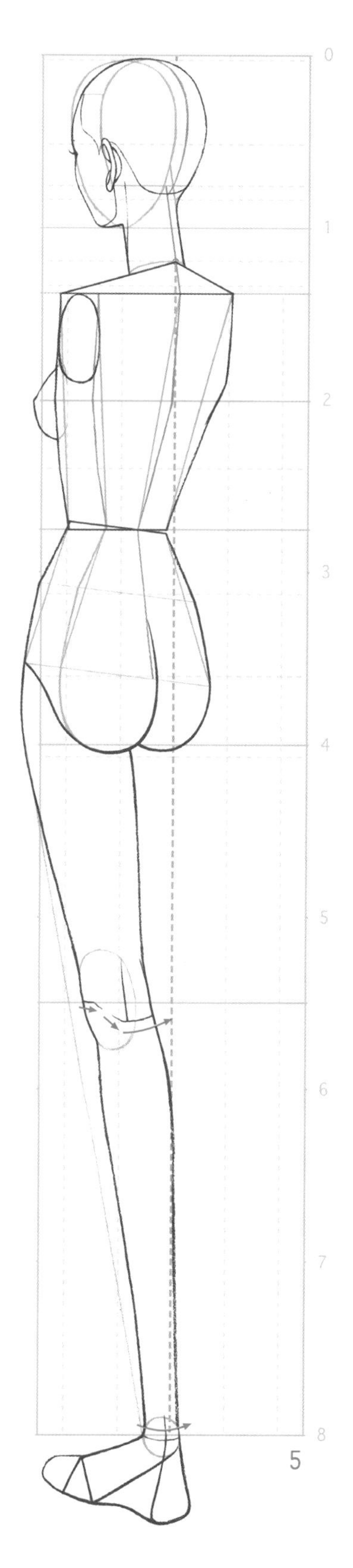

## 下半身 繪製非重心腿

**繪製非重心腿時，首先確定出膝蓋和腳踝的位置**

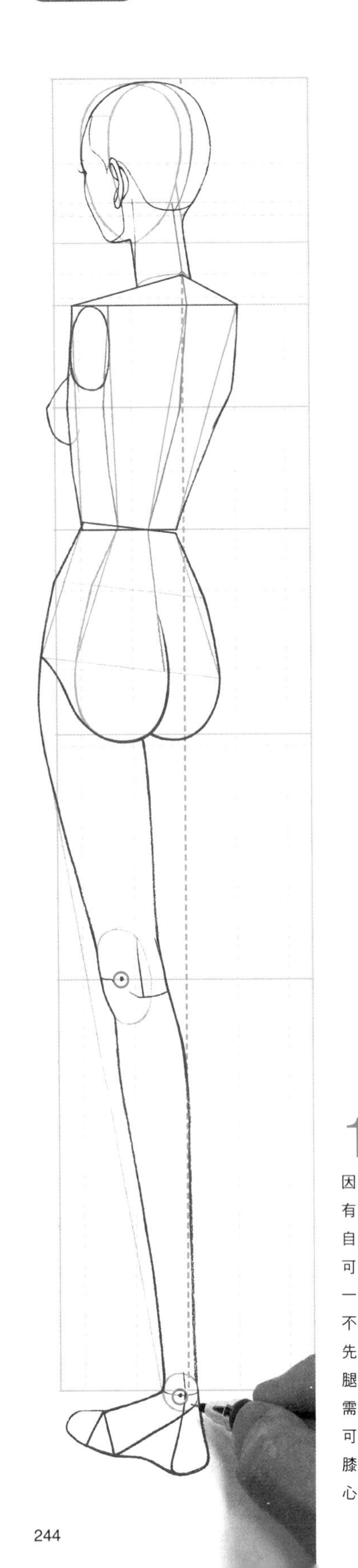

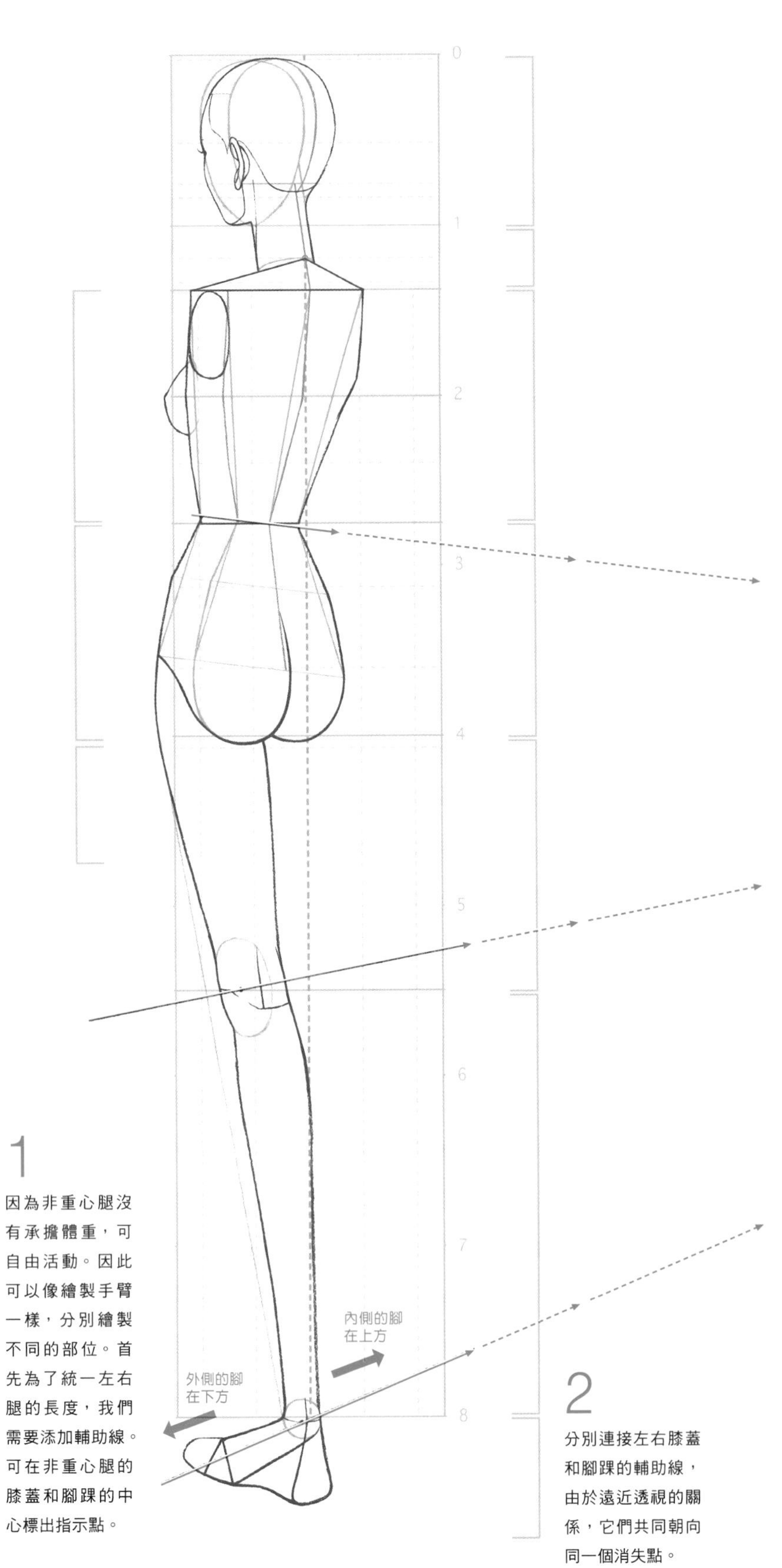


1

因為非重心腿沒有承擔體重，可自由活動。因此可以像繪製手臂一樣，分別繪製不同的部位。首先為了統一左右腿的長度，我們需要添加輔助線。可在非重心腿的膝蓋和腳踝的中心標出指示點。

2

分別連接左右膝蓋和腳踝的輔助線，由於遠近透視的關係，它們共同朝向同一個消失點。

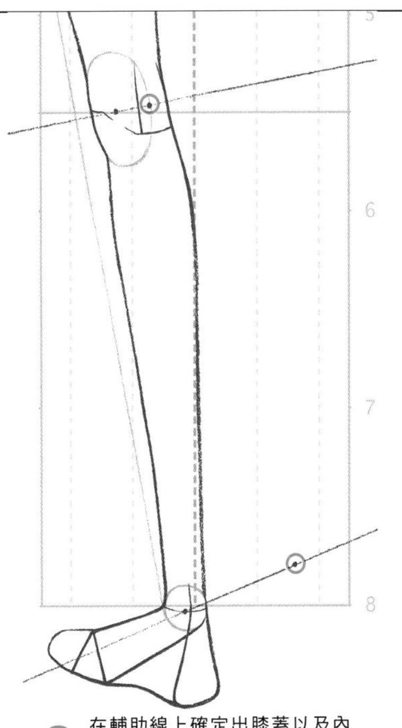

3 在輔助線上確定出膝蓋以及內側非重心腿的腳踝的位置。若腳踝稍偏離重心線，則更容易表現出單腿支撐姿勢的特徵。

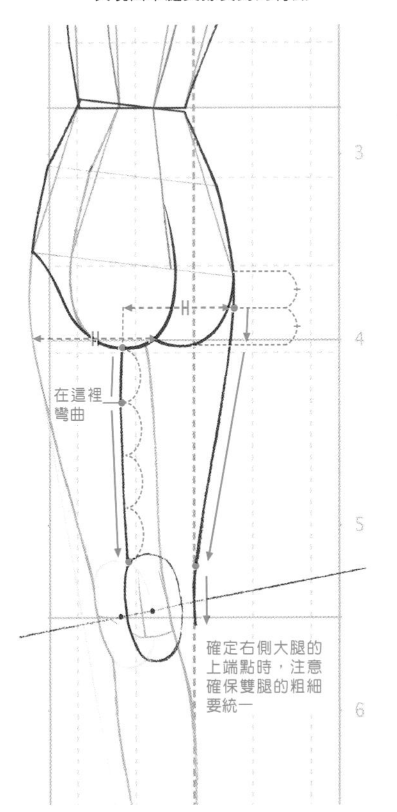


5 因為非重心腿不承擔體重，所以可像繪製手臂一樣，分別繪製畫出「大腿」和「小腿」。首先繪製大腿，注意左右腿的粗細要一致，可一邊進行比較一邊繪製。

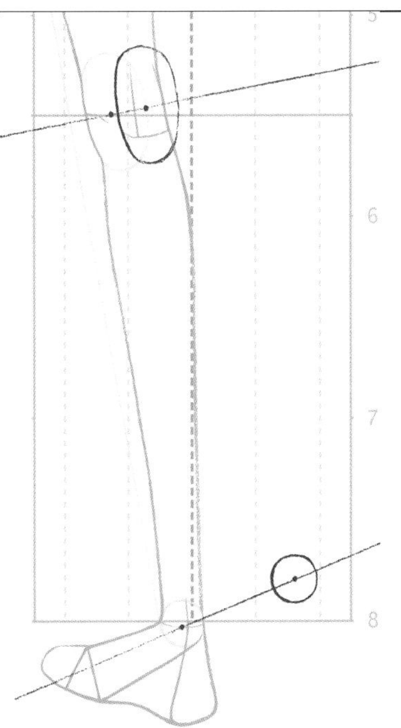

4 在膝蓋和腳踝處畫上○形。雖然左右側的大小相同，但是非重心腿位於內側，所以顯得稍微小一些。

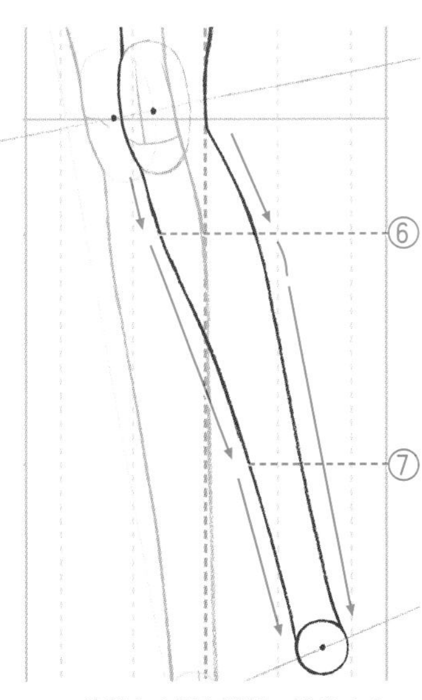


6 繪製出小腿和腳踝。注意左右的粗細要一致。

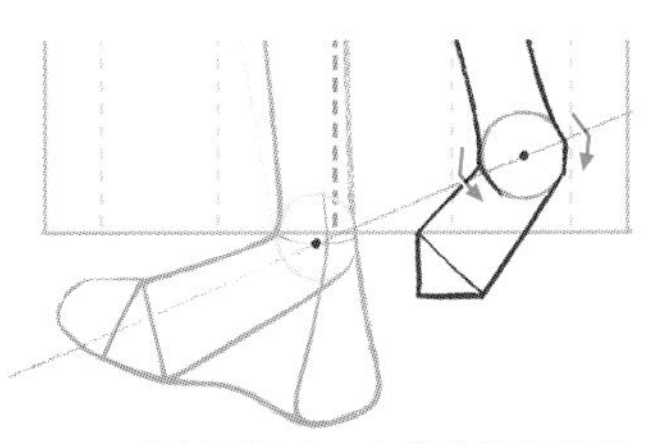

7 繪製腳部時，先從前端開始繪製。因為非重心腿位於內側，所以看起來稍微小一些。腳背的朝向近似於正背面，可以看見腳踝，呈「<」形。

8 依次畫出腳後跟和腳尖（參考第219頁），然後添加膝蓋和腳踝的關節線，完成腳部的繪製。

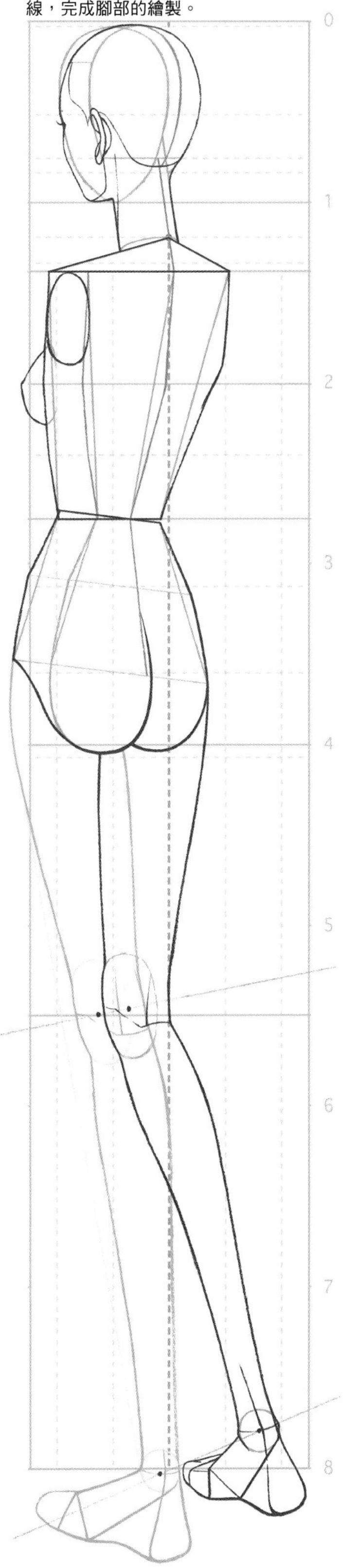

# 從人體線稿到人體完成圖——把線稿放在描圖紙下面來繪製人體完成圖

9

畫出手臂，完成人體的繪製。

人體線稿

10

線稿繪製完成後，將其放在描圖紙下面，流暢地描繪出人體完成圖。表現出就像給身體裹上一層輕柔的皮膚一樣的感覺。

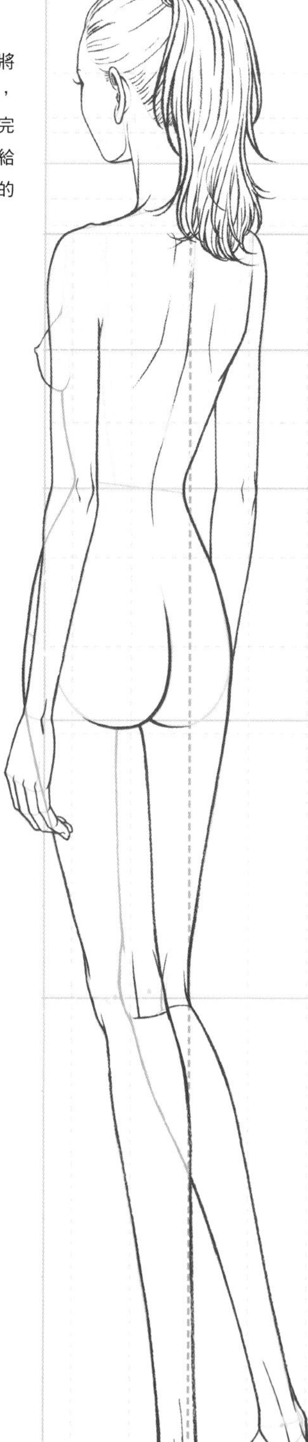

人體完成圖

## 感覺怎麼樣呢？

通過身體重心的轉移，能夠強調出女性特有的曲線美，大家明白了嗎？接下來，我們將應用單腿支撐的姿勢，來繪製45° 背側面的行走姿勢。

# *Pose Variations* 其他姿勢

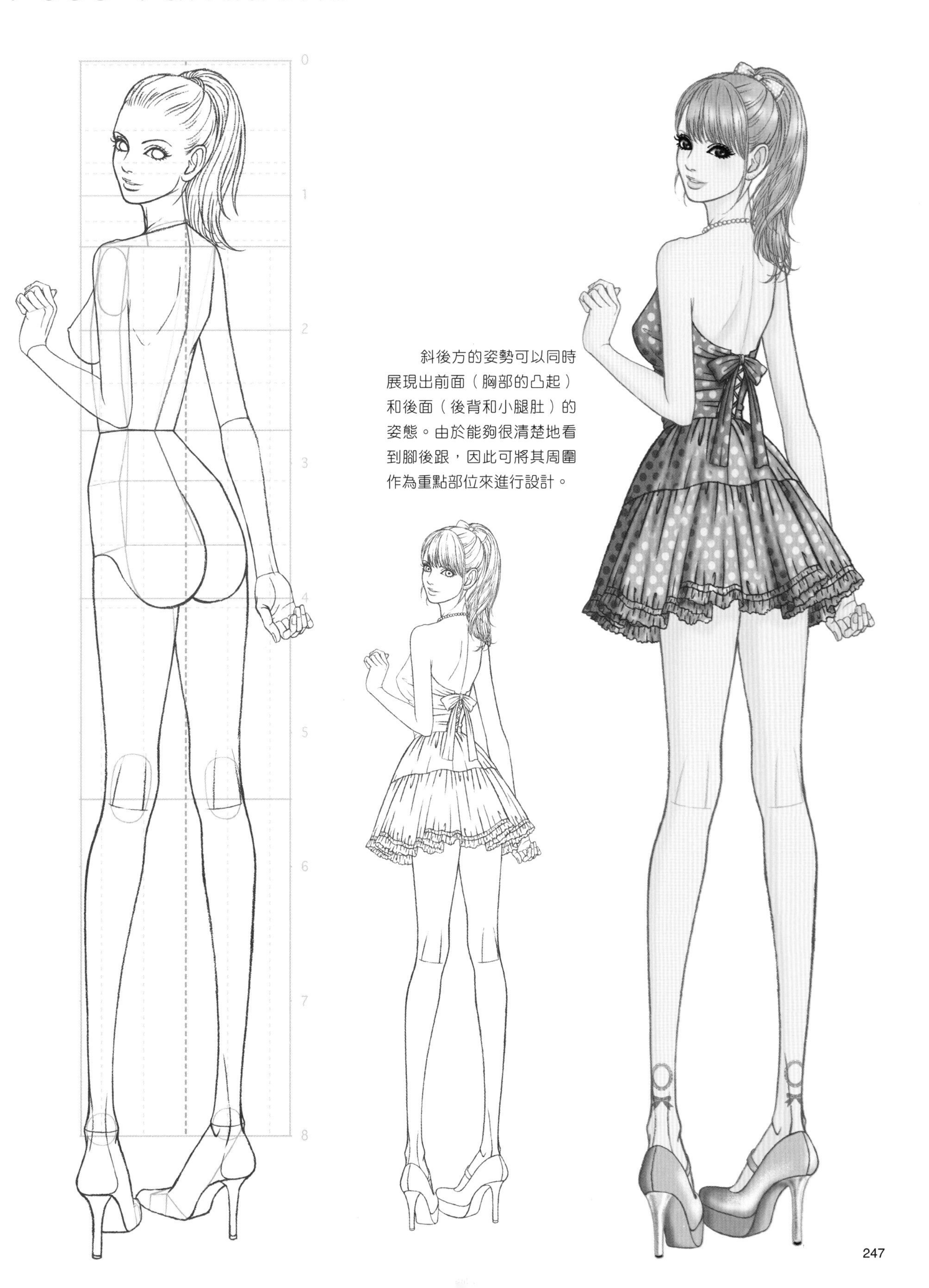


斜後方的姿勢可以同時展現出前面（胸部的凸起）和後面（後背和小腿肚）的姿態。由於能夠很清楚地看到腳後跟，因此可將其周圍作為重點部位來進行設計。

# 下半身有動態變化的姿勢③步行

## 繪製向前邁出一步的動作

通過應用單腿支撐的姿勢，我們可繪製出行走的姿態。繪製的要點是左右腳的步幅和手臂的擺動。接下來，就讓我們畫出雙腿交叉、內側的腿向前跨出一步的姿勢吧。

### 單腿支撐姿勢與行走姿勢的比較

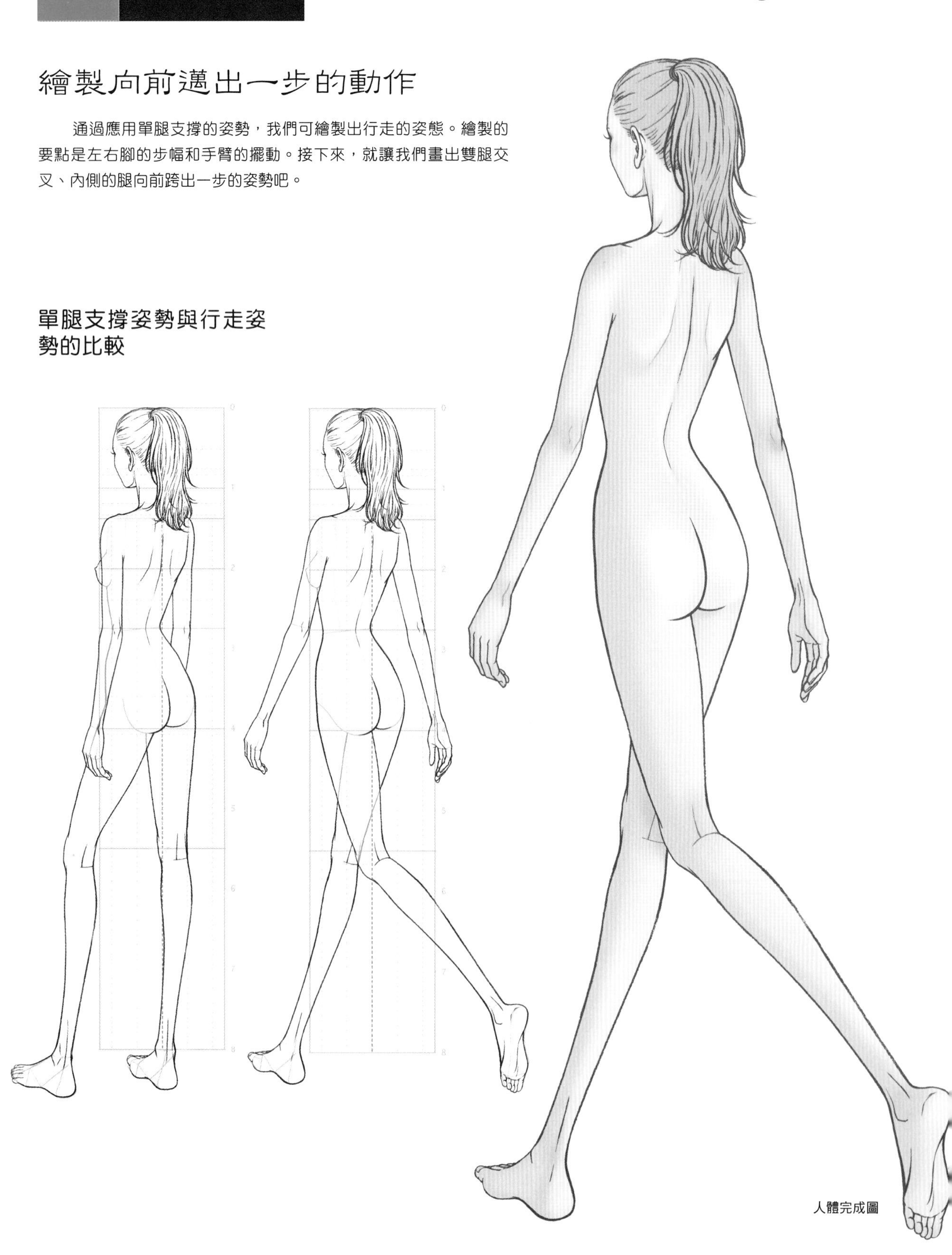

人體完成圖

# 將人體框架圖放在描圖紙下面，按照一定的比例來繪製人體線稿

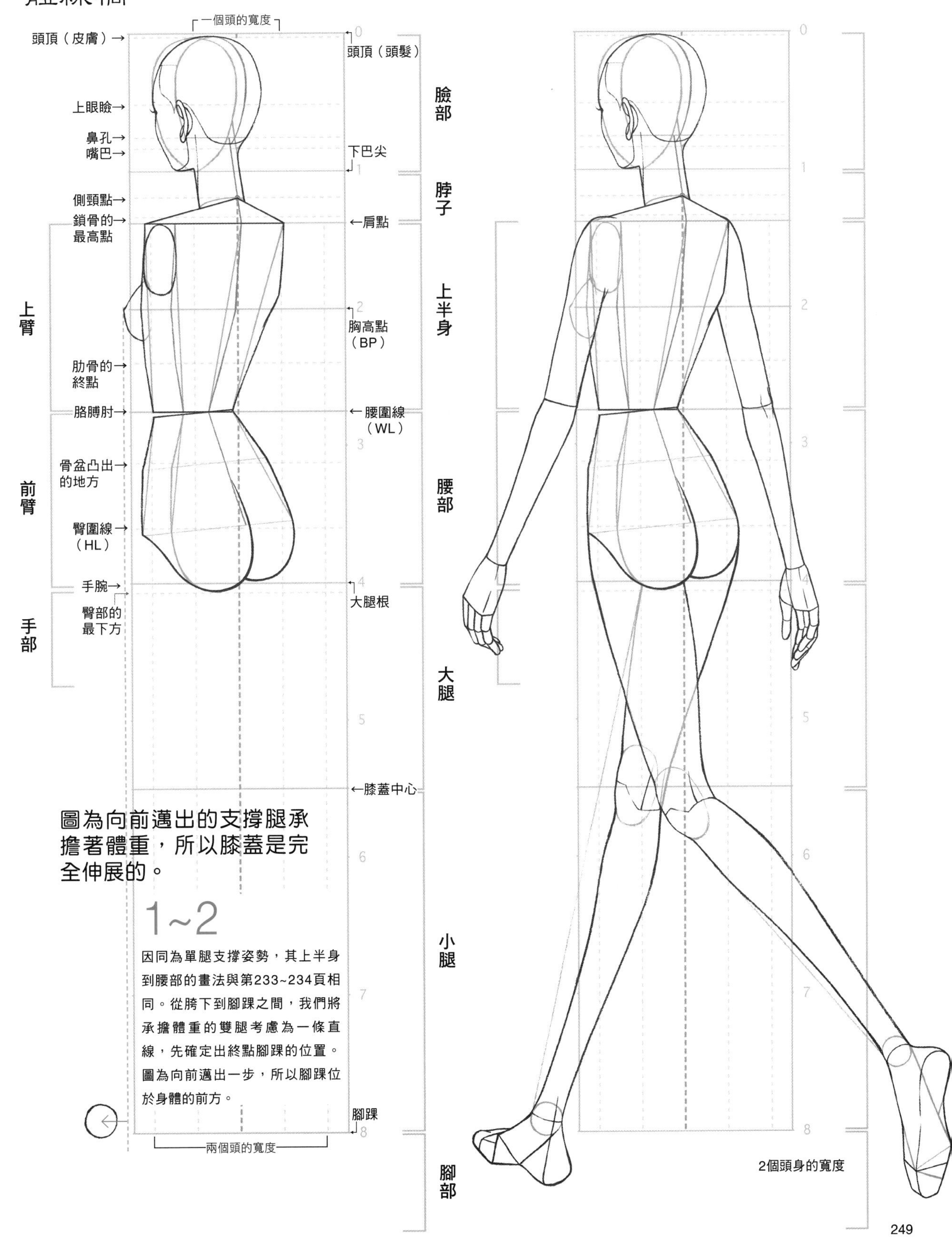


圖為向前邁出的支撐腿承擔著體重，所以膝蓋是完全伸展的。

## 1~2

因同為單腿支撐姿勢，其上半身到腰部的畫法與第233~234頁相同。從胯下到腳踝之間，我們將承擔體重的雙腿考慮為一條直線，先確定出終點腳踝的位置。圖為向前邁出一步，所以腳踝位於身體的前方。

# 製作實踐 下半身 繪製腰部和臀部

3 輔助線要結合腳尖的朝向來添加，此處腳尖朝向左側（讀者視角）。繪製腳部時，可先從左端向腳踝繪製線條。

4 膝蓋位於輔助線向內的2mm處。膝蓋呈近臉部1/2大小的橢圓。

5 以輔助線和膝蓋的位置為基準來繪製右腿。可參考之前學習的內容來進行繪製（請參考第218~219頁）。

6 腳部以領帶前端的形狀為基準進行繪製。依次添加腳後跟和腳尖，以表現出立體感（參考第219頁）。最後在腳踝和膝蓋上畫出關節線，完成支撐腿的繪製。

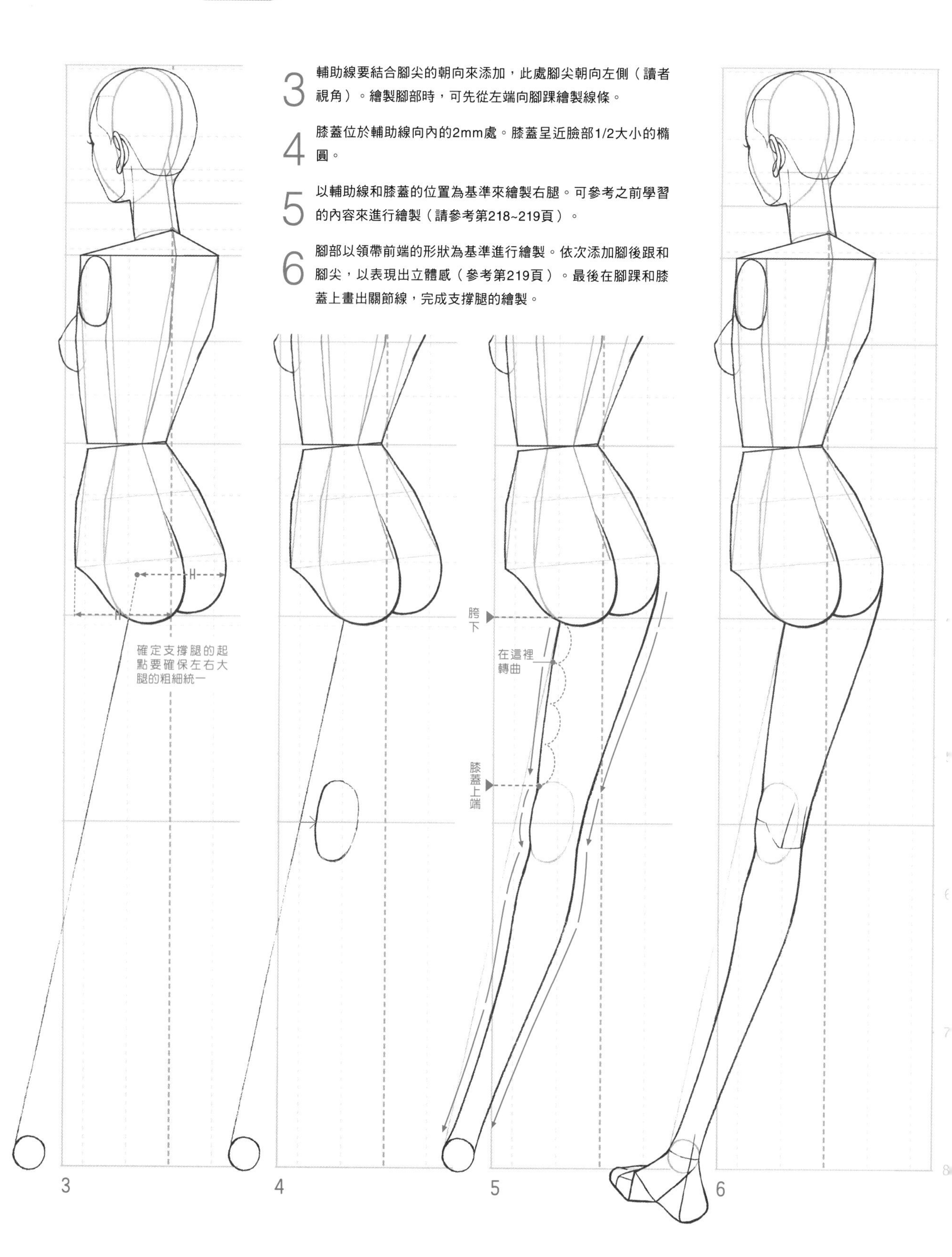

## 繪製上提的非重心腿時，要考慮遠近透視

1 確定出膝蓋和腳踝的位置。為了使大腿的長度一致，繪製時可用手指等進行等量。由於遠近透視的關係，小腿看起來會短一些。

2 畫出大腿和小腿的輔助線。

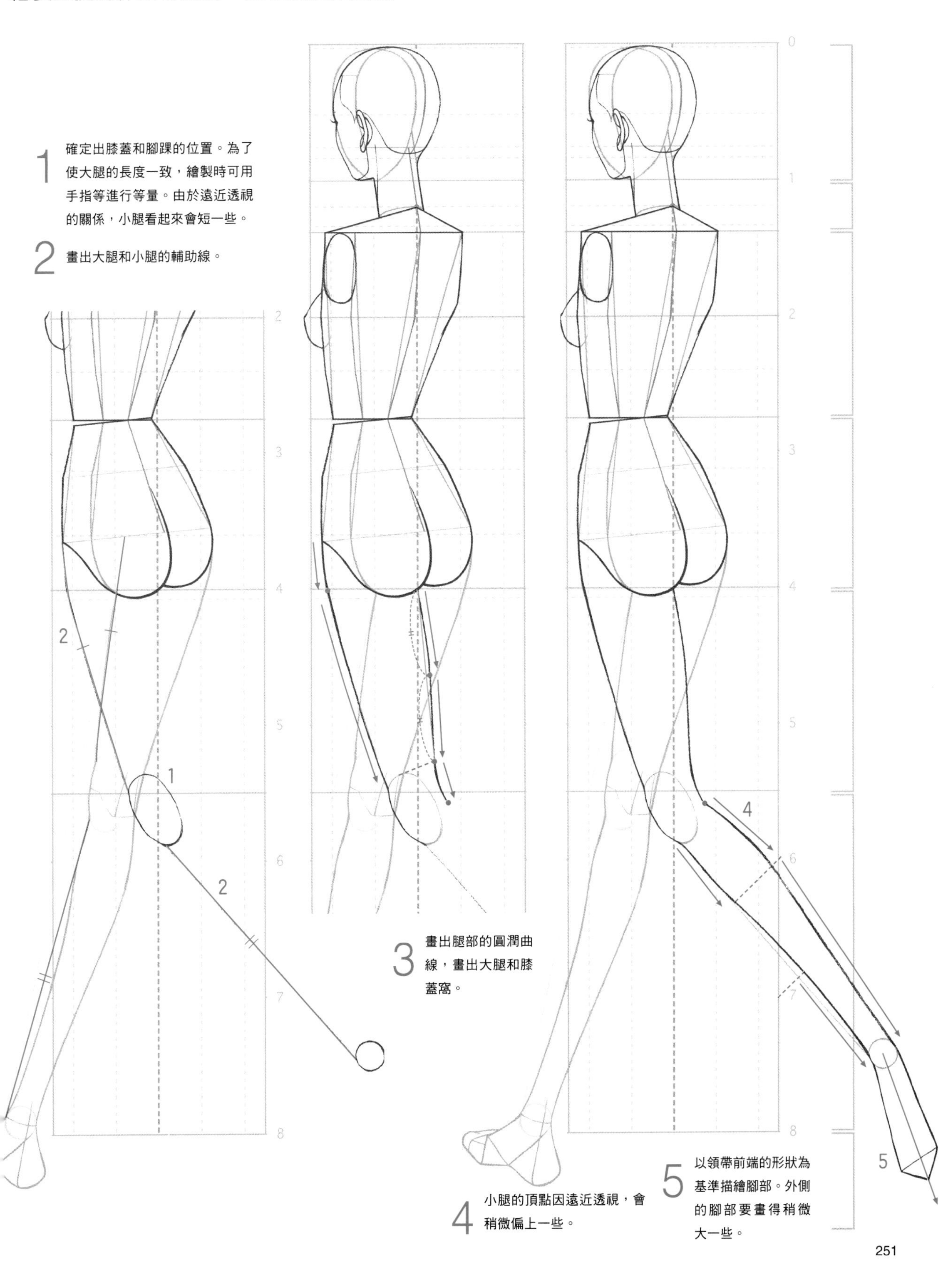


3 畫出腿部的圓潤曲線，畫出大腿和膝蓋窩。

4 小腿的頂點因遠近透視，會稍微偏上一些。

5 以領帶前端的形狀為基準描繪腳部。外側的腳部要畫得稍微大一些。

## 下半身 從腿部到腳部

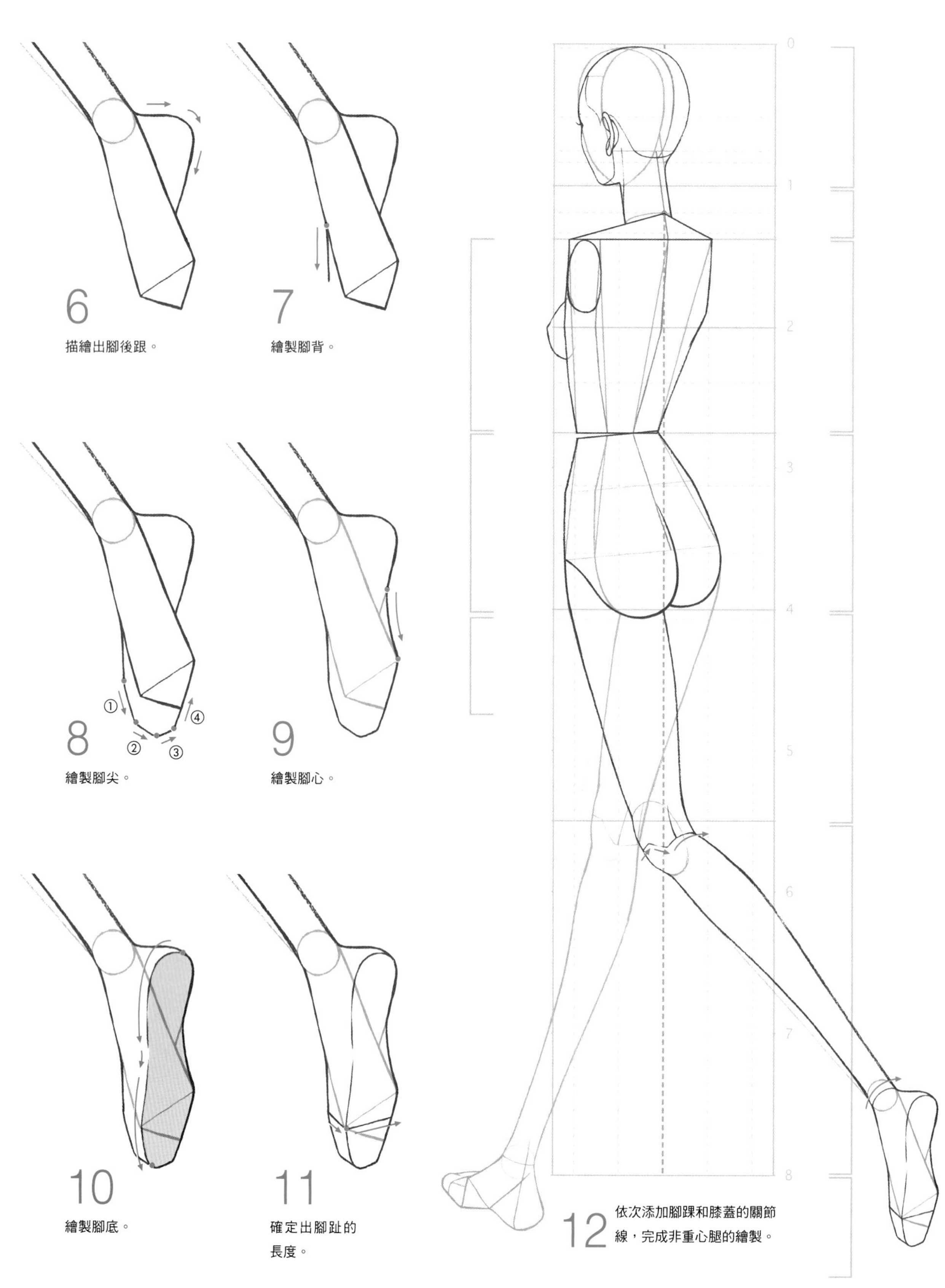


6 描繪出腳後跟。

7 繪製腳背。

8 繪製腳尖。

9 繪製腳心。

10 繪製腳底。

11 確定出腳趾的長度。

12 依次添加腳踝和膝蓋的關節線，完成非重心腿的繪製。

# 從手臂到手部

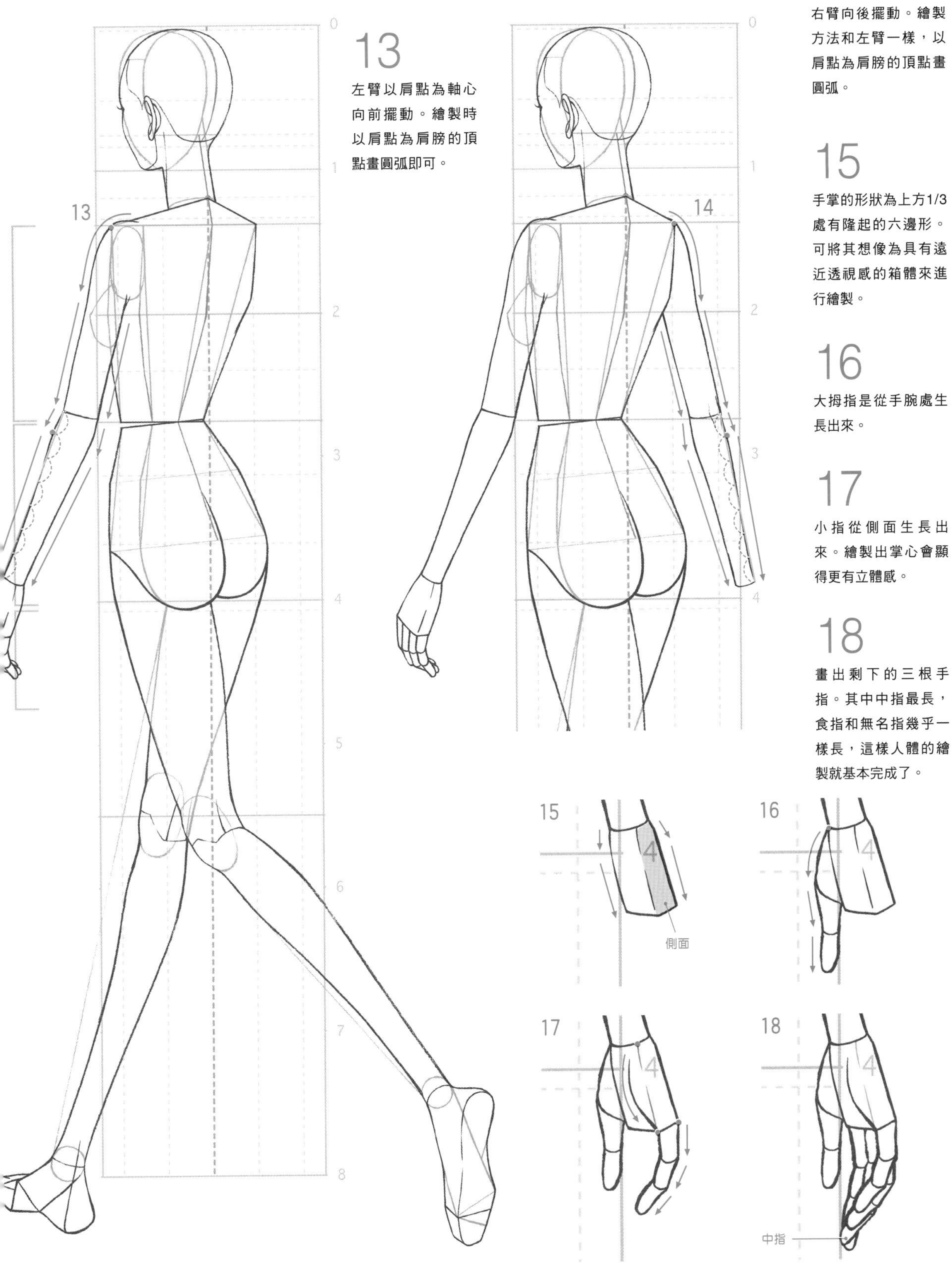


## 13

左臂以肩點為軸心向前擺動。繪製時以肩點為肩膀的頂點畫圓弧即可。

## 14

右臂向後擺動。繪製方法和左臂一樣，以肩點為肩膀的頂點畫圓弧。

## 15

手掌的形狀為上方1/3處有隆起的六邊形。可將其想像為具有遠近透視感的箱體來進行繪製。

## 16

大拇指是從手腕處生長出來。

## 17

小指從側面生長出來。繪製出掌心會顯得更有立體感。

## 18

畫出剩下的三根手指。其中中指最長，食指和無名指幾乎一樣長，這樣人體的繪製就基本完成了。

# 從人體線稿到人體完成圖

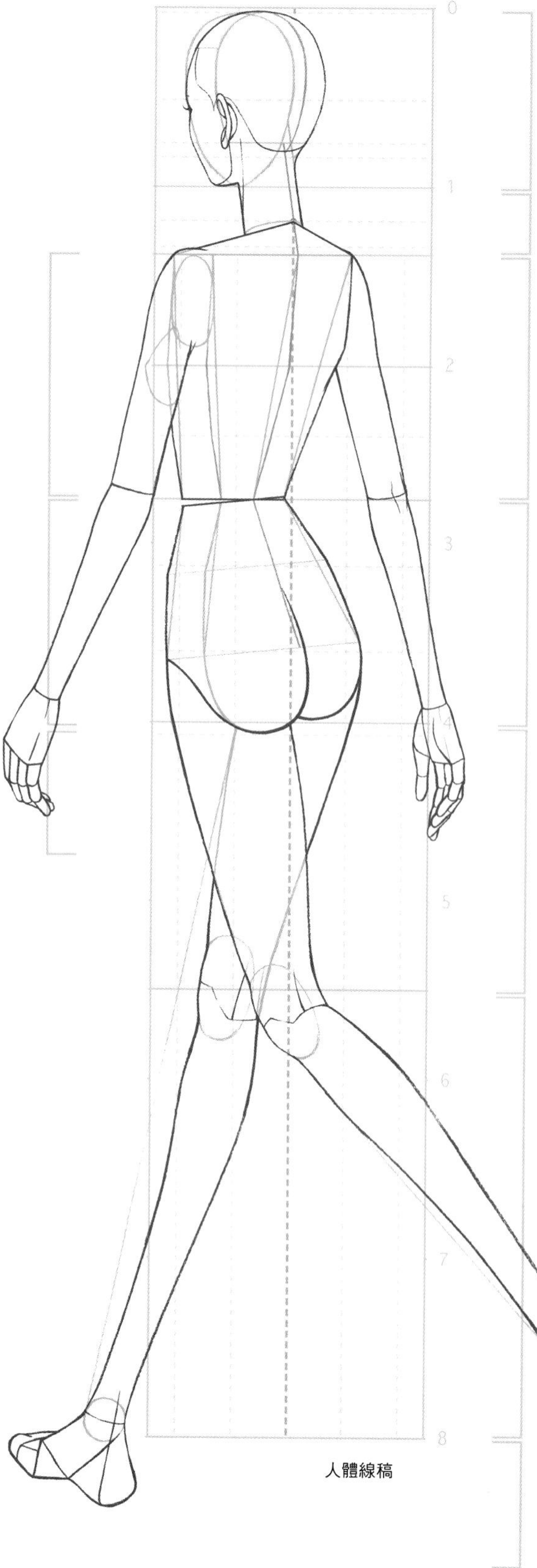

人體線稿

19

線稿完成後，可將其放在描圖紙的下面，流暢地畫出人體完成圖。表現出就像是給人體裹上一層輕柔的皮膚一樣的感覺。最後注意左腳的外側是小腳趾。

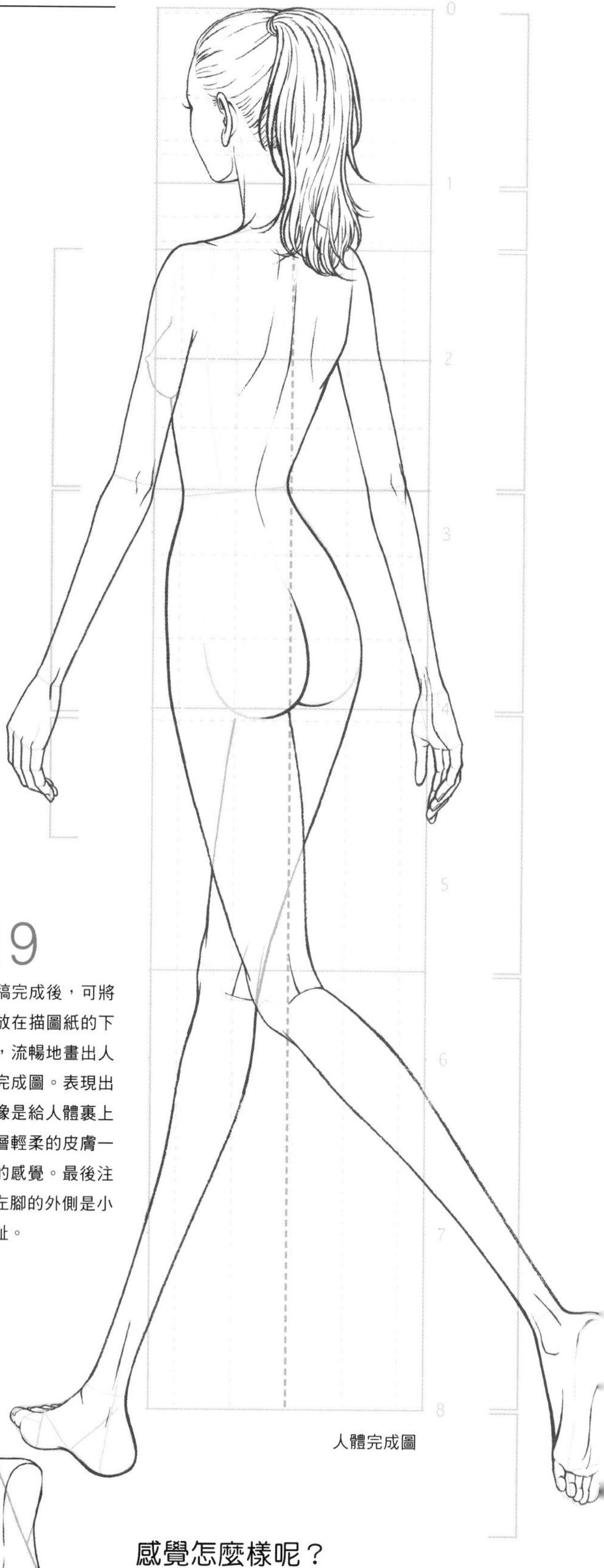

人體完成圖

## 感覺怎麼樣呢？

斜後側步行姿勢的最大特徵是能夠看到鞋子內部的設計。接下來，開始嘗試繪製各種步幅吧。

# 後記

想要學會一門技術，每天練習是很重要。

哪怕僅是在筆記本的邊邊角角畫一下簡單的線條和圓。試著每天都練習一下吧！

最重要的是：即使畫得不好也能夠堅持練習。

只要能堅持下來，你就會有很多新發現。再堅持半年，你會發現之前比較困難的事情，也可以很自然地做到了。

這種喜悅，正是我們成長中最重要的成就感。

在我所指導的時裝畫學生中，並非所有人都很擅長繪畫。也有的學生雖然畫得不好，但是通過努力4年堅持繪畫，慢慢地看著自己的繪畫水平已有所提高。有一個學生曾笑著對我說：「看著自己一年級最初繪製的插圖，深切感受到自己的水平提高了。雖然畫得不好，但是堅持了下來真好啊。」

也許和別人比較時，周圍的人畫得太好，會使自己感到不安，或者意志消沉。

但是，別人是別人，自己是自己。就像剛才那位學生，通過努力能夠畫出滿意的繪畫作品一樣，大家也可以按照自己節奏每天進步一點，我認為最重要的是相信自己、永不放棄、勤勤懇懇地堅持下去。

這樣你一定會在不久的將來掌握屬於自己的表現力。

從現在開始讓我們一起努力吧！

2013年12月

文化學園大學 時裝畫研究室

高村 是州

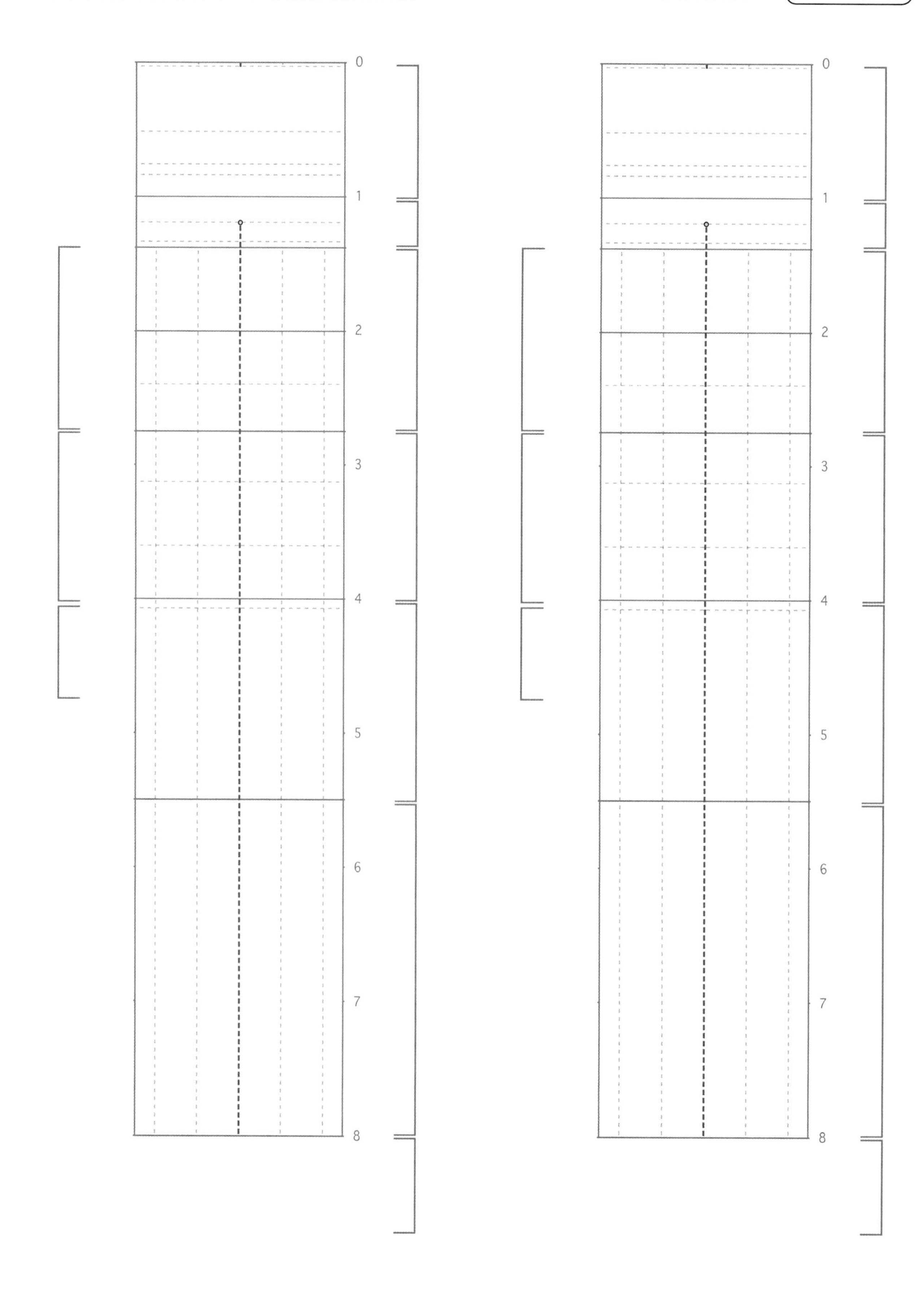
0
1
2
3
4
5
6
7
8
0
1
2
3
4
5
6
7
8

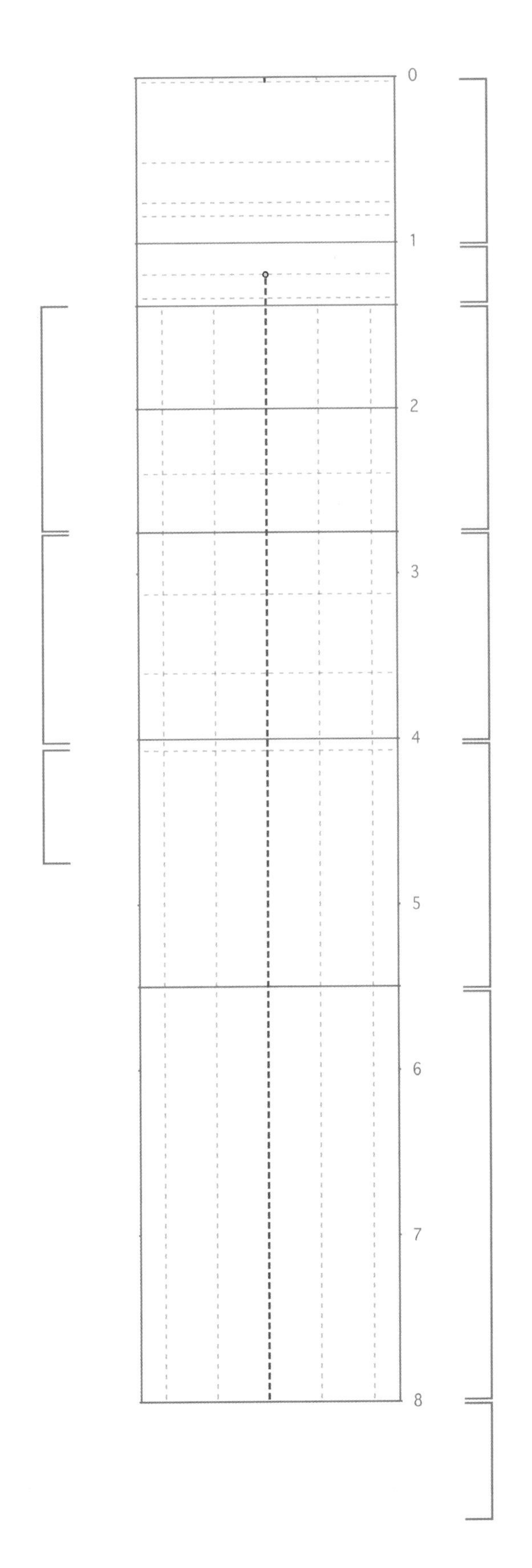
0
1
2
3
4
5
6
7
8

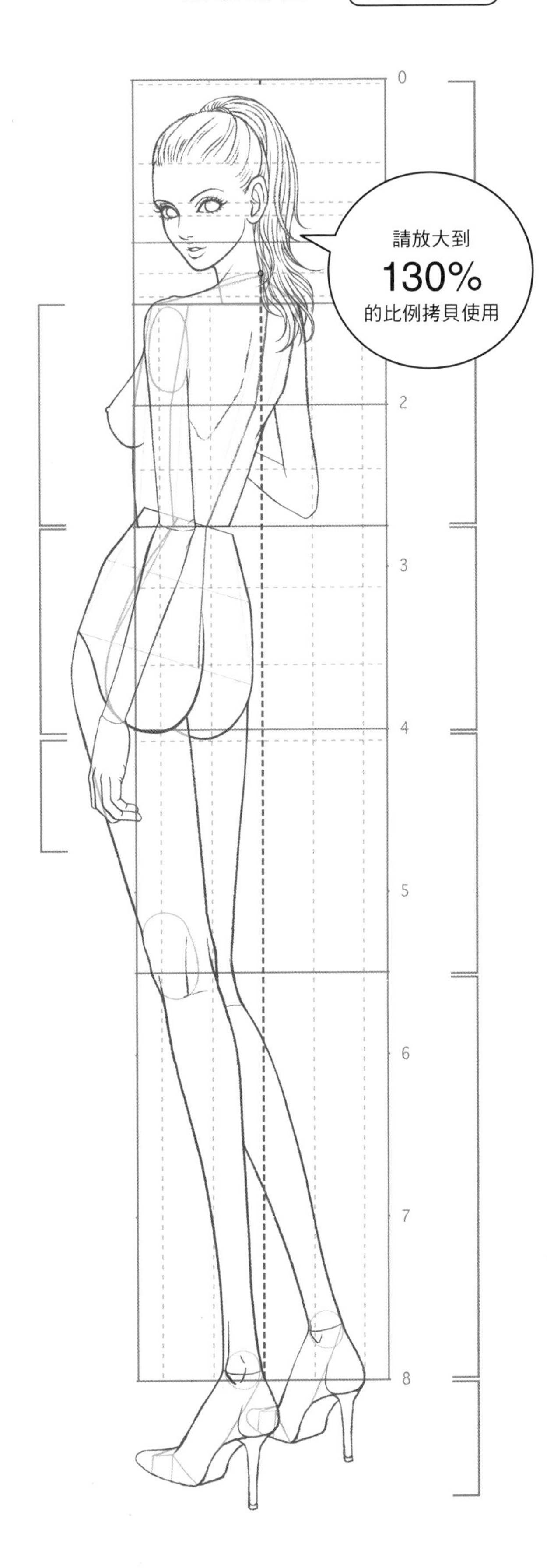
0
請放大到
130%
的比例拷貝使用
2
3
4
5
6
7
8

國家圖書館出版品預行編目(CIP)資料

時裝畫表現技法：人體動態全解析 / 高村是州著. --
新北市：北星圖書, 2016.03
面； 公分
ISBN 978-986-6399-28-2（平裝）

1. 服裝設計 2. 人物畫 3. 繪畫技法

423.2 105002438

## 時裝畫表現技法：人體動態全解析

編 著 / 高村是州
封面設計 / 陳湘婷
發行人 / 陳偉祥
發 行 / 北星圖書事業股份有限公司
地 址 / 新北市永和區中正路458號B1
電 話 / 886-2-29229000
傳 真 / 886-2-29229041
網 址 / www.nsbooks.com.tw
e-mail / nsbook@nsbooks.com.tw
劃撥帳戶 / 北星文化事業有限公司
劃撥帳號 / 50042987
製版印刷 / 森達製版有限公司
出版日 / 2016年3月
ISBN / 978-986-6399-28-2
定 價 / 400元

Zeshu Takamura Style SUPER FASHION DESSIN vol.Basic Pose